Meinem langjährigen verehrten Vorgesetzten,
der mehr als vier Jahrzehnte meinem
Vater Chef und Freund gewesen ist,

Herrn Hofrat Professor **Alfred Holzt**
Ingenieurschule Mittweida

zu seinem 81. Geburtstage

in Dankbarkeit gewidmet

Aufgaben und Lösungen aus der Gleich- und Wechselstromtechnik

Ein Übungsbuch für den Unterricht an technischen Hoch- und Fachschulen sowie zum Selbststudium

von

Prof. H. Vieweger und Obering. W. Vieweger

Elfte, verbesserte Auflage

Mit 289 Textabbildungen zu 349 Aufgaben und einer Tafel mit Magnetisierungskurven

Springer-Verlag Berlin Heidelberg GmbH
1940

Additional material to this book can be downloaded from http://extras.springer.com.

ISBN 978-3-642-89477-0   ISBN 978-3-642-91333-4   (eBook)
DOI 10.1007/978-3-642-91333-4

Aus dem Vorwort zur ersten Auflage.

Der Verfasser beabsichtigt mit dem vorliegenden Buche, dem Studierenden der Elektrotechnik ein Hilfsmittel zu bieten, welches ihn befähigt, die Grundgesetze der Elektrotechnik voll und ganz zu seinem geistigen Eigentum zu machen.

So außerordentlich vielseitig auch die elektrotechnische Literatur in den letzten Jahren geworden war, fehlte es doch immer noch an einer **Sammlung ausführlich durchgerechneter Zahlenbeispiele**, im besonderen aus dem Gebiete des Wechselstromes.

Diesem Mangel hofft der Verfasser hiermit abgeholfen zu haben.

Um das Buch zu einem recht reichhaltigen und namentlich für **Unterrichtszwecke** brauchbaren zu machen, sind fast alle Aufgaben mit mehrfachen Zahlenangaben [] versehen, so daß bei der Benutzung im Unterrichte die [] Beispiele zu Hause gerechnet werden können.

Einem jeden Paragraphen sind die **einzuübenden Gesetze und Formeln**, ohne Herleitung, vorangestellt, so daß das Buch auch bei Repetitionen gute Dienste leisten dürfte.

Um denjenigen Studierenden oder bereits in der Praxis stehenden Ingenieuren und Technikern, welche durch **Selbstunterricht** sich die Lehren der Elektrotechnik aneignen wollen, den Weg zu zeigen, wie man zu den betreffenden Gesetzen und Formeln gelangt ist, sind stets Hinweise auf das ausführliche Lehrbuch der Elektrotechnik „Holz: Schule des Elektrotechnikers", Verlag von Moritz Schäfer, Leipzig, gegeben worden.

Die vorliegende Aufgabensammlung schließt sich übrigens in ihrer Disposition vollständig jenem Buche an und dürfte deshalb vielen Lesern der „Schule des Elektrotechnikers" eine willkommene **Ergänzung** sein.

Fast sämtliche Ausrechnungen sind mit dem Rechenschieber gemacht worden, so daß die Resultate auf eine Genauigkeit von 0,3 % Anspruch machen.

Sollten außer den unvermeidlichen Druckfehlern auch einzelne, im Fehlerverzeichnis nicht enthaltene Rechenfehler unterlaufen sein, so wäre der Verfasser für freundliche Mitteilung derselben dankbar.

Mittweida, im Juni 1902.

H. Vieweger.

Vorwort zur elften Auflage.

Auch bei der Neubearbeitung der vorliegenden elften Auflage war der Verfasser bemüht, den wenigen Wünschen und Vorschlägen aus dem Leserkreise nachzukommen. Die Buchbesprechungen der vorhergehenden Auflage zeigten, daß keine nennenswerten Verbesserungen notwendig waren. Daher hat sich der Verfasser im wesentlichen darauf beschränkt, die Einheiten und Formeln dem Stande des Jahres 1939 anzupassen.

Die Tabellen wurden auf neueste Werte ergänzt und erweitert, speziell die über die Elektrisierungszahl.

Ein größeres Beispiel aus dem Gebiete der Kühlschranktechnik, in § 11 eingefügt, dürfte eine willkommene Bereicherung darstellen.

Im Hinblick auf die Erfahrungen, die mein Vater, Professor Vieweger, in mehr als 40 jähriger Tätigkeit als Lehrer am Technikum Mittweida gesammelt hat, und die dem Buche seit seinem Erscheinen eine besondere Note verliehen hat, glaube ich einen Abschnitt über Rechnung mit komplexen Zahlen und über die Aufstellung von Ortskurvengleichungen[1] als nicht in den Rahmen dieses Buches gehörend, unterlassen zu müssen, zumal auch der Umfang des Werkes dadurch wesentlich vergrößert worden wäre.

Daß mit dem Werke in seiner Gesamtheit das Richtige getroffen worden ist, zeigt nicht nur die für wissenschaftliche Bücher verhältnismäßige große Druck- und Auflagenzahl, sondern auch die Übersetzung in fast alle Sprachen des Kontinents.

Meinen Kollegen, insbesondere Herrn Dipl.-Ing. H. Trenkmann, die die Freundlichkeit gehabt haben, mich bei der Bearbeitung zu unterstützen, danke ich herzlichst für ihre wertvollen Ratschläge.

Großer Dank gebührt der Verlagsbuchhandlung, die auch bei dieser Auflage weder Mühe noch Kosten gescheut hat, um dem Buche eine zeitgemäße gute Ausstattung zu verleihen. — Möge auch diese neue Auflage sich das Wohlwollen des Leserkreises erwerben.

Walter Vieweger.

---

[1] Für Leser, die sich mit diesen Fragen befassen müssen, werden die im selben Verlage erschienenen Werke von Caspar: Einführung in die Komplexenbehandlung von Wechselstromgrößen, 121 Seiten, und Hauffe: Ortskurven der Starkstromtechnik, 174 Seiten, empfohlen.

Auch auf das im Verlag Max Jänecke erschienene Buch von Dr.-Ing. Arthur Linke: Wechselstromaufgaben und ihre rechnerische, symbolische und zeichnerische Lösung, sei hingewiesen.

Inhaltsverzeichnis.

I. Elektrizitätslehre.

II. Die Eigenschaften der Gleichstrom-Maschinen.

III. Wechselstrom.

IV. Leitungsberechnung.

Verzeichnis der angeführten Tabellen.

I. Elektrizitätslehre.

Einleitung.

Reibt man einen Glasstab mit einem Lederlappen, so wird er elektrisch, d. h. er besitzt jetzt die Eigenschaft, leichte Körper, z. B. eine kleine Holundermarkkugel, die an einem Seidenfaden aufgehängt ist, anzuziehen und nach erfolgter Berührung abzustoßen. Durch Reiben einer Siegellackstange mit einem Tuchlappen wird auch diese elektrisch. Während aber die Glaselektrizität die mit ihr berührte Holundermarkkugel abstößt, zieht die Harzelektrizität (Siegellackstange) die Kugel an. Hieraus schließt man, daß es zwei Arten von Elektrizität gibt, die Glaselektrizität, auch positive Elektrizität genannt (+), und die Harzelektrizität, kurz negative Elektrizität (—). Versuche lehren: Gleichnamige Elektrizitäten stoßen sich ab, ungleichnamige ziehen sich an.

Nach Symmer (1759) nimmt man an, daß jeder unelektrische Körper zwei elektrische Fluida in gleicher Menge enthält, die nach außen unwirksam sind, weil sie gleichmäßig gemischt sind. Beim Vorgang des Reibens kommt es zu ihrer Trennung: der mit dem Lederlappen geriebene Glasstab behält einen Überschuß des + Fluidums, der Lederlappen einen Überschuß des — Fluidums[1]. Da die beiden Fluida sich anziehen, so bedarf es einer Kraft, um sie zu trennen und getrennt zu halten. Diese Kraft heißt elektromotorische Kraft (abgekürzt EMK) und wurde hier durch Reiben erzielt. Es gibt jedoch noch viele andere Wege, um eine EMK zu erzeugen. Taucht

---

[1] Diese Anschauung wird gestützt durch die neuere Atomtheorie. Nach dieser besteht jedes Atom aus einem positiv geladenen Kern, um welchen eine Anzahl negativ geladener Teilchen, Elektronen genannt, kreisen, etwa so wie die Planeten um die Sonne. Im unelektrischen Atom ist die Elektrizitätsmenge des Kernes genau so groß wie die aller Elektronen. Gehen Elektronen verloren, so erscheint das Atom positiv elektrisch, beim Überschuß von Elektronen ist es negativ elektrisch. Die Anzahl der Elektronen, die um den Kern kreisen, wenn das Atom unelektrisch ist, heißt die Ordnungszahl und ist in Tabelle 1 für einige chemische Elemente angegeben. So findet man z. B. für Zinn die Ordnungszahl 50, d. h. um ein unelektrisches Zinnatom kreisen 50 Elektronen, die zusammen dieselbe negative Elektrizitätsmenge besitzen wie der positive Kern. Für Wasserstoff ist die Ordnungszahl 1, d. h. um den Kern des Wasserstoffatoms, der auch Proton genannt wird, kreist ein Elektron, dessen Elektrizitätsmenge genau so groß ist wie die des Kerns (des Protons). Das Elektron bildet das Atom der negativen Elektrizität, während das Proton als das positive Atom anzusehen ist.

man beispielsweise eine Zink- und eine Kupferplatte in ein Glasgefäß, das mit verdünnter Schwefelsäure gefüllt ist, so wird die Kupferplatte positiv, die Zinkplatte negativ elektrisch. Allerdings ist die Wirkung nur eine sehr schwache, so daß es besonderer Hilfsmittel bedarf, um sie nachzuweisen. Man nennt eine solche Zusammenstellung ein galvanisches Element, richtiger Volta-Element, dargestellt durch: ○—┤├—○. Um die Wirkung zu verstärken, muß man viele solcher Elemente hintereinanderschalten: d. h. den Zinkpol (Pole nennt man die aus der Flüssigkeit herausragenden Enden) des ersten Elementes mit dem Kupferpol des zweiten, den Zinkpol des zweiten mit dem Kupferpol des dritten usw. verbinden; es bleibt dann vom ersten Element ein Kupferpol, vom letzten ein Zinkpol frei. An diesen Polen haben sich die Elektrizitäten angesammelt, und man kann sie, wie oben gezeigt, durch ihre Anziehung bzw. Abstoßung nachweisen, und zwar an der Kupferplatte die positive, an der Zinkplatte die negative Elektrizität.

Da die an den Polen angehäuften Elektrizitäten sich anziehen, so haben sie das Bestreben, sich zu vereinigen, was ihnen gelingt, wenn man die Pole durch einen Leiter (z. B. einen Draht) miteinander verbindet. Es fließt dann in dem Leiter vom + Pol zum — Pol ein elektrischer Strom, der nur durch seine Wirkungen wahrgenommen werden kann. Diese sind:

A. Wirkungen im Leiter.

1. Wärmewirkungen. (Ein stromdurchfloßner Draht kommt zum Glühen und verlängert sich.)

2. Chemische Wirkungen. (Leitet man den Strom durch ein Metallsalz [Elektrolyt], so wird dasselbe zersetzt, und zwar scheidet sich das Metall an der Platte aus, die mit dem negativen Pol der Stromquelle verbunden ist. Diese Platte heißt Kathode, während die andere, an welcher eine Zersetzung stattfindet, Anode genannt wird.) S. Abb. 1 Seite 7.

B. Wirkungen außerhalb des Leiters.

1. Magnetische Wirkungen. (Eine Magnetnadel wird durch einen über sie hinweggeleiteten Strom abgelenkt; ein Stück weiches Eisen, um welches der Strom in mehrfachen Windungen geführt ist, wird magnetisch.)

2. Elektrodynamische Wirkungen. (Zwei stromdurchfloßne Leiter ziehen sich an oder stoßen sich ab.)

Die Wirkungen unter B breiten sich im Raume mit einer Geschwindigkeit von 300000 km pro Sekunde (Lichtgeschwindigkeit) aus. Jede der genannten Wirkungen kann als Maß für die Stromstärke dienen.

§ 1. Stromstärke, Niederschlagsmenge.

Benützen wir die chemische Wirkung des Stromes zur Definition der Einheit der Stromstärke, so machen wir Gebrauch von dem Faradayschen Gesetz:

Gesetz 1: Die zersetzten Bestandteile eines Elektrolyten sind der Stromstärke und der Zeit proportional.

Bezeichnet J (oder auch i) die Stromstärke, t die Anzahl der Sekunden, während welcher der Strom durch das gelöste Metallsalz floß, a eine Zahl, die von der chemischen Zusammensetzung des Salzes abhängt und elektrochemisches Äquivalent genannt wird, so ist die zersetzte Menge G in Milligrammen (mg)

$$G = aJt \qquad \text{mg}. \tag{1}$$

Man setzt nun denjenigen Strom $J = 1$, der aus einer Silberlösung in 1 Sekunde 1,118 mg Silber ausscheidet und nennt ihn 1 Ampere (A). Leitet man einen Strom durch angesäuertes Wasser, so zersetzt er dasselbe in Wasserstoff, der an der Kathode und Sauerstoff, der an der Anode abgeschieden wird. Das Gemisch beider Gase heißt Knallgas. Anstatt das Gewicht dieser Gase zu bestimmen, ist es bequemer, ihr Volumen zu messen. 1 A erzeugt bei 0° Temperatur und 760 mm Barometerstand in 1 Minute 10,44 Kubikzentimeter (cm³) trocknes Knallgas (Knallgasvoltameter). Fängt man die beiden Gase getrennt auf, so erhält man 6,96 cm³ Wasserstoff und 3,48 cm³ Sauerstoff in 1 Minute.

Tabelle 1. Elektrochemische Äquivalente, Atomgewichte und Wertigkeiten.

An der Kathode abgeschiedener Bestandteil	Formel- zeichen	Elektro- chemisches Äquivalent a in mg	Atomgewicht A bezogen auf Wasserstoff = 1	Wertigkeit n	Ordnungs- Zahl
Aluminium . .	Al	0,0935	26,97	3	13
Blei	Pb	1,0718	207,2	2	82
Eisen	Fe	0,2908	55,84	2	26
Gold	Au	0,681	197,2	3	79
Kupfer	Cu	0,3294	63,67	2	29
Nickel	Ni	0,305	58,68	2	28
Platin	Pt	1,009	195,2	2	78
Quecksilber . .	Hg	1,036	200,6	2	80
Silber	Ag	1,118	107,88	1	47
Wasserstoff . .	H	0,01036	1	1	1
Zink	Zn	0,338	65,37	2	30
Zinn	Sn	0,62	118,7	2	50

1. Wieviel mg Kupfer werden von 2 [5] A in 50 [60] Sek. aus einer Kupfervitriollösung niedergeschlagen?

Lösung: Für Kupfer gibt die Tabelle $a = 0,3294$, laut Aufgabe ist $J = 2$ A, $t = 50$ Sek. Also

$$G = 0,3294 \cdot 2 \cdot 50 = 32,94 \text{ mg}$$

2. Die Kathode eines Silbervoltameters hat nach einem Stromdurchfluß von 2 Stdn 50 Min. um 85 mg an Gewicht zugenommen. Wie groß war der Strom?

Lösung: Aus Formel 1 $G = aJt$ folgt, da $t = (2 \cdot 60 + 50) \, 60$ ist

$$J = \frac{G}{at} = \frac{85}{1{,}118 \cdot 170 \cdot 60} = 0{,}00\,746 \text{ A}.$$

3. In einer Vernicklungsanstalt sollen bei täglich 8stündiger Arbeitszeit 1,5 [2] kg Nickel verarbeitet werden. Welche Stromstärke muß die Stromquelle abgeben können?

Lösung: Aus Formel 1 folgt für $G = 1,5 \cdot 1000 \cdot 1000$ mg

$$J = \frac{G}{at} = \frac{1,5 \cdot 1000 \cdot 1000}{0,304 \cdot 8 \cdot 60 \cdot 60} = 172 \, \text{A}\,.$$

4. In einer kleinen Aluminiumfabrik stehen 8000 [12000] A, erzeugt durch eine Wasserkraft, zur Verfügung. In wieviel Betriebstagen je 24 Stunden können 2500 [4000] kg Aluminium erzeugt werden?

Lösung: Aus Formel 1 folgt mit $G = 2500 \cdot 1000 \cdot 1000$ mg

$$t = \frac{G}{aJ} = \frac{2500 \cdot 1000 \cdot 1000}{0,0935 \cdot 8000} = 3\,380\,000 \, \text{Sek.}$$

oder $\quad \dfrac{3\,380\,000}{3600} = 940$ Stdn $\quad$ oder $\quad \dfrac{940}{24} \approx 39$ Tage.

5. Wieviel Quecksilber wird von 0,05 [0,03] A in 1 [2] Stdn an der Kathode abgeschieden, und welche Höhe erreicht dasselbe, wenn es in einem Glasrohr von 2 mm innerem Durchmesser aufgefangen wird? (Anwendung im Stia-Zähler.)

Lösung: Aus Formel 1 folgt: $G = 1,036 \cdot 0,05 \cdot 3600 = 186$ mg.

Das spezifische Gewicht des Quecksilbers ist $\gamma = 13,6$; also das Gewicht eines Zylinders von 2 mm Durchmesser und x mm Höhe $G = q \cdot x \cdot \gamma = 2^2 \dfrac{\pi}{4} \cdot x \cdot 13,6$ mg, hieraus

$$x = \frac{186}{3,14 \cdot 13,6} = 4,36 \, \text{mm}\,.$$

6. Wieviel Ampere sind durch ein Knallgasvoltameter gegangen, wenn in 10 [15] Min. 150 [280] cm³ Knallgas entwickelt wurden?

Lösung: Die Gleichung $G = aJt$ gilt auch für das Knallgasvoltameter (S. 3), nur ist für $a = 10,44$ cm³, t in Minuten und G ebenfalls in cm³ anzugeben, demnach

$$J = \frac{G}{at} = \frac{150}{10,44 \cdot 10} = 1,435 \, \text{A}\,.$$

7. Wieviel cm³ Sauerstoff und Wasserstoff können in 1 Stde [5 Tage] entwickelt werden, wenn ein Strom von 100 [800] A zur Verfügung steht?

Lösung: In diesem Falle ist t in Minuten einzusetzen, und da für Sauerstoff $a = 3,48$ ist, wird:

$G = aJt = 3,48 \cdot 100 \cdot 1 \cdot 60 = 20\,880 \, \text{cm}^3 = 20,88 \, \text{dm}^3$ Sauerstoff;

und für den entwickelten Wasserstoff ist

$G = aJt = 6,96 \cdot 100 \cdot 1 \cdot 60 = 41\,760 \, \text{cm}^3 = 41,76 \, \text{dm}^3$ Wasserstoff.

Das zweite von Faraday aufgestellte Gesetz heißt:

Gesetz 2: Die durch denselben Strom in der gleichen Zeit zersetzten Mengen verschiedener Elektrolyten sind ihren chemischen Äquivalenten proportional.

Unter dem chemischen Äquivalent versteht man den Quotienten aus Atomgewicht und Wertigkeit, also:

$$\text{chemisches Äquivalent} = \frac{\text{Atomgewicht}}{\text{Wertigkeit}} = \frac{A}{n},$$

wobei das Atomgewicht und die zugehörige Wertigkeit der Tabelle 1 S. 3 zu entnehmen sind.

Bezeichnet G die zersetzte Gewichtsmenge des einen Elektrolyten, G_1 die eines anderen, $\dfrac{A}{n}$ und $\dfrac{A_1}{n_1}$ die zugehörigen chemischen Äquivalente, so ist $G : G_1 = \dfrac{A}{n} : \dfrac{A_1}{n_1}$. Nach 1 ist $G = aJt$, $G_1 = a_1 Jt$, also auch

$$a : a_1 = \frac{A}{n} : \frac{A_1}{n_1}.$$

Für Wasserstoff ist $A_1 = 1$, $n_1 = 1$, $a_1 = 0{,}01036$ (experimentell bestimmt), man kann also das elektrochemische Äquivalent für jeden beliebigen Elektrolyten einfach berechnen aus:

$$a = 0{,}01036 \, \frac{A}{n}. \tag{2}$$

8. Es ist das elektrochemische Äquivalent von Quecksilber nach Formel 2 zu ermitteln.

Lösung: Aus der Tabelle 1 wird das Atomgewicht des Quecksilbers zu $A = 200{,}6$, die Wertigkeit zu $n = 2$ entnommen. Dann ist nach Formel 2

$$a = 0{,}01036 \cdot \frac{200{,}6}{2} = 1{,}036.$$

§ 2. Elektrizitätsmenge.

Erklärung: Das Produkt aus Stromstärke und Zeit nennt man Elektrizitätsmenge, und zwar heißt das Produkt:

1 Ampere mal 1 Sekunde = 1 Amperesekunde (As) oder 1 Coulomb (C)
1 Ampere mal 1 Stunde = 1 Amperestunde (Ah)[1] = 3600 As.

Bezeichnet Q die Elektrizitätsmenge in Amperesekunden, J die Stromstärke in Ampere und t die Zeit in Sekunden, so ist:

$$Q = Jt \;\text{Coulomb (oder As)}$$

oder

$$J = \frac{Q}{t} \quad \text{Ampere}. \tag{3}$$

Bei veränderlicher Stromstärke ist

$$i = \frac{dQ}{dt} \quad \text{Ampere}. \tag{3a}$$

Die Formel 1 kann man dann auch schreiben:

$$G = aQ \;\text{mg}.$$

---

[1] Hora lat. die Stunde.

9. Wieviel Coulomb bzw. Amperestunden (Ah) hat ein Element geliefert, das 30 [20] Tage lang 0,1 [0,085] A abgab?

Lösung: 30 Tage $= 30 \cdot 24 \cdot 60 \cdot 60 = 2592000$ Sek., folglich

$$Q = 0,1 \cdot 2592000 = 259200 \text{ Coulomb} = \frac{259200}{60 \cdot 60} = 72 \text{ Ah}, \quad \text{oder}$$

30 Tage $= 30 \cdot 24 = 720$ Stdn, demnach $Q_h = 0,1 \cdot 720 = 72$ Ah.

10. Wieviel Gramm Zink werden theoretisch durch 10 [8] Ah zersetzt?

Lösung: $G = a\,Q = 0,338 \cdot 3600 \cdot 10 = 12168 \text{ mg} = 12,168 \text{ g}$.

11. Welches elektrochemische Äquivalent besitzt Zinn, wenn 7260 [13000] Coulomb 4500 [8060] mg niedergeschlagen?

Lösung: Aus $G = a\,Q$ folgt $a = \dfrac{G}{Q} = \dfrac{4500}{7260} = 0,62 \text{ mg}$.

12. Rechne die in der Tabelle 1 angegebenen Werte für a um, so daß a die abgeschiedene Menge für 1 Ah, ausgedrückt in g, wird.

Lösung: Da 1 Ah $= 3600$ As, so hat man die Zahlen der Tabelle mit 3600 zu multiplizieren, um a in mg zu erhalten; weil jedoch a in Grammen verlangt wird, muß diese Zahl noch durch 1000 dividiert werden; so ist z. B. für Blei $a = 1,01718$ mg, d. h. ein Coulomb scheidet pro Sekunde 1,0718 mg Blei aus, für 1 Ah: $1,0718 \cdot 3600 = 3860$ mg $= 3,86$ g, also $a = 3,86$ g pro Ah.

§ 3. Eichung von Strommessern.

Die Messung des Stromes erfolgt durch geeignete Meßinstrumente, welche Amperemeter genannt werden. Man unterscheidet solche, bei denen die Drehung eines Zeigers in einem bekannten Verhältnis zur Stromstärke steht; und solche, bei denen dieses gesetzmäßige Verhältnis nicht bekannt ist. Die ersteren werden durch Eichung benutzbar, während die letzteren graduiert werden müssen, indem jeder Teilpunkt der Skala durch Vergleichen mit einem Instrumente der ersten Art festgelegt wird. Das älteste Instrument der ersten Art ist die Tangentenbussole, bei welcher die Stromstärke bestimmt ist durch die Gleichung

$$J = K \operatorname{tg} \alpha,$$

wo J die zu messende Stromstärke, α den Ablenkungswinkel einer kurzen Magnetnadel und K die durch Eichung zu bestimmende Konstante (hier Reduktionsfaktor genannt) bezeichnet.

Neuere Instrumente sind die Drehspulinstrumente, zu denen auch die nach ihrem Erfinder benannten Weston-Instrumente gehören. Bei diesen ist

$$J = K \alpha.$$

Eine dritte Art, bei welcher die abstoßende Wirkung zweier stromdurchflossener Leiter benützt wird, nennt man Dynamometer; hier ist

$$J = K \sqrt{\alpha}.$$

13. Ein Weston-Amperemeter, dessen Konstante

$$K = \frac{1}{1000} = 0{,}001 \quad \left[\frac{1}{10000} = 0{,}0001\right] \text{ ist,}$$

zeigt beim Stromdurchgang einen Ausschlag von 120 [130]° (Grad) an. Welcher Strom geht durch das Instrument?

Lösung: $J = \dfrac{1}{1000} \cdot 120 = 0{,}12 \text{ A}$.

14. Ein Dynamometer zeigt 200 [180]° an; welcher Strom fließt durch dasselbe, wenn die Konstante $K = 0{,}365$ [0,135] ist?

Lösung: $J = K\sqrt{\alpha} = 0{,}365\sqrt{200} = 5{,}16 \text{ A}$.

15. Um eine Tangentenbussole zu eichen, wurde in den Stromkreis mehrerer Elemente (Abb. 1) ein Regulierwiderstand W, ein Kupfervoltameter V und die Tangentenbussole A eingeschaltet. Dieselbe zeigte im Mittel aus 20 Ablesungen 40 [55°] an, während die Zeitdauer des Stromschlusses 30 [35] Min. betrug. Die Wägung der Kathode vor und nach dem Versuch ergab eine Gewichtszunahme von 2 [1,08] g. Wie groß ist hiernach der Reduktionsfaktor der Tangentenbussole?[1]

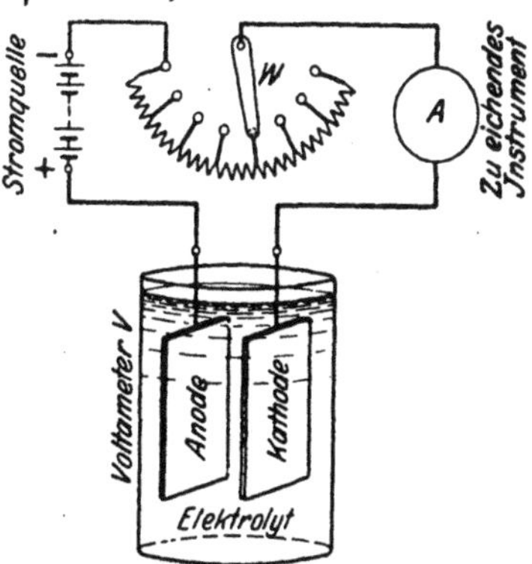

Abb. 1. Eichung von Meßinstrumenten mittels Voltameter.

Lösung: Aus Formel 1 $G = aJt$ folgt

$$J = \frac{G}{at} = \frac{2000}{0{,}3294 \cdot 30 \cdot 60} = 3{,}39 \text{ A}.$$

Aus $J = K \operatorname{tg} \alpha$ folgt $K = \dfrac{J}{\operatorname{tg}\alpha} = \dfrac{3{,}39}{\operatorname{tg} 40^0} = 4{,}04$.

16. Zur Eichung eines Weston-Instrumentes wurde ein Silbervoltameter benutzt, durch welches 2 [2,5] Stunden lang ein Strom floß, der 120 [144] mg Silber niederschlug. Wie groß ist die Konstante K, wenn das Instrument im Mittel aus 8 Ablesungen 149 [144]° anzeigte?

Lösung: $J = \dfrac{120}{1{,}118 \cdot 2 \cdot 60 \cdot 60} = 0{,}0149 \text{ A}$,

$$K = \frac{J}{\alpha} = \frac{0{,}0149}{149} = 0{,}0001 = \frac{1}{10\,000}.$$

---

[1] Wenn auch heute nicht mehr angewandt, so soll die Aufgabe dem Studierenden die Anordnung und Durchführung zeigen.

§ 4. Widerstand.

Wenn ein Strom durch einen Draht (allgemein Leiter) fließt, so setzt der Draht dem Stromdurchgang einen Widerstand entgegen, der desto größer ist, je länger der Draht, aber desto kleiner, je dicker er ist. Außerdem hängt er von dem Material des Leiters ab.

Gesetz 3: Der Widerstand eines Drahtes ist der Länge direkt und dem Querschnitt umgekehrt proportional.

$$R = \frac{\varrho\, l}{q} \quad \text{Ohm } (\varOmega). \tag{4}$$

Hierin bedeutet l die Länge in Metern, q den Querschnitt in Quadratmillimetern, ϱ den spezifischen Widerstand, d. i. den Widerstand eines Drahtes von 1 m Länge und 1 mm² Querschnitt.

Tabelle 2[1]. Spezifischer Widerstand, elektrische Leitfähigkeit und Temperaturkoeffizient einiger Metalle und Widerstandslegierungen bei 20°.

Metall	Chemische Zusammensetzung	Spez. Widerstand ϱ	Leitfähigkeit $\varkappa$	Temperaturkoeffizient α
Aluminium . .	Al	0,03...0,04	33...25	0,0040
Blei	Pb	0,208	4,8	0,0040
Eisen	Fe	0,1...0,15	10...6,7	0,0045
Kohle	C	10...100	0,1...0,01	— 0,0004
Kupfer . . .	Cu	0,0172...0,0178	57...56	0,00392
Messing . . .	Cu–Zn	0,07...0,08	14,3...12,5	0,0013...0,0019
Nickel. . . .	Ni	0,09...0,11	11,2...9,1	0,0044
Platin	Pt	0,1...0,11	10...9,1	0,0038
Quecksilber .	Hg	0,958	1,04	0,0009
Silber	Ag	0,0165	60,5	0,0036
Wolfram. . .	W	0,055	18,2	0,0040
Zink.	Zn	0,063	15,8	0,0037
Zinn.	Sn	0,12	8,4	0,0045

Zur Herstellung von Widerständen für Meßzwecke-Anlasser-Regler sowie von Heizdrähten werden in den meisten Fällen Legierungen mit hohem spezifischen Widerstand benutzt.

Metall	Chemische Zusammensetzung	Spez. Widerstand ϱ	Leitfähigkeit $\varkappa$	Temperaturkoeffizient α
Chrom-Nickel.	Cr–Ni	1	1	0,0002
Konstantan .	Cu–Ni	0,5	2	—
Kruppin . . .	Fe–Ni	0,85	1,7	0,0008
Manganin . .	Cu–Mn–Ni	0,4	2,5	0,00001
Neusilber . .	Cu–Ni–Sn oder Cu–Si–Zn	0,35 / 0,41	2,86 / 2,42	0,00001 / 0,0002
Nickelin . . .	Cu–Ni–Zn	0,4	2,5	0,0001...0,0002
Rheotan . . .	Cu–Ni–Zn	0,5	2	0,00023

---

[1] Aus Prof. H. Dubbel: Taschenbuch für den Maschinenbau, 7. Auflage. Berlin: Julius Springer 1939.

Die Einheit des Widerstandes ist 1 Ohm (Ω), d. i. der Widerstand eines Quecksilberfadens von 1,063 m Länge· und 1 mm² Querschnitt bei einer Temperatur von Null Grad (0°) Célsius.

Der reziproke Wert $1 : \varrho = \varkappa$ heißt die Leitfähigkeit des betreffenden Materials oder auch sein spezifischer Leitwert, und gibt an, wieviel mal besser der Draht den elektrischen Strom leitet als ein gleich dimensionierter Faden aus Quecksilber.

Damit geht Formel 4 über in:

$$R = \frac{l}{\varkappa q} \quad \text{Ohm}. \tag{4a}$$

17. Welchen. Widerstand besitzt ein runder Kupferdraht von 1000 [750] m Länge und 2 [1,8] mm Durchmesser?

Lösung: Für Kupfer ist der Mittelwert $\varrho = 0{,}0175$, $l = 1000$ m, ferner ist

$$q = \frac{d^2 \pi}{4} = \frac{2^2 \pi}{4} = 3{,}14 \text{ mm}^2, \quad \text{damit} \quad R = \frac{0{,}0175 \cdot 1000}{3{,}14} = 5{,}56 \, \Omega.$$

18. Es soll aus einem 2 [3] mm dickem Nickelindraht ein Widerstand von 2,452 [2,452] Ω hergestellt werden. Wie lang muß der Draht sein?

Lösung: $q = 2^2 \dfrac{\pi}{4} = 3{,}14$ mm², $\varrho = 0{,}4$ aus Tabelle 2 entnommen: dann folgt aus $R = \dfrac{\varrho l}{q}$

$$l = \frac{R q}{\varrho} = \frac{2{,}452 \cdot 3{,}14}{0{,}4} = 19{,}2 \text{ m}.$$

19. Um den spezifischen Widerstand eines Rheotandrahtes zu bestimmen, wurde gemessen der Widerstand eines 5 [7,3] m langen und 1,2 [0,8] mm dicken Drahtes; derselbe betrug 2,23 [7,34] Ω. Wie groß ist hiernach der spezifische Widerstand?

Lösung: $q = \dfrac{1{,}2^2 \pi}{4} = 1{,}13$ mm²; aus $R = \dfrac{\varrho l}{q}$ folgt $\varrho = \dfrac{R q}{l}$.

$$\varrho = \frac{2{,}23 \cdot 1{,}13}{5} = 0{,}5;$$

d. h. 1 m Rheotandraht von 1 mm² Querschnitt hat einen Widerstand von 0,5 Ω.

20. Welchen Widerstand besitzt eine Stahlschiene von 20 [12] m Länge, wenn 1 m derselben 33,4 [45,05] kg wiegt; das spezifische Gewicht, laut Angabe der Lieferfirma, $\gamma = 7{,}8$ und der spezifische Leitungswiderstand $\varrho = 0{,}12$ ist.

Lösung: Der Querschnitt q der Schiene folgt aus der Formel $q l \gamma = G$. Wenn das Gewicht G in dieser Formel in kg ausgedrückt wird, muß q in dm² und l in dm eingesetzt werden. Es wird

$$q = \frac{G}{l\,\gamma} = \frac{33,4}{10 \cdot 7,8} = 0,4297 \text{ dm}^2 \equiv 0,4297 \cdot 100 = 42,97 \text{ cm}^2 \text{ oder}$$

in mm² $q = 42,97 \cdot 100 = 4297 \text{ mm}^2$.

Damit wird $R = \dfrac{\varrho\,l}{q} = \dfrac{0,12 \cdot 20}{4297} = 0,00056 \; \Omega$.

21. Welchen Widerstand besitzt eine Leitung, die aus einem 1000 [700] m langen Kupferdraht von 8 [8] mm Durchmesser und aus einer Stahlschiene von derselben Länge besteht, von welcher 1 m 41 [43,4] kg wiegt?

Lösungen: Der Widerstand der Kupferleitung ist

$$R_{Cu} = \frac{0,0175 \cdot 1000}{8^2 \cdot \pi : 4} = 0,35 \; \Omega.$$

Der Querschnitt der Stahlschiene folgt aus $G = q_s\,l\,\gamma$.

$$q_s = \frac{41}{10 \cdot 7,8} = 0,525 \text{ dm}^2 \equiv 5250 \text{ mm}^2,$$

also

$$R_s = \frac{0,12 \cdot 1000}{5250} = 0,0229 \; \Omega,$$

der gesuchte Leitungswiderstand ist $R = R_{Cu} + R_s = 0,3729 \; \Omega$.

22. Ein Kupferblock von 25 [8,9] kg Gewicht wird zu einem Draht von 2 [0,714] mm Durchmesser ausgewalzt. Gesucht:

   a) der Querschnitt des Drahtes,

   b) die Länge desselben, wenn das spezifische Gewicht 8,9 ist,

   c) der Widerstand, wenn $\varrho = 0,0175$ angenommen wird.

Lösungen:

Zu a) $q = d^2\pi : 4 = 2^2\pi : 4 = 3,14 \text{ mm}^2 \equiv 3,14 : 10000 \text{ dm}^2$.

Zu b) In der Formel $G = q\,l\,\gamma$ kg hat man q in dm², l in dm einzusetzen und erhält

$$l = G : q\,\gamma = 25 : \left(\frac{3,14}{10000} \cdot 8,9\right) = 9000 \text{ dm} \equiv 900 \text{ m}.$$

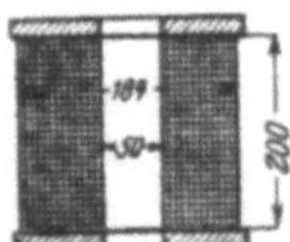

Abb. 2.
Spulenabmessungen
zu Aufgabe 23.

Zu c) $R = \dfrac{\varrho\,l}{q} = \dfrac{0,0175 \cdot 900}{3,14} = 5,04 \; \Omega$.

23. Eine Spule (Abb. 2) hat einen inneren Durchmesser von 50 mm, einen äußeren von 184 mm. Sie ist mit einem 2 [1,5] mm dicken Kupferdraht (ohne Isolation gemessen) bewickelt, dessen Widerstand 4,41 [15,8] Ω beträgt. Gesucht wird:

   a) die aufgewickelte Drahtlänge,

   b) die Anzahl der Windungen,

   c) die Anzahl der übereinanderliegenden Lagen, wenn nebeneinander 80 [100] Drähte liegen.

Lösungen:

Zu a): Die Drahtlänge in Metern folgt aus $R = \dfrac{\varrho\, l}{q}$ zu

$$l = \frac{R\,q}{\varrho} = \frac{4,41 \cdot 3,14}{0,0175} = 794 \text{ m}.$$

Zu b): Der mittlere Durchmesser der Spule ist

$$d_m = \frac{184 + 50}{2} \doteq 117 \text{ mm},$$

also ist die Länge dieser mittleren Windung

$$\pi\, d_m = 117\, \pi = 368 \text{ mm} = 0,368 \text{ m}.$$

Die Länge aller aufgewickelten Windungen ist, wenn x die gesuchte Anzahl bezeichnet, $x \cdot 0,368 = 794$ m, also

$$x = \frac{794}{0,368} = 2160 \text{ Windungen}.$$

Zu c): Ist y die Zahl der übereinanderliegenden Lagen, so muß bei 80 nebeneinanderliegenden Drähten $80\, y = 2160$ sein, also sind $\qquad y = 2160 : 80 = 27$ Lagen vorhanden.

24. Für chemisch reines Kupfer wird die Leitfähigkeit zu 61 angegeben. Welchem spezifischen Widerstand entspricht dies?

Lösung: Es ist $\varkappa = \dfrac{1}{\varrho}$, also $\varrho = \dfrac{1}{\varkappa} = \dfrac{1}{61} = 0,0164\, \Omega$.

25. Um ein Durchhängen von Leitungen in Zentralen zu vermeiden, verwendet man vielfach Kupferrohre. Welchen Widerstand hat ein solches 30 m langes Rohr von 40 [50] mm lichter Weite und 5 mm Wandstärke, wenn $\varrho = 0,018$ zu setzen ist?

Lösung: Zunächst berechnet man den Querschnitt des Kupferrohrs. Da der Innendurchmesser $d_i = 40$ mm beträgt, die Wandstärke 5 mm, so ist der Außendurchmesser $d_a = 40 + 5 + 5 = 50$ mm. Der Kupferquerschnitt ist somit

$$q = \frac{d_a^2\, \pi}{4} - \frac{d_i^2\, \pi}{4} = \frac{\pi}{4}\,(50^2 - 40^2) = 706 \text{ mm}^2$$

$$R = \frac{\varrho\, l}{q} = \frac{0,018 \cdot 30}{706} = 0,000\,765\, \Omega.$$

Hohlseile.

Bei Energieübertragungen mittels Drehstrom höchster Spannungen muß man den Leitungen eine ungewöhnliche Dicke zur Verringerung der Koronaverluste geben, doch dabei versuchen, das Gewicht bei größter Zugfestigkeit möglichst klein zu halten.

25a. Ein Hohlseil besitzt einen äußeren Durchmesser von 42 mm. Auf einem Stützkörper aus Kupfer oder Bronze sind zwei Lagen von Flachkupferdrähten aufgeseilt. Die obere Lage besteht aus 24 Flachkupferdrähten von 5,05 mal 1,4 mm,

während die untere aus 18 Flachdrähten von 6,45 mm Breite
und 2,2 mm Dicke besteht.

Gesucht: a) Querschnitt q_1 der oberen Lage,
b) „ q_2 der unteren Lage,
c) Gesamtquerschnitt q,
d) der Widerstand von 1 km Hohlseil.

Abb. 2a. Ansicht eines Hohlseiles[1].

Lösungen:

Zu a): Der Querschnitt eines Drahtes ist $5,05 \cdot 1,4 = 6,65$ mm^2, damit der
24 Drähte der oberen Lage $q_1 = 24 \cdot 6,65 = 160$ mm^2.

Zu b): Der Querschnitt eines Drahtes der zweiten Lage ist
$6,45 \cdot 2,2 = 13,4$ mm^2. Also der 18 Drähte der unteren Lage
$q_2 = 18 \cdot 13,4 = 240$ mm^2.

Zu c): Der Gesamtquerschnitt $q = q_1 + q_2 = 160 + 240$
$= 400$ mm^2. (Der Stützkörper bleibt für den leitenden Kupferquerschnitt unberücksichtigt.)

Zu d): Da die Flachkupferdrähte verseilt sind, so ist die wirkliche Länge, die für die gerade Strecke in Betracht kommt, nicht
1 km sondern 2% größer. Damit wird $l = 1000 \cdot 1,02 = 1020$ m.

$$R = \frac{\varrho \cdot l}{q} = \frac{0,0175 \cdot 1020}{400} = 0,04427 \; \Omega \, .$$

§ 5. Widerstandszunahme.

Gesetz 4: Der Widerstand eines Leiters ändert sich mit der Temperatur, und zwar ist in normalen Temperaturgrenzen die Widerstandszunahme proportional der Temperaturerhöhung.

Bezeichnet α diejenige Größe, um welche 1 Ohm bei 1 Grad Temperaturerhöhung sich ändert, so nimmt ein Widerstand von R Ohm bei 1 Grad
um $R\alpha$ und bei ϑ (sprich: Theta) Grad Temperaturerhöhung um $R\alpha\vartheta$ Ohm
zu, beträgt also jetzt $R + R\alpha\vartheta$. Nennen wir diesen Widerstand R_{warm}, so ist

$$R_{\text{warm}} = R_{\text{kalt}} (1 + \alpha\,\vartheta) \text{ Ohm} . \tag{5}$$

α heißt Temperaturkoeffizient und ist der Tabelle 2 zu entnehmen.
R_{kalt} ist der Widerstand im kalten Zustande, nach Formel 4 berechnet,
und ϱ der Tabelle 2 entnommen, ist es der Widerstand bei 20°. ϑ ist die
Temperaturdifferenz zwischen der Temperatur t_{warm} und t_{kalt}, so daß
Formel 5 geschrieben werden kann:

$$R_{\text{warm}} = R_{\text{kalt}}[1 + \alpha(t_{\text{warm}} - t_{\text{kalt}})] . \tag{5a}$$

α ist nur angenähert konstant, so daß für genaue Ausrechnungen dies
berücksichtigt werden muß.

Für Kupfer setzt man $\alpha = \dfrac{1}{235 + t_{\text{kalt}}}$ und damit geht die Formel 5

---

[1] Die Abb. wurde aus dem Werke Krause-Vieweger, Leitfaden der
Elektrotechnik, Berlin: Julius Springer, entnommen.

über in

$$R_{\text{warm}} = R_{\text{kalt}} \frac{235 + t_{\text{warm}}}{235 + t_{\text{kalt}}} \text{ Ohm}. \tag{5b}$$

Die Temperaturdifferenz ergibt sich für Kupfer zu:

$$\vartheta = t_{\text{warm}} - t_{\text{kalt}} = \frac{R_{\text{warm}} - R_{\text{kalt}}}{R_{\text{kalt}}} (235 + t_{\text{kalt}}) \text{ Grad}. \tag{5c}$$

Die Endtemperatur von R_{warm} ist dann $t_{\text{warm}} = \vartheta + t_{\text{kalt}}$ Grad.

26. Die Wicklung einer Feldspule aus Aluminium hat, bei 20° Raumtemperatur gemessen, 0,5 [0,6] Ω Widerstand. Welchen Widerstand wird sie bei einer Temperatur von 70 [60]° besitzen?

Lösung: Die Temperaturdifferenz ist $\vartheta = t_{\text{warm}} - t_{\text{kalt}}$, $\vartheta = 70 - 20 = 50°$. Aus Tabelle 2 ist für Aluminium $\alpha = 0,0040$, damit nach Formel 5

$$R_{\text{warm}} = R_{\text{kalt}}(1 + \alpha \vartheta) = 0,5(1 + 0,0040 \cdot 50) = 0,6 \ \Omega.$$

27. Welchen Widerstand besitzt ein 400 [800] m langer Kupferdraht von 0,2 mm Durchmesser bei a) 20°, b) 60°?

Lösung: Zu a). Der Querschnitt ist

$$q = \frac{d^2 \pi}{4} = \frac{0,2^2 \pi}{4} = 0,0314 \text{ mm}^2; \text{ aus Tabelle 2 ist der Mittelwert}$$

von $\varrho = 0,0175$ also

$$R_{20} = \frac{0,0175 \cdot 400}{0,0314} = 223 \ \Omega.$$

Zu b). In Formel 5b ist: $R_{\text{kalt}} = 223 \ \Omega$, $t_{\text{kalt}} = 20°$, $t_{\text{warm}} = 60°$. Damit wird

$$R_{\text{warm}} = R_{\text{kalt}} \frac{235 + t_{\text{warm}}}{235 + t_{\text{kalt}}} = 223 \frac{235 + 60}{235 + 20} = 223 \cdot \frac{295}{255} = 258 \ \Omega.$$

28. Welche Temperatur hat die aus Kupfer bestehende Magnetwicklung einer Dynamomaschine angenommen, wenn ihr Widerstand bei 10° gemessen 1,85 [1,9] Ω, nach längerem Betrieb dagegen 1,95 [2,3] Ω betrug?

Lösung: Aus Formel 5b: $\vartheta = \frac{R_{\text{warm}} - R_{\text{kalt}}}{R_{\text{kalt}}} (235 + t_{\text{kalt}})$ folgt

$$\vartheta = \frac{1,95 - 1,85}{1,85} (235 + 10) = 13,2°, \text{ damit die Endtemperatur}$$

$$t_{\text{warm}} = \vartheta + t_{\text{kalt}} = 13,2 + 10 = 23,2°.$$

29. Eine Spule von 15 [30] mm (Abb. 3) innerem Durchmesser ist mit einem 0,3 [0,4] mm dicken Kupferdraht, der mit Seide besponnen ist, bewickelt, und zwar liegen 125 [200] Drähte nebeneinander und 100 [90] Lagen übereinander, so daß der äußere

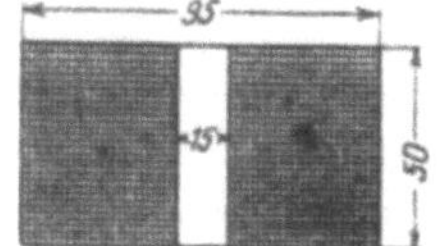

Abb. 3. Spulenabmessungen zu Aufgabe 29.

Durchmesser der Spule 95 [120] mm beträgt. Welchen Widerstand besitzt die Spule bei 20°?

Lösung: Es sind aufgewickelt $125 \cdot 100 = 12\,500$ Windungen. Die Länge aller Windungen findet man (vgl. Aufgabe 23), indem man die Länge der **mittleren Windung** bestimmt und diese mit der **Anzahl** der Windungen multipliziert. Der mittlere Durchmesser ist $\dfrac{95 + 15}{2} = 55$ mm, also die Länge der mittleren Windung

$$l_m = d\pi = 55\pi = 173 \text{ mm};$$

die Länge aller Windungen ist daher $173 \cdot 12\,500$ mm $= 2160$ m. Der Widerstand bei $20°$ ist also

$$R_{\text{kalt}} = \frac{0{,}0175 \cdot 2160}{0{,}3^2 \cdot \dfrac{\pi}{4}} = 535\ \Omega.$$

30. Nach längerem Stromdurchgang stieg der Widerstand um $76\ [80]\ \Omega$. Um wieviel Grad war die Temperatur gestiegen?

Lösung: Da die Widerstandszunahme $R_{\text{warm}} - R_{\text{kalt}} = 76\ \Omega$, wird die Temperaturerhöhung

$$\vartheta = \frac{R_{\text{warm.}} - R_{\text{kalt}}}{R_{\text{kalt}}}(235 + t_{\text{kalt}}) = \frac{76}{535}(235 + 20) = 36{,}2°.$$

31. Bei Berechnung von Dynamo-Ankern setzt man für den spezifischen Widerstand des Kupfers häufig $\varrho = 0{,}02\ [0{,}0195]$. Mit welcher Endtemperatur des Drahtes wird in diesem Falle gerechnet?

Lösung: Die Temperaturerhöhung ist

$$\vartheta = \frac{R_{\text{warm}} - R_{\text{kalt}}}{R_{\text{kalt}}}(235 + t_{\text{kalt}}), \text{ hierin ist:}$$

$$R_{\text{warm}} = 0{,}02\ \Omega, \quad R_{\text{kalt}} = R_{20} = 0{,}0175\ \Omega, \quad t_{\text{kalt}} = 20°,$$

wenn man der Einfachheit halber die Länge des Drahtes $= 1$ m und den Querschnitt $q = 1$ mm^2 setzt. Es ist dies ϱ_ϑ bzw. ϱ_{20}.

$$\vartheta = \frac{0{,}02 - 0{,}0175}{0{,}0175}(235 + 20) = \frac{0{,}0025}{0{,}0175} \cdot 255 = 36{,}4°. \text{ Also wird die}$$

Endtemperatur des Drahtes $t_{\text{warm}} = 20 + 36{,}4 = 56{,}4°$.

32. Um den Temperatur-Koeffizienten eines Widerstandsdrahtes zu bestimmen, wurde aus letzterem eine Spule gefertigt und dieselbe in ein mit Öl gefülltes Gefäß gestellt. Durch Erwärmen des Gefäßes konnte der Draht auf beliebige Temperatur gebracht werden. Es ergab sich hierbei, daß bei $20°$ der Widerstand der Spule $10\ [12{,}5]\ \Omega$ betrug. Bei $60\ [70]°$ war der Widerstand auf $11\ [15]\ \Omega$ angestiegen. Wie groß ist hiernach der Temperaturkoeffizent?

Lösung: Aus der Formel 5 $R_{\text{warm}} = R_{\text{kalt}}(1 + \alpha\vartheta)$ folgt, da $\vartheta = 60 - 20 = 40°$ ist,

$$\alpha = \frac{R_{\text{warm}} - R_{\text{kalt}}}{R_{\text{kalt}}\,\vartheta} = \frac{11 - 10}{10 \cdot 40} = 0{,}0024.$$

§ 6. Ohmsches Gesetz.

Um die beiden elektrischen Fluida zu trennen, ist (wie oben erwähnt) eine Kraft nötig, die man elektromotorische Kraft (abgekürzt EMK) nennt, und die ihren Sitz in der Stromquelle hat. Sie ist die Ursache, daß in einem durch einen Leiter geschlossenen Stromkreis ein elektrischer Strom fließt. Die Einheit der EMK ist das Volt (V). 1000 Volt nennt man 1 Kilovolt (kV).

Der Strom findet auf seinem Wege einen Widerstand, dessen Einheit 1 Ohm ($1\,\Omega$) genannt wird, und zwar ist er desto kleiner, je größer der Widerstand ist. Es besteht also das Gesetz:

Gesetz 5: Die Stromstärke ist der wirksamen elektromotorischen Kraft direkt, dem Gesamtwiderstande umgekehrt proportional.

Bezeichnet J die Stromstärke in Ampere, E die wirksame elektromotorische Kraft in Volt und R den Gesamtwiderstand des Stromkreises in Ohm (Ω), so ist

$$J = \frac{E}{R} \text{ Ampere (A)}. \tag{6}$$

33. Ein Element besitzt eine EMK von $E = 1,8\ [2,01]$ V und einen inneren Widerstand von $R_i = 0,2\ [0,07]\ \Omega$. Welche Stromstärke liefert dasselbe, wenn in den äußeren Stromkreis $R_N = 0,7\ [0,3]\ \Omega$ eingeschaltet werden?

Lösung: Der Gesamtwiderstand R besteht aus dem inneren Widerstande des Elementes $R_i = 0,2\ \Omega$ und dem äußeren $R_N = 0,7\ \Omega$, so daß $R = 0,2 + 0,7 = 0,9\ \Omega$ ist; mithin wird

$$J = \frac{1,8}{0,9} = 2\ \text{A}.$$

34. Ein Element besitzt eine EMK von $1,2\ [1,42]$ V und einen inneren Widerstand von $0,5\ [0,3]\ \Omega$; wie groß ist der äußere Widerstand, wenn die Stromstärke $0,8\ [1,3]$ A beträgt?

Lösung: Aus der Formel 6 $J = \frac{E}{R}$ folgt der Gesamtwiderstand $R = \frac{E}{J} = \frac{1,2}{0,8} = 1,5\ \Omega$. Nun setzt sich dieser Widerstand zusammen aus dem Innern des Elementes $R_i = 0,5\ \Omega$ und dem gesuchten äußeren Widerstand R_N, also $R_N + R_i = R$; daraus folgt

$$R_N = R - R_i = 1,5 - 0,5 = 1\ \Omega.$$

35. Eine Batterie von $6\ [15]$ hintereinandergeschalteten Elementen (Abb. 4) derselben Art liefert in einen äußeren Stromkreis von $5\ [8]\ \Omega$ Widerstand einen Strom von $2\ [2,5]$ A. Der innere Widerstand der Batterie beträgt bei Hinter-

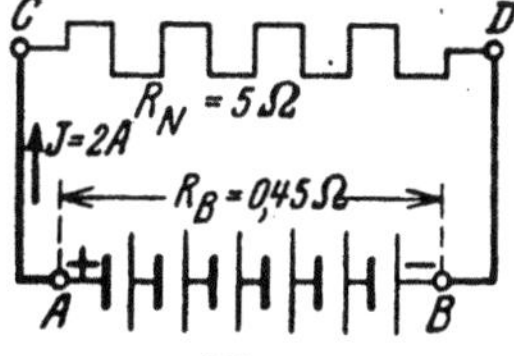

Abb. 4.
Schaltung zu Aufgabe 35.

einanderschaltung der Elemente 0,45 [0,75] Ω. Wie groß ist hiernach:

a) die EMK der Batterie,

b) die EMK eines Elementes,

c) der innere Widerstand eines Elementes?

Lösungen:

Zu a): Aus Gl 6 folgt $E = J R$; es ist

$$R = R_N + R_B = 5 + 0,45 = 5,45\ \Omega,$$

damit $\qquad E = 2 \cdot 5,45 = 10,9\ \mathrm{V}.$

Zu b): Da die EMK der Batterie 10,9 V ist, so ist die eines Elementes $10,9 : 6 = 1,81\ \mathrm{V}.$

Zu c): Der innere Widerstand aller Elemente ist $R_B = 0,45\ \Omega$, also der eines Elementes $0,45 : 6 = 0,075\ \Omega.$

36. Eine Batterie besteht aus sechs verschiedenen, jedoch hintereinandergeschalteten Elementen, nämlich 2 Daniell-, 2 Grove und 2 Bunsenelementen. Die EMK eines Daniells ist 1,068 [1,06] V, der innere Widerstand 2,8 [3] Ω; die EMK eines Groves ist 1,79 [1,8] V, der innere Widerstand 0,7 [0,6] Ω; die EMK eines Bunsens beträgt 1,88 [2,026] V, der innere Widerstand 0,24 [0,67] Ω. Welcher Strom fließt in dem Stromkreise, wenn der äußere Widerstand 2 [6] Ω beträgt?[1]

Lösung: Die EMK der Batterie ist:

$$2(1,068 + 1,79 + 1,88) = 9,476\ \mathrm{V}.$$

Der innere Widerstand ist: $R_B = 2\,(2,8 + 0,7 + 0,24) = 7,48\ \Omega$, der Gesamtwiderstand also $R = R_N + R_B = 2 + 7,48 = 9,48\ \Omega$, die gesuchte Stromstärke ist daher $J = 9,476 : 9,48 \approx 1\ \mathrm{A}.$

37. Aus Versehen wurde bei der Schaltung in der vorigen Aufgabe das eine Bunsenelement verkehrt geschaltet, es wurde nämlich der positive Pol dieses Elementes nicht mit dem negativen, sondern mit dem positiven des nächsten verbunden. Wie groß war infolgedessen die **wirksame elektromotorische Kraft** und die Stromstärke?

Lösung: Die **wirksame EMK** besteht aus der Summe der elektromotorischen Kräfte der beiden Daniell- und Groveelemente, der EMK des einen richtig geschalteten Bunsens **minus** der EMK des falsch geschalteten Bunsenelementes, also

$$2 \cdot 1,068 + 2 \cdot 1,79 + 1,88 - 1,88 = 5,716\ \mathrm{V}.$$

Der innere Widerstand ist derselbe geblieben, beträgt also 7,48 Ω, so daß die Stromstärke jetzt nur noch

$$J = \frac{5,716}{9,48} = 0,604\ \mathrm{A}\ \text{ist.}$$

---

[1] Wenn auch heute nicht mehr angewandt, so gestattet gerade diese Aufgabe, das Ohmsche Gesetz zu erläutern.

Anmerkung. Das falsch geschaltete Element stellt eine elektromotorische Kraft dar, die dem Strome entgegenwirkt; man nennt sie deshalb elektromotorische Gegenkraft. Unter der wirksamen elektromotorischen Kraft hat man stets die algebraische Summe der elektromotorischen Kräfte, die in dem Stromkreise wirken, zu verstehen.

38. Eine Akkumulatorenbatterie besteht aus 36 [55] hintereinandergeschalteten Zellen von je 2 V EMK und 0,008 [0,003] Ω innerem Widerstand. Welcher Strom fließt durch einen äußeren Widerstand von 2 [3,5] Ω?

$$\text{Lösung: } J = \frac{36 \cdot 2}{36 \cdot 0,008 + 2} = 31,5 \text{ A}.$$

39. Beim Laden der Akkumulatoren steigt die EMK einer Zelle zunächst auf 2,2 [2,23] V an, während der innere Widerstand (siehe Aufgabe 38) nahezu unverändert bleibt. Welche EMK muß die zum Laden benutzte Maschine G (Abb. 5) besitzen, wenn der Widerstand der Maschine und der Zuleitungsdrähte 0,1 [0,34] Ω beträgt und die Ladung mit 30 [65] A Strom vor sich gehen soll?

Lösung: Beim Laden muß der positive Pol der Maschine mit dem positiven Pol der Batterie verbunden sein. Es ist also die EMK der Batterie dem Strome entgegengerichtet. Bezeichnet daher x die gesuchte EMK der Maschine, so ist

$$J = \frac{x - 36 \cdot 2,2}{36 \cdot 0,008 + 0,1} = \frac{x - 79,2}{0,288 + 0,1} = 30 \text{ A},$$

und daraus $x = 30 \cdot 0,388 + 79,2 = 90,84$ V.

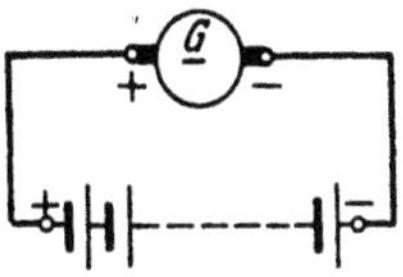

Abb. 5. Laden von Akkumulatoren zu Aufgabe 39.

40. Die EMK einer Zelle wächst beim Laden und erreicht kurz vor Beendigung der Ladung den Wert von 2,5 [2,6] V. Mit welcher Stromstärke wird die Batterie noch geladen werden, wenn die EMK der Maschine und der gesamte Widerstand also $R = 0,388 \Omega$, der in der vorigen Aufgabe angegebene bleibt?

$$\text{Lösung: } J = \frac{90,84 - 36 \cdot 2,5}{0,388} = 2,16 \text{ A}.$$

41. Bei welcher EMK der Akkumulatorenbatterie wird die Ladestromstärke 12 [15] A betragen?

$$\text{Lösung: } 12 = \frac{90,84 - y}{0,388}; \quad y = 90,84 - 12 \cdot 0,388 = 86,184 \text{ V}.$$

Die EMK einer Zelle ist daher $86,184 : 36 = 2,39$ V.

42. Wie hoch muß die EMK der zur Ladung benutzten Maschine gesteigert werden können, wenn am Ende der Ladung, d. h. bei 2,5 [2,6] V EMK pro Zelle, die Stromstärke noch 20 [16] A betragen soll?

Lösung: Aus $J = \dfrac{E}{R}$ folgt für $J = 20$ A und $R = 0{,}388\ \Omega$, die erforderliche wirksame EMK: $E = JR = 20 \cdot 0{,}388 = 7{,}76$ V. Da die EMK der Batterie $E_B = 2{,}5 \cdot 36 = 90$ V ist, so muß die EMK der Maschine $E_M = 90 + 7{,}76 = 97{,}76$ V sein.

43. Wenn ein Strom in einen Elektromotor geschickt wird, so wird in demselben eine elektromotorische Gegenkraft erzeugt. Wie groß ist dieselbe, wenn die EMK der Stromquelle 66 [110] V, die Stromstärke 20 [18] A und der gesamte Widerstand des Stromkreises 0,1 [0,157] Ω beträgt?

Lösung: Aus $J = \dfrac{\text{wirksame EMK}}{\text{Gesamtwiderstand}} = \dfrac{E}{R}$ folgt für $J = 20$ A und $R = 0{,}1\ \Omega \qquad E = JR = 20 \cdot 0{,}1 = 2$ V.

Da die EMK der Stromquelle 66 Volt ist, so ist die Gegen-EMK des Motors $= 66 - 2 = 64$ V.

44. Um ein Dynamometer zu eichen, wird dasselbe mit einem Knallgasvoltameter in den Stromkreis zweier hintereinandergeschalteter Akkumulatoren von je 1,95 [2] V EMK geschaltet. Der Widerstand des ganzen Stromkreises beträgt 0,5 [0,8] Ω. Welcher Strom fließt in dem geschlossenen Kreise, wenn das Knallgasvoltameter eine elektromotorische Gegenkraft von 2 [2,1] V entwickelt?

Lösung: Die EMK der beiden Zellen ist $E_A = 2 \cdot 1{,}95 = 3{,}90$ V, während die gegenelektromotorische Kraft des Knallgasvoltameters gemäß Aufgabe 2 V beträgt, damit ist die im Stromkreis wirksame EMK $\qquad E = E_A - 2 = 3{,}9 - 2 = 1{,}9$ V, mithin

$$J = \frac{E}{R} = \frac{1{,}9}{0{,}5} = 3{,}8 \ \text{A}.$$

§ 7. Spannungsverlust.

Aus der Formel 6 folgt $E = JR$ Volt. Es stellt also das Produkt aus Strom und Widerstand eine Spannung vor. Nun besteht aber der Widerstand R gewöhnlich aus einer Anzahl einzelner Widerstände $R_1, R_2 \ldots R_i$, es ist daher auch $E = JR_1 + JR_2 \ldots JR_i$. JR_1 stellt die Spannung an den Enden des Widerstandes R_1, JR_2, die an den Enden des Widerstandes R_2 und so fort dar. Man kann aber auch sagen, JR_1 ist der Teil der EMK, der in dem Widerstande R_1 verbraucht wurde, weshalb dieser Teil der EMK auch mit Teilspannung bezeichnet wird. Da aber diese Teilspannung für den eigentlichen Stromkreis verlorengeht, so spricht man auch vom Spannungsverlust. Z. B. ist JR_i der Spannungsverlust im Innern einer Stromquelle. Wird die Teilspannung JR_2 in einem Nutzstromkreis verbraucht, so spricht man auch von Nutzspannung. Wir merken uns daher das

Gesetz 6: Fließt ein Strom durch einen Leiter, so geht in demselben Spannung verloren, und dieser Spannungsverlust, gemessen in Volt, ist

gleich dem Produkte aus der **Stromstärke, gemessen in Ampere, und aus dem Widerstande des betreffenden Leiters, gemessen in Ohm.**

Anstatt zu sagen, es geht Spannung verloren, kann man auch sagen:

An den Enden des Leiters herrscht eine Spannung, die durch das Produkt aus Stromstärke und Widerstand bestimmt ist.

Bezeichnet U_k die Spannung an den Enden des Widerstandes R, J die durch denselben fließende Stromstärke, so ist

$$U_k = JR \text{ Volt.} \tag{7}$$

45. Welche Spannung herrscht an den Enden eines Widerstandes von 100 [133] Ω, wenn durch denselben ein Strom von 0,05 [0,35] A fließt?

Lösung: $U_k = 0,05 \cdot 100 = 5 \text{ V}$.

46. An den Enden eines Widerstandes von 5000 [8000] Ω herrscht eine Spannung von 65 [100] V. Welcher Strom fließt durch diesen Widerstand?

Lösung: $J = \dfrac{U_k}{R} = \dfrac{65}{5000} = 0,013 \text{ A}$.

47. Um den Widerstand eines Leiters $\overline{AB}$ (Abb. 6) zu bestimmen, wird die Spannung zwischen den Punkten A und B und die durchfließende Stromstärke J gemessen. Wie groß ist hiernach der Widerstand zwischen A und B?

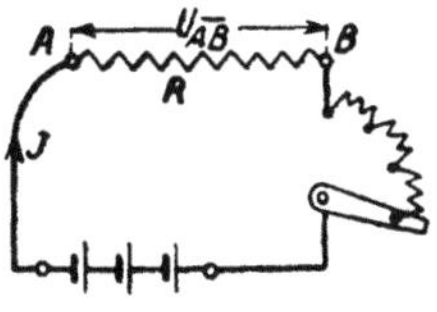

Lösung: Ist R der Widerstand zwischen den Klemmen A und B und $U_{\overline{AB}}$ die zugehörige, gemessene Spannung, dann folgt aus Formel 7

$$R = U_{\overline{AB}} : J \text{ Ohm.} \tag{7a}$$

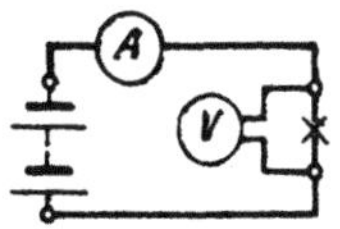

Abb. 6. Indirekte Widerstandsmessung.

Diese Art der Widerstandsbestimmung heißt indirekte Widerstandsmessung.

48. Text wie in Aufgabe 47. Es ist dabei $U_{\overline{AB}} = 1,8$ [3,4] V und $J = 0,3$ [1,7] A gemessen worden.

Lösung: $R = \dfrac{U_{\overline{AB}}}{J} = \dfrac{1,8}{1,3} = 6 \; \Omega$.

49. Um den Widerstand einer hochkerzigen Metalldrahtlampe im warmen Zustand zu messen, wurde ein Spannungsmesser V an die Klemmen der Lampe angelegt, ein Strommesser A in den Lampenstromkreis geschaltet, wie Abb. 7 zeigt, und dabei gemessen: $U_L = 110$ [220] V, $J = 1,82$ [7,28] A. Wie groß ist demnach der Widerstand der leuchtenden Lampe?

Abb. 7. Widerstandsbestimmung einer Glühlampe im warmen Zustande.

Lösung: $R = U_L : J = 110 : 1,82 = 60,5\ \Omega$. Dabei ist angenommen, daß der Stromverbrauch des Spannungsmessers V so klein im Vergleich zum Stromverbrauch der Lampe ist, daß er unberücksichtigt bleiben kann. (Siehe Spannungsmessung.)

50. An den Klemmen A und B (Abb. 8) einer Batterie von mehreren hintereinandergeschalteten Elementen herrscht eine

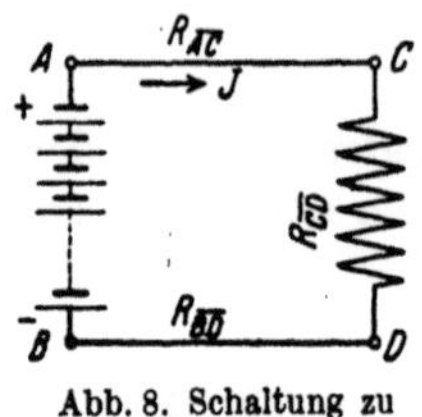

Abb. 8. Schaltung zu Aufgabe 50.

Spannung von 65 [110] V. Durch den Nutzwiderstand $R_{\overline{CD}}$ fließen 20 [30] A. Welche Spannung besteht zwischen den Punkten C und D, wenn jeder der beiden Zuleitungsdrähte $R_{\overline{AC}}$ und $R_{\overline{BD}}$ 0,5 [0,3] Ω Widerstand besitzt?

Lösung: An den Enden der Leitung $\overline{AC}$ bzw. $\overline{BD}$ herrscht eine Spannung von $20 \cdot 0,5 = 10$ V; wenn also die Spannung zwischen A und B 65 V beträgt, so muß sie, da $2 \cdot 10 = 20$ V Spannung in der Leitung verlorengehen, zwischen C und D 20 V weniger betragen, also muß $U_{\overline{CD}} = 45$ V sein.

51. Der Nutzwiderstand $R_{\overline{CD}}$ (Abb. 8) besteht aus einer Anzahl von Lampen, durch die 15 [12] A fließen. Die Widerstände der Zuleitungen $\overline{AC}$ und $\overline{BD}$ betragen zusammen 0,2 [0,3] Ω. Welche Spannung herrscht zwischen C und D, wenn die Klemmenspannung der Stromquelle 67 [113,6] V beträgt?

Lösung: Der Spannungsverlust in den beiden Zuleitungen $\overline{AC}$ und $\overline{BD}$ ist $\delta = 15 \cdot 0,2 = 3$ V, also ist die Spannung in $\overline{CD}$ um 3 V kleiner als die in $\overline{AB}$, demnach $U_{\overline{CD}} = 67 - 3 = 64$ V.

52. Fünf Bunsenelemente (Abb. 8) von je 1,8 [1,85] V EMK und 0,2 [0,25] Ω innerem Widerstande sind hintereinandergeschaltet. Der äußere Stromkreis besteht aus den beiden Zuleitungsdrähten $\overline{AC}$ und $\overline{BD}$ von je 0,08 [0,05] Ω und dem Nutzwiderstande $\overline{CD}$ (parallelgeschaltete Glühlampen) von 3 [4,5] Ω.

Gesucht wird:

a) der innere Widerstand R_i der Batterie,

b) der Widerstand des äußeren Stromkreises R_a,

c) der Gesamtwiderstand R des Stromkreises,

d) die Stromstärke J,

e) die Klemmenspannung $U_{\overline{AB}}$,

f) der Spannungsverlust δ in den Zuleitungen $\overline{AC}$ und $\overline{BD}$,

g) die Spannung zwischen C und D, d. h. an den Klemmen des Nutzwiderstandes.

Lösungen:

Zu a): $R_i = n R_i = 5 \cdot 0,2 = 1\ \Omega$.

Zu b): $R_a = R_{\overline{AC}} + R_{\overline{CD}} + R_{\overline{DB}} = 0,08 + 3 + 0,08 = 3,16\ \Omega$.

Zu c): Der Widerstand des ganzen Stromkreises ist
$$R = R_i + R_a = 1 + 3,16 = 4,16\ \Omega.$$

Zu d) Aus Formel 6 folgt, da die EMK der Batterie
$$E_B = 5 \cdot 1,08 = 9\ \text{V ist,}\quad J = \frac{E_B}{R} = \frac{9}{4,16} = 2,16\ \text{A}.$$

Zu e): Die Klemmenspannung $U_{\overline{AB}}$ zwischen A und B ist um den Spannungsverlust im Innern kleiner als die EMK der Batterie E_B, also $U_{\overline{AB}} = U_K = E_B - J R_i = 9 - 2,16 \cdot 1 = 6,84$ V.

Oder: Klemmenspannung = Strom $\times$ äußerer Widerstand.
$$U_K = 2,16 \cdot 3,16 = 6,84\ \text{V}.$$

Zu f): Bezeichnet δ den Spannungsverlust in den Zuleitungen $\overline{AC}$ und $\overline{BD}$, so ist
$$\delta = J (R_{\overline{AC}} + R_{\overline{BD}}) = 2,16\ (0,08 + 0,08) = 0,346\ \text{V}.$$

Zu g): $U_{\overline{CD}} = U_K - \delta = 6,84 - 0,346 = 6,494$ V.

$U_{\overline{CD}}$ ist also die Lampenspannung, die oft mit U_L bezeichnet wird.

53. Wie groß ist die Klemmenspannung an jedem der Elemente in Aufgabe 36, S. 16?

Lösung: Die Klemmenspannung eines Elements ist um den inneren Spannungsverlust kleiner als die EMK, also
$$U_k = E - J R_i.$$
Nun ist für ein Bunsenelement der Aufgabe 36
$$E = 1,88\ \text{V},\quad R_i = 0,24\ \Omega,\quad J = 1,00\ \text{A,}$$
folglich Klemmenspannung an jedem einzelnen Bunsenelemente:
$$U_k = 1,88 - 1,00 \cdot 0,24 = 1,64\ \text{V}.$$

Für das Groveelement ist $E = 1,79$ V, $R_i = 0,7\ \Omega$, also
$$U_k = 1,79 - 1,00 \cdot 0,7 = 1,09\ \text{V}.$$

Für ein Daniell ist endlich $E = 1,068$ V, $R_i = 2,8\ \Omega$, also
$$U_k = 1,068 - 1,00 \cdot 2,8 = -1,732\ \text{V},$$

d. h. die beiden Daniellelemente in Aufgabe 36, S. 16, wirken wie ein Widerstand, und die Stromstärke ist deshalb eine größere, wenn diese Elemente weggelassen werden.

54. Von einer aus 60 [80] Zellen bestehenden Akkumulatorenbatterie (Abb. 9) von je 2 [1,95] V EMK und 0,0008 [0,0006] Ω

innerem **Widerstand** wird ein Strom von 20 [25] A nach einem 300 [250] m entfernten Elektromotor geschickt. Die Leitung be-

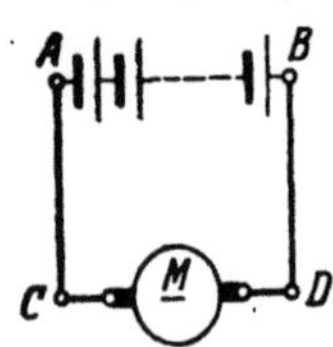

Abb. 9. Schaltung zu Aufgabe 54.

steht aus einem 4 [5] mm dicken Kupferdraht, während der innere Widerstand des Motors 0,5 [0,6] Ω beträgt.

Gesucht wird:

a) der Widerstand der Leitung ($\varrho = 0,0175$),

b) die Klemmenspannung U_K der Batterie,

c) der Spannungsverlust in den Leitungen $\overline{AC}$ und $\overline{BD}$,

d) die Klemmenspannung des Motors,

e) die elektromotorische Gegenkraft E_g des Motors.

Lösungen:

Zu a): Da der Motor von der Stromquelle 300 m entfernt ist, so ist die Hinleitung 300 m und die Rückleitung 300 m, also die gesamte Leitungslänge $l = 600$ m, mithin wird (Formel 4)

$$R_L = \frac{\varrho l}{q} = \frac{0,0175 \cdot 600}{4^2 \frac{\pi}{4}} = 0,835 \,\Omega\,.$$

Zu b): Es ist $U_k = E - J R_i = 60 \cdot 2 - 20 \cdot 60 \cdot 0,0008 = 119,04$ V.

Zu c): Der Spannungsverlust in den Leitungen $\overline{AC}$ und $\overline{BD}$ ist $\delta = J R_L = 20 \cdot 0,835 = 16,7$ V.

Zu d): Die Klemmenspannung zwischen C und D ist um 16,7 V kleiner als die zwischen A und B, also

$$U_{\overline{CD}} = 119,04 - 16,7 = 102,34 \text{ V}.$$

Zu e): Die elektromotorische Gegenkraft E_g des Motors muß um den Spannungsverlust im innern Widerstand kleiner sein als seine Klemmenspannung, also

$$E_g = U_{\overline{CD}} - J R_{\text{Motor}} = 102,34 - 20 \cdot 0,5 = 92,34 \text{ V}$$

Die Lösung zu e) könnte auch in folgender Weise vorgenommen werden (vgl. Aufgabe 39, S. 17):

$$J = \frac{E_1 - E_g}{R}; \text{ hier ist } J = 20 \text{ A}, \; E_1 = 60 \cdot 2 = 120 \text{ V}.$$

und $R = 60 \cdot 0,0008 + 0,835 + 0,5 = 1,383\, \Omega$, so daß

$$E_g = E_1 - J R = 120 - 20 \cdot 1,383 = 92,34 \text{ V wird}.$$

55. Welchen theoretischen Querschnitt müssen die Zuleitungen $\overline{AC}$ und $\overline{BD}$ (Abb. 9) besitzen, wenn der Spannungsverlust 5 [8] V betragen soll?

Lösung: Aus $\delta = J R_L$ folgt $R_L = \dfrac{\delta}{J} = \dfrac{5}{20} = 0,25\,\Omega$.

Aus $R_L = \dfrac{\varrho\,l}{q}$ folgt $q = \dfrac{\varrho\,l}{R_L} = \dfrac{0,0175 \cdot 2 \cdot 300}{0,25} = 42\,\text{mm}^2{}^*$.

56. Welcher Strom würde in dem Kreise $ABDCA$ (Abb. 9) fließen, wenn in dem Motor keine elektromotorische Gegenkraft aufträte und die übrigen Angaben der Aufgabe 54 entsprächen?

Lösung: $J = \dfrac{E}{R} = \dfrac{60 \cdot 2}{60 \cdot 0,0008 + 0,835 + 0,5} = 88\,\text{A}$.

Anmerkung: Die elektromotorische Gegenkraft des Motors ist Null, solange noch keine Drehung des Ankers stattfindet, also z. B. beim Ingangsetzen. Damit der Strom hierbei nicht übermäßig anwächst, muß ein ausschaltbarer Widerstand R_A (Anlaßwiderstand) vor den Motor geschaltet werden, wie dies in Abb. 10 veranschaulicht ist.

57. Wie groß muß der Anlaßwiderstand R_A gemacht werden, damit beim Anlauf des Motors die Stromstärke 30 A nicht überschreitet?

Lösung: Bezeichnet R_A die Größe des Anlaßwiderstandes, so ist der Widerstand des ganzen Stromkreises

$$R = 60 \cdot 0,0008 + 0,835 + 0,5 + R_A,$$

andererseits ist

$$R = \dfrac{E}{J} = \dfrac{120}{30} = 4\,\Omega$$

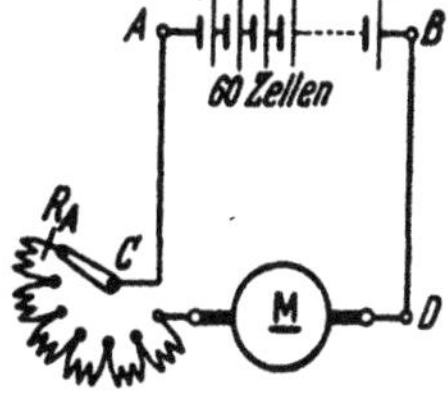

Abb. 10. Motor mit Anlasser zu Aufgabe 57.

und damit $R_A = 4 - 60 \cdot 0,0008 - 0,835 - 0,5 = 2,617\,\Omega$.

58. Welcher Spannungsverlust tritt in der 1000 [700] m langen Kupferleitung in Aufgabe 21 Seite 10 auf, wenn daselbst 80 A gebraucht werden?

Lösung: $\delta = J R_{Cu} = 80 \cdot 0,35 = 28,0\,\text{V}$.

59. Wie groß ist der Spannungsverlust in der in der Aufgabe 21 angegebenen Stahlschiene?

Lösung: $\delta = J R_s = 80 \cdot 0,0229 = 1,832\,\text{V}$.

60. Die Erzeugungsstelle eines elektrischen Stromes ist 300 m von der Verbrauchsstelle entfernt. An der letzteren wird ein Strom von 200 A bei 120 V Spannung gebraucht. Wie dick müssen die Zuleitungsdrähte gewählt werden, wenn der Spannungsverlust in der Leitung 30 [10] V betragen soll für Leitungen aus Kupfer?

---

* Der Querschnitt muß auf einen normalen aufgerundet und auf Feuersicherheit kontrolliert werden (siehe Tabelle 3 Seite 24).

Lösung: Aus $\delta = JR_L$ folgt $R_L = \dfrac{\delta}{J} = \dfrac{30}{200} = \dfrac{3}{20}\,\Omega$, worin R_L den Widerstand der 300 m langen Hin- und ebenso langen Rückleitung bezeichnet; es ist also $l = 600$ m. Aus

$$R_L = \frac{\varrho\,l}{q} \quad \text{folgt} \quad q = \frac{\varrho\,l}{R_L} = \frac{0,0175\cdot 600}{\dfrac{3}{20}} = 68,8\,\text{mm}^2, \quad \text{damit}$$

$$d = \sqrt{\frac{68,8\cdot 4}{\pi}} = 9,35\,\text{mm} .$$

Bemerkung: Nach Tabelle 3 darf ein isolierter Leitungsdraht aus Kupfer von 70 mm² 200 A Strom führen, um als feuersicher zu gelten.

Tabelle 3. Zulässige Dauerbelastung von isolierten Kupferdrähten und blanken unter 50 mm².

Normale Querschnitte in mm²	0,75	1	1,5	2,5	4	6	10	16	25	35	50	70	95	120	150
Höchste dauernd zulässige Stromstärke	9	11	14	20	25	31	43	75	100	125	160	200	240	280	325

Soll nicht Kupfer, sondern Aluminium als Leitungsmaterial verwendet werden, so wird der erforderliche Querschnitt wie folgt berechnet:

$$R_{Cu} = \frac{\varrho_{Cu}}{q_{Cu}}\cdot l \quad \text{und} \quad R_{Al} = \frac{\varrho_{Al}}{q_{Al}}\cdot l .$$

Der Widerstand der Leitung soll bei beiden Materialien derselbe sein, also

$$R_{Cu} = R_{Al} \quad \frac{\varrho_{Cu}}{q_{Cu}}\cdot l = \frac{\varrho_{Al}}{q_{Al}}\cdot l, \quad \text{daraus} \quad q_{Al} = \frac{\varrho_{Al}}{\varrho_{Cu}}\cdot q_{Cu} .$$

Nach Tabelle 2 ist $\varrho_{Al} = 0,03\ldots0,04$ und $\varrho_{Cu} = 0,0172 - 0,0178$, damit $q_{Al} = \dfrac{0,03}{0,0175}\,q_{Cu} = 1,7\,q_{Cu}$. Oder für Zinkdrähte

$$q_{Zn} = \frac{0,063}{0,0175}\,q_{Cu} = 3,6\,q_{Cu} .$$

61. Welcher Querschnitt wäre in der vorigen Aufgabe zu nehmen, wenn Aluminium [Eisen] statt Kupfer gewählt wird?

Lösung: Errechnet wurde für 30 V Spannungsverlust ein Kupferquerschnitt von 68,8 mm²; da derselbe Verlust auftreten darf, wenn Aluminium verwendet wird, so ist

$$q_{Al} = 1,7\cdot q_{Cu} = 1,7\cdot 68,8 = 117\,\text{mm}^2$$

und somit der normale zu verlegende Querschnitt nach Tabelle 3

$$q_{Al} = 120\,\text{mm}^2 .$$

62. Welcher Spannungsverlust tritt bei diesem verlegten Querschnitt in der Aufgabe 61 nun wirklich auf?

Lösung: $\delta = JR_L$, $R_L = \dfrac{\varrho_{Al}\,l}{q_{Al}} = \dfrac{0,03\cdot 600}{120} = 0,15\,\Omega$,

$$\delta = 200\cdot 0,15 = 30\,\text{V} .$$

Weitere Aufgaben siehe Abschnitt IV. Leitungsberechnung.

Die in einem Leiter auf 1 mm² Querschnittsfläche entfallende Stromstärke nennt man die Stromdichte s im Drahte. Bei kleineren Querschnitten läßt man größere Stromdichten zu, wie sie aus der Tabelle 3 berechnet werden können.

63. Mit welcher Stromdichte darf ein isolierter Kupferdraht von 6 [35] mm² Querschnitt belastet werden?

Lösung: Aus Tabelle 3 findet man, daß die maximale Stromstärke für 6 mm² Querschnitt 31 A beträgt. Damit wird die höchste, zulässige Stromdichte

$$s = \frac{J}{q} = \frac{31}{6} = 5{,}16 \text{ A/mm}^2.$$

64. Wie groß ist aber die Stromdichte bei 70 [150] mm² Querschnitt?

Lösung: Ein Stromleiter aus 70 mm² starkem Kupfer darf laut Tabelle mit höchstens 200 A belastet werden, damit wird die größte, zulässige Stromdichte

$$s = \frac{J}{q} = \frac{200}{70} = 2{,}85 \text{ A/mm}^2.$$

Spannungsmessung.

Mit jedem Amperemeter kann man auch Spannungen messen, wenn der Eigenwiderstand R_g des Strommessers bekannt ist. Es ist dann die gemessene Spannung $U_k = J_g R_g$ Volt.

Mit dem 100 Ω Drehspulgalvanometer, dessen Eigenwiderstand also $R_g = 100\ \Omega$ ist, und welches eine Stromstärke von $J_g = \dfrac{\alpha}{10000}$ A, also im Maximum $J_g = \dfrac{150}{10000} = 0{,}015$ A anzeigen kann, wird die maximale Spannung

$$U_k = J_g R_g = 0{,}015 \cdot 100 = 1{,}5 \text{ Volt.}$$

Sollen nun höhere Spannungen gemessen werden, so muß man bedenken, daß die Stromspule einen größeren Strom als 0,015 A nicht verträgt, man muß daher, entsprechend der zu messenden Spannung, einen Vorwiderstand R_v in den Stromkreis des Instruments einschalten, wie Abb. 11 dies zeigt. Solche Vorwiderstände werden in Kästen, für mehrere Meßbereiche, untergebracht, und kann der jeweilige Widerstand durch Stecken eines Stöpsels eingeschaltet werden.

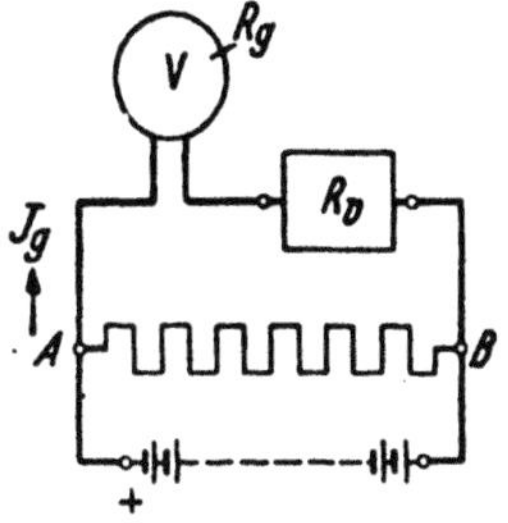

Abb. 11. Drehspulinstrument mit Vorwiderstand.

Es ist dann $\qquad U_k = J_g (R_g + R_v) = J_g R$ Volt.

65. Einem 100 ohmigen Drehspulgalvanometer sind 9900 [8900] Ω vorgeschaltet (Abb. 11). Welche Spannung herrscht zwischen den

Punkten A und B, wenn das Galvanometer 110 [125] Skalenteile Ausschlag anzeigt?

Lösung: Es ist $R = R_v + R_g = 100 + 9900 = 10000\,\Omega$;

$$J_g = \frac{110}{10000}\,\text{A}, \quad \text{also} \quad U_k = \frac{110}{10000} \cdot 10000 = 110\,\text{V}.$$

Es bedeutet somit jeder Skalenteil Ausschlag 1 V Spannung.

66. Wieviel Ohm müssen dem 100 ohmigen Galvanometer vorgeschaltet werden, damit 1 Skalenteil Ausschlag 0,2 [0,25] Volt bedeutet?

Lösung: Wenn $\alpha = 1$ ist, soll $U_k = 0,2$ V sein, also muß

$$R = \frac{U_k}{J_g} = \frac{0,2}{0,0001} = 2000\,\Omega$$ werden. Dann ist der Vorwiderstand

$$R_v = R - R_g = 2000 - 100 = 1900\,\Omega.$$

67. Die Spannung zwischen A und B (Abb. 11) beträgt schätzungsweise 25 [40] V. Welcher Widerstand muß dem 100 Ω Galvanometer vorgeschaltet werden, damit dann 150° Ausschlag entstehen, und wie groß ist die Spannung in Wirklichkeit, wenn das Galvanometer nur 149 Grad anzeigt?

Lösung: Aus $U_k = J_g\,(R_g + R_v)$ folgt

$$R_g + R_v = \frac{U_k}{J_g} = \frac{25}{150 : 10000} = 1666,66\,\Omega.$$

Daraus $R_v = 1666,66 - 100 = 1566,66\,\Omega$. Da nun der Ausschlag nur 149 Grad war, so ist die Spannung in Wirklichkeit:

$$U_k = \frac{149}{10000} \cdot 1666,6 = 24,8\,\text{V}.$$

68. Ein Voltmeter besitzt 300 [1300] Ω Eigenwiderstand und zeigt bis 20 [110] V an. Wieviel Ω müssen vorgeschaltet werden, wenn das Instrument a) bis 40 [220] V, b) bis 60 [330] V, c) bis 80 [440] V anzeigen soll?

Lösung: Da $U_k = J_g R$ ist und J_g bei demselben Zeigerausschlag auch immer denselben Wert haben muß (da ja nur die Stromstärke das Wirksame ist), so muß sein: $R_1 = \dfrac{U_1}{J_g}$ und $R_2 = \dfrac{U_2}{J_g}$, oder es verhält sich $R_1 : R_2 = U_1 : U_2$, woraus

$$R_2 = R_1 \frac{U_2}{U_1}.$$

Zu a) hat man hiernach $R_2 = 300 \cdot \dfrac{40}{20} = 600\,\Omega$, oder es müssen zu Messungen bis maximal 40 Volt $600 - 300 = 300\,\Omega$ vorgeschaltet werden.

69. Die Westoninstrumente werden auch mit 1 Ω Eigenwiderstand gebaut. Die Stromstärke ist alsdann bestimmt durch

$$J_g = \frac{\alpha}{1000} = 0{,}001\,\alpha\,.$$

Welcher Widerstand muß solchen Instrumenten vorgeschaltet werden, wenn ein Skalenteil Ausschlag bedeuten soll: a) $1^\circ = 1$ [2] V, b) $1^\circ = 0{,}5$ [0,75] V, c) $1^\circ = 0{,}1$ [0,2] V, d) $1^\circ = 0{,}01$ [0,05] V, e) $1^\circ = 0{,}001$ [0,003] V ?

Lösungen: Aus $U_k = J_g\,(R_g + R_v)$ folgt allgemein:

$$R_g + R_v = \frac{U_k}{J_g} = \frac{U_k \cdot 1000}{\alpha}\,.$$

a) bei $1^\circ = 1$ V wird $\dfrac{1 \cdot 1000}{1} = 1000\,\Omega$, damit der Vorwiderstand

$$R_v = 1000 - 1 = 999\,\Omega\,.$$

b) 499 Ω.　　　c) 99 Ω.　　　d) $= 9\,\Omega$.　　　e) $= 0\,\Omega$.

70. Ein Laboratoriumsdrehspulinstrument, wie es für Radiozwecke häufig Verwendung findet, hat einen Eigenwiderstand $R_g = 10\,\Omega$. Beim kleinsten Meßbereich werden bei 150° Ausschlag 0,045 Volt angezeigt. Welche Konstante hat das Instrument, damit $U_k = K\alpha$ wird?

Lösung: Aus $U_k = J_g\,(R_g + R_v)$ folgt $J_g = \dfrac{U_k}{R_g + R_v} = \dfrac{0{,}045}{10 + 0}$

$= 0{,}0045$ A. Nun ist $J_g = K\alpha$, also $K = \dfrac{J_g}{\alpha} = \dfrac{0{,}0045}{150} = 0{,}00003$.

D. h. jeder Ausschlag muß mit 0,00003 multipliziert werden, um sofort die vorhandene Spannung ablesen zu können.

Während bei den bisherigen Spannungsmessern der Ausschlag durch den Strom hervorgerufen wurde, wird bei den statischen Voltmetern die gegenseitige Anziehung verschiedenartig elektrisch geladener Platten zum Messen von Spannungen verwendet, so daß ein Strom nicht vorhanden ist. Diese Instrumente eignen sich nicht gut für niedrige Spannungen, vielmehr kommen sie erst für höhere Spannungen in Betracht.

§ 8. Aufgaben über Stromverzweigungen.

71. Zwischen den beiden Punkten A und B der Abb. 12 herrscht ein Spannungsunterschied von $U_k = 24$ [15] Volt. Der Strom teilt sich in A in drei Zweige mit den Widerständen $R_1 = 8$ [7,5] Ω; $R_2 = 4$ [3] Ω und $R_2 = 6$ [1,5] Ω.

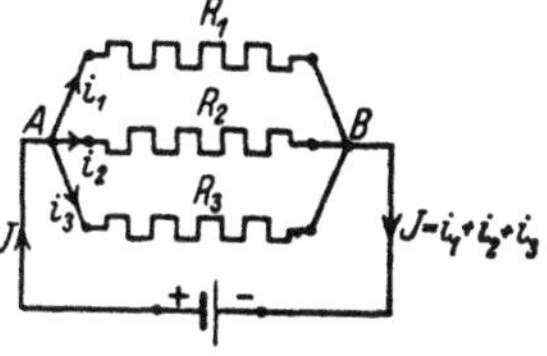

Abb. 12. Parallelschaltung von Widerständen zu Aufgabe 71.

Gesucht wird:

a) die Stromstärke in jedem einzelnen Zweige,
b) die Stromstärke J in der unverzweigten Leitung,
c) der Kombinationswiderstand zwischen A und B.

Lösungen:

Zu a): Bezeichnet i_1 die Stromstärke im ersten, i_2 die im zweiten und i_3 die im dritten Widerstand, so ist:

$$i_1 = \frac{U_k}{R_1} = \frac{24}{8} = 3\,\text{A}, \quad i_2 = \frac{U_k}{R_2} = \frac{24}{4} = 6\,\text{A}, \quad i_3 = \frac{U_k}{R_3} = \frac{24}{6} = 4\,\text{A}.$$

Zu b): Der Strom in der unverzweigten Leitung ist

$$J = i_1 + i_2 + i_3 = 3 + 6 + 4 = 13\,\text{A}.$$

Zu c): Bezeichnet R_K den sogenannten Kombinationswiderstand zwischen A und B, d. i. den Ersatzwiderstand der parallelgeschalteten Zweige, so ist

$$J = \frac{U_k}{R_K} = 13\,\text{A} \quad \text{oder} \quad R_K = \frac{24}{13} = 1{,}845\,\Omega.$$

72. Ein Strom von 12 [18] (100) A teilt sich im Punkte A der Abb. 13 in drei Zweige, deren Widerstände $R_1 = 2\,\Omega$, $R_2 = 3\,\Omega$ und $R_3 = 4\,\Omega$ sind. Gesucht:

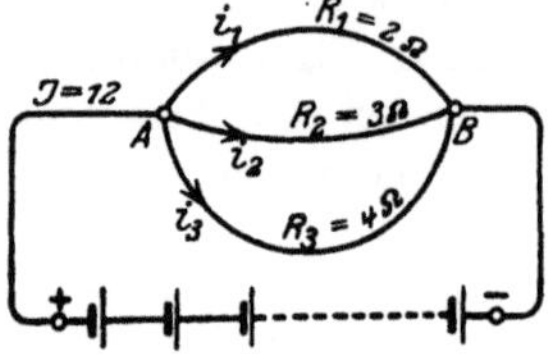

Abb. 13. Schaltung zu Aufgabe 72.

a) der Spannungsunterschied U_k zwischen A und B,

b) die Stromstärken in den drei Zweigen,

c) der Kombinationswiderstand R_K zwischen A und B.

Lösungen:

Zu a): Die Stromstärken in den drei Zweigen folgen aus den Gleichungen $i_1 = \dfrac{U_k}{R_1}$, $i_2 = \dfrac{U_k}{R_2}$ und $i_3 = \dfrac{U_k}{R_3}$. Nun ist aber

$i_1 + i_2 + i_3 = J$, also $J = U_k\left(\dfrac{1}{R_1} + \dfrac{1}{R_2} + \dfrac{1}{R_3}\right) = 12\,\text{A}$ folglich

$$U_k = \frac{12}{\dfrac{1}{2} + \dfrac{1}{3} + \dfrac{1}{4}} = \frac{144}{13} = 11\frac{1}{13}\,\text{V}$$

Zu b): $i_1 = \dfrac{U_k}{R_1} = \dfrac{11\frac{1}{13}}{2} = 5\frac{7}{13}\,\text{A}$; $i_2 = \dfrac{U_k'}{R_2} = \dfrac{144}{13 \cdot 3} = 3\frac{9}{13}\,\text{A}$;

$i_3 = \dfrac{U_k}{R_3} = \dfrac{144}{13 \cdot 4} = 2\frac{10}{13}\,\text{A}$. Probe: $5\frac{7}{13} + 3\frac{9}{13} + 2\frac{10}{13} = 12\,\text{A}$.

Zu c): Es muß $\dfrac{U_k}{R_K} = U_k\left(\dfrac{1}{R_1} + \dfrac{1}{R_2} + \dfrac{1}{R_3}\right)$ sein, oder allgemein gültig:

$$\boxed{G = \frac{1}{R_K} = \frac{1}{R_1} + \frac{1}{R_2} + \frac{1}{R_3} + \cdots \text{Siemens (S)}} \qquad (8)$$

Sind nur zwei parallelgeschaltete Widerstände R_1 und R_2 vorhanden, so wird $\dfrac{1}{R_K} = \dfrac{1}{R_1} + \dfrac{1}{R_2} = \dfrac{R_2 + R_1}{R_1 R_2}$ Siemens oder

$$R_K = \frac{R_1 R_2}{R_1 + R_2} \text{ Ohm} . \tag{8a}$$

In unserem Falle ist $\dfrac{1}{R_K} = \dfrac{1}{2} + \dfrac{1}{3} + \dfrac{1}{4} = \dfrac{13}{12}$ S oder

$$R_K = \frac{12}{13}\, \Omega .$$

Den reziproken Wert eines Widerstandes (Kehrtwert), also $\dfrac{1}{R} = G$, nennt man seinen Leitwert. Die Einheit heißt ein Siemens ($S = 1\,\Omega^{-1}$).

Aus Formel 8 folgt das Gesetz:

Gesetz 7: Der Leitwert der Kombination ist gleich der Summe der Leitwerte der einzelnen Zweige.

Sind die Widerstände gleich groß und sind m parallele Zweige vorhanden, also $R_1 = R_2 = R_3$, so wird $\dfrac{1}{R_k} = \dfrac{1}{R_1} + \dfrac{1}{R_1} + \dfrac{1}{R_1} = m\,\dfrac{1}{R_1}$ Siemens und daraus

$$R_K = \frac{R_1}{m} \text{ Ohm}, \tag{8b}$$

d. h. der Kombinationswiderstand von m gleichgroßen, parallelgeschalteten Widerständen ist gleich dem $m$ten Teile eines Einzelwiderstandes.

73. Ein Element, dessen EMK 1,8 [1,43] V und dessen innerer Widerstand $\dfrac{1}{6}$ [0,5] Ω beträgt, wird, wie Abb. 14 zeigt, durch zwei Drähte $\overline{AB}$ und $\overline{DC}$ von je 1 [0,8] Ω Widerstand und den beiden zwischen B und C liegenden Drähten von 2 [1,5] Ω und 4 [3,5] Ω Widerstand geschlossen. Gesucht wird:

a) der Kombinationswiderstand zwischen B und C,
b) der Widerstand des ganzen Stromkreises,
c) die Stromstärke J,
d) die Klemmenspannung U_k des Elementes,
e) die Spannung $U_{\overline{BC}}$ zwischen B und C,
f) die Stromstärken in den beiden Zweigen

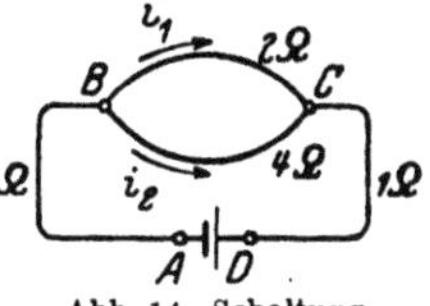

Abb. 14. Schaltung zu Aufgabe 73.

Lösungen:

Zu a): Nach Formel (8) ist der Kombinationswiderstand R_K zwischen B und C bestimmt durch die Gleichung

$$\frac{1}{R_K} = \frac{1}{2} + \frac{1}{4} = \frac{3}{4}\,\text{S}, \quad \text{woraus} \quad R_K = \frac{4}{3}\,\Omega \text{ folgt.}$$

Zu b): $R = R_i + R_{\overline{AB}} + R_K + R_{\overline{CD}} = \dfrac{1}{6} + 1 + \dfrac{4}{3} + 1 = 3,5\,\Omega$.

Zu c): Das Ohmsche Gesetz $J = \dfrac{E}{R}$ ergibt $J = \dfrac{1,8}{3,5} = 0,514\,\text{A}$.

Zu d): Die Klemmenspannung ist um den Spannungsverlust im Innern des Elementes kleiner als die EMK, also $U_k = E - J R_i$. Die Werte eingesetzt: $U_k = 1,8 - 0,514 \cdot \dfrac{1}{6} = 1,714\,\text{V}$.

Zu e): Die Spannung $U_{\overline{BC}}$ ist um den Spannungsverlust in der Hin- und Rückleitung kleiner als die Klemmenspannung U_k, also $U_{\overline{BC}} = U_k - J\,(R_{\overline{AB}} + R_{\overline{DC}}) = 1,714 - 0,514 \cdot (1 + 1) = 0,686\,\text{V}$ oder auch $U_{\overline{BC}} = J R_k = 0,514 \cdot \dfrac{4}{3} = 0,686\,\text{V}$.

Zu f): Die Zweigströme sind:

$$i_1 = \frac{U_{\overline{BC}}}{R_1} = \frac{0,686}{2} = 0,343\,\text{A},$$

$$i_2 = \frac{U_{\overline{BC}}}{R_2{}'} = \frac{0,686}{4} = 0,171\,\text{A}.$$

Probe: $J = i_1 + i_2 = 0,343 + 0,171 = 0,514\,\text{A}$ wie in c) errechnet.

74. Gegeben sind 3 [5] hintereinandergeschaltete Elemente von je 1,1 [1,8] V EMK und einem inneren Widerstand von je 1,2 [0,24] Ω. Die Widerstände des äußeren Stromkreises sind: $R_1 = 2\ [3]\ \Omega$; $R_2 = 3\ [4]\ \Omega$; $R_3 = 4\ [5]\ \Omega$; $R_{\overline{AD}} = 5\ [7]\ \Omega$ und $R_{\overline{BC}} = 1\ [2]\ \Omega$. Der Punkt B ist, wie aus der Abb. 15 ersichtlich ist, geerdet, d. h. die Spannung in Punkt B ist Null.

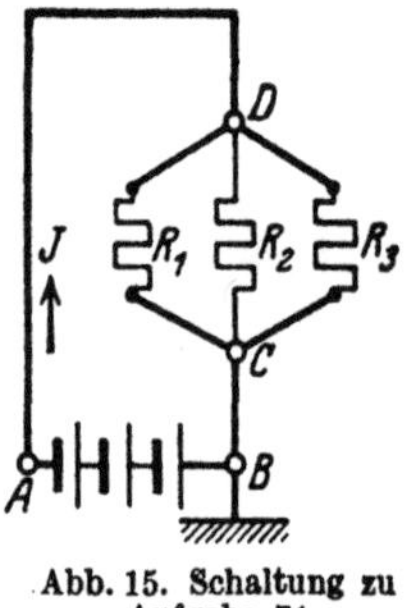

Gesucht wird :

a) der Kombinationswiderstand der drei parallelgeschalteten Widerstände R_1, R_2 und R_3.

b) der gesamte Widerstand des Stromkreises,

c) die Stromstärke im unverzweigten Stromkreis,

d) die Spannung in C,

e) die Spannung in D,

f) die Spannung in A,

Abb. 15. Schaltung zu Aufgabe 74.

g) die Teilströme in den drei Widerständen R_1, R_2 und R_3.

Lösungen:

Zu a): Aus Formel 8 folgt der Leitwert

$$G = \frac{1}{R_K} = \frac{1}{R_1} + \frac{1}{R_2} + \frac{1}{R_3} = \frac{1}{2} + \frac{1}{3} + \frac{1}{4} = \frac{13}{12}\,\text{S}$$

und damit der Kombinationswiderstand $R_K = \dfrac{12}{13} = 0,923\,\Omega$.

Zu b): Der Widerstand des ganzen Stromkreises ist:

$$R = 3R_i + R_{\overline{AD}} + R_K + R_{\overline{CB}} = 3 \cdot 1{,}2 + 5 + 0{,}923 + 1 = 10{,}523\,\Omega.$$

Zu c): Aus $J = \dfrac{E}{R}$ folgt $J = \dfrac{3 \cdot 1{,}1}{10{,}523} = 0{,}3136\,\mathrm{A}$.

Zu d): Laut Angabe hat die Spannung in B den Wert Null, es muß also die Spannung in C um den Spannungsverlust in dem Widerstand $R_{\overline{BC}}$ größer sein; der Spannungsverlust in $\overline{BC}$ ist $U_{\overline{BC}} = J R_{\overline{BC}} = 0{,}3136 \cdot 1 = 0{,}3136\,\mathrm{V}$.

Zu e): Die Spannung in D ist wieder um die Teilspannung im Ersatzwiderstand größer als in C.

$$U_{\overline{CD}} = J R_K = 0{,}3136 \cdot 0{,}923 = 0{,}28945\,\mathrm{V}$$

und damit die Spannung zwischen den Punkten B und D

$$U_{\overline{BD}} = U_{\overline{BC}} + U_{\overline{CD}} = 0{,}3136 + 0{,}28945 = 0{,}60305\,\mathrm{V}.$$

Zu f): Die Spannung in A ist um den Spannungsverlust in der Leitung $\overline{AD}$ größer als im Punkte D:

$$U_{\overline{AB}} = U_{\overline{BD}} + J R_{\overline{AD}} = 0{,}60305 + 0{,}3136 \cdot 5 = 2{,}17105\,\mathrm{V}.$$

Probe: Die Klemmenspannung $U_{\overline{AB}}$ muß auch sein

$$U_{\overline{AB}} = E_B - J R_i = 3 \cdot 1{,}1 - 0{,}3136 \cdot 3 \cdot 1{,}2 = 2{,}171\,\mathrm{V}.$$

Zu g):
$$i_1 = \frac{U_{\overline{DC}}}{R_1} = \frac{0{,}28945}{2} = 0{,}144725\,\mathrm{A}$$

$$i_2 = \frac{U_{\overline{DC}}}{R_2} = \frac{0{,}28945}{3} = 0{,}09648\,\mathrm{A}$$

$$i_3 = \frac{U_{\overline{DC}}}{R_3} = \frac{0{,}28945}{4} = 0{,}07236\,\mathrm{A}$$

Probe:
$$i_1 + i_2 + i_3 = J = 0{,}313565\,\mathrm{A}$$

75. Eine Stromquelle erzeugt zwischen den Klemmen $K_1 K_2$ eine Spannung von 110 [200] V (Abb. 16). Die Widerstände der einzelnen Leiterstücke sind: $\overline{K_1 A} = 3\,[2]\,\Omega$, $\overline{AB} = 2\,[0{,}5]\,\Omega$, $\overline{AA'} = 10\,[20]\,\Omega$, $\overline{BB'} = 10\,[15]\,\Omega$, $\overline{B'A'} = 2\,[0{,}5]\,\Omega$ und $\overline{A'K_2} = 3\,[2]\,\Omega$. Gesucht:

a) Der Kombinationswiderstand aus $\overline{AA'} = 10\,\Omega$ und dem Widerstand $ABB'A' = 2 + 10 + 2 = 14\,\Omega$.

b) Der Widerstand zwischen den Klemmen K_1 und K_2.

c) Der von der Stromquelle abgegebene Strom J.

d) Die Spannung U_1 zwischen A und A'.

e) Der Strom i_1 in $\overline{AA'}$, der Strom i_2 in $A'B'BA$.

f) Die Spannung U_2 zwischen B und B'?

Lösungen:

Zu a): Ist $R_K{}'$ der gesuchte Kombinationswiderstand, so gilt für den Leitwert die Formel 8 $\dfrac{1}{R_K} = \dfrac{1}{10} + \dfrac{1}{14} = \dfrac{7+5}{70}$ S;

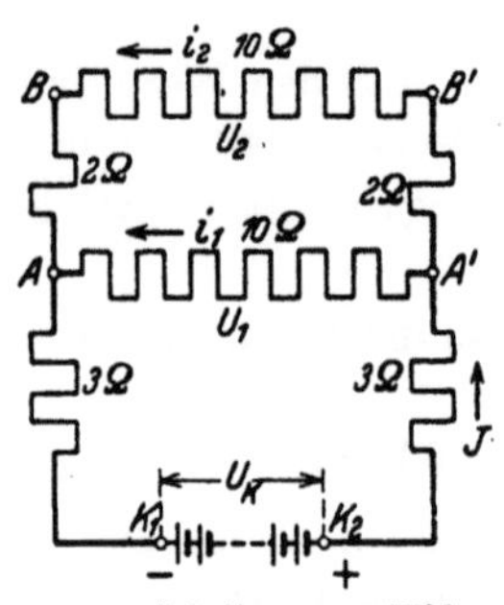

Abb. 16. Schaltung von Widerständen zu Aufgabe 75.

somit $R_K = \dfrac{70}{12} = 5\dfrac{5}{6}\ \Omega$.

Zu b): Ist R_N der äußere Widerstand zwischen K_1 und K_2, so ist

$$R_N = K_1 A + R_K + A'K_2,$$
$$R_N = 3 + 5\frac{5}{6} + 3 = 11\frac{5}{6}\ \Omega.$$

Zu c): $J = \dfrac{110}{11\dfrac{5}{6}} = \dfrac{110\cdot 6}{71} = 9{,}296\,\text{A}$

(genauer 9,295 77 A).

Zu d): $U_1 = U_K - J\,(3+3)$, also
$$U_1 = 110 - 9{,}296\cdot 6 = 54{,}22\,\text{V}.$$

Zu e): $i_1 = \dfrac{U_1}{R_{\overline{AA'}}} = \dfrac{54{,}22}{10} = 5{,}422\,\text{A}$.

$$i_2 = J - i_1 = 9{,}296 - 5{,}422 = 3{,}874\,\text{A}.$$

Zu f): $U_2 = U_1 - i_2\,(2+2) = 54{,}22 - 3{,}874\cdot 4 = 38{,}724\,\text{V}.$

Probe: $i_2 = \dfrac{U_2}{R_{\overline{BB'}}} = \dfrac{U_2}{10} = \dfrac{38{,}724}{10} = 3{,}8724\,\text{A}$.

76. Drei gleiche Widerstände sind so miteinander verbunden, daß sie das Dreieck ABC bilden, wie Abb. 17 zeigt. Man mißt den zu den beiden Endpunkten A und B eingeleiteten Strom $J = 5\,[4]\,\text{A}$ und die an den Klemmen A und B herrschende Spannung $U_k = 10\,[12]\,\text{V}$.

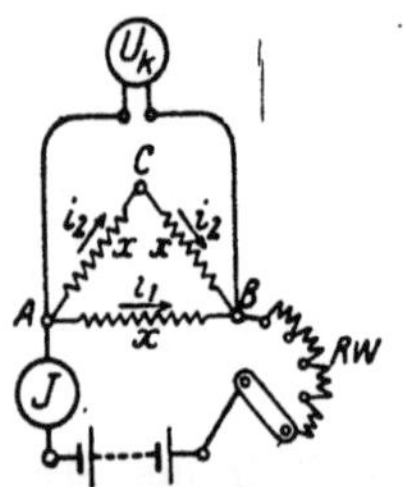

Abb. 17. Bestimmung der Widerstände bei Dreieckschaltung zu Aufgabe 76.

Gesucht:

a) der gemessene Widerstand,
b) der Widerstand jede Seite,
c) der Strom in den drei Seiten,
d) die Spannung zwischen A und C.

Lösungen:

Zu a): Ist a der zwischen A und B gemessene Widerstand, so ist

$$a = \frac{U_k}{J} = \frac{10}{5} = 2\ \Omega.$$

Zu b): Der gemessene Widerstand a ist der Kombinationswiderstand der beiden Widerstände $\overline{AB} = x$ und $\overline{AC} + \overline{CB} = 2\,x$, also gilt die Gleichung 8 für den Leitwert

$$G = \frac{1}{a} = \frac{1}{x} + \frac{1}{2x} = \frac{2+1}{2x} = \frac{3}{2x}, \quad \text{woraus} \quad a = \frac{2x}{3} \quad \text{oder} \quad x = \frac{3}{2}a$$

folgt. In unserem Falle ist also $x = \frac{3}{2} \cdot 2 = 3\,\Omega$.

Zu c): $i_1 = \dfrac{U_k}{x} = \dfrac{10}{3} = 3{,}33\,\text{A}, \quad i_2 = \dfrac{U_k}{2x} = \dfrac{10}{6} = 1{,}67\,\text{A}$.

Zu d): Die Spannung $U_{\overline{AC}}$ ist $U_{\overline{AC}} = i_2 x = \dfrac{10}{6} \cdot 3 = 5\,\text{V}$.

77. Drei unbekannte aber gleiche Widerstände sind, wie Abb. 18 zeigt, zu einem Stern vereinigt. Man schickt zu den Klemmen A und B einen Strom $J = 3\,[2]\,\text{A}$, und mißt die Klemmenspannung $U_k = 9\,[6]\,\text{V}$ zwischen A und B.

Gesucht:

a) der gemessene Widerstand a,
b) der Widerstand zwischen A und O,
c) die Spannung zwischen A und C?

Lösungen:

Zu a): $a = \dfrac{U_k}{J} = \dfrac{9}{3} = 3\,\Omega$.

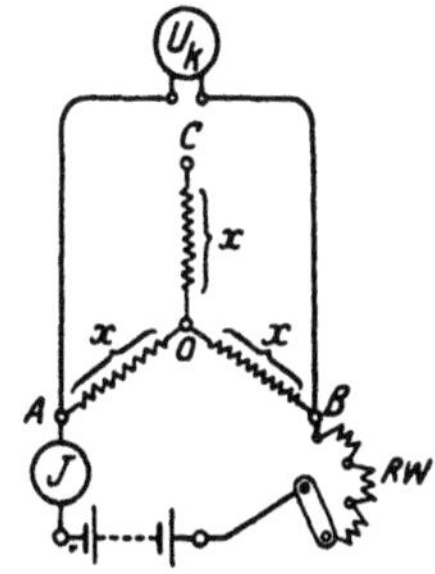

Abb. 18. Bestimmung der Widerstände bei Stern-schaltung zu Aufgabe 77.

Zu b): Offenbar liegt zwischen A und B der Widerstand

$$\overline{AO} + \overline{OB} = 2x, \quad \text{also } a = 2x, \quad \text{daraus } x = \frac{a}{2} = \frac{3}{2} = 1{,}5\,\Omega.$$

Zu c): Da in $\overline{OC}$ kein Strom fließt, muß die Spannung zwischen A und C gleich der Spannung zwischen A und O sein, also gleich $\dfrac{U_k}{2} = \dfrac{9}{2} = 4{,}5\,\text{V}$.

Bemerkung: Die Aufgaben 76 und 77 zeigen die Widerstandsbestimmung bei der Dreieck- und Sternschaltung eines Drehstromsystems (siehe § 35).

Messung von Strömen.

78. Ein Drehspulinstrument hat die Konstante $K = \dfrac{1}{1000} = 0{,}001$ und soll zu Strommessungen verwendet werden. Die Skala besitzt 150 Skalenteile. Welcher Strom fließt beim größten Ausschlag durch das Instrument?

Lösung: Nach § 3 Seite 6 ist die Stromstärke

$$J_g = K\alpha = \frac{1}{1000} \cdot 150 = 0{,}15\,\text{A}.$$

Sollen mit derartigen Instrumenten für schwache Ströme auch stärkere Ströme gemessen werden, so schaltet man, wie in Abb. 19 dargestellt, parallel zu dem Meßinstrument A einen Nebenwiderstand R_s (früher Shunt genannt), durch den der größte Teil (J_s) des zu messenden Stromes J hindurchgeht.

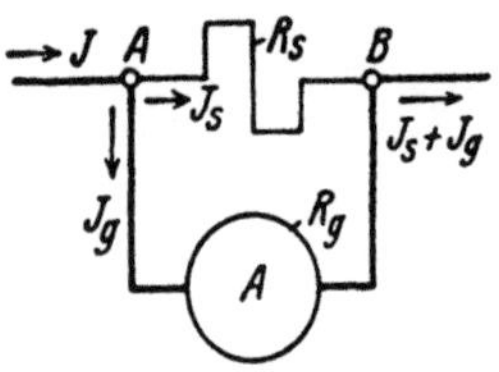

79. Einem Drehspulinstrument mit einem Eigenwiderstand von $1\,\Omega$ ist ein Nebenwiderstand von $\frac{1}{99}\left[\frac{1}{999}\right]\Omega$ parallelgeschaltet. Die Konstante des Instrumentes ist $K = 0,001$. Wie groß ist bei einem Ausschlag von $120°$

Abb. 19. Strommesser mit Nebenwiderstand.

a) der Strom J_g, der durch das Drehspulinstrument fließt,
b) der Strom J_s, der durch den Nebenwiderstand R_s fließt,
c) der Gesamtstrom J.

Lösungen:

Zu a): Aus $J_g = K\alpha$ folgt $J_g = 0,001 \cdot 120 = 0,12\,\text{A}$.

Zu b): Da der Widerstand des Instrumentes $R_g = 1\,\Omega$ ist, so ist $U_{\overline{AB}} = J_g R_g = 0,12 \cdot 1 = 0,12\,\text{V}$. Dieselbe Spannung herrscht auch an den Klemmen des Nebenwiderstandes, also

$$U_{\overline{AB}} = J_s R_s; \quad \text{daraus } J_s = \frac{U_{\overline{AB}}}{R_s} = 0,12 : \frac{1}{99} = 11,88\,\text{A}.$$

Zu c): $J = J_g + J_s = 0,12 + 11,88 = 12\,\text{A}$.

80. Dem $100\,\Omega$ Eigenwiderstand besitzenden Drehspulinstrument, dessen Stromstärke bestimmt ist durch die Gleichung $J_g = \frac{\alpha}{10000}$, ist ein Widerstand von $\frac{100}{999}\left[\frac{100}{99}\right]\Omega$ parallelgeschaltet. Welcher Strom fließt durch die unverzweigte Leitung, wenn ein Ausschlag von $100\,[130]°$ vorhanden ist (Schaltung siehe Abb. 19).

Lösung: Bezeichnet J_g den Strom, der durch das Galvanometer, J_s denjenigen, der durch den Widerstand $\frac{100}{999}$ fließt, so ist zunächst

$$J_g = \frac{\alpha}{10000} = \frac{100}{10000} = 0,01\,\text{A}.$$

Da der Widerstand des Instrumentes $R_g = 100\,\Omega$ beträgt, so herrscht an den Punkten A und B eine Spannung von

$$U_{\overline{AB}} = J_g \cdot 100 = 0,01 \cdot 100 = 1\,\text{V};$$

der Strom, der durch den Widerstand $R_s = \frac{100}{999}$ fließt, ist daher

$$J_s = \frac{U_{\overline{II}}}{R_s} = 1 : \frac{100}{999} = 9{,}99 \text{ A.}$$ Der unverzweigte Strom J ist also

$$J = J_g + J_s = 0{,}01 + 9{,}99 = 10 \text{ A.}$$

81. Fünf Elemente mit einer EMK von je 1,8 [1,9] V und je 0,2 [0,19] Ω innerem Widerstand sind hintereinandergeschaltet. In einer Entfernung von 10 [12] m werden 4 [5] parallelgeschaltete Glühlampen von je 16 [20] Ω Widerstand gebrannt. Die Verbindung wird durch die Kupferleitungen $\overline{AD}$ und $\overline{BC}$ hergestellt, deren Durchmesser 1,2 mm beträgt. Abb. 20 zeigt die Schaltung.

Gesucht wird:

a) der Widerstand der Hin- und Rückleitung ($\varrho = 0{,}0175$),

b) der Kombinationswiderstand R_K der parallelgeschalteten Lampen,

c) der Widerstand des ganzen Stromkreises,

d) die in der Leitung fließende Stromstärke,

e) die Klemmenspannung der Batterie U_k,

f) die Lampenspannung U_L.

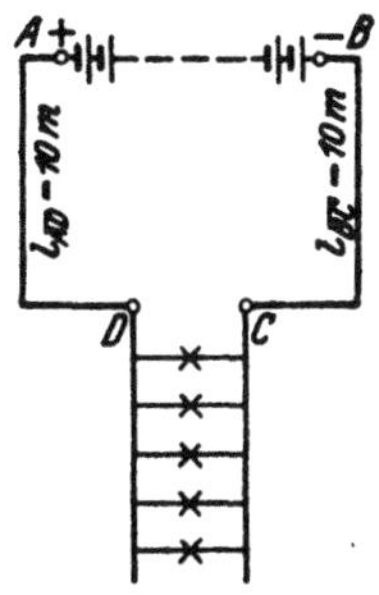

Abb. 20. Schaltung zu
Aufgabe 81.

Lösungen:

Zu a): Aus Formel 4 folgt $R_L = \dfrac{\varrho l}{q} = \dfrac{0{,}0175 \cdot 2 \cdot 10}{1{,}2^2 \dfrac{\pi}{4}} = 0{,}31 \, \Omega.$

Zu b): Nach Formel 8b ist $R_K = \dfrac{R_1}{m} = \dfrac{16}{4} = 4 \, \Omega.$

Zu c): $R = R_i + R_L + R_K = 5 \cdot 0{,}2 + 0{,}31 + 4 = 5{,}31 \, \Omega.$

Zu d): Aus $J = \dfrac{E}{R}$ folgt $J = \dfrac{5 \cdot 1{,}8}{5{,}31} = 1{,}7$ A.

Zu e): Die Klemmenspannung U_k ergibt sich aus

$$U_k = \text{EMK} - J R_i = 5 \cdot 1{,}8 - 1{,}7 \,(5 \cdot 0{,}2) = 9 - 1{,}7 = 7{,}3 \text{ V.}$$

Zu f): Die Lampenspannung ist um den Spannungsverlust in der Leitung kleiner als die Klemmenspannung, also:

$$U_L = U_k - J R_L = 7{,}3 - 1{,}7 \cdot 0{,}31 = 6{,}77 \text{ V.}$$

82. Um sich von der Richtigkeit der berechneten Stromstärke zu überzeugen, wird in die Leitung $\overline{BC}$ ein 1 ohmiges Galvanometer, dem ein Nebenwiderstand $R_s = \dfrac{1}{99} \, \Omega$ parallelgeschaltet ist, gelegt. Welchen Ausschlag wird das Instrument anzeigen?

Lösung: Der äußere Widerstand ist um den Kombinationswiderstand zwischen C und F (Abb. 21) gestiegen. Ist dieser R_K, so ist (Gl 8) $\frac{1}{R_K} = 1 + \frac{99}{1} = 100$ oder $R_K = 0,01\ \Omega$.

Der gesamte Widerstand ist also

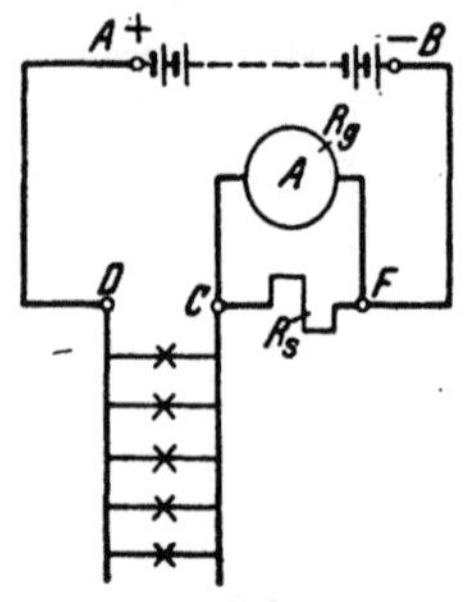

$$R = 5,31 + 0,01 = 5,32\ \Omega;$$

demnach ist $J = \frac{5 \cdot 1,8}{5,32} = 1,694\ \text{A}$.

Der Ausschlag des Galvanometers beträgt 16,9°, anstatt 17°, wenn der Strommesser widerstandslos gewesen wäre.

83. Wie würde sich das Resultat der vorigen Aufgabe gestalten, wenn man anstatt des 1 ohmigen Galvanometers ein solches mit $R_g = 100\ \Omega$ nebst einem parallelgeschalteten Widerstand von $R_s = \frac{100}{999}\ \Omega$ benutzt hätte?

Abb. 21. Schaltung eines Strommessers in einem Stromkreis zu Aufgabe 82.

Lösung: Der Kombinationswiderstand wäre in diesem Falle:

$$\frac{1}{R_K} = \frac{1}{100} + \frac{999}{100} = \frac{1000}{100} = \frac{10}{1}\ \text{S, oder}\ R_K = \frac{1}{10}\ \Omega.$$

Der Widerstand des äußeren Kreises wird demnach

$$R = 5,31 + 0,1 = 5,41\ \Omega \text{ und somit } J = \frac{5 \cdot 1,8}{5,41} = 1,66\ \text{A}.$$

Infolge der Einschaltung dieses Strommessers ist also die Stromstärke gesunken von 1,7 A auf 1,66 A.

84. Welcher Strom fließt durch die Lampen der vorigen Aufgabe, wenn zur Strommessung ein 100 ohmiges Drehspulgalvanometer, nebst einem parallelgeschalteten Widerstande von $\frac{100}{99}\ \Omega$, benützt wird, und welchen Ausschlag zeigt das Meßinstrument an?

Lösung: $R = 6,3\ \Omega$, $J = \frac{9}{6,3} = 1,42\ \text{A}$, der Ausschlag beträgt 142°.

Bemerkung: Aus den Aufgaben 82—84 geht hervor, daß durch das Einschalten eines Strommessers die Stromverhältnisse eines Kreises am wenigsten geändert werden, wenn dieser einen geringen Eigenwiderstand besitzt.

85. Eine Batterie besteht aus 10 [33] hintereinandergeschalteten Akkumulatoren von je 2 [1,95] V Spannung und einem inneren Widerstand von 0,001 [0,002] Ω pro Zelle. Der äußere Stromkreis wird gebildet aus den beiden 50 [80] m langen, 1,5

[4] mm dicken Kupferleitungen $\overline{AC}$ und $\overline{BD}$ und 5 [20] parallel-geschalteten Glühlampen von je 8 [80] Ω Widerstand. Um die Spannung an den Punkten C und D zu messen, ist eingeschaltet ein Galvanometer V mit einem Eigenwiderstand von $R_g = 100$ [100] Ω nebst einem Vorwiderstande $R_v = 3900$ [4900] Ω wie dies Abb. 22 zeigt

Gesucht wird:

a) der Kombinationswiderstand der Lampen und des Galvanometers,

b) der Widerstand des ganzen Strom-kreises,

c) die Stromstärke in der unverzweigten Leitung,

d) die Klemmenspannung U_K zwischen A und B,

e) die Lampenspannung U_L zwischen C und D.

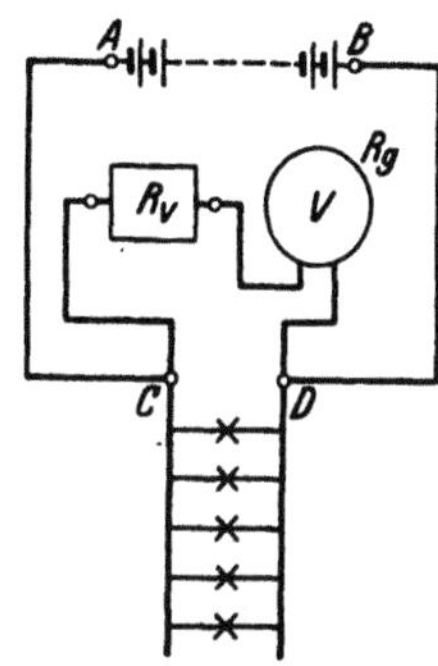

Abb. 22. Schaltung eines Spannungsmessers mit Vorwiderstand zu Aufgabe 85.

Lösungen:

Zu a): Der Widerstand der Lampen ist $\dfrac{8}{5} = 1,6\ \Omega$.

Bezeichnet R_K den Widerstand zwischen C und D, so ist (Gl 8)

$$\frac{1}{R_K} = \frac{1}{3900 + 100} + \frac{1}{1,6} = \frac{4001,6}{4000 \cdot 1,6} \quad \text{und} \quad R_K = \frac{4000 \cdot 1,6}{4001,6} = 1,5993\ \Omega.$$

Zu b): $R = 10 \cdot 0,001 + \dfrac{0,0175 \cdot 100}{1,5^2 \cdot \dfrac{\pi}{4}} + 1,5993 = 2,583\ \Omega$.

Zu c): Die gesamte Stromstärke ist $J = \dfrac{10 \cdot 2}{2,583} = 7,75$ A.

Zu d): $U_k = E - J R_i = 20 - 7,75 \cdot (10 \cdot 0,001) = 19,9225$ V.

Zu e): $U_{\overline{CD}} = J R_K = 7,75 \cdot 1,5993 = 12,4$ V.

Bemerkung: Wäre das Voltmeter nicht eingeschaltet gewesen, so würde $R_K = 1,6\ \Omega$ und die Stromstärke $J = \dfrac{20}{2,586} = 7,73$ A betragen haben. Wir sehen also, daß die Einschaltung des Voltmeters die Verhältnisse nur außerordentlich wenig geändert hat.

86. Dieselbe Aufgabe wie in 85, nur wird ein Voltmeter von $R_g = 1\ \Omega$ Widerstand nebst einem Vorwiderstand von $R_v = 3$ [15] Ω genommen. Wie gestalten sich jetzt die Fragen a, b, c, d, e?

Lösungen:

Zu a): $\dfrac{1}{R_K} = \dfrac{1}{4} + \dfrac{1}{1,6} = \dfrac{5,6}{4 \cdot 1,6}$ S; $R_K = 1,14\ \Omega$.

Zu b): $R = 0,01 + 0,976 + 1,14 = 2,126\ \Omega$.

Zu c): $J = \dfrac{20}{2{,}126} = 9{,}41$ A.

Zu d): $U_k = E - JR_i = 20 - 9{,}41 \cdot 0{,}01 = 19{,}91$ V.

Zu e): $U_{\overline{CD}} = 9{,}41 \cdot 1{,}14 = 10{,}7$ V.

Bemerkung: Durch das Einschalten des Voltmeters von geringem Widerstande haben sich die Verhältnisse ganz bedeutend geändert; denn durch die Lampen geht jetzt ein Strom von $\dfrac{10{,}7}{1{,}6} = 6{,}7$ A und durch das Voltmeter ein solcher von $\dfrac{10{,}7}{4} = 2{,}67$ A[1], während in Aufgabe 85 der durch die Lampen fließende Strom war: $\dfrac{12{,}4}{1{,}6} = 7{,}75$ A und der durch das Voltmeter $\dfrac{12{,}4}{400} = 0{,}0031$ A.

Hieraus folgt die Lehre: Zum Spannungsmessen müssen Galvanometer mit hohem Widerstande verwendet werden, also gerade umgekehrt wie beim Strommessen.

87. Es soll ein Widerstand von 0,1 [0,2] Ω hergestellt werden. Zu dem Zwecke fertigt man aus 2 [2] Nickelindrähten $\overline{AB}$ und $\overline{CD}$ von 1,6 [2] mm Durchmesser, welche parallelgeschaltet werden (Abb. 23), einen Widerstand von 0,101 [0,202] Ω an und legt hierzu einen Nebenschluß, der aus einem 0,4 [0,24] mm dicken Drahte desselben Materials besteht.

Gesucht wird:

a) die Länge der parallelen Drähte,

b) der Widerstand des dünnen Nebenschlusses,

c) die erforderliche Länge desselben.

Abb. 23. Abgleichen von Widerständen zu Aufgabe 87.

Lösungen:

Da der Widerstand zweier parallelgeschalteter Drähte nach Formel 8b nur halb so groß ist wie der eines Drahtes, so beträgt der letztere 0,202 Ω.

Zu a): Für Nickelin ist $\varrho = 0{,}4$ (Tabelle 2, S. 8), $q = \dfrac{1{,}6^2 \cdot \pi}{4}$, demnach gilt die Gleichung: $R = \dfrac{\varrho l}{q}$ aus der

$$l = \frac{0{,}202 \cdot 1{,}6^2 \cdot \pi}{0{,}4 \cdot 4} = 1{,}03 \text{ m folgt.}$$

---

[1] Natürlich ist kein 1 Ω Drehspul-Instrument gemeint, da in diesem der Strom nicht größer als 0,15 A sein dürfte.

Zu b): Bezeichnet x den Widerstand des Nebenschlusses, so hat man, da der Kombinationswiderstand $0,1\,\Omega$ sein soll, nach

Gl 8 $\qquad \dfrac{1}{0,1} = \dfrac{1}{0,101} + \dfrac{1}{x}$ cder $\dfrac{1}{x} = \dfrac{1}{0,1} - \dfrac{1}{0,101} = \dfrac{0,001}{0,0101}$

und hieraus $\quad x = \dfrac{0,0101}{0,001} = 10,1\,\Omega$.

Zu c): Die Länge des Nebenschlusses folgt aus $R = \dfrac{\varrho\,l}{q}$

$$l = \frac{10,1 \cdot 0,4^2 \cdot \pi}{0,4 \cdot 4} = 3,18 \text{ m}.$$

Bemerkung: Beim genauen Abgleichen des Kombinationswiderstandes wird man, wenn derselbe so klein, noch mehr von dem dünnen Draht aufwickeln, ist er zu groß, so verkürzt man denselben.

88. Es soll ein 1 ohmiges Westongalvanometer mit der Konstanten $K = \dfrac{1}{1000}$ gebaut werden. Leider stellt sich heraus, daß der Widerstand der beiden Federn **aa** in Abb. 24 und der Spule s bereits 3 [2,5] Ω beträgt. Man muß daher parallel zu diesem Widerstand einen Widerstand R_2 legen, so daß der Kombinationswiderstand beider 1 Ω ist.

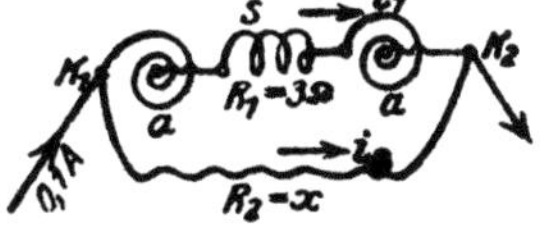

Abb. 24. Abgleichung des Eigenwiderstandes von Drehspulinstrumenten zu Aufgabe 88.

Gesucht:

a) der Widerstand $R_2 = x$,

b) die Spannung an den Klemmen K_1 und K_2, wenn der Gesamtstrom 0,1 [0,1] A ist,

c) die Stromstärken in den beiden Zweigen,

d) der Ausschlag des Instrumentes.

Lösungen:

Zu a): $\dfrac{1}{R_k} = \dfrac{1}{R_1} + \dfrac{1}{R_2}$. Da $R_2 = x$ ist, so wird $\dfrac{1}{R_k} = \dfrac{1}{R_1} + \dfrac{1}{x}$;

$\dfrac{1}{1} = \dfrac{1}{3} + \dfrac{1}{x}$, daraus $x = 1,5\,\Omega$.

Zu b): Da der Widerstand zwischen K_1 und K_2 1 Ω ist und durch ihn 0,1 A fließen sollen, so ist $U_k = 0,1 \cdot 1 = 0,1$ V.

Zu c): Es ist $i_1 = \dfrac{U_k}{R_1} = \dfrac{0,1}{3} = 0,0333$ A, $i_2 = \dfrac{0,1}{1,5} = 0,0666$ A.

Zu d): Da $J_g = 0,1 = 0,001\,\alpha$ sein soll, so ist $\alpha = 100°$.

89. Bei der Herstellung eines 1 ohmigen Westongalvanometers stellt sich heraus, daß der Widerstand der Spule s und der beiden Federn **aa**, d. i. der Widerstand zwischen K_1 und B (Abb. 25), schon

2,5 [3] Ω beträgt. Ein Versuch zeigt ferner, daß, um einen Ausschlag von 100° zu erzielen, ein Strom von 0,025 [0,015] A genügt.

Gesucht wird:

a) der Widerstand x (Abb. 25) zwischen B und K_2, der noch zugeschaltet werden muß, um bei 0,1 [0,1] V Spannungsunterschied zwischen K_1 und K_2 einen Strom von 0,025 [0,015] A durch s fließen zu lassen,

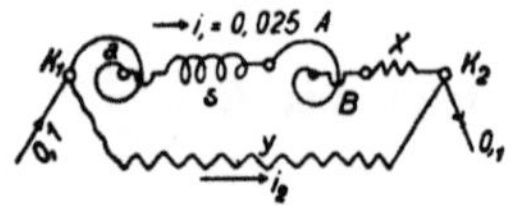

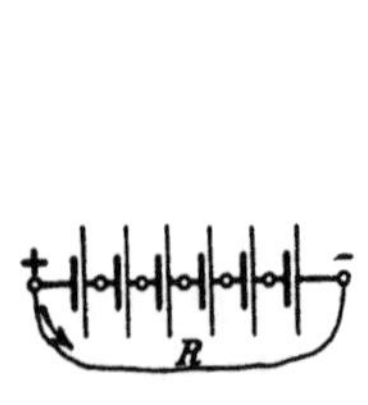

Abb. 25. Abgleichung des Eigenwiderstandes von Drehspulinstrumenten zu Aufgabe 89.

b) der parallelzuschaltende Widerstand y, damit der Kombinationswiderstand zwischen K_1 und K_2 gleich 1 [1] Ω ist,

c) die durch diesen Widerstand y fließende Stromstärke i_2,

d) der Strom J in der unverzweigten Leitung.

Lösungen:

Zu a): $0,025 = \dfrac{0,1}{2,5+x}$ oder $2,5+x = \dfrac{0,1}{0,025} = 4$, $x = 1,5\,\Omega$.

Zu b): Ist y der parallel zu schaltende Widerstand, so ist

$$\frac{1}{1} = \frac{1}{4} + \frac{1}{y} \ \text{oder}\ \frac{1}{y} = \frac{3}{4},\ \text{mithin}\ y = 1,333\,\Omega.$$

Zu c): $i_2 = \dfrac{0,1}{y} = \dfrac{0,1 \cdot 3}{4} = 0,075\,\text{A}.$

Zu d): $J = i_1 + i_2 = 0,025 + 0,075 = 0,1\,\text{A}.$

§ 9. Schaltung von Elementen.

Elemente können entweder alle in Reihenschaltung (Hintereinanderschaltung) (Abb. 26) oder in Parallelschaltung (Abb. 27) oder in Reihenparallelschaltung (auch gemischte Schaltung genannt) (Abb. 28a u. b) verbunden werden. Ist E die EMK, R_i der innere Widerstand eines Ele-

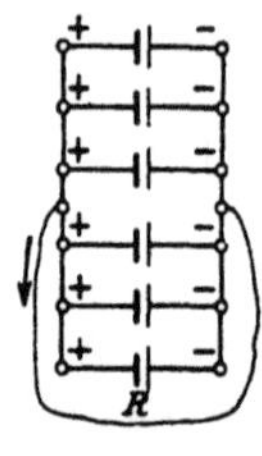

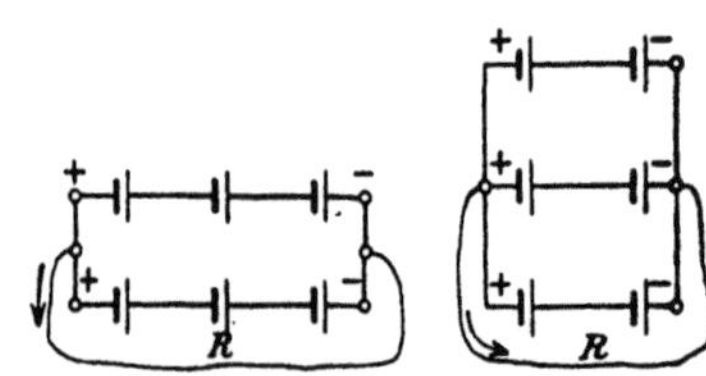

Abb. 26. Hintereinanderschaltung von Elementen.

Abb. 27. Parallelschaltung von Elementen.

a   b
Abb. 28. Gemischte Schaltung von Elementen.

mentes, n die Anzahl der hintereinandergeschalteten Elemente, so ist für Abb. 26

$$J = \frac{nE}{nR_i + R}\ \text{Ampere.}\quad (\text{I})$$

Ist in Abb. 27 m die Anzahl der parallelgeschalteten Elemente, so wird

$$J = \frac{E}{\dfrac{R_i}{m} + R} \quad \text{Ampere.} \quad \text{(II)}$$

Sind bei der Reihenparallelschaltung (Abb. 28) n Elemente hintereinander- und m Reihen parallelgeschaltet, so ist die Anzahl der vorhandenen Elemente $N = nm$, die EMK der Batterie nE, ihr innerer Widerstand nach Formel 8b $R_i = \dfrac{nR_i}{m}$, also wird der Strom

$$J = \frac{nE}{\dfrac{nR_i}{m} + R} \quad \text{Ampere.} \quad (9)$$

Der Strom wird am größten, wenn der innere Widerstand der Stromquelle gleich dem äußeren Widerstand ist, also

$$\frac{nR_i}{m} = R^*. \quad (9a)$$

90. Vorhanden sind 6 [36] Elemente, von denen jedes eine EMK von 1,5 [1] V und einen inneren Widerstand von 1 [1,2] Ω besitzt. Der äußere Widerstand des Stromkreises beträgt 1,5 [43,2] Ω. Wie groß wird die Stromstärke, wenn

a) alle Elemente nach Abb. 26 hintereinandergeschaltet werden,
b) alle Elemente nach Abb 27 parallelgeschaltet werden,
c) zu zweien parallel nach Abb. 28a,
d) zu dreien parallel nach Abb. 28b.

Lösungen:

Zu a): Es ist $n = 6$ und $m = 1$, $\quad R_i = 1\,\Omega$, $\quad R = 1,5\,\Omega$,

$$J = \frac{nE}{nR_i + R} = \frac{6 \cdot 1,5}{6 \cdot 1 + 1,5} = 1,2\,\text{A}.$$

Zu b): Hier ist $n = 1$ und $m = 6$, also nach II

$$J = \frac{1 \cdot 1,5}{\dfrac{1 \cdot 1}{6} + 1,5} = 0,9\,\text{A}.$$

---

* Beweis. Gleichung 9 läßt sich schreiben: $J = \dfrac{E}{\dfrac{R_i}{m} + \dfrac{R}{n}}$, oder da

$m = \dfrac{N}{n}$, auch $J = \dfrac{E}{\dfrac{nR_i}{N} + \dfrac{R}{n}}$. Dieser Ausdruck wird ein Maximum, wenn

der Nenner ein Minimum, d. h. der Differentialquotient nach n Null wird,

d. i. $\dfrac{R_i}{N} - \dfrac{R}{n^2} = 0$ oder $\dfrac{R}{n^2} = \dfrac{R_i}{N}$ oder $\dfrac{R}{n^2} = \dfrac{R_i}{nm}$, also $R = \dfrac{nR_i}{m}$.

Zu c): Für $m = 2$ ist, da $N = n \cdot m$, $n = \dfrac{N}{m} = \dfrac{6}{2} = 3$ unc nach Formel 9

$$J = \frac{3 \cdot 1{,}5}{\dfrac{3 \cdot 1}{2} + 1{,}5} = 1{,}5 \text{ A}.$$

Zu d): Für $m = 3$ ist $n = \dfrac{6}{3} = 2$ und nach Formel 9

$$J = \frac{2 \cdot 1{,}5}{\dfrac{2 \cdot 1}{3} + 1{,}5} = 1{,}3846 \text{ A}.$$

Beachte: Die größte Stromstärke wird bei der Schaltung c [?] erreicht, wenn nämlich der innere Widerstand der Batterie gleich dem äußeren ist.

91. Jemand besitzt 72 Elemente von je 1,8 V EMK und 0,5 Ω innerem Widerstand. Wie muß er dieselben schalten, wenn der äußere Widerstand 4 [2,25] Ω beträgt und der Strom ein Maximum werden soll?

Lösung: Beim Strommaximum muß der innere Widerstand der Batterie gleich dem äußeren Widerstand sein; ist also n die Anzahl der hintereinander geschalteten Elemente und m die Anzahl der parallelgeschalteten Gruppen, so ist

$$\frac{n}{m} R_i = R; \quad \text{daraus} \quad R_i = \frac{n \cdot 0{,}5}{m} = 4 \quad \text{oder} \quad \frac{n}{m} = 8, \qquad \text{(I)}$$

andererseits ist die Anzahl der Elemente $nm = N = 72$. $\qquad$ (II)

Durch Multiplikation beider Gleichungen erhält man $n^2 = 8 \cdot 72$ oder $n = 24$. Aus II folgt jetzt $m = \dfrac{72}{24} = 3$; man schaltet also 24 Elemente hintereinander und die drei erhaltenen Gruppen parallel.

Die Stromstärke wird nach Formel 9 $J = \dfrac{24 \cdot 1{,}8}{\dfrac{24 \cdot 0{,}5}{3} + 4} = 5{,}4 \text{ A}.$

§ 10. Kirchhoffsche Gesetze.

Gesetz 8: An jedem Verzweigungspunkte ist die Summe aller ankommenden Ströme gleich der Summe aller abfließenden Ströme (erstes Kirchhoffsches Gesetz).

$$i_1 + i_2 + i_4 = i_3 \text{ (Abb. 29)}.$$

Gesetz 9: In jedem in sich geschlossenen Teile eines Stromnetzes ist die Summe aller elektromotorischen Kräfte gleich der Summe aller Spannungsverluste (zweites Kirchhoffsches Gesetz).

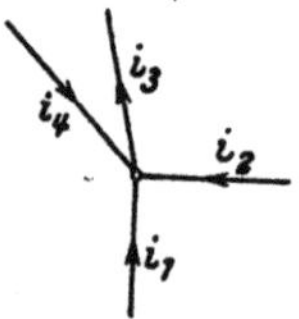
Abb. 29. Zum I. Kirchhoffschen Gesetz.

Die elektromotorischen Kräfte sind mit gleichem

Vorzeichen zu nehmen, wenn sie gleichgerichtete Ströme hervorzubringen streben, ebenso die Spannungsverluste, wenn sie durch gleichgerichtete Ströme hervorgebracht sind.

92. Zwei Elemente, deren elektromotorische Kräfte E_1 und E_2 sind, werden, wie es die Abb. 30 zeigt, gegeneinandergeschaltet. Der Widerstand von $A E_1 B$ sei R_1, der von $A E_2 B$ sei R_2 und der von $A B = R_3$. Wie groß sind die Ströme i_1, i_2, i_3?

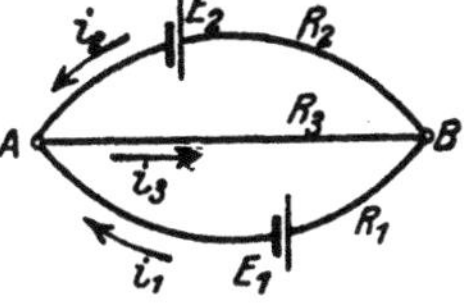

Abb. 30. Zum II. Kirchhoffschen Gesetz.

Lösung: Nach dem zweiten Kirchhoffschen Gesetz gelten die Gleichungen:

a) für den Stromkreis $E_1 A B E_1$

$$\text{I.} \quad E_1 = i_1 R_1 + i_3 R_3,$$

b) für den Stromkreis $E_2 A B E_2$

$$\text{II.} \quad E_2 = i_2 R_2 + i_3 R_3.$$

Nach dem ersten Kirchhoffschen Gesetze ist

$$\text{III.} \quad i_1 + i_2 = i_3,$$

i_3 in I und II eingesetzt gibt:

$$E_1 = i_1(R_1 + R_3) + i_2 R_3 \quad \big| (R_2 + R_3) \big| \quad R_3$$
$$E_2 = i_1 R_3 + i_2(R_2 + R_3) \quad \big| \quad R_3 \quad \big| (R_1 + R_3)$$
$$E_1(R_2 + R_3) - E_2 R_3 = i_1 \{(R_1 + R_3)(R_2 + R_3) - R_3^2\};$$

$$\text{IV.} \quad i_1 = \frac{E_1(R_2 + R_3) - E_2 R_3}{R_1 R_2 + R_2 R_3 + R_1 R_3}.$$

$$E_1 R_3 - E_2(R_1 + R_3) = i_2 \{R_3^2 - (R_1 + R_3)(R_2 + R_3)\};$$

$$\text{V.} \quad i_2 = \frac{E_2(R_1 + R_3) - E_1 R_3}{R_1 R_2 + R_2 R_3 + R_1 R_3};$$

$$\text{VI.} \quad i_3 = \frac{E_1 R_2 + E_2 R_1}{R_1 R_2 + R_2 R_3 + R_1 R_3}.$$

Ist z. B. $E_1 = 1{,}8$ V, $E_2 = 1{,}1$ V, $R_1 = 100\ \Omega$, $R_2 = 120\ \Omega$, $R_3 = 200\ \Omega$, so wird

$$i_1 = \frac{1{,}8 \cdot 320 - 1{,}1 \cdot 200}{100 \cdot 120 + 120 \cdot 200 + 100 \cdot 200} = 0{,}00636\ \text{A},$$

$$i_2 = \frac{1{,}1 \cdot 300 - 1{,}8 \cdot 200}{100 \cdot 120 + 120 \cdot 200 + 100 \cdot 200} = -0{,}000535\ \text{A}.$$

Das Minuszeichen sagt, daß der Strom i_2 entgegengesetzt der Richtung des in Abb. 30 eingezeichneten Pfeiles fließt.

$$i_3 = 0{,}00636 - 0{,}000535 = 0{,}005825\ \text{A}.$$

93. Wie groß muß der Widerstand R_1 gemacht werden, damit $i_2 = 0$ wird, und wie groß ist alsdann i_3?

Lösung: Damit der Strom $i_2 = 0$ wird, muß nach Gl V $E_2\,(R_1 + R_3) = E_1\,R_3$ sein oder

$$R_1 = \frac{E_1}{E_2}\,R_3 - R_3 = \frac{1,8}{1,1}\cdot 200 - 200 = 127,2\ \Omega.$$

Die Stromstärke i_3 ist nach Gl II $i_3 = \dfrac{E_2}{R_3} = \dfrac{1,1}{200} = 0,0055\ \text{A}.$

94. Es sei in **Abb. 30** E_2 ein sogenanntes Normalelement von 1,43 V EMK, E_1 eine Batterie von 4 Akkumulatorenzellen von je 2 V. Wie groß muß R_1 gemacht werden, wenn $i_3 = 0,1\ [0,5]$ A und $i_2 = 0$ werden soll?

Lösung: Wenn $i_2 = 0$, so herrscht zwischen A und B (Abb. 30) die Spannung E_2, also muß $\dfrac{E_2}{R_3} = 0,1$ sein, woraus

$$R_3 = \frac{E_2}{0,1} = \frac{1,43}{0,1} = 14,3\ \Omega$$

und nach Aufgabe (93)

$$R_1 = \left(\frac{E_1}{E_2} - 1\right) R_3 = \left(\frac{4\cdot 2}{1,43} - 1\right)\cdot 14,3 = 65,7\ \Omega.$$

Bemerkung: Wie man sieht, kann man für die Stromstärke i_3 durch geeignete Wahl der Widerstände R_1 und R_3 jeden beliebigen Wert erhalten. Man hat sich nur durch Einschaltung eines empfindlichen Galvanometers in den Stromzweig $A\,E_2\,B$ davon zu überzeugen, daß $i_2 = 0$ ist, indem das Galvanometer dann keinen Ausschlag anzeigt. Die EMK E_1 braucht gar nicht bekannt zu sein, da man zunächst den gewünschten Widerstand R_3 einschalten kann, und dann R_1 so lange ändert, bis das Galvanometer keinen Ausschlag mehr macht. Man hat alsdann den Strom durch Kompensation bestimmt, was schneller auszuführen geht, als durch Eichung mit dem Kupfer- oder Silber-Voltameter.

95. Jemand wünscht sich eine kleine Beleuchtungsanlage einzurichten. Er schafft zu diesem Zweck 3 [4] Akkumulatoren von je 2 [1,59] V EMK und 0,033 [0,008] Ω innerem Widerstande an. Parallel zu den Akkumulatoren werden zum Laden derselben 8 [11] Meidinger Elemente von je 9 [10] Ω innerem Widerstand und 1 [1] V EMK geschaltet. An die gemeinschaftlichen Klemmen A und B (Abb. 31) werden Glühlampen, deren Kombinationswiderstand 4 [7,5] Ω beträgt, angeschlossen. Gesucht wird:

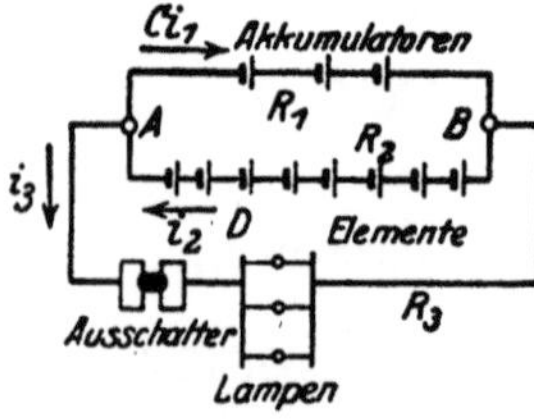

Abb. 31. Schaltung einer Beleuchtungsanlage zu Aufgabe 95.

a) die mittlere Ladestromstärke, wenn die mittlere EMK der

Akkumulatoren beim Laden 2,2 [2,3] V beträgt und die Lampen ausgeschaltet sind;

b) die Stromstärke, die jede der beiden Batterien liefert, wenn die Lampen brennen;

c) die tägliche Brenndauer der Lampen, wenn die Entladung der Akkumulatoren täglich ersetzt werden soll und dabei berücksichtigt wird, daß infolge von Verlusten im Akkumulator das Verhältnis: $\dfrac{\text{Entladung}}{\text{Ladung}} = 0,9$ ist.

Lösungen:

Zu a): Beim Laden sind die Lampen abgeschaltet, es ist also nur der Stromkreis $ACBD$ vorhanden. Die wirksame EMK ist $E = 8 \cdot 1 - 3 \cdot 2,2 = 1,4$ V. Der gesamte Widerstand $R = 8 \cdot 9 + 3 \cdot 0,033 = 72,099\ \Omega$. Die mittlere Ladestromstärke ist demnach

$$i_L = \frac{1,4}{72,1} = 0,0194\ \text{A}.$$

Zu b): Beim Brennen der Lampen gilt die durch Abb. 30 dargestellte Stromverzweigung; in die Gl IV, V und VI hat man einzusetzen $E_1 = 6$ V, $R_1 = 0,1\ \Omega$, $E_2 = 8$ V, $R_2 = 72\ \Omega$. $R_3 = 4\ \Omega$ und erhält als Entladestromstärke der Akkumulatorenbatterie

$$i_1 = \frac{6 \cdot (72 + 4) - 8 \cdot 4}{0,1 \cdot 72 + 72 \cdot 4 - 0,1 \cdot 4} = \frac{456 - 32}{295,6} = 1,435\ \text{A};$$

die Stromabgabe der Elemente:

$$i_2 = \frac{8 \cdot 4,1 - 6 \cdot 4}{295,6} = 0,0299\ \text{A};$$

der von den Lampen aufgenommene Strom:

$$i_3 = i_1 + i_2 = 1,4649\ \text{A}.$$

Zu c): Wird die Batterie täglich x Stunden geladen, so ist $24 - x$ die Dauer der Entladung. Da nun $\dfrac{\text{Entladung}}{\text{Ladung}} = 0,9$ ist, so gilt für x die Gleichung $\dfrac{(24 - x) \cdot 1,435}{x \cdot 0,01935} = 0,9$, woraus man durch Auflösung nach x erhält:

$$x = \frac{24 \cdot 1,435}{0,9 \cdot 0,01935 + 1,435} = 23,7\ \text{Std.}$$

und daraus die Brenndauer der Lampen $24 - x = 0,3$ Std.

§ 11. Mechanische Arbeit und Wärme.

Wird eine Kraft P Kilogramm (kg) längs eines Weges s Meter (m) fortbewegt, so leistet sie Arbeit. $A = Ps$ Kilogrammeter (kgm oder mkg). Bekanntlich kann Arbeit in Wärme umgewandelt werden, wobei man durch Versuche gefunden hat, daß 426,9 kgm imstande sind, eine Wärmeeinheit (1 Kilo-kalorie, abgekürzt kcal) zu erzeugen. Man versteht unter 1 kcal die Wärmemenge, durch welche ein kg Wasser bei atmosphärischem Druck von 14,5° auf 15,5° erwärmt wird. Anstatt 1 kg Wasser kann man auch 1 g Wasser der Rechnung zugrunde legen und erhält als Einheit der Wärmemenge 1 Kalorie (cal). 1 kcal = 1000 cal.

Ist ϑ_1 die Anfangstemperatur, ϑ_2 die Endtemperatur, G das Gewicht des zu erwärmenden Wassers in kg, so ist die zugeführte Wärmemenge Q

$$Q = G(\vartheta_2 - \vartheta_1) \text{ kcal}. \tag{10}$$

Unter spezifischer Wärme versteht man die Wärmemenge, die nötig ist, um 1 kg eines Körpers um 1° zu erwärmen. Bezeichnet man dieselbe mit c, so ist zur Erwärmung von G kg die Wärmemenge

$$Q = c G(\vartheta_2 - \vartheta_1) \text{ kcal} \tag{10a}$$

erforderlich.

Auch der elektrische Strom entwickelt bekanntlich Wärme. Den Zusammenhang zwischen Strom und Wärmemenge hat Joule erforscht und das nach ihm benannte Gesetz aufgestellt:

Gesetz 10: Fließt ein Strom durch einen Leiter, so entwickelt derselbe in dem Leiter eine Wärmemenge, welche proportional dem Quadrate der Stromstärke, proportional dem Widerstande und proportional der Zeit ist.

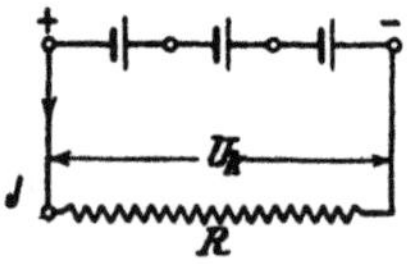

Bezeichnet Q die im Widerstande R entwickelte Wärmemenge, J die Stromstärke in Ampere, t die Zeit in Sekunden, so ist $Q = K J^2 R t$, wo K einen durch Versuche zu bestimmenden Faktor bezeichnet. Da man nach Formel 7 immer $U_k = J R$ setzen kann (Abb. 32), wo U_k die Spannung an den Enden des Widerstandes R ist, so ergeben sich auch noch die Umformungen

Abb. 32. Zum Jouleschen Gesetz.

$$Q = K U_k J t \quad \text{und} \quad Q = K \frac{U_k^2}{R} t \text{ kcal}.$$

Der Faktor K hat für die kcal den Wert $K = 0,00023856 \approx 0,000239$, für die Grammcalorie daher 0,239, damit:

$$\boxed{Q = 0,239\, U_k J t = 0,239\, J^2 R t = 0,239\, U_k^2 t : R \text{ cal}} \tag{11}$$

Elektrische Arbeit.

Das Produkt $U_k J t$ faßt man als die elektrische Arbeit A_E des Stromes auf und mißt sie in Joule oder Wattsekunden[1], also

$$\boxed{A_E = U_k J t = J^2 R t = \frac{U_k^2}{R} t \text{ Joule oder Wattsekunden (Wsek).}} \tag{12}$$

---

[1] Wahrscheinlich dürfte die Benennung Joule durch die Bezeichnung Wattsekunden vollständig verdrängt werden.

Aus Formel 11 folgt, daß zur Erzeugung von $Q = 1$ cal eine elektrische Arbeit von $1 : 0{,}239 = 4{,}184$ Joule notwendig ist.

Andererseits kann mit einer cal eine mechanische Arbeit von $0{,}4269$ mkg verrichtet werden. Daraus folgt:

$$1 \text{ mkg} = \frac{4{,}184}{0{,}4269} = 9{,}80665 \approx 9{,}81 \text{ Joule oder Wattsekunden; damit}$$

$$1 \text{ Wattsekunde} = 1 : 9{,}81 = 0{,}102 \text{ mkg}.$$

Da mechanische Arbeit das Produkt aus Kraft mal Weg ist, so wird diese in elektrische Arbeit verwandelt durch Anwendung der nachstehenden Formel:

$$A_E = Ps \cdot 9{,}81 \text{ Wattsekunden} \tag{12a}$$

Leistung.

Die Arbeit in einer Sekunde nennt man Leistung und bezeichnet sie mit N, es ist also:

$$\boxed{N = \frac{A_E}{t} = U_k J = J^2 R = \frac{U_k^2}{R} \text{ Watt (W) oder Voltampere (VA).}} \tag{13}$$

Die mechanische Leistung ist: $N = \dfrac{A}{t} = \dfrac{Ps}{t} = Pv$ mkg/sek, wo v die Geschwindigkeit, d. i. der Weg in Meter pro Sekunde ist. Man verwandelt mkg/sek in Watt durch Multiplikation mit 9,81, also

$$N = 9{,}81 \, Pv \text{ Watt} \tag{13a}$$

1 Kilowatt (kW) oder auch Kilovoltampere (kVA) $= 1000$ W oder VA.

$1 \text{ PS} = 75 \cdot 9{,}80665 = 735$ Watt $= 0{,}735$ kW. $1 \text{ kW} = 102 \dfrac{\text{mkg}}{\text{sek}} \doteq 1{,}36$ PS.

Die elektrische Arbeit, die durch Zähler gemessen wird, wird nicht in Joule, sondern meist in Kilowattstunden (kWh) angegeben, das ist das Produkt aus Kilowatt und Stunden, also

$1 \text{ kWh} = 3{,}6 \cdot 10^6$ Joule $= 3{,}6 \cdot 10^6 : 9{,}81 = 367\,200$ mkg $= 1{,}36$ PS-Stunden.

Zusammenfassung:

Mit 1 kcal kann man 4184 gesetzliche Joule erzeugen.

Mit 1 kWh kann man 860 kcal erzeugen.

Mit 1 Joule kann man 0,239 cal erzeugen.

1 kcal $= 1000$ cal.   1 mkg $= 9{,}81$ Joule.

1 mkg pro Sekunde $= 9{,}81$ Watt.   1 PS $= 75$ mkg/sek $= 735$ Watt.

In der Physik ist die Einheit der Kraft, die Dyne $= 1$ dyn; das ist die Kraft, welche der Masse, die 1 Gramm wiegt, eine Beschleunigung von 1 cm/sek^2 erteilt.

Die Mechanik lehrt, daß die Masse $m = G : g$ ist. Also die Masse von

1 Gramm $= 1 : 981$ ist. Damit wird die Krafteinheit $P = \dfrac{1}{981} \cdot 1$, d. h.

$1 \text{ dyn} = \dfrac{1}{981}$ Gramm Kraft.

Arbeit nennt man bekanntlich das Produkt aus Kraft und Weg. Die Einheit der Arbeit im absoluten Maßsystem ist also die Arbeit, welche die Kraft 1 Dyne, während des Weges 1 cm leistet. Diese Einheit heißt Erg. Es ist also

$$1 \text{ Dyne} \times 1 \text{ cm} = 1 \text{ Erg}.$$

In der Mechanik ist die Arbeitseinheit 1 kg $\times$ 1 m (1 kgm), also ist 1 kgm = 1 kg $\times$ 1 m, 1 kgm = 981 000 Dyne $\times$ 100 cm, 1 kgm = 9,81 · 10⁷ Erg

Nun ist aber 1 kgm = 9,81 Joule, also ist

$$1 \text{ Joule} = 10^7 \text{ Erg}, \quad 1 \text{ Watt} = 10^7 \text{ Erg pro Sekunde}.$$

96. Welche Wärmemenge entwickelt eine Glühlampe in 1 Stde [40 Min.], wenn dieselbe bei 100 [120] V Spannung 0,54 [0,45] A Strom aufnimmt?

Lösung: Nach Formel 11 ist

$$Q = 0,239 \cdot 100 \cdot 0,54 \cdot 1 \cdot 60 \cdot 60 = 46\,700 \text{ cal} = 46,7 \text{ kcal}.$$

97. Ein Widerstand (Tauchsieder[1]) von 5 [3] Ω ist in 0,6 [2] Liter Wasser eingetaucht, welches in 10 [30] Min. um 80 [60]° erwärmt werden soll.

Gesucht wird:

a) die zu entwickelnde Wärmemenge,

b) die erforderliche Stromstärke,

c) die an den Enden des Widerstandes notwendige Spannung

Lösungen:

Zu a): Nach Formel 10 ist $Q = G\,(\vartheta_2 - \vartheta_1) = 0,6 \cdot 80 = 48$ kcal.
Zu b): Aus Formel 11: $Q = 0,239\,J^2\,R\,t$ folgt

$$J = \sqrt{\frac{Q}{0,239\,R\,t}} = \sqrt{\frac{48000}{0,239 \cdot 5 \cdot 60 \cdot 10}} = 8,16 \text{ A}.$$

Zu c): An den Enden des Widerstandes muß die Spannung

$$U_k = J\,R = 8,16 \cdot 5 = 40,80 \text{ V}$$

herrschen, damit der Strom von 8,16 A durch ihn hindurchfließt.

98. In einem elektrischen Kochtopf sollen 1 [5] Liter Wasser in 20 [25] Min. zum Sieden gebracht werden.

Gesucht wird:

a) die theoretisch erforderliche Wärmemenge, wenn die Temperatur des kalten Wassers 12 [15]° beträgt,

b) der Anschlußwert, das ist die Wattzahl,

c) die Stromstärke, wenn die Klemmenspannung 100 [190] V beträgt,

d) der Widerstand des Drahtes.

---

[1] Meist aus Chrom-Nickel-Eisen mit zirka 900° Dauerbelastung hergestellt.

Lösungen:

Zu a): Die zu erwärmende Wassermenge beträgt $G = 1$ kg, die Temperaturerhöhung $\vartheta_2 - \vartheta_1 = 100 - 12 = 88°$, so daß die Wärmemenge $Q = 1 \cdot 88 = 88$ kcal ist.

Zu b): Die Formel $Q = 0{,}000239\, U_k J t$ gibt die Wattzahl

$$U_k J = \frac{Q}{0{,}000239\, t} = \frac{88}{0{,}000239 \cdot (20 \cdot 60)} = 306 \text{ Watt}.$$

Zu c): Die Stromstärke folgt aus $N = U_k J$

$$J = \frac{306}{100} = 3{,}06 \text{ A}.$$

Zu d): Der Widerstand des Heizdrahtes im Arbeitszustande ist

$$R = \frac{U_k}{J} = \frac{100}{3{,}06} = 32{,}7\; \Omega.$$

Bemerkung: Ein ausgeführter Kochtopf erfordert, um das Wasser zum Sieden zu bringen, anstatt der Zeit von 20 Min. in Wirklichkeit 23 Min., was daher kommt, daß durch Strahlung Wärme verloren geht, also mehr Wärme zugeführt werden muß, als theoretisch erforderlich ist. Außerdem muß ja auch das Gefäß auf dieselbe Temperatur wie das Wasser gebracht werden, was hier nicht berücksichtigt wurde. Man kann passend den Quotienten: $\dfrac{\text{tneoretische Wärmemenge}}{\text{wirkliche Wärmemenge}}$ den Wirkungsgrad des Kochgefäßes nennen. Derselbe wäre in unserem Falle $\eta = \dfrac{88}{0{,}000\,239 \cdot 100 \cdot 3{,}06 \cdot (23 \cdot 60)}$ oder auch $\eta = \dfrac{0{,}000\,239 \cdot 100 \cdot 3{,}06 \cdot 20 \cdot 60}{0{,}000\,239 \cdot 100 \cdot 3{,}06 \cdot 23 \cdot 60} = 0{,}87$ oder 87%[1].

99. Wieviel kostet die Erwärmung von 1 [200] Liter Wasser bei einer Temperaturerhöhung von 10 auf 100 [15 auf 35]°, wenn die Kilowattstunde 20 [18] Rpf. kostet und der Wirkungsgrad des Heizgefäßes zu 90 [80]% angenommen wird?

Lösung: Die theoretisch erforderliche Wärmemenge ist $Q = 1 \cdot (100 - 10) = 90$ kcal, da jedoch der Wirkungsgrad nur 90% ist, so müssen $\dfrac{90}{0{,}9} = 100$ kcal erzeugt werden. Diesen Wärmeeinheiten entspricht ein Wattverbrauch pro Stunde, das ist $t = 60 \cdot 60$ Sek.

$$U_k J = \frac{Q}{0{,}239\, t} = \frac{100\,000}{0{,}239 \cdot 1 \cdot 60 \cdot 60} = 116 \text{ Wh}.$$

Da nun 1000 Wh 20 Rpf. kosten, so kosten 116 Wh

$$\frac{20 \cdot 116}{1000} = 2{,}32 \text{ Rpf}.$$

---

[1] Angaben über Wirkungsgrad siehe ETZ 1924 S. 590.

100. Welche Stromstärke ist erforderlich, und wie groß muß der Widerstand des Kochgefäßes sein, wenn man in der vorigen Aufgabe 100 [40] V Spannung zur Verfügung hat und das Wasser in 10 Min. auf 100 [35]° erwärmt werden soll?

Lösung: Aus $Q = 0,239\, U_k J t$ folgt

$$J = \frac{Q}{0,239\, U_k t} = \frac{100\,000}{0,239 \cdot 100 \cdot 10 \cdot 60} = 6,95 \text{ A.}$$

Der Widerstand folgt aus $R = \dfrac{U_k}{J} = \dfrac{100}{6,95} = 14,4\, \Omega$.

101. Ein elektrisches Plätteisen von beiläufig 3 [3,5] kg Gewicht braucht 385 [440] W. Welchen Strom führt der Heizdraht und wie groß ist sein Widerstand, wenn die zur Verfügung stehende Spannung 110 [220] V beträgt?

Lösung: Aus $U_k J = 385$ W folgt $J = \dfrac{385}{110} = 3,5$ A, und der Widerstand im heißen Zustande

$$R = \frac{U_k}{J} = \frac{110}{3,5} = 31,5\, \Omega.$$

102. 1 kg bester Braunkohlenbriketts kostet 3 Rpf. und erzeugt theoretisch bei der Verbrennung 5000 kcal, die jedoch bei Raumheizung nur zu 20% ausgenutzt werden.

Gesucht wird:

a) die nutzbar zur Verfügung stehende Wärmemenge,

b) die elektrische Arbeit in Joule, um dieselbe Wärmemenge zu erzeugen, wenn 95% der aufgewandten elektrischen Energie in Wärme umgesetzt werden,

c) die entsprechende Arbeit in kWh,

d) der Preis einer kWh, damit die elektrische Raumheizung ebenso teuer wie die durch Kohlenheizung wird.

Lösungen:

Zu a): Da nur 20% der Verbrennungswärme ausgenutzt werden, so werden nur $\dfrac{20 \cdot 5000}{100} = 1000$ kcal nutzbringend zur Raumheizung verwertet.

Zu b): Bei der elektrischen Heizung werden dagegen 95% der zugeführten Wärme ausgenutzt; um also 1000 kcal zu erhalten, muß man $1000 \cdot \dfrac{100}{95} = 1050$ kcal elektrisch erzeugen. Da 4184 Joule gleichwertig 1 kcal sind, so sind dazu $1050 \cdot 4184 = 4\,420\,000$ Joule erforderlich.

Zu c): Da 1 kWh $= 1000 \cdot 3600$ Joule, so sind 4 420 000 Joule $= 4\,420\,000 : (1000 \cdot 3600) = 1,23$ kWh.

Zu d): Da die Raumheizung durch Briketts 3 Rpf. kostet, die elektrische nicht mehr kosten soll, so dürfen die 1,23 kWh nur 3 Rpf. erfordern, somit 1 kWh $3 \cdot 1 : 1,23 = 2,4$ Rpf.

103. Der Widerstand eines Strommessers beträgt 0,005 [0,08] Ω. Welche Spannung herrscht an den Klemmen desselben, und wie groß ist der Verlust durch Stromwärme, wenn 100 [15] A durch denselben fließen?

Lösung: Die Spannung an den Klemmen ist
$$U_k = JR = 100 \cdot 0,005 = 0,5 \text{ V}.$$
Der Leistungsverlust im Strommesser ist
$$N = J^2 R = 100^2 \cdot 0,005 = 50 \text{ W}.$$

104. Ein Hitzdrahtvoltmeter braucht, um dem Zeiger den größten Ausschlag zu geben, einen Strom $J = 0,2$ A, wobei sein eigener Widerstand 10 Ω beträgt. Wieviel Widerstand muß vorgeschaltet werden, um Spannungen bis zu 100 [400] V messen zu können, und wie groß ist in diesem Falle die in dem Instrumente verbrauchte Leistung?

Lösung: Ist R_v der vorzuschaltende Widerstand, so muß nach Abschnitt Spannungsmessung $U_k = J_g (R_g + R_v)$ sein. Also
$$R_g + R_v = \frac{U_k}{J_g} = \frac{100}{0,2} = 500 \; \Omega,$$
und daraus $R_v = 500 - 10 = 490 \; \Omega$. Die im Instrument verbrauchte Leistung ergibt sich zu $N = U_k J = 100 \cdot 0,2 = 20$ W.

105. Wie groß ist der Verlust durch Stromwärme in 1 kg Kupferdraht [Aluminiumdraht], wenn die Stromdichte 0,8 [1,5] A beträgt?

Lösung: Der Stromwärmeverlust ist $N_{cu} = J^2 R$, wenn J die durch den Draht fließende Stromstärke und R den Widerstand von 1 kg Kupferdraht bedeutet. Ist s die Stromdichte, q der Drahtquerschnitt in mm², ϱ gemäß Aufgabe 31 gewählt, so ist
$$J = qs \quad \text{und} \quad R = \frac{\varrho l}{q}, \quad \text{also} \quad N_{cu} = (qs)^2 \frac{\varrho l}{q} = \varrho q l s^2.$$

Da 1 kg $\equiv$ 1000 Gramm $= \gamma q l$ ist, so ist $q l = \dfrac{1000}{8,9}$ ($\gamma = 8,9$ g/cm³ spez. Gewicht des Kupfers) [$\gamma = 2,64$], also
$$N_{cu} = \varrho \frac{1000}{8,9} s^2 = \frac{0,02 \cdot 1000}{8,9} s^2 = 2,25 s^2 = k_1 s^2.$$

Für $s = 0,8$ A ist $N_{cu} = 2,25 \cdot 0,8^2 = 1,44$ W.

106. Eine Beleuchtungsanlage besteht aus 36 [55] hintereinandergeschalteten Akkumulatoren von je 2 [1,95] V EMK und je 0,002 [0,0053] Ω innerem Widerstande und 20 [22] parallel-geschalteten Glühlampen von je 80 [200] Ω Widerstand. Die Glühlampen sind 30 [50] m von der Stromquelle entfernt und mit dieser durch zwei Kupferdrähte von je 10 [6] mm² Querschnitt verbunden (Abb. 33).

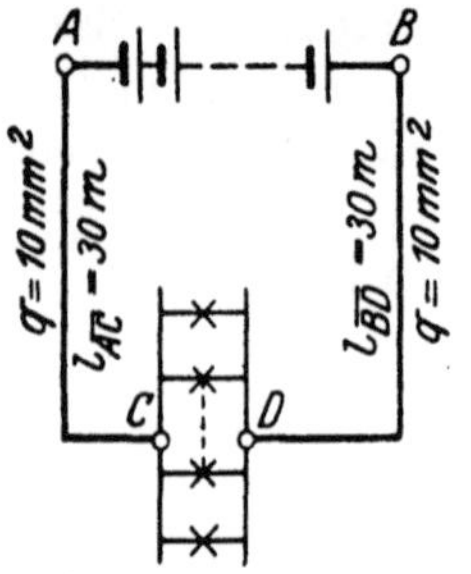

Gesucht wird:

a) der Widerstand R_g des ganzen Stromkreises,

b) die Stromstärke J,

c) die Klemmenspannung $U_k = U_{\overline{AB}}$ der Batterie,

d) der Spannungsverlust δ in der Leitung,

e) der Leistungsverlust in der Batterie,

f) der Leistungsverlust N_{cu} in der Leitung,

g) die in den Lampen verbrauchte Leistung in Watt und Pferdestärken,

h) der Wirkungsgrad, d. i. der Quotient aus der in den Lampen verbrauchten Leistung und der Leistung der Batterie.

Abb. 33. Schaltung zu Aufgabe 106.

Lösungen:

Zu a): Der innere Widerstand der Batterie ist
$$R_i = 36 \cdot 0,002 = 0,072 \; \Omega,$$

der Widerstand der 30 m langen Hin- und 30 m langen Rückleitung ist ($\varrho = 0,0175$)
$$R_L = \frac{0,0175 \cdot (30 + 30)}{10} = 0,106 \; \Omega,$$

der Widerstand der 20 parallel geschalteten Glühlampen $\frac{80}{20} = 4 \; \Omega$,

der Widerstand des ganzen Stromkreises ist somit:
$$R_g = R_i + R_L + R = 0,072 + 0,106 + 4 = 4,178 \; \Omega.$$

Zu b): $J = \dfrac{E}{R} = \dfrac{36 \cdot 2}{4,178} = 17,20 \; \text{A}.$

Zu c): Die Klemmenspannung ist entweder $U_k = E - J R_i$
$$U_k = 2 \cdot 36 - 17,2 \cdot 0,072 = 70,77 \; \text{V oder}$$
$$U_k = 17,2 \cdot (4 + 0,106) = 70,77 \; \text{V}.$$

Zu d): $\delta = J R_L = 17,2 \cdot 0,106 = 1,83 \; \text{V}.$

Zu e): Der Wattverlust in der Batterie ist
$$J^2 R_i = 17,2^2 \cdot 0,072 = 21,4 \; \text{W (unerwünscht)}.$$

Zu f): Der Wattverlust in der Leitung ist

$$N_{cu} = J^2 R_L = 17{,}2^2 \cdot 0{,}106 = 31{,}4 \text{ W (unerwünscht).}$$

Zu g): Die in den Lampen verbrauchte Leistung ist

$$N = J^2 R = 17{,}2^2 \cdot 4 = 1180 \text{ W oder in PS ausgedrückt:}$$

$N = 1180 : 735 = 1{,}6$ PS. Dieser Leistungsverbrauch ist erwünscht.

Zu h): Ist η der prozentuale Wirkungsgrad, so ist

$$\eta = \frac{\text{Leistung in den Lampen}}{\text{Leistung der Batterie}} \cdot 100 = \frac{1180 \cdot 100}{72 \cdot 17{,}2} = 96\,\% \quad \text{oder auch}$$

$$\eta = \frac{\text{Leistung in den Lampen}}{\text{Leistung in den Lampen + Verluste}} \cdot 100$$

$$= \frac{1180 \cdot 100}{1180 + 21{,}4 + 31{,}4} = 96\,\% .$$

Bemerkung: Die Differenz zwischen der Leistung der Batterie und der verbrauchten Leistung in den Lampen stellt den Verlust im Innern der Batterie und in den Zuleitungen dar, der sich in Wärme umsetzt und daher Stromwärmeverlust genannt wird. Wäre dieser Verlust Null, so würde $\eta = 100\,\%$ sein, je größer er ist, desto kleiner wird η. Rechnet man in Aufgabe 91 den Wirkungsgrad η aus, so ist dieser nur 50 %, d. h. die halbe Leistung der Batterie setzt sich in unerwünschte Stromwärme um. Man wird daher, um ökonomisch zu arbeiten, die Verluste stets klein zu machen suchen.

107. Ein Strom für 80 [50] parallelgeschaltete Glühlampen, deren jede einzelne einen Strom von $i_L = 0{,}51$ [0,77] A braucht und einen Widerstand von 198 [83,4] Ω hat, fließt durch eine Leitung von $R_L = 0{,}13$ [0,2] Ω Widerstand. Gesucht wird:

a) die erforderliche Stromstärke J,

b) der Widerstand der 80 parallel geschalteten Lampen,

c) die Spannung U_L an den Lampen,

d) der Spannungsverlust δ in der Leitung,

e) die in den Lampen verbrauchte Leistung, ausgedrückt in Watt und Pferdestärken,

f) der Verlust N_{cu} durch Stromwärme in der Leitung,

· g) die Wärmeentwicklung pro Minute in den Lampen,

h) die Wärmeentwicklung pro Minute in der Leitung.

Lösungen:

Zu a): Die gesamte Stromstärke beträgt

$$J = m\, i_L = 80 \cdot 0{,}51 = 40{,}8 \text{ A} .$$

Zu b): Der Widerstand der parallelgeschalteten Lampen ist nach Formel 8 b

$$R_K = \frac{R}{m} = \frac{198}{80} = 2{,}475 \ \Omega .$$

Zu c): Die Spannung an den Lampen ist $U_L = J R_K$
$U_L = 40{,}8 \cdot 2{,}475 = 100{,}98$ V, oder auch $0{,}51 \cdot 198 = 100{,}98$ V.

Zu d): Der Spannungsverlust in der Leitung ist $\delta = J R_L$
$$\delta = 40{,}8 \cdot 0{,}13 = 5{,}304 \text{ V}.$$

Zu e): Der Wattverbrauch in den Lampen ist
$$40{,}8 \cdot 100{,}98 = 4120 \text{ W} \quad \text{oder} \quad \frac{4120}{735} = 5{,}6 \text{ PS}.$$

Zu f): Der Stromwärmeverlust in der Leitung ist
$$N_{cu} = 40{,}8^2 \cdot 0{,}13 = 216{,}4 \text{ W}.$$

Zu g): Die Wärmeentwicklung in einer Minute, also in 60 Sek. in den Lampen ist $Q = 0{,}239 \, U_L J t$, wo $U_L J = 4120$ W ist, damit $Q = 0{,}239 \cdot 4120 \cdot 60 = 59\,300$ cal.

Zu h): Die Wärmeentwicklung in der Leitung ist
$$Q = 0{,}239 \, J^2 R_L t = 0{,}239 \cdot 40{,}8^2 \cdot 0{,}13 \cdot 60 = 3116 \text{ cal}.$$

108. Eine Leistung von 20 [15] kW soll 5 [7] km weit fortgeleitet werden. Der Wattverlust in der Leitung darf 10% der zu übertragenden Leistung nicht überschreiten. Gesucht wird:

    a) die Stromstärke, wenn die Spannung 500 V beträgt,
    b) der zugelassene Leistungsverlust N_{cu} in der Leitung,
    c) der Widerstand R_L ($\varrho = 0{,}0175$) und
    d) der theoretische Querschnitt der Kupferleitung,
    e) das Gewicht der theoretisch zu verlegenden Kupferleitung,
wenn das spez. Gewicht $\gamma = 8{,}9$ ist?

Lösungen:

Zu a): Aus $N = U_k J$ folgt $J = \dfrac{N}{U_k} = \dfrac{20\,000}{500} = 40$ A.

Zu b): 10% von 20 000 W sind $20\,000 \cdot \dfrac{10}{100} = 2000$ W.

Zu c): Aus $N_{cu} = J^2 R_L$ folgt $R_L = \dfrac{N_{cu}}{J^2} = \dfrac{2000}{40^2} = 1{,}25 \; \Omega$.

Zu d): Aus $R_L = \dfrac{\varrho \cdot l}{q}$ folgt
$$q = \frac{\varrho l}{R_L} = \frac{0{,}0175 \cdot 5000 \cdot 2}{1{,}25} = 140 \text{ mm}^2.$$

Zu e): Da $G = V\gamma = q l \gamma$ in kg erhalten wird, wenn q in dm² und l in dm eingesetzt wird, so ist:
$$G = \frac{140}{100 \cdot 100} \cdot 5 \cdot 1000 \cdot 2 \cdot 10 \cdot 8{,}9 = 12\,460 \text{ kg}.$$

109. Dieselbe Leistung soll mit einer Spannung von 2000 V übertragen werden. Gesucht sind wieder:

a) die Stromstärke J, b) der Widerstand R_L, c) der theoretische Querschnitt q der Kupferleitung.

d) das Gewicht der theoretisch zu verlegenden Kupferleitung.

Lösungen:

Zu a): $J = \dfrac{N}{U_k} = \dfrac{20000}{2000} = 10$ A.

Zu b): Aus $N_{cu} = J^2 R_L$ folgt $R_L = \dfrac{N_{cu}}{J^2} = \dfrac{2000}{10^2} = 20\ \Omega$.

Zu c): $R_L = \dfrac{\varrho\, l}{q}$, $\quad q = \dfrac{\varrho\, l}{R_L} = \dfrac{0{,}0175 \cdot 5000 \cdot 2}{20} = 8{,}75$ mm².

Zu d): $G = V\gamma = q\, l\, \gamma = \dfrac{8{,}75}{100 \cdot 100} \cdot 5 \cdot 1000 \cdot 2 \cdot 10 \cdot 8{,}9 = 778$ kg.

Beachte: Durch Erhöhung der Spannung auf das 4fache hat sich der Querschnitt und damit auch das Gewicht vermindert um das 16fache, d. i. 4^2 fache.

110. Ein Behälter von 1 [2] m³ Inhalt, der 10 [15] m über dem Wasserspiegel eines Brunnens liegt, soll durch eine elektrisch angetriebene Pumpe gefüllt werden. Gesucht:

a) die theoretische Arbeit, die zur Füllung des Behälters erforderlich ist (ausgedrückt in kgm und Joule),

b) die Arbeit, die der Antriebsmotor zu leisten hat, wenn der Wirkungsgrad der Pumpe $\eta_P = 70$ [68]% ist,

c) die elektrische Arbeit, die man in den Motor einleiten muß, wenn sein Wirkungsgrad $\eta_M = 72$ [70]% ist,

d) der Wirkungsgrad η_A der Anlage, wenn man darunter das Verhältnis „theoretische Arbeit : aufgewendete (bezahlte) elektrische Arbeit" versteht,

e) der Preis für eine Behälterfüllung, wenn die Kilowattstunde 20 [18] Rpf. kostet,

f) die von der Motorwelle abzugebende mechanische Leistung, wenn die Behälterfüllung in 10 [15] Min. erfolgen soll,

g) die an den Klemmen des Motors einzuleitende Leistung,

h) die in der Zuleitung fließende Stromstärke, wenn an den Klemmen des Motors 110 [220] V vorhanden sind,

i) der Arbeitsverlust ausgedrückt in kcal ?

Lösungen:

Zu a): Die zur Hebung von 1 m³ Wasser $= 1000$ kg auf 10 m Höhe erforderliche Arbeit ist

$A_t = 1000 \cdot 10 = 10000$ kgm oder $10000 \cdot 9{,}81 = 98100$ Joule.

Zu b): Infolge der in der Pumpe stattfindenden Verluste muß der Antriebsmotor mehr als die Arbeit A_t abgeben. Die aufgewendete Arbeit sei A_P. Sie folgt aus der Definition des prozentualen Wirkungsgrades der Pumpe $\eta_P = \dfrac{A_t}{A_P} \cdot 100$; nämlich

$$A_P = \frac{A_t \cdot 100}{\eta_P} = \frac{98100 \cdot 100}{70} = 140143 \text{ Joule.}$$

Zu c : Diese mechanische Arbeit A_P gibt der Motor an seinem Wellenende ab, bezahlt aber muß die in den Motor eingeleitete elektrische Arbeit A_E werden, die bestimmt ist durch $\eta_M = \dfrac{A_P}{A_E} \cdot 100$, woraus

$$A_E = \frac{A_P \cdot 100}{72} = \frac{140143 \cdot 100}{72} = 195000 \text{ Joule folgt.}$$

Zu d): Es ist $\eta_A = \dfrac{A_t}{A_E} \cdot 100$; $\eta_A = \dfrac{98100}{195000} \cdot 100 = 50{,}4 \%$.

Zu e): 195000 Joule sind $195000 : 3600 = 54{,}2$ Wh oder 0,0542 kWh, also Preis $= 0{,}0542 \cdot 20 = 1{,}084$ Rpf.

Zu f): 10 Min. sind 600 Sek., daher die mechanische Leistung des Motors (Arbeit pro Sekunde) an der Welle

$$N_M = \frac{A_P}{600} = \frac{140143}{600} = 233{,}6 \text{ W} \quad \text{oder} \quad \frac{233{,}6}{735} = 0{,}316 \text{ PS.}$$

Zu g): Aus $\eta_M = \dfrac{N_m \cdot 100}{N_k}$ folgt $N_k = \dfrac{N_m \cdot 100}{\eta_M}$

$$N_k = \frac{233{,}6 \cdot 100}{72} = 324 \text{ W.}$$

Zu h): Da $N_k = U_k J$ ist, so folgt $J = \dfrac{N_k}{U_k} = \dfrac{324}{110} = 2{,}95$ A.

Zu i): Der Gesamtarbeitsverlust ist: Eingeleitete Arbeit vermindert um die theoretisch zum Heben erforderliche, also: $195000 - 98100 = 96900$ Joule. 4184 Joule erzeugen 1 kcal, somit die Gesamtverluste $96900 : 4184 = 23{,}2$ kcal.

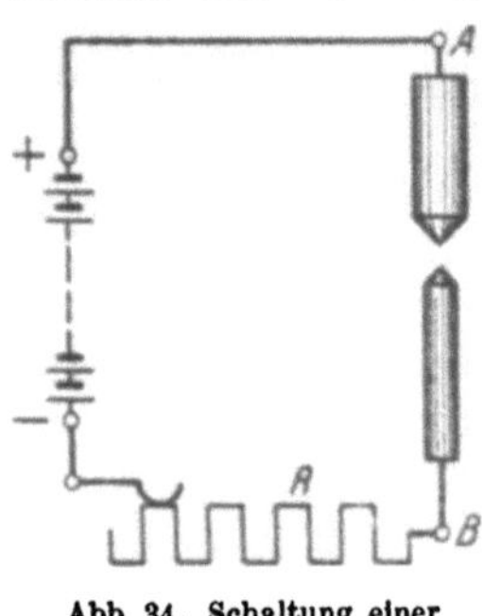

Abb. 34. Schaltung einer Bogenlampe.

Vorschaltwiderstände für Bogenlampen.

Gleichstrombogenlampen brauchen an ihren Klemmen A und B (Abb. 34) je nach ihrer Stromstärke 36—45 V Spannung, so daß die überschüssige Spannung in einem vorgeschalteten Widerstande R oder in der Leitung vernichtet werden muß. Warum ein Widerstand von bestimmter Größe vorhanden sein muß, ist in Aufgabe 112 erklärt.

111. Eine Bogenlampe, deren Lichtbogenspannung $U_k = 38$ [36] V beträgt, wird an eine Stromquelle von $U_k = 65$ V angeschlossen.

Gesucht wird:

a) der vorgeschaltete Widerstand, wenn die Lampe mit 10 [7] A brennen soll,

b) die in der Lampe verbrauchte Leistung N_L, ausgedrückt in Watt und Pferdestärken,

c) die in dem Widerstande verlorene Leistung, ausgedrückt in Watt und Pferdestärken,

d) die in einer Minute in der Lampe entwickelte Wärmemenge,

e) die in einer Minute im Widerstande entwickelte Wärmemenge,

f) der prozentuale Wirkungsgrad der Bogenlampe, d. h. der Quotient:

$$\eta = \frac{\text{Nutzleistung in der Bogenlampe}}{\text{Gesamtleistung}} \cdot 100$$

Lösungen:

Zu a): Aus $65-38 = 27 = JR$ folgt $R = \dfrac{27}{10} = 2{,}7\ \Omega$.

Zu b): Die in der Lampe verbrauchte Leistung ist

$N_L = U_L J = 38 \cdot 10 = 380\ \text{W}$ oder $380 : 735 = 0{,}516\ \text{PS}$.

Zu c): Die in dem Widerstande verlorene Leistung ist

$J^2 R$ oder $JR \cdot J = 27 \cdot 10 = 270\ \text{W}$ oder $270 : 735 = 0{,}367\ \text{PS}$.

Zu d): Die in einer Minute entwickelte Wärmemenge in der Lampe ist

$$Q = 0{,}239\, U_k J t = 0{,}239 \cdot 38 \cdot 10 \cdot 60 = 5472\ \text{cal.}$$

Zu e): Die in einer Minute in dem Widerstande R entwickelte Wärmemenge ist

$$Q = 0{,}239\, J^2 R t = 0{,}239 \cdot 10^2 \cdot 2{,}7 \cdot 60 = 3888\ \text{cal.}$$

Zu f): Der prozentuale Wirkungsgrad η ist:

$$\eta = \frac{U_L J}{U_k J} \cdot 100 = \frac{38 \cdot 10}{65 \cdot 10} \cdot 100 = 58{,}5\ \%.$$

Frage: Warum muß einer Bogenlampe ein Widerstand vorgeschaltet werden?

Die Beantwortung folgt aus den beiden Aufgaben 112 und 112a.

112. Eine Bogenlampe ist auf 38 [39] V Spannung an ihren Klemmen einreguliert. Durch den Abbrand der Kohlen wird der Bogen länger, und der Mechanismus, welcher die Regulierung besorgt, nähert die Kohlen erst dann wieder, wenn die Spannung auf 38,5 [39,5] V gestiegen ist, wobei jetzt jedoch die Kohlen einander so viel genähert werden, daß die Spannung auf 37,5

[38,5] V sinkt. Eine derartige Lampe wird an eine Betriebsspannung von 42 [40] V angeschlossen und soll normal mit 8 [10] A brennen.

Gesucht wird:

a) der vorzuschaltende Widerstand,

b) die Stromstärke, wenn die Lampenspannung auf 38,5 [39,5] V gestiegen ist,

c) die Stromstärke, wenn die Lampenspannung · auf 37,5 [38,5] V gesunken ist,

d) die der Stromstärke entsprechende Kerzenzahl wenn 1 A Strom etwa 100 Kerzen gibt,

e) die Lichtschwankung in Prozenten bezogen auf die normale Lichtabgabe.

Lösungen:

Zu a): Der vorzuschaltende Widerstand R folgt aus

$$U_k - U_L = JR = 42 - 38 = 4; \quad R = 4:8 = 0,5 \ \Omega.$$

Zu b): Die Stromstärke folgt aus

$$JR = 42 = 38,5; \quad J = \frac{42 - 38,5}{0,5} = 7 \text{ A}.$$

Zu c): Es ist $J = \dfrac{42 - 37,5}{0,5} = 9$ A.

Zu d): Die Lampe gibt bei 7 A etwa 700 Kerzen und bei 9 A etwa 900 Kerzen, während die normale Lichtstärke 800 Kerzen beträgt.

Zu e): Da beim Regulieren der Spannung, wie in der Aufgabe bereits gesagt, die Stromstärke auf 7 A sinkt, um beim Regulieren gleich auf 9 A anzusteigen, so beträgt die Lichtschwankung $900 - 700 = 200$ Kerzen. Auf die normale Lichtstärke bezogen, beträgt die prozentuale Schwankung $\dfrac{200 \cdot 100}{800} = 25\,\%$.

Derartige große Lichtschwankungen sind sehr störend, weshalb man den Vorschaltwiderstand vergrößern muß.

112a. Wie groß werden die Strom- und Lichtschwankungen, wenn die Lampe an 58 [65] V Betriebsspannung angeschlossen wird?

Lösung: Der vorzuschaltende Widerstand ist in diesem Falle

$$R = \frac{58 - 38}{8} = 2,5 \ \Omega.$$

Steigt die Lampenspannung auf 38,5 V an, so wird die Stromstärke

$$J = \frac{58 - 38,5}{2,5} = \frac{19,5}{2,5} = 7,8 \text{ A}.$$

Sinkt die Lampenspannung auf 37,5 V, so wird jetzt die Stromstärke $J = \dfrac{58 - 37,5}{2,5} = \dfrac{20,5}{2,5} = 8,2$ A; die Kerzenstärke schwankt daher beim Regulieren nur zwischen 780 und 820 Kerzen oder in Prozenten $\dfrac{40 \cdot 100}{800} = 5\%$.

Elektrisch beheizte Kühlschränke.

Ein Kühlschrank nach dem Absorptionsprinzip arbeitet in der Weise, daß im Kocher aus einem Lösungsmittel (Wasser) das Kältemittel (Ammoniak) durch Beheizung ausgetrieben wird.

Es wird in einem Kondensator verflüssigt, geht dann in den Verdampfer, wo es unter Leistung von Kälte verdampft. Hierauf wird es im Absorber wieder aufgenommen, um im Kreislauf dem Kocher wieder zugeführt zu werden.

Man definiert bei solchen Maschinen das Wärmeverhältnis ζ (sprich Zeta) als Quotient aus der Kälteleistung Q_0 und der dem Kocher zugeführten Heizleistung Q_H.

$$\zeta = \frac{\text{Kälteleistung}}{\text{Heizleistung}} = \frac{Q_0}{Q_H}.$$

Die erforderliche Kälteleistung eines Kühlschrankes setzt sich zusammen aus der Leistung zum Abkühlen des Kühlgutes Q_{ON} kcal/h, und der Leistung zur Deckung der Einstrahlungsverluste Q_{OV} kcal/h, die durch die Temperaturdifferenz zwischen der Umgebung t_R und dem Innern des Kühlschrankes t_s hervorgerufen werden.

Der Einstrahlungsverlust ist also diejenige Wärmemenge, welche je Grad Temperaturdifferenz und Stunde in den Schrank einstrahlt.

Er ist von der Schrankkonstanten C abhängig, also

$$Q_{OV} = C(t_R - t_s) \text{ kcal/}^\circ\text{C h}.$$

Die Schrankkonstante wird durch Versuche bestimmt.

113. Eine kleine Absorptionsmaschine für den Haushalt mit einem Wärmeverhältnis von $\zeta = 0,2$ und einer Schrankkonstanten $C = 0,7$ kcal/$^\circ$C h soll bei einer Raumtemperatur von $t_R = 30^\circ$ und einer Schranktemperatur von $t_s = 6^\circ$ eine Nutzkälteleistung von $Q_{ON} = 10$ kcal/h aufweisen. Gesucht wird:

a) die aufzuwendende Kälteleistung für die Schrankverluste Q_{OV},

b) die gesamte erforderliche Kälteleistung Q_0 pro Stunde,

c) die erforderliche Heizleistung pro Stunde.

d) die erforderliche elektrische Arbeit pro Stunde,

e) die erforderliche elektrische Arbeit während 24 Stunden,

f) der Anschlußwert, wenn die gesamte elektrische Arbeit statt in 24 Stunden in 3 Einschaltperioden zu je 1½ Stunden geleistet werden soll

Lösungen:

Zu a): Nach der aufgestellten Definition ist $Q_{OV} = C\,(t_R - t_S)$
$Q_{OV} = 0{,}7\,(30 - 6) = 16{,}8\ \text{kcal/h}$.

Zu b): Da die verlangte Nutzkälteleistung $Q_{ON} = 10\ \text{kcal/h}$ sein soll, so muß im ganzen pro Stunde eine Kälteleistung von $Q_0 = Q_{OV} + Q_{ON} = 16{,}8 + 10 = 26{,}8\ \text{kcal}$ erzeugt werden.

Zu c): Die erforderliche Heizleistung folgt aus $\zeta = \dfrac{Q_0}{Q_H}$ zu

$$Q_H = \frac{Q_0}{\zeta} = \frac{26{,}8}{0{,}2} = 134\ \text{kcal/h}.$$

Zu d): Die elektrische Arbeit pro Stunde ist, da ja

$$1\ \text{kWh} = 860\ \text{kcal}$$

$$A = \frac{Q_H}{860} = \frac{134}{860} = 0{,}156\ \text{kWh}.$$

Zu e): Da in einer Stunde 156 Wattstunden gebraucht werden, so ist der Bedarf an elektrischer Arbeit für 24 Stunden

$$156 \cdot 24 = 3744\ \text{Wattstunden}.$$

Zu f): Wenn diese Arbeit jedoch während 3 Einschaltperioden zu je 1½ Stunde verrichtet werden soll, so ist der Anschlußwert in Watt:

$$N = \frac{3744}{3 \cdot 1{,}5} = 830\ \text{Watt}.$$

Diese Anordnung der 3 Einschaltperioden wird gewählt, um den Nachtstromtarif auszunutzen, indem man 2 Heizperioden in die Zeit des billigen Stromtarifes legt.

Temperaturzuwachs in kleinen Zeiten.

In manchen Fällen wird einem Körper vom Gewicht G kg nur eine kurze Zeit lang Wärme zugeführt, so daß die Ausstrahlung vernachlässigt werden kann. Die ganze zugeführte Wärme dient dann zur Temperaturerhöhung. Bezeichnet Q die zugeführte Wärme in t Sekunden, c die spezifische Wärme, ϑ die Temperaturzunahme, so ist nach Gl 10a $Q = cG\vartheta$ kcal.

Andererseits ist die Wärmemenge in kcal nach Formel 11 $Q = 0{,}000239\ J^2 R t$ kcal. Durch Gleichsetzen folgt: $0{,}000239\ J^2 R t = cG\vartheta$. Weiterhin ist: $G = q l \gamma$ (kg), wenn q in dm², l Drahtlänge in dm eingesetzt wird. Da jedoch in Formel 4 q in mm² und l in m ausgedrückt werden, so schreiben wir

$$G = \frac{q}{10000} \cdot 10\, l\, \gamma = \frac{q\, l\, \gamma}{1000}\ \text{kg}.$$

Für den Widerstand gilt wie immer $R = \dfrac{\varrho\, l}{q}\ \Omega$, also

$$0{,}000\,239\ J^2 \frac{\varrho\, l}{q}\, t = c\, \frac{q}{1000}\, l\, \gamma\, \vartheta\ ;\ \text{woraus}$$

$$\frac{q}{J} = \sqrt{\frac{0{,}239\,\varrho}{c\,\gamma} \cdot \frac{t}{\vartheta}}. \tag{14}$$

Tabelle 4. Werte von $\dfrac{0{,}239\,\varrho}{c\,\gamma}$ für

Material	Kupfer	Eisen	Blei	Nickelin	Kruppin
$\dfrac{0{,}239\,\varrho}{c\,\gamma}$	0,005	0,0304	0,140	0,119	0,210

114. Welchen Querschnitt erhält ein Nickelindraht, der 10 [8] Sek. lang von 20 [40] A durchflossen wird, wenn die Temperaturerhöhung 300° nicht überschreiten soll.

Lösung: Gegeben sind die Werte: $J = 30\ \text{A}$, $t = 10$ Sek., $\vartheta = 300°$. Aus Tabelle 4 entnommen $\dfrac{0{,}239\,\varrho}{c\,\gamma} = 0{,}119$. Die Formel 14 nach q aufgelöst und die Werte eingesetzt:

$$q = J\sqrt{\frac{0{,}239\,\varrho}{c\,\gamma}\cdot\frac{t}{\vartheta}} = 30\sqrt{0{,}119\cdot\frac{10}{300}} = 1{,}89\ \text{mm}^2\,.$$

§ 12. Das magnetische Feld.

Hängt man einen Magnetstab so auf, daß er sich um eine vertikale Achse drehen kann, so stellt er sich ungefähr in die Nordsüdrichtung ein. Man nennt das nach Norden zeigende Ende „Nordpol", das andere „Südpol". Man findet, daß bei zwei Magnetstäben gleichnamige Pole sich abstoßen,

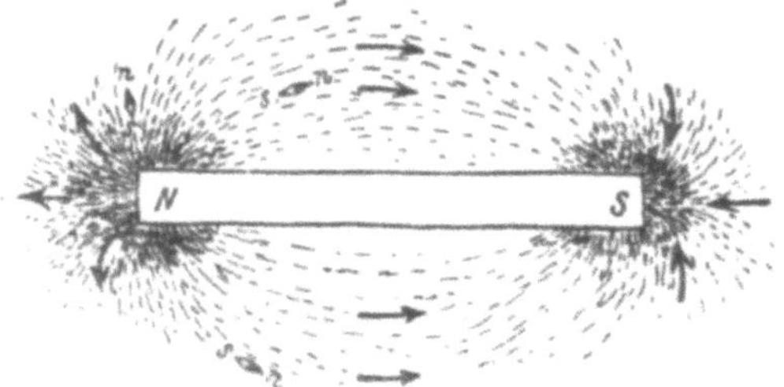

Abb. 35. Kraftlinien eines Stabmagneten.

ungleichnamige sich anziehen. Die Erde ist selbst ein Magnet, wodurch sich die Einstellung der aufgehängten Magnete erklärt.

Die Umgebung eines Magneten befindet sich nach Faraday in einem besonderen Zustand, den man magnetisches Feld nennt. Man stellt das Feld dar durch Feldlinien, die man auch Kraftlinien nennt. Die Abb. 35 zeigt die Kraftlinen eines Stabmagneten, die Abb. 36 die eines sogenannten Hufeisenmagneten. Die eingezeichneten Pfeile in Abb. 35 sollen kleine Magnetnadeln darstellen, die sich in die Richtung der Kraftlinien einstellen, deren Spitze dann den Nordpol andeutet. Die Feldlinien verlaufen außerhalb des Magneten vom Nordpol zum Südpol. Sie lassen sich hier durch Eisenfeilspäne sichtbar machen. Innerhalb des Magneten verlaufen sie vom Südpol zum Nordpol.

Es ergibt sich, daß alle Kraftlinien in sich geschlossene Kurven bilden.

Bezeichnet man die Anzahl der Kraftlinien, die senkrecht durch eine Fläche von F cm² hindurch geht, mit Φ (phi); mit $\mathfrak{B}$ (deutscher Buchstabe) die Kraftlinienzahl, die durch die Flächeneinheit 1 cm² hindurch tritt, so ist

$$\boxed{\Phi = \mathfrak{B}\, F \quad \text{Maxwell}} \tag{15}$$

Die Einheit von $\mathfrak{B}$, d. i. Kraftlinie pro cm², heißt ein Gauß. Über den Zusammenhang mit den elektr. Einheiten siehe § 15 Induktion.

Man nennt das Feld ein homogenes, wenn durch gleiche Flächen gleichviel Kraftlinien hindurchgehen, $\mathfrak{B}$ also eine konstante Größe ist. Solche homogenen Felder sind beispielsweise: Das magnetische Feld der Erde innerhalb eines eisenlosen Zimmers, das Feld zwischen den Polen in Abb. 36, Felder stromdurchflossener Spulen.

Schickt man durch die Windungen einer langen Spule (Abb. 37) einen Strom, so entsteht im Innern der Spule ebenfalls ein nahezu homogenes

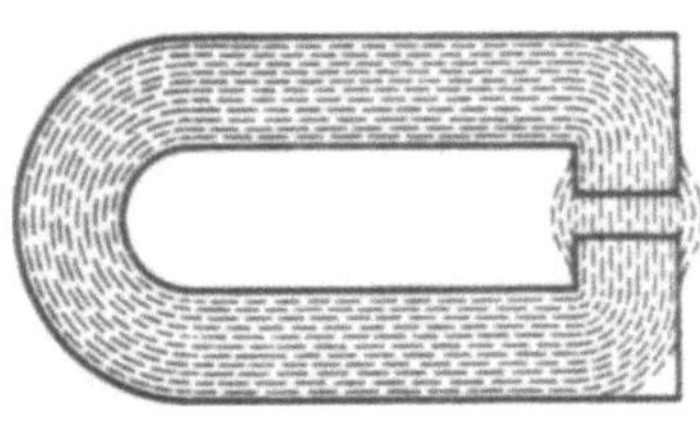

<table>
<tr><td>Abb. 36. Kraftlinienverlauf eines Hufeisen-
magneten.</td><td>Abb. 37. Entstehung eines Magnetfeldes
in einer stromdurchflossenen Spule.</td></tr>
</table>

Feld von der Felddichte $\mathfrak{B}$, die auch Flußdichte oder magnetische Induktion genannt wird.

Hier zeigt sich, daß alle entstehenden Kraftlinien, auch magnetische Induktionslinien genannt, in sich geschlossene Kurven bilden, die mit dem erzeugenden elektrischen Stromkreis eng verkettet sind.

Die Richtung des entstehenden Feldes wird nach folgender Regel bestimmt.

Regel I: Fließt für den Beschauer der Strom im Sinne des Uhrzeigers, so blickt er den Südpol an, wie es Abb. 37 zeigt.

Wie Versuche lehren, wächst die Felddichte mit dem Produkte aus der Stromstärke i und Windungszahl w der Spule, der sogenannten Amperewindungszahl $\overline{AW} = iw$, nimmt aber mit der Länge l der Spule ab. Wir definieren als magnetische Feldstärke oder magnetische Erregung die Größe

$$\boxed{\mathfrak{H} = \frac{i\,w}{l} \quad \text{Ampere pro cm (A/cm)*}} \tag{16}$$

---

* Die Einheit ist also Amp/cm. Deren 0,796faches $= 10 : 4\,\pi$ soll nach einem neueren Beschluß mit „Oerstedt" bezeichnet werden. Siehe Einführung in die Theorie der Schwachstromtechnik von Dr. phil. Wallot. Berlin: Julius Springer.

und schreiben die Felddichte (magnetische Induktion)

$$\mathfrak{B} = \mu\,\mathfrak{H}\ \text{Gauß} \qquad (17)$$

Der Faktor μ (sprich mi) stellt die sogenannte **absolute Durchlässig-keit (Permeabilität)** vor.

Versuche ergeben, daß die Größe μ von dem Stoff abhängt, in welchem die Messungen vorgenommen werden.

Es ist $\mu = \mu_r\mu_0$, wobei μ_0 den Wert von μ im leeren Raum bedeutet. Im leeren Raume ist damit $\mu_r = 1$.

Ist daher die Höhlung der Spule mit einer nichtmagnetischen Substanz, z. B. Luft oder Holz, ausgefüllt, so hat μ den **konstanten Wert**

$$\mu = \mu_0 = 1{,}256 = 0{,}4\,\pi\,.$$

μ_r gibt an, wievielmal die magnetische Induktion bei gleicher magnetischer Erregung größer ist in einem andern Stoff als im leeren Raum. Man nennt sie **relative magnetische Permeabilität**; sie ist nicht konstant.

Für die magnetisierbaren Substanzen: Eisen, Kobalt, Nickel und die sogenannten „Heuslerschen Mangan-Legierungen“ wird die absolute Durch-lässigkeit μ bestimmt durch Versuche, indem man zusammengehörige Grö-ßen von $\mathfrak{B}$ und $\mathfrak{H}$ mißt und in Kurven aufträgt, denn es ist

$$\mu = \mathfrak{B} : \mathfrak{H}\,. \qquad (17\,\text{a})$$

Magnetisierungskurve.

Trägt man in ein rechtwinkliges Koordinatensystem die Werte von $\mathfrak{H}$ als Abszissen, die zugehörigen, durch Messung bestimmten Werte von $\mathfrak{B}$ als Ordinaten ein, so erhält man durch Verbinden der gefundenen Punkte

eineKurve,dieMagnetisierungskurve genannt wird, und die in Abb. 38 für Dynamobleche dargestellt ist. (Die Tafel im Anhang zeigt die Magnetisierungs-kurven für Gußeisen, Schmiedeeisen und Stahlguß). Die Abb. 38 ergibt beispiels-weise für $\mathfrak{H}=4{,}2$, $\mathfrak{B}=10000$, daraus $\mu=10000:4{,}2=2380$, während für un-magnetische Substanzen μ nur den Wert $1{,}256$ hat. Die Erklärung für diese Ver-größerung von μ ergibt sich aus der An-nahme, daß die Moleküle einer magne-tischen Substanz (z. B. Eisen) **Dauer-magnete** sind, die aber im unmagneti-schen Zustande so angeordnet sind, daß

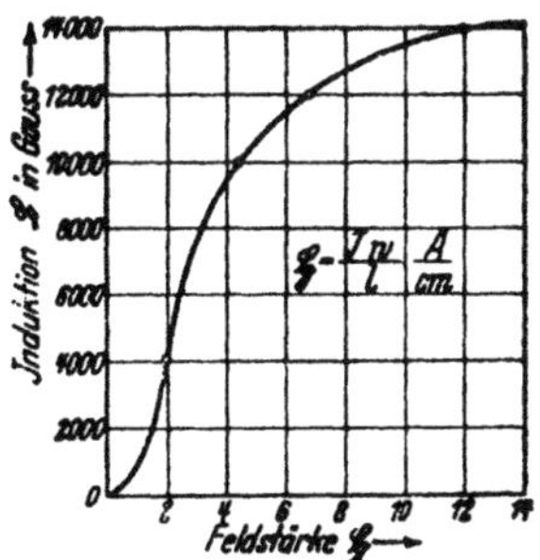

Abb. 38. Magnetisierungskurve für Dynamobleche.

sie sich in ihrer Wirkung nach außen gegenseitig aufheben. Bringt man nun einen Eisenstab in die stromdurchflossene Spule der Abb. 37, so tritt in ihr eine Richtwirkung auf. Viele Moleküle werden durch die Kraftlinien des Stromes gedreht und erzeugen so einen starken Magneten. Hört die Richt-wirkung der Spule auf (etwa durch Stromunterbrechung), so kehren die meisten der vorher gedrehten Moleküle wieder in ihre frühere Lage zurück. Das Eisen verliert seinen Magnetismus bis auf einen kleinen Rest, den soge-

nannten remanenten Magnetismus. Gehärteter Stahl behält auch nach
Aufhören der Richtwirkung den größten Teil seines Magnetismus (Herstellung von Stahlmagneten), man spricht dann von einem permanenten
Magneten.

Bemerkung: Die magnetische Induktion in Gl 17 gilt genau nur für
die Mitte der langgestreckten Spule. Dagegen ist sie immer richtig, wenn
man w Windungen gleichmäßig auf einen Kreisring wickelt, wie dies Abb. 39 andeutet. Die
Feldlinien verlaufen dann nur innerhalb der
Windungen als konzentrische Kreise um den
Mittelpunkt 0. Sie haben daher verschiedene
Längen, und man versteht unter der Länge l in
Gl 16 die Länge der mittleren Kraftlinie, d. i.
angenähert den mittleren Ringumfang, der in
Abb. 39 gestrichelt angedeutet ist.

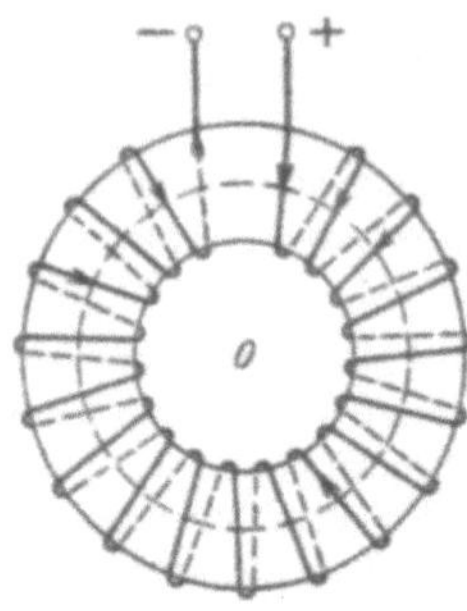

Besteht der Ring aus einer magnetischen
Substanz, z. B. Eisen, so ist es nicht notwendig, die w Windungen gleichmäßig über
ihn zu wickeln, nur hat man dann unter l
immer die Länge der mittleren Kraftlinie zu

Abb. 39. Kreisringspule.

verstehen. Die Gl 16 und 17 sind auch noch richtig, wenn das Eisen irgendeine, jedoch nahezu geschlossene Form annimmt (Abb. 40).

§ 13. Der magnetische Kreis.

Die Gleichung $\Phi = \mathfrak{B}F$ läßt sich umformen in:

$$\Phi = (\mu \mathfrak{H})F = \mu \frac{i\,w}{l} F, \quad \text{oder anders geschrieben:}$$

$$\Phi = \frac{i\,w}{\dfrac{l}{\mu F}} = \frac{V}{\mathfrak{R}} = \frac{\text{magnetischen Spannung}}{\text{magnetischer Widerstand}} \quad \text{Maxwell.} \tag{18}$$

Dieses Gesetz entspricht dem Ohmschen Gesetz für elektrische Ströme,
wenn man den Induktionsfluß zum elektrischen
Strom und die Durchflutung zur elektromotorischen
Kraft (magnetomotorische Kraft) in Analogie
setzt. Der Widerstand R eines Stromkreises besteht meistens aus mehreren hintereinandergeschalteten Einzelwiderständen $R_1 + R_2 + \cdots$, was auch für
den magnetischen Widerstand $\mathfrak{R}$ (deutscher Buchstabe) gilt. Auch hier können mehrere Widerstände
hintereinandergeschaltet sein, so daß allgemein

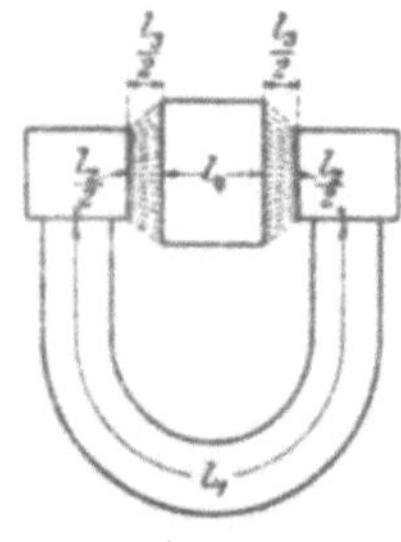

$$\mathfrak{R} = \mathfrak{R}_1 + \mathfrak{R}_2 + \mathfrak{R}_3 + \cdots$$

Abb. 40. Hintereinandergeschaltete magnetische
Widerstände.

zu setzen ist, wie dies auch aus Abb. 40 hervorgeht.

Sind $l_1, l_2, l_3 \ldots$ die Längen der mittleren Feldlinien, $F_1, F_2 \ldots$ die zugehörigen Querschnitte und $\mu_1, \mu_2 \ldots$ die zugehörigen Durchlässigkeiten, so ist:

$$\Re = \frac{l_1}{\mu_1 F_1} + \frac{l_2}{\mu_2 F_2} + \frac{l_3}{\mu_3 F_3} + \cdots \tag{18a}$$

und die Formel 18 geht über in

$$\Phi = \frac{\Sigma V}{\Sigma \Re} = \frac{V_1 + V_2 + V_3 \cdots}{\dfrac{l_1}{\mu_1 F_1} + \dfrac{l_2}{\mu_2 F_2} + \dfrac{l_3}{\mu_3 F_3} \cdots} \quad \text{Maxwell} \tag{18b}$$

oder

$$\Sigma V = \frac{\Phi\, l_1}{\mu_1 F_1} + \frac{\Phi\, l_2}{\mu_2 F_2} + \frac{\Phi\, l_3}{\mu_3 F_3} + \cdots$$

Nun ist aber nach Formel 15 $\dfrac{\Phi}{F_1} = \mathfrak{B}_1$ und nach Formel 17a $\dfrac{\mathfrak{B}_1}{\mu_1} = \mathfrak{H}_1$;

ebenso $\dfrac{\Phi}{F_2} = \mathfrak{B}_2$ usw., also wird:

$$\Sigma V = \mathfrak{H}_1 l_1 + \mathfrak{H}_2 l_2 + \mathfrak{H}_3 l_3 + \cdots = i w = \Theta \text{ (sprich Theta) Ampere}* \tag{19}$$

oder kürzer geschrieben:

$$\boxed{\Sigma\, \mathfrak{H}\, l = i w = \Theta \text{ Ampere.}} \tag{19a}$$

Man nennt dieses Gesetz das **Durchflutungsgesetz**. Bei der Berechnung eines magnetischen Kreises ist gewöhnlich der Induktionsfluß Φ und die Induktion $\mathfrak{B}$ gegeben (oder die Querschnitte F, denn dann ist ja auch $\mathfrak{B} = \Phi : F$) und man entnimmt der Magnetisierungskurve des betreffenden Eisenmaterials (siehe Tafel) die zu $\mathfrak{B}$ gehörenden Werte von $\mathfrak{H}$. Für einen unmagnetischen Stoff (z. B. Luft) ist $\mathfrak{H} = \mathfrak{B} : 1{,}256 \approx 0{,}8\, \mathfrak{B}$.

(Bei Vorausberechnungen von Maschinen kennt man vielfach nur den Weg l_3 (Abb. 40) der Kraftlinien in der Luft. Um den Gliedern $\mathfrak{H}_1 l_1$, $\mathfrak{H}_2 l_2$, $\mathfrak{H}_4 l_4$ Rechnung zu tragen, schreiben wir die Gl 19

$$\alpha\, \mathfrak{H}_3 l_3 = \Theta = i w \qquad \text{Ampere,} \tag{19b}$$

wo α einen Faktor bezeichnet, der größer als 1 ist und geschätzt wird.)

115. Durch die Mitte eines runden Stabmagneten gehen 5000 [7500] Kraftlinien. Wie groß ist die Felddichte ausgedrückt in Gauß, wenn der Stab einen Durchmesser von 2 [3] cm besitzt?

Lösung: Der Querschnitt des Stabes ist $F = \dfrac{\pi\, 2^2}{4} = 3{,}14\,\text{cm}^2$.

Aus Gl 15 folgt $\mathfrak{B} = \Phi : F = 5000 : 3{,}14 = 1590$ Gauß.

116. Um einen gehärteten, aber unmagnetischen Stahlstab auf $\mathfrak{B} = 1590$ Gauß zu magnetisieren, legte man ihn in die Höhlung einer 20 [40] cm langen Spule, die pro cm Wicklungslänge 5 [3] Windungen besaß. Wie groß ist hiernach:

a) die Windungszahl der Spule,

---

* Die Einheit der magnetischen Spannung ist also wie die für die Durchflutung 1 Ampere; doch benutzt man statt dessen manchmal auch: 1 Gilbert $= 1 : 0{,}4\,\pi$ Ampere.

b) die Durchlässigkeit, wenn man einer Magnetisierungskurve für $\mathfrak{B} = 1590$ Gauß $\mathfrak{H} = 18$ A/cm entnimmt[1],

c) die zur Erzeugung von $\mathfrak{H}$ erforderliche Stromstärke?

Lösungen:

Zu a): Da auf der Spule pro cm Spulenlänge sich 5 Windungen befinden, so befinden sich auf der 20 cm langen Spule $5 \cdot 20 = 100$ Windungen.

Zu b): Die Durchlässigkeit (Permeabilität) folgt aus Gl 17a

$$\mu = \frac{\mathfrak{B}}{\mathfrak{H}} = \frac{1590}{18} = 88,5 \text{ Einheiten (Größe der Einheit siehe Induktion).}$$

Zu c): Die erforderliche Stromstärke folgt aus Gl 16

$$i = \frac{\mathfrak{H} l}{w} = \frac{18 \cdot 20}{100} = 3,6 \text{ A}.$$

117. Wie groß wäre $\mathfrak{H}$, $\mathfrak{B}$, $\varPhi$ und μ der vorigen Aufgabe geworden, wenn man die Stromstärke in der Magnetisierungsspule auf 10 A gesteigert hätte?

Lösungen: Die Gl 16 ergibt $\mathfrak{H} = \dfrac{i\,w}{l} = \dfrac{10 \cdot 100}{20} = 50$ A/cm, die Magnetisierungskurve für gehärteten Stahl[2] gibt für $\mathfrak{H}=50$A/cm den Wert $\mathfrak{B} = 6000$ Gauß, also ist $\varPhi = \mathfrak{B} F = 6000 \cdot 3,14 = 18\,840$ Maxwell, und damit $\mu = \dfrac{\mathfrak{B}}{\mathfrak{H}} = \dfrac{6000}{50} = 120$ Einheiten.

118. Welche Felddichte entsteht in der Spule, wenn der Magnetstab entfernt wird und die Stromstärke 3,6 A beträgt?

Lösung: Es ändert sich nur μ, die Größe $\mathfrak{H}$ bleibt unverändert, damit $\mathfrak{B} = \mu \mathfrak{H} = 1,256 \cdot 18 = 22,6$ Gauß.

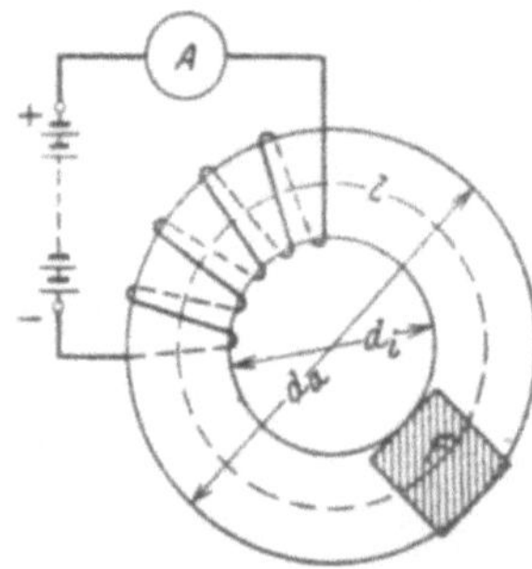

Abb. 41. Eisenring mit Wicklung zu Aufgabe 119.

119. Ein schmiedeeiserner Ring mit $d_i=25$ cm innerem und $d_a = 35$ cm äußerem Durchmesser (Querschnitt quadratisch) ist mit $w = 500$ [400] Windungen versehen, durch welche ein Strom von 4,5 [5,6] A fließt. Wieviel Kraftlinien gehen durch den Ring?

Lösung: Die Feldstärke folgt aus der Formel 16, wo l die Länge der mittleren Kraftlinie bedeutet, d. h. es ist nach Abb. 41

$$l = \frac{25 + 35}{2}\,\pi = 30\,\pi = 94,2 \text{ cm},$$

also

$$\mathfrak{H} = \frac{4,5 \cdot 500}{94,2} = 23,8 \text{ A/cm}.$$

---

[1] S. Deutscher Kalender für Elektrotechniker.

[2] S. Deutscher Kalender für Elektrotechniker.

Die Magnetisierungskurve (Tafel, Kurve A) gibt für $\mathfrak{H} = 23{,}8$ A/cm die Induktion (Felddichte) $\mathfrak{B} = 14\,800$ Gauß. Der Querschnitt des Ringes ist ein Quadrat von $(35 - 25):2 = 5$ cm Seitenlänge, also $F = 5^2 = 25$ cm², mithin ist nach Gl 15

$$\Phi = \mathfrak{B}F = 14\,800 \cdot 25 = 37\,0000 \text{ Maxwell.}$$

120. Welcher Strom wäre erforderlich, um in dem Ringe 200 000 [300 000] Maxwell zu erzeugen?

Lösung: Wenn $\Phi = 200\,000$ ist, so ist nach Gl 15 $\mathfrak{B} = \Phi:F$, also $\mathfrak{B} = 200\,000:25 = 8000$ Gauß. Die Magnetisierungskurve (Tafel, Kurve A) gibt zu $\mathfrak{B} = 8000$ Gauß eine Feldstärke $\mathfrak{H} = 1{,}92$ A/cm.

Aus Gl 16 folgt:

$$i = \frac{\mathfrak{H}\,l}{w} = \frac{1{,}92 \cdot 94{,}2}{500} = 0{,}36 \text{ A},$$

($l = 94{,}2$ cm wie in Aufgabe 119 berechnet).

121. Der Ring in Aufgabe 119 wird mit einem $l_L = 10$ mm breiten Einschnitt versehen; welche Stromstärke ist nun erforderlich, um 200 000 Maxwell zu erzielen (Abb. 42)?

Lösung: Die Flußdichte (Induktion) im Eisen ist $\mathfrak{B}_E = \Phi:F_E$ $B_E = 200\,000 : 25 = 8000$ Gauß. Der Querschnitt der Kraftlinien im Luftspalt ist größer als der Querschnitt im Eisen, da die Feldlinien in die Luft auch aus den Seitenflächen austreten. Man kann den Querschnitt des Luftzwischenraumes nur schätzen und etwa in unserem Falle

$$F_\mathfrak{L} = 1{,}1\,F_E{}^*$$

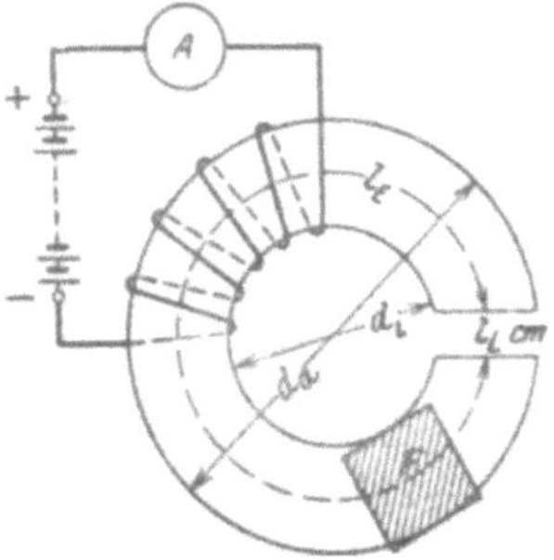

Abb. 42. Eisenring mit Luftspalt zu Aufgabe 121.

annehmen, während die Kraftlinienzahl Φ natürlich dieselbe geblieben ist. Es ist also $\mathfrak{B}_\mathfrak{L} = \Phi:F_\mathfrak{L} = 200\,000:1{,}1\cdot 25 = 7260$ Gauß. Um Gl 19 anwenden zu können, müssen wir die zu $\mathfrak{B}_E$ und $\mathfrak{B}_\mathfrak{L}$ gehörigen Feldstärken aus einer Magnetisierungskurve entnehmen. Für das Eisen erhält man aus der Magnetisierungskurve (Tafel, Kurve A) zu $\mathfrak{B}_E = 8000$ Gauß ein $\mathfrak{H}_E = 1{,}92$ A/cm, für den Luftspalt ist $\mu = 1{,}256$, so daß aus Gl 17 $\mathfrak{H}_\mathfrak{L} = \mathfrak{B}_\mathfrak{L}:\mu$ $= 7260:1{,}256 = 5800$ A/cm folgt. Die Länge der Kraftlinie in

---

* Der Luftquerschnitt $F_\mathfrak{L}$ ist größer als der Eisenquerschnitt, und zwar hängt er von der Größe des Luftspaltes ab; wir können erfahrungsgemäß setzen: $F_\mathfrak{L} = (1...1{,}2)\,F_E$, wo der größere Faktor dem größeren Luftspalt entspricht.

Eisen ist

$$l_E = \frac{(35+25)}{2}\,\pi - 1 = 94,2 - 1 = 93,2 \text{ cm},$$

während laut Aufgabe die Länge der Kraftlinie im Luftspalt $l_\mathfrak{L} = 10\ \text{mm} = 1\ \text{cm}$ ist. Diese Werte in Gl 19 eingesetzt geben

$$\Theta = 1,92 \cdot 93,2 + 5800 \cdot 1 = i\,w\,, \quad i = \frac{179 + 5800}{500} \approx 12\ \text{A}.$$

Man beachte, daß nur 179 AW erforderlich sind, um die Kraftlinien durch das Eisen zu treiben, dagegen 5800 AW für den Luftspalt.

122. Ein aus Ankerblechen zusammengesetztes Gestell von nebenstehenden Abmessungen ist mit 200 [300] Windungen bewickelt, wobei in dem bewickelten Querschnitt 125000 [150000] Kraftlinien erzeugt werden sollen. Welche Stromstärke ist hierzu erforderlich, wenn die Dimension senkrecht zur Papierebene 5,88 cm beträgt? (Abb. 43.)

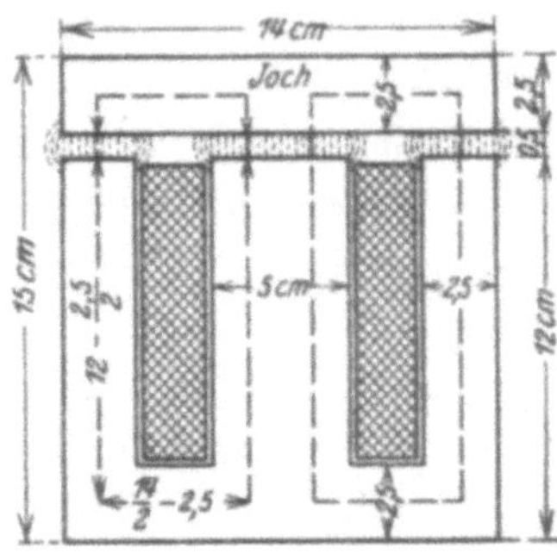

Abb. 43. Eisengestell zu Aufgabe 122.

Lösung: Die im bewickelten Kerne entstehenden Kraftlinien teilen sich, die eine Hälfte verläuft rechts, die andere links herum. Da der Querschnitt der nicht bewickelten Kerne auch nur der halbe ist, so bleibt die Induktion überall die gleiche, so daß wir die mittlere Kraftlinie nur nach einer Seite hin zu verfolgen brauchen. Die Bleche sind stets durch Papier voneinander getrennt, so daß nicht die ganze Breite von 5,88 cm in Rechnung zu ziehen ist, sondern etwa 85—90% hiervon; der Eisenquerschnitt wird bei 85%[*]

$$F_E = 0,85 \cdot 5,88 \cdot 5 = 25\ \text{cm}^2.$$

Die Induktion im Eisen ist $\mathfrak{B}_E = \dfrac{125000}{25} = 5000$ Gauß.

Da die Induktionslinien in der Luft auch aus den Seitenflächen austreten, so kann man den Luftzwischenraum nur schätzen und etwa mit

$$F_\mathfrak{L} = 1,1\,F_E = 1,1 \cdot 25 = 27,5\ \text{cm}^2$$

annehmen; die Induktion im Luftzwischenraum ist also angenähert $\mathfrak{B}_\mathfrak{L} = 125000 : 27,5 = 4550$ Gauß. Da für Luft $\mu = 1,256$ ist, so ist $\mathfrak{H}_\mathfrak{L} = 4550 : 1,256 = 3620$ A/cm. Die Länge der Kraft-

---

[*] In den Klammeraufgaben möge stets mit 90% gerechnet werden.

linie im Eisen und in der Luft ist nach Abb. 43 der Umfang des punktierten Rechtecks, dessen Seiten $\frac{14}{2} - 2,5$ und $15 - 2,5$ cm sind, d. h. es ist $l_E + l_\mathfrak{L} = 2\left[\left(\frac{14}{2} - 2,5\right) + (15 - 2,5)\right] = 34$ cm, also ist, da die Induktionslinien den Luftspalt von 0,5 cm zweimal durchlaufen müssen, $l_\mathfrak{L} = 2 \cdot 0,5 = 1$ cm und somit die Länge im Eisen $l_E = 34 - 1 = 33$ cm.

Zur Induktion $\mathfrak{B}_E = 5000$ Gauß gehört (Tafel, Kurve A) eine Feldstärke $\mathfrak{H}_E = 0,88$ A/cm ($\mu_E = 5000 : 0,88 = 5700$). Für Luft ist, wie bereits berechnet, $\mathfrak{H}_\mathfrak{L} = 3620$ A/cm, also ist nach Gl 19 $\Theta = \mathfrak{H}_1 l_1 + \mathfrak{H}_2 l_2 + \cdots = 0,88 \cdot 33 + 3620 \cdot 1 = iw$, oder da 200 Windungen vorhanden,

$$i = (29 + 3620) : 200 = 18,2 \text{ A}.$$

123. Wie groß ist in der vorigen Aufgabe der magnetische Widerstand?

Lösung 1: Aus der Gl 18 $\Phi = V : \mathfrak{R}$ folgt der magnetische Widerstand des ganzen Kreises $\mathfrak{R} = V : \Phi = iw : \Phi$. Da nun $iw = 18,2 \cdot 200 = 3640$ ist, so wird $\mathfrak{R} = 3640 : 125000 = 0,0292$.

Lösung 2: Der magnetische Widerstand setzt sich nach Gl 18a zusammen aus dem Widerstand des Eisens $\mathfrak{R}_E = l_E : \mu_E F_E = 33 : 5700 \cdot 25 = 0,000232$ und dem Widerstande des Luftzwischenraumes $\mathfrak{R}_\mathfrak{L} = l_\mathfrak{L} : \mu_\mathfrak{L} F_\mathfrak{L} = 1 : 1,256 \cdot 27,5 = 0,029$, mithin nach Formel 18a $\mathfrak{R} = \mathfrak{R}_E + \mathfrak{R}_\mathfrak{L} = 0,000232 + 0,029 = 0,0292$.

Bemerkung: Der Widerstand des Eisens ist bei diesem verhältnismäßig großen Luftspalt sehr klein im Vergleich zum Luftwiderstand, kann also in den meisten ähnlichen Fällen vernachlässigt werden.

124. Im Gestell der Aufgabe 122 soll dieselbe Kraftlinienzahl erzeugt werden, es stehen aber bloß 5 [4] A zur Verfügung. Wie groß darf in diesem Falle der Luftspalt werden?

Lösung: Die magnetische Spannung ist nach Formel 19 $\Theta = iw = 5 \cdot 200 = 1000$ A; andererseits wird, wenn x die unbekannte Länge des Luftweges ist, die Gl 19 $\mathfrak{H}_E l_E + \mathfrak{H}_\mathfrak{L} x = \Theta$, wo $\mathfrak{H}_E$, $\mathfrak{H}_\mathfrak{L}$ und l_E den Lösungen der Aufgabe 122 zu entnehmen sind, nämlich $\mathfrak{H}_E = 0,88$ A/cm, $l_E = 33$ cm, $\mathfrak{H}_\mathfrak{L} = 3620$ A/cm, mithin wird: $0,88 \cdot 33 + 3620\, x = 1000$ oder $3620\, x = 1000 - 29 = 971$ und daraus

$$x = 971 : 3620 = 0,267 \text{ cm}.$$

Da die Induktionslinien den Luftweg zweimal durchlaufen müssen (siehe Abb. 43), so darf der Abstand des Joches vom **Kern** nur sein: $x : 2 = 0,267 : 2 = 0,133$ cm.

125. Welcher Induktionsfluß wird im Gestell der Aufgabe 122 durch einen Strom von 15 [14] A erzeugt?

Lösung: In erster Annäherung: Die magnetische Spannung ist $V = iw = 200 \cdot 15 = 3000$ A. Andererseits ist nach Gl 19 $\mathfrak{H}_E l_E + \mathfrak{H}_\mathfrak{L} l_\mathfrak{L} = \Theta$, wo jedoch beide Größen $\mathfrak{H}_E$ und $\mathfrak{H}_\mathfrak{L}$ unbekannt sind. Aus der Lösung zu 122 geht aber hervor, daß das auf das Eisen bezügliche Produkt $\mathfrak{H}_E l_E$ klein ist im Vergleich zu $\mathfrak{H}_\mathfrak{L} l_\mathfrak{L}$, wir können daher zunächst $\mathfrak{H}_E l_E$ vernachlässigen und erhalten, da $l_\mathfrak{L} = 2 \cdot 0{,}5 = 1$ cm ist, $\mathfrak{H}_\mathfrak{L} \cdot 1 = 3000$, woraus $\mathfrak{H}_\mathfrak{L} = 3000$ A/cm folgt. Da für Luft $\mu = 1{,}256$ ist, wird nach Gl 17 $\mathfrak{B}_\mathfrak{L} = 1{,}256 \cdot 3000 = 3771$ und der Induktionsfluß $\Phi = \mathfrak{B}_\mathfrak{L} F_\mathfrak{L} = 3771 \cdot 27{,}5 = 103\,500$ Maxwell. Zweite Annäherung: Aus $\Phi = \mathfrak{B}_E F_E$ folgt $\mathfrak{B}_E = \Phi : F_E$; damit $\mathfrak{B}_E = 103\,500 : 25 = 4140$ Gauß, wozu nach der Magnetisierungskurve A (Tafel) $\mathfrak{H}_E = 0{,}72$ A/cm gehört, es muß also nach Gl 19 $0{,}72 \cdot 33 + \mathfrak{H}_\mathfrak{L} l_\mathfrak{L} = 3000$ sein, woraus $\mathfrak{H}_\mathfrak{L} = \dfrac{3000 - 24}{1} = 2976$ A/cm folgt.

In zweiter Annäherung wird also $\Phi = \mu \mathfrak{H}_\mathfrak{L} F_\mathfrak{L}$

$$\Phi = 1{,}256 \cdot 2976 \cdot 27{,}5 \approx 103\,000 \text{ Maxwell}.$$

126. Wieviel Kraftlinien werden durch einen Strom von 3 A in dem Gestell der Abb. 43 erzeugt, wenn das Joch auf dem Kern so gut wie möglich aufliegt?

Lösung: In diesem Falle scheint $l_\mathfrak{L} = 0$ zu sein. Nach den Erfahrungen an Transformatoren muß man jedoch jede Stoßfuge als einen Luftzwischenraum von mindestens 0,005 cm ansehen, so daß $l_\mathfrak{L} = 2 \cdot 0{,}005 = 0{,}01$ cm ist.

In Gl 19 ist $\mathfrak{H}_E l_E + \mathfrak{H}_\mathfrak{L} l_\mathfrak{L} = 3 \cdot 200 = 600$ A. Da $\mathfrak{H}_E$ und $\mathfrak{H}_\mathfrak{L}$ unbekannte Größen sind, so genügt eine Gleichung nicht zu ihrer Bestimmung. Die Aufgabe ist also in dieser Form unlösbar. Wir lösen die umgekehrte Aufgabe, indem wir zu einem willkürlich angenommenen Werte von $\mathfrak{B}_E = 14000$ Gauß den zugehörigen Wert von $\mathfrak{H}_E = 16{,}4$ A/cm der Magnetisierungskurve entnehmen. Bei dem kleinen Luftzwischenraum ist $F_\mathfrak{L} = F_E = 25$ cm² zu setzen (s. Fußnote S. 67), also ist ebenfalls $\mathfrak{B}_\mathfrak{L} = 14000$ Gauß und somit $\mathfrak{H}_\mathfrak{L} = 14000 : 1{,}256 = 11\,200$ A/cm; also $iw = \mathfrak{H}_E l_E + \mathfrak{H}_\mathfrak{L} l_\mathfrak{L}$; Werte: $16{,}4 \cdot 33 + 11\,200 \cdot 0{,}01 = 654$ A/cm statt 600; d. h. $\mathfrak{B}_E$ war zu groß gewählt. Wir versuchen $\mathfrak{B}_E = 13000$ Gauß und finden $\mathfrak{H}_E = 11{,}4$ A/cm; zu $\mathfrak{B}_\mathfrak{L} = 13000$ Gauß gehört eine Feldstärke $\mathfrak{H}_\mathfrak{L} = 10\,400$ A/cm, mithin $iw = 11{,}4 \cdot 33 + 10\,400 \cdot 0{,}01 = 479$ anstatt 600, also war $\mathfrak{B}_E$ zu klein.

Um weiteres Probieren zu vermeiden, zeichnen wir die Durchflutung $iw = \Theta$ als Abszissen, die zugehörigen $\mathfrak{B}_E$ als Ordinaten

in ein rechtwinkliges Koordinatensystem ein und erhalten so die
Abb. 44. Die Ordinate zur gewünschten Abszisse 600 ist hiernach $\mathfrak{B}_E = 13690$, somit ist die
gesuchte Kraftlinienzahl

$$\Phi = 13690 \cdot 125 = 342\,250\,\text{Maxwell}.$$

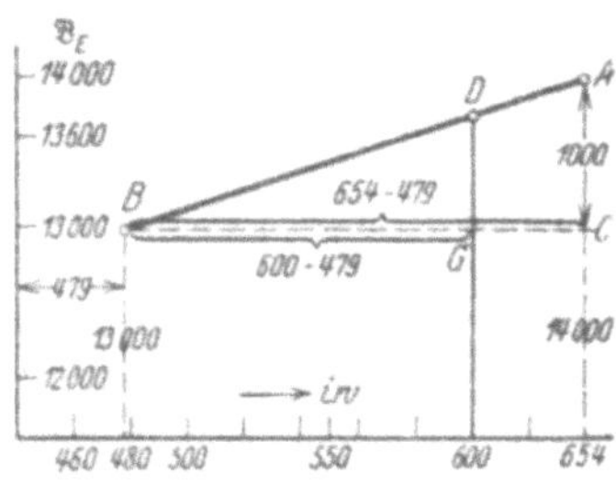

Abb. 44. Zu Aufgabe 126.

NB. Hätte man nach Ausrechnung der beiden Punkte A und B
die Kurve nicht maßstäblich gezeichnet, so konnte man die Ordinate zur
Abszisse 600 auch durch Rechnung
bestimmen: Im $\triangle ABC$ gilt die Pro-
portion $\overline{AC} : \overline{DG} = \overline{BC} : \overline{BG}$, woraus
$\overline{DG} = \overline{AC} \cdot \overline{BG} : \overline{BC}$ folgt,

$$\overline{DG} = (14000 - 13000) \cdot (600 - 479) : (654 - 479) = 690,$$
$$\mathfrak{B}_E = 13000 + \overline{DG} = 13690 \text{ Gauß}.$$

Hätte man die Rechnung für drei Werte von $\mathfrak{B}_E$ durchgeführt, so
würde man gefunden haben, daß die drei Punkte nicht in einer geraden
Linie liegen, sondern auf einer schwach gekrümmten Kurve. Die Ordinate zur
Abszisse 600 hätte dann, nach Zeichnung,
einen noch etwas genaueren Wert ergeben.

127. Es ist die Amperewindungszahl der nebenstehenden Dynamo (Abb. 45) zu berechnen unter
der Voraussetzung, daß der Anker
senkrecht zur Papierebene $b = 20$
[25] cm lang ist und von $1,7 \cdot 10^6$
$[2,8 \cdot 10^6]$ Maxwell durchsetzt werden soll?

Lösung: Der Querschnitt des
aus Blechen zusammengesetzten
Ankers ist $F_a = 0,85 \cdot 20 \cdot (25 - 15)$
$= 170 \text{ cm}^2$. Die Kraftliniendichte
(Induktion) daselbst ist

$$\mathfrak{B}_a = \frac{1,7 \cdot 10^6}{170} = 10000 \text{ Gauß}.$$

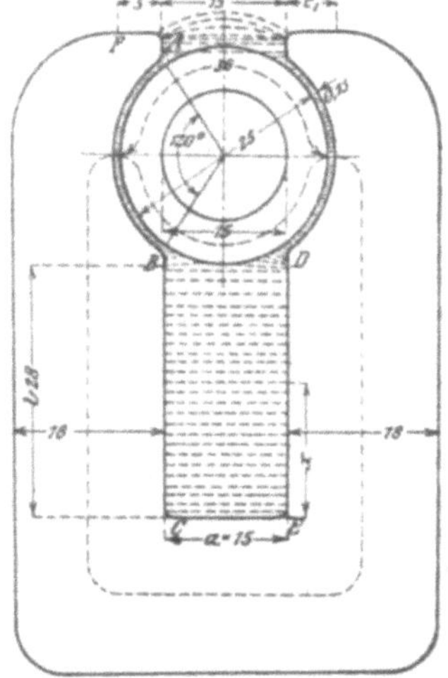

Abb. 45. Dynamogestell zu Aufgabe 127.

Der Querschnitt der Induktionslinien im Luftzwischenraum ist an-
genähert ein Rechteck mit den Seiten $\widehat{AB}$ und b, also $F_\mathfrak{L} = \widehat{AB} \cdot b$.
Der Bogen $\widehat{AB}$ ist: Radius × Zentriwinkel in Bogenmaß, also

$$\widehat{AB} = \left(\frac{25}{2} + 0,75\right) \times \frac{2\pi}{360°} \cdot 120° = 27,75 \text{ cm},$$

daher: $\qquad \widehat{AB} \cdot b = 27,75 \cdot 20 = 555 \text{ cm}^2.$

Die Induktion im Luftzwischenraum ist demnach:

$$\mathfrak{B}_\mathfrak{L} = \frac{1,7 \cdot 10^6}{555} = 3070 \text{ Gauß.} \quad \text{Und damit}$$

$$\mathfrak{H}_\mathfrak{L} = \mathfrak{B}_\mathfrak{L} : \mu = 3070 : 1,256 = 2456 \text{ A/cm.}$$

Da wegen der Streuung ein großer Teil der erzeugten Induktionslinien nicht durch den Anker geht, wie dies die gestrichelten Linien der Abb. 45 zum Teil andeuten, also für die Nutzwirkung verloren ist, so müssen in den Magnetschenkeln mehr wie $1,7 \cdot 10^6$ Kraftlinien erzeugt werden. Wir nehmen für die vorliegende Maschinentype etwa 1,35 mal soviel an, d. h. wir setzen:

$$\Phi_s = 1,35 \, \Phi_0 = 1,35 \cdot 1,7 \cdot 10^6 = 2,3 \cdot 10^6 \text{ Maxwell.}$$

Die Induktion in dem Gußeisenmagneten wird:

$$\mathfrak{B}_s = \frac{\Phi_s}{18 \cdot 20} = \frac{2,3 \cdot 10^6}{360} = 6400 \text{ Gauß.}$$

Die zugehörigen Kraftlinienlängen sind aus der Abb. 45 entnommen:

$$\text{Anker } l_a = 36 \text{ cm,} \quad \text{Luft } l_\mathfrak{L} = 2 \cdot 0,75 = 1,5 \text{ cm,}$$
$$\text{Magnet } l_s = 136,5 \text{ cm.}$$

Die Tafel gibt für $\mathfrak{B}_a = 10000$ Gauß, $\mathfrak{H}_a = 4$ A/cm (Kurve $\underline{A}$),

$\mathfrak{B}_s = 6400$ Gauß, $\mathfrak{H}_s = 36$ A/cm (Gußeisen, Kurve c).

Hiernach wird nach Gl 19: $\Theta = \Sigma V = \mathfrak{H}_a l_a + \mathfrak{H}_\mathfrak{L} l_\mathfrak{L} + \mathfrak{H}_s l_s$ also

$iw = 4 \cdot 36 + 2456 \cdot 1,5 + 36 \cdot 136,5 = 144 + 3684 + 4900 = 8728$ Amperewindungen.

§ 14. Der geradlinige, stromdurchflossene Leiter.

Die Kraftlinien eines geradlinigen, vom Strome J Ampere durchflossenen Leiters sind konzentrische Kreise in einer zum Draht senkrechten Ebene.

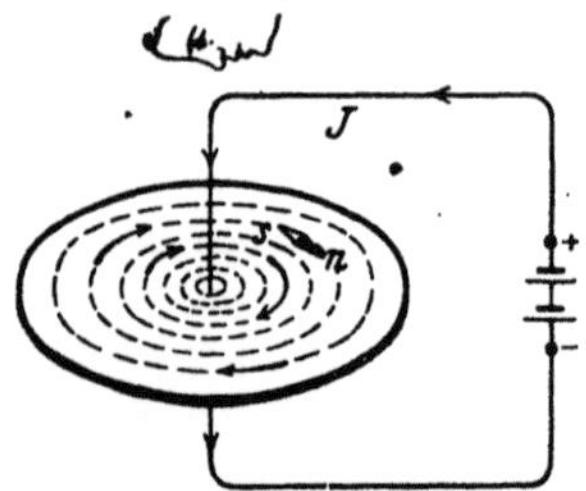

Abb. 46. Kraftlinien eines stromdurchflossenen Leiters.

Regel II: Blickt man in der Richtung des Stromes auf den Draht, so verlaufen die Kraftlinien rechts herum (Abb. 46), d. h. kleine Magnetnadeln stellen sich senkrecht zum Draht in die Richtung der Pfeile ein. Man spricht im Sinne des Uhrzeigers.

Die Gl 19 gilt auch hier für jede geschlossene Kraftlinie, also ist für diese

$$\mathfrak{H} l = i \, w \text{ Ampere}$$

oder, da die Länge l einer solchen Kraftlinie im Abstand r von der Drahtmitte

$$l = 2 \pi r \text{ ist, so wird: } \mathfrak{H} 2 \pi r = i w.$$

i bedeutet den Strom, der durch ein Bündel von w Drähten in der gleichen

Richtung fließt, z. B. in einer Seite eines rechteckigen Rahmens. Ist anstatt des Bündels nur ein Draht, der vom Strome J durchflossen wird, vorhanden (Abb. 46), so ist die Wirkung die gleiche, wenn $J = iw$ Ampere ist. Wir erhalten somit für die Feldstärke im Abstande r

$$\mathfrak{H} = \frac{J}{2\,r\,\pi} \text{ Ampere pro cm (A/cm).} \tag{20}$$

Die Induktion ist

$$\mathfrak{B} = \mu\,\mathfrak{H} = \frac{\mu\,J}{2\,r\,\pi} \text{ Gauß.} \tag{21}$$

Da für Luft $\mu = 1,256 = 0,4\,\pi$ ist, wird für diese

$$\mathfrak{B} = \frac{0,2\,J}{r} \text{ Gauß.} \tag{21a}$$

Man beachte, daß die Gl 20 und 21a nur für Werte von r gelten, die gleich oder größer sind als der Radius des Drahtes.

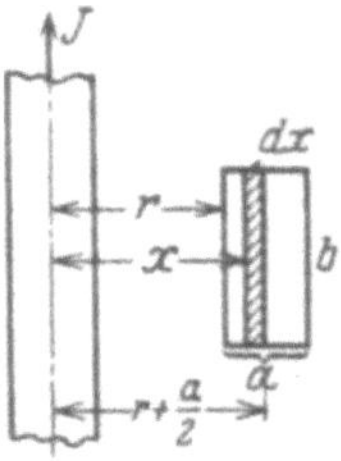

128. Durch einen geradlinigen Draht fließt ein Strom von $J = 100$ [250] A. Wieviel Kraftlinien durchsetzen ein in der Papierebene liegendes Rechteck, dessen Seiten $a = 2$ [5]cm, $b = 10$ [30]cm und $r = 5$ [1]cm sind und welche Feldstärke ist vorhanden (Abb. 47)?|

Lösung: Die Kraftlinienzahl wird nach der Formel

$$\Phi = \frac{\mu\,b\,J}{2\,\pi} \cdot 2,3 \log \frac{r+a}{r} \text{ Maxwell} \tag{22^1}$$

Abb. 47. Zu Aufgabe 128.

---

[1] Die Kraftlinien eines geradlinigen vom Strome durchflossenen Drahtes sind nach Abb. 46 konzentrische Kreise, deren magnetische Induktion nach Gl 21 im Abstande x von der Drahtmitte $\mathfrak{B} = \mu\,\dfrac{J}{2\,\pi\,x}$ ist. Die schraffierte unendlich kleine Fläche „$b\,dx$" wird also von der Kraftlinienzahl $d\Phi = \mathfrak{B}\,b\,dx$ senkrecht zur Papierebene durchsetzt, mithin das ganze Rechteck mit den Seiten a und b vom Induktionsfluß

$$\Phi = \int\limits_{r}^{r+a} b\,\mathfrak{B}\,dx = \int\limits_{r}^{r+a} b\,\frac{\mu\,J}{2\,\pi\,x}\,dx = \frac{\mu\,b\,J}{2\,\pi} \int\limits_{r}^{r+a} \frac{dx}{x} \quad \text{oder, da} \quad \int \frac{dx}{x} = l\,n\,x \quad \text{ist,}$$

$$\Phi = \frac{\mu\,b\,J}{2\,\pi} l\,n\,x \Big|_{r}^{r+a} = \frac{\mu\,b\,J}{2\,\pi}\,[l\,n\,(r+a) - l\,n\,r] = \frac{\mu\,b\,J}{2\,\pi} l\,n\,\frac{r+a}{r} \text{ Maxwell.}$$

Bekanntlich ist $l\,n\,y = 2,3 \log y$, demnach

$$\Phi = \frac{\mu\,b\,J}{2\,\pi} \cdot 2,3 \log \frac{r+a}{r} \text{ Maxwell,}$$

wo $l\,n\,y$ der natürliche Logarithmus von y und $\log y$ der Logarithmus von y zur Basis 10 ist.

berechnet. In unserem Falle ist $b = 10$ cm, $a = 2$ cm, $r = 5$ cm, $J = 100$ A, $\mu = 0,4\,\pi = 1,256$ (Luft), daher

$$\Phi = \frac{0,4\,\pi \cdot 10 \cdot 100}{2\,\pi} \cdot 2,3 \log \frac{5+2}{5} = 67,3 \text{ Maxwell.}$$

Die Feldstärke ist $\mathfrak{H} = \dfrac{\mathfrak{B}}{\mu} = \dfrac{67,3 : 2 \cdot 10}{1,256} = 2,7$ A/cm.

129. Denkt man sich das Rechteck mit den Seiten a und b der vorigen Aufgabe um die durch die Mitte des Drahtes hindurchgehende Achse einmal im Kreise herumgedreht, so umschreibt es einen Kreisring von rechteckigem Querschnitt (Abb. 48). Wieviel Induktionslinien gehen durch diesen Ring, wenn er aus Schmiedeeisen besteht, für welches die Magnetisierungskurve Abb. 38 gilt?

Lösung: Die Feldlinien, die durch das Rechteck ab senkrecht zur Papierebene gehen, sind nach Abb. 46 konzentrische Kreise um den Draht, gehen also auch durch den Ring. Die Feldstärke in der Mittellinie des Rechtecks, also im Abstande $x = 5 + 1 = 6$ cm ist

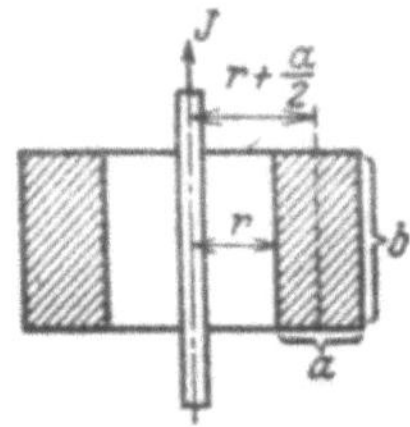

Abb. 48. Zu Aufgabe 192.

nach Gl 20 $\mathfrak{H} = \dfrac{100}{2\,\pi \cdot 6} \approx 2,7$ A/cm; zu ihr gehört nach Abb. 38 eine Felddichte von $\mathfrak{B} = 6000$ Gauß, also ist nach Gl 15

$$\Phi = \mathfrak{B}F = 6000\,(2 \cdot 10) = 120000 \text{ Maxwell.}$$

Dasselbe Resultat liefert die Gl 22, nur braucht man dann μ. Es ist $\mu = \mathfrak{B} : \mathfrak{H} = 6000 : 2,7 = 2220$. Die Formel 22 gibt:

$$\Phi = \frac{2220 \cdot 10 \cdot 100}{2\,\pi} \cdot 2,3 \log \frac{5+2}{5} = 120000 \text{ Maxwell.}$$

130. Der Eisenring in Aufgabe 129 erhält anstatt des geradlinigen von 100 A durchflossenen Drahtes eine gleichmäßig verteilte Wicklung von 100 Windungen (nach Abb. 39), die mit einer Stromquelle verbunden ist. Wieviel Ampere müssen durch die Windungen fließen, wenn in dem Eisen ein Induktionsfluß von 120000 Maxwell entstehen soll?

Lösung: Es ist $\mathfrak{B} = \Phi : F = 120000 : 20 = 6000$ Gauß. Zu $\mathfrak{B} = 6000$ gehört $\mathfrak{H} = 2,7$ A/cm (Abb. 38). Die Länge der Feldlinie, die durch die Mittellinie des Rechtecks geht (Abb. 48), ist

$$l = 2\,\pi\left(r + \frac{a}{2}\right) = 2\,\pi(5 + 1) = 37,8 \text{ cm.}$$

Aus $\qquad \mathfrak{H} = \dfrac{i\,w}{l}$ folgt $i = \mathfrak{H}\dfrac{l}{w} = \dfrac{2,7 \cdot 37,8}{100} \approx 1$ A.

Aus dieser Aufgabe ist zu ersehen, daß der Strom von 100 A im geraden Leiter magnetisch genau gleichwertig ist einem Strom von 1 A, der durch die 100 Windungen fließt.

131. Zwei parallele (sehr lange) Drähte haben je einen Durchmesser $2\,r = 6$ mm und sind im Abstande $a = 25$ cm voneinander zu einer Leitung verlegt, durch die ein Strom von $J = 100$ A fließt. Wieviel Kraftlinien entstehen zwischen den beiden Drähten auf einer Länge von $b = 10$ m, und wie groß ist die mittlere Induktion zwischen den beiden Drähten? (Abb. 49).

Lösung: Der Induktionsfluß zwischen den Drähten folgt aus der Formel:

$$\varPhi_a = \frac{\mu\,J\,b}{\pi}\,2{,}3\,\log\frac{a-r}{r}\ \text{Maxwell.}\qquad (22\,a^1)$$

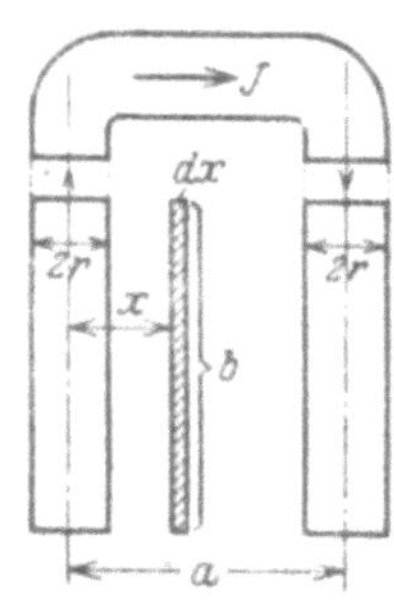

Abb. 49.
Zu Aufgabe 131.

Für $\;J = 100$ A, $\quad b = 10$ m $= 1000$ cm, $a = 25$ cm, $\;r = 0{,}3$ cm, $\;\mu = 1{,}256$ (Luft) wird

$$\varPhi_a = \frac{1{,}256\cdot 100\cdot 1000}{\pi}\cdot 2{,}3\,\log\frac{25-0{,}3}{0{,}3}$$
$$= 1{,}76\cdot 10^5\ \text{Maxwell.}$$

Die mittlere Induktion in der Fläche $F = (a - 2\,r)\,b$ (Abb. 49) ist

$$\frac{\varPhi_a}{F} = \frac{\varPhi_a}{(a - 2\,r)\,b} = \frac{1{,}76\cdot 10^5}{(25 - 2\cdot 0{,}3)\,1000} = 7{,}24\ \text{Gauß.}$$

Hätte man mit der Induktion $\mathfrak{B}$ in der Mitte zwischen den beiden Drähten gerechnet, so wäre für einen Draht (Gl 21) $\mathfrak{B} = \dfrac{\mu\,J}{2\,\pi\,(a:2)}$ gewesen, somit für beide Drähte

$$2\,\mathfrak{B} = \frac{2\,\mu\,J}{\pi\,a} = \frac{2\cdot 1{,}256\cdot 100}{\pi\cdot 25} = 3{,}2\ \text{Gauß,}$$

$$\varPhi_a = (2\,\mathfrak{B})F = 3{,}2(25 - 2\cdot 0{,}3)\,1000 = 0{,}785\cdot 10^5\ \text{Maxwell.}$$

Dies ergibt ein von dem richtigen stark abweichendes Resultat.

---

[1] Für den linken Leiter in Abb. 49 ist die Feldstärke im Abstande x (Gl 20) $\mathfrak{H} = J:2\pi x$, wo $x \gtreqless r$ sein muß, und die Induktion $\mathfrak{B} = \mu\mathfrak{H} = \mu(J:2\pi x)$. Der Induktionsfluß im Rechteck $b\,dx$, der nach Abb. 46 senkrecht auf der Papierebene steht, ist also $d\varPhi = \mathfrak{B}\,(b\,dx) = \dfrac{\mu\,J}{2\,\pi\,x}\,b\,dx$, oder der Induktionsfluß innerhalb der beiden Drähte, aber nur vom linken Draht herrührend

$$\varPhi = \int\limits_{r}^{a-r}\frac{\mu\,J\,b\,dx}{2\,\pi\,x} = \frac{\mu\,J\,b}{2\,\pi}\,ln\,x\ \Big|_{r}^{a-r} = \frac{\mu\,J\,b}{2\,\pi}\,2{,}3\,\log\frac{a-r}{r}\,.$$

Genau die gleiche Ableitung ergibt für den rechten Draht, in welchem der Strom entgegengesetzt fließt, denselben Wert von $\varPhi$. Die Induktionsflüsse innerhalb der beiden Drähte addieren sich, also ist der gesamte Induktionsfluß $2\,\varPhi = \varPhi_a$ und damit die Formel 22a.

§ 15. Induktion.

Da man die magnetischen Kraftlinien (Induktionslinien) nicht unmittelbar wahrnehmen kann, so ist die Frage berechtigt: Wie wird die Anzahl der Kraftlinien, der sogenannte Induktionsfluß, gemessen? Für den Elektrotechniker kommen nur zwei Wirkungen in Frage:

1. Bringt man in ein magnetisches Feld eine Spirale aus Wismutdraht, so nimmt der Widerstand dieses Drahtes mit der Dichte des Feldes zu.

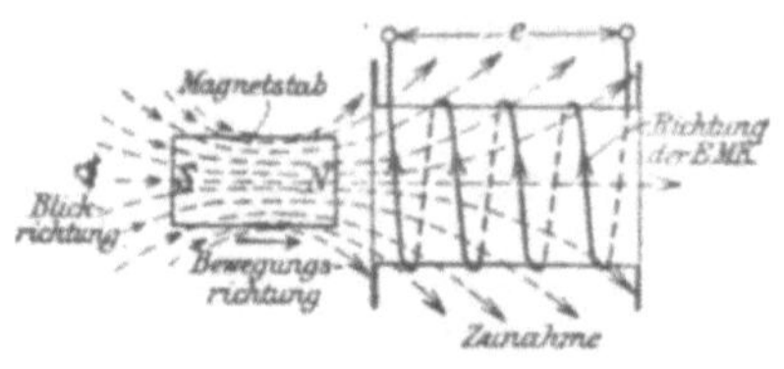

Abb. 50. Erläuterung zur Bestimmung der Richtung des Induktionsstromes in einer Spule.

Aus der gemessenen Widerstandszunahme kann man nach einer einem jeden Apparat beigefügten Kurve die Felddichte (Induktion) entnehmen.

2. Bringt man eine Drahtschleife, die mit einem Galvanometer verbunden ist, in ein magnetisches Feld, so zeigt das Galvanometer einen Ausschlag an, wenn sich die von der Drahtschleife umschlossene Kraftlinienzahl ändert. Wie die Änderung zustande kommt, ist gleichgültig. In Abb. 50 ist ein Magnetstab mit seinen Kraftlinien dargestellt, der auf eine Spule zu bewegt wird. In den Windungen entsteht eine EMK, die in dem durch das Galvanometer geschlossenen Stromkreis den Strom hervorruft, der den Ausschlag erzeugt.

Gesetz 11: Umschließt eine Spule Kraftlinien und ändert sich die Anzahl derselben, so entsteht in den Windungen eine elektromotorische Kraft.

Über die Richtung der entstehenden EMK gibt die nachstehende Regel III Auskunft:

Blickt man in der Richtung der Kraftlinien auf die Spule (d. h. sieht man den Südpol des Magneten an), so entsteht bei einer Zunahme der Kraftlinien eine EMK, die bei geschlossenem Stromkreise einen Strom im entgegengesetzten Drehungssinne des Uhrzeigers, bei einer Abnahme im Drehungssinne hervorrufen würde. (Vgl. Abb. 50, die einer Zunahme der Kraftlinien entspricht.)

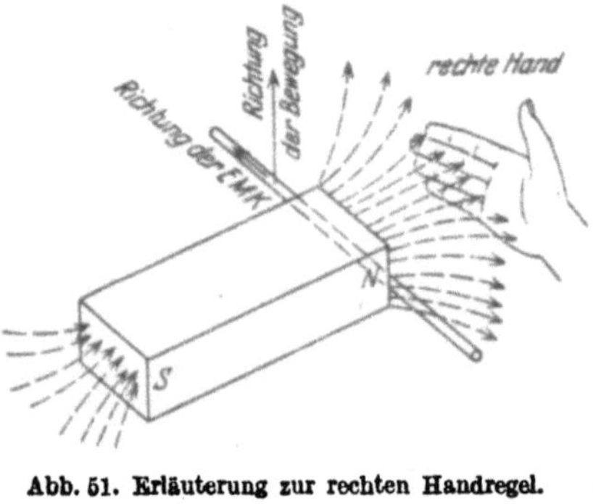

Gesetz 12: Wird ein Leiter in einem magnetischen Felde so bewegt, daß er Kraftlinien schneidet, so wird in ihm eine elektromotorische Kraft induziert (Abb. 51).

Die Richtung der entstehenden EMK läßt sich nach folgender Regel IV bestimmen:

Hält man die rechte

Abb. 51. Erläuterung zur rechten Handregel.

Hand so über den Leiter, daß die Kraftlinien senkrecht zur Handfläche eintreten, den abgespreizten Daumen nach der Richtung der Bewegung des Leiters, so zeigen die Fingerspitzen die Richtung der EMK an.

Die Größe der **EMK ist,** wenn die Bewegung senkrecht zu den Feldlinien erfolgt:

$$E = \mathfrak{B}^* l\,v \quad \text{Volt},$$

wo $\mathfrak{B}^*$ die magnetische Induktion, l die Länge des Leiters innerhalb der Kraftliniendichte in cm und v die Geschwindigkeit der Bewegung in cm pro Sekunde bedeutet.

Die Abb. 52 veranschaulicht den experimentellen Nachweis dieses Gesetzes. Ein aus w Windungen bestehender Drahtrahmen $ABCD$ befindet sich mit der einen Seite AB auf b cm Länge in einem homogenen magnetischen Felde von der Felddichte $\mathfrak{B}^*$ und wird senkrecht zu den Kraftlinien mit der Geschwindigkeit von v cm pro Sekunde bewegt, die durch ein Uhrwerk konstant gehalten ist. Die Enden der Wicklung sind mit einem empfindlichen Voltmeter von großem Eigenwiderstand verbunden, dessen Ausschlag die Spannung in Volt an den Enden der Windungen angibt, die sehr nahezu, wegen des großen Voltmeterwiderstandes, gleich der EMK ist. Die Länge l in der obigen Gleichung ist offenbar $l = bw$, weil sich ja die EMKe in den w Drähten addieren. (Da es sich hier nicht um Windungen, sondern um die Anzahl der Drähte handelt, die in einer Seite AB vereinigt sind, so setzt man anstatt w meistens den Buchstaben z, also $l = bz$.)

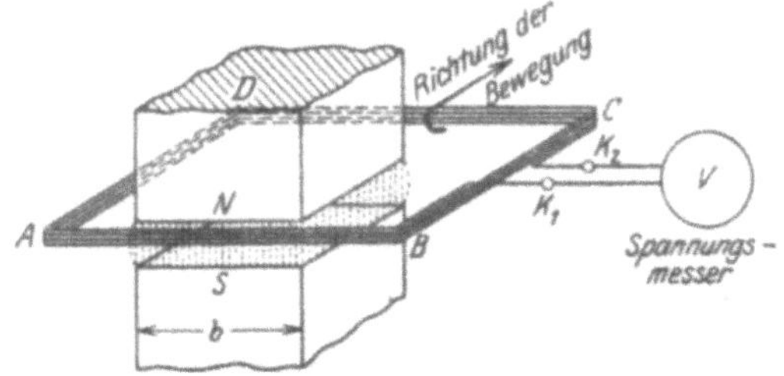

Abb. 52. Anordnung zum experimentellen Nachweis des Gesetzes 12.

In der Gleichung $E = \mathfrak{B}^* l v$ Volt sind die Größen E, l und v leicht verständlich, weil meßbar, hingegen nicht $\mathfrak{B}^*$. Wir lösen daher nach $\mathfrak{B}^*$ auf und erhalten

$$\mathfrak{B}^* = \frac{E}{l\,v} = \frac{\text{Volt}}{\text{cm} \cdot \text{cm/Sek}} = \frac{\text{Volt} \cdot \text{Sek}}{\text{cm}^2}.$$

Die Benennung der Einheit $\mathfrak{B}^*$ ist mit Weber/cm² vorgeschlagen. Da diese Einheit sehr groß ist, also bei Versuchen sehr kleine Zahlen herauskommen, rechnet man mit Gauß und setzt 1 Weber/cm² $= 10^8$ Gauß. Damit $\mathfrak{B}^* \cdot 10^8 = \mathfrak{B}$ Gauß.

Die Gleichung $E = \mathfrak{B}^* l v$ wird daher

$$\boxed{E = \frac{\mathfrak{B}\,l\,v}{10^8}\ \text{Volt.}} \tag{23}$$

Die Gl 15 gibt den Induktionsfluß $\Phi = \mathfrak{B} F$ Maxwell, sie gilt natürlich auch, wenn man statt $\mathfrak{B}$ in Gauß in Weber einsetzt. Dann ist $\Phi^* = \mathfrak{B}^* \cdot F$ oder in den Einheiten ausgedrückt $\Phi^* = \dfrac{\text{Voltsek} \cdot \text{cm}^2}{\text{cm}^2}$, da ja F in cm² eingesetzt werden muß. Damit wird der magnetische Fluß $\Phi^* =$ Voltsek. Das heißt: Die Einheit des Induktionsflusses, die zu den Einheiten Volt, Ampere, Ohm gehört, ist die Voltsekunde $= 1$ Weber (Wb).

Der Zusammenhang von Φ^* und Φ ergibt sich wieder zu:

$$1 \text{ Voltsek.} = 1 \text{ Weber (Wb)} = 10^8 \text{ Maxwell} = 10^8 \text{ M}.$$

Die Permeabilität μ war definiert durch die Gleichung $\mu^* = \mathfrak{B}^* : \mathfrak{H}$. Setzt man wieder die zugehörigen Größen ein, so erhält man:

$$\mu^* = \frac{\text{Volt} \times \text{Sek}}{\text{cm}^2} : \frac{\text{Ampere}}{\text{cm}} = \frac{\text{Volt} \times \text{Sek}}{\text{Ampere} \times \text{cm}} = \frac{\text{Ohm} \times \text{Sek}}{\text{cm}}.$$

Für Ohm × Sek. hat man den Namen Henry (H) eingeführt, also ist die Einheit von μ^* 1 Henry : cm abgekürzt H/cm.

Setzt man nun $\mathfrak{B}^*$ statt in Weber/cm² in Gauß ein, so wird

$$\mu^* = \frac{\mu}{10^8} \text{ H/cm}.$$

Für Luft war $\mu = 1{,}256$ angegeben, damit $\mu^* = \dfrac{1{,}256}{10^8} \text{ H/cm}$.

Für das Gesetz 11 gilt die Formel:

$$e = -\frac{d\Phi}{dt} w \, 10^{-8} \text{ Volt}, \qquad (24)$$

wo Φ die Anzahl der Kraftlinien, ausgedrückt in Maxwell, die zur Zeit t von den w Windungen umschlossen werden, bezeichnet. Nimmt Φ zu, so ist $d\Phi$ positiv, demnach e negativ, d. h. der im geschlossenen Stromkreis entstehende Strom fließt für den Beschauer in Abb. 50 im entgegengesetzten Sinne des Uhrzeigers.

Dividiert man die EMK e durch den Widerstand R des ganzen Spulenstromkreises, so ist $e : R = i$ die zur Zeit t fließende Stromstärke und $i\,dt$ die Elektrizitätsmenge dQ in der Zeit dt, die Gl 24 wird dann

$$e : R = i = -\frac{d\Phi}{dt} \frac{w}{R} \cdot 10^{-8} \text{ Ampere}, \quad \text{oder nach Gl 3a}$$

$$i\,dt = dQ = -d\Phi \frac{w}{R} \cdot 10^{-8}. \quad \text{Diese Gleichung integriert ergibt}$$

$$Q = -\frac{w}{R \cdot 10^8} \int_{\Phi_1}^{\Phi_2} d\Phi = -\frac{w}{R \cdot 10^8} (\Phi_2 - \Phi_1) \quad \text{oder auch}$$

$$Q = \frac{w}{R} \cdot \frac{\Phi_1 - \Phi_2}{10^8} \text{ Coulomb}. \qquad (25)$$

Dividiert man die Elektrizitätsmenge Q durch die Zeit T', welche zur Änderung des Induktionsflusses von Φ_1 auf Φ_2 gebraucht wurde, so erhält man die mittlere Stromstärke J_m

$$J_m = \frac{Q}{T'} = \frac{\Phi_1 - \Phi_2}{10^8} \frac{w}{T'R} \text{ Ampere.} \qquad (26)$$

Multipliziert man die Stromstärke J_m mit dem Widerstande R des gesamten Spulenkreises, so erhält man die mittlere elektromotorische Kraft E_m der Induktion

$$\boxed{E_m = \frac{w}{T'} \frac{\Phi_1 - \Phi_2}{10^8} \text{ Volt.}} \qquad (27)$$

Das Produkt $E_m T' = QR$ gibt Voltsekunden, also ist

$$E_m T' = QR = w \frac{\Phi_1 - \Phi_2}{10^8} \text{ Voltsekunden.} \qquad (28)$$

Anstatt $\dfrac{\Phi_1}{10^8}$ und $\dfrac{\Phi_2}{10^8}$ kann man auch Φ_1^* und Φ_2^* schreiben, wo dann in den obigen Gleichungen anstatt der alten Einheit Maxwell die neue große Einheit Voltsekunde zu setzen ist.

Die Messung einer Elektrizitätsmenge geschieht durch ein sogenanntes ballistisches Galvanometer, d. i. ein Galvanometer mit einem langsam schwingenden, beweglichen System. Bei diesem Galvanometer gibt der erste Ausschlag ein Maß für die Elektrizitätsmenge, und man kann setzen $Q = Kp$, wo K eine dem Galvanometer zugehörige Konstante und p die Größe des ersten Ausschlages bedeutet. Da $QR = J_m T' \cdot R = J_m R \cdot T'$ Voltsekunden gibt, so kann das Galvanometer auch auf Voltsekunden geeicht werden, so daß die Gl 28 unmittelbar die Änderung $(\Phi_1 - \Phi_2)$ des Induktionsflusses zu messen gestattet.

132. Der in Aufgabe 115 beschriebene Magnetstab von 2 cm Durchmesser wird, wie dort angegeben, von 5000 Maxwell durchsetzt. Derselbe wird rasch, aus großer Entfernung, in eine Spule (Induktionsspule genannt) hineingestoßen (vgl. Abb. 50), so daß Spulenmitte und Stabmitte zusammenfallen. Die Induktionsspule besitzt 500 [800] Windungen und 2 [10] Ω Widerstand.

Gesucht wird:

a) die Elektrizitätsmenge in der kurzgeschlossenen Spule,

b) die erzeugte Anzahl von Voltsekunden,

c) die mittlere Stromstärke, wenn der Stab nach 0,1 [0,01] Sek. die Spulenmitte erreicht?

d) die mittlere EMK der Spule?

Lösungen:

Zu a): Die Induktionsspule umschließt, wenn der Magnetstab sehr weit von ihr entfernt ist, praktisch keine Kraftlinien, d. h. in Gl 25 ist $\Phi_1 = 0$. Fällt hingegen Stab- und Spulenmitte zusammen, so ist laut Angabe $\Phi_2 = 5000$ Maxwell, mithin nach Gl 25

$$Q = \frac{(0 - 5000) \cdot 500}{2 \cdot 10^8} = -0{,}0125 \text{ Coulomb (oder Amperesekunden).}$$

Zu b): Nach Formel 28 gibt das Produkt QR Voltsekunden, wenn Q in Coulomb und R in Ohm eingesetzt wird, also $QR = -0{,}0125 \cdot 2 = -0{,}025$ Voltsek.

Zu c): Die mittlere Stromstärke ist

$$J_m = \frac{Q}{T'} = -\frac{0{,}0125}{0{,}1} = -0{,}125 \text{ A}.$$

Das Zeichen — sagt aus, daß der Strom für den Beschauer im entgegengesetzten Sinne des Uhrzeigers fließt (siehe Abb. 50).

Zu d): Es ist $E_m = J_m R = -0{,}125 \cdot 2 = -0{,}250$ V.

133. Eine Spule (sogenannter Erdinduktor) hat 150 [200] Windungen, deren mittlerer Durchmesser $d_m = 25{,}5$ [35] cm beträgt.

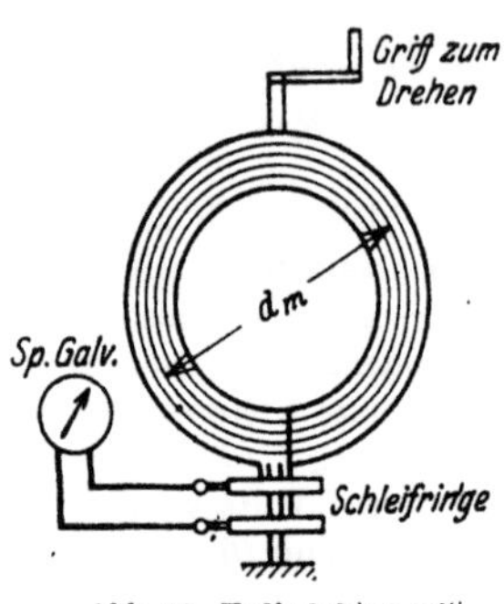

Abb. 53. Erdinduktor mit Spiegelgalvanometer.

Dieselbe wird vertikal so aufgestellt, daß die Ebene der Windungen von Osten nach Westen zeigt. Welche Elektrizitätsmenge wird in dem geschlossenen Stromkreise von 20 [40] Ω Widerstand bei einer Drehung der Spule um 180° erzeugt, wenn die Felddichte $\mathfrak{B}_e$ des Erdmagnetismus in horizontaler Richtung für den Aufstellungsort den Wert 0,2 [0,193] Gauß besitzt? (Abb. 53).

Lösung: Von den Windungen werden vor der Drehung die Kraftlinien

$$\Phi_1 = \mathfrak{B}_e F_e = 0{,}2 \cdot \frac{25{,}5^2\,\pi}{4} = 102 \text{ Maxwell}$$

umschlossen, nach der Drehung ist die Kraftlinienzahl dieselbe geblieben, doch tritt sie von der anderen Seite durch die Windungen, also muß $\Phi_2 = -102$ Maxwell gesetzt werden. Die Elektrizitätsmenge ist daher (Gl. 25)

$$Q = \frac{w}{R} \cdot \frac{\Phi_1 - \Phi_2}{10^8} = \frac{150}{20} \cdot \frac{102 + 102}{10^8} = 0{,}0000153 \text{ Coulomb oder As.}$$

134. Den äußeren Stromkreis der Spule (Aufgabe 133) bildete ein ballistisches Spiegelgalvanometer, welches bei der Drehung einen Ausschlag von 3 [12] Skalenteilen machte. Wie groß ist hiernach die Konstante des Galvanometers? (Abb. 53.)

Lösung: Für kleine Ausschläge ist $Q = Kp$, wo K die gesuchte Konstante und p den ersten Ausschlag bedeutet. Es ist also

$$K = \frac{Q}{p} = \frac{0{,}0000153}{3} = 0{,}0000051.$$

135. Welche Elektrizitätsmenge ging durch das Galvanometer der Aufgabe 134, wenn der erste Ausschlag 25 [12] Skalenteile beträgt?

Lösung: $Q = 0{,}0000051 \cdot 25 = 0{,}000128$ Coulomb.

136. Es soll der Widerstand R der Spule in Aufgabe 133 einschließlich des Galvanometers bestimmt werden.

Lösung: Ist F die Fläche der Spule, durch welche pro cm²
$\mathfrak{B}_e$ Kraftlinien gehen, so ist die von den Windungen eingeschlossene
Kraftlinienzahl $\mathfrak{B}_e F$; nach der Drehung um 180° ist sie $- \mathfrak{B}_e F$,
also wird eine Elektrizitätsmenge $Q_1 = \dfrac{2\,\mathfrak{B}_e F w}{R\,10^8}$ erzeugt, wo R
den gesuchten Widerstand bezeichnet. Diese Elektrizitätsmenge
ruft im Galvanometer den Ausschlag p_1 hervor. Schaltet man
nun in den Stromkreis der Spule noch den bekannten Widerstand r ein, so wird bei der Drehung der Spule jetzt die Elektrizitätsmenge $Q_2 = \dfrac{2\,\mathfrak{B}_e F w}{(R + r)\,10^8}$ erzeugt, welche den Galvanometerausschlag p_2 hervorbringt. Es ist also

$$Q_1 = \frac{2\,\mathfrak{B}_e F w}{R\,10^8} = K\,p_1, \qquad Q_2 = \frac{2\,\mathfrak{B}_e F w}{(R + r)\,10^8} = K\,p_2.$$

Durch Division beider Gleichungen erhält man

$$\frac{R + r}{R} = \frac{p_1}{p_2}, \quad \text{woraus} \quad R = r\,\frac{p_2}{p_1 - p_2} \quad \text{folgt}.$$

Wie groß ist hiernach R, wenn $p_1 = 20$ [15], $p_2 = 7$ [8] und
$r = 10$ [20] Ω ist?

Lösung: $R = r\,\dfrac{p_2}{p_1 - p_2} = 10\,\dfrac{7}{20 - 7} = 5,38\,\Omega$.

137. Durch eine Spule von $w_1 = 2743$ Windungen und 40 cm
Länge wird ein Strom geschickt. In der Mitte dieser Spule sind
$w_2 = 100$ Windungen von 1,86 cm Durch-
messer aufgewickelt, die mit einem ballistischen Galvanometer von 15 Ω einschließlich des Widerstandes der 100 Windungen
verbunden sind. Welche Elektrizitätsmenge
fließt durch das Galvanometer, wenn der
Strom von $i = 2$ [1,5] A durch den Um-
schalter gewendet wird? Wie groß ist die
Galvanometerkonstante bei 12 [8] Teilen
Ausschlag? (Abb. 54.)

Lösung: Die Feldstärke, die in der
Mitte der langen Spule erzeugt wird, ist
nach Formel 16

$$\mathfrak{H} = \frac{i\,w}{l} = \frac{2 \cdot 2743}{40} = 137,15 \text{ A/cm}$$

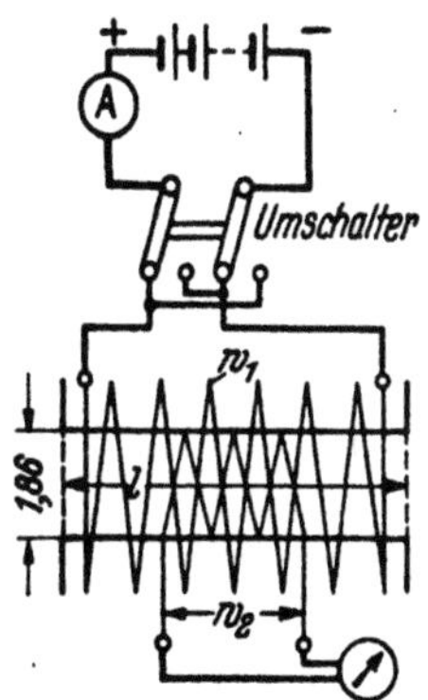

Abb. 54. Erläuterungsskizze
zu Aufgabe 137.

und damit die Felddichte, die innerhalb unserer 100 Windungen herrscht, $\mathfrak{B} = \mu \mathfrak{H} = 1{,}256 \cdot 137{,}15 = 172$ Gauß. Der Induktionsfluß somit

$$\Phi = \mathfrak{B} F = 172 \cdot \frac{1{,}86^2 \pi}{4} = 468 \text{ Maxwell}.$$

Nach der Stromumkehr ist der Induktionsfluß $\Phi_2 = - 468$ Maxwell und damit die Elektrizitätsmenge nach Gl 25

$$Q = \frac{w}{R} \cdot \frac{\Phi_1 - \Phi_2}{10^8} = \frac{100 \cdot [468 - (-468)]}{15 \cdot 10^8} = 0{,}0000624 \text{ Coulomb}.$$

Die Galvanometerkonstante folgt aus $Q = K p$

$$K = \frac{Q}{p} = \frac{0{,}0000624}{12} = 0{,}0000052.$$

138. In die Höhlung der langen Spule wurde ein Eisenstab von 0,45 cm Durchmesser eingeschoben. Jetzt machte das Galvanometer beim Stromwenden einen Ausschlag von 47,7 [36] Skalenteilen. Gesucht wird:

a) die Elektrizitätsmenge Q,
b) der den Eisenstab durchsetzende Induktionsfluß,
c) die magnetische Induktion im Eisen.

Lösungen:

Zu a): Der Galvanometerausschlag gibt die Elektrizitätsmenge:

Es ist $Q = K p = 0{,}0000052 \cdot 47{,}7 = 0{,}000248$ Coulomb.

Zu b): Aus Formel 25: $Q = \dfrac{w(\Phi_1 - \Phi_2)}{R\,10^8}$ folgt:

$$\Phi_1 - \Phi_2 = \frac{0{,}000248 \cdot 10^8 \cdot 15}{100} = 3710 \text{ Maxwell}.$$

Nun ist aber $\Phi_2 = - \Phi_1$, also $2\,\Phi_1 = 3710$ oder $\Phi_1 = 1855$ Maxwell.

Zu c): Die magnetische Induktion im Eisen ist: $\mathfrak{B} = \Phi : F$; wo F den Eisenquerschnitt, d. i. $F = 0{,}45^2 \cdot \pi : 4 = 0{,}159 \text{ cm}^2$ bedeutet; also

$$\mathfrak{B} = \frac{1855}{0{,}159} = 11\,700 \text{ Gauß}.$$

139. Ein Eisenring von $F = 1$ [2,8] cm² Querschnitt, einem äußeren Durchmesser von 17 [25] cm und einem inneren von 15 [10] cm ist mit 430 [520] Windungen bewickelt, durch die ein Strom von 2 [3] A geschickt wird. Außerdem sind noch 10 Windungen aufgewickelt, die durch einen Erdinduktor und ein bal-

listisches Spiegelgalvanometer zu einem Stromkreise vereinigt
sind. Die Anordnung zeigt Abb. 55. Der Erdinduktor besteht aus
150 Windungen, die eine Fläche von 510 cm² umschließen. Wird
derselbe aus der Ost-Westrichtung um 180° gedreht, so schlägt
das Spiegelgalvanometer um 1,8
[2,5] Teile aus; wird der Strom
des Eisenringes dagegen gewendet,
so beträgt der Ausschlag 17,4 [25]
Teile. Die Induktion des Erdfeldes
hat am Aufstellungsort in horizon-
taler Richtung den Wert $\mathfrak{B}_e = 0{,}2$
Gauß (Horizontalkomponente des
Erdmagnetismus). Wie groß ist
hiernach:

a) die magnetische Induktion
im Eisen,

b) die Feldstärke,

c) die Permeabilität?

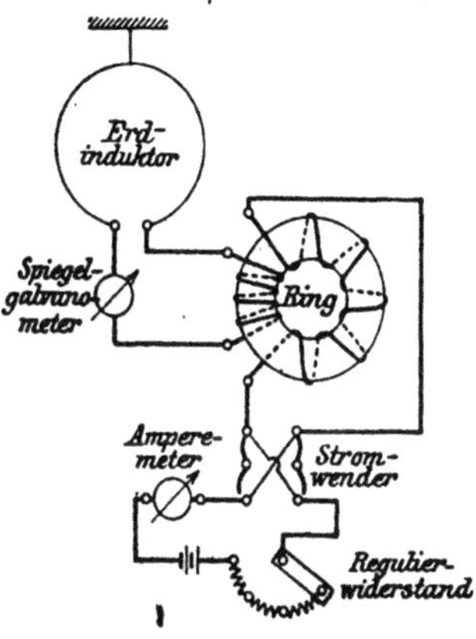

Abb. 55. Schaltung zur Untersuchung
von Eisen mit Hilfe des ballistischen
Galvanometers.

Lösungen:

Zu a): Steht die Ebene des
Erdinduktors in der Richtung Ost-West, so schließen die 150 Windungen desselben

$$\Phi_1 = \mathfrak{B}_e F_e = 0{,}2 \cdot 510 = 102 \text{ Maxwell}$$

ein. Nach der Drehung um 180° $\Phi_2 = -102$ Maxwell. Es ist
also $\Phi_1 - \Phi_2 = 102 - (-102) = 204$ Maxwell und demnach die
durch das Spiegelgalvanometer fließende Elektrizitätsmenge
(Gl 25) $Q = \dfrac{150 \cdot 204}{R \cdot 10^8}$ Coulomb, die den Galvanometerausschlag
$p_1 = 1{,}8$ Teile hervorbringt. R bedeutet den nicht gemessenen
Widerstand des Spiegelgalvanometers, der 10 Windungen auf dem
Ringe und der 150 Windungen des Erdinduktors.

Wird nun der Strom eingeschaltet, so entsteht im Eisenringe
ein Induktionsfluß Φ, der auch durch die 10 Windungen der
Induktionsspule hindurchgeht. Nach dem Wenden des Stromes
entsteht derselbe Induktionsfluß aber in entgegengesetzter Richtung, so daß $\Phi_1 - \Phi_2 = \Phi - (-\Phi) = 2\Phi$ ist. Die entstandene
Elektrizitätsmenge (Gl 25) ist daher $Q_2 = \dfrac{10 \cdot 2\,\Phi}{R \cdot 10^8}$. Bildet man
$\dfrac{Q_1}{Q_2} = \dfrac{204 \cdot 150}{2\,\Phi \cdot 10}$, so folgt hieraus $\Phi = \dfrac{204 \cdot 150}{2 \cdot 10} \cdot \dfrac{Q_2}{Q_1}$. Nun ist aber
$Q_1 = K p_1$, $Q_2 = K p_2$, wo $p_1 = 1{,}8$, $p_2 = 17{,}4$ abgelesen, damit

$$\Phi = \frac{204 \cdot 150}{2 \cdot 10} \frac{17,4}{1,8} = 14\,800 \text{ Maxwell oder } 14\,800 : 10^8 \text{ Voltsekunden.}$$

Aus der Gl 15 $\Phi = \mathfrak{B} F$ folgt $\mathfrak{B} = \Phi : F = 14\,800 : 1 = 14\,800$ Gauß oder $14\,800 \cdot 10^{-8}$ Wb/cm².

Zu b): Die Feldstärke $\mathfrak{H}$ folgt aus der Gl 16

$$\mathfrak{H} = \frac{i\,w}{l} = \frac{2 \cdot 430}{16\,\pi} = 17,3 \text{ A/cm}.$$

Zu c): Die Permeabilität μ (siehe Gl 17a) ist

$$\mu = \mathfrak{B} : \mathfrak{H} = 14\,800 : 17,3 = 860 \text{ H/cm}.$$

140. Welche EMK entsteht in einem Leiter, der auf 10 [15] cm Länge mit 8 [10] m/sek Geschwindigkeit senkrecht zu den Feldlinien in einem konstanten magnetischen Felde von der Dichte 5000 [7000] Gauß bewegt wird, wie Abb. 56 zeigt?

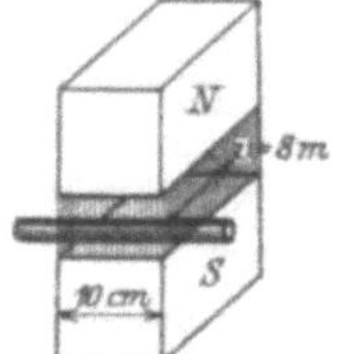

Lösung: Nach Gl 23 ist ($v = 800$ cm/sek)

$$E = \frac{\mathfrak{B}\,l\,v}{10^8} = \frac{5000 \cdot 10 \cdot 800}{10^8} = 0,4 \text{ Volt}.$$

Abb. 56. Erläuterung zu Aufgabe 140.

141. Ein Stab aus 3 [2] mm rundem Kupferdraht ist zu einem Rechteck von 10 [18] cm und 8 [6] cm Seitenlänge verlötet. Die eine 10 [15] cm lange Seite befindet sich in einem Felde, dessen konstante Dichte 4500 [6000] Gauß ist; das Rechteck wird senkrecht zu den Feldlinien mit einer Geschwindigkeit von 8 [10] m/sek fortbewegt, wie Abb. 57 darstellt. Gesucht wird:

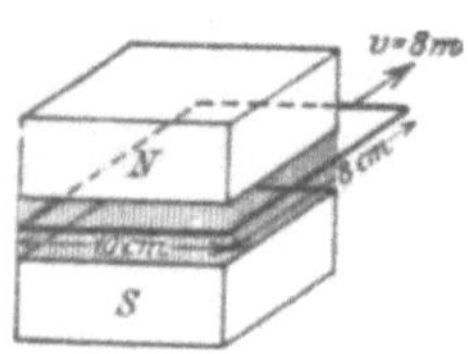

a) die erzeugte EMK,
b) der Widerstand des Rechtecks,
c) die im Draht fließende Stromstärke,
d) die elektrische Leistung des Stromes,
e) die Kraft, die zur Fortbewegung des Drahtes erforderlich ist.

NB. In dieser Aufgabe ist davon abzusehen, daß der Draht den erzeugten Strom nicht vertragen würde.

Abb. 57. Erläuterung zu Aufgabe 141.

Lösungen:

Zu a): Die in einer Seite erzeugte EMK ist nach Gl 23

$$E = \frac{\mathfrak{B}\,l\,v}{10^8} = \frac{4500 \cdot 10 \cdot 800}{10^8} = 0,36 \text{ V } (v = 800 \text{ cm/sek}).$$

Zu b): Die Länge aller vier Seiten des Rechtecks ist:
$l = 2 \cdot 10 + 2 \cdot 8 = 36 \text{cm} = 0,36$ m. Der Querschnitt des Drahtes ist

$q = 3^2 \cdot \pi : 4 = 7 \text{ mm}^2$, also der Widerstand nach Formel 4

$$R = \frac{\varrho\, l}{q} = \frac{0{,}018 \cdot 0{,}36}{7} = 0{,}000\,925\ \Omega\,.$$

Zu c): Die Stromstärke ist

$$J = E : R = 0{,}36 : 0{,}000\,925 = 388\ \text{A}.$$

Zu d): Die elektrische Leistung des Stromes ist nach Gl 13

$$N = E\,J = 0{,}36 \cdot 388 = 140\ \text{W}.$$

Zu e): Die unter d) berechnete elektrische Leistung ist durch die mechanische Leistung erzeugt worden, für welche die Gl 13a

$$N = P\,v\ \text{kgm/sek} \quad \text{oder in Watt} \quad N = P\,v \cdot 9{,}81\ \text{Watt}$$

gilt. Hierin ist P in kg und v in m/sek einzusetzen. Es gilt also $P\,v \cdot 9{,}81 = 140$ W oder

$$P = \frac{140}{8 \cdot 9{,}81} = 1{,}78\ \text{kg},$$

welche Kraft in der Richtung der Bewegung wirksam sein muß.

§ 15a. Selbstinduktion.

Schließt man den Stromkreis einer Spule, so erzeugt der entstandene Strom Induktionslinien, deren Zunahme (nach Gesetz 11) eine **EMK** hervorruft, die dem Strome entgegengerichtet ist. Öffnet man den Stromkreis, so verschwinden die Induktionslinien und rufen durch ihre Abnahme eine neue EMK hervor, die dem Strome gleichgerichtet ist. Man nennt diese EMK, die beim Schließen bzw. Öffnen entsteht, die EMK der Selbstinduktion.

Ihre Größe wird berechnet aus der Formel 24

$$e_s = - \frac{d\,\Phi}{dt}\, w \cdot 10^{-8}\ \text{Volt}.$$

Für eine gestreckte Spule (Abb. 58) von der Länge l, der Windungszahl w und dem Querschnitt F ist, wenn augenblicklich der Strom i durch die Windungen fließt, nach Gl 18b

$$\Phi = \frac{i\,w}{\dfrac{l}{\mu F} + \dfrac{l_2}{\mu F_2}}\ \text{Maxwell},$$

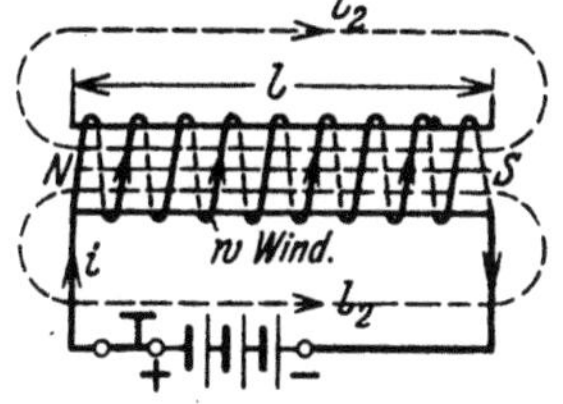

Abb. 58. Zur Erläuterung der Selbstinduktion.

wo l die Länge der Spule, oder richtiger, die Länge der mittleren Kraftlinie innerhalb der Spule und F den Querschnitt bezeichnet, der von den Windungen eingeschlossen wird. l_2 ist die Länge der mittleren Kraftlinie, die außerhalb der Spule vom Nordpol zum Südpol verläuft und F_2 der Querschnitt dieser Kraftlinien. Da der Querschnitt F_2 (es ist dies bei einer runden Spule ein Ring, der durch die

Spulenmitte geht und senkrecht auf der Papierebene steht) sehr groß ist, kann das Glied $\dfrac{l_2}{\mu F_2}$ als klein vernachlässigt werden, und man erhält für die gestreckte Spule angenähert, aber vereinfacht

$$\Phi = \frac{\mu F i w}{l} \quad \text{daher} \quad \frac{d\Phi}{dt} = \frac{\mu F w}{l}\frac{di}{dt},$$

wo μ als konstant angesehen wird; hiermit ist für eine gestreckte Spule

$$e_s = -\frac{\mu F w^2}{l \cdot 10^8}\frac{di}{dt} \text{ Volt.}$$

Den Faktor von $\dfrac{di}{dt}$ nennt man die Induktivität oder den Koeffizienten der Selbstinduktion und bezeichnet ihn gewöhnlich mit L. Seine Einheit heißt Henry (H)[1]. Es ist also für die lange Spule angenähert

$$L = \frac{\mu F w^2}{l \cdot 10^8} \text{ Henry (H).} \tag{29}$$

Die EMK der Selbstinduktion ist hiernach allgemein

$$e_s = -L\frac{di}{dt} \text{ Volt.} \tag{30}$$

Enthalten die Spulen kein Eisen, so ist L für die betreffende Spule eine unveränderliche Größe und ist dann $\mu = 0,4\,\pi = 1,256$ zu setzen. Im anderen Falle ist μ aus der Magnetisierungskurve zu berechnen, kann aber nur im geradlinigen Teil der Magnetisierungskurve als angenähert konstant angesehen werden, was für Ankerblech (Schmiedeeisen) bis etwa $\mathfrak{B} = 8000$ Gauß der Fall ist (Tafel).

Um die Induktivität auch für andere Fälle berechnen zu können, setzen wir $e = -L\dfrac{di}{dt} = -\dfrac{d\Phi}{dt}\cdot w\cdot 10^{-8}$, dann ist auch $L\,di = w\cdot 10^{-8}\,d\Phi$, welche Gleichung integriert werden kann, wenn L konstant ist. Wächst der Strom von 0 bis J und der Induktionsfluß von 0 bis Φ, so ist

$$\int\limits_0^J L\,di = \int\limits_0^\Phi w\,10^{-8}\,d\Phi \text{ oder } LJ = w\Phi\,10^{-8}, \text{ woraus}$$

$$L = \frac{w\,\Phi}{J \cdot 10^8} \text{ Henry.} \tag{31}$$

Herleitung von L für verschiedene Fälle.

1. **Ringspule von rechteckigem Querschnitt**, Außendurchmesser $2\,r_a$, Innendurchmesser $2\,r_i$, Höhe a. Der Ring ist gleichmäßig mit w Windungen bedeckt.

Lösung 1: Die Formel 29 für die lange Spule gilt auch für die Ringspule, wenn man unter l die Länge der mittleren Induktionslinie, die ein

---

[1] Vielfach rechnet man auch mit cm, dann sind 10^9 cm $= 1$ H.

Kreis mit dem Radius $\dfrac{r_a + r_i}{2}$ ist, versteht. Es ist also in Gl 29

$$l = 2\pi \cdot \frac{r_a + r_i}{2}; \quad F = a(r_a - r_i)$$

zu setzen, also wird

$$L = \frac{w^2 \cdot a(r_a - r_i)\,\mu}{10^8\,\pi\,(r_a + r_i)} \quad \text{Henry.} \tag{32}$$

Lösung 2: Die Annahme von l als Länge der mittleren Induktions-linie ist nur angenähert richtig. Genau wird die folgende Herleitung: Wir berechnen den Induktionsfluß, der durch den Querschnitt eines Ringes vom Radius x, der Dicke dx und der Höhe a geht (Abb. 59). Für diesen Ring ist $l = 2\pi x$ cm, der Querschnitt $dF = a\,dx$ cm², also der Induktionsfluß

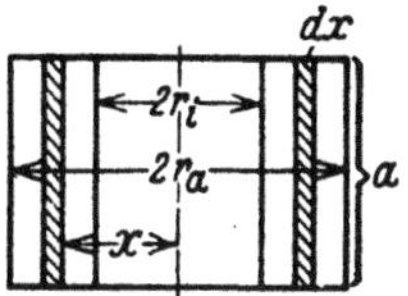

Abb. 59. Erläuterung zur Herleitung von L.

$$d\Phi = \mathfrak{B}\,dF = \frac{\mu\,w J}{2\pi x}\,a\,dx \quad \text{demnach}$$

$$\Phi = \int\limits_{r_i}^{r_a} \frac{\mu\,w\,J\,a}{2\pi}\,\frac{dx}{x} = \frac{\mu\,w\,J\,a}{2\pi}(\ln r_a - \ln r_i) = \frac{\mu\,w\,J\,a}{2\pi}\ln\frac{r_a}{r_i}$$

$$L = \frac{\Phi\,w}{J \cdot 10^8} = \frac{\mu\,a\,w^2}{2\pi \cdot 10^8} \cdot 2{,}3 \log\frac{r_a}{r_i} \; \text{Henry.} \tag{32a}$$

NB. ($\ln y = 2{,}3 \log y$.)

2. Ringspule aus Eisen und mit w Windungen bewickelt, jedoch ist ein Luftspalt von δ cm Länge vorhanden, wie Abb. 60 zeigt.

Lösung: Nach Gl 19 ist $iw = \mathfrak{H}_E l_E + \mathfrak{H}_L l_L$, wo der Index $_E$ sich auf Eisen, der Index $_L$ sich auf Luft bezieht. Ist der Luftspalt groß, was vorausgesetzt werden soll, so ist das Glied $\mathfrak{H}_E l_E$ sehr klein im Vergleich zum Gliede $\mathfrak{H}_L l_L$ (vgl. Aufgabe 123), so daß angenähert $\mathfrak{H}_L l_L = iw$ ist. Da $l_L = \delta$, so ist

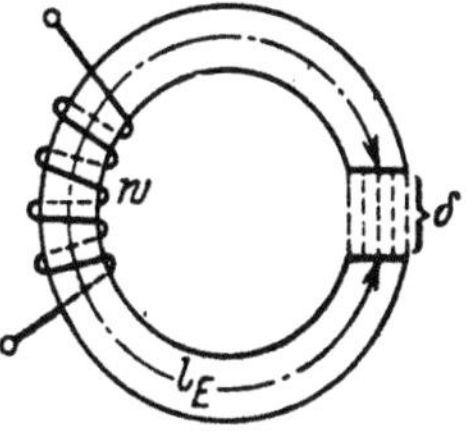

Abb. 60. Erläuterung zur Bestimmung von L bei einer Ringspule mit Luftspalt.

$$\mathfrak{H}_L = \frac{i\,w}{\delta} \quad \text{und} \quad \mathfrak{B}_L = \mu\,\mathfrak{H}_L = \frac{\mu\,i\,w}{\delta}.$$

Demnach der zum Strome J gehörige Induktionsfluß $\Phi = \dfrac{\mu\,J\,w}{\delta}\,F$. Dies in Gl 31 $L = \dfrac{w\,\Phi}{J \cdot 10^8}$ eingesetzt:

$$L = \frac{\mu\,w^2\,F}{\delta \cdot 10^8} \; \text{Henry,} \tag{32b}$$

wo $\mu = 1{,}256$ ist, da ja das auf das Eisen bezügliche Glied $\mathfrak{H}_E l_E$ vernachlässigt wurde.

3. Die Induktivität zweier paralleler, geradliniger Leiter, deren Mitten den Abstand a cm, deren einzelne Längen b cm und deren Durchmesser $2\,r$ cm sind, wie in Abb. 49 bereits gezeichnet.

In Gl 22a Aufgabe 131 ist der Induktionsfluß Φ_a zwischen den beiden Leitern berechnet worden zu $\Phi_a = \dfrac{\mu J b}{\pi}\, 2{,}3 \log \dfrac{a-r}{r}$ Maxwell. Wird dieser Wert in Gl 31 eingesetzt, so erhält man

$$L = \frac{\mu\, b\, 2{,}3}{\pi \cdot 10^8}\, \log \frac{a-r}{r}\ \text{Henry}.$$

In den meisten Fällen ist r sehr klein im Vergleich zu a, so daß $a-r \approx a$ gesetzt werden kann. Berücksichtigt ist nicht der Induktionsfluß innerhalb der Drähte, für den sich noch ein Induktionsfluß von $\Phi_i = \dfrac{\mu J b}{8\pi}$ Maxwell pro Draht ergibt. Führt man anstatt der Länge b eines Leiters die Länge $2b = l$ beider Leiter ein (Abb. 61), so erhält man die Endformel:

$$L = \frac{l\left(0{,}46 \log \dfrac{a}{r} + \dfrac{\mu}{8\pi}\right)}{10^8}\ \text{Henry}.$$

Für Kupfer- oder Aluminiumdrähte ist $\mu = 1{,}256 = 0{,}4\,\pi$, daher für diese

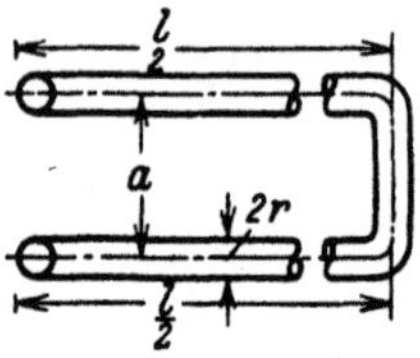

$$L = \frac{l_{cm}\left(0{,}46 \log \dfrac{a}{r} + 0{,}05\right)}{10^8}\ \text{Henry}. \qquad (32\,c)$$

Für die Drahtlänge $l = 10^5\ \text{cm} \equiv 1\ \text{km}$ wird

$$L = \frac{0{,}46 \log \dfrac{a}{r} + 0{,}05}{10^3}\ \text{Henry}. \qquad (32\,d)$$

Abb. 61. Induktivität zweier paralleler Leiter.

Tabelle 5. Werte von L in Henry für 1 km Drahtlänge.

	$a =$ 25 cm	$a =$ 50 cm	$a =$ 75 cm	$a =$ 100 cm	$a =$ 150 cm	$a =$ 200 cm
$r = 0{,}5$ mm	0,001 292	0,001 431	0,001 512	0,001 570	0,001 645	0,001 705
1 ,,	0,001 155	0,001 292	0,001 372	0,001 431	0,001 514	0,001 570
1,5 ,,	0,001 070	0,001 209	0,001 292	0,001 348	0,001 430	0,001 487
2 ,,	0,001 017	0,001 155	0,001 240	0,001 292	0,001 372	0,001 430
2,5 ,,	0,000 970	0,001 110	0,001 190	0,001 247	0,001 329	0,001 386
3 ,,	0,000 934	0,001 070	0,001 150	0,001 219	0,001 292	0,001 346
3,5 ,,	0,000 905	0,001 044	0,001 129	0,001 183	0,001 263	0,001 320
4 ,,	0,000 877	0,001 017	0,001 087	0,001 155	0,001 226	0,001 292
4,5 ,,	0,000 850	0,000 990	0,001 070	0,001 127	0,001 212	0,001 270
5 ,,	0,000 832	0,000 971	0,001 052	0,001 110	0,001 191	0,001 249

Umwandlung der elektrischen Arbeit der Stromquelle in magnetische Energie.

Wenn der Strom i in einer Spule anwächst, so entsteht die EMK der Selbstinduktion e_s, die dem Strom entgegenwirkt und das Anwachsen verzögert. Die Stromquelle muß also eine gewisse elektrische Arbeit leisten, die als magnetische Energie aufgespeichert wird und sich bei Stromunterbrechung unter Funkenbildung in Wärme umsetzt.

Ist A die von der Stromquelle zu leistende Arbeit (von Stromwärme soll abgesehen werden), so ist in der Zeit dt die Arbeit $dA = e_s i dt$ Joule, oder, wenn man $e_s = -L \dfrac{di}{dt}$ setzt, $dA = -L \dfrac{di}{dt} i dt = -L i di$. Wächst der Strom beim Schließen von 0 bis J, so wird

$$A = \int\limits_0^J - L i \, di = -\frac{1}{2} L i^2 \Big|_0^J = -\frac{1}{2} L J^2 \text{ Joule.}$$

Wird der Stromkreis unterbrochen, so nimmt J bis 0 ab, also ist

$$A = \int\limits_J^0 - L i \, di = \frac{1}{2} L J^2 \text{ Joule,} \qquad (33)$$

d. h. das negative Zeichen gilt für Stromzunahme, das positive für Abnahme.

Ersetzt man L nach Gl 31 durch $\dfrac{w \Phi}{J \cdot 10^8}$, so wird

$$A = \frac{1}{2} \frac{w \Phi}{J \cdot 10^8} J^2 = \frac{1}{2} \frac{w J \Phi}{10^8} \text{Joule,}$$

oder $\Phi = \mathfrak{B} F$ gesetzt und mit l erweitert

$$A = \frac{1}{2} \frac{w J}{l} \frac{\mathfrak{B} F l}{10^8}.$$

Da nach Gl 16 $\dfrac{w J}{l} = \mathfrak{H}$ ist, so wird auch

$$A = \frac{1}{2} \frac{\mathfrak{H} \mathfrak{B} (F l)}{10^8} \text{ Joule.} \qquad (34)$$

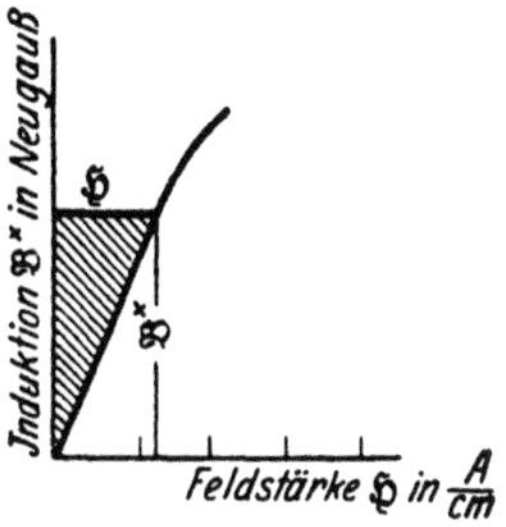

Abb. 62. Darstellung der aufgespeicherten magnetischen Arbeit (schraffierte Fläche).

(Fl) ist das Volumen des Induktionsflusses, also im Falle der geraden Spule oder des Ringes, das Volumen des von den Windungen umschlossenen Raumes. In Abb. 62 stellt die schaffierte Fläche die aufgespeicherte magnetische Energie für $Fl = 1 \text{ cm}^3$ dar. Die Gl 34 gilt nur für den geradlinigen Teil der Magnetisierungskurve, jedoch gibt die schraffierte Fläche auch über den geradlinigen Teil hinaus, die magnetische Energie an.

142. Wie groß ist die Induktivität einer 40 [50] cm langen Spule, die 2745 [4300] Windungen besitzt, deren mittlerer Durchmesser 2 [2,5] cm ist?

Lösung: $w = 2745$, $l = 40 \text{ cm}$, $F = \dfrac{\pi 2^2}{4} = 3{,}14 \text{ cm}^2$, $\mu = 1{,}256$.

Nach Formel 29 ist:

$$L = \frac{\mu F w^2}{l \cdot 10^8} = \frac{1{,}256 \cdot 3{,}14 \cdot 2745^2}{40 \cdot 10^8} = 0{,}00745 \text{ H.}$$

143. Ein Ring von quadratischem Querschnitt besitzt einen äußeren Durchmesser $2\,r_a = 35\ [30]$ cm, einen inneren $2\,r_i = 25$ [20] cm. Er ist gleichmäßig mit 1000 [1500] Windungen bewickelt, durch die ein Strom von 0,18 A fließt. Gesucht wird 1. für eine Spule aus Holz, 2. für eine Spule aus Schmiedeeisen (Magnetisierungskurve A, Tafel):

a) die Feldstärke $\mathfrak{H}$,

b) die Felddichte $\mathfrak{B}$,

c) der Induktionsfluß Φ,

d) die Induktivität L,

e) die aufgespeicherte magnetische Energie A,

f) die Leistung N, wenn die Stromunterbrechung in 0,01 sek vor sich geht.

Lösungen:

1. Die Spule ist aus Holz.

Zu a): Gl 16 $\quad \mathfrak{H} = \dfrac{J\,w}{l} = \dfrac{0,18 \cdot 1000}{\pi \cdot \dfrac{35 + 25}{2}} = 1,92$ A/cm.

Zu b): Gl 17 $\quad \mathfrak{B} = \mu\,\mathfrak{H} = 1,256 \cdot 1,92 = 2,4$ Gauß.

Zu c): Gl 15 $\quad \Phi = \mathfrak{B}\,F$, wo $F = \left(\dfrac{35 - 25}{2}\right)^2 = 25$ cm^2,

$$\Phi = 2,4 \cdot 25 = 60 \text{ Maxwell.}$$

Zu d): Nach Gl 29, die auch für einen Ring gilt, ist

$$L = \frac{\mu\,F\,w^2}{l \cdot 10^8} = \frac{1,256 \cdot 25 \cdot 1000^2}{30\,\pi \cdot 10^8} = 0,00333 \text{ H.}$$

Das gleiche Resultat gibt auch Gl 32, wo $a = 5$ cm ist.

$$L = \frac{1,256 \cdot 5 \cdot 1000^2 \cdot \left(\dfrac{35}{2} - \dfrac{25}{2}\right)}{10^8 \cdot \pi \left(\dfrac{35}{2} + \dfrac{25}{2}\right)} = 0,00333 \text{ H.}$$

Die genauere Lösung folgt aus Gl 32a $\quad L = \dfrac{\mu\,w^2\,a}{2\pi \cdot 10^8} \cdot 2,3 \log \dfrac{r_a}{r}$

$$L = 1,256 \cdot \frac{1000^2 \cdot 5 \cdot 2,3}{2\pi \cdot 10^8} \log \frac{35 : 2}{25 : 2} = 0,00335 \text{ H.}$$

$\begin{Bmatrix} \log 35 = 1,54407 \\ \log 25 = 1,39794 \end{Bmatrix}$, daher $\log \dfrac{35}{25} = \log 35 - \log 25 = 0,14613$.

Die Gl 31 hätte für $J = 0,18$ A ergeben; $L = \dfrac{1000 \cdot 60}{10^8 \cdot 0,18} = 0,00333$ H.

Zu e): $A = \dfrac{1}{2} L J^2 = \dfrac{1}{2} \cdot 0{,}003\,35 \cdot 0{,}18^2 = 0{,}000\,054$ Joule.

Zu f): $N = \dfrac{A}{t} = \dfrac{0{,}000\,054}{0{,}01} = 0{,}0054$ Watt.

2. Die Spule ist aus Eisen.

Zu a): $\mathfrak{H} = \dfrac{J\,w}{l} = \dfrac{0{,}18 \cdot 1000}{30\,\pi} = 1{,}92$ A/cm.

Zu b): Die Magnetisierungskurve (Tafel, Kurve A) gibt zu $\mathfrak{H} = 1{,}92$ A/cm, ein $\mathfrak{B} = 8000$ Gauß und hiermit

$$\mu = 8000 : 1{,}92 = 4170 \text{ H/cm}.$$

Zu c): $\Phi = \mathfrak{B} F = 8000 \cdot 5^2 = 200\,000$ Maxwell.

Zu d): Die Gl 31 $L = \dfrac{w\,\Phi}{10^8 J}$ Henry gibt für $J = 0{,}18$ A

$$L = \frac{1000 \cdot 200\,000}{10^8 \cdot 0{,}18} = 11{,}11 \text{ H}.$$

Zu e): Die aufgespeicherte, magnetische Energie folgt aus Gl 33

$$A = \frac{1}{2} L J^2 = \frac{1}{2} \cdot 11{,}11 \cdot 0{,}18^2 = 0{,}18 \text{ Joule, oder aus Gl 34}$$

$$A = \frac{1}{2} \frac{\mathfrak{H}\,\mathfrak{B} \cdot Fl}{10^8}, \text{ wo } F = 25 \text{ cm}^2, \ l = 30\,\pi = 94{,}2 \text{ cm, also}$$

$Fl = 25 \cdot 94{,}2$ das Volumen des Eisenringes bedeutet, damit

$$A = \frac{1}{2} \cdot \frac{1{,}92 \cdot 8000 \cdot (25 \cdot 94{,}2)}{10^8} = 0{,}18 \text{ Joule.}$$

Zu f): $\qquad\qquad N = \dfrac{A}{t} = \dfrac{0{,}18}{0{,}01} = 18$ Watt.

144. Wie groß würde die mittlere EMK der Selbstinduktion werden, wenn der Strom $J = 0{,}18$ A der vorigen Aufgabe in $T = 0{,}1$ Sek. ausgeschaltet wird?

Lösung: Der zur Zeit t gehörige Zeitwert der Selbstinduktion folgt aus der Gl 30 $e_s = -L\dfrac{di}{dt}$ Volt, daher ist auch $e_s dt = -L di$. Das Produkt $e_s dt$ stellt aber Volt $\times$ Sekunden, d. i. Voltsekunden, dar. Integriert man, so erhält man $\displaystyle\int_0^T e_s dt = E_{sm} T$, wo E_{sm} einen Mittelwert darstellt. Wir erhalten also

$$\int_0^T e_s\,dt = E_{sm} T = \int_J^0 - L\,di = -L(0 - J) = LJ \text{ Voltsek.} \quad (35)$$

Für $L = 11{,}11$ H, $J = 0{,}18$ A, $T = 0{,}1$ Sek. wird daher

$$E_{sm} = \frac{11{,}11 \cdot 0{,}18}{0{,}1} = 20 \text{ Volt.}$$

Bemerkung: Der größte Wert, der die Isolation der Drähte beansprucht, kann ein Vielfaches hiervon betragen, läßt sich aber nicht berechnen.

145. Aus dem Eisenring der Aufgabe 143 wird ein Stück von 1 cm Länge herausgeschnitten. Wieviel Ampere müssen nun durch die Windungen fließen, um im Eisen denselben Induktionsfluß von $\Phi = 200000$ Maxwell zu erzeugen, und wie groß wird jetzt die Induktivität, die aufgespeicherte magnetische Energie und die mittlere EMK der Selbstinduktion, wenn der Strom in 0,1 Sek. unterbrochen wird?

Lösungen:

Wir rechnen mit dem in Aufgabe 121, S. 67, gefundenen Werte

$$i\,w = 5979 \text{ A/cm}, \quad \text{also} \quad i = J = \frac{5979}{1000} = 5{,}979 \text{ A}.$$

Die Induktivität folgt aus Gl 31 $\quad L = \dfrac{1000 \cdot 200000}{5{,}979 \cdot 10^8} = 0{,}333$ H

oder auch aus Gl 32b $\quad L = \dfrac{\mu\,w^2\,F}{\delta \cdot 10^8} = \dfrac{1{,}256 \cdot 1000^2 \cdot (25 \cdot 1{,}1)^*}{1 \cdot 10^8} = 0{,}344$ H,

ein Wert, der etwas zu groß ist, da ja bei Herleitung der Formel 32b nur der Luftspalt berücksichtigt wurde. Die aufgespeicherte magnetische Energie, die sich bei Stromunterbrechung an der Unterbrechungsstelle in Form eines Funkens in Wärme umsetzt, ist

nach Gl 33 $\quad A = \dfrac{1}{2} L J^2 = \dfrac{1}{2} \, 0{,}333 \cdot 5{,}997^2 \approx 6$ Joule.

Die Leistung bei Stromunterbrechung in $\dfrac{1}{10}$ Sek. ist

$$N = \frac{6}{0{,}1} = 60 \text{ Watt.}$$

Die mittlere EMK der Selbstinduktion ist aus (Gl 35)

$$E_{sm} = \frac{L\,J}{T} = \frac{0{,}333 \cdot 5{,}979}{0{,}1} = 20 \text{ Volt.}$$

Bemerkung: Aus den Resultaten der letzten Aufgaben geht hervor, daß die magnetische Energie bei gleichem Induktionsfluß durch Einfügen des Luftspaltes wesentlich zugenommen hat.

146. Berechne die Induktivität zweier paralleler Leiter für 1 km Drahtlänge, wenn der Drahtdurchmesser 12 [11] mm und der Abstand der parallelen Drähte voneinander 45 [55] cm beträgt?

---

* Vgl. Anm. S. 67.

Lösung: Die Induktivität pro 1 km Drahtlänge folgt aus der Formel 32d:

$$L_{km} = \frac{0,46 \log \frac{a}{r} + 0,05}{10^3} \text{ Henry.}$$

In unserem Falle ist $r = 6$ mm, $a = 45$ cm $= 450$ mm, also

$$L_{km} = \frac{0,46 \log \frac{450}{6} + 0,05}{10^3} = 0,000912 \text{ H.}$$

147. Der Ort A ist von dem 15 [30] km entfernten Orte B durch eine 8 [7] mm dicke Kupferleitung (Hin- und Rückleitung) verbunden. Der Abstand der beiden Drähte voneinander beträgt 50 [75] cm. Wie groß ist der Widerstand und die Induktivität dieser Leitung?

Lösung: Aus $R = \frac{\varrho\, l}{q}$ folgt R, wenn $l = 2 \cdot 15000 = 30000$ m

und $q = 8^2 \frac{\pi}{4} = 50$ mm² ist: $R = \frac{0,0175 \cdot 30000}{50} = 10,5\ \Omega.$

Für einen Draht von $r = 4$ mm Radius und $a = 50$ cm Abstand ergibt die Tabelle 5 für 1 km Drahtlänge die Induktivität 0,001017. Für die Hin- und Rückleitung ist die Drahtlänge $2 \cdot 15 = 30$ km

$$L = 30 \cdot 0,001017 = 0,03051 \text{ H.}$$

§ 16. Tragkraft von Magneten.

Die beiden Pole N und S (Abb. 63) ziehen sich mit einer Kraft P (kg) an. Ist x der Abstand der beiden Pole (ausgedrückt in cm) und ziehen wir die Pole um dx cm auseinander, so muß hierbei die

mechanische Arbeit $P\,\dfrac{dx}{100}$ Kilogrammeter oder

$P\,\dfrac{dx}{100}$ 9,81 Joule geleistet werden. Diese Arbeitsleistung vergrößert aber die magnetische Energie (Gl 34) um den Betrag $\dfrac{1}{2}\,\mathfrak{H}\,\dfrac{\mathfrak{B}}{10^8}\,(F\,dx)$ Joule, wo man anstatt l die Länge x zu setzen hat. Es muß also mechanische Arbeit = Zunahme der magnetischen Energie sein, oder als Gleichung geschrieben:

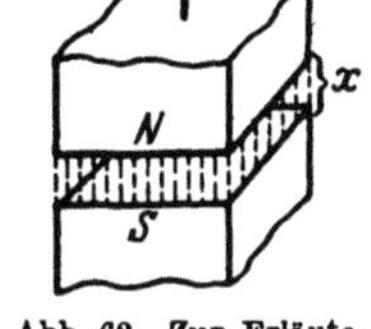

Abb. 63. Zur Erläuterung der Tragkraft von Magneten.

$$P\,\frac{dx}{100}\,9{,}81 = \frac{1}{2}\,\frac{\mathfrak{H}\,\mathfrak{B}}{10^8}\,F\,dx, \quad \text{woraus} \quad P = \frac{100}{9{,}81}\cdot\frac{1}{2}\,\frac{\mathfrak{H}\,\mathfrak{B}\,F}{10^8} \text{ kg folgt.}$$

Setzt man $\mathfrak{H} = \mathfrak{B} : \mu$, wo $\mu = 1{,}256$ ist, da es sich ja nur um den Luftspalt handelt, so wird, wenn man die konstanten Zahlenwerte ausrechnet,

$$P = 4{,}07 \frac{\mathfrak{B}^2 F}{10^8} \text{ kg.} \tag{36}$$

Wird $4{,}07 \approx 2^2$ gesetzt und $10^8 = (10^4)^2$ geschrieben, so wird auch angenähert

$$P = \left(\frac{\mathfrak{B}}{5000}\right)^2 F \text{ kg.} \tag{36a}$$

Bei der Herleitung der Formel ist auf den Einfluß der Ränder keine Rücksicht genommen. Bei einem Hufeisenmagneten tragen beide Pole, also ist statt F die Größe $2 F$ zu setzen.

148. Welche Kraft P ist erforderlich, um ein Stück weiches Eisen von dem Ende eines runden Magnetstabes von 2 [3] cm Durchmesser abzureißen, wenn die Induktion zwischen Magnetstab und Eisen $\mathfrak{B} = 3200$ [4000] Gauß beträgt?

Lösung: In Gl 36 ist $\mathfrak{B} = 3200$ Gauß, $F = 2^2 \pi : 4 = 3{,}14 \,\text{cm}^2$ zu setzen, also

$$P = 4{,}07 \cdot \frac{3200^2 \cdot 3{,}14}{10^8} = 1{,}31 \text{ kg.}$$

Die Näherungsformel 36a ergibt

$$P = \left(\frac{3200}{5000}\right)^2 \cdot 3{,}14 = 1{,}28 \text{ kg.}$$

149. Ein Magnetstab von 4 [3] cm² ist imstande, ein weiches Eisenstück (Anker genannt) mit einer angehängten Last von 2 [1,5] kg zu tragen. Wie groß ist hiernach die Induktion $\mathfrak{B}$?

Lösung: Die Gl 36 nach $\mathfrak{B}$ aufgelöst gibt:

$$\mathfrak{B} = \sqrt{\frac{10^8 P}{4{,}07 F}} = \sqrt{\frac{10^8 \cdot 2}{4{,}07 \cdot 4}} = 3500 \text{ Gauß.}$$

150. Ein Hufeisenmagnet ist imstande, an seinem Anker 5 [8] kg zu tragen (Abb. 64). Seine Dicke senkrecht zur Papierebene beträgt 1 [1,5] cm, die Breite 3 [4] cm. Wie groß ist hiernach die Induktion zwischen den Übergangsstellen von Magnet und Anker, und wie viele Kraftlinien gehen vom Nordpol zum Südpol?

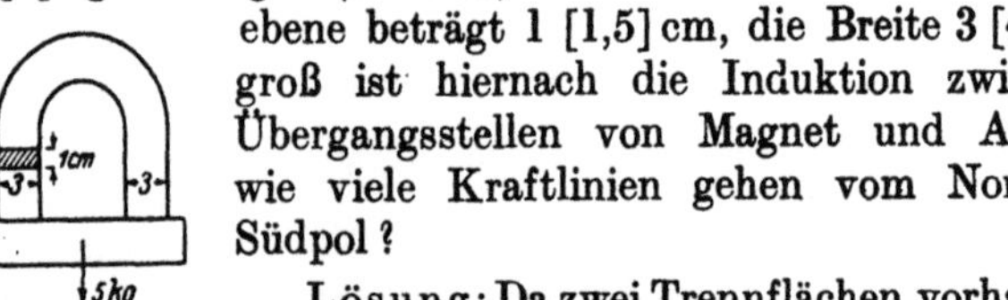

Abb. 64. Abmessungen eines Hufeisenmagneten zu Aufgabe 150.

Lösung: Da zwei Trennflächen vorhanden sind, so ist die Tragkraft nach Gl 36. $P = 4{,}07 \dfrac{\mathfrak{B}^2 \, 2 F}{10^8}$, woraus die Induktion

$$\mathfrak{B} = \sqrt{\frac{P \cdot 10^8}{4{,}07 \cdot 2 F}} = \sqrt{\frac{5 \cdot 10^8}{4{,}07 \cdot 2 \cdot (3 \cdot 1)}} = 4540 \text{ Gauß folgt.}$$

Der Induktionsfluß ist

$$\Phi = \mathfrak{B}\,F = 4540 \cdot (3 \cdot 1) = 13\,620 \text{ Maxwell.}$$

151. Ein Elektromagnet aus rundem Schmiedeeisen besitzt die in Abb. 65 eingezeichneten Abmessungen. Der Anker hat quadratischen Querschnitt. Wie groß ist die Tragkraft, wenn durch seine 400 [600] Windungen ein Strom von 12,5 [10] A fließt?

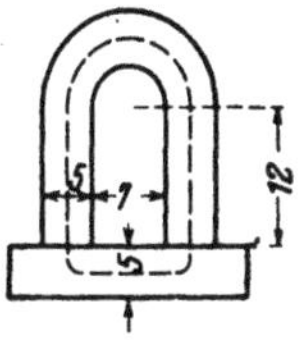

Lösung: Die Länge der mittleren Kraftlinie ist (s. Abb. 65)

$$l = 12 + \frac{17+7}{2} \cdot \frac{\pi}{2} + 12 + \frac{5\pi}{4} + 7 + \frac{5\pi}{4} = 57{,}7 \text{ cm,}$$

folglich

$$\mathfrak{H} = \frac{i\,w}{l} = \frac{12{,}5 \cdot 400}{57{,}7} = 87 \text{ A/cm}$$

Abb. 65.
Abmessungen eines
Elektromagneten zu
Aufgabe 151.

und hierzu gehört nach Tafel (Kurve a) $\mathfrak{B} = 18\,100$ Gauß. Daher die Tragkraft (Gl 36)

$$P = \frac{4{,}07 \cdot 18\,100^2 \cdot 2 \cdot (5^2\pi : 4)}{10^8} = 520 \text{ kg.}$$

152. Der Anker des Magneten in Aufgabe 151 ist von den Schenkelenden 0,3 cm entfernt. An demselben hängt eine Last von 100 kg. Wieviel Ampere sind erforderlich, um den Anker anzuziehen?

Aus Gl 36 folgt

$$\mathfrak{B} = \sqrt{\frac{P \cdot 10^8}{4{,}07 \cdot 2F}} = \sqrt{\frac{100 \cdot 10^8}{4{,}07 \cdot 2 \cdot (\pi \cdot 5^2 : 4)}} = 7950 \text{ Gauß.}$$

Zu $\mathfrak{B} = 7950$ Gauß gehört nach Tafel (Kurve A) $\mathfrak{H}_E = 1{,}76$ A/cm und für den Luftspalt $\mathfrak{H}_L = \mathfrak{B} : \mu = 7950 : 1{,}256 = 6300$ A/cm. Die Gl 19 $\mathfrak{H}_E l_E + \mathfrak{H}_L l_L = i\,w$ gibt

$$1{,}76 \cdot 57{,}7 + 6300 \cdot (2 \cdot 0{,}3) = 3871 = i\,w \quad i = 3871 : 400 = 9{,}6 \text{ A}[1].$$

§ 17. Kraftwirkung eines magnetischen Feldes auf einen stromdurchflossenen Leiter.

Befindet sich ein geradliniger Leiter in einem magnetischen Felde, z. B. vor dem Nordpole eines Magneten Abb. 66, so addieren sich die Felddichten bei gleicher Richtung (rechts vom Draht) oder sie subtrahieren sich bei entgegengesetzter Richtung (links vom Draht), wie dies die Abb. 66

---

[1] Da sich die Kraftlinien im Luftzwischenraum ausbreiten (was hier nicht berücksichtigt wurde), so ist die Rechnung nur als Annäherung anzusehen.

zeigt, wo der stromdurchflossene Draht im Schnitt dargestellt ist. Das Kreuz in ihm soll angeben, daß der Strom vom Beschauer wegfließt. [Man sieht einen Pfeil von hinten an.] Das Resultat dieser Wirkung zeigt Abb. 67. Da man die Kraftlinien sich als elastische Fäden vorstellen kann, so wird auf den Draht eine Kraft P wirken, die ihn senkrecht zu dem ursprünglichen Felde des Magneten nach links zu treiben sucht.

Handregel V. Hält man die linke Hand so, daß die Kraftlinien senkrecht in die innere Handfläche eintreten, die Fingerspitzen

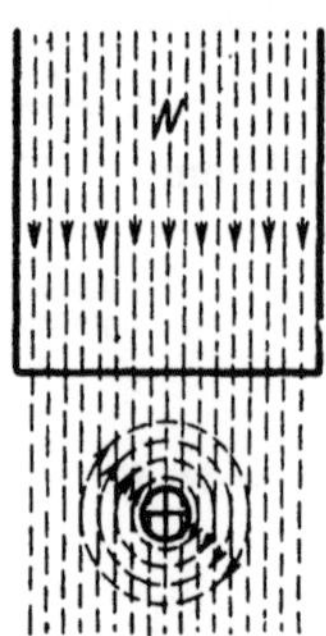
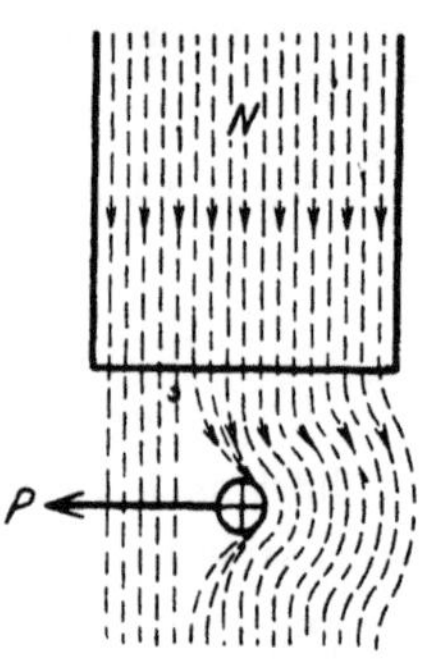

Abb. 66.   Abb. 67.
Kraftwirkung von Magnetfeld und stromdurchflossenem Leiter aufeinander.

die Stromrichtung anzeigen, so zeigt der abgespreizte Daumen die Richtung der Kraft an.

Da ein stromdurchflossener Draht gleichfalls ein magnetisches Feld in seiner Umgebung erzeugt, kann man nach dieser Regel auch die Kraftwirkung zweier paralleler, stromdurchflossener Leiter aufeinander feststellen. In Abb. 68 seien A und B zwei Leiter, in denen Ströme fließen, und zwar im Leiter A vom Beschauer weg. Ist A feststehend gedacht und wendet man die Handregel auf den Draht B an, so zeigt diese, daß der Draht B nach A hin getrieben wird, falls die Ströme in den beiden Leitern gleichgerichtet sind, d. h. die beiden Leiter ziehen sich an; würde der Strom in B entgegengesetzt fließen, so stoßen sich die Leiter ab.

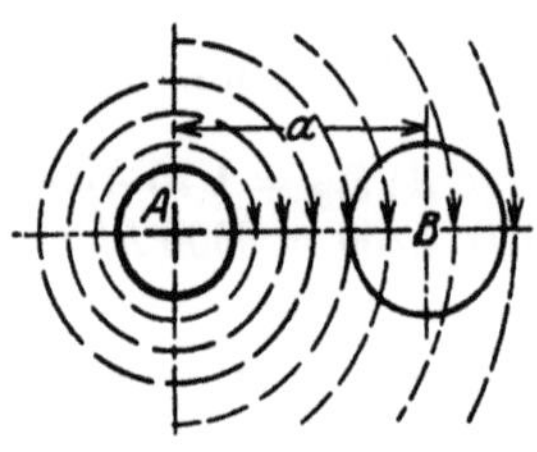

Abb. 68. Wirkung zweier paralleler stromdurchflossener Leiter aufeinander.

Gesetz 13: Zwei parallele gleichgerichtete Ströme ziehen sich an, entgegengesetzt gerichtete stoßen sich ab.

Die Größe der Kraft findet man folgendermaßen: Wird durch die Kraft P (kg) dem Leiter eine Geschwindigkeit von v cm/sek, d. i. $\frac{v}{100}$ m/sek erteilt, so wird $\frac{Pv}{100}$ die mechanische Leistung in kgm/sek sein. Um die

Leistung in Watt auszudrücken, muß man nach S. 47 mit 9,81 multiplizieren, also ist die mechanische Leistung der Kraft $\dfrac{Pv}{100} \cdot 9{,}81$ Watt. Die genau so große elektrische Leistung ist EJ Watt, wo E die durch die Bewegung des Leiters in ihm entstandene und dem Strom entgegenwirkende EMK ist. Sie wird aus der Formel 23 $E = \dfrac{\mathfrak{B}\,l\,v}{10^8}$ Volt berechnet. Es ist also

$$\frac{Pv}{100} \cdot 9{,}81 = \frac{\mathfrak{B}\,l\,v}{10^8}\,J,$$

woraus

$$\boxed{P = 10{,}2\,\frac{\mathfrak{B}}{10^8}\,l\,J \text{ kg.}} \tag{37}$$

Befinden sich gleichzeitig z' Drähte im magnetischen Felde, so wird

$$P = 10{,}2 \cdot \frac{\mathfrak{B}}{10^8}\,l z' J \text{ kg.} \tag{37a}$$

153. Ein Draht eines Trommelankers wird von einem Strome von 40 [30] A durchflossen und befindet sich auf 15 [18] cm Länge in einem magnetischen Felde von 5000 [6000] Gauß. Mit welcher Kraft wird der Stab senkrecht zu den Kraftlinien fortgetrieben? (Abb. 69.)

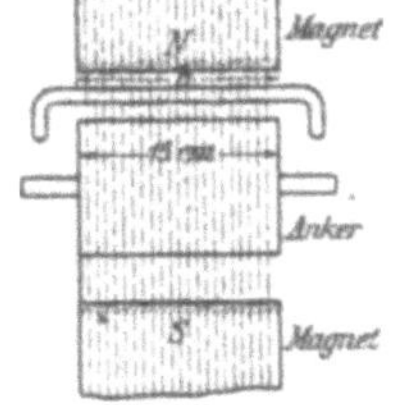

Abb. 69. Abmessungen zu Aufgabe 153.

Lösung: In Gl 37 ist einzusetzen $\mathfrak{B} = 5000$ Gauß, $l = 15$ cm, $J = 40$ A, also ist

$$P = \frac{10{,}2 \cdot 5000 \cdot 15 \cdot 40}{10^8} = 0{,}305 \text{ kg.}$$

154. Welche Leistung wird auf den Anker übertragen, wenn sich gleichzeitig 200 [150] Stäbe unter den Magnetpolen befinden, deren Abstand von der Ankermitte 8 [10] cm beträgt, und die Umdrehungszahl 1200 [960] pro Minute ist?

Lösung: Die Umfangskraft für einen Stab ist nach Aufgabe 153 0,305 kg, also für alle 200 Stäbe $P = 200 \cdot 0{,}305 = 61$ kg. Ist n die Drehzahl pro Minute, so ist $n : 60$ die Drehzahl pro Sekunde; die Umfangsgeschwindigkeit der Stäbe in cm/sek ist also bei einem Durchmesser D cm

$$v = \pi D \cdot \frac{n}{60} = \pi \cdot 2 \cdot 8 \cdot \frac{1200}{60} = 1000 \text{ cm} = 10 \text{ m/sek,}$$

mithin die gesuchte Leistung $N_a = 61 \cdot 10 = 610$ kgm/sek, oder $N_a = 610 \cdot 9{,}81 = 5975$ Watt, oder $N_a = 5975 : 735 = 8{,}15$ PS.

155. Der Anker eines Elektromotors soll 10 [15] PS übertragen; er besteht aus einer Anzahl von Drähten, von denen sich

100 [120] gleichzeitig in einem magnetischen Felde von 6000 [5500] Gauß bewegen. Welche Stromstärke muß durch die Drähte fließen, wenn die wirksame Länge eines Stabes 30 [28] cm, der Durchmesser des Ankers 24 [26] cm ist und seine Umdrehungszahl 1200 [960] pro Minute beträgt?

Lösung: Bezeichnet P die am Umfange des Ankers wirkende Kraft, ausgedrückt in kg, d. i. die Kraft, die gleichzeitig auf alle unter den Polen liegenden Drähte wirkt, n die Drehzahl pro Minute, also $n:60$ die Drehzahl pro Sekunde, so ist die mechanische Leistung des Ankers ausgedrückt in Watt

$$N_a = P\frac{v}{100}\cdot 9{,}81 = P\frac{\pi D}{100}\cdot\frac{n}{60}\cdot 9{,}81 \text{ Watt.}$$

Setzt man für P den Wert aus 37a ein, so wird

$$N_a = \frac{10{,}2\,\mathfrak{B}\,l\,J\,z'}{10^8}\frac{\pi D}{100}\frac{n}{60}\cdot 9{,}81 \text{ Watt.} \quad \text{Nach } J \text{ aufgelöst}$$

$$J = \frac{100\cdot 60\cdot 10^8}{10{,}2\cdot 9{,}81\cdot\pi}\frac{N_a}{\mathfrak{B}\,lz'\,Dn} = 19\cdot 10^8\frac{10\cdot 735}{6000\cdot 30\cdot 100\cdot 24\cdot 1200} = 27{,}2 \text{ A.}$$

NB. Man achte auf „Einheit des Maßes“, d. h. alle Längen sind in cm einzusetzen.

156. Mit welcher Kraft zieht der Draht A, der vom Strome J_1 durchflossen ist, den vom Strome J_2 durchflossenen Draht B an, wenn der letztere b cm lang ist und die Drahtmitten a cm voneinander entfernt sind? (Abb. 70.)

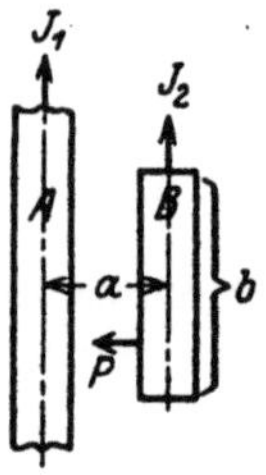

Lösung: Der Draht A sendet Kraftlinien aus, deren Felddichte (Induktion) im Abstande a nach Gl 21a

$$\mathfrak{B} = \frac{0{,}2\,J_1}{a} \text{ Gauß ist.}$$

Abb. 70. Erläuterung zu Aufgabe 156. Setzt man diesen Wert in Gl 37: $P = \dfrac{10{,}2\,\mathfrak{B}\,l\,J}{10^8}$ kg

ein, und zwar anstatt l den Wert b und anstatt J den Wert J_2, so ist

$$P = \frac{10{,}2\cdot 0{,}2\cdot b}{a\cdot 10^8}J_1 J_2 \approx \frac{2b}{a\cdot 10^8}J_1 J_2 \text{ kg.} \tag{38}$$

Für $b = 5$ cm, $a = 3$ cm, $J_1 = 100$ A, $J_2 = 150$ A wird

$$P = \frac{2{,}04\cdot 5}{3\cdot 10^8}\cdot 100\cdot 150 = 0{,}00051 \text{ kg.}$$

NB. Die Kraftwirkung bleibt dieselbe, wenn die beiden Leiter aus

Bündeln von Drähten bestehen, wenn nur $J_1 = i_1 w_1$ und $J_2 = i_2 w_2$ ist. w_1 und w_2 sind die Windungszahlen der Spulen, aus denen in diesem Falle die Spulenseiten A und B hergestellt sind.

§ 18. Eisenverluste.

Wie auf S. 63 erwähnt, werden durch den Strom der Spule, die Moleküle der magnetisierbaren Körper, die ja nach unserer Anschauung kleine Magnete sind, gedreht, wobei sich benachbarte Moleküle aneinander reiben. Diese Reibung, die von der Stromquelle eine gewisse Arbeitsleistung erfordert, setzt sich in unerwünschte Wärme um und bedeutet deshalb einen Verlust, der Hysteresis-Verlust genannt wird. Für die Größe desselben wurde von Steinmetz die Formel

$$N_H = \eta \, \frac{\mathfrak{B}^{1,6} f V}{10^7} \quad \text{Watt} \tag{39}$$

aufgestellt. Es bedeutet η eine Materialkonstante, die bei Dynamoblechen zwischen 0,001 und 0,0033 liegt, für legierte Bleche[1] kann $\eta = 0,0007$ werden. $\mathfrak{B}$ ist die größte magnetische Induktion im Eisen, ausgedrückt in Gauß, V das Volumen in cm³ und f die Frequenz, d. i. die Anzahl der Ummagnetisierungen (Perioden) pro Sekunde. Die Formel gibt bis etwa $\mathfrak{B} = 7000$ Gauß gute Resultate, für größere Werte ist jedoch anstatt $\mathfrak{B}^{1,6}$ besser $\mathfrak{B}^2$ oder gar $\mathfrak{B}^{2,3}$ zu setzen.

Häufig ist anstatt des Volumens V in cm³, das Gewicht G in kg gegeben, dann ist $V = \dfrac{1000}{\gamma}$ zu setzen, wo γ das spezifische Gewicht des Eisens ist $(\gamma = 7,6$ bis $7,8)$. Es wird dann

$$N_H = \frac{\eta \, \mathfrak{B}^{1,6} f G}{\gamma \cdot 10^4} \quad \text{Watt.} \tag{39a}$$

R. Richter[2] ersetzt die Formel 39a, wenn $10000 < \mathfrak{B} < 16000$ Gauß ist, durch

$$N_H = \frac{\varepsilon f}{100} \left(\frac{\mathfrak{B}}{10\,000} \right)^2 \cdot G \quad \text{Watt.} \tag{39b}$$

Werte von ε s. Tabelle 6.

Gleichzeitig entsteht noch ein zweiter Verlust durch sogenannte Wirbelströme, das sind Ströme, die in ausgedehnten Leitern durch die Änderung des Induktionsflusses bei Ummagnetisierungen entstehen. Um diesen Verlust herabzusetzen, baut man die Teile, in denen Ummagnetisierungen vorkommen, aus dünnen Blechen zusammen, die durch Papier, oder einen Lackanstrich, voneinander getrennt sind.

Bezeichnet $\varDelta$ die Blechdicke in mm, V das Volumen in dm³, f die Frequenz, $\mathfrak{B}$ wieder die größte Induktion, ausgedrückt in Gauß, ϱ den spezi-

---

[1] Legierte Bleche nennt man Bleche, denen eine geringe Menge (bis 4 %) Silizium zugesetzt ist.

[2] Elektrische Maschinen von Rudolf Richter. Berlin: Julius Springer.

fischen Widerstand des Eisens, so ist der Verlust durch Wirbelströme

$$N_w = \frac{1{,}64(\mathfrak{B}\,\Delta f)^2\,V}{10^{11}\,\varrho}\ \text{Watt}. \tag{40}$$

Wird das in dm³ gegebene Volumen V durch das Gewicht G kg ersetzt, so erhält man aus $G = V\gamma$, $V = \dfrac{G}{\gamma}$

$$N_w = \frac{1{,}64(\mathfrak{B}\,\Delta f)^2}{10^{11}\,\varrho}\cdot\frac{G}{\gamma}\ \text{Watt}. \tag{40a}$$

Der spezifische Widerstand ϱ des Eisens hängt von dem Prozentgehalt an Silizium ab und kann nach der Formel

$$\varrho = 0{,}099 + 0{,}12\,p \tag{41}$$

berechnet werden, wo p den prozentualen Siliziumgehalt angibt. Dieser ist: ($p = 0$ bis 4%).

Bei Blechkörpern, die bearbeitet sind, erhöht sich der Wirbelstromverlust sehr wesentlich (bis 50%).

Setzt man nach Richter in Gl. 40a für $\dfrac{1{,}64\cdot10\,\Delta^2}{\varrho\,\gamma} = \sigma$, so wird:

$$N_w = \sigma\left(\frac{f}{100}\cdot\frac{\mathfrak{B}}{10000}\right)^2\cdot G\ \text{Watt}. \tag{40b}$$

Werte von σ siehe die nachstehende Tabelle 6.

Tabelle 6. Werte für ε und σ.

Blechsorte	Blechstärke Δ	ε Gl 39b	σ* Gl 40b	Verlustziffer V_{10}	V_{15}
Gewöhnliches Dynamoblech	1 mm	4,4	22,4	7,8	17,6
	0,5 ,,	4,4	5,6	3,6	8,10
	0,35 ,,	4,7	3,2	3,15	7,10
Hochlegiertes Blech	0,5 ,,	3	1,2	1,8	4,05
	0,35 ,,	2,4	0,6	1,35	3,04

157. Wie groß ist der Verlust durch Hysteresis in einem Wechselstromtransformator von 300 [250] kg Eisengewicht, wenn die maximale Induktion 6000 [7000] Gauß und die Frequenz $f = 50$ ist. $\eta = 0{,}0012$, $\gamma = 7{,}8$.

Lösung: Nach Gl 39a ist

$$N_H = \frac{0{,}0012\cdot 6000^{1{,}6}\cdot 50\cdot 300}{7{,}8\cdot 10^4} = 256\ \text{W}.$$

$6000^{1{,}6} = x$ gesetzt, gibt $\log x = 1{,}6\,\log 6000 = 1{,}6\cdot 3{,}778 = 6{,}045$

$$x = \text{Num. log } 6{,}045 = 1\,150\,000.$$

---

* In den Werten von σ liegt ein Zuschlag von etwa 30% für die Bearbeitung.

158. Wie groß ist der Verlust durch Wirbelströme, wenn zu dem Transformator der vorigen Aufgabe gewöhnliche Dynamobleche von a) 0,5 mm, b) 0,35 mm Dicke verwendet werden.

Lösungen:

Zu a): Für $\varDelta = 0,5$ mm gibt Tabelle 6 $\sigma = 5,6$ also Gl 40b

$$N_w = 5,6 \left(\frac{50}{100} \cdot \frac{6000}{10000}\right)^2 \cdot 300 = 151 \text{ W.}$$

Zu b): Für $\varDelta = 0,35$ ist nach Tabelle 6 $\sigma = 3,2$

$$N_w = 3,2 \left(\frac{50}{100} \cdot \frac{6000}{10000}\right)^2 \cdot 300 = 86 \text{ W.}$$

159. Wie groß ist der Eisenverlust, d. i. der Verlust durch Hysteresis und Wirbelströme in einem Wechselstromtransformator von 3000 [5000] kg Eisengewicht, wenn die maximale Induktion 12000 [14000] Gauß und die Frequenz $f = 60$ ist. Gewöhnliches Dynamoblech von 0,5 mm Stärke vorausgesetzt.

Lösung: Da $\mathfrak{B} > 7000$ ist, wird die Formel 39b mit $\varepsilon = 4,4$ (Tabelle 6) angewendet, also

$$N_H = \frac{\varepsilon f}{100}\left(\frac{\mathfrak{B}}{10000}\right)^2 \cdot G = \frac{4,4 \cdot 60}{100}\left(\frac{12000}{10000}\right)^2 \cdot 3000 = 10460 \text{ W.}$$

Für die Wirbelströme ist bei $\varDelta = 0,5$, $\sigma = 5,6$, also nach 40b

$$N_w = 5,6 \left(\frac{60}{100} \cdot \frac{12000}{10000}\right)^2 \cdot 3000 = 8800 \text{ W,}$$

mithin der gesamte Eisenverlust

$$N_{Fe} = N_H + N_w = 10400 + 8800 = 19200 \text{ W.}$$

§ 19. Der Kondensator.

Verbindet man zwei ebene, parallele Metallplatten (Abb. 71), die durch einen Isolator (Dielektrikum genannt) voneinander getrennt sind, mit einer Gleichstromquelle, deren EMK E Volt beträgt, so werden die Platten geladen, d. h. negative Elektrizität (d. s. die Elektronen) gelangt auf die mit der negativen Klemme der Stromquelle verbundene Platte und genau die gleiche Menge positiver Elektrizität sammelt sich auf der anderen Platte an. Die auf der einzelnen Platte angesammelte Elektrizitätsmenge, welche durch das ballistische Gal-

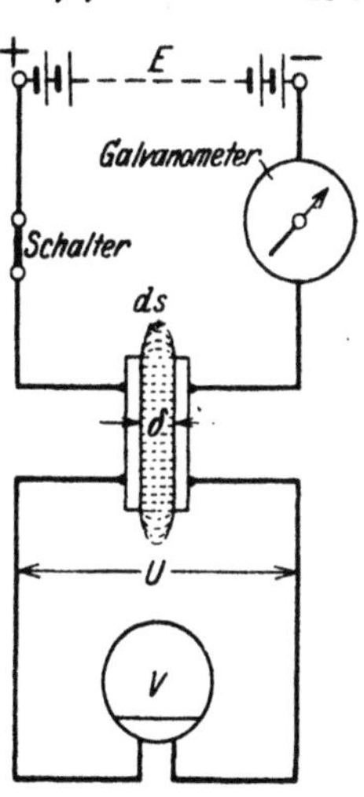

Abb. 71. Ladung eines Kondensators.

vanometer gemessen wird, ist bestimmt durch die Gleichung

$$Q = C E \text{ Coulomb oder Amperesekunden.} \qquad (42)$$

Die Größe C heißt die Kapazität des Kondensators und ihre Einheit folgt aus

$$C = \frac{Q}{E} = \frac{\text{Ampsek}}{\text{Volt}} = 1 \text{ Farad}[1, 2].$$

Da ein Farad eine sehr große Einheit ist, so nimmt man den millionsten Teil, und nennt diesen ein Mikrofarad $= \mu\text{F}$.

Also 1 Farad $= 10^6$ Mikrofarad $= 1 \mu\text{F}$. Manchmal rechnet man auch mit dem billionsten Teil eines Farad und nennt diese Größe ein Pikofarad

$$10^{12}\,\text{pF} = 1 \text{ Farad}[3] \quad \text{oder} \quad 1 \text{ pF} = 10^{-12} \text{ Farad}.$$

Die Ladung Q bleibt auf den Platten (Belegungen genannt), auch wenn man die Zuleitungen zur Stromquelle entfernt (den Schalter [Abb. 71] ausschaltet), wie dies das statische Voltmeter V anzeigt, d. h. die angezeigte Spannung ist nach wie vor $U = E$ Volt. Es ist also die Spannung U die Folge der mit der Elektrizitätsmenge Q geladenen Platten (Plattenkondensator). Die Entladung erfolgt, indem man die Platten des von der Stromquelle abgetrennten Kondensators durch einen Leiter miteinander in Berührung bringt. Liegt in diesem Entladestromkreis ebenfalls ein ballistisches Galvanometer, so zeigt dessen Ausschlag die gleiche Elektrizitätsmenge Q wie bei der Ladung an.

Man nimmt an, daß zwischen den Belegungen eines geladenen Kondensators elektrische Feldlinien verlaufen, wie solche für den in Abb. 71 dargestellten Plattenkondensator punktiert gezeichnet sind. Genau wie bei den magnetischen Kraftlinien (vgl. S. 63) führt man auch hier zwei besondere Größen ein:

1. Die Feldliniendichte (meist Verschiebungsdichte genannt) bezeichnet mit $\mathfrak{D}$ (deutsches $\mathfrak{D}$). Es ist dies die Elektrizitätsmenge, die auf 1 cm² einer zu den Feldlinien senkrecht gestellten Fläche entfällt, d. h. es ist

$$\mathfrak{D} = \frac{Q}{F} \text{ Coulomb/cm}^2, \qquad (43)$$

wenn F die Fläche einer Belegung in cm² ist.

Diese Definition besagt, daß die Anzahl der elektrischen Feldlinien Φ_e, die von der Oberfläche F des geladenen Körpers ausgeht (es braucht nämlich allgemein keine Platte zu sein), gleich der Elektrizitätsmenge Q ist ($\Phi_e = Q$).

---

[1] In der Funktelegraphie rechnet man anstatt mit Farad mit cm, und zwar sind $9 \cdot 10^{11}$ cm $= 1$ Farad, d. h. man verwandelt die in cm gegebene Kapazität in Farad, indem man durch $9 \cdot 10^{11}$ dividiert.

[2] Die Einheit der Kapazität 1 Farad liegt vor, wenn die Elektroden bei 1 Volt Spannung eine Ladung von 1 Coulomb aufnehmen.

[3] Entnommen dem im gleichen Verlag erschienenen Werke von Karl Küpfmüller: Einführung in die theoretische Elektrotechnik.

2. Die **Feldstärke** $\mathfrak{E}$ (deutsches $\mathfrak{E}$). Es ist dies die Anzahl von Volt, die auf 1 cm Länge einer Feldlinie entfällt, also beim Plattenkondensator die Größe $\mathfrak{E} = U : \delta$ Volt/cm, wenn δ die Entfernung der Platten in cm bezeichnet. Der Zusammenhang zwischen den beiden Größen wird dargestellt durch die Gleichung

$$\mathfrak{D} = \varepsilon\,\mathfrak{E} \text{ Volt/cm.} \tag{44}$$

Die Größe ε heißt **Dielektrizitätskonstante**. Ihr Zahlenwert hängt von dem Dielektrikum zwischen den beiden Belegungen ab. Die Einheit ist $\varepsilon = \dfrac{\mathfrak{D}}{\mathfrak{E}} = \dfrac{\text{Coulomb/cm}^2}{\text{Volt/cm}} = \dfrac{\text{Coulomb}}{\text{Volt cm}} = \text{Farad/cm.}$

Für den luftleeren Raum ist

$$\varepsilon = \varepsilon_0 = 0{,}08859 \text{ Pikofarad/cm} = 0{,}08859 \cdot 10^{-12} \text{ Farad/cm.}$$

Die **absolute** Dielektrizitätskonstante aller anderen Nichtleiter ist größer als dieser Wert. Daher ist

$$\varepsilon = \varepsilon_r\,\varepsilon_0 = \varepsilon_r \cdot 0{,}08859 \cdot 10^{-12} \text{ Farad/cm.} \tag{45}$$

Den Wert ε_r nennt man die **relative** Dielektrizitätskonstante oder die **Elektrisierungszahl** des betreffenden Stoffes.

Für gasförmige Stoffe und Luft ist ε_r sehr angenähert $= 1$.

Für die wichtigsten Isolierstoffe der Elektrotechnik sind die Werte von ε_r in der nachstehenden Tabelle aufgeführt.

Tabelle 7. Relative Dielektrizitätskonstanten[1].

Stoff	ε_r	Stoff	ε_r
Aminoplaste	5	Magnesiumsilikathältige	
Azetylzellulose	6 ... 6,9	keramische Stoffe	5,5...6,5
Benzylzellulose	2,9	Mikanit	4,5...6
Bernstein	2,9	Paraffin	2 ...2,3
Eis	2 ... 3	Pertinax	4,5...5,5
Fernsprechkabelisolation		Phenoplaste	5 ...7
(Papier, Luft)	1,6... 2	Polystyrol (Trolitul)	2,3
Glas	5 ...16,5	Quarzglas	3,2...4,2
Glimmer	7	Quarzkristall	4,3...4,7
Gummi	2,5... 2,8	Rutilhaltige keramische	
Hartgewebe	5 ... 6	Stoffe	40...100
Hartpapier	5 ... 8	Starkstromkabelisolation	
Hartporzellane	5 ... 6,5	(Papier, Öl)	3 ...4,5
Holz	2,5... 6,8	Transformatorenöl	2,2...2,5
Igelit	3,1... 3,5	Wasser	80
Luft bei 760 mm 0°	1,0006	Zellulosetriazetat	5

Die Spannung U zwischen den beiden Belegungen ist für den Plattenkondensator $U = \mathfrak{E}\delta$, wo hier $\mathfrak{E}$ eine konstante Größe ist. Wenn aber die Feldliniendichte $\mathfrak{D}$ keine konstante Größe ist, so ist auch $\mathfrak{E}$ von Punkt zu Punkt der Feldlinie veränderlich und die gesamte Spannung zwischen den beiden Belegungen ist dann

$$U = \int \mathfrak{E}\,ds, \tag{46}$$

wenn ds die Länge eines Stückes der betrachteten Feldlinie bedeutet.

---

[1] Siehe Fußnote [3] S. 102.

Berechnung von Kapazitäten.

Für einen beliebigen Kondensator folgt die Kapazität C aus der Gl 42

$$C = \frac{Q}{U} \text{ Farad.} \tag{47}$$

1. Plattenkondensator. Ist F die Fläche in cm², durch welche die Feldlinien senkrecht hindurchgehen, d. i. in diesem Falle die Fläche einer Belegung, so ist nach Gl 43 die Felddichte $\mathfrak{D} = Q{:}F$, die Feldstärke nach Gl 44 ist $\mathfrak{E} = \mathfrak{D}{:}\varepsilon$, mithin auch $\mathfrak{E} = Q{:}F\varepsilon$, wo $\mathfrak{E}$ in diesem Falle konstant ist, wenn man die Feldlinien der Ränder in Abb. 71 vernachlässigt. Ist δ der Abstand der beiden Platten, so ist $U = \mathfrak{E}\delta = (Q{:}F\varepsilon)\,\delta$, daher

$$C = \frac{Q}{U} = \frac{Q}{(Q:F\,\varepsilon)\,\delta}\,, \qquad\qquad C = \frac{F\,\varepsilon}{\delta} \text{ Farad.} \tag{47a}$$

F in cm², δ in cm und ε siehe Gl 45.

2. Einleiterkabel. Es sei Q die Elektrizitätsmenge auf der Oberfläche des Innenleiters von l cm Länge (senkrecht zur Papierebene Abb. 72),

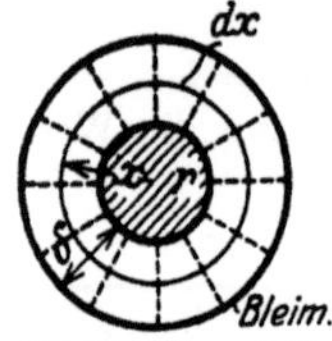

so verteilt sich diese gleichmäßig über die Oberfläche des zylindrischen Leiters und die Feldlinien sind Radien, die ihren Anfang auf der Leiteroberfläche und ihr Ende auf dem Bleimantel haben. Die Oberfläche eines Zylinders mit dem Radius x ist $F = 2\pi x l$, somit die Feldliniendichte auf dieser Oberfläche

Abb. 72. Kapazität eines Einleiterkabels.

$$\mathfrak{D} = \frac{Q}{F} = \frac{Q}{2\pi x l} \text{ Coulomb/cm}^2,$$

und die Feldstärke im Abstande x vom Mittelpunkt nach Gl 44

$$\mathfrak{E} = \frac{\mathfrak{D}}{\varepsilon} = \frac{Q}{2\pi x l \varepsilon} \text{ Volt/cm.}$$

Auf die Dicke dx dieses Zylinders kommt mithin nach Gl 46 die Spannung

$$du = \mathfrak{E}\,dx = \frac{Q\,dx}{2\pi l \varepsilon x} \text{ Volt;}$$ die gesamte Spannung U zwischen Leiter und Bleimantel ist

$$U = \int\limits_{r}^{r+\delta} \frac{Q\,dx}{2\pi l \varepsilon x} = \frac{Q}{2\pi l \varepsilon} \int\limits_{r}^{r+\delta} \frac{dx}{x} = \frac{Q}{2\pi l \varepsilon} \ln x \Big|_{r}^{r+\delta} = \frac{Q}{2\pi l \varepsilon} \ln \frac{r+\delta}{r}.$$

Nach Gl 47 ist

$$C = \frac{Q}{U} = Q : \frac{Q}{2\pi l \varepsilon} \ln \frac{r+\delta}{r},$$

$$C = \frac{2\pi l \varepsilon}{\ln \dfrac{r+\delta}{r}} \text{ Farad.} \tag{48}$$

Ist δ sehr klein im Vergleich zu r, so kann man schreiben $\ln \dfrac{r+\delta}{r} \approx \dfrac{\delta}{r}$, daher

$$C = \frac{2\pi r l \varepsilon}{\delta} \text{ Farad.} \tag{48a}$$

Diese Formel gilt für Leidnerflaschen (Abb. 73). l Höhe der Belegung, r innerer Radius, δ Dicke des Dielektrikums, also des Glases, alle Maße in cm. Ist der Boden der Flasche gleichfalls belegt, so kommt zur Fläche $2\pi rl$ noch die Bodenfläche $r^2\pi$ hinzu.

3. Isolierte Kugel vom Radius r. Die Elektrizitätsmenge Q verteilt sich gleichmäßig über die Oberfläche der Kugel, die Feldlinien sind Radien der Kugel, die ihren Lauf von der Kugeloberfläche aus ins Unendliche nehmen. Die Oberfläche einer Kugel mit dem Radius x $(x > r)$ ist $F = 4\pi x^2$, daher die Felddichte auf dieser Oberfläche nach Gl 43

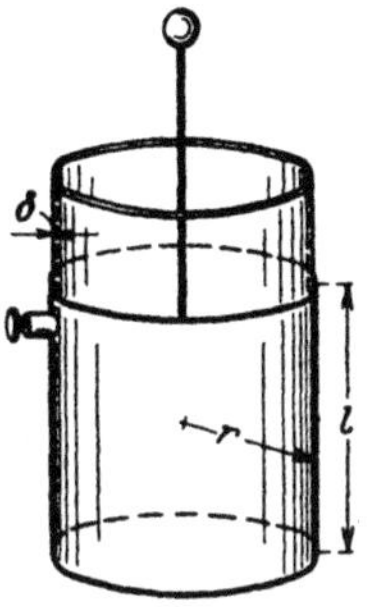

$$\mathfrak{D} = \frac{Q}{F} = \frac{Q}{4\pi x^2} \text{ Coulomb/cm}^2.$$

Abb. 73. Leidnerflasche.

Sie ist nicht konstant, sondern nimmt mit x^2 ab. Dasselbe gilt daher auch für die Feldstärke (Gl 44)

$$\mathfrak{E} = \frac{\mathfrak{D}}{\varepsilon} = \frac{Q}{4\pi\,\varepsilon\,x^2} \text{ Volt/cm.}$$

Auf die Dicke dx dieser Kugel kommt mithin die Spannung Gl 46

$$du = \mathfrak{E}\,dx = \frac{Q}{4\pi\,\varepsilon}\frac{dx}{x^2},$$

und die gesamte Spannung zwischen der Kugeloberfläche und der unendlich entfernt gedachten zweiten Belegung (praktisch etwa den Zimmerwänden) ist

$$U = \int\limits_r^\infty \mathfrak{E}\,dx = \int\limits_r^\infty \frac{Q}{4\pi\,\varepsilon}\frac{dx}{x^2} = -\frac{Q}{4\pi\,\varepsilon}\frac{1}{x}\bigg|_r^\infty = -\frac{Q}{4\pi\,\varepsilon}\left(\frac{1}{\infty} - \frac{1}{r}\right).$$

Da $\frac{1}{\infty} = 0$ ist, wird $U = \frac{Q}{4\pi\,r\,\varepsilon}$ Volt, also $C = \frac{Q}{U}$

$$C = 4\pi\,r\,\varepsilon \text{ Farad.} \tag{49}[1]$$

Energie des elektrischen Feldes.

Um einen Kondensator zu laden, muß die mit ihm verbundene Stromquelle eine gewisse Arbeit leisten. Ist u die in einem bestimmten Zeitpunkt an den Belegungen herrschende Spannung, i der Strom in der Zuleitung zum Kondensator, so ist die in der Zeit dt aufgenommene Arbeit: $dA = uidt$ Joule. Nun ist nach Gl 3a $idt = dQ$ und nach Gl 42 $Q = Cu$,

---

[1] Will man Farad in cm umwandeln, so hat man mit $9\cdot10^{11}$ zu multiplizieren (s. Fußnote S. 102) und erhält, wenn man $\varepsilon = 0{,}08859\cdot10^{-12}$ setzt

$$C = 4\pi\cdot0{,}08859\cdot10^{-12}\cdot9\cdot10^{11}\cdot r = r \text{ cm.}$$

daher auch $dQ = Cdu$, mithin $dA = udQ = uCdu$. Integriert von $u = 0$ bis $u = U$

$$A = \frac{1}{2}\,C\,U^2 \text{ Joule.} \tag{50}$$

Diese Arbeit wird im Dielektrikum aufgespeichert und bei der Entladung wieder zurückgewonnen.

Für den Plattenkondensator ist Gl 47a $C = \dfrac{F\,\varepsilon}{\delta}$, also

$$A = \frac{1}{2}\,\frac{F\,\varepsilon}{\delta}\,U^2 \text{ Joule.} \tag{50a}$$

Gegenseitige Anziehung der Kondensatorplatten.

Die Belegungen des geladenen Kondensators, die ja die gleichen Elektrizitätsmengen verschiedenen Vorzeichens besitzen, ziehen sich mit einer gewissen Kraft P kg an. Wir denken uns die eine Belegung fest, die andere, entgegen der Anziehung, um ein Stück $d\delta$ verschoben, so ist die hierzu erforderliche mechanische Arbeit $dA = P\dfrac{d\delta}{100}\cdot 9{,}81$ Joule. Durch Differenzieren der Gl 50a nach δ erhält man

$$dA = -\frac{1}{2}\,\frac{F\,\varepsilon\,U^2}{\delta^2}\,d\delta .$$

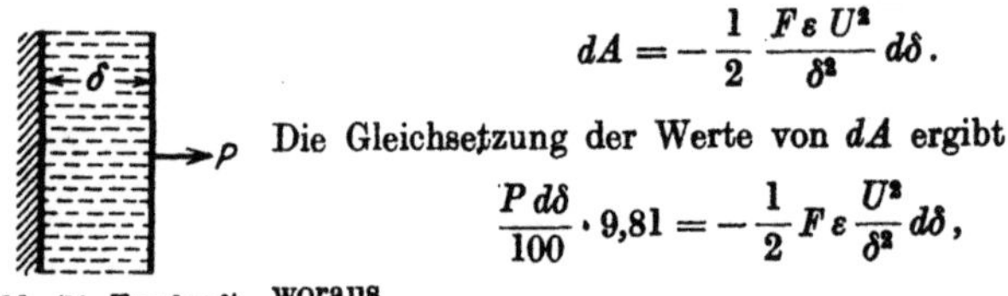

Abb. 74. Tragkraft des Plattenkondensators.

Die Gleichsetzung der Werte von dA ergibt

$$\frac{P\,d\delta}{100}\cdot 9{,}81 = -\frac{1}{2}\,F\,\varepsilon\,\frac{U^2}{\delta^2}\,d\delta ,$$

woraus

$$P = 10{,}2\cdot\frac{1}{2}\cdot F\,\varepsilon\left(\frac{U}{\delta}\right)^2 \text{ kg} \tag{51}$$

folgt. Das weggelassene Minuszeichen sagt, daß die anziehende Kraft P entgegen der in der Abb. 74 angedeuteten Richtung wirkt.

Beziehung zwischen Zeit und Strom, bzw. Spannung bei Ladung und Entladung des Kondensators.

Wird ein Kondensator, dessen Kapazität C ist, durch Anschluß an eine Gleichstromquelle von der EMK E geladen, so fließt t Sekunden nach Stromschluß ein Strom i durch den induktionsfreien Widerstand R des Stromkreises und erzeugt an den Kondensatorklemmen eine Spannung u, die dem Strome entgegenwirkt (Abb. 75), es ist also nach dem Ohmschen Gesetz

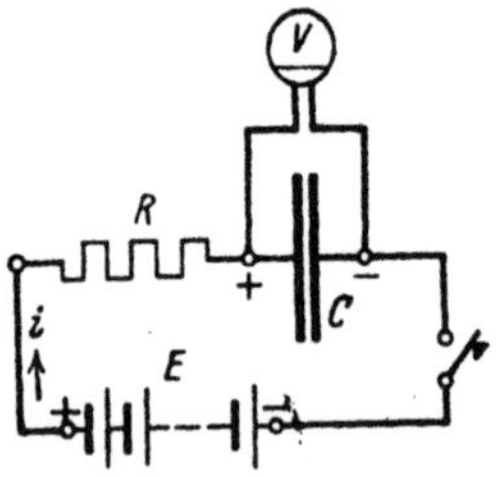

$$\text{I.}\quad i = \frac{E - u}{R} \text{ Ampere.}$$

Abb. 75. Ladung und Entladung eines Kondensators.

Die Kondensatorspannung u, die eine Folge der jeweiligen Elektrizitätsmenge Q ist, folgt aus der Gl 42 $Q = Cu$, wo Q die Elektrizitätsmenge ist, die sich in den t Sekunden auf einer Belegung angesammelt hat; diese ist aber, da für veränderliche Ströme stets (Gl 3a)

$$\frac{dQ}{dt} = i \text{ gilt,} \quad Q = \int i\, dt, \quad \text{also} \quad u = \frac{1}{C}\int i\, dt.$$

Setzt man diesen Wert in Gl I ein, so wird dieselbe

$$i = \frac{E - \frac{1}{C}\int i\, dt}{R} \quad \text{Ampere, oder anders geschrieben} \quad iR = E - \frac{1}{C}\int i\, dt.$$

Um das $\int$ (Integral) zu entfernen, differenziere man (veränderlich i und t) und erhält $R\,di = -\frac{1}{C}\,i\,dt$, welche Gleichung für Ladung und auch Entladung gilt. Geordnet:

$$\frac{di}{i} = -\frac{1}{RC}\,dt, \quad \text{integriert} \quad \text{II.} \quad \ln i = -\frac{1}{RC}\,t + \text{const.}$$

Beim Laden ist für $t = 0$ auch $u = 0$ und demnach (Gl I) $i = \frac{E}{R} = J_0$.
Wird die Stromquelle abgeschaltet und der Kondensator nun entladen, so ist bei Beginn der Entladung, also für $t = 0$, die Kondensatorspannung $u = U_0$ gleich der EMK der abgeschalteten Stromquelle. In Gl I ist jedoch, da die Stromquelle fehlt, $E = 0$ zu setzen; demnach ist auch hier $J_0 = \frac{U_0}{R}$, mithin wird für Ladung und Entladung in Gl II:

$$\text{const} = \ln J_0, \quad \text{also} \quad \text{Gl II selbst} \quad \ln i = -\frac{1}{RC}\,t + \ln J_0,$$

woraus dann

$$t = RC \ln \frac{J_0}{i} \quad \text{Sekunden} \tag{52}$$

folgt. Für die Entladung gilt außerdem noch:

$$J_0 = \frac{U_0}{R} \quad \text{und} \quad i = \frac{u}{R},$$

demnach ist auch $\dfrac{J_0}{i} = \dfrac{U_0}{u}$ und

$$t = RC \ln \frac{U_0}{u} \quad \text{Sekunden,} \tag{52a}$$

welche Form den Vorteil hat, daß U_0 und u mit einem statischen Voltmeter gemessen werden können. Die Gl 52a kann dann zur Messung sehr kleiner Zeiten dienen.

160. Ein Kondensator besitzt die Kapazität $C = 10^{-3}$ F. Er wird durch eine Gleichstromquelle (Influenzmaschine) geladen, deren mittlere Stromstärke $i = 10^{-5}$ A beträgt.

Gesucht wird:

a) die Elektrizitätsmenge, die der Kondensator in 30 [40] Sek. aufgenommen hat,

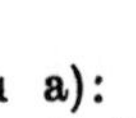

Abb. 76. Schaltung
zu Aufgabe 160.

b) die Spannung an den Kondensatorklemmen,

c) die im Kondensator aufgespeicherte Arbeit,

d) die Leistung bei Entladung in 10^{-5} [10^{-4}] (10^{-6}) Sek.

Lösungen:

Zu a): Die Elektrizitätsmenge ist bekanntlich nach Gl 3 $Q = it = 10^{-5} \cdot 30 = 3 \cdot 10^{-4}$ Coulomb oder Amperesekunden.

Zu b): Die Spannung U folgt aus $Q = CU$, nämlich

$$U = \frac{Q}{C} = \frac{3 \cdot 10^{-4}}{10^{-8}} = 3 \cdot 10^4 = 30000 \text{ V}.$$

Zu c): Nach Gl 50 ist die aufgespeicherte Arbeit

$$A = \frac{1}{2} CU^2 = \frac{1}{2} \cdot 10^{-8} \cdot (3 \cdot 10^4)^2 = 4,5 \text{ Joule oder Wattsek.}$$

Zu d): Wird diese Arbeit beim Entladen in 10^{-5} Sek. geleistet, so ist die Leistung $N = A:t = 4,5:10^{-5} = 4,5 \cdot 10^5 \text{ W} = 450 \text{ kW}$.

NB. Hätte man parallel zum Kondensator (s. Abb. 76) zwei kleine Metallkugeln (eine sogenannte Funkenstrecke) geschaltet, deren Abstand etwa 1 cm ist, so würde bei Erreichung der Spannung von 30000 V die Entladung in Form eines laut knallenden Funkens eintreten. Die in a) errechnete Elektrizitätsmenge entlädt sich in 10^{-5} Sek., also ist die Entlade-Stromstärke $J = Q:t = 3 \cdot 10^{-4}:10^{-5} = 30 \text{ A}$.

161. Welche Kapazität besitzt ein Plattenkondensator (Abb. 71), wenn derselbe an eine Stromquelle von 1000 V angeschlossen ist und eine Elektrizitätsmenge, gemessen mit einem ballistischen Galvanometer, von $0,7072 \cdot 10^{-7}$ Coulomb aufnimmt?

Lösung: Die Gl 47 gibt $C = \dfrac{Q}{U} = \dfrac{0,7072 \cdot 10^{-7}}{1000} = 0,7072 \cdot 10^{-10}\,\text{F}$.

162. Die Ausmessung einer Belegung des vorigen Kondensators ergibt 400 cm² und die Entfernung beider Platten 0,5 cm.

Gesucht wird:

a) die Dielektrizitätskonstante ε,

b) die Feldstärke $\mathfrak{E}$,

c) die Verschiebungsdichte $\mathfrak{D}$.

Lösungen:

Zu a): Aus Gl 47a $C = \dfrac{F\varepsilon}{\delta}$ folgt $\varepsilon = \dfrac{C\delta}{F} = \dfrac{0,7072 \cdot 10^{-10} \cdot 0,5}{400}$,

$\varepsilon = 0,08859 \cdot 10^{-12}$ F/cm $= 0,08859$ Pikofarad/cm.

(Dies ist der Wert für den luftleeren Raum s. S. 103.)

Zu b): Die Feldstärke $\mathfrak{E}$ ist die Voltzahl pro cm Feldlinienlänge,

also
$$\mathfrak{E} = \frac{U}{\delta} = \frac{1000}{0,5} = 2000 \ \text{V/cm}.$$

Zu c): Die Verschiebungsdichte $\mathfrak{D}$ ist die Anzahl von Coulomb pro cm² einer senkrecht zu den Feldlinien gestellten Fläche, also (Gl 43)

$$\mathfrak{D} = \frac{Q}{F} = \frac{0,7072 \cdot 10^{-7}}{400} = 0,1768 \cdot 10^{-9} \ \text{Coulomb/cm}^2,$$

oder nach (Gl 44)

$$\mathfrak{D} = \mathfrak{E}\,\varepsilon = 2000 \cdot 0,08859 \cdot 10^{-12} = 0,1768 \cdot 10^{-9} \ \text{Coulomb/cm}^2.$$

163. Wie hoch steigt, nach Entfernung der Zuleitungsdrähte zur Stromquelle, die Spannung, wenn man die Platten bis auf 1 cm auseinanderzieht.

Lösung: Ändert sich der Plattenabstand, so ändert sich auch die Kapazität, während die auf den Platten befindliche Elektrizitätsmenge Q dieselbe bleibt. Es ist (Gl. 47a)

$$C = \frac{F\varepsilon}{\delta} = \frac{400 \cdot 0,08859 \cdot 10^{-12}}{1} = 0,3536 \cdot 10^{-10} \ \text{Farad}.$$

Aus Gl 47 folgt $U = Q : C = 0,7072 \cdot 10^{-7} : 0,3536 \cdot 10^{-10} = 2000$ V.

(Verblüffendes Resultat.)

164. Wie ändern sich die Resultate der vorhergehenden Aufgabe, wenn man zwischen die beiden Platten eine 1 cm dicke Glasplatte mit der relativen Dielektrizitätskonstanten $\varepsilon_r = 6$ schiebt?

Lösung: Es ist nach Gl 45 $\varepsilon = \varkappa \varepsilon_0 = 6 \cdot 0,08859 \cdot 10^{-12}$, daher

$$C = \frac{F\varepsilon}{\delta} = \frac{400 \cdot 6 \cdot 0,08859 \cdot 10^{-12}}{1} = 2,1216 \cdot 10^{-10} \ \text{Farad},$$

$$U = \frac{Q}{C} = \frac{0,7072 \cdot 10^{-7}}{2,1216 \cdot 10^{-10}} = \frac{2000}{6} = 333 \ \text{Volt}.$$

165. Ein Plattenkondensator von 400 cm² Fläche und dem Abstande von 5 mm, der durch eine 5 mm dicke Glasplatte mit der relativen Dielektrizitätskonstanten $\varepsilon_r = 6$ ausgefüllt ist, wird mit einer Spannung von 10000 V geladen. Gesucht wird:

a) Kapazität, b) Elektrizitätsmenge, c) aufgespeicherte Energie,
d) die Kraft, mit der sich die beiden Platten anziehen,
e) die Spannung bei abgetrennter Stromquelle, wenn die Glasplatte entfernt wird,   f) die Feldstärke.

Lösungen:

a) (Gl 47a) $C = \dfrac{F\varepsilon}{\delta} = \dfrac{400 \cdot (6 \cdot 0{,}08859 \cdot 10^{-12})}{0{,}5} = 0{,}425 \cdot 10^{-9}$ Farad.

b) (Gl 47) $Q = CU = 0{,}425 \cdot 10^{-9} \cdot 10000 = 0{,}425 \cdot 10^{-5}$ As.

c) (Gl 50) $A = \dfrac{1}{2} CU^2 = \dfrac{1}{2} \cdot (0{,}425 \cdot 10^{-9}) \cdot 10000^2 = 0{,}0212$
Joule.

d) Die Kraft folgt aus Gl 51 zu $P = 10{,}2 \cdot \dfrac{1}{2} \cdot F\varepsilon \left(\dfrac{U}{\delta}\right)^2$;

$$P = 10{,}2 \cdot \frac{1}{2} \cdot 400 \cdot (6 \cdot 0{,}08859 \cdot 10^{-12}) \cdot \left(\frac{10000}{0{,}5}\right)^2 = 0{,}43 \text{ kg.}$$

e) Aus $Q = CU$ folgt bei gleichem Q aber dem 6. Teile von C (da ja ε auf den 6. Teil gesunken ist)

$$U = \frac{Q}{C} = \frac{0{,}425 \cdot 10^{-5}}{\dfrac{1}{6} \cdot 0{,}425 \cdot 10^{-9}} = 6 \cdot 10^4 \text{ V.}$$

f) Die Feldstärke ist $\mathfrak{E} = \dfrac{U}{\delta} = \dfrac{6 \cdot 10^4}{0{,}5} = 12 \cdot 10^4$ Volt/cm.

NB. Diese Feldstärke ist nicht zu erzielen, da in Luft bei etwa 30000 V/cm Feldstärke die elektrische Festigkeit überschritten wird, d. h. ein Durchschlag erfolgt (s. Anmerkung zu Aufgabe 160).

166. Welche Kapazität besitzt die Erde, wenn ihr Umfang 40000 km ist?

Lösung: Der Radius der Erdkugel ist $r = \dfrac{40000}{2\pi} = 6370$ km oder $r = 6370 \cdot 10^5$ cm, demnach Gl 49 $C = 4\pi r \varepsilon$

$C = 4\pi \cdot 6370 \cdot 10^5 \cdot 0{,}08859 \cdot 10^{-12} = 707{,}2 \cdot 10^{-6}$ F oder $707{,}2\ \mu$F,

wo ε für den luftleeren Raum $0{,}08859 \cdot 10^{-12}$ zu setzen war.

167. Welche Spannung besteht zwischen Erde und Weltall, wenn die Feldstärke an der Erdoberfläche in der Regel 1 V/cm beträgt, und wieviel Coulomb enthält die Erdoberfläche?

Lösung: Aus Gl 49 $\mathfrak{D} = \dfrac{Q}{4 r^2 \pi} = \mathfrak{E}\varepsilon$ folgt $Q = 4 r^2 \pi \mathfrak{E}\varepsilon$.

Aus Gl 42 $Q = CU$ und Gl 49 $C = 4\pi r \varepsilon$ folgt

$$U = \frac{Q}{C} = \frac{4 r^2 \pi \mathfrak{E}\varepsilon}{4 r \pi \varepsilon} = \mathfrak{E} r = 1 \cdot 6370 \cdot 10^5 \text{ Volt}$$

und $Q = UC = 6370 \cdot 10^5 \cdot 707{,}2 \cdot 10^{-6} = 450000$ Coulomb.

168. Ein Kondensator hat eine Kapazität von $2\,\mu\mathrm{F}$. Er ist unter Vorschaltung eines induktionsfreien Widerstandes von $10\,\Omega$ an eine Gleichstromspannung von 120 V angeschlossen (vgl. Abb. 75, S. 31).

Gesucht wird:

a) der Strom im Augenblick des Anschlusses an die Stromquelle,

b) die Zeit, die vergeht bis die Ladestromstärke auf 10^{-3} des Anfangswertes sinkt,

c) die in diesem Augenblick an den Kondensatorklemmen vorhandene Spannung?

Lösungen:

Zu a): Im Augenblick des Stromanschlusses ist die Kondensatorspannung $u = 0$, also die Stromstärke (Gl I, S. 106)

$$J_0 = \frac{E}{R} = \frac{120}{10} = 12 \text{ A.}$$

NB. Der Kondensator wirkt im ersten Augenblick wie ein Kurzschluß.

Zu b): In Formel 52 ist einzusetzen $i = 0{,}001\,J_0$, $R = 10\,\Omega$,

$$C = 2 \cdot 10^{-6} \text{ Farad, also } t = RC \ln \frac{J_0}{i} = 10 \cdot 2 \cdot 10^{-6} \cdot \ln \frac{12}{0{,}001 \cdot 12}$$

$$t = 10 \cdot 2 \cdot 10^{-6} \cdot 2{,}3 \log 1000 = 138 \cdot 10^{-6} \text{ Sek.}$$

Zu c): Da nach Angabe unter b) $i = J_0 : 1000 = 12 : 1000 = 0{,}012$ A ist, andererseits Gl I, S. 106 $i = \dfrac{E - u}{R}$, so wird

$$u = E - iR = 120 - 0{,}012 \cdot 10 = 119{,}88 \text{ V.}$$

169. Es soll die Geschwindigkeit einer Pistolenkugel bestimmt werden. Zu dem Zweck stellt man die in Abb. 77 schematisch dargestellte Schaltung her. Die Batterie E ladet den Kondensator C, wobei gleichzeitig ein (hier nicht in Betracht kommender) Strom durch den induktionsfreien Widerstand R fließt. Wird der Stromkreis der Batterie unterbrochen, indem die Kugel das dünne Metallplättchen bei P_1 zerreißt, so wird der Kondensator C durch den Widerstand R so lange entladen, bis die Kugel auch die Leitung bei P_2 unterbrochen hat. Das statische Voltmeter zeigt vor und nach Entladung die Spannungen an. Gegeben $R = 1000$ [10000] Ω, $C = 1$ [2] μF, die Ladespannung $E = U_0 = 120$ [220]

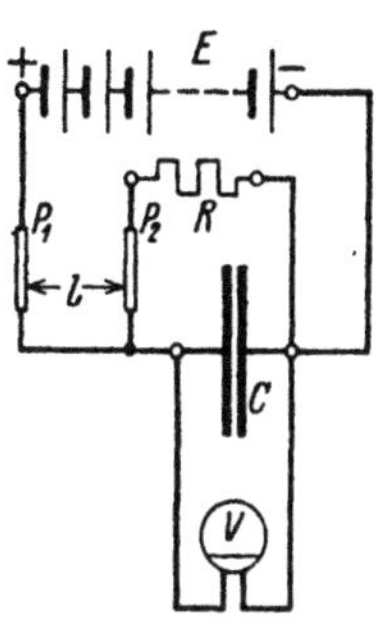

Abb. 77. Bestimmung der Geschwindigkeit von Geschossen.

und die Spannung nach Durchschuß von P_2 $u = 100$ [215] V. Die Länge l zwischen P_1 und P_2 sei 6' [4] cm. Gesucht wird:

a) die Zeitdauer, die die Kugel zum Zurücklegen der Strecke l braucht, b) die Geschwindigkeit der Kugel.

Lösungen:

Zu a): Die Zeit, die zwischen dem Durchschuß der beiden Leitungen vergeht, folgt aus der Gl 52a

$$t = CR \ln \frac{U_0}{u} = 10^{-6} \cdot 1000 \cdot 2{,}3 \log \overset{0{,}08}{\frac{120}{100}} = 0{,}184 \cdot 10^{-3} \text{ Sek.}$$

Zu b): Geschwindigkeit ist der Weg in 1 Sek., also

$$v = \frac{l}{t} = \frac{6}{0{,}184 \cdot 10^{-3}} = 32{,}5 \cdot 10^3 \text{ cm/s oder } 325 \text{ m/s.}$$

II. Die Eigenschaften der Gleichstrommaschinen.

§ 20. Die fremderregte Maschine.

Bringt man einen Ring aus Eisenblechen zwischen die Pole N und S eines Magneten (Stahlmagneten, oder eines Elektromagneten, der aus einer besonderen Stromquelle gespeist wird), Abb. 78, so gehen die Feldlinien vom Nordpol zum Südpol, wobei sie, wie gezeichnet, den Ring durchlaufen. Man erkennt, daß durch einen Querschnitt des Ringes (Schnitt senkrecht zur Papierebene gedacht), je nach seiner Lage, verschieden viele Feldlinien hindurchgehen, z. B. durch Schnitte bei I und III alle, durch Schnitte bei II und IV keine. Denkt man sich daher um einen Querschnitt eine Windung gelegt, so wird diese, je nach ihrer Lage, mehr oder weniger Feldlinien einschließen. Bewegt sich unsere Windung von I nach II zu, also rechts herum, so nimmt die Zahl der von ihr eingeschlossenen Feldlinien ab, es entsteht hierdurch in ihr eine EMK, deren Richtung durch den Pfeil in Abb. 78 angedeutet ist. In gleicher Weise findet man die Richtung der EMK, wenn die Windung sich zwischen II und III oder III und IV oder IV und I bei gleicher Drehrichtung befindet. Ist nämlich die Drehrichtung die entgegengesetzte, so kehrt auch die EMK ihre Richtung um.

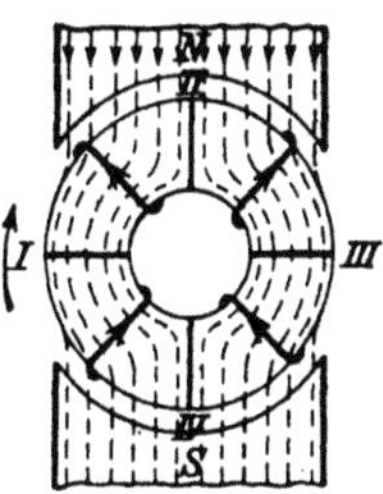

Abb. 78.
Anker und Magnetfeld.

Der Mittelwert E_m der EMK, die in der Windung entsteht, wenn dieselbe von I bis III bewegt wird, folgt aus Formel 27. Hier ist Φ_1 der magnetische Induktionsfluß, der durch die Windung in Lage I geht und Φ_2 der in Lage III, T' die Zeit, die erforderlich ist, um die Windung von I nach III zu bringen. Gelangen Φ_0 Induktionslinien vom Nordpol durch den Ring zum Südpol, so ist $\Phi_1 = \dfrac{\Phi_0}{2}$ und $\Phi_2 = -\dfrac{\Phi_0}{2}$, $T' = \dfrac{T}{2}$ gleich der Zeitdauer einer halben Umdrehung.

$$E_m = \frac{\dfrac{1}{2}\Phi_0 - \left(-\dfrac{1}{2}\Phi_0\right)}{\dfrac{T}{2}\cdot 10^8} = \frac{2\,\Phi_0}{T\cdot 10^8} \quad \text{Volt.}$$

Anstatt der Zeitdauer T einer Umdrehung führt man die Anzahl n der Umdrehungen pro Minute ein durch die Gleichung $T = \dfrac{60}{n}$, so daß

$$E_m = \frac{2\,\Phi_0\,n}{60\cdot 10^8} \quad \text{Volt} \tag{53}$$

wird.

Ist der Ring mit w Windungen, deren Anfang und Ende miteinander verbunden sind, gleichmäßig bewickelt (Abb. 79), so zeigen die eingezeichneten Pfeile die Richtung der EMKe bei Rechtsdrehung des Ringes an. Man erkennt, daß sich die EMKe in allen Windungen eines **Halbringes** addieren, die beiden Halbringe aber parallel geschaltet sind.

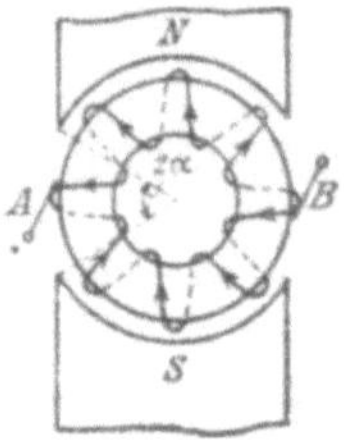

Die EMK E des Ringes wird gefunden, wenn man die mittlere EMK einer Windung mit der Anzahl der Windungen, in denen sich die EMKe addieren, multipliziert, also ist

$$E = E_m \frac{w}{2} = \frac{2\,\Phi_0\,n}{60\cdot 10^8} \cdot \frac{w}{2} = \frac{\Phi_0\,n\,w}{60\cdot 10^8} \text{ Volt.} \qquad (54)$$

Abb. 79. Erläuterung zum Ringanker.

Die Wicklung besteht aus mit Baumwolle isolierten Kupferdrähten, so daß bei einer Ausführung nach Abb. 79 die Bürsten keinen Kontakt mit dem Kupfer herstellen würden. Die wirkliche Ausführung der Wicklung ist jedoch genau die in Abb. 79 angedeutete, nur sind die Windungen zu Spulen $a_1 \ldots e_1$, $a_2 \ldots e_2$ usw. vereint, deren Enden zu den voneinander isolierten Lamellen (Stegen) eines Kommutators führen (Abb. 80). Die Enden a_1 und e_1 einer Spule sind mit zwei benachbarten Lamellen verbunden. Die Bürsten A und B liegen auf zwei in der neutralen Zone liegenden Lamellen auf, an die dann der äußere Stromkreis angeschlossen wird.

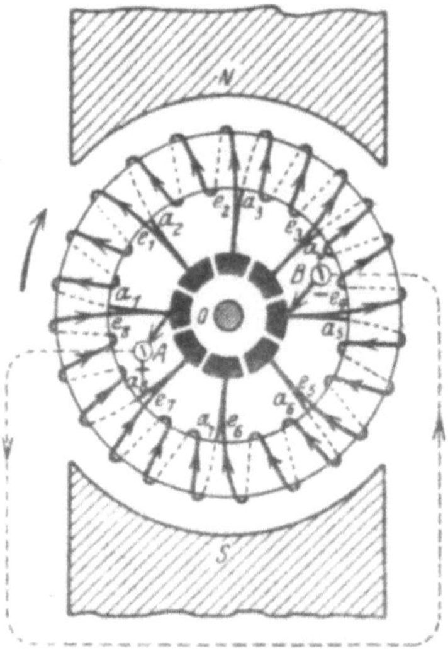

Trommelanker. Belegt man die Oberfläche eines aus dünnen Eisenblechen zusammengesetzten Zylinders mit Drähten, so erhält man den sogenannten Trommelanker Abb. 81. Wird der Anker in dem magnetischen Feld NS rechts herum gedreht, so entstehen in den einzelnen Drähten elektromotorische Kräfte (s. Handregel IV), deren Richtung durch $\oplus$ $\odot$ in Abb. 81 angedeutet ist. ($\oplus$ bedeutet Richtung von vorn nach hinten und $\odot$ von hinten nach vorn.) Sollen sie sich addieren, so muß ein unter dem Nordpol liegender Draht (z. B. 1) am hinteren Ende des Ankers verbunden werden

Abb. 80. Ringanker mit Kommutator.

mit einem unter dem Südpol liegenden (1'). Vorn verbindet man dann 1' mit 2. Die vorderen **Drahtenden** 1' und 2 werden aber mit einer beliebigen Lamelle (hier a) verbunden. Das Wicklungsschema für 8 Spulen, d. i. 16 Drähte, ist in Abb. 81 dargestellt. Es ist leicht zu merken, die Spulen (die auch aus mehreren Windungen, nicht wie hier gezeichnet, nur aus einer Windung bestehen können) heißen 1—1′, 2—2′, 3—3′, ..., 8—8′, wo das Ende 1′ unter dem Südpol, etwa gegenüber 1, anzunehmen war. Das übrige folgt dann zwangsläufig durch Weiternumerierung. Schreibt man die Spulen untereinander (s. Schaltschema), so erhält man durch die schrägen Striche im Schema die Verbindung auf der Vorderseite und gleichzeitig mit den Lamellen a, b, $+ \cdots$

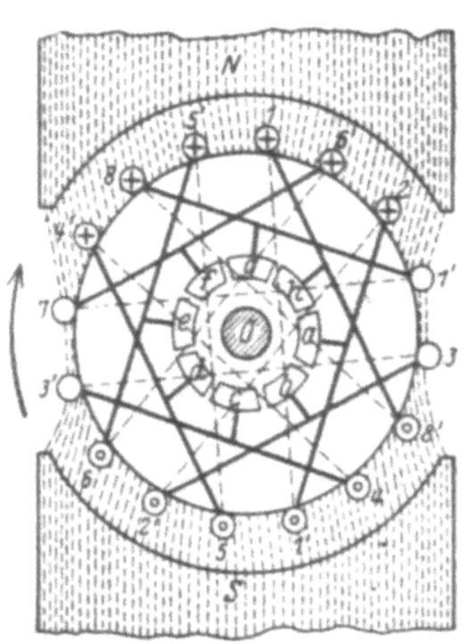

Abb. 81. Trommelanker mit Kommutator.

1 — 1′
$^{\circ}a$
2 — 2′
$^{\circ}b$
3 — 3′
$^{\circ}c$
4 — 4′
$^{\circ}d$
5 — 5′
$^{\circ}e$
6 — 6′
$^{\circ}f$
7 — 7′
$^{\circ}g$
8 — 8′
$^{\circ}h$
1 — 1′
wiederholt

Schaltungsschema.

Man beachte: Spulenzahl = Lamellenzahl. Die Bürsten sollen auf Lamellen aufliegen, deren Spulen sich in der neutralen Zone befinden, d. i. außerhalb der Magnetpole, hier auf den Lamellen f und b, da diese zu den Spulen 7—7′ und 3—3′ gehören.

Für Ring- und Trommelanker gilt die gleiche Formel

$$E = \frac{\Phi_0\, n\, z}{60 \cdot 10^8}\ \text{Volt,} \qquad (54\,\text{a})$$

wenn z die Drahtzahl auf der Ankeroberfläche bezeichnet. Beim Ringanker ist $z = w$, beim Trommelanker $z = 2\,w$.

Bezeichnet R_a den Widerstand des Ankers, gemessen an den Bürsten zwischen A und B (Abb. 80), J_a den dem Anker entnommenen Strom, U_B die Spannung an den Bürsten, so ist infolge des Spannungsverlustes $J_a R_a$ die Bürstenspannung zwischen A und B

$$U_B = E - J_a R_a\ \text{Volt.}$$

Für den Widerstand des aufgewickelten Ankerdrahtes gilt die Formel:

$$R_{aw} = \frac{\varrho\, L_a}{4\, q}\ \text{Ohm,} \qquad (55^1)$$

---

[1] Herleitung siehe mehrpolige Maschinen.

8*

wo L_a die aufgewickelte Drahtlänge in Meter, q den Drahtquerschnitt in Quadratmillimeter und ϱ den spezifischen Leitungswiderstand des Kupfers bedeutet. Um der Erwärmung des Drahtes Rechnung zu tragen, setzt man in der Regel $\varrho = 0,02$.

Der Widerstand R_a ist größer als R_{aw} um den Übergangswiderstand zwischen Bürste und Kommutator:

$$R_a = R_{aw} + \frac{2\,u_b}{J_a} \ \text{Ohm.}$$

Das hier Entwickelte läßt sich zusammenfassen zu dem

Gesetz 14: Wird ein Anker in einem magnetischen Felde gedreht, so entsteht in ihm eine elektromotorische Kraft. Kehrt man, bei unverändertem Magnetismus, die Drehrichtung um, so ändert sich auch die Richtung der elektromotorischen Kraft.

Gesetz 15: Schickt man Strom in den Anker hinein, so dreht sich derselbe (Motor) und erzeugt hierdurch eine elektromotorische Kraft, die dem Strome (der Netzspannung) entgegengerichtet ist (elektromotorische Gegenkraft E_g).

Gesetz 16: Kehrt man die Stromrichtung im Anker um, so kehrt sich auch die Drehrichtung um.

Die elektromotorische Gegenkraft des Motors ist bestimmt durch die Gleichung:
$$E_g = U_k - J_a R_a \ \text{Volt,} \tag{56}$$
wo E_g die durch die Drehung entstandene elektromotorische Gegenkraft (Formel 54a) bezeichnet.

170. Ein Ringanker besitzt 210 [400] Windungen und wird mit 1200 [1500] Umdrehungen pro Minute in einem magnetischen Felde von $2 \cdot 10^6$ [$1,8 \cdot 10^6$] Induktionslinien gedreht. Welche EMK wird im Anker erzeugt?

Lösung: Es ist $w = 210$, $\Phi_0 = 2 \cdot 10^6$ Maxwell, $n = 1200$, also (Gl 54)
$$E = \frac{\Phi_0\, n\, w}{60 \cdot 10^8} = \frac{2 \cdot 10^6 \cdot 1200 \cdot 210}{60 \cdot 10^8} = 84 \ \text{V.}$$

171. Der Ankerwiderstand in Aufgabe 170 beträgt 0,05 [0,03] Ω; welche Klemmenspannung liefert die Maschine, wenn dem Anker $J_a = 100$ [120] A entnommen werden?

Lösung: Wenn dem Anker der Strom J_a entnommen wird, so geht in dem Widerstande R_a die Spannung $u_a = J_a R_a$ verloren, so daß die Klemmenspannung nur $U_k = E - J_a R_a$ $U_k = 84 - 100 \cdot 0,05 = 79$ V beträgt.

172. Um die Klemmenspannung wieder auf 84 [180] V (wie bei Leerlauf) zu bringen, soll die Drehzahl erhöht werden. Wieviel Umdrehungen muß der Anker machen?

Lösung 1: Wenn $U_k = 84$ V ist, muß
$$E = U_k + J_a R_a = 84 + 100 \cdot 0,05 = 89 \ \text{V}$$

werden. Die Gleichung $\qquad E = \dfrac{\Phi_0\, n\, w}{60 \cdot 10^8}$

gibt nach n aufgelöst:

$$n = \frac{E \cdot 10^8 \cdot 60}{\Phi_0\, w} = \frac{89 \cdot 10^8 \cdot 60}{2 \cdot 10^6 \cdot 210} = 1272 \text{ Umdrehungen pro Minute.}$$

Lösung 2: Schreibt man die Formel (54)

$$E_1 = \frac{\Phi_0\, n_1\, w}{60 \cdot 10^8}, \qquad E_2 = \frac{\Phi_0\, n_2\, w}{60 \cdot 10^8}$$

und dividiert durcheinander, so erhält man

$$E_1 : E_2 = n_1 : n_2 \quad \text{oder} \quad 84 : 89 = 1200 : n_2,$$

$$n_2 = \frac{1200 \cdot 89}{84} = 1272 \text{ Umdrehungen pro Minute.}$$

173. Wie groß muß in der vorigen Aufgabe der Induktionsfluß werden, wenn die Drehzahl unverändert $n = 1200$ bleibt?

Lösung 1: Da die EMK wieder 89 V sein muß, damit die Klemmenspannung bei 100 A Stromentnahme 84 V ist, so folgt aus Gl 54

$$\Phi_0 = \frac{E \cdot 10^8 \cdot 60}{n\, w} = \frac{89 \cdot 10^8 \cdot 60}{1200 \cdot 210} = 2{,}12 \cdot 10^6 \text{ Maxwell.}$$

Lösung: 2: $E_1 : E_2 = \Phi_0 : \Phi_0'$ oder $84 : 89 = 2 \cdot 10^6 : \Phi_0'$, woraus

$$\Phi_0' = \frac{89 \cdot 2 \cdot 10^6}{84} = 2{,}12 \cdot 10^6 \text{ Maxwell.}$$

Hieraus folgt: Bei gleicher Drehzahl wird die Spannung durch Verstärkung des Feldes erhöht.

174. Der Anker der Aufgabe 170 erhält aus einer fremden Stromquelle von 85 [186] V Spannung einen Strom von 75 [100] A. Wie groß ist: a) die elektromotorische Gegenkraft des Ankers und b) wieviel Umdrehungen macht derselbe, wenn $\Phi_0 = 2 \cdot 10^6$ [$1{,}8 \cdot 10^6$] Maxwell ist.

Lösung: Zu a): Gl 56 gibt: $E_g = 85 - 75 \cdot 0{,}05 = 81{,}25$ V. Zu b): Aus Gl 54 folgt:

$$n = \frac{60 \cdot E_g \cdot 10^8}{\Phi_0\, w} = \frac{60 \cdot 81{,}25 \cdot 10^8}{2 \cdot 10^6 \cdot 210} = 1161 \text{ Umdrehungen pro Minute.}$$

175. Man wünscht die Drehzahl der vorigen Aufgabe auf 1200 [1500] pro Min. zu bringen, und zwar durch Änderung des magnetischen Feldes. Wie groß muß der Induktionsfluß werden?

Lösung: Aus Formel 56 folgt $E_g = 85 - 75 \cdot 0{,}05 = 81{,}25$ V, damit $\Phi_0 = \dfrac{E_g \cdot 10^8 \cdot 60}{n\, w} = \dfrac{81{,}25 \cdot 10^8 \cdot 60}{1200 \cdot 210} = 1{,}935 \cdot 10^6$ Maxwell.

Gesetz 17: Schwächung des Feldes erhöht beim Motor die Drehzahl.

176. Welche Stromstärke nimmt der obige Motor auf, wenn bei $\Phi_0 = 2 \cdot 10^6$ [$1,8 \cdot 10^6$] Maxwell, die Drehzahl auf 1000 [1400] pro Minute gesunken ist? (Klemmenspannung wie in Aufgabe 174.)

Lösung: $E_g = \dfrac{\Phi_0\,n\,w}{60 \cdot 10^8} = \dfrac{2 \cdot 10^6 \cdot 1000 \cdot 210}{60 \cdot 10^8} = 70$ V.

Aus der Gl 56 $U_k = E_g + J_a R_a$ folgt

$$J_a = \frac{U_k - E_g}{R_a} = \frac{85 - 70}{0,05} = \frac{15}{0,05} = 300 \text{ A}.$$

177. Wie hoch würde die Stromstärke eventuell steigen, wenn der Anker festgehalten würde?

Lösung: Beim Festhalten ist $n = 0$, also auch, nach Gl 54,

$E_g = 0$, demnach

$$J_a = \frac{U_k}{R_a} = \frac{85}{0,05} = 1700 \text{ A}.$$

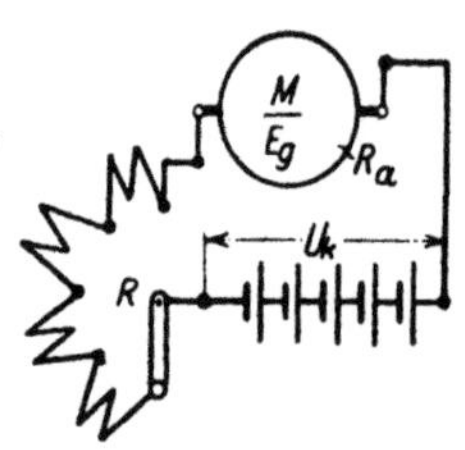

Abb. 82. Anschluß eines Motors an ein Netz.

Dieser Strom ist so groß, daß ihn unser Motor nicht vertragen würde. Man muß daher zwischen Anker und Stromquelle einen Anlaßwiderstand legen. (Abb. 82 Widerstand R.) (Vgl. auch Abb. 10 und Aufg. 56 u. 57.)

178. Ein Elektromotor ist an eine Klemmenspannung von 110 [220] V angeschlossen, er nimmt 20 [15] A auf und macht dabei 1000 [1200] Umdrehungen. Sein Ankerwiderstand beträgt 0,25 [0,5] Ω. Um die Drehzahl herabzusetzen, schaltet man dem Anker einen Widerstand R von 2,75 [6,5] Ω vor (Abb. 82).

Gesucht wird:

a) die elektromotorische Gegenkraft des Ankers ohne den vorgeschalteten Widerstand,

b) die elektromotorische Gegenkraft bei vorgeschaltetem Widerstand und 20 [15] A Stromaufnahme,

c) die Drehzahl.

Lösungen:

Zu a): Die elektromotorische Gegenkraft ist, wenn $R = 0$,

$$E_1 = U_k - J_a R_a = 110 - 20 \cdot 0,25 = 105 \text{ V}.$$

Zu b): Der Strom muß den Widerstand $R_a + R$ durchlaufen, also ist die elektromotorische Gegenkraft

$$E_2 = U_k - J_a (R_a + R) = 110 - 20 (0,25 + 2,75) = 50 \text{ V}.$$

Zu c): Für die elektromotorische Gegenkraft gilt immer die Gl 54a:

$$E_g = \frac{\Phi_0\,n\,z}{60 \cdot 10^8}.$$

Wenn wir in beiden Versuchen Φ_0 als gleichbleibend ansehen, so ist $E_1 = \dfrac{\Phi_0\,n_1\,z}{60 \cdot 10^8}$ und $E_2 = \dfrac{\Phi_0\,n_2\,z}{60 \cdot 10^8}$ und durch Division beider: $E_1 : E_2 = n_1 : n_2$, woraus $n_2 = \dfrac{E_2}{E_1} n_1 = \dfrac{50 \cdot 1000}{105} = 476$ Umdrehungen folgt.

179. Wie groß würden in Aufgabe 178 die Drehzahlen werden, wenn die Belastung des Motors so abgenommen hätte, daß die aufgenommene Stromstärke nur 10 [6] A betrüge?

Lösung: Ohne Vorschaltwiderstand wird die elektromotorische Gegenkraft

$$E_g = 110 - 10 \cdot 0{,}25 = 107{,}5 \ \text{V},$$

also gilt die Proportion $105 : 107{,}5 = 1000 : n_x$

$$n_x = \frac{107{,}5}{105} 1000 = 1025 \ \text{Umdrehungen}.$$

Bei vorgeschaltetem Widerstand ist

$$E_g = 110 - 10 \cdot (0{,}25 + 2{,}75) = 80 \ \text{V},$$

also $105 : 80 = 1000 : n_x$, $\quad n_x = \dfrac{80 \cdot 1000}{105} = 762 \ \text{Umdrehungen}.$

Bemerkung: Man beachte, daß bei vorgeschaltetem Widerstand die Drehzahl sich sehr stark mit der Belastung ändert.

180. Wie groß wird in Aufgabe 178 die eingeleitete, die vom Anker abgegebene Leistung und der prozentuale Wirkungsgrad a) ohne Vorschaltwiderstand, b) mit Vorschaltwiderstand?

Lösungen:

Zu a): Die eingeleitete Leistung ist: $N_k = U_k J = 110 \cdot 20 = 2200 \ \text{W}$. Von dieser Leistung geht der Teil $J_a^2 R_a$ durch Stromwärme verloren, so daß der Anker die Leistung

$$N = U_k J_a - J_a^2 R_a = J_a (U_k - J_a R_a) = E_g J_a$$

abzugeben vermag. Es ist $E_g J_a = 105 \cdot 20 = 2100 \ \text{W}$, daher der elektrische Wirkungsgrad ausgedrückt in Prozenten:

$$\eta_e = \frac{\text{Ankerleistung}}{\text{Aufnahme}} \cdot 100 = \frac{N \cdot 100}{N_k} = \frac{E_g J_a \cdot 100}{U_k J_a} = \frac{2100 \cdot 100}{2200} = 95{,}5 \% .$$

Zu b): $N_k = U_k J_a = 110 \cdot 20 = 2200 \ \text{W}$. Durch Stromwärme gehen $J_a^2 (R_a + R)$ Watt verloren, also gibt der Anker die Leistung $N = U_k J_a - J_a^2 (R_a + R) = J_a [U_k - J_a (R_a + R)] = E_g J_a = 50 \cdot 20 = 1000 \ \text{W}$ ab und demnach

$$\eta_e = \frac{N}{N_k} \cdot 100 = \frac{1000 \cdot 100}{2200} = 45{,}6 \% ,$$

d. h. Ankerleistung und Wirkungsgrad haben erheblich abgenommen.

181. Welchen Widerstand erhält der Anker eines Motors, der an 100 [120] V Klemmenspannung angeschlossen ist und bei voller Belastung 70 [60] A braucht, wenn die Drehzahl von Leerlauf bis zur Vollbelastung sich um 2% ändern darf?

Lösung: Aus der Gleichung $E_g = \dfrac{\Phi_0\, n\, z}{60 \cdot 10^8}$ geht hervor, daß sich E_g (bei konstantem Φ_0) proportional mit n ändert, wenn also n sich um 2% ändert, so tut dies E_g ebenfalls, d. h. die EMK fällt von annähernd 100 V bei Leerlauf auf 98 V bei voller Belastung. Nun ist aber

$$E_g = U_k - J_a R_a \quad \text{oder} \quad J_a R_a = U_k - E_g = 100 - 98 = 2\,\text{V},$$

woraus

$$R_a = \frac{2}{70} = 0{,}0286\ \Omega.$$

NB. Bei Leerlauf ist J_a klein, so daß $J_a R_a$ vernachlässigt werden kann, also $U_k = E_g$ ist.

§ 21. Die Ankerrückwirkung.

Wenn ein Anker Strom abgibt, so wird er selbst magnetisch. Die Folge hiervon ist eine Rückwirkung auf das magnetische Feld der Pole. Sie besteht in einer Schwächung und einer Verzerrung des Feldes.

A. Schwächung des Feldes.

Da zur Vermeidung der Funkenbildung am Kommutator (Stromwender), hervorgerufen durch den Kurzschluß einer Spule, die Bürsten verschoben werden müssen, und zwar bei einem Stromerzeuger (auch Generator oder Dynamo genannt) im Sinne der Ankerdrehung, bei einem Motor im entgegengesetzten Sinne, so tritt hierdurch eine Schwächung des magnetischen Feldes ein. Die Folge ist bei einer Dynamo eine kleinere EMK (und somit auch Klemmenspannung), bei einem Motor eine erhöhte Drehzahl. Will man den ursprünglichen Induktionsfluß wieder herstellen, so muß man soviel Amperewindungen auf dem Magneten mehr erzeugen, wie der Amperewindungszahl innerhalb des doppelten Bürstenverschiebungswinkels α entspricht. Abb. 83 stellt für einen Trommelanker die Windungen und die schwächenden Feldlinien, die den Feldlinien der Pole entgegengerichtet sind, dar, wenn die Bürsten um den $\sphericalangle\,\dfrac{\alpha}{2}$ verschoben wurden. Für diese Amperewindungszahl (Durchflutung) X gilt die Formel

$$X = \frac{z\,\alpha^\circ}{360^\circ} \cdot i_a,$$

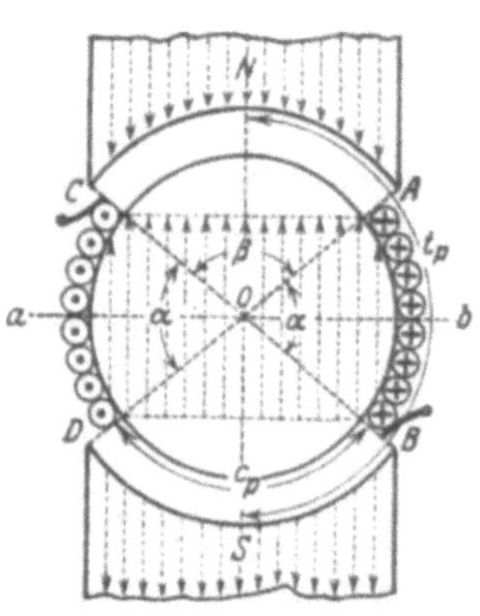

Abb. 83. Zu Ankerrückwirkung.

wo z die gesamte Drahtzahl, α den doppelten Bürstenverschiebungswinkel (d. i. maximal der Winkel zwischen zwei ungleichnamigen Polkanten) und i_a die Stromstärke im Ankerdraht bezeichnet. Führt man die häufig gebrauchten Bezeichnungen ein:

$$\text{Strombelag:}\ \overline{AS} = \frac{z\, i_d}{\pi D} = \text{Amperestabzahl pro cm Ankerumfang,} \quad (57)$$

$$\text{Polteilung:}\qquad t_p = \frac{\pi D}{2p} \qquad (58)$$

d. i. die Entfernung von Mitte Nordpol bis Mitte Südpol, gemessen auf der Ankeroberfläche, etwa mit einem Bandmaß.

$$\text{Polbedeckung:}\qquad g = \frac{c_p}{t_p} = \frac{\text{Polbogen}}{\text{Polteilung}} \qquad (59)$$

so wird

$$X = (1 - g)\, t_p\, \overline{AS} \qquad (60)$$

B. Verzerrung des Hauptfeldes.

In Abb. 83 sind nur die Drähte innerhalb des doppelten Bürstenverschiebungswinkels betrachtet worden. In Abb. 84 sollen jetzt auch die stromdurchflossenen Drähte unter den Polen betrachtet werden. Sie erzeugen das Ankerfeld, welches den Anker, unabhängig von der Bürstenverschiebung, zu einem Magneten n, s in der Richtung ab macht. Die Pfeile der Anker-

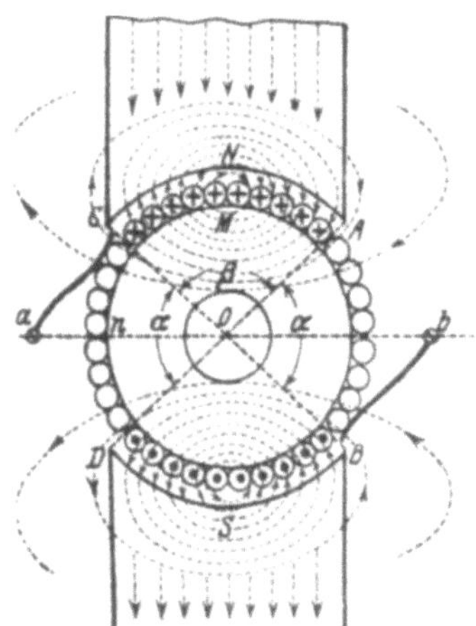

Abb. 84. Verzerrung des Hauptfeldes.

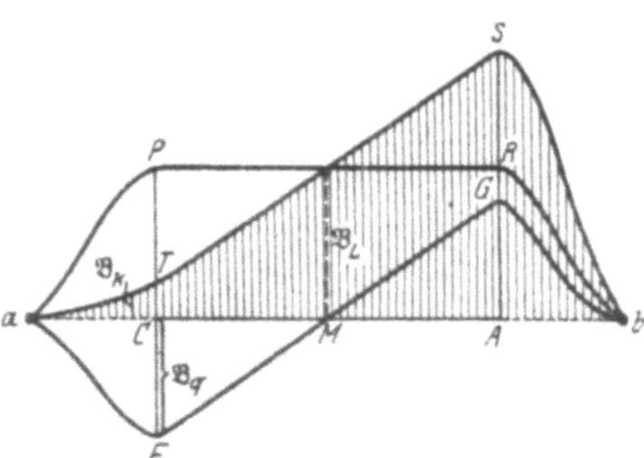

Abb. 85. Darstellung der verschiedenen vorhandenen Felder.

feldlinien im Luftzwischenraum zeigen, daß sie den Feldlinien des Magneten teils gleich, teils entgegengerichtet sind, sich also addieren bzw. subtrahieren. Das Hauptfeld, d. i. das Magnetfeld bei stromlosem Anker, wird in rechtwinkligen Koordinaten durch die Ordinaten ($\mathfrak{B}$) der Kurve $aPRb$ der Abb. 85 dargestellt, in der die Abszisse $ab = t_p$ die Polteilung bedeutet, also die Entfernung von einer neutralen Zone zur nächsten. Man erkennt, daß innerhalb des Polbogens $c_p = \overline{CA}$ die magnetische Induktion $\mathfrak{B} = \mathfrak{B}_{\mathfrak{Q}}$ konstant ist, außerhalb der Pole rasch auf Null (in a u. b) abnimmt. Führen die Ankerdrähte jedoch Strom, so kommt zu diesem Hauptfelde noch das durch die Kurve $aFGb$ dargestellte Ankerfeld hinzu, und beide Felder ergeben durch Addition das Gesamtfeld $aTSb$. An der Polkante C (Abb. 84) ist die magnetische Induktion $CT = CP - CF$

$= \mathfrak{B}_\mathfrak{L} - \mathfrak{B}_q$. An der Polkante A (Abb. 84) ist die Induktion

$$AS = AR + AG = \mathfrak{B}_\mathfrak{L} + \mathfrak{B}_q, \quad \text{wo } \mathfrak{B}_\mathfrak{L} = \Phi_0 : F_\mathfrak{L} = \Phi_0 : bc_p$$

(b Ankerlänge).

Für den Maximalwert $\mathfrak{B}_q$ des Ankerfeldes gilt die Näherungsformel

$$\mathfrak{B}_q = 0{,}63 \frac{c_p \, \overline{AS}}{\alpha \, \delta} \tag{61}$$

c_p Polbogen, δ einseitiger Luftzwischenraum, $\overline{AS}$ Strombelag, α ein Faktor größer 1.

Stromwendung.

In der Zeit, in welcher eine Bürste gleichzeitig auf zwei Lamellen aufliegt, ist die zugehörige Spule kurzgeschlossen, und es vollzieht sich in ihr die Stromwendung, indem sie aus dem Bereich des Südpols in den des Nordpols, oder umgekehrt, gelangt. In Abb. 86 sei schematisch ein Stück Ringanker mit den angeschlossenen Kommutatorlamellen dargestellt. Der Anker samt Kommutator werde nach rechts hin verschoben gedacht, während die Bürste (hier die negative) feststeht, und zwar auf Lamelle I. Der aus dem äußern Kreise kommende Strom J_a gelangt zur Bürste, zur Lamelle und dann in die Spulen A und B. In diesen fließt der Strom

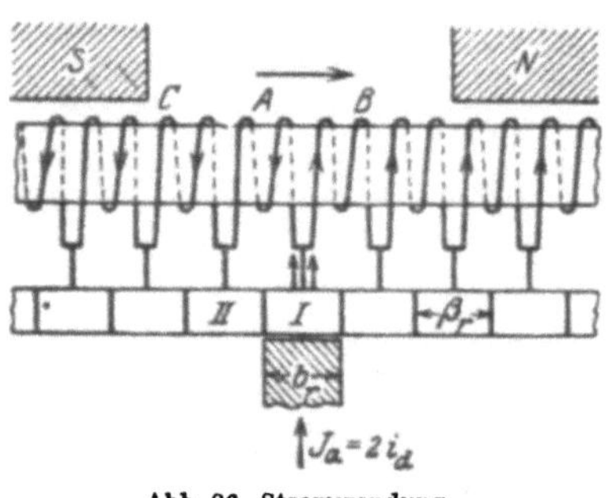

Abb. 86. Stromwendung.

$i_d = \dfrac{J_a}{2}$ (Stromrichtung beachten). Steht bei der Weiterbewegung die Bürste auf der Lamelle II allein, so ist in der Spule A die Stromwendung vollzogen, in ihr fließt jetzt derselbe Strom i_d, aber in entgegengesetzter Richtung. In Abb. 87 ist der Stromverlauf während der Kurzschlußzeit der Spule A durch die Gerade COD dargestellt. $AC = i_d$ ist der Strom vor Beginn des Kurzschlusses, $BD = i_d$ nach vollendeter Stromwendung. Man erkennt, daß der Strom sich ändert (also auch die Anzahl der von ihm herrührenden Induktionslinien), somit entsteht nach Gl 30 in der Spule eine EMK der Selbstinduktion, die dem Strome gleichgerichtet ist. Ihre Größe ist $e_s = - L \dfrac{di}{dt}$ Volt, wo L die Induktivität der Spule bezeichnet. In der kurzgeschlossenen Spule entsteht hierdurch ein Zusatzstrom

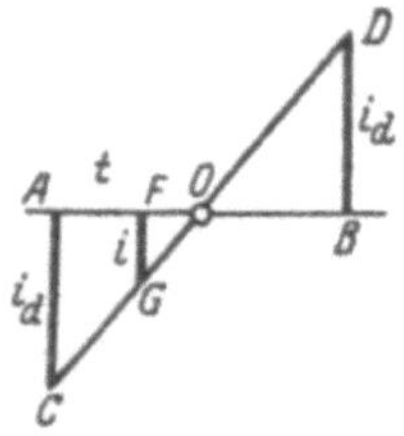

Abb. 87.
Stromverlauf innerhalb der Kurzschlußzeit.

$i_z = \dfrac{e_s}{R_s}$, wo R_s den Widerstand des Kurzschlußkreises bedeutet. Derselbe addiert sich zum Strome i (Abb. 87) und belastet, wenn er groß ist, die Bürstenkante so stark, daß sie feuert. Um i_z klein zu halten, darf der Kurzschluß nicht in der neutralen Achse ab

(Abb. 84) vorgenommen werden, weil dort die magnetische Induktion Null ist, sondern an einer Stelle vor dem Nordpol, etwa bei C und B (Abb. 84), wo die magnetische Induktion den Wert $\mathfrak{B}_k$ besitzt. Diese erzeugt in der Spule eine EMK e, die der Selbstinduktion e_s entgegengerichtet ist. Der Strom i_s folgt dann aus der Gl $i_s = \dfrac{e - e_s}{R_s}$. Es wird $i_s = 0$, wenn $e = e_s$ ist.

Für einen Trommelanker kann man für die EMK der Selbstinduktion, die auch Reaktanzspannung genannt wird, die Näherungsformel

$$e_s = 7 \cdot \frac{p}{G}\, \frac{z}{K}\, \frac{n\,z\,b}{60 \cdot 10^8}\, i_d \ \text{Volt} \tag{62}$$

herleiten. Hierin bezeichnet $2\,p$ die Anzahl der Pole, $2\,G$ die Anzahl der Bürstenstifte, z die Drahtzahl, K die Lamellenzahl des Kommutators, b die Ankerlänge und i_d die Stromstärke im Ankerdraht. (Zunächst ist immer $p = G$ zu setzen.) Die magnetische Induktion $\mathfrak{B}_k$, die noch vor der Polkante vorhanden sein muß, um in der kurzgeschlossenen Spule die elektromotorische Kraft e zu erzeugen, erhält man wie folgt: Nach Gl 23 ist

$$e = \frac{\mathfrak{B}_k\, b\, v}{10^8}\, z_s \ \text{Volt.}$$

Hierin ist: $z_s = \dfrac{z}{K}$ die Drahtzahl einer Spule, $v = \dfrac{\pi D n}{60}$ die Umfangsgeschwindigkeit in cm pro sek.

Diese Werte eingesetzt:

$$e = \frac{\mathfrak{B}_k\, b\, \pi\, D\, n}{60 \cdot 10^8} \cdot \frac{z}{K}, \tag{63}$$

Durch Gleichsetzen von e und e_s (Gl 63 und 62) erhält man

$$\frac{\mathfrak{B}_k\, b\, \pi\, D\, n}{60 \cdot 10^8}\, \frac{z}{K} = 7\, \frac{z}{K}\, \frac{n\,z\,b}{60 \cdot 10^8}\, i_d,$$

woraus

$$\mathfrak{B}_k = 7\, \frac{z\, i_d}{\pi D} = 7\, \overline{A.S.} \tag{64}$$

Damit der Wert von $\mathfrak{B}_k$ noch vor der Polkante erreicht wird, muß die Induktion unter der Polkante etwas größer als $\mathfrak{B}_k$ sein, d. h.

$$\mathfrak{B}_\mathfrak{L} - \mathfrak{B}_q > \mathfrak{B}_k \ \text{Gauß.}$$

Für $\mathfrak{B}_q$ gilt die auf Seite 122 angegebene Formel 61.

Wendepole.

Anstatt die Bürsten zu verschieben, ordnet man meist zwischen den Hauptpolen P kleine Pole („Wendepole") p an, die durch den Ankerstrom erregt werden und den Zweck haben, ein Magnetfeld zu erzeugen, das die zur Stromwendung erforderliche Felddichte $\mathfrak{B}_k$ hervorbringt. Abb. 88 zeigt die Anordnung.

Kompensationswicklung.

Um die Verzerrung des Hauptfeldes aufzuheben, dienen Kompensationswindungen, d. s. Windungen, die in den Polschuhen untergebracht werden und den Ankerstrom führen. Jeder unter den Polen liegende Ankerdraht wird durch die Wirkung des gleichliegenden Drahtes der Kompensationswicklung in seiner magnetischen Wirkung auf das Hauptfeld kompensiert (Abb. 89)[1].

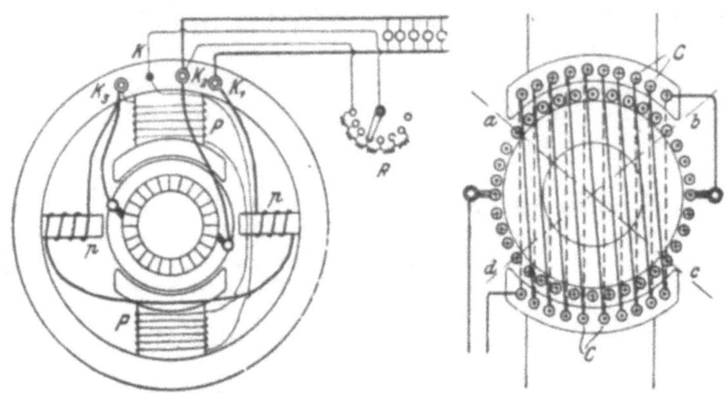

Abb. 88. Maschine mit Wendepolen.   Abb. 89. Kompensationswindungen.

182. Der Trommelanker eines zweipoligen Elektromotors besitzt einen Durchmesser von $D = 13,5$ cm und eine Länge $b = 11,4$ cm. Er ist mit $z = 990$ Drähten bewickelt, die auf 33 Spulen verteilt sind. Das Verhältnis $g = \dfrac{\text{Polbogen}}{\text{Polteilung}}$ ist 0,72, die Drehzahl 1000 pro Minute.

Gesucht wird:

a) der Strombelag bei 9 A Ankerstrom,

b) die EMK der Selbstinduktion (Reaktanzspannung) der kurzgeschlossenen Spule,

c) die Felddichte $\mathfrak{B}_k$ im Luftzwischenraum an der Stelle der Stromwendung,

d) die Polteilung t_p und der Polbogen c_p,

e) die Amperewindungszahl, die der Schwächung des Feldes durch die Bürstenverschiebung bis unter die Polkante entspricht.

Lösungen:

Zu a): Aus 57 folgt der Strombelag mit der Stromstärke i_d im Draht $i_d = \dfrac{J_a}{2} = \dfrac{9}{2}$ A, $\overline{AS} = \dfrac{z\, i_d}{\pi D} = \dfrac{990 \cdot 9}{\pi\ 13,5 \cdot 2} = 106$ A/cm.

---

[1] Die Abb. 88 u. 89 sind dem Werke „Kurzer Leitfaden der Elektrotechnik in allgemeinverständlicher Darstellung für Unterricht und Praxis" von Rudolf Krause entnommen.

Zu b): Aus 62 folgt mit $2p = 2$, $2G = 2$ und $K = 33$ (Lamellenzahl = Spulenzahl)

$$e_\delta = 7 \frac{p}{G} \cdot \frac{z}{K} \cdot \frac{z\, i_d\, n\, b}{10^8 \cdot 60} = \frac{7 \cdot 990 \cdot 990 \cdot 9 \cdot 1000 \cdot 11{,}4}{33 \cdot 2 \cdot 60 \cdot 10^8} = 1{,}78 \text{ V.}$$

Zu c): $\mathfrak{B}_k = 7\,\overline{AS} = 7 \cdot 106 = 742$ Gauß.

Zu d): Polteilung $t_p = \dfrac{\pi D}{2p}$ (Formel 58), wo bei der zweipoligen

Maschine, $2p = 2$ ist, $t_p = \dfrac{\pi \cdot 13{,}5}{2 \cdot 1} \doteq 21{,}2$ cm. Der Polbogen c_p

folgt aus $g = \dfrac{c_p}{t_p} = 0{,}72$, nämlich $c_p = g\,t_p = 0{,}72 \cdot 21{,}2 = 15{,}3$ cm.

Zu e): Aus 60 folgt $X = (1 - g)\, t_p\, \overline{AS} = (1 - 0{,}72) \cdot 21{,}2 \cdot 106$
$= 630$ Amperewindungen.

NB. Die Bürstenverschiebung bis zur Polkante ist ein Größtwert, der nicht erreicht wird, so daß X stets nur ein Bruchteil hiervon sein wird.

183. Berechne nach den Angaben der vorhergehenden Aufgabe die Spannung, die zwischen zwei benachbarten Lamellen herrscht (Lamellenspannung), wenn die Induktion im Luftzwischenraum $\mathfrak{B}_\mathfrak{L} = 6000$ Gauß, der Luftzwischenraum $\delta = 0{,}2$ cm ist.

Lösung: Die Drahtzahl 990 verteilt sich auf 33 Spulen, also

ist die Drahtzahl einer Spule $z_s = \dfrac{990}{33} = 30$ Drähte. Die Um-

fangsgeschwindigkeit ist $v = \dfrac{\pi D n}{60} = \dfrac{\pi \cdot 13{,}5 \cdot 1000}{60} = 706$ cm/sek,

also ist die EMK in den 30 Drähten nach Formel 23

$$E_\mathfrak{L} = \frac{6000 \cdot 11{,}4 \cdot 706 \cdot 30}{10^8} = 14{,}50 \text{ Volt.}$$

Die Lamellenspannung wächst jedoch mit dem Ankerstrom und erreicht bei gegebenem Ankerstrom ihren größten Wert, wenn die Spulendrähte unter den Polkanten liegen, wo die Felddichte $\mathfrak{B}_\mathfrak{L} + \mathfrak{B}_q$ ist. Aus Gl 61 folgt die maximale Ankerinduktion

$$\mathfrak{B}_q = \frac{0{,}63\, c_p\, \overline{AS}}{\alpha \cdot \delta} = \frac{0{,}63 \cdot 15{,}3 \cdot 106}{1 \cdot 0{,}2} = 5100 \text{ Gauß.}$$

Sie fällt in Wirklichkeit etwas kleiner aus, da α nicht 1, sondern $\alpha > 1$ ist.

Die größte Induktion unter der Polkante ist sonach $\mathfrak{B}_\mathfrak{L} + \mathfrak{B}_q$ also $6000 + 5100 = 11100$ Gauß und hiermit

$$(E_\mathfrak{L})_{\max} = \frac{11100 \cdot 11{,}4 \cdot 706 \cdot 30}{10^8} = 26{,}8 \text{ V.}$$

NB. Das gefürchtete Rundfeuer verdankt seine Entstehung einer zu großen Lamellenspannung.

184. Gegeben die auf einen Trommelanker bezüglichen Werte:

$2p$	$2G$	n	b	z	K	i_d	δ	t_p	c_p	$\mathfrak{B}_\mathfrak{L}$
4	4	900	9	950	95	4,3	0,125	14,1	11	7700
[4	4	400	12,5	810	135	16,5	0,3	24	18,2	8100]

Gesucht wird:

a) Induktionsfluß Φ_0,   b) Elektromotorische Kraft E,

c) Ankerdurchmesser D,   d) Umfangsgeschwindigkeit v,

e) Strombelag $\overline{AS}$,   f) e_s, $\mathfrak{B}_k$, $\mathfrak{B}_q$,

g) die größte Lamellenspannung $(E_\mathfrak{L})_{max}$.

Lösungen:

Zu a): Der Querschnitt des Luftzwischenraumes ist ein Rechteck mit den Seiten b und c_p, also $F_\mathfrak{L} = b\,c_p = 9 \cdot 11 = 99 \text{ cm}^2$, mithin $\Phi_0 = \mathfrak{B}_\mathfrak{L}\,F_\mathfrak{L} = 7700 \cdot 99 = 764000$ Maxwell.

Zu b): Die im Anker erzeugte EMK folgt aus Formel 54a

$$E = \frac{\Phi_0\,n\,z}{60 \cdot 10^8} = \frac{764000 \cdot 900 \cdot 950}{60 \cdot 10^8} = 108,5 \text{ V.}$$

Zu c): Der Ankerdurchmesser folgt aus $t_p = \dfrac{\pi D}{2p}$ nämlich

$$D = \frac{t_p\,2p}{\pi} = \frac{14,1 \cdot 4}{\pi} = 18 \text{ cm.}$$

Zu d): Die Umfangsgeschwindigkeit ist $v = \dfrac{\pi D n}{60}$

$$v = \frac{\pi \cdot 18 \cdot 900}{60} = 850 \text{ cm/sek.}$$

Zu e): $\overline{AS} = \dfrac{z\,i_d}{\pi D} = \dfrac{950 \cdot 4,3}{\pi \cdot 18} = 72,5 \text{ A/cm.}$

Zu f): Gl 62 gibt $e_s = 7 \cdot \dfrac{4}{4}\,\dfrac{950}{95}\,\dfrac{900}{60}\,\dfrac{950 \cdot 9}{10^8}\,4,3 = 0,387 \text{ V.}$

Gl 64 gibt $\mathfrak{B}_k = 7\,\overline{AS} = 7 \cdot 72,5 = 507,5$ Gauß,

Gl 61 $\mathfrak{B}_q \gtrless 0,63\,\dfrac{c_p\,\overline{AS}}{\delta} = \dfrac{0,63 \cdot 11 \cdot 72,5}{0,125} = 4030$ Gauß.

$\mathfrak{B}_q$ ist in Wirklichkeit etwas kleiner, weil $\alpha > 1$ ist.

Zu g): Die Drahtzahl einer Spule ist $z_s = \dfrac{z}{K} = \dfrac{950}{95} = 10$ Drähte, daher die größte Lamellenspannung im Felde $\mathfrak{B}_\mathfrak{L} + \mathfrak{B}_q$

$$(E_\mathfrak{L})_{max} = \frac{(\mathfrak{B}_\mathfrak{L} + \mathfrak{B}_q)\,v\,b}{10^8}\,z_s = \frac{(7700 + 4030)\,850 \cdot 9}{10^8} \cdot 10 = 9 \text{ V.}$$

§ 22. Die Hauptschlußmaschine.

Wird, bei geschlossenem Stromkreise, der Anker der Maschine (Abb. 90 [90a DIN-Darstellung]) rechts herum gedreht, so entsteht in ihm infolge des remanenten Magnetismus eine durch die Pfeile angedeutete schwache EMK. Diese ruft einen Strom hervor, der den vorhandenen

Magnetismus der Pole verstärkt. Die Maschine erregt sich, d. h. die EMK wächst bis zu einem gewissen Werte, (s. Aufgabe 187 zu c). Bei Linksdrehung kommt keine EMK zustande, da der remanente Magnetismus geschwächt wird.

Gesetz 18: Ändert sich bei Rechtsdrehung die Polarität des remanenten Magnetismus, so vertauschen die Klemmen ihre Vorzeichen.

Die Hauptschlußmaschine ist zum Laden von Akkumulatoren nicht brauchbar, da sie durch den Batteriestrom evtl. umpolarisiert wird.

Schickt man Strom in die Maschine, indem man die Klemmen B und C mit einer Stromquelle verbindet, so dreht sich der Anker links herum, d. h.

Gesetz 19: Der Hauptschlußmotor läuft entgegengesetzt der Drehrichtung der Dynamo.

Bezeichnet U_k die Klemmenspannung, E die EMK, J den

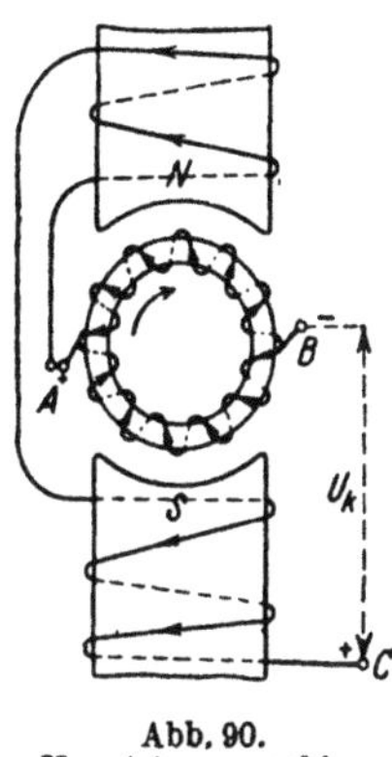

Abb. 90.
Hauptstrommaschine.

Abb. 90a.
DIN-Darstellung
der Hauptstrommaschine.

Strom im äußeren Stromkreis, R_a den Widerstand des Ankers und R_h den Widerstand der Magnetwicklung, so ist $J_a = J_h = J$, was ohne weiteres aus dem Schaltschema der Abb. 91 ersichtlich ist. Ferner ist:

$$U_k = E - J(R_a + R_h) \text{ Volt (Generator).} \quad (65)*$$

$$U_k = E_g + J(R_a + R_h) \text{ Volt (Motor).} \quad (65a)*$$

Formel 54a heißt wieder:

$$E_g = E = \frac{\Phi_0\, n\, z}{60 \cdot 10^8} \text{ Volt}$$

($z = w$ beim Ringanker, $z = 2\,w$ beim Trommelanker).

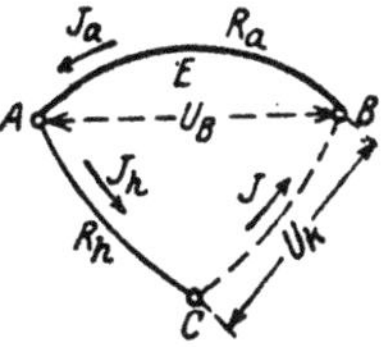

Abb. 91. Schaltschema der
Hauptstrommaschine.

185. Der Ringanker einer Hauptschlußmaschine besitzt 208 [300] Windungen, deren Widerstand 0,07 [0,08] Ω beträgt, der Magnetwiderstand ist 0,08 Ω. Der Anker macht 900 Umdrehungen in der Minute und soll 100 [150] V Klemmenspannung bei 80 A Strom liefern.

Gesucht wird:

a) die EMK,   b) der magnetische Induktionsfluß,
c) der Verlust durch Stromwärme in der Ankerwicklung,
d) der Verlust durch Stromwärme in der Magnetwicklung,
e) der elektrische Wirkungsgrad in Prozenten.

Lösungen:

Zu a): Aus Formel 65 folgt:

$$E = U_k + J(R_a + R_h) = 100 + 80\,(0{,}07 + 0{,}08) = 112\,\text{V}.$$

---

* Unter Vernachlässigung der Verluste an den Bürsten (siehe nützliche Angaben).

Zu b) Löst man Gl 54a nach Φ_0 auf, so ist

$$\Phi_0 = \frac{112 \cdot 10^8 \cdot 60}{900 \cdot 208} = 3,59 \cdot 10^6 \ \text{Maxwell}.$$

Zu c): $J^2 R_a = 80^2 \cdot 0,07 = 448 \ \text{W}.$

Zu d): $J^2 R_h = 80^2 \cdot 0,08 = 512 \ \text{W}.$

Zu e): Der elektrische, prozentuale Wirkungsgrad ist:

$$\eta_e = \frac{\text{Nutzleistung} \cdot 100}{\text{Nutzleistung} + \text{Verluste durch Stromwärme}}$$

also

$$\eta_e = \frac{100 \cdot 80 \cdot 100}{100 \cdot 80 + 448 + 512} = 89,5\%$$

oder auch

$$\eta_e = \frac{U_k J}{E J} \cdot 100 = \frac{100 \cdot 80 \cdot 100}{112 \cdot 80} = 89,5\%.$$

186. Eine Hauptschlußmaschine soll bei 500 [300] V Klemmenspannung 20 [33] A Strom liefern. Der Verlust durch Stromwärme darf im Anker und Magneten zusammen 8% der Gesamtleistung betragen. Gesucht wird:

a) die Gesamtleistung des Ankers,
b) der Widerstand des Ankers und des Magneten,
c) die EMK des Ankers.

Lösungen:

Zu a): Die Nutzleistung ist $N_k = 500 \cdot 20 = 10\,000 \ \text{W}$. Der elektrische Wirkungsgrad $\eta_e = 100 - 8 = 92\% = \dfrac{\text{Nutzleistung}}{\text{Gesamtleistung}} \cdot 100$; demnach die Gesamtleistung

$$N = \frac{N_k \cdot 100}{\eta_e} = \frac{10\,000 \cdot 100}{92} = 10\,900 \ \text{W}.$$

Zu b): Der Stromwärmeverlust (Leistungsverlust) ist:

$$J^2 (R_a + R_h) = 10\,900 \cdot \frac{8}{100},$$

somit

$$R_a + R_h = \frac{10\,900 \cdot 8}{100 \cdot 20^2} = 2,18 \ \Omega.$$

Zu c): $E = U_k + J (R_a + R_h) = 500 + 20 \cdot 2,18 = 543,6 \text{V}.$

187. Von einer Hauptschlußmaschine werden bei 2000 Umdrehungen gemessen die Stromstärken J, die zugehörigen Klemmenspannungen U_k und der Widerstand $R_a + R_h = 4\,\Omega$.

Gesucht werden:

a) die zugehörigen elektromotorischen Kräfte,
b) die elektromotorischen Kräfte für 1800 und 1500 Umdrehungen,
c) die elektromotorischen Kräfte und die zugehörigen Stromstärken. für 1500, 2000 und 1800 Umdrehungen der Maschine,

wenn in den äußeren Stromkreis ein Widerstand von 14,5 [15] Ω eingeschaltet wird.

Lösungen:

Zu a): $E = U_k + J(R_a + R_h)$
$= U_k + J \cdot 4 = 52 + 2 \cdot 4 = 60$ V usw. Die Ergebnisse sind in Abb. 92 als Ordinaten der ausgezogenen Kurve E für 2000 Umdrehungen eingetragen.

Zu b): Für die Abszisse 2 A ist bei 2000 Umdrehungen die Ordinate 60 V. Zu derselben Abszisse, d. h. zum gleichen Induktionsfluß, gehört bei 1800 Umdrehungen die Ordinate, die aus der Proportion folgt: $E_{2000} : E_{1800} = 2000 : 1800$. (Vgl. Aufg. 172 Lösung 2.) Da $E_{2000} = 60$ V, so ist $E_{1800} = 60 \dfrac{1800}{2000} = 54$ V.

J	U_k	$E = U_k + 4J$	E 1800	E 1500
2	52	60		
2,8	62	73,2		
3,5	70	84		
4,7	79	98,7		
7	86	114		
10	82	122		

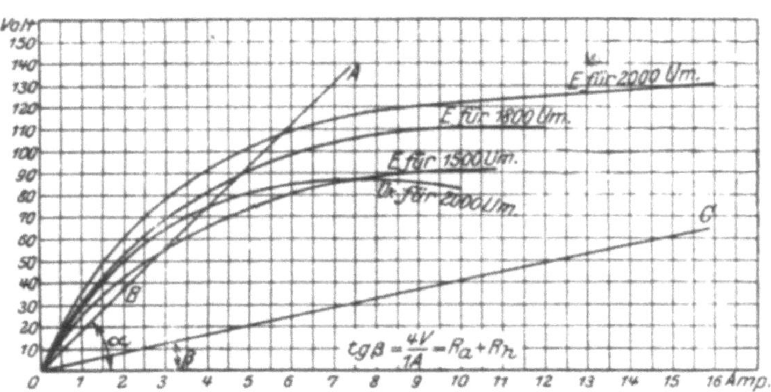

Abb. 92. Kennlinien einer Hauptstrommaschine.

In gleicher Weise ist für 1500 Umdrehungen
$$E_{1500} = 60 \cdot \frac{1500}{2000} = 45 \text{ V.}$$

Ebenso findet man die übrigen Werte, welche in die Tabelle S. 123 einzutragen sind.

Zu c): Man zeichne in Abb. 92 den Widerstand $R + (R_a + R_h)$ $= 14,5 + 4 = 18,5 \, \Omega$ als Winkel α ein, indem man setzt:

$$tg\,\alpha = R + (R_a + R_h)\,\text{Ohm} = \frac{(R + R_a + R_h)\text{Volt}}{1 \text{ A}} = \frac{(14,5 + 4)\text{Volt}}{1 \text{ A}} = \frac{18,5 \text{ V}}{1 \text{ A}},$$

oder auch beliebig erweitert $\dfrac{18,5 \cdot 6}{1 \cdot 6} = \dfrac{111 \text{ V}}{6 \text{ A}}$, d. h. man errichte in 6 A eine Senkrechte und mache diese 111 V. Durch diesen

Punkt und O ziehe man die Gerade $\overline{OA}$. Der Schnittpunkt derselben mit den Kurven für 1500, 2000 und 1800 Umdrehungen gibt die gesuchte EMK. Wir erhalten bei:

$$\begin{aligned}
&1500 \text{ Umdrehungen} && E = 55{,}5 \text{ V} && \bullet J = 3 \text{ A}, \\
&1800 \quad\quad\,\, \text{,,} && E = 89 \text{ V} && J = 4{,}8 \text{ A}, \\
&2000 \quad\quad\,\, \text{,,} && E = 108 \text{ V} && J = 5{,}85 \text{ A}.
\end{aligned}$$

188. Welche Umdrehungszahl muß die Maschine der vorigen Aufgabe überschreiten, um bei dem eingeschalteten Widerstande von 14,5 Ω überhaupt Strom zu liefern (selbsterregend zu werden)?

Lösung: der Schenkel $\overline{OA}$ (Abb. 92) muß Berührungslinie, also Tangente an die entsprechende Charakteristik werden. Nimmt man an, daß unsere Charakteristiken von 0 bis 2 A Strom geradlinig verlaufen, so ist B ein Punkt der gesuchten Charakteristik. Derselbe entspricht einer EMK von 37 V, folglich hat man, da bei 2 A und 2000 Umdrehungen die EMK 60 V ist, $60:37 = 2000:x$ und daraus

$$x = \frac{2000 \cdot 37}{60} = 1232 \text{ Umdrehungen pro Minute.}$$

189. Wieviel Umdrehungen muß die Maschine machen, um bei Kurzschluß des äußeren Kreises selbsterregend zu sein?

Lösung: Bei Kurzschluß ist $R = 0$. Man zeichne in Abb. 92 einen $\sphericalangle \beta$ ein, bestimmt durch die Gleichung

$$\text{tg}\,\beta = (R_a + R_h)\,\text{Ohm} = \frac{(R_a + R_h)\,\text{Volt}}{1\,\text{A}} = \frac{4\,\text{V}}{1\,\text{A}},$$

oder beliebig erweitert: $\quad \text{tg}\,\beta = \dfrac{40\,\text{V}}{10\,\text{A}}.$

Dies gibt in Abb. 92 die Gerade $\overline{OC}$. Es muß $\overline{OC}$ Tangente der Charakteristik sein.

Zu 2 A gehören 60 V bei 2000 Umdrehungen und 8 V bei x Umdrehungen, demnach $60:8 = 2000:x$,

$$x = \frac{8 \cdot 2000}{60} = 266{,}7 \text{ Umdrehungen.}$$

190. Ein Hauptschlußmotor, der an eine Klemmenspannung von 300 [200] V angeschlossen wird, soll 10 [15] PS* leisten. Der Wirkungsgrad wird auf 80 [85]% geschätzt, der elektrische zu 90 [92]% angenommen. Gesucht wird:

    a) die erforderliche Stromstärke,
    b) der Widerstand von Anker und Magnet,
    c) die elektromotorische Gegenkraft.

---

* Der Schüler soll sich die Umrechnung in kW angewöhnen, weshalb bei vielen Aufgaben noch die Leistung in PS angegeben wurde, obwohl diese nur noch in kW gegeben werden soll.

Lösungen:

Zu a): Die an der Riemenscheibe wirksame, mechanische Leistung ist $N_m = 10$ PS oder $735 \cdot 10 = 7350$ W. Da der prozentuale Wirkungsgrad definiert ist durch die Gleichung

$$\eta = \frac{\text{Abgabe}}{\text{Aufnahme}} \cdot 100 = \frac{N_m}{N_k} 100,$$

so wird

$$N_k = \frac{N_m}{\eta} 100 = \frac{7350}{80} \cdot 100 \approx 9200 \text{ W}.$$

Die eingeleitete Leistung ist aber $N_k = U_k J = 9200$ W, also

$$J = \frac{N_k}{U_k} = \frac{9200}{300} = 30,67 \text{ A}.$$

Zu b): Da der elektrische Wirkungsgrad 90% beträgt, so gehen 10% von der eingeleiteten Leistung, d. i. $9200 \cdot \frac{10}{100} = 920$ W, durch Stromwärme verloren, es ist also $J^2 (R_a + R_h) = 920$ W, und daraus

$$R_a + R_h = \frac{920}{30,67^2} = 0,98 \text{ } \Omega.$$

Zu c): $E_g = U_k - J (R_a + R_h) = 300 - 30,67 \cdot 0,98 = 270$ V.

191. Ein Hauptschlußmotor soll gebremst werden. Zu dem Zweck wird gemessen: die Klemmenspannung $U_k = 100$ [120] V, die Stromstärke $J = 10$ [12] A, die Drehzahl $n = 1500$ [1800] pro Minute, der Anker- und Magnetwiderstand $R_a + R_h = 2$ [1] Ω, die Bremsgewichte $P_1 = 6$ [7,5] kg, $P_2 = 0,8$ [1] kg und der Scheibendurchmesser $2\,r = 160$ mm (Abb. 93).

Gesucht wird:

a) die eingeleitete elektrische Leistung,

b) die elektromotorische Gegenkraft des Ankers,

c) die vom Anker abgegebene Leistung,

d) die gebremste Leistung,

e) der prozentuale elektrische Wirkungsgrad,

f) der prozentuale Wirkungsgrad,

g) die unter a), b), c), d), e), f) verlangten Größen, wenn bei unveränderter Belastung die Klemmenspannung auf 110 [125] V erhöht wird.

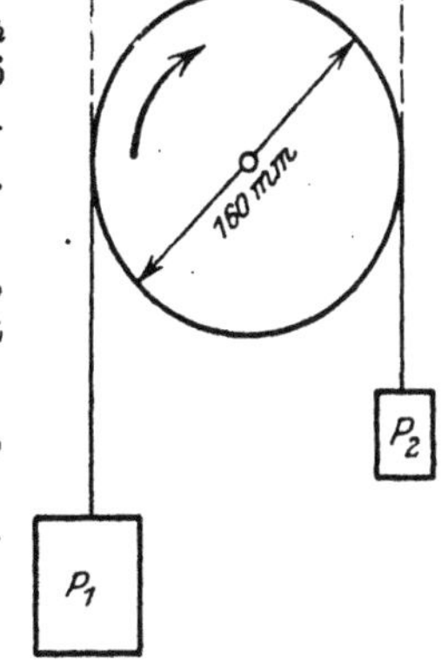

Abb. 93. Bremsung eines Motors.

Lösungen:

Zu a): Eingeleitet werden $N_k = U_k J = 100 \cdot 10 = 1000$ W.

Zu b): Aus $E_g = U_k - J (R_a + R_h)$ folgt $E_g = 100 - 10 \cdot 2 = 80$ V.

Zu c): Die vom Anker abgegebene Leistung ist:

$$N = N_k - J^2(R_a + R_h) = U_k J - J^2(R_a + R_h) \quad \text{oder}$$

$$N = J\,[U_k - J(R_a + R_h)] = J\,E_g = 10 \cdot 80 = 800\,\text{W}.$$

Zu d): Die gebremste Leistung folgt aus der Formel 13a zu $N_m = P\,v\,9,81$ Watt, wo P die tangential zur Scheibe gerichtete Kraft (entgegen der Drehrichtung) in kg, v die Umfangsgeschwindigkeit der Scheibe in m pro Sekunde bezeichnet ($v = 2\,r\pi\,n : 60$). Hier ist $P = P_1 - P_2$, daher

$$N_m = 1,03\,(P_1 - P_2)\,r\,n \quad \text{Watt.} \tag{66}$$

Der Radius r ist in Meter einzusetzen, also $r = 0,08$ m:

$$N_m = 1,03\,(6 - 0,8) \cdot 0,08 \cdot 1500 = 640\,\text{W}.$$

Zu e): $\eta_e = \dfrac{N}{N_k} \cdot 100 = \dfrac{800 \cdot 100}{1000} = 80\,\%.$

Zu f): $\eta = \dfrac{\text{Abgabe} \cdot 100}{\text{Aufnahme}} = \dfrac{N_m}{N_k} \cdot 100 = \dfrac{640 \cdot 100}{1000} = 64\,\%.$

Zu g): Erfahrungsgemäß ist bei einem Hauptschlußmotor die Stromstärke unveränderlich, wenn die Belastung konstant bleibt. Hierdurch bleibt aber auch der Induktionsfluß Φ_0 derselbe, sodaß sich die elektromotorischen Gegenkräfte wie die Drehzahlen verhalten; also $E_1 : E_2 = n_1 : n_2$.

Nun ist

$$E_1 = 80\ \text{V}, \quad E_2 = 110 - 10 \cdot 2 = 90\ \text{V}, \quad n_1 = 1500,$$

folglich

$$n_2 = \frac{E_2}{E_1}\,n_1 = \frac{90}{80} \cdot 1500 = 1687 \quad \text{Umdrehungen.}$$

Hiermit wird

a) $N_k = 110 \cdot 10 = 1100\,\text{W}$, b) $E_2 = 90\ \text{V}$, c) $N = 90 \cdot 10 = 900\,\text{W}$,

d) $N_m = 1,03\,(6 - 0,8) \cdot 0,08 \cdot 1687 = 721\,\text{W}$,

e) $\eta_e = \dfrac{900 \cdot 100}{1100} = 81,8\,\%.$ f) $\eta = \dfrac{721 \cdot 100}{1100} = 65,5\,\%.$

192. Wie groß ist bei dem Motor der Aufgabe 191, gerechnet mit 100 V Klemmenspannung, der Leerverlust N_0, d. i. der Verlust, der durch die Reibung (Lager, Bürsten, Luft), durch Hysteresis und Wirbelströme entsteht?

Lösung: Die Differenz zwischen aufgenommener elektrischer Leistung (N_k) und abgegebener mechanischer (gebrauchter) Leistung (N_m) stellt alle Verluste dar, also $N_k - N_m = $ Verluste. Nun ist laut Angabe $N_k = 100 \cdot 10 = 1000\ \text{W}$, $N_m = 640\ \text{W}$ (s. Lösung zu d), also $N_k - N_m = 1000 - 640 = 360\ \text{W}$. Durch Stromwärme gehen verloren $N_{Cu} = J^2(R_a + R_h) = 10^2 \cdot 2 = 200\,\text{W}$, so daß für die übrigen Verluste (Leerverluste)

$$N_0 = 360 - 200 = 160\,\text{W} \quad \text{bleiben.}$$

NB. Die Leerverluste können angenähert als gleichbleibend für jede Belastung angesehen werden.

193. Bei welcher Belastung wird der Wirkungsgrad ein Maximum, und wie groß ist hierbei die aufgenommene, die Ankerleistung, die abgegebene Leistung und der maximale Wirkungsgrad.

Lösung: Der Wirkungsgrad wird ein Maximum, wenn der von der Belastung abhängige Verlust durch Stromwärme gleich dem Leerverlust ist, als Gleichung ausgedrückt:

$$J^2 (R_a + R_h) = N_0 *.$$

Für diesen Motor ist $N_0 = 160$ W, $R_a + R_h = 2\,\Omega$ (Angabe in Aufgabe 191), also $N_{Cu} = J^2 \cdot 2 = 160$, woraus $J = \sqrt{80} \approx 9$ A. $N_k = 100 \cdot 9 = 900$ W, Ankerleistung $N = 900 - 9^2 \cdot 2 = 740$ W und abgegebene Leistung $N_m = 900 - 9^2 \cdot 2 - 160 = 580$ W.

$$\eta_{\max} = \frac{580}{900} \cdot 100 = 64{,}44 \ \%.$$

Drehmoment eines Elektromotors.

Bezeichnet $\mathfrak{B}_\mathfrak{L}$ Gauß die Induktion im Luftzwischenraum unter den Polen, i_d den Strom, der im Ankerdraht fließt, z' die Drahtzahl unter den Polen und b die Ankerlänge (Abmessung $\perp$ zur Papierebene Abb. 94), so ist nach Gl 37a die Umfangskraft P (vgl. Aufgaben 153—155)

$$P = 10{,}2 \, \frac{\mathfrak{B}_\mathfrak{L} \, b \, z' \, i_d}{10^8} \ \text{kg}.$$

Nach Abb. 94 ist, wenn z die Drahtzahl auf dem Anker bezeichnet:

$$z' = \frac{z}{360} 2\,\beta = z\,\frac{c_p}{t_p},$$

wo für die zweipolige Maschine $t_p = \pi D : 2$ zu setzen ist. Hiermit

$$P = \frac{10{,}2\,\mathfrak{B}_\mathfrak{L}\,b\,i_d}{10^8} \cdot \frac{z\,c_p \cdot 2}{\pi D} \ \text{kg}.$$

Nun ist $(b\,c_p)\,\mathfrak{B}_\mathfrak{L} = \Phi_0$, also auch $P = \frac{10{,}2\,i_d\,z \cdot 2}{10^8\,\pi D}\,\Phi_0$ kg.

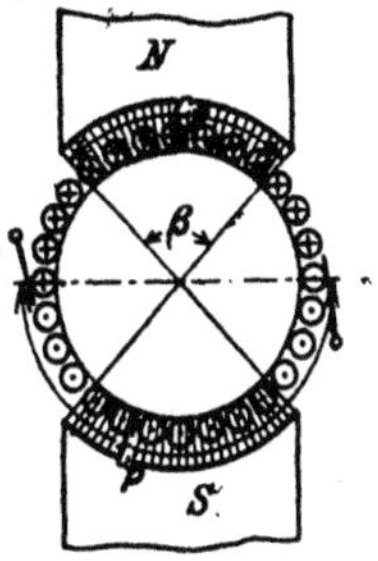

Abb. 94. Zur Herleitung des Drehmomentes.

Multipliziert man beide Seiten dieser Gleichung mit $\frac{D}{2}$ cm, so erhält man

$$P\,\frac{D}{2} = \frac{10{,}2\,z}{10^8\,\pi}\,\Phi_0\,i_d \ \text{kg} \times \text{cm}.$$

---

*
$$\eta = \frac{N_m}{N_k} \cdot 100 = \frac{N_k - J^2(R_a + R_h) - N_0}{N_k} 100$$

$N_k = U_k J$ also

$$\eta = \left(1 - \frac{J(R_a + R_h)}{U_k} - \frac{N_0}{U_k J}\right) 100.$$

Dieser Ausdruck wird ein Maximum wenn

$$\frac{d\eta}{dJ} = 0 \quad \text{d. i.:} \quad 0 = -\frac{(R_a + R_h)}{U_k} + \frac{N_0}{U_k J^2},$$

woraus $J^2 (R_a + R_h) = N_0$.

Man wünscht jedoch das Drehmoment in kg $\times$ m auszudrücken, d. h. man muß beide Seiten durch 100 dividieren. Wir erhalten also mit $\dfrac{D(\mathrm{cm})}{2 \cdot 100} = r\,(\mathrm{m})$:

$$Pr = \frac{10{,}2 \cdot z}{10^{10}\,\pi}\,\Phi_0\,i_d = 0{,}01625\,\frac{z\,\Phi_0\,J_a}{10^8} \quad \mathrm{kg} \times \mathrm{m},$$

wo $J_a = 2\,i_d$ ist. Aus Gl 54a $E = \dfrac{\Phi_0\,n\,z}{60 \cdot 10^8}$ folgt

$$\Phi_0 = \frac{E \cdot 60 \cdot 10^8}{n\,z} \quad \text{und hiermit} \quad Pr = \frac{E\,J_a}{1{,}03\,n} \quad \mathrm{kg} \times \mathrm{m}.$$

Es ist also:

$$Pr = M = \frac{0{,}0162\,z\,\Phi_0\,J_a}{10^8} \quad \mathrm{kg} \times \mathrm{m} \tag{67}$$

oder auch

$$Pr = M = \frac{E_g\,J_a}{1{,}03\,n} = \frac{0{,}97\,E_g\,J_a}{n} \quad \mathrm{kg} \times \mathrm{m} \tag{67a}$$

In Formel 67a ist E_g anstatt E gesetzt, da es die elektromotorische Gegenkraft des Motors (Gl 56), die zur Stromstärke J_a gehört, bezeichnet. Die zugehörige Drehzahl pro Minute ist n. Beim Anlauf des Motors ist $n = 0$ und $E_g = 0$, der Quotient $\dfrac{E_g}{n} = \dfrac{0}{0}$ demnach unbestimmt. Man findet in diesem Falle den Wert von $\dfrac{E_g}{n}$, wenn man die Charakteristik des Motors als Dynamo aufgenommen hat (s. Abb. 92).

194. Wie groß ist das Drehmoment beim Anlauf für die in Aufgabe 187 gekennzeichnete Maschine, wenn dieselbe als Motor benutzt, an eine Stromquelle von 64 V Klemmenspannung angeschlossen wird?

Lösung: Die Maschine hat 4 Ω Widerstand, also geht beim Anlassen und kurzgeschlossenem Anlasser der Strom $J = J_a = 64:4 = 16$ A durch die Anker- und Magnetwicklung. Zu 16 A gehört aber nach Abb. 92 $E = 130$ V bei $n = 2000$ Umdrehungen als Dynamo, also ist nach Gl 67a

$$Pr = \frac{E\,J_a}{1{,}03\,n} = \frac{130 \cdot 16}{1{,}03 \cdot 2000} = 1{,}02 \quad \mathrm{kg} \times \mathrm{m}.$$

195. Welches Drehmoment und welche Drehzahl besitzt der Motor der vorigen Aufgabe, wenn er, an 64 V angeschlossen, 6 A aufnimmt?

Lösung: Zur Abszisse 6 A gehört nach Abb. 92 die EMK 110 V und die Drehzahl 2000, also ist nach 67a

$$Pr = \frac{110 \cdot 6}{1{,}03 \cdot 2000} = 0{,}320 \quad \mathrm{kg} \times \mathrm{m}.$$

Die elektromotorische Gegenkraft ist bei 6 A Stromaufnahme

$$E_g = U_k - J_a\,(R_a + R_h) = 64 - 6 \cdot 4 = 40 \quad \mathrm{V}.$$

Nun verhalten sich bei gleicher Stromstärke (d. h. gleichem Induktionsfluß Φ_0) $40 : 110 = n_x : 2000$

$$n_x = \frac{40 \cdot 2000}{110} = 727 \text{ Umdrehungen.}$$

196. Welche Drehzahlen und Drehmomente entsprechen den Belastungen des Motors mit a) 2 A, b) 12 A, wenn er an 100 [120] V angeschlossen ist?

Lösung: a) Die Abb. 92 ergibt für 2 A die EMK von 60 V bei 2000 Umdrehungen, der Motor erzeugt aber die elektromotorische Gegenkraft $E_g = 100 - 2 \cdot 4 = 92$ V. Da bei 2 A der Induktionsfluß der gleiche ist, gilt

$$60 : 92 = 2000 : n_x, \quad n_x = \frac{2000 \cdot 92}{60} = 3060 \text{ Umdrehungen.}$$

Das Drehmoment ist Gl 67a $Pr = \dfrac{92 \cdot 2}{1,03 \cdot 3060} = 0,058$ kg $\times$ m.

b) Zu $J = 12$ A gehört (Abb. 92) $E = 126$ V bei 2000 Umdrehungen, andererseits ist die EMK des Motors $E_g = 100 - 12 \cdot 4 = 52$ V. mithin

$$126 : 52 = 2000 : n_x, \quad n_x = \frac{2000 \cdot 52}{126} = 825 \text{ Umdrehungen.}$$

$$Pr = \frac{52 \cdot 12}{1,03 \cdot 825} = 0,735 \text{ kg} \times \text{m}.$$

NB. Beim Hauptschlußmotor nimmt die Drehzahl mit wachsender Belastung stark ab (von 3060 auf 825), das Drehmoment wächst jedoch sehr schnell (von 0,058 auf 0,735). Die Stromstärke hat bei diesem Motor auf das $\dfrac{12}{2} = 6$fache zugenommen. das Drehmoment auf das $\dfrac{0,735}{0,058} = 12,7$fache.

197. Eine Hauptschlußdynamo für 300 [400] V Klemmenspannung und 20 [25] A Strom soll mit einem elektrischen Wirkungsgrad von 90 [92]% arbeiten. Wie groß muß der Widerstand $R_a + R_h$ gemacht werden?

Lösung: Es ist für eine Hauptschlußmaschine

$$R_a + R_h = \frac{U_k}{J} \cdot \frac{100 - \eta_e{}^*}{\eta_e{}'} = \frac{300}{20} \cdot \frac{100 - 90}{90} = 1\frac{2}{3} \ \Omega.$$

198. Es soll ein Hauptschlußmotor für 10 [15] PS** Leistung berechnet werden, der an eine Klemmenspannung von 200 [300] V angeschlossen wird. Gesucht wird:

---

* $\eta_e = \dfrac{U_k J \cdot 100}{E J} = \dfrac{U_k \cdot 100}{E}$, hieraus: $E = \dfrac{U_k \cdot 100}{\eta_e} = U_k + J(R_a + R_h)$,

also

$$R_a + R_h = \frac{U_k}{J} \frac{100 - \eta_e}{\eta_e}$$

** Siehe Fußnote bei Aufgabe 190.

a) die Stromstärke, wenn der Wirkungsgrad auf 86 [88]% geschätzt wird,

b) der Widerstand der Anker- und Magnetwicklung, wenn darin 7 [6]% durch Stromwärme verloren gehen,

c) die elektromotorische Gegenkraft des Ankers,

d) das Drehmoment an der Riemenscheibe, wenn der Motor 1000 [800] Umdrehungen macht.

Lösungen:

Zu a): Die Leistung des Motors an der Riemenscheibe in Watt ist

$$N_m = 10 \cdot 735 = 7350 \text{ W},$$

die Gesamtleistung, d. h. die an den Klemmen einzuleitende Leistung, daher

$$N_k = \frac{N_m}{\eta} \cdot 100 = \frac{7350 \cdot 100}{86} = 8558 \text{ W}.$$

Diese ist aber das Produkt $U_k J$, also

$$U_k J = 8558 \text{ W}, \qquad J = \frac{8558}{200} = 42,79 \text{ A}.$$

Zu b): 7% Verlust von 8558 W sind $8558 \cdot \dfrac{7}{100} = 599$ W.

Nun ist aber auch

$$J^2 (R_a + R_h) = 599 \text{ W}, \quad \text{also} \quad R_a + R_h = \frac{599}{42,79^2} = 0,327 \ \Omega.$$

Zu c): $E_g = U_k - J(R_a + R_h) = 200 - 42,79 \cdot 0,327 = 186$ V.

Zu d): Aus Formel 66 $N_m = 1,03 (P_1 - P_2) r n$ folgt das Drehmoment $(P_1 - P_2) r = \dfrac{N_m}{1,03 \, n} = \dfrac{10 \cdot 735}{1,03 \cdot 1000} = 7,15$ kg × m.

Anmerkung: Berechnet man das Drehmoment nach Formel 67a, also

$$Pr = \frac{E_g J_a}{1,03 \cdot n} = \frac{186 \cdot 42,79}{1,03 \cdot 1000} = 7,74 \text{ kg} \times \text{m},$$

so stellt die Differenz 7,74—7,15 das Drehmoment der Reibung und der Eisenverluste dar.

Nach den DIN VDE 2050 ist:

8. Tabelle für η und η_e.

Leistung in PS	η %	η_e %	Leistung in PS	η %	η_e %
0,1	55	77	3— 6	80	90
0,5	60	80	7—12	85	92
0,75	65	82	14—20	90	95
1	70	85	25—50	92	96
2	75	87			

§ 23. Die Nebenschlußmaschine.

Wird der Anker der Maschine (Abb. 95, DIN-Darstellung 95a, Schaltschema Abb. 96) rechts herum gedreht, so entsteht in ihm eine EMK E,

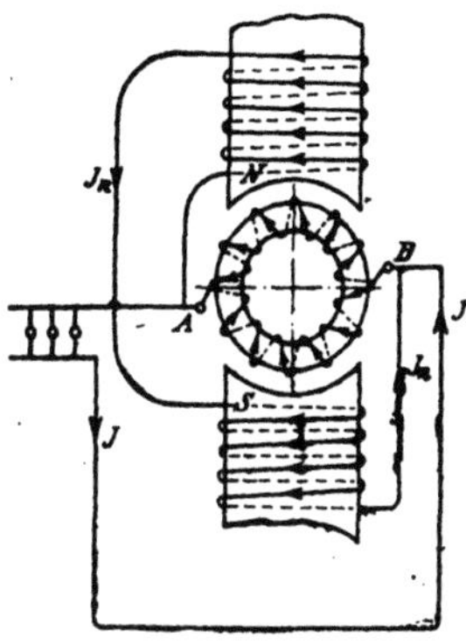

weil der remanente Magnetismus der Pole
verstärkt wird. Bei Linksdrehung kommt
keine EMK zustande. Die Vorzeichen der
Klemmen A und B hängen vom remanenten
Magnetismus, nicht aber von der Drehrichtung ab. Schickt man Strom in die Maschine,
so dreht sich der Anker rechts herum (Motor).

**Gesetz 20: Der Nebenschlußmotor hat
dieselbe Drehrichtung wie die Dynamo.**

Die Nebenschlußma-
schine eignet sich zum Laden von Akkumulatoren, da
sie durch etwaigen Akku-
mulatorenstrom nicht um-
polarisiert werden kann.

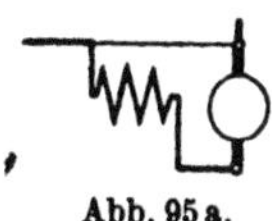

Abb. 95a.
DIN-Darstellung
der Nebenschluß-
maschine.

Abb. 95. Nebenschlußmaschine.

Man beachte, daß, so
lange die EMK des Ankers größer ist als die entgegengerichtete EMK der
Batterie, die Maschine als Stromerzeuger, im andern Falle als Motor wirkt.

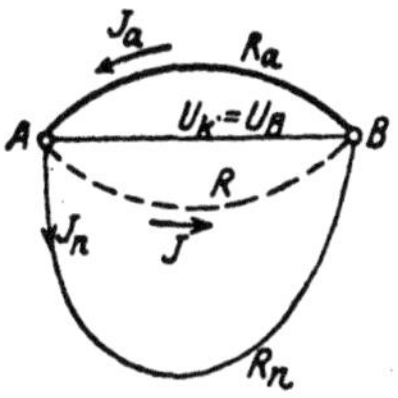

Es gelten folgende Beziehungen:

$$E = U_k + J_a R_a \text{ Volt} \quad \left.\right\} \text{ Generator,} \qquad (68)^*$$

$$J_a = J + J_n \quad \text{Ampere} \qquad (68a)$$

$$E_g = U_k - J_a R_a \text{ Volt} \quad \left.\right\} \text{ Motor.} \qquad (69)^*$$

$$J_a = J - J_n \quad \text{Ampere} \qquad (69a)$$

Abb 96. Schaltschema der
Nebenschlußmaschine.

Der Strom in der Magnetwicklung ist $J_n = U_k : R_n$,
gültig sowohl für den Generator als auch für den
Motor.

Der Nebenschlußmotor darf nur mit einem Anlaßwiderstand, der vor dem Anker liegt, angelassen werden (Abb. 97,
S. 135). Die Größe des Anlaßwiderstandes folgt aus der Gleichung

$$R_a + x = \frac{U_k}{J_a} \text{ Ohm,}^{**} \qquad (69b)$$

wo J_a die Ankerstromstärke bei Vollbelastung, d. i. Nennleistung, bezeichnet.

Ist J_a' die Ankerstromstärke in dem Augenblick des Überganges von
einem Kontakt zum nächsten, d. i. der sogenannte Anlaßspitzenstrom, so ist

$$\frac{J_a'}{J_a} = \sqrt[n]{\frac{U_k}{J_a R_a}} = \sqrt[n]{\frac{R_a + x}{R_a}}, \qquad (70)$$

wo n die Anzahl der Stufen (8 in Abb. 97) bezeichnet.

---

* Für den Spannungsverlust an den Bürsten addiert man vielfach pro
Bürstenstift u Volt. ** Siehe nützliche Angaben.

Für die einzelnen Stufen der Abb. 97 gelten die Formeln

$$x_1 = \left(\frac{J_a'}{J_a} - 1\right) R_a, \qquad x_2 = \frac{J_a'}{J_a} x_1, \qquad x_3 = \frac{J_a'}{J_a} x_2 *. \qquad (70\,\text{a})$$

199. Eine Nebenschlußmaschine hat einen Ankerwiderstand $R_a = 0{,}04\ [0{,}06]\ \Omega$, einen Magnetwiderstand $R_n = 20\ [25]\ \Omega$, und liefert bei 65 [100] V Klemmenspannung 30 [25] A Strom in den äußeren Stromkreis (s. Abb. 96). Gesucht wird: .

a) die Stromstärke in der Nebenschlußwicklung,

b) die Stromstärke im Anker,

c) die EMK des Ankers,

d) der Stromwärmeverlust im Anker,

e) der Stromwärmeverlust in der Nebenschlußwicklung,

f) der elektrische Wirkungsgrad in % .

---

* Aus der Abb. 97 erkennt man, daß J_n, also auch Φ_0, unabhängig ist von der Stellung der Anlasserkurbel. Ist aber Φ_0 konstant, so zeigt die Formel 67, daß auch der Ankerstrom derselbe bleibt, wenn das Drehmoment $P r$ konstant ist, was vorausgesetzt werden soll. Ist in Abb. 97 nur der Widerstand x_1 eingeschaltet, so durchfließt der Ankerstrom J_a die Widerstände x_1 und R_a, in denen die Spannung $J_a (R_a + x_1)$ verloren geht, so daß die elektromotorische Gegenkraft des Ankers ist

$$E_1 = U_k - J_a (R_a + x_1).$$

Wird jetzt x_1 ausgeschaltet, so steigt plötzlich J_a auf J_a', ohne daß sich die Drehzahl sofort ändern kann, es bleibt daher die elektromotorische Gegenkraft dieselbe, d. h. es ist jetzt $E_1 = U_k - J_a' R_a$. Durch Gleichsetzen folgt $J_a (R_a + x_1) = J_a' R_a$, oder I. $R_a + x_1 = \dfrac{J_a'}{J_a} R_a$.

Hieraus ergibt sich $x_1 = \left(\dfrac{J_a'}{J_a} - 1\right) R_a$ Ohm (s. Formel 70a).

Steht die Anlasserkurbel auf dem drittletzten Kontakt, so sind die Widerstände x_1 und x_2 eingeschaltet, also ist $E_2 = U_k - J_a (R_a + x_1 + x_2)$ und beim Ausschalten von x_2 auch $E_2 = U_k - J_a' (R_a + x_1)$, woraus $J_a (R_a + x_1 + x_2) = J_a' (R_a + x_1)$ folgt,

oder II. $\quad R_a + x_1 + x_2 = \dfrac{J_a'}{J_a} (R_a + x_1) = \left(\dfrac{J_a'}{J_a}\right)^2 R_a,$

allgemein $R_a + x_1 + x_2 + x_3 + \cdots + x_n = \left(\dfrac{J_a'}{J_a}\right)^n R_a$. Nun ist $x_1 + x_2 + x_3 + \cdots + x_n = x$ der ganze Anlaßwiderstand, also $\dfrac{J_a'}{J_a} = \sqrt[n]{\dfrac{R_a + x}{R_a}}$ (s. Formel 70).

Aus II. folgt $x_2 = \dfrac{J_a'}{J_a} (R_a + x_1) - (R_a + x_1) = (R_a + x_1)\left(\dfrac{J_a'}{J_a} - 1\right)$

oder mit I. $x_2 = \dfrac{J_a'}{J_a}\left[R_a\left(\dfrac{J_a'}{J_a} - 1\right)\right] = \dfrac{J_a'}{J_a} x_1$ Ohm (s. Formel 70a).

Die Gl 70 läßt sich umformen, denn es ist nach 69b

$$R_a + x = \frac{U_k}{J_a}, \quad \text{also wird auch} \quad \frac{J_a'}{J_a} = \sqrt[n]{\frac{U_k}{J_a R_a}}.$$

Lösungen:

Zu a): Aus $J_n = \dfrac{U_k}{R_n}$ folgt $J_n = \dfrac{65}{20} = 3{,}25$ A.

Zu b): $J_a = J + J_n = 30 + 3{,}25 = 33{,}25$ A.

Zu c): $E = U_k + J_a R_a = 65 + 33{,}25 \cdot 0{,}04 = 66{,}33$ V.

Zu d): $N_a = J_a{}^2 R_a = 33{,}25^2 \cdot 0{,}04 = 44{,}3$ W.

Zu e): $N_n = U_k J_n = 65 \cdot 3{,}25 = 211{,}25$ W oder auch

$$N_n = J_n{}^2 R_n = 3{,}25^2 \cdot 20 = 211{,}25 \text{ W}.$$

Zu f): $\eta_e = \dfrac{N_k \cdot 100}{N_k + N_a + N_n} = \dfrac{65 \cdot 30 \cdot 100}{65 \cdot 30 + 44{,}3 + 211{,}25} = 88{,}4 \%$

oder

$$\eta_e = \frac{N_k \cdot 100}{N} = \frac{U_k J \cdot 100}{E J_a} = \frac{65 \cdot 30 \cdot 100}{66{,}33 \cdot 33{,}25} = 88{,}4 \%.$$

200. Eine Nebenschlußmaschine soll 200 [250] V Klemmenspannung und 80 [75] A Strom liefern. Der elektrische Wirkungsgrad sei $\eta_e = 95$ [96]%. Die Stromwärmeverluste verteilen sich zu 3 [2]% auf den Anker und 2 [2]% auf die Nebenschlußwicklung. Gesucht wird:

a) die Gesamtleistung, d. i. die Leistung des Ankers,
b) der Stromwärmeverlust im Anker,
c) der Stromwärmeverlust in der Nebenschlußwicklung und
d) der darin fließende Strom,
e) der Widerstand der Magnetwicklung,
f) der Widerstand des Ankers,
g) die EMK des Ankers.

Lösungen:

Zu a): Aus der Definition $\eta_e = \dfrac{U_k J \cdot 100}{\text{Ankerleistung}}$ folgt die Ankerleistung $N = \dfrac{U_k J}{\eta_e} \cdot 100 = \dfrac{200 \cdot 80 \cdot 100}{95} = 16\,842$ W.

Zu b): Ist N_a der Stromwärmeverlust in der Ankerwicklung, so darf dieser 3%, d. i. $\dfrac{3}{100} \cdot$ Ankerleistung betragen, also

$$N_a = \frac{3}{100} \cdot 16\,842 = 505{,}3 \text{ W}.$$

Zu c): Dasselbe gilt auch für die Verluste durch Stromwärme in der Magnetwicklung, also

$$N_n = \frac{2}{100} \cdot 16\,842 = 336{,}8 \text{ W}.$$

Zu d): Aus $U_k J_n = N_n$ folgt $J_n = \dfrac{336{,}8}{200} = 1{,}684$ A.

Zu e): Aus $J_n = \dfrac{U_k}{R_n}$ folgt $R_n = \dfrac{U_k}{J_n} = \dfrac{200}{1{,}684} = 118{,}8 \ \Omega$.

Zu f): Aus dem Stromwärmeverlust im Anker $N_a = J_a^2 R_a$ folgt $R_a = \dfrac{N_a}{J_a^2} = \dfrac{505,3}{(80 + 1,684)^2} = 0,0757\ \Omega.$

Zu g): $E = U_k + J_a R_a = 200 + 81,684 \cdot 0,0757 = 206,2\ \text{V}.$

201. Es soll ein 4 [8] PS* Nebenschlußelektromotor für 120 [220] V Klemmenspannung berechnet werden. Der Wirkungsgrad wird auf 80 [85]% geschätzt. Gesucht wird:

a) die einzuleitende Stromstärke,

b) die Stromstärke im Nebenschluß, wenn 5 [3]% der eingeleiteten Leistung (d. i. der Aufnahme) daselbst verloren gehen,

c) der Widerstand des Nebenschlusses,

d) die Stromstärke im Anker,

e) der Widerstand des Ankers, wenn 5% durch Stromwärme verloren gehen dürfen,

f) die elektromotorische Gegenkraft des Ankers,

g) das Drehmoment an der Riemenscheibe, wenn der Motor 1200 [1000] Umdrehungen macht,

h) die Größe des Anlaßwiderstandes, wenn die Anlaufstromstärke die normale Stromstärke des Ankers nicht überschreiten soll.

Lösungen:

Zu a): Ist N_m die Leistung an der Riemenscheibe, N_k die Leistungsaufnahme an den Klemmen, so folgt aus

$$\eta = \frac{N_m}{N_k} \cdot 100 = \frac{N_m \cdot 100}{U_k J} \qquad U_k J = \frac{735 \cdot 4 \cdot 100}{80} = 3675\ \text{W},$$

und hieraus $\qquad\qquad J = \dfrac{3675}{120} = 30,7\ \text{A}.$

Zu b): Die in der Nebenschlußwicklung verbrauchte Leistung ist 5% der aufgenommenen Leistung, also

$$\frac{5}{100} \cdot U_k J_n = \frac{5}{100} \cdot 3675 = 184\ \text{W}, \quad \text{damit } J_n = \frac{184}{120} = 1,54\ \text{A}.$$

Zu c): Aus $J_n = \dfrac{U_k}{R_n}$ folgt $R_n = \dfrac{120}{1,54} = 78,5\ \Omega.$

Zu d): $J_a = J - J_n = 30,7 - 1,5 = 29,2\ \text{A}.$

Zu e): Der Leistungsverlust im Anker beträgt gleichfalls 5% (also 184 W) und wird ausgedrückt durch $N_a = J_a^2 R_a$, woraus $R_a = \dfrac{184}{29,2^2} = 0,216\ \Omega$ gefunden wird.

Zu f): $E_g = U_k - J_a R_a = 120 - 29,2 \cdot 0,216 = 113,7\ \text{V}.$

Zu g): Aus Gl 66 folgt

$$M = Pr = \frac{N_m}{1,03\,n} = \frac{4 \cdot 735}{1,03 \cdot 1200} = 2,39\ \text{kg} \times \text{m}.$$

---

* Siehe Fußnote bei Aufgabe 190.

Bemerkung: Zur Berechnung der Wellenstärke drückt man das Drehmoment in kg × mm aus, d. h. r wird in mm eingesetzt, dann ist

$$M = 2390 \text{ kg} \times \text{mm} \quad \text{oder auch} \quad M = 716\,200\frac{\text{Pferdestärken}}{n}$$

$$= 716\,200\frac{4}{1200} = 2387 \text{ kg} \times \text{mm}.$$

Zu h): Beim Anlauf ist $E_g = 0$, also $J_a = \dfrac{U_k}{R_a + x}$; woraus

$$R_a + x = \frac{U_k}{J_a} = \frac{120}{29,2} = 4,11\,\Omega, \text{ somit } x = 4,11 - 0,216 = 3,894\,\Omega.$$

202. Der Anlaßwiderstand der vorigen Aufgabe besteht aus 8 [6] einzelnen Widerständen, deren Größe zu berechnen ist.

Lösung: Aus Formel 70 folgt

$$\frac{J_a'}{J_a} = \sqrt[n]{\frac{R_a + x}{R_a}} = \sqrt[8]{\frac{4,11}{0,216}} = \sqrt[8]{19} = \sqrt{\sqrt{\sqrt{19}}} = 1,445.$$

Die Formel 70a gibt $x_1 = \left(\dfrac{J_a'}{J_a} - 1\right) R_a$

$$x_1 = (1,445 - 1)\,0,216 = 0,445 \cdot 0,216 = 0,096\,\Omega,$$

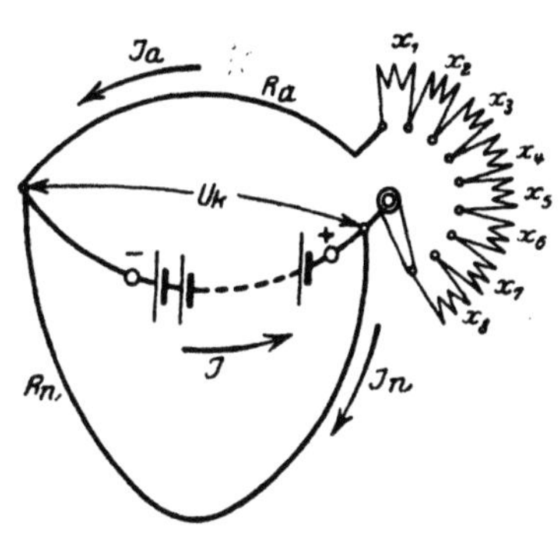

Abb. 97. Nebenschlußmotor mit Anlasser.

$$x_2 = \frac{J_a'}{J_a}\,x_1 = 0,139\,\Omega,$$

$$x_3 = \frac{J_a'}{J_a}\,x_2 = 0,200\,\Omega,$$

$$x_4 = \frac{J_a'}{J_a}\,x_3 = 0,290\,\Omega,$$

$$x_5 = \frac{J_a'}{J_a}\,x_4 = 0,419\,\Omega,$$

$$x_6 = \frac{J_a'}{J_a}\,x_5 = 0,605\,\Omega,$$

$$x_7 = \frac{J_a'}{J_a}\,x_6 = 0,874\,\Omega,$$

$$x_8 = \frac{J_a'}{J_a}\,x_7 = 1,260\,\Omega,$$

$$\text{Summa } 3,883\,\Omega.$$

Bemerkung: Beim Einschalten des ganzen Widerstandes geht der voll belastete Motor nicht an; dies geschieht erst, wenn der Widerstand $x_8 = 1,26\,\Omega$ ausgeschaltet wird, wobei die Stromstärke im Anker von $J_a = 29,2$ auf $J_a' = 42,17$ A steigt. Ist das plötzliche Anwachsen des Stromes von 0 auf 42,17 A zulässig, so kann der Widerstand x_8 weggelassen werden, wodurch man allerdings einen Anlasser mit nur 7 Stufen erhält. Will man 8 Stufen haben, so berechne man in diesem Falle den Widerstand für 9 Stufen und läßt jetzt die neunte Stufe weg.

203. Berechne die Drehzahlen des Motors, wenn die Stufen

a) x_1, b) $x_1 + x_2$, c) $x_1 + x_2 + x_3$, d) $x_1 + x_2 + x_3 + x_4$

eingeschaltet sind, und wenn der Motor bei kurzgeschlossenem Anlasser 1200 [100] Umdrehungen macht.

Lösung: Bei gleicher Erregung verhalten sich die Drehzahlen wie die zugehörigen EMKe.

Ist der Anlasser kurz geschlossen, so ist $E_g = 113{,}70$ (siehe Frage f) in 201) und die zugehörige Drehzahl $n = 1200$.

Ist z. B. $x_1 + x_2 + x_3 = 0{,}096 + 0{,}139 + 0{,}2 = 0{,}435\,\Omega$ eingeschaltet, so ist $E_2 = U_k - J_a\,(R_a + x_1 + x_2 + x_3)$

$$E_2 = 120 - 29{,}2 \cdot 0{,}651 = 101\,\text{V},$$

es gilt also die Proportion

$$113{,}7 : 101 = 1200 : n_x, \qquad n_x = \frac{1200 \cdot 101}{113{,}7} = 1070.$$

204. Wieviel Stufen erhält der Anlasser des Motors in Aufgabe 201, wenn er für hohe Anzugskraft bestimmt ist und demgemäß $J_a' : J_a = 2{,}72$ willkürlich gewählt wird (s. Fußnote). Wie groß werden die einzelnen Widerstände?

Lösung: Die Stufenzahl folgt aus der Formel 70, indem man sie nach n auflöst. Es ist $\left(\dfrac{J_a'}{J_a}\right)^n = \dfrac{R_a + x}{R_a}$ woraus

$$n = \log \frac{R_a + x}{R_a} : \log \frac{J_a'}{J_a}. \tag{70 b}$$

In unserm Falle ist $R_a + x = 4{,}11\,\Omega$, s. Lösung zu h) Aufgabe 201, $R_a = 0{,}216\,\Omega$ s. Lösung zu e) Aufgabe 201, also wird

$$n = \frac{\log \dfrac{4{,}11}{0{,}216}}{\log 2{,}72} = \frac{\log 19}{\log 2{,}72} = 2{,}94 \approx 3,$$

damit $\dfrac{J_a'}{J_a} = \sqrt[3]{\dfrac{4{,}11}{0{,}216}} = \sqrt[3]{19} = 2{,}6684$ (anstatt 2,72).

$$x_1 = 1{,}6684 \cdot 0{,}216 = 0{,}361\,\Omega$$
$$x_2 = 2{,}6684 \cdot 0{,}361 = 0{,}965\,\Omega$$
$$x_3 = 2{,}6684 \cdot 0{,}965 = 2{,}570\,\Omega$$

Probe: Summa $3{,}896 = x^*$.

205. Welche Querschnitte und Längen erhält der Anlasser der vorigen Aufgabe für die einzelnen Stufen, wenn als Widerstandsmaterial Kruppin gewählt wird, die Temperaturerhöhung $\vartheta = 300°$

---

* Nach den Normalbedingungen für den Anschluß von Motoren an öffentliche Elektrizitätswerke soll das Verhältnis Anlaßspitzenstrom : Nennstrom $(J_a : J_a)$ nicht überschritten werden:

Nennleistung . . . . kW	1,5 bis 5	über 5 bis 100
Anlaßspitzenstrom : Nennstrom	1.75	1,6

nicht überschreiten und die Zeitdauer des Anlassens 12 Sek. betragen soll?

Lösung: Gegeben ist das Widerstandsmaterial Kruppin,
für welches nach Tabelle 4 S. 61 $\frac{0{,}24\,\varrho}{c\,\gamma} = 0{,}21$ und $\vartheta = 300^\circ$ zu
setzen ist; also wird $q = J\sqrt{\frac{0{,}21 \cdot t}{300}}$. Für J setze man den Mittelwert aus $J_a' = 29{,}2 \cdot 2{,}6684$ und J_a; also

$$J = \frac{78 + 29{,}2}{2} = 53{,}6 \text{ A}, \quad \text{und} \quad q = 53{,}6\sqrt{\frac{0{,}21}{300}\,t} = 1{,}42\sqrt{t},$$

wo t die Zeitdauer des Stromdurchgangs bezeichnet. Die dritte
Stufe, die zuerst abgeschaltet wird, wird $\frac{12}{3} = 4$ Sek. vom Strom
durchflossen, die zweite 8 Sek., die erste 12 Sek.; also erhält man

$$q_3 = 1{,}42\sqrt{4} = 2{,}84 \text{ mm}^2, \qquad q_2 = 1{,}42\sqrt{8} = 4{,}03 \text{ mm}^2,$$

$$q_1 = 1{,}42\sqrt{12} = 4{,}92 \text{ mm}^2.$$

Die zugehörigen Längen folgen aus der Formel $R = \frac{\varrho\,l}{q}$, wo
nach Tabelle 2 $\varrho = 0{,}85$ und für R die Widerstände x_3, x_2, x_1
der vorigen Aufgabe zu setzen sind. Man erhält

$$l_1 = \frac{0{,}361 \cdot 4{,}92}{0{,}85} = 2{,}09 \text{ m}, \quad l_2 = \frac{0{,}965 \cdot 4{,}03}{0{,}85} = 4{,}56 \text{ m},$$

$$l_3 = \frac{2{,}57 \cdot 2{,}84}{0{,}85} = 8{,}54 \text{ m}.$$

206. Ein Nebenschlußmotor, der an eine Klemmenspannung
von 65 [80] V angeschlossen ist, braucht zum Leerlauf 7 [3] A
Strom. Der Widerstand der Magnetwicklung beträgt 20 [45] Ω,
der des Ankers 0,04 [0,4] Ω.

Gesucht wird:

a) der Leerverlust, d. i. der Verlust, der durch Reibung, Hysteresis und Wirbelströme verursacht wird,

b) die gebremste Leistung, wenn der Motor 40 [15] A aufnimmt,

c) der prozentuale Wirkungsgrad,

d) die Stromstärke, für welche der prozentuale Wirkungsgrad
ein Maximum wird, und die Größe desselben,

e) die Stromstärke, für welche die gebremste Leistung ein
Maximum wird, die Größe dieser Leistung und der zugehörige
Wirkungsgrad.

Lösungen:

Zu a): Die eingeleitete Leistung bei Leerlauf, die Leerlaufverlust genannt wird, ist $U_k J_0 = 65 \cdot 7 = 455$ W. Sie wird

zur Deckung der Verluste verwendet. Diese sind: Stromwärme im Anker und Nebenschluß, ferner Verluste durch Reibung, Hysteresis und Wirbelströme. Bezeichnet man die letzteren mit N_0, so gilt bei Leerlauf die Gleichung:

$$\text{Leerverlust:}\quad N_0 = U_k J_0 - J_{a0}^2 R_a - U_k J_n \quad \text{Watt}. \quad (71)$$

In unserem Falle ist: $U_k = 65\,\text{V}$; $R_n = 20\,\Omega$; $R_a = 0,04\,\Omega$; $J_0 = 7\,\text{A}$. Der Ankerstrom ist $J_a = J - J_n$, wo $J_n = U_k : R_n = 65 : 20 = 3,25\,\text{A}$, also der Ankerstrom bei Leerlauf $J_{a0} = 7 - 3,25 = 3,75\,\text{A}$; der Verlust in der Erregerwicklung $U_k J_n = 65 \cdot 3,25 = 211\,\text{W}$, folglich $N_0 = 455 - 3,75^2 \cdot 0,04 - 211 = 244\,\text{W}$.

Zu b): Die gebremste Leistung, also die an der Riemenscheibe mechanisch abgegebene Leistung, ist: Eingeleitete Leistung minus Verluste $\quad N_m = N_k - J_a^2 R_a - U_k J_n - N_0 \quad \text{Watt}$.

Der Ankerstrom $J_a = J - J_n = 40 - 3,25 = 36,75\,\text{A}$, damit ist;

$$N_m = 65 \cdot 40 - 36,75^2 \cdot 0,04 - 211 - 244 = 2091\,\text{W}.$$

Zu c): $\quad \eta = \dfrac{N_m}{N_k} 100 = \dfrac{2091}{65 \cdot 40} 100 = 80,7\%$.

Zu d): Die Stromstärke, für welche η ein Maximum wird, ist:

$$J = \sqrt{\frac{J_n^2 R_a + U_k J_n + N_0}{R_a}} = \sqrt{\frac{3,25^2 \cdot 0,04 + 211 + 244}{0,04}} = 107\,\text{A}\,*.$$

Die gebremste Leistung ist mithin

$$N_m = U_k J - J_a^2 R_a - (U_k J_n + N_0).$$

$J_a = 107 - 3,25 = 103,75\,\text{A}$, $U_k J_n + N_0 = 211 + 244 = 455\,\text{W}$.
$N_m = 65 \cdot 107 - 103,75^2 \cdot 0,04 - 455 = 6955 - 432 - 455 = 6066\,\text{W}$.

$$\eta_{\text{max}} = \frac{6066}{6955} 100 = 87\%.$$

NB. Man beachte: $J_a^2 R_a = 432\,\text{W}$, $U_k J_n + N_0 = 455\,\text{W}$, d. h. η wird ein Maximum, wenn angenähert der mit der Belastung sich ändernde Stromwärmeverlust $J_a^2 R_a$ gleich dem konstanten Verlust $N_v = U_k J_n + N_0$ ist.

$$*\quad \eta = \frac{\text{Abgabe}}{\text{Aufnahme}} 100 = \frac{U_k J - J_a^2 R_a - U_k J_n - N_0}{U_k J} \cdot 100$$

$$\eta = \left(1 - \frac{R_a}{U_k}\frac{J_a^2}{J} - \frac{J_n}{J} - \frac{N_0}{U_k J}\right) 100 \quad \text{oder,} \quad J_a = J - J_n \text{ gesetzt,}$$

$$\frac{\eta}{100} = 1 - \frac{R_a}{U_k}\frac{J^2 - 2 J J_n + J_n^2}{J} - \frac{J_n}{J} - \frac{N_0}{U_k J}$$

Um das Maximum von η zu finden, bildet man $\dfrac{d\eta}{dJ} = 0$

$$0 = -\frac{R_a}{U_k} + \frac{R_a}{U_k}\frac{J_n^2}{J^2} + \frac{J_n}{J^2} + \frac{N_0}{U_k J^2}, \quad \text{woraus } J \text{ folgt.}$$

Zu e): Die Stromstärke, für welche die gebremste Leistung ein Maximum wird, ist

$$J = \frac{1}{2}\,\frac{U_k}{R_a} + J_n\,*$$

$$J = \frac{1}{2}\,\frac{65}{0,04} + 3,25 = 815,75 \text{ A, } (J_a = J - J_n = 812,5 \text{ A}),$$

$$N_k = U_k J = 65 \cdot 815,75 = 53\,000 \text{ W,}$$

$$N_m = N_k - J_a^2\,R_a - N_v = 53\,000 - 812,5^2 \cdot 0,04 - 455 = 26\,143 \text{ W.}$$

$$\eta = \frac{26\,143}{53\,000}\,100 = 49\%.$$

Bemerkung: Die Gl 71 läßt sich umformen

$$N_0 = U_k J_0 - J_{a0}^2\,R_a - U_k J_n = U_k \left(\overset{\rightarrow\,J_{a0}\,\leftarrow}{J_0 - J_n}\right) - J_{n0}^2\,R_a$$

$$N_0 = J_{a0}\left(\overset{\longrightarrow\,E_{g0}\,\longleftarrow}{U_k - J_{a0}\,R_a}\right) = J_{a0}\,E_{g0} \text{ Watt.} \tag{71a}$$

Die gebremste Leistung ist: $N_m = U_k J - J_a^2\,R_a - U_k J_n - N_0$,

$$N_m = U_k\,(J - J_n) - J_a^2\,R_a - N_0 = E_g\,J_a - E_{g0}\,J_{a0} \text{ Watt.}$$

Setzt man angenähert $E_{g0} = E_g$, so wird $N_m = E_g\,(J_a - J_{a0})$, oder da $J_a = J - J_n$, $J_{a0} = J_0 - J_n$ also $J_a - J_{a0} = J - J_0$ ist

$$N_m = E_g\,(J - J_0) \text{ Watt.} \tag{72}$$

Hat man R_a und R_n nicht gemessen, so kann man angenähert $E_g = U_k$ setzen und erhält dann $N_m = U_k\,(J - J_0)$ Watt.

207. Welchen Leerlaufstrom wird der in Aufgabe 201 berechnete Motor besitzen?

Lösung: Die Bremsleistung des Motors beträgt

$$4\,\text{PS} \equiv 4 \cdot 735 = 2940 \text{ W.}$$

Sie wird angenähert ausgedrückt durch die Gl 72

$$N_m = E_g\,(J - J_0).$$

Wie in Aufg. 201 berechnet, ist $J = 30,7$ A, $E_g = 113,7$ V, also wird

$$J - J_0 = \frac{N_m}{E_g} = \frac{2940}{113,7} = 25,8 \text{ A, } J_0 = 30,7 - 25,8 = 4,9 \text{ A.}$$

208. Um einen Motor, etwa einen Gasmotor, zu bremsen, läßt man denselben eine Nebenschlußmaschine antreiben, die

---

$$*\ N_m = U_k J - J_a^2 R_a - \left(\overline{\underset{U_k J_n\,+\,N_0}{N_v}}\right) \text{ und } J_a = J - J_n \text{ gesetzt,}$$

$$N_m = U_k J - R_a\,(J^2 - 2\,J\,J_n + J_n^2) - N_v$$

N_m wird ein Maximum, wenn $\dfrac{dN_m}{dJ} = 0$, $0 = U_k - 2\,J\,R_a + 2\,J_n\,R_a$, woraus

$$J = \frac{1}{2}\,\frac{U_k}{R_a} + J_n$$

50 [60] A bei 65 [110] V Klemmenspannung gibt. Der Widerstand des Ankers ist $R_a = 0{,}035\,[0{,}04]\,\Omega$, der Widerstand des Magneten $R_n = 16{,}25\,[32]\,\Omega$. Wird diese Nebenschlußmaschine als Motor an eine Stromquelle von derselben Spannung angeschlossen, so braucht sie 12 [7] A Leerlaufstrom. Wie groß ist hiernach die Bremsleistung des Motors?

Lösung: Die Bremsleistung des Motors, d. i. der Kraftbedarf der Dynamo, besteht aus der Nutzleistung $U_k J$ der Dynamo und deren Verlusten, nämlich: dem Verlust durch Stromwärme $J_a{}^2 \cdot R_a$ im Anker, dem Verlust $U_k J_n$ im Nebenschluß und den Verlusten durch Reibung, Hysteresis und Wirbelströme.

Zunächst ist die Klemmenleistung der Dynamo $N_k = U_k J$ $= 65 \cdot 50 = 3250$ W, der in der Nebenschlußwicklung verbrauchte Strom $J_n = \dfrac{U_k}{R_n} = \dfrac{65}{16{,}25} = 4$ A, und damit der im Anker erzeugte Strom $J_a = J + J_n = 50 + 4 = 54$ A. Damit wird:

$J_a{}^2 R_a = 54^2 \cdot 0{,}035 = 102$ W, und $U_k J_n = 65 \cdot 4 = 260$ W.

Die Leerverluste N_0 werden berechnet aus dem Leerlaufverlust, wenn die Dynamo als Motor läuft: $N_0 = U_k J_0 - J_{a0}^2 R_a - U_k J_n$, wo $J_{a0} = J_0 - J_n = 12 - 4 = 8$ A ist

$$N_0 = 65 \cdot 12 - 8^2 \cdot 0{,}035 - 65 \cdot 4 = 518 \text{ W},$$

also ist die Bremsleistung des Motors (Gasmotors), d. i. die Aufnahme der Dynamo $N_m = N_k + N_a + N_n + N_0$

$$N_m = 3250 + 102 + 260 + 518 = 4130 \text{ W}^*.$$

209. Der zu bremsende Motor der vorigen Aufgabe war nicht ein Gas-, sondern ein Nebenschlußmotor, der an eine Klemmenspannung von 120 [220] V angeschlossen wurde, wobei er 44 [48] A Strom gebrauchte. Der Ankerwiderstand betrug $R_a = 0{,}142\,[0{,}2]\,\Omega$, der Nebenschlußwiderstand $R_n = 51\,[120]\,\Omega$. Wie groß ist hiernach:

a) die eingeleitete Leistung,
b) die auf den Anker übertragene Leistung,
c) der Verlust durch Reibung, Hysteresis und Wirbelströme,
d) der prozentuale elektrische Wirkungsgrad,
e) der prozentuale totale Wirkungsgrad,
f) der Strom bei Leerlauf?

---

* Für den Kraftbedarf der Dynamo kann man die Formel

$$N_m = E\,(J + J_0) \tag{73}$$

herleiten, wo J_0 den Strom bezeichnet, wenn die Dynamo als Motor leer läuft und $E = U_k + J_a R_a$ ist; nach dieser Formel wäre

$$N_m = \left(\overset{\xrightarrow{\hspace{0.8em}} E \xleftarrow{\hspace{0.8em}}}{65 + 54 \cdot 0{,}035}\right)(50 + 12) = 4140 \text{ W}.$$

Lösungen:

Zu a): $N_k = U_k J = 120 \cdot 44 = 5280$ W.

Zu b): $N = E_g J_a$, $\quad J_n = \dfrac{U_k}{R_n} = \dfrac{120}{51} = 2{,}35$ A.

$$J_a = 44 - 2{,}35 = 41{,}65 \text{ A},$$

$$E_g = 120 - 41{,}65 \cdot 0{,}142 = 114{,}1 \text{ V},$$

also Ankerleistung $N = E_g J_a = 114{,}1 \cdot 41{,}65 = 4750$ W.

Zu c): Auf den Anker werden übertragen 4750 W,
gebremst werden 4130 W,
durch Reibung, Hysteresis und Wirbelströme
gehen also verloren 620 W.

Zu d): $\eta_e = \dfrac{N \cdot 100}{N_k} = \dfrac{4750 \cdot 100}{5280} = 90\%$.

Zu e): $\eta = \dfrac{N_m \cdot 100}{N_k} = \dfrac{4130 \cdot 100}{5280} = 78{,}5\%$.

Zu f): Die Nutzleistung 4130 W läßt sich ausdrücken durch Formel 72 $\quad 4130 = E_g(J - J_0)$, woraus

$$J - J_0 = \frac{4130}{114{,}1} = 36{,}2 \text{ A}, \text{ und } J_0 = 44 - 36{,}2 = 7{,}8 \text{ A folgt.}$$

§ 24. Die Doppelschlußmaschine.

Weder die Hauptschluß- noch die Nebenschlußmaschine gibt bei Belastungsänderung konstante Klemmenspannung. Das Verhalten der Hauptschlußmaschine ist aus der U_k-Linie (Abb. 92) zu erkennen. Danach steigt zunächst die Spannung mit wachsender Belastung, um später wieder abzunehmen. Die Nebenschlußmaschine besitzt die größte Spannung bei Leerlauf. Mit wachsender Belastung nimmt die Spannung immer mehr ab[1]. Will man eine Maschine haben, bei welcher die Spannung für alle Belastungen dieselbe bleibt, oder sogar mit wachsender Stromstärke noch steigt, so muß man dieselbe mit zwei Erregerwicklungen ausführen, einer Nebenschlußwicklung, die aus vielen Windungen dünnen Drahtes besteht und bei Leerlauf die gewünschte Spannung erzeugt, und einer Hauptstromwicklung, die vom Hauptstrom durchflossen wird und so berechnet ist, daß die durch sie erzeugte Durchflutung den Spannungsverlust und die Ankerrückwirkung (Gl 60) deckt. Diese Maschine heißt Doppelschlußmaschine (Abb. 98). Ihr Schaltschema ist in Abb. 98a bzw. 99 dargestellt. Die Maschine erregt sich, denn bei Rechtsdrehung des Ankers

---

[1] Um die Spannung wieder auf die ursprüngliche Größe zu bringen, schaltet man in den Nebenschluß einen Regulierwiderstand ein, der so bemessen ist, daß er bei Leerlauf voll eingeschaltet, bei höchster Belastung kurzgeschlossen ist. Läuft die Nebenschlußmaschine als Motor, so dient dieser Widerstand zur Regulierung der Drehzahl.

wird der remanente Magnetismus verstärkt. Anstatt in Abb. 98 A mit der Bürste A, kann man auch A' mit der Klemme C verbinden.

Ersetzt man in Abb. 99 den äußeren Stromkreis CB durch eine Stromquelle, deren positiver Pol mit C verbunden ist, so fließt Strom durch die

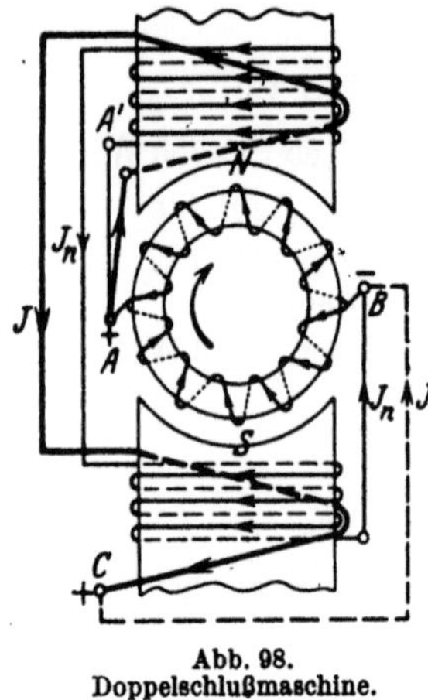

Abb. 98.
Doppelschlußmaschine.

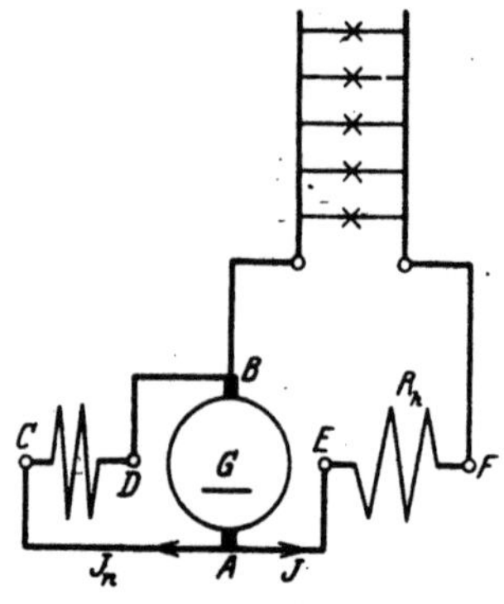

Abb. 98a.
DIN-Darstellung der Doppelschlußmaschine.

Wicklungen, und die Maschine läuft als Motor. Zu beachten ist jedoch, daß der Strom in der Hauptstromwicklung $\overline{CA}$ entgegen der Pfeilrichtung fließt, während in der Nebenschlußwicklung die Pfeilrichtung die Stromrichtung angibt. Die Durchflutungen der Haupt- und Nebenschlußwicklung subtrahieren sich, was beim Anlassen das Drehmoment fast zu Null machen kann. Vertauscht man jedoch die Enden der Hauptstromwicklung, so daß sich die Durchflutungen addieren, so bekommt man einen Motor mit großem Drehmoment beim Anlauf, den man Doppelschlußmotor nennt.

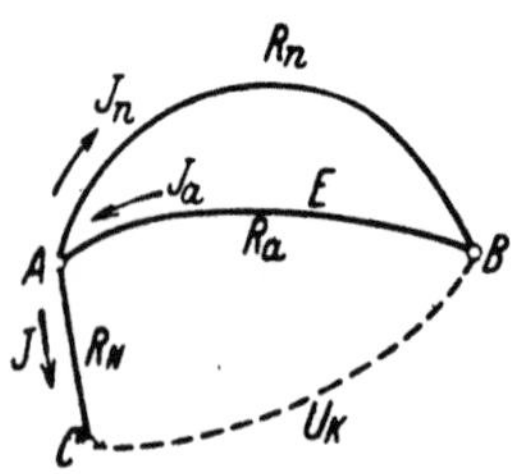

Abb. 99. Schaltschema der
Doppelschlußmaschine.

210. Es ist eine Doppelschlußmaschine für 120 [65] V Klemmenspannung 120 [240] A Strom im äußeren Kreise zu berechnen. Die Verluste durch Stromwärme sollen betragen 2,5 [2]% im Anker, 2,5 [1,5]% im Nebenschluß und 1 [0,8]% in der Hauptstromwicklung.

Gesucht werden:

a) die Stromwärmeverluste in den einzelnen Wicklungen,

b) der Widerstand der Hauptstromwicklung $\overline{AC}$ (Abb. 98 bzw. 99),

c) die Bürstenspannung zwischen A und B,

d) die Stromstärke im Nebenschluß,
e) der Widerstand des Nebenschlusses,
f) die Stromstärke im Anker,
g) der Widerstand des Ankers,
h) die EMK des Ankers.

Lösungen:

Zu a): Die Stromwärmeverluste betragen $2,5 + 2,5 + 1 = 6\%$ zusammen, so daß der elektrische Wirkungsgrad 94% ist. Die elektrische Gesamtleistung des Ankers ist demnach

$$N = \frac{120 \cdot 120 \cdot 100}{94} = 15\,319 \text{ W}.$$

Der Stromwärmeverlust im Anker ist daher $15\,319 \cdot \frac{2,5}{100} = 384$ W, ebenso groß ist der Verlust N_n im Nebenschluß. Der Verlust in der Hauptstromwicklung ist $N_h = 15\,319 \cdot \frac{1}{100} = 153,2$ W.

Zu b): Durch die Hauptstromwicklung $\overline{AC}$ (Abb. 99) fließen 120 A, also ist der Stromwärmeverlust $N_h = 120^2 \cdot R_h = 153,2$ W, woraus $R_h = \frac{153,2}{120^2} = 0,0106\ \Omega$ folgt.

Zu c): Der Spannungsverlust in der Wicklung $\overline{AC}$ ist

$$J R_h = 120 \cdot 0,0106 = 1,28 \text{ V},$$

folglich ist die Bürstenspannung (Spannung zwischen A und B)

$$U_B = U_K + J R_h = 120 + 1,28 = 121,28 \text{ V}.$$

Zu d): Es ist $N_n = U_B J_n = 384$ W, daher die Stromstärke im Nebenschluß $J_n = \frac{384}{121,28} = 3,17$ A.

Zu e): $R_n = \frac{U_B}{J_n} = \frac{121,28}{3,17} = 38,3\ \Omega.$

Zu f): $J_a = J + J_n = 120 + 3,17 = 123,17$ A.

Zu g): Aus $J_a^2 R_a = 384$ W, folgt $R_a = \frac{384}{123,17^2} = 0,0253\ \Omega.$

Zu h): $E = U_B + J_a R_a = 121,28 + 123,17 \cdot 0,0253 = 124,39$ V.

211. Wie groß wird der elektrische Wirkungsgrad der berechneten Maschine, wenn dieselbe nur mit 30 [120] A belastet ist?

Lösung: Der Verlust in der Hauptstromwicklung ist

$$N_h = J^2 R_h = 30^2 \cdot 0,0106 = 9,55 \text{ W}.$$

Der Spannungsverlust ist $30 \cdot 0,0106 = 0,318$ V, mithin die Bürstenspannung $U_B = 120 + 0,318 = 120,318$ V. Der Strom im Nebenschluß ist $J_n = \frac{120,318}{38,3} = 3,11$ A, somit wird der Leistungsverlust im Nebenschluß $N_n = U_B J_n = 120,318 \cdot 3,11 = 378$ W.

Der Ankerstrom ist $J_a = 30 + 3{,}11 = 33{,}11$ A und der Stromwärmeverlust im Anker $J_a^2 R_a = 33{,}11^2 \cdot 0{,}0252 = 27{,}6$ W. Die Verluste durch Stromwärme betragen also

$$9{,}55 + 378 + 27{,}6 = 415{,}2 \text{ W}.$$

Die Nutzleistung ist $120 \cdot 30 = 3600$ W, die Gesamtleistung (Ankerleistung) daher $3600 + 415{,}2 = 4015{,}2$ W, also

$$\eta_e = \frac{3600 \cdot 100}{4015{,}2} = 90\%.$$

212. Berechne die Aufgaben 210 und 211 noch einmal, wenn die Verluste durch Stromwärme 3% im Anker, 1,5% im Nebenschluß und 1,5% in der Hauptstromwicklung betragen.

§ 25. Die mehrpoligen Maschinen.

Besitzt eine Maschine mehr als zwei Pole, z. B. 4 oder 6 oder (allgemein) $2\,p$ Pole, die stets abwechselnd aufeinanderfolgen, so hat man es mit einer mehrpoligen Maschine zu tun.

Bei den mehrpoligen Maschinen kann der Anker mit der Magnetwicklung in gleicher Weise wie bei den zweipoligen verbunden sein, so daß man auch hier Haupt-, Nebenschluß- und Doppelschlußmaschinen unterscheidet. An dieser Stelle soll uns nur die Wicklung des Trommelankers beschäftigen.

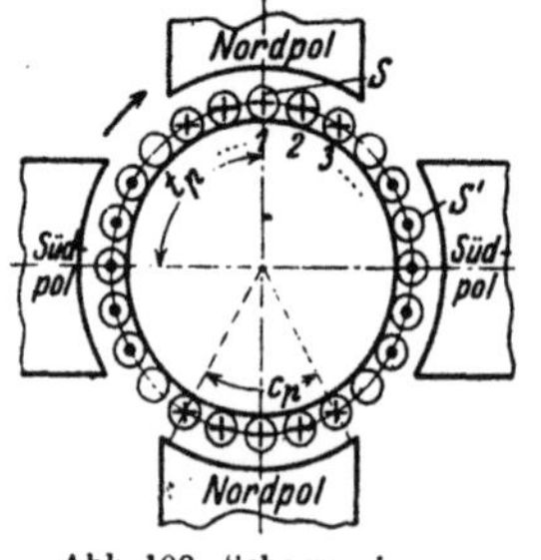

Abb. 100. Schema eines 4 poligen Ankers.

In Abb. 100 ist schematisch eine 4 polige Maschine mit Trommelanker dargestellt. Der Anker wird rechts herum gedreht, wodurch in den einzelnen Drähten unter den Polen elektromotorische Kräfte entstehen, die durch die bekannten Pfeile dargestellt sind. Je nachdem die Drähte 1, 2, 3 ... untereinander und mit den Kommutatorlamellen verbunden werden, unterscheidet man: Parallelschaltung, Reihenschaltung und Reihenparallelschaltung.

Erklärung: Jede Spule hat 2 Seiten S und S' (Abb. 101), die auf der Ankeroberfläche, oder in Nuten eines Zylinders liegen. In jeder Seite sind in Wirklichkeit w_s-Leiter enthalten, so daß also jede Spule aus w_s Windungen besteht.

Ist s die Anzahl der Spulenseiten, so ist $s:2$ die Anzahl der Spulen, die hier stets gleich der Kommutatorlamellenzahl K sein soll[1]. Numeriert man die aufeinanderfolgenden Spulenseiten fortlaufend von 1 bis s, so hat stets die eine Seite S einer Spule eine ungerade Nummer, die andere S' eine gerade. Liegt die erste Seite (S) mitten unter dem Nordpol (Abb. 100), so muß die andere Seite (S') nahezu in gleicher Lage unter dem Südpol sich befinden, d. h. die beiden Spulenseiten sind stets an-

---

[1] Es gibt auch Wicklungen, bei denen dies nicht der Fall ist.

genähert um die Polteilung voneinander entfernt. Polteilung nennt man, wie im § 21 (Ankerrückwirkung) bereits einmal erklärt, die Entfernung von Mitte Nordpol bis Mitte Südpol, d. i. die Größe

$$t_p = \frac{\pi D}{2\,p}.$$

Ist also Nr. 1 die eine Spulenseite S, so hat die andere S' die Nummer $s:2\,p$, wo $s:2\,p$, wenn nötig, auf eine gerade Zahl abgerundet werden muß.

Je nachdem man die Enden der Spulen miteinander verbindet, erhält man verschiedene Schaltungen.

A. Parallelschaltung.

Bei dieser Schaltung verbindet man das Ende der ersten Spule mit dem Anfang der benachbarten und die Verbindungsstelle mit einer Kommutatorlamelle. Ist z. B. für eine 4polige Maschine, also $p = 2$, die Lamellenzahl $K = 99$, so ist die Seitenzahl $s = 2 \cdot 99 = 198$, die erste Spulenseite S hat die Nr. 1, die andere S' die Nummer $\frac{s}{2p} = \frac{198}{4} = 49,5$ abgerundet auf 50 (oder auch 48). Die erste Spule heißt also 1—50, die zweite Spule heißt jetzt 3—52 usw. Hat der Wickler alle Spulen gewickelt, so verbindet er S', d. i. 50 mit einer (beliebigen) Kommutatorlamelle und diese mit Anfang 3. Das Ende 52 mit der nächsten Lamelle und diese mit 5 usw. Eine solche, mit jeder Spulenzahl (Lamellenzahl) ausführbare Wicklung heißt Schleifenwicklung. Die Anzahl $2\,G$ der erforderlichen Bürstenstifte ist $2\,p$. Es ist also: $(2\,G = 2\,p)$. Der Anker zerfällt stets in $2\,p$ parallele Zweige. In jedem Zweige addieren sich die elektromotorischen Kräfte. Es gelten hier die Gleichungen:

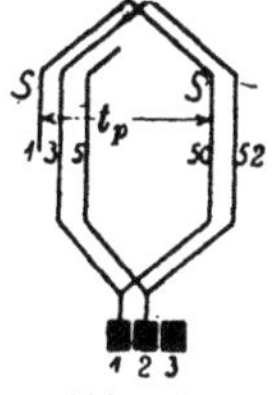

Abb. 101.
Parallelschaltung.

$$i_d = \frac{J_a}{2\,p}, \qquad R_{aw} = \frac{\varrho\,L_a}{(2\,p)^2\,q}, \qquad E = \frac{\Phi_0\,n\,z}{60 \cdot 10^8}, \qquad (74)$$

wo i_d die Stromstärke im Draht bezeichnet. (Herleitung, Fußnote S. 153.)

Mordey-Schaltung.

Da bei $2\,p$-Bürsten stets die Lamellen miteinander verbunden sind, auf denen gleichnamige Bürsten aufliegen, deren Abstand voneinander also $K:p$ ist, so kann man die betreffenden Lamellen durch Leiter auch dauernd miteinander verbinden (Mordey-Schaltung). Die Anzahl der Bürstenstifte darf dann bis auf 2 vermindert werden.

B. Reihenschaltung.

Diese Wicklung wird nach der Arnoldschen Schaltungsformel ausgeführt. Dieselbe heißt:

$$y_1 + y_2 = \frac{s \pm 2}{p}. \qquad (75)$$

y_2 ist der Wicklungsschritt am vorderen (von der Kommutatorseite aus gesehen), y_1 am hinteren Ankerende. Seine Bedeutung folgt aus der Wicklungsregel (VI):

Man verbinde hinten das Ende der $x$ten Spulenseite mit dem Anfang der $(x + y_1)$ten Seite und vorn das Ende der $(x + y_1)$ten Seite mit dem Anfang der $[(x + y_1)$ten $+ y_2]$ten Seite.

Bedingungen:

1. Es müssen sowohl y_1 als auch y_2 ungerade Zahlen sein.

2. $\dfrac{y_1 + y_2}{2}$ und $\dfrac{s}{2}$ sollen keinen gemeinschaftlichen Teiler besitzen, widrigenfalls die Wicklung nicht einfach geschlossen ist.

Beispiel: Es sei wieder $s = 198$, $p = 2$, dann ist entweder

$$y_1 + y_2 = \frac{198 + 2}{2} = \frac{200}{2} = 100$$

oder

$$y_1 + y_2 = \frac{198 - 2}{2} = \frac{196}{2} = 98.$$

Nimmt man $y_1 + y_2 = 100$, so kann $y_1 = 49$, $y_2 = 51$ sein, d. h. man verbindet hinten Seite 1 mit Seite $1 + 49 = 50$ und vorn die Seite 50 mit der Seite $50 + 51 = 101$. Die erste Spule heißt demnach 1—50, die zweite 3—52 usw., d. h. die Wicklung der Spulen ist genau die gleiche wie bei Schleifenwicklung (Abb. 101). Vorn wird dann verbunden Seite 50 mit einer beliebigen Lamelle und diese mit Seite 101; Nr. 52 wird mit der nächsten Lamelle und diese mit 103 usw. (Abb. 102).

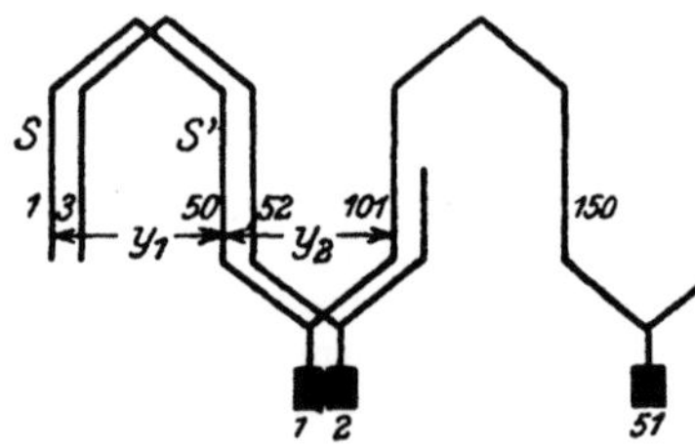

Abb. 102. Reihenschaltung.

Die Wicklung, die der Formel 75 entsprechen muß, ist nur mit bestimmten Seitenzahlen ausführbar. Der Anker zerfällt stets in 2 parallele Zweige. In jedem Zweige addieren sich die elektromotorischen Kräfte.

Für die Reihenschaltung gelten die Formeln:

$$i_d = \frac{J_a}{2}, \qquad R_{aw} = \frac{\varrho\, L_a}{4\, q}, \qquad E = \frac{\Phi_0\, n\, z}{60 \cdot 10^8}\, p. \qquad (76)$$

Mordey-Schaltung ist nicht möglich. Die Bürstenzahl kann jedoch $2\,p$ oder auch nur 2 sein (Herleitung siehe Fußnote S. 147).

C. Reihenparallelschaltung.

Die Wicklungsformel für sie heißt:

$$y_1 + y_2 = \frac{s \pm 2\,a}{p}, \qquad (77)$$

wo $2\,a$ die Anzahl der parallelen Stromzweige bedeutet, in welche der Anker zerfällt. y_1 und y_2 müssen wieder ungerade Zahlen sein.

Die Formeln sind

$$i_d = \frac{J_a}{2a} \text{ Ampere *}, \quad R_{aw} = \frac{\varrho\, L_a}{(2a)^2\, q} \text{ Ohm **}, \quad E = \frac{\Phi_0\, n\, z}{60 \cdot 10^8}\, \frac{p}{a} \text{ Volt ***.} \quad (78)$$

* Ist in Abb. 103 $2a$ die Anzahl der Ankerzweige, in welche der Anker durch die Wicklung zerfällt, und fließt in einem Zweige der Strom i_d, so ist der Gesamtstrom $J_a = i_d \cdot 2a$ Ampere.

** Ist R der Widerstand eines Zweiges, R_{aw} der Ankerwiderstand der Wicklung zwischen A und B, so ist nach Formel 8b $R_{aw} = R : 2a$. Ist L_a die gesamte auf den Anker ge-

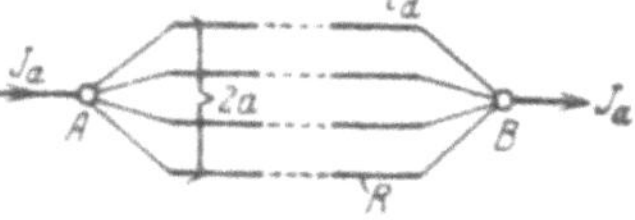

Abb. 103. Ankerzweige.

wickelte Drahtlänge in Meter, so kommt auf einen Zweig die Länge $L_a : 2a$. Bezeichnet q den Querschnitt des Drahtes in mm², so ist nach Formel 4

$$R = \varrho\, \frac{L_a}{2a} : q, \quad \text{also} \quad R_{aw} = \frac{\varrho\, L_a}{(2a)^2\, q} \text{ Ohm.}$$

*** Für den Mittelwert der EMK in einer Windung gibt die Gl 27

$$E_m = \frac{(\Phi_1 - \Phi_2) \cdot 1}{T' \cdot 10^8} \text{ Volt.}$$

T' ist die Zeitdauer, um den Induktionsfluß von Φ_1 auf Φ_2 zu bringen. Umschließt eine Windung SS' den Induktionsfluß $\Phi_1 = \Phi_0$ (Abb. 104), so umschließt dieselbe Windung, wenn sie unter den nächsten Pol gelangt ist, den Induktionsfluß $\Phi_2 = -\Phi_0$, und die hierzu gebrauchte Zeit ist $T' = \dfrac{T}{2p}$ Sek., wenn T die Zeitdauer einer Ankerumdrehung ist. Wenn der Anker n Umdrehungen in der Minute macht, so ist

$$T = \frac{60}{n}, \text{ daher}$$

$$E_m = \frac{2\, \Phi_0 \cdot 2\, p\, n}{60 \cdot 10^8} \text{ Volt.}$$

Sind w Windungen auf den Anker gewickelt, so kommen auf einen Zweig $\dfrac{w}{2a}$ Windungen, in denen sich die elektromotorischen Kräfte addieren, also ist

$$E = E_m \cdot \frac{w}{2a} = \frac{2\, \Phi_0\, 2\, p\, n}{60 \cdot 10^8}\, \frac{w}{2a} \text{ Volt.}$$

Abb. 104. Erläuterung zur Formel 78.

Führt man anstatt der Windungszahl w die Drahtzahl z ein, so ist beim Trommelanker $w = \dfrac{z}{2}$ zu setzen, demnach $E = \dfrac{\Phi_0\, n\, z}{60 \cdot 10^8} \cdot \dfrac{p}{a}$ Volt.

Für Parallelschaltung ist $a = p$, für Reihenschaltung $a = 1$.

Für $a = 1$ erhält man die Reihenschaltung, während $a = p$ eine bestimmte (Arnoldsche) Parallelschaltung gibt, die jedoch stets durch eine Schleifenwicklung ersetzt werden kann, was wesentlich ist, da ja diese Wicklung an keine Wicklungsformel gebunden, also immer ausführbar ist.

Die nach den Arnoldschen Wicklungsformeln ausgeführten Wicklungen heißen allgemein Wellenwicklungen.

Beispiel: Es sei wieder $s = 198$, $p = 2$, aber $a = 3$, also $2\,a = 6$, so ist

$$y_1 + y_2 = \frac{198 + 6}{2} = 102.$$

Wir nehmen wieder $y_1 = 49$ und erhalten $y_2 = 102 - 49 = 53$. Man verbindet hinten 1 mit $(49 + 1)$ d. i. 50 und vorn 50 mit $(50 + 53)$ d. i. 103 usw. (Abb. 105).

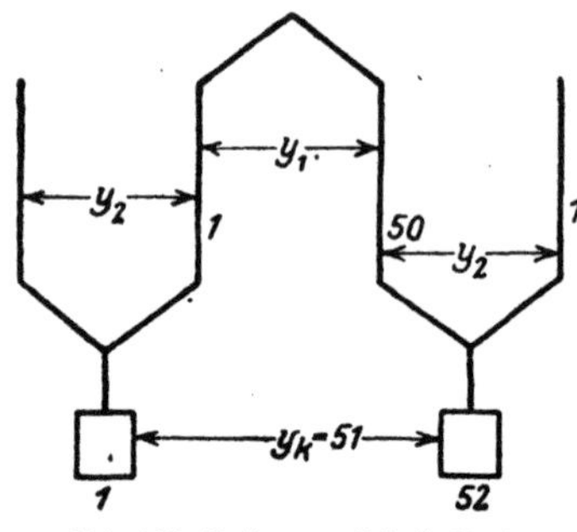

Abb. 105. Reihenparallelschaltung.

Kommutatorschritt.

Für den Wickler ist es wichtig zu wissen, mit welchen Kommutatorlamellen die Enden einer Spule verbunden sind. Bei der Schleifenwicklung zeigt die Abb. 101, daß die beiden Seiten (3 und 52) einer Spule mit zwei nebeneinanderliegenden Lamellen 1 und 2 verbunden sind. Bei Wellenwicklungen gibt die Formel

$$y_k = \frac{K \pm a}{p} = \frac{y_1 + y_2}{2} \qquad (79)$$

hierüber Auskunft, worin y_k den Kommutatorschritt bezeichnet. In Abb. 102 ist $K = 99$, $p = 2$ und $a = 1$, also wird $y_k = \frac{99 \pm 1}{2} = 50$ (oder 49). Ist also die Spulenseite 101 mit Lamelle 1 verbunden, so ist es die zugehörige andere Seite (d. i. 150) mit der Lamelle $1 + 50 = 51$. Zwischen zwei nebeneinanderliegenden Lamellen liegen stets p hintereinandergeschaltete Spulen, d. h. die auf zwei Lamellen aufliegende Bürste schließt p Spulen kurz.

Für $a = 3$ war $y_1 + y_2 = 102$, also ist $y_k = \frac{102}{2} = 51$, d. h. die beliebige Lamelle 1 ist durch die Spule 1—50 mit der Lamelle $1 + 51 = 52$ zu verbinden. Diese mit der Spulenseite 103 usf. (Abb. 105 [1]).

---

[1] Frage: Mit welcher ungeraden Spulenseite ist die Lamelle x verbunden, wenn bei der Numerierung der Lamellen diejenige Lamelle als 1 bezeichnet wird, die mit der Spulenseite 1 verbunden ist?

Antwort: Mit der Seite $2\,x - 1$.

Z. B. Lamelle 52 ist in Abb. 105 verbunden mit Seite $2 \cdot 52 - 1 = 103$. Umgekehrt, mit welcher Lamelle ist die Spulenseite 143 verbunden?

Antwort:
$$143 = 2x - 1 \quad \text{oder} \quad x = \frac{144}{2} = 72.$$

Bemerkung: Man sieht aus den drei Beispielen, daß die Wicklung der Spulen in allen Fällen die gleiche war und nur die Verbindungen am Stromwender sich änderten. Die Eigenschaften der Maschinen sind aber andere geworden. Nehmen wir z. B. an, die Schleifenwicklung hätte 300 V und 200 A ergeben, so würde man bei Reihenschaltung mit $a = 1$ 600 V und 100 A und mit $a = 3$ also Reihenparallelschaltung 200 V und 300 A erhalten, wie dies die Formeln 74, 76 und 78 ergeben.

Nutenzahl.

Man legt die Spulenseiten heute fast ausschließlich in zwei übereinanderliegenden Lagen in Nuten ein, wobei die geraden Nummern über (oder unter) die ungeraden zu liegen kommen. Ist u_n die Anzahl der Seiten pro Nut, so ist die Anzahl der erforderlichen Nuten

$$k = \frac{s}{u_n}. \tag{80}$$

Ist wieder $s = 198$ und $u_n = 6$, so ist die Anzahl der erforderlichen Nuten

$$k = \frac{198}{6} = 33 \text{ Nuten};$$

die Seiten 1, 3, 5 kommen nebeneinander in eine Nut, die Nut I, die Seiten 2, 4, 6 darüber (Abb. 106). Anstatt drei einzelne Spulen anzufertigen, kann man auch die drei Spulen zu einer Formspule vereinigen.

Nutenschritt.

Bezeichnet y_n den Nutenschritt, u_n die Anzahl der Spulenseiten pro Nut (vgl. Tabelle 10 auf S. 157), so ist

$$y_n = \frac{y_1 - 1}{u_n}. \tag{81}$$

In unserm Beispiel ist $y_1 = 49 \quad u_n = 6$

also $y_n = \dfrac{49 - 1}{6} = 8,$

2	4	6
1	3	5

Nut I.

50	52	54
49	51	53

Nut IX.

Abb. 106. Verteilung der Spulenseiten in einer Nut.

d. h. wenn in der Nut 1 (I) die Seiten 1, 3, 5 liegen, so liegen die andern Seiten dieser Spulen, d. s. die Seiten 50, 52, 54 in der Nut $1 + 8 = 9$ (IX), gleichgültig ob $a = 1$, 2 oder 3 ist (Abb. 106).

Bei der Wahl von y_1 (Formel 75 bzw. 77) ist Formel 81 derart zu berücksichtigen, daß y_n eine ganze Zahl wird[1].

---

[1] Es kann gefragt werden, welche Seiten in einer bestimmten Nut x liegen. Ist u_n die Anzahl der Spulenseiten in einer Nut, so liegen in der Nut x die ungeraden Seitennummern

$$u_n x - 1, \qquad u_n x - 3, \qquad u_n x - 5 \text{ usf.} \left(\frac{u_n}{2} \text{ Seiten}\right)$$

und darüber (oder darunter) die geraden Nummern

$$u_n x, \qquad u_n x - 2, \qquad u_n x - 4 \text{ usf.} \left(\frac{u_n}{2} \text{ Seiten}\right)$$

Für $p = 2$, $s = 198$; $u_n = 6$ liegen in der Nut $x = 1$ die ungeraden Seitennummern $6 \cdot 1 - 5 = 5$, $6 \cdot 1 - 3 = 3$ und $6 \cdot 1 - 5 = 1$

Kommutatorlamellenzahl.

Die kleinste Lamellenzahl berechnet man nach der Formel

$$K \gtreqqless (0{,}038 - 0{,}04)\, z\, \sqrt{i_d}, \tag{82}$$

wo z die erforderliche Drahtzahl und i_d die Stromstärke im Draht bedeutet. Man kann die Frage stellen:

Welche Stromstärke i_d darf im Ankerdraht fließen, wenn die Spulenseite w_s Leiter enthält?

Die Drahtzahl ist $z = w_s s = 2 w_s K$, also ist nach Formel (82) auch

$$K \gtreqqless 0{,}038 \cdot 2 w_s K \sqrt{i_d}$$

woraus folgt:

$$i_d = \frac{174}{w_s{}^2}$$

Setzt man $w_s = 1, 2, 3, \ldots$, so erhält man die Tabelle 9.

Tabelle 9. Kommutatorlamellenzahl.

Anzahl der Windungen w_s pro Spule	1	2	3	4	5	6
i_d Strom im Ankerdraht in A	174	43,5	19	10,8	6,9	4,8
Lamellenzahl $K = \dfrac{z}{2 w_s} \cdots$	$\dfrac{z}{2}$	$\dfrac{z}{4}$	$\dfrac{z}{6}$	$\dfrac{z}{8}$	$\dfrac{z}{10}$	$\dfrac{z}{12}$

Untersuchung der möglichen Spulenseiten pro Nut.

Die Nutenzahl ist $k = \dfrac{s}{u_n}$ und soll eine ganze Zahl sein. Dies ist für $u_n = 2$ immer möglich, da ja s eine gerade Zahl ist. Soll dagegen $u_n = 4$ werden, so ist dies für eine 4polige Maschine mit Reihenschaltung nicht möglich, da der Wicklungsformel 75 entsprechend für $p = 2$

$$y_1 + y_2 = \frac{s \pm 2}{2} = \frac{s}{2} \pm 1 \quad \text{(gerade Zahl)}$$

$\dfrac{s}{2}$ eine ungerade Zahl sein muß, also kann $k = \dfrac{s}{4} = \dfrac{\frac{s}{2}}{2}$ keine ganze Zahl sein.

Für $p = 2$ ist $u_n = 6$ möglich, denn $k = \dfrac{s}{6} = \dfrac{\frac{s}{2}}{3}$ wird eine ganze Zahl, wenn $\dfrac{s}{2} = K$ durch 3 teilbar ist. (Vgl. S. 154 $K = 99$.)

und die geraden Seitennummern

$$6 \cdot 1 = 6, \quad 6 \cdot 1 - 2 = 4 \quad \text{und} \quad 6 \cdot 1 - 4 = 2.$$

In Nut 9 liegen die ungeraden Seitennummern

$$6 \cdot 9 - 1 = 53, \quad 6 \cdot 9 - 3 = 51 \quad \text{und} \quad 6 \cdot 9 - 5 = 49$$

und die geraden

$$6 \cdot 9 = 54, \quad 6 \cdot 9 - 2 = 52 \quad \text{und} \quad 6 \cdot 9 - 4 = 50.$$

In gleicher Weise läßt sich zeigen, daß für $p = 3$, $u_n = 4$ möglich, aber $u_n = 6$ nicht möglich ist. Für $u_n = 6$ ist $k = \frac{s}{6}$, d. h. s müßte durch 3 teilbar sein, was aber nach der Wicklungsformel nicht möglich ist, da nach dieser $s \pm 2$ durch 3 teilbar sein muß.

Die Tabelle 10 gibt die möglichen Werte von u_n.

Tabelle 10. Anzahl der Spulenseiten pro Nut.

Zahl der Pole	Mögliche Zahl u_n von Spulenseiten pro Nut für symmetrische Wicklungen				
4	1	2	—	6	—	10
6	1	2	4	—	8	10
8	1	2	—	6	—	10
10	1	2	4	6	8	—
12	1	2	—	—	—	10
14	1	2	4	6	8	10
16	1	2	—	6	—	10

Bestimmung der Länge einer Windung.

Da die Entfernung zweier Seiten S und S' (Abb. 107) angenähert gleich der Polteilung $t_p = \frac{\pi D}{2p}$ ist, so ist $\overline{AC} = \frac{t_p}{2}$ und $\overline{BC}$ kann reichlich ebenfalls auf $\frac{t_p}{2}$ geschätzt werden, so daß

$$\overline{AB} = x = \sqrt{\overline{AC^2} + \overline{BC^2}} = \frac{t_p}{2}\sqrt{2} \text{ ist.}$$

Ist b_1 die Länge einer Seite, so ist die Länge einer Windung

$$2 l_{aw} = 2 b_1 + 4 x = 2 b_1 + 4 \frac{t_p}{2}\sqrt{2}$$

oder

$$2 l_{aw} = 2 b_1 + 2{,}84 t_p.$$

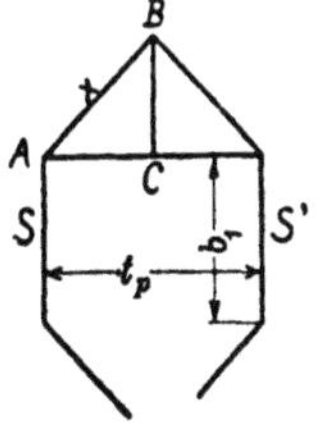

Abb. 107. Zur Bestimmung der Länge einer Windung.

Die Seite b_1 ist immer etwas länger als die Ankerlänge b, so daß man auch schreiben kann:

$$2 l_{aw} = 2 b + 3 t_p \tag{83}$$

oder die Länge einer halben Ankerwindung

$$l_{aw} = b + 1{,}5 t_p. \tag{83a}$$

213. Ein 6 poliger Trommelanker besitzt 440 Stäbe, die zu je 4 in Nuten eingebettet sind. Gesucht werden:

a) die Teilschritte der Wicklung am hinteren und vorderen Ankerende für $a = 1$ [2],

b) die Anzahl der Nuten und der Nutenschritt,

c) die Nummern der Stäbe, die in Nut 72 liegen,

d) die Lamellenzahl und der Kommutatorschritt,

e) die Spulenseiten, die mit der Lamelle Nr. 133 verbunden sind.

Lösungen:

Zu a): Für unsern Stabanker ist die Drahtzahl einer Spulenseite $w_s = 1$, also ist $z = 440 = s$; da $p = 3$ ist, ergibt die Wicklungsformel 75 oder 77 für $a = 1$

$$y_1 + y_2 = \frac{440 \pm 2}{3} \text{ (muß gerade Zahl sein)},$$

daher nur möglich für

$$y_1 + y_2 = \frac{440 - 2}{3} = 146, \qquad y_1 = 73 \text{ und } y_2 = 73.$$

Zu b): Nach (Gl 80) ist $k = \frac{440}{4} = 110$ Nuten. Der Nutenschritt ist nach (Gl 81)

$$y_n = \frac{y_1 - 1}{u_n} = \frac{73 - 1}{4} = 18 .$$

Zu c): In Nut 72 liegen die Spulenseiten (Fußnote, S. 155)

$$4 \cdot 72 - 1 = 287, \; 285 \text{ und darüber } 4 \cdot 72 = 288, \; 286.$$

Zu d): $\qquad K = \frac{s}{2} = \frac{440}{2} = 220, \qquad y_k = \frac{y_1 + y_2}{2} = 73.$

Zu e): Mit Lamelle 133 ist verbunden der Spulenanfang $2 \cdot 133 - 1 = 265$ und das Spulenende $265 - y_2 = 265 - 73 = 192$. (Vgl. Fußnote S. 144.)

214. Der Trommelanker der Aufgabe 213 hat einen Durchmesser $D = 57$ cm und eine Ankerlänge $l = 22{,}4$ cm. Der Kupferquerschnitt eines Stabes ist $q = 30$ mm². Gesucht wird:

a) die Polteilung,   b) die Länge einer Windung,

c) die Länge aller Windungen,

d) der Widerstand der Ankerwicklung für $a = 1$ [2],

e) der Ankerstrom, wenn die Stromdichte 4,55 A beträgt,

f) die Ankerleistung, wenn für $a = 1$ die EMK 440 V ist.

Lösungen:

Zu a): $t_p = \dfrac{\pi D}{2 p} = \dfrac{\pi \cdot 57}{6} = 29{,}8$ cm,

Zu b): $2 l_{aw} = 2 b + 3 t_p = 2 \cdot 22{,}4 + 3 \cdot 29{,}8 \approx 134$ cm.

Zu c): $L_{aw} = 2 l_{aw} \cdot \dfrac{z}{2} = 1{,}34 \cdot \dfrac{440}{2} = 294$ m.

Zu d): $R_{aw} = \dfrac{\varrho L_{aw}}{(2 a)^2 q} = \dfrac{0{,}02 \cdot 294}{(2 \cdot 1)^2 \cdot 30} = 0{,}049 \; \Omega.$

Zu e): $J_a = 2 i_d = 2 \cdot (30 \cdot 4{,}55) = 273$ A.

Zu f): $N = E J_a = 440 \cdot 273 = 120\,000$ W.

§ 26. Umwicklung von Maschinen.

Häufig soll eine Dynamomaschine oder ein Motor von der Spannung U_{k1} auf die Spannung U_{k2} umgewickelt werden, ohne daß die Drehzahl, der Induktionsfluß und die Leistung geändert werden; meistens muß auch noch der alte Kommutator verwendet werden.

Ankerwicklung.

Durch Abwickeln des Ankerdrahtes läßt sich die Drahtzahl z_1 und der Drahtquerschnitt q_1 feststellen; gesucht wird der neue Drahtquerschnitt q_2 und die zugehörige Drahtzahl z_2.

Die Ankerleistung muß vor und nach dem Neuwickeln die gleiche bleiben, d. h.

$$E_1 J_{a1} = E_2 J_{a2}. \tag{I}$$

Die Stromstärke im Draht ist bei $2\,a$ parallelen Zweigen (Formel 78)

$$i_{d1} = \frac{J_{a1}}{2\,a_1} \text{ und } i_{d2} = \frac{J_{a2}}{2\,a_2}, \text{ woraus } J_{a1} = 2\,a_1\,i_{d1} \text{ und } J_{a2} = 2\,a_2\,i_{d2}$$

folgt. Damit die Verluste durch Stromwärme die gleichen bleiben, muß, da die aufgewickelten Drahtgewichte dieselben bleiben, die Stromdichte s denselben Wert behalten (vgl. Aufg. 105), also ist $i_{d1} = q_1\,s$ und $i_{d2} = q_2\,s$, mit diesen Werten wird die Ankerleistung Gl I

$$E_1\,2\,a_1 q_1\,s = E_2\,2\,a_2 q_2\,s,$$

und damit

$$q_2 = q_1 \frac{E_1}{E_2} \frac{a_1}{a_2}. \tag{II}$$

Nun ist aber die EMK des Ankers

$$E_1 = U_{k1} \pm J_{a1} R_1, \qquad E_2 = U_{k2} \pm J_{a2} R_2,$$

wo das $+$Zeichen für die Dynamo, das $-$Zeichen für den Motor gilt. Die Gleichungen mit J_{a1} bzw. J_{a2} multipliziert, geben:

$$E_1 J_{a1} = U_{k1} J_{a1} \pm J_{a1}^2 R_1, \qquad E_2 J_{a2} = U_{k2} J_{a2} \pm J_{a2}^2 R_2.$$

Wegen Gl I ist hiermit auch

$$U_{k1} J_{a1} \pm J_{a1}^2 R_1 = U_{k2} J_{a2} \pm J_{a2}^2 R_2. \tag{III}$$

Die Verluste durch Stromwärme müssen aber vor und nach dem Umwickeln dieselben sein, d. h. $J_{a1}^2 R_1 = J_{a2}^2 R_2$. Demgemäß geht Gl III über in

$$U_{k1} J_{a1} = U_{k2} J_{a2}. \tag{IV}$$

Aus I und IV folgt durch Division

$$\frac{U_{k1}}{E_1} = \frac{U_{k2}}{E_2} \text{ oder auch } \frac{E_1}{E_2} = \frac{U_{k1}}{U_{k2}}$$

mithin der neue Ankerdrahtquerschnitt

$$q_2 = q_1 \frac{U_{k1}}{U_{k2}} \frac{a_1}{a_2}. \tag{84}$$

Nach Formel (78) ist

$$E_1 = \frac{\Phi_0 n z_1}{60 \cdot 10^8} \frac{p}{a_1}, \qquad E_2 = \frac{\Phi_0 n z_2}{60 \cdot 10^8} \frac{p}{a_2}, \quad \text{folglich} \quad \frac{E_1}{E_2} = \frac{z_1}{z_2} \frac{a_2}{a_1}$$

oder die neue Ankerdrahtzahl

$$z_2 = z_1 \frac{a_2}{a_1} \frac{U_{k2}}{U_{k1}}. \tag{84a}$$

Magnetwicklung.

a) **Nebenschlußwicklung.** Der Stromwärmeverlust muß vor und nach dem Umwickeln derselbe sein, was erreicht wird, wenn die Stromdichte die gleiche bleibt. In der Gleichung

$$U_{k1} J_{n1} = U_{k2} J_{n2} \quad \text{ist} \quad J_{n1} = q_{m1} s_m \quad \text{und} \quad J_{n2} = q_{m2} s_m$$

zu setzen, wodurch $U_{k1} q_{m1} s_m = U_{k2} q_{m2} s_m$ wird, oder der neue Querschnitt eines Magnetdrahtes

$$q_{m2} = q_{m1} \frac{U_{k1}}{U_{k2}}. \tag{84b}$$

Diese Angabe genügt, denn man braucht die Spulen nur mit diesem neuen Draht in der früheren Weise vollzuwickeln. Man kann jedoch auch die neue Windungszahl durch die alte ausdrücken, wenn man bedenkt, daß bei gleichem Induktionsfluß die neue Amperewindungszahl gleich der alten sein muß, d. h. daß

$$J_{n1} w_1 = J_{n2} w_2 \quad \text{ist, oder} \quad q_{m1} s_m w_1 = q_{m2} s_m w_2,$$

und somit die neue Windungszahl

$$w_2 = \frac{q_{m1}}{q_{m2}} w_1 = \frac{U_{k2}}{U_{k1}} w_1. \tag{84c}$$

b) **Hauptstromwicklung.** Bekannt der Querschnitt q_{m1} und die Windungszahl w_1 gesucht q_{m2} und w_2.

Der Ankerstrom fließt durch die Magnetwicklung, d. h. es ist

$$q_1 s 2 a_1 = q_{m1} s_m, \quad q_2 s 2 a_2 = q_{m2} s_m,$$

oder beide Gleichungen durcheinander dividiert

$$\frac{q_1}{q_2} \frac{a_1}{a_2} = \frac{q_{m1}}{q_{m2}}, \quad \text{woraus} \quad q_{m2} = q_{m1} \frac{a_2}{a_1} \frac{q_2}{q_1}.$$

Nach Formel (84) ist $\dfrac{q_2}{q_1} = \dfrac{U_{k1}}{U_{k2}} \dfrac{a_1}{a_2}$, dies eingesetzt, gibt wieder die

Formel (84b): $q_{m2} = q_{m1} \dfrac{U_{k1}}{U_{k2}}.$

Die Windungszahl w_2 folgt aus Gl 84c. Die Formeln 57, 60 und 64 behalten auch für den umgewickelten Anker die gleichen Zahlenwerte, hingegen ändert sich der Wert e_i in Formel 62.

215. Ein zweipoliger Hauptschlußmotor soll von 12 V auf 220 V umgewickelt werden. Die Tourenzahl ist 1200.

Die Daten des alten Ankers sind: Ankerdurchmesser 7,47 cm, Ankerlänge 5,6 cm, 20 Kommutatorlamellen, 20 Nuten (5 mm breit, 12 mm tief), Drahtstärke $d = 1,3$ mm, $z_1 = 200$ Drähte (20 Spulen je 5 Windungen). Die Magnetwicklung besteht aus 64 Windungen eines 3 mm dicken Drahtes.

Lösung: Da bei einer zweipoligen Maschine nur Schleifenwicklung möglich ist, ist $a_1 = a_2 = 1$, demnach wird nach Formel 84 der neue Querschnitt des Ankerdrahtes

$$q_2 = 1{,}3^2 \frac{\pi}{4} \cdot \frac{12}{220} = 0{,}0725 \ \text{mm}^2,$$

$$d_2 = 0{,}3 \ \text{mm}, \quad \text{besponnen} \ d_2' = 0{,}4 \ \text{mm}.$$

Die Drahtzahl nach Formel (84a) ist $z_2 = 200 \dfrac{220}{12} = 3666$.

Die Drahtzahl pro Spule ist $\dfrac{3666}{20} = 183$, abgerundet 180 ($z_2 = 3600$). In jede Nute kommen gleichfalls 180 Drähte, 6 nebeneinander, 30 Lagen übereinander.

Hauptstromwicklung. Aus Formel 84 b folgt

$$q_{m2} = 3^2 \frac{\pi}{4} \cdot \frac{12}{220} = 0{,}382 \ \text{mm}^2, \quad d_2 = 0{,}7 \ \text{mm}, \quad d_2' = 0{,}8 \ \text{mm}.$$

Nach Formel (84c) sind aufzuwickeln $w_2 = \dfrac{220}{12} \cdot 64 = 1170$ Windungen, nebeneinander 32 und 36 Lagen übereinander, in die 37. Lage kommen noch 18 Windungen.

Die EMK der Selbstinduktion der kurzgeschlossenen Spule wird für eine Ankerstromstärke von 1,2 A ($i_d = 0{,}6$ A) nach 62

$$e_s = 7 \frac{3600 \cdot 1200 \cdot 3600 \cdot 5{,}6 \cdot 0{,}6}{20 \cdot 60 \cdot 10^8} = 3{,}05 \ \text{V}.$$

Der umgewickelte Motor wird zur Funkenbildung neigen, was auch die Ausführung bestätigte. Der Strom 1,2 A entspricht im alten Anker einem Strom von 22 A ($i_d = 11$ A), es war also bei diesem

$$e_s = \frac{7 \cdot 200 \cdot 1200 \cdot 200 \cdot 5{,}6 \cdot 11}{20 \cdot 60 \cdot 10^8} = 0{,}17 \ \text{V}.$$

Bemerkung: Der Wert von e_s ist maßgebend, ob der Stromwender verwendet werden kann oder nicht.

216. Ein vierpoliger Nebenschlußmotor, der bisher für 240 V Spannung bestimmt war, soll für 120 V umgewickelt werden. Der Anker besitzt 702 Drähte und 117 Kommutatorlamellen. Die Untersuchung zeigt, daß eine Reihenschaltung vorliegt, also $a_1 = 1$ ist. Die Nebenschlußwicklung besteht aus 2500 Windungen pro Schenkel eines 1 mm blanken, 1,3 mm besponnenen Drahtes.

Lösung: Wir werden bei der halben Spannung eine Schleifenwicklung ausführen, für die $a_2 = 2$ gesetzt werden kann, es ist dann

$$z_2 = 702 \frac{2}{1} \frac{120}{240} = 702 \ \text{Drähte,} \quad q_2 = q_1 \frac{240}{120} \cdot \frac{1}{2} = q_1,$$

die Wicklung bleibt also ungeändert, nur muß der Kommutatorschritt geändert werden. Während derselbe bisher war (Formel 79)

$$y_k = \frac{117 + 1}{2} = 59,$$

d. h. es war verbunden der Anfang der ersten Spule mit der Lamelle Nr. 1, das Ende mit der Lamelle Nr. 60, muß jetzt verbunden werden der Anfang mit Lamelle Nr. 1, das Ende der Spule mit der benachbarten Lamelle Nr. 2 usf. Der Kommutator hat jetzt aber die doppelte Stromstärke zu führen, und es muß nachgerechnet werden, ob er diese noch vertragen kann, ohne zu heiß zu werden.

Magnetwicklung. Nach Formel 84b ist:

$$q_{m2} = 1^2 \frac{\pi}{4} \frac{240}{120} = 1,57 \text{ mm}^2, \quad d = 1,45, \quad d' = 1,7 \text{ mm},$$

nach 84c:

$$w_2 = \frac{120}{240} 2500 = 1250 \text{ Windungen.}$$

III. Wechselstrom.

§ 27. Definition.

Ein Gleichstrom ist ein Strom, der seine Stärke und Richtung dauernd beibehält. Bei einem Wechselstrom ändert sich die Stromstärke und Richtung periodisch mit der Zeit. Wechselströme werden in besonders gebauten Wechselstrommaschinen erzeugt (siehe Abb. 113). Doch kann man jeder Gleichstrommaschine Wechselstrom entnehmen, wenn man zwei Punkte der Wicklung oder, was dasselbe ist, zwei Kommutatorlamellen mit Schleifringen verbindet. Die Abb. 108 zeigt einen Ringanker, bei welchem die Punkte C und D der Wicklung zu zwei Schleifringen geführt sind[1]. Die Spannung u an den Schleifringen ist stets die Summe der Spannungen in allen Windungen über $\overline{CD}$. Sie besteht aus den elektromotorischen Kräften zwischen $\overline{CA}$ und $\overline{AD}$, die einander entgegengerichtet sind. Ist $\alpha = 0$, so ist $\overline{AC} = \overline{AD}$, also auch $u = 0$; ist $\alpha = 90°$ $\left(\text{oder im Bogenmaß } \dfrac{\pi}{2}\right)$, so fällt C mit A und D mit B zusammen, die EMK ist die Summe der elektromotorischen Kräfte zwischen A und B, d. i. der größte Wert U_{max}, den die Spannung an den Schleifringen annimmt. (Beiläufig ist U_{max} gleich der Spannung, die an den Gleichstrombürsten herrscht.)

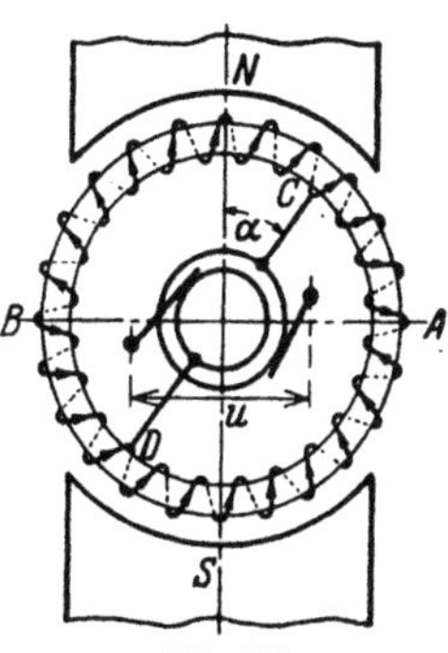

Abb. 108.
Gleichstrommaschine zur Entnahme von Wechselstrom.

Zwischen einer Kommutator- und einer Schleifringbürste entnimmt man einen pulsierenden Gleichstrom.

Eine Periode ist nach einer Umdrehung vollendet, d. h. bei der nächsten Umdrehung wiederholt sich der genau gleiche Vorgang.

Bezeichnet T die Zeitdauer einer Periode, ausgedrückt in Sekunden, f die Anzahl der Perioden pro Sekunde (die Frequenz), deren Einheit 1 Hertz (Hz) ist, so ist

$$T = \frac{1}{f} \ \text{ Sekunden.} \tag{85}$$

Besitzt die Wechselstrommaschine p Nordpole (Polpaare), so ist

$$\boxed{\frac{n\,p}{60} = f \ \ \text{Hertz.}} \tag{86}$$

217. Wieviel Pole erhält eine Wechselstrommaschine, die Wechselstrom von 50 [44] Hertz liefern soll und dabei 300 [360] Umdrehungen in der Minute macht?

---

[1] Die Schleifringe, die als konzentrische Kreise dargestellt sind, sind in Wirklichkeit zwei gleichgroße, auf der Achse befestigte, voneinander isolierte Metallringe.

Lösung: $f = 50\,\text{Hz}$, $n = 300$, $p = \dfrac{60f}{n} = \dfrac{60 \cdot 50}{300} = 10$ Nordpole, d. h. die Maschine erhält 20 Pole.

218. Wieviel Pole erhält eine Wechselstrommaschine, die Wechselstrom von 50 [60] Hertz liefern soll und deren Umdrehungszahl ungefähr 400 [430] pro Minute ist?

Lösung: $f = 50\,\text{Hz}$, $n = 400$, $p = \dfrac{50 \cdot 60}{400} = 7{,}5$ Polpaare.

Da p eine ganze Zahl sein muß, so runde man dahin ab, also etwa $p = 8$. Mit $p = 8$ wird nun umgekehrt die genaue Umdrehungszahl

$$n = \frac{50 \cdot 60}{8} = 375 \text{ Umdrehungen pro Minute.}$$

219. Eine 6 [4]-polige Wechselstrommaschine macht 1200 [1800] Umdrehungen in der Minute. Welche Frequenz besitzt der erzeugte Wechselstrom?

Lösung: $f = ?$ $n = 1200$, $p = 3$, $f = \dfrac{1200 \cdot 3}{60} = 60$ Hertz.

§ 28. Mittel- und Effektivwerte.

Bezeichnet U_m den Mittelwert einer Wechselstromspannung während einer halben Periode, so ist

$$U_m = \frac{\Sigma u}{m} \text{ Volt,} \tag{87}$$

wo u* die Augenblickswerte** (Zeitwerte) und m die Anzahl derselben bedeutet. Die Messung ist nur ausführbar bei pulsierendem Gleichstrom mit magnetischen Instrumenten oder mit Voltametern. Wechselströme werden mit Dynamometern, Hitzdraht- oder Weicheiseninstrumenten gemessen. Der gemessene Wert heißt die effektive Stromstärke bzw. Spannung und ist definiert durch die Gleichung

$$U^2 = \frac{\Sigma u^2}{m}. \tag{88}$$

Die Formeln 87 und 88 lassen sich als Flächen deuten, wenn man sie schreibt

$$U_m = \frac{\Sigma u \cdot 1}{1 \cdot m} \quad \text{und} \quad U^2 = \frac{\Sigma u^2 \cdot 1}{1 \cdot m},$$

denn dann ist $1 \cdot m = 1 + 1 + 1 \ldots m$ Addenden, eine Länge und $\Sigma u \cdot 1$ bzw. $\Sigma u^2 \cdot 1$ eine Fläche. $m\,U_m$ ist der Flächeninhalt eines Recht-

---

* Experimentell kann man diese Augenblickswerte mit dem Oszillographen anschaulich nachweisen und messen.

** In der Wechselstromtechnik werden die von Augenblick zu Augenblick sich ändernden Strom- und Spannungswerte mit kleinen Buchstaben bezeichnet.

ecks mit der Grundlinie m und der Höhe U_m bzw. U^2, $\Sigma u \cdot 1$ bzw. $\Sigma u^2 \cdot 1$ sind die Flächen der krummlinigen Figuren (Abb. 109), die sich durch Integrale ausdrücken lassen, und zwar:

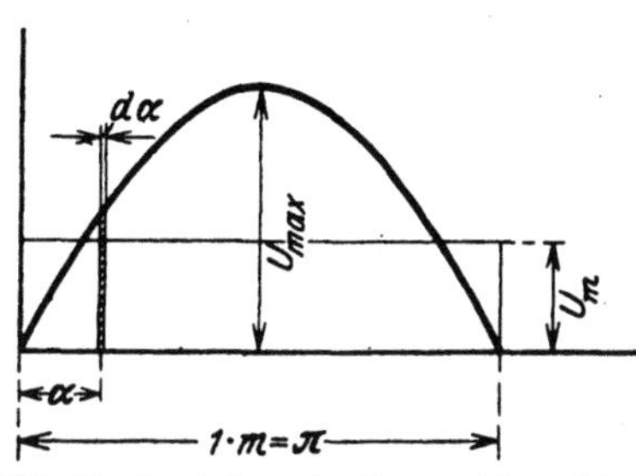

$$m\,U_m = \int_0^{\pi} u\,d\alpha \qquad (87\text{a})$$

$$m\,U^2 = \int_0^{\pi} u^2\,d\alpha\,, \qquad (88\text{a})$$

wo hier $1\,m = \pi$ ist. Unter α möge der Leser zunächst · den Drehwinkel des Ankers der zweipoligen Wechselstrommaschine (Abb. 108) verstehen, dann ist für eine halbe Periode $\alpha = \pi$.

Abb. 109. Darstellung der Formeln 87a und 88a.

220. Durch eine Kontaktvorrichtung wurden von einem pulsierenden Gleichstrom 12 verschiedene Spannungen gemessen:

0, 1, 12, 26,5, 43, 56,5, 58, 56,5, 43, 26,5, 12 und 1 V.

[0, 1, 11, 26, 42, 54, 55, 53, 42, 27, 11 „, 1 „].

Es sollen die Spannungen als Ordinaten einer Kurve dargestellt, und der Mittel- bzw. Effektivwert berechnet werden.

Lösung: In Abb. 110 wurde eine beliebig angenommene Länge als Einheit gewählt und diese auf einer Horizontalen 12mal aufgetragen. Die Ordinaten in den einzelnen Teilpunkten sind die gemessenen Spannungen.

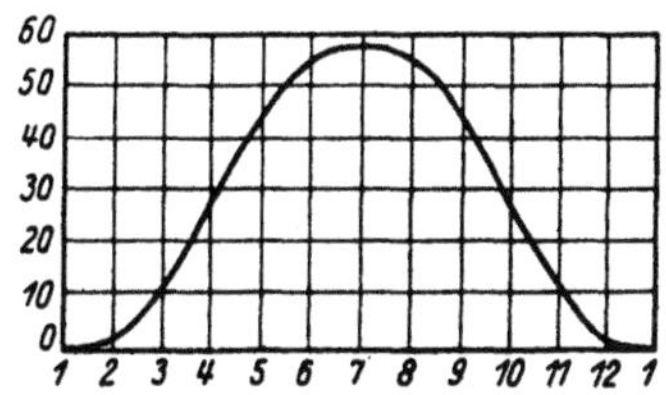

Abb. 110. Pulsierender Gleichstrom zu Aufgabe 220.

Nach Formel 87 ist der Mittelwert $U_m = \dfrac{\Sigma u}{m}$

$$U_m = \frac{0 + 1 + 12 + 26,5 + 43 + 56,5 + 58 + 56,5 + 43 + 26,5 + 12 + 1}{12},$$

$$U_m = 336 : 12 = 28 \text{ V}.$$

Die effektive Spannung ist nach Formel 88 $U^2 = \dfrac{\Sigma u^2}{m}$

$$U^2 = \frac{0^2 + 1^2 + 12^2 + 26,5^2 + 43^2 + 56,5^2 + 58^2 + 56,5^2 + 43^2 + 26,5^2 + 12^2 + 1^2}{12},$$

$$U^2 = 15141 : 12 = 1262, \qquad U = \sqrt{1262} = 35,6 \text{ V}.$$

221. Wurde die Spannung des pulsierenden Gleichstromes mit einem Drehspulinstrument gemessen, so erhielt man den arithmetischen Mittelwert von 33 [42] Volt. Wie groß wäre in diesem Falle der Effektivwert angezeigt durch ein Hitzdrahtvoltmeter?

Lösung: Nach der Lösung der vorigen Aufgabe ist

$$\frac{U}{U_m} = \xi_E \frac{35,6}{28} = 1,271 \quad \text{(auch Form-}\text{faktor genannt)}$$

(ein für diese Maschine unveränderliches Verhältnis), also ist

$$U = U_m \cdot 1,271 = 33 \cdot 1,271 = 42 \text{ V}.$$

222. Wie groß ist in 221 mit Zuhilfenahme von 220 der Maximalwert der Spannung?

Lösung: In 220 entspricht dem Maximalwert 58 der Mittelwert 28 V, also ist

$$\frac{U_{max}}{U_m} = \frac{58}{28} = 2,07$$

(für diese Maschine eine Konstante),

$$U_{max} = 2,07 \cdot U_m = 2,07 \cdot 33 = 68,4 \text{ V};$$

oder auch

$$\frac{U_{max}}{U} = \frac{58}{35,6} = 1,63, \quad \text{und damit} \quad U_{max} = 42 \cdot 1,63 = 68,4 \text{ V}.$$

Diese Spannung U_{max} kann an den Gleichstrombürsten gemessen werden.

223. Mit Hilfe der Kontaktvorrichtung in 220 konnten an derselben Maschine auch 12 verschiedene Ordinaten der Wechselstromkurve gemessen werden, nämlich:

$$0, \ 31, \ 52, \ 55, \ 52, \ 31, \ 0,$$
$$-31, \ -52, \ -55, \ -52, \ -31.$$
$$[0, \ 45, \ 76, \ 79, \ 76, \ 45, \ 0,$$
$$-45, \ -76, \ -79, \ -76, \ -45].$$

Zeichne die Kurve und berechne den Mittel- und den Effektivwert für eine halbe Periode?

Lösung: In Abb. 111 wurde eine beliebig angenommene Länge als Einheit gewählt und

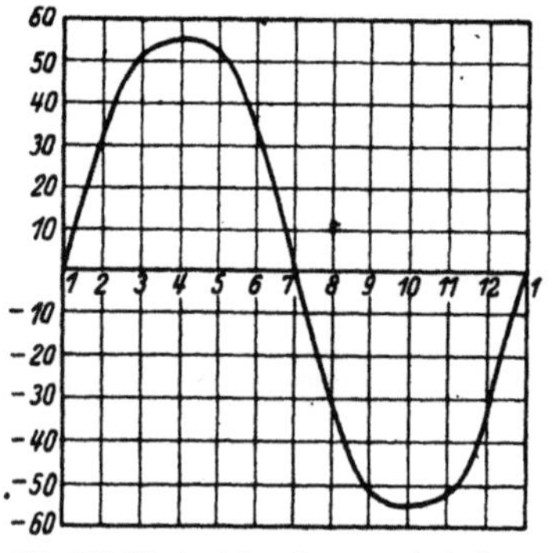

Abb. 111. Wechselstromkurve zu Aufgabe 223.

diese auf einer Horizontalen 12mal aufgetragen. Die Ordinaten in den einzelnen Teilpunkten sind die gemessenen Spannungen.

Nach Formel 87 ist für eine halbe Periode

$$U_m = \frac{0 + 31 + 52 + 55 + 52 + 31}{6} = \frac{221}{6} = 36,83 \text{ V}^{[1]}.$$

---

[1] Hätte man U_m auch für die negativen Werte gebildet, so wäre derselbe Zahlenwert (—36,83) herausgekommen. Der Mittelwert für die ganze Periode, der bei Messungen allein in Betracht kommt, ist dann Null, d. h. Wechselstrommessungen mit Drehspulinstrumenten sind nicht möglich.

Nach Formel 88 ist $U^2 = \dfrac{\Sigma u^2}{m}$,

$$U^2 = \frac{0^2 + 31^2 + 52^2 + 55^2 + 52^2 + 31^2}{6} = 1726;$$

$$U = \sqrt{1726} = 41{,}6 \text{ V}.$$

Denselben Wert hätte man auch für die ganze Periode mit $m = 12$ erhalten[1].

224. In welchem Verhältnis stehen bei dieser Wechselstrommaschine die maximale zur effektiven und die maximale zur mittleren Spannung, und wie groß ist die effektive bzw. mittlere Spannung, wenn bei einer bestimmten Messung der Maximalwert 65 [78] V beträgt?

Lösung: Nach Aufgabe 223 ist $\dfrac{U_{max}}{U} = \dfrac{55}{41{,}6} = 1{,}321$ ein Wert, der bei dieser Maschine eine unveränderliche Größe ist. Man nennt ihn den Scheitelfaktor und definiert ihn allgemein:

$$\textbf{Scheitelfaktor} \quad \xi_{max} = \frac{U_{max}}{U}. \tag{89}$$

Das Verhältnis $\dfrac{U_m}{U_{max}} = f' = \dfrac{36{,}8}{55} = 0{,}668$, ist ebenfalls für diese Maschine eine unveränderliche Größe.

Ist nun $U_{max} = 65$ V, so wird $U = \dfrac{U_{max}}{\xi_{max}} = \dfrac{65}{1{,}321} = 49$ V und $U_m = f'\, U_{max} = 0{,}668 \cdot 65 = 43{,}4$ V.

Wenn die Ordinaten der Spannungen dem Sinusgesetz folgen, d. h. der Gleichung $u = U_{max} \sin \alpha$ genügen, so ist:

$$\text{der Mittelwert} \quad U_m = \frac{2}{\pi}\, U_{max}, \tag{90\,[2]}$$

---

[1] U^2 ist für die zweite halbe Periode ebenso groß, da ja $(-u)^2 = u^2$ ist, also erhält man für die ganze Periode denselben Wert wie für die halbe, d. h. Wechselstrom kann mit Meßinstrumenten gemessen werden, bei welchen der Zeigerausschlag mit dem Quadrat der Stromstärke wächst. Statische Voltmeter beruhen auf der Anziehung ungleichnamig geladener Platten, sind daher auch zur Messung von Wechselstromspannungen brauchbar.

[2] Nach Formel 87a und Abb. 109 ist

$$U_m \pi = \int\limits_0^\pi u\, d\alpha. \quad \text{Setzt man} \quad u = U_{max} \sin \alpha \text{ so wird}$$

$$U_m \pi = \int\limits_0^\pi U_{max} \sin \alpha\, d\alpha = -\, U_{max} \cos \alpha \Big|_0^\pi$$

$$U_m \pi = -\, U_{max} [\cos \pi - \cos 0] \qquad U_m \pi = 2\, U_{max}, \quad \text{woraus Formel 90.}$$

der effektive Wert
$$U = \frac{U_{max}}{\sqrt{2}}, \tag{91 [1]}$$

der Scheitelfaktor
$$\xi_{max} = \frac{U_{max}}{U} = \sqrt{2} = 1{,}42.$$

der Formfaktor
$$\xi_E = \frac{U}{U_m} = \frac{\pi}{2\sqrt{2}} = 1{,}11$$

und der Faktor
$$f' = \frac{U_m}{U_{max}} = \frac{1}{\xi_{max}\,\xi_E} = \frac{2}{\pi} = 0{,}637,$$

Der Leser möge unter α den Drehwinkel des Ankers in Abb. 108 verstehen. α kann man jederzeit durch die Zeit t (Sek.) ausdrücken, indem man

$$\alpha = \omega t \tag{92}$$

schreibt, wo.

$$\boxed{\omega = 2\pi f} \tag{93}$$

die Kreisfrequenz genannt wird.

Wird der Wechselstrom einer Gleichstrommaschine mit Schleifringen entnommen, so besteht zwischen U_m, U und U_{max} eine Beziehung, die von dem Verhältnis

$$g = \frac{\text{Pollbogen}}{\text{Polteilung}} = \frac{c_p}{t_p}$$

abhängt, und U_{max} die an den Kommutatorbürsten meßbare Gleichstromspannung ist.

Tabelle 11. Mittel- und Effektivwerte.

$g = \dfrac{c_p}{t_p}$	0,5	0,6	0,7	0,8
$\dfrac{U}{U_{max}} = f_g = \dfrac{1}{\xi_{max}}$	0,815	0,775	0,73	0,685
$\dfrac{U_m}{U_{max}} = f'$	0,75	0,7	0,65	0,6

[1] In Abb. 112 ist $u_1 = U_{max} \sin\alpha$. Denkt man sich $\overline{OA} = U_{max}$ um 90° weitergedreht, so ist der neue Wert $u_2 = U_{max}\sin(\alpha + 90) = U_{max}\cos\alpha$ oder $u^2{}_1 + u^2{}_2 = U^2_{max}\left(\sin\alpha^2 + \cos\alpha^2\right) = U^2_{max}$. In dieser Gleichung fehlt α, d. h. es gibt zu jedem denkbaren Werte von α zwei Zeitwerte, deren Quadrate addiert U^2_{max} geben. In Gl 88 sind m Werte von u^2 vorhanden. Faßt man zwei in einer Klammer zusammen, so sind nur noch $m : 2$ Klammern vorhanden, und da in jeder Klammer, bei richtiger

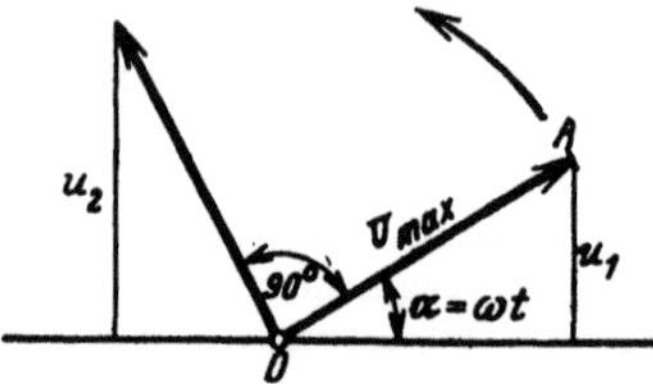

Abb. 112. Erläuterung zu Formel 91.

Ordnung der Addenden, der Wert U^2_{max} steht, so ist

$$U^2_{max} + U^2_{max} + \cdots \quad \frac{m}{2}\,\text{Addenden} = \frac{m}{2}\,U^2_{max},$$

also

$$U^2 = \frac{\Sigma u^2}{m} = \frac{\frac{m}{2}\,U^2_{max}}{m} = \frac{U^2_{max}}{2}, \qquad U = \frac{U_{max}}{\sqrt{2}}.$$

225. Bei einer Gleichstrommaschine, die zur Entnahme von Wechselstrom mit Schleifringen versehen ist, ist das Verhältnis $\dfrac{\text{Polbogen}}{\text{Polteilung}} = g = \dfrac{c_p}{t_p} = 0{,}7\ [0{,}8]$. An den Kommutatorbürsten wird eine Spannung von 100 V gemessen. Gesucht:

a) Der Maximalwert der Wechselstromspannung,
b) der Effektivwert der Spannung an den Schleifringen,
c) der Mittelwert der Wechselstromspahnung.

Lösungen:

Zu a): Der Maximalwert U_{max} der Wechselstromspannung ist die gemessene Gleichstromspannung, also $U_{\text{max}} = 100$ V.

Zu b): Der Effektivwert U der Wechselstromspannung folgt nach Tabelle 11 für $g = 0{,}7$ aus $U : U_{\text{max}} = 0{,}73$, damit
$$U = 0{,}73 \cdot U_{\text{max}} = 73 \text{ V}.$$

Zu c): Für $\dfrac{U_m}{U_{\text{max}}} = 0{,}65$ (Tabelle 11) wird der Mittelwert $U_m = 0{,}65 \cdot 100 = 65$ V.

226. Ein Ring aus Dynamoblechen zusammengesetzt, ist gleichmäßig mit Windungen bedeckt, durch die ein Wechselstrom geleitet wird, dessen Zeitwerte sich entsprechend der Gleichung $i = J_{\text{max}} \sin\alpha$ ändern, wenn α die Werte von 0 bis 360° durchläuft. Der Strom erzeugt eine Feldstärke $\mathfrak{H} = 2{,}0\,i\ [1{,}5\,i]$ entsprechend der Formel 16. Welche magnetische Induktionen $\mathfrak{B}$ werden in dem Eisen erzeugt, wenn die Magnetisierungskurve des Eisens den Werten A der Tafel (Ankerblech) entspricht, und wie groß ist das Verhältnis $f' = \dfrac{\text{Mittelwert}}{\text{Maximalwert}} = \dfrac{\mathfrak{B}_m}{\mathfrak{B}_{\text{max}}}$?

Lösungen:

Wir bestimmen zunächst die Werte von i für $\alpha = 10°$, $20°$, $30°$ ... und erinnern uns, um die Tabelle im Anhang benutzen zu können, daß $\sin 10° = \cos 80°$, $\sin 20° = \cos 70°$ usw., berechnen $\mathfrak{H} = 2\,i$ und entnehmen $\mathfrak{B}$ zugehörig zu $\mathfrak{H}$ aus der Tafel.

$\alpha =$	0	10°	20°	30°	40°	50°	60°	70°	80°	90°
$i =$	0	0,174	0,342	0,5	0,643	0,766	0,866	0,94	0,985	1
$\mathfrak{H} =$	0	0,348	0,684	1,—	1,286	1,532	1,732	1,88	1,970	2
$\mathfrak{B} =$	0	1300	3500	5200	6600	7000	7200	7600	8100	8300

Die Werte für $\alpha = 110°$, $120°$ bis $180°$ wiederholen sich. Die Summe der 18 Werte von $\mathfrak{B}$ ist $\Sigma\mathfrak{B} = 101\,300$, damit wird: $\mathfrak{B}_m = 101\,300 : 18 = 5640$. Der größte Wert ist $\mathfrak{B}_{\text{max}} = 8300$, also
$$f = \frac{5640}{8300} = 0{,}68.$$

Bemerkung: Hätte $\mathfrak{B}$ sich ebenfalls nach dem Sinusgesetz geändert, so wäre $f' = \dfrac{2}{\pi} = 0{,}637$ gewesen. Wir erkennen also hieraus, daß die Induktion im Eisen sich nicht nach dem Sinusgesetz ändert, und daß f' stets größer als 0,637 ausfällt. Vgl. hiermit die Resultate der []-Werte.

227. Eine 6polige Wechselstrommaschine macht 1200 [1000] Umdrehungen in der Minute; jede der sechs hintereinandergeschalteten Spulen besitzt 12 [15] Windungen und die Induktion im Luftzwischenraum ist $\mathfrak{B}_\mathfrak{L} = 6000$ [5000] Gauß. Dem Querschnitt des Luftzwischenraumes ist angenähert ein Rechteck von 10 [12] cm Länge und 15 [20] cm Breite $\perp$ zur Papierebene (Abb. 113).

Gesucht wird:

a) die Frequenz,

b) die Zeitdauer einer Periode,

c) die Winkelgeschwindigkeit des Radiusvektors (die sogenannte Kreisfrequenz),

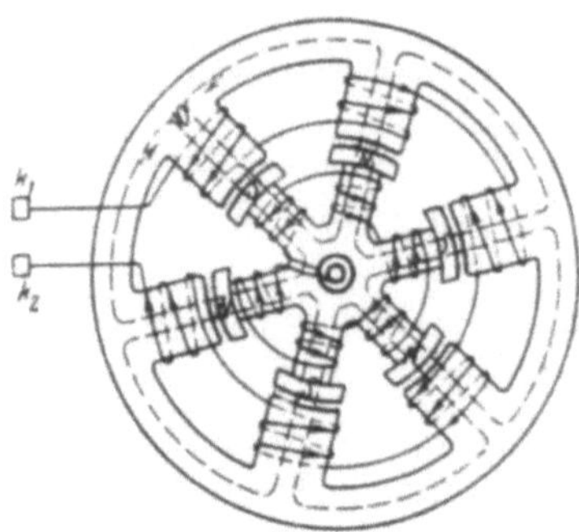

Abb. 113. Sechspolige Wechselstrommaschine.

d) eine allgemeine Formel für die mittlere EMK einer $2\,p$-poligen Maschine,

e) der Mittelwert im Zahlenbeispiel,

f) der Maximal- und Effektivwert, wenn die EMK sinusförmigen Verlauf hat.

Lösungen:

Zu a): Formel 86 $\dfrac{n\,p}{60} = f$ gibt $f = \dfrac{1200}{60} \cdot 3 = 60$ Hz.

Zu b): Formel (85) gibt $T = \dfrac{1}{f} = \dfrac{1}{60} = 0{,}01667$ Sek.

Zu c): Formel (93) gibt $\omega = 2\pi f = 2\pi \cdot 60 = 376$.

Zu d): Die mittlere EMK einer Spule mit w_s Windungen während einer halben Periode folgt aus Formel 27, S. 79

$$ e_m = \frac{\Phi_1 - \Phi_2}{T' \cdot 10^8}\, w_s , $$

wo an Stelle von $w \cdot$ die Zahl w_s gesetzt wurde.

Gesetz 21: In einer Spule wird eine halbe Periode vollendet, wenn statt des Nordpoles der benachbarte Südpol unter dieselbe gekommen ist.

Steht der Nordpol unter der Spule, so ist $\Phi_1 = \Phi_0$,

„ „ Südpol „ „ „ „ „ $\Phi_2 = -\Phi_0$.

Ferner ist $T' = \dfrac{T}{2}$ (Zeitdauer der halben Periode), also

$$e_m = \frac{2\,\Phi_0\,w_s}{\dfrac{T}{2}\cdot 10^8} = \frac{4\,\Phi_0\,w_s}{T\cdot 10^8}.$$

Führt man anstatt der Zeit die Anzahl der Perioden ein, so ist (Formel 85)

$$T = \frac{1}{f}, \quad \text{also wird} \quad e_m = \frac{4\,\Phi_0\,w_s\,f}{10^8}.$$

Die $2\,p$-polige Maschine besitzt $2\,p$ hintereinandergeschaltete Spulen, mithin ist die mittlere EMK der ganzen Maschine

$$E_m = 2\,p\,e_m = \frac{4\,\Phi_0\,w_s\,f\,2\,p}{10^8}$$

oder, wenn man die Windungszahl w der ganzen Maschine einführt, also $w = 2\,p\,w_s$ setzt,

$$E_m = \frac{4\,\Phi_0\,f\,w}{10^8} \quad \text{Volt.}$$

Bei dieser Herleitung ist vorausgesetzt, daß der Induktionsfluß Φ_0 durch sämtliche Windungen hindurchgeht. Ist dies nicht der Fall (siehe Mehrlochwickelungen), so fällt E_m kleiner aus, was durch einen Faktor ξ, den Wicklungsfaktor, berücksichtigt wird. Die Gleichung für die mittlere EMK heißt also allgemein

$$E_m = \frac{4\,\Phi_0\,f\,w}{10^8}\,\xi \quad \text{Volt.} \tag{94}$$

Zu e): Da die Induktion im Luftzwischenraum $\mathfrak{B} = 6000$ Gauß ist, so ist bei einem Luftquerschnitt von $10\cdot 15 = 150\ \text{cm}^2$

$$\Phi_0 = 150\cdot 6000 = 900\,000 = 0{,}9\cdot 10^6\ \text{Maxwell.}$$

Ferner ist $w_s = 12$, $f = 60$, $2\,p = 6$ und für eine Maschine nach Abb. 113 $\xi = 1$ also $E_m = \dfrac{4\cdot 0{,}9\cdot 10^6\cdot 12\cdot 60\cdot 6}{10^8} = 155\ \text{V.}$

Zu f): Aus (Formel 90) $U_m = \dfrac{2}{\pi}\,U_{max}$ folgt für die EMK

$$E_{max} = \frac{\pi}{2}\,E_m = \frac{\pi}{2}\cdot 155 = 244\ \text{V},$$

Formel (91) gibt $E = \dfrac{E_{max}}{\sqrt{2}} = \dfrac{244}{\sqrt{2}} = 172{,}5\ \text{V.}$

228. Wie gestalten sich die Fragen zu f, wenn die Kurve der EMK den in Abb. 114 dargestellten Verlauf besitzt, und wie groß ist der Form- und Scheitelfaktor?

Lösung: Nach 87a muß das Rechteck über der halben Periode t_p und der Höhe E_m gleich dem Inhalt der Kurve der EMK sein, also

$$t_p E_m = c_p E_{max} \quad \text{oder} \quad E_{max} = \frac{t_p}{c_r}\,E_m = \frac{24}{10}\cdot 155 = 372\ \text{V.}$$

Um E zu finden, hat man, entsprechend Formel 88a, über t_p ein Rechteck mit der Höhe E^2 zu zeichnen, das flächengleich der

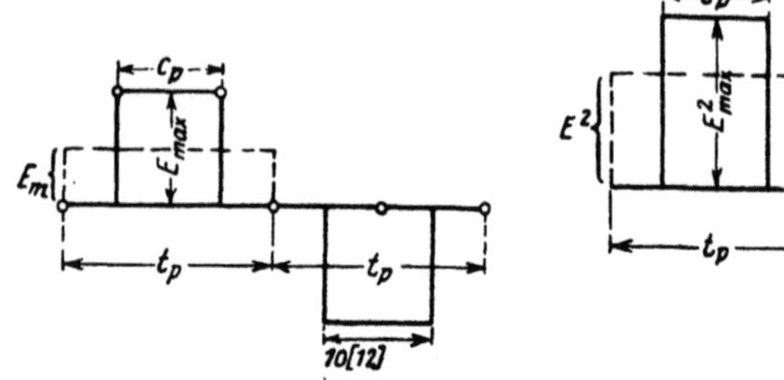 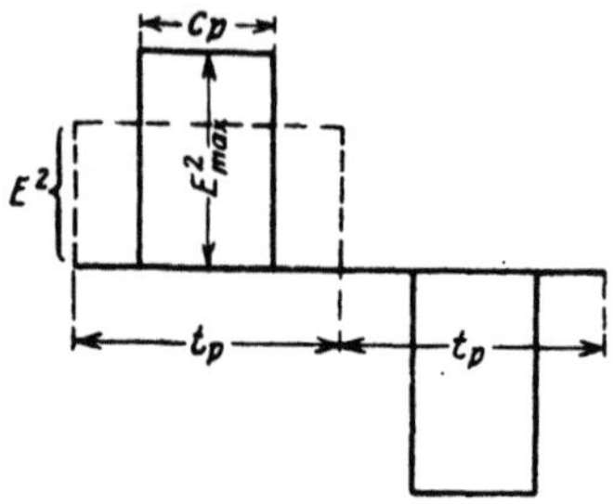

Abb. 114. Verlauf der EMK in Aufgabe 228.   Abb. 114a. Lösung zu Aufgabe 228.

Kurve ist, deren Ordinaten die Quadrate der elektromotorischen Kräfte sind (Abb. 114a), es ist demnach

$$t_p E^2 = c_p E_{\max}^2$$

oder in unserem Falle

$$E = E_{\max} \sqrt{\frac{c_p}{t_p}} = 372 \sqrt{\frac{10}{24}} = 240 \text{ V.}$$

Der Formfaktor ist $\quad \xi_E = \dfrac{E}{E_m} = \dfrac{240}{155} = 1,55,$

der Scheitelfaktor $\quad \xi_{\max} = \dfrac{E_{\max}}{E} = \dfrac{372}{240} = 1,55.$

229. Eine 4 [6]-polige Wechselstrommaschine besitzt einen mit Schleifringen versehenen Gleichstromanker von 800 Drähten in Parallelschaltung (Schleifenwicklung). Der Anker soll 120 [200] V Wechselstrom von 50 Perioden liefern. Das Verhältnis

$$g = \frac{c_p}{t_p} \quad \text{sei} \quad 0,7 \ [0,6].$$

Gesucht wird:

a) die Drehzahl,   b) der erforderliche Induktionsfluß,

c) der Querschnitt des Luftzwischenraumes, wenn die Feldliniendichte daselbst 6000 [7000] Gauß sein soll,

d) die Polteilung und der Ankerdurchmesser, wenn der Polschuh ebenso lang wie breit wird,

e) die Stromstärke, die der Maschine entnommen werden kann, wenn der Strombelag $A\overline{S} = 100$ [120] A/cm ist.

Lösungen:

Zu a): Aus $\dfrac{n\,p}{60} = 50$ folgt $n = \dfrac{50 \cdot 60}{2} = 1500.$

Zu b): Die EMK des Gleichstromes, die in diesem Falle auch den Maximalwert des Wechselstromes angibt, ist (vgl. S. 151,

Formel 74):
$$E_{max} = \frac{\Phi_0\, n z}{60 \cdot 10^8}$$

und da für Wechselstrom (Tabelle 11) und $g = 0,7$ $f_g = 0,73$ ist, so wird die EMK des Wechselstromes

$$E = f_g \frac{\Phi_0\, n z}{60 \cdot 10^8}, \text{ woraus } \Phi_0 = \frac{E \cdot 60 \cdot 10^8}{f_g n z} = \frac{120 \cdot 60 \cdot 10^8}{0,73 \cdot 1500 \cdot 800} = 0,823 \cdot 10^6.$$

Zu c): $F_\mathfrak{L} = \dfrac{\Phi_0}{\mathfrak{B}_\mathfrak{L}} = \dfrac{0,823 \cdot 10^6}{6000} = 137 \text{ cm}^2 = b\, c_p.$

Zu d): wenn $b = c_p$ ist, so wird $c_p = \sqrt{137} = 11,7$ cm, andererseits ist $g = \dfrac{c_p}{t_p}$, also $t_p = \dfrac{11,7}{0,7} = 16,7$ cm; aus der Polteilung

$$t_p = \frac{\pi D}{2p} \text{ folgt } D = \frac{16,7 \cdot 4}{\pi} = 21,3 \text{ cm.}$$

Zu e): $J_a = i_d\, 2p$ (Formel 74) und $\overline{AS} = \dfrac{z\, i_d}{\pi D}$ (Formel 57) folgt

$$i_d = \frac{\pi D \cdot \overline{AS}}{z} = \frac{\pi \cdot 21,3 \cdot 100}{800} = 8,4 \text{ A,}$$

demnach

$$J_a = 8,4 \cdot 2 \cdot 2 = 33,6 \text{ A.}$$

§ 29: Darstellung von Wechselstromspannungen und Strömen durch Vektoren. Addition und Subtraktion.

Im folgenden wird stets vorausgesetzt, daß die EMK der Maschine sinusförmigen Verlauf hat, also der Gleichung $e = E_{max} \sin\alpha$ folgt, und $\alpha = \omega t = 2\pi f t = \dfrac{2\pi t}{T}$ gesetzt werden kann.

Die Darstellung des Zeitwertes e zeigt die Abb. 115. Hiernach ist der Zeitwert $\overline{OA'} = e$ die Projektion des Maximalwertes $\overline{OA} = E_{max}$ auf eine vertikale Gerade. Man nennt E_{max} den Radiusvektor im Vektordiagramm. Alle nur denkbaren Werte von e erhält man durch

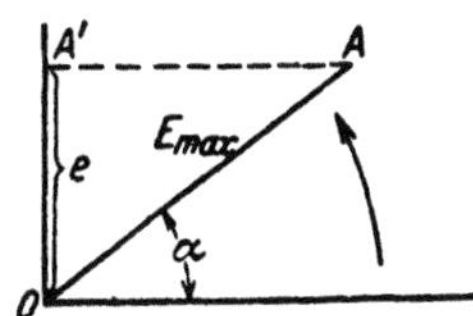

Abb. 115. Darstellung eines Zeitwertes.

Drehung des Radiusvektor $\overline{OA}$ um den Punkt O im entgegengesetzten Sinne der Drehung des Uhrzeigers.

Werden elektromotorische Kräfte hintereinandergeschaltet, so addieren sie sich, wobei aber zu beachten ist, daß bei Wechselströmen die, die Maximalwerte darstellenden Vektoren, Winkel miteinander einschließen können, d. h. daß die elektromotorischen Kräfte ihre Maximalwerte zu verschiedenen Zeiten erreichen. In Abb. 116 sind zwei elektromotorische Kräfte $\overline{OA} = E_1$ und $\overline{OB} = E_2$ dargestellt für den Zeitpunkt der aus der Gleichung $\alpha = \omega t$ folgt. Sie bilden den festen $\sphericalangle AOB = \varphi$ miteinander. Ist $\alpha + \varphi = 90°$, so ist der Zeitwert der EMK e_2 ein Maximum, nämlich E_2, während die EMK $\overline{OA} = E_1$ den Maximalwert E_1 erst erreicht, wenn $\alpha = 90°$ geworden ist. Werden nun zwei solche elektromotorischen Kräfte hintereinandergeschaltet, so addieren sich in jedem Augenblick ihre Zeitwerte e_1 und e_2, und zwar arithmetisch, d. h. ihre (nicht meßbare) Summe ist (Abb. 116)

$$e_1 + e_2 = \overline{OA'} + \overline{OB'} = \overline{OC'}.$$

Soll nun der Zeitwert $\overline{OC'}$ die Projektion eines Maximalwertes sein, der die Summe der Maximalwerte darstellt, so zeigt die Abb. 116, daß dies die Projektion der Diagonale $\overline{OC}$ des $\# OACB$ ist.

Gesetz 22: Die Summe der Maximalwerte zweier elektromotorischer Kräfte, die einen Winkel φ miteinander bilden, ist die durch den Winkel gehende Diagonale des Parallelogrammes, das aus den beiden elektromotorischen Kräften gebildet wird (Abb. 116).

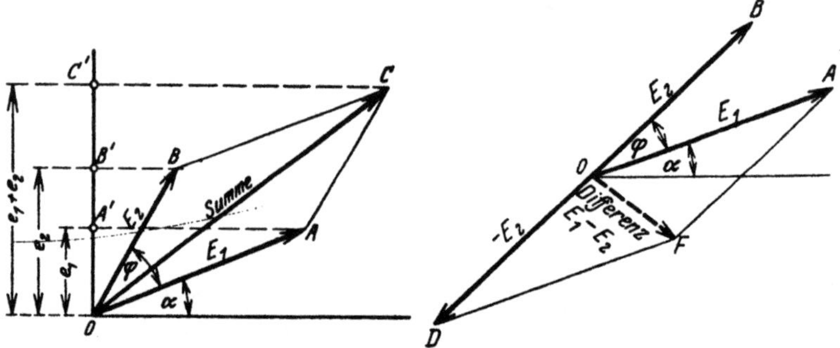

Abb. 116.   Abb. 117.
Addition zweier elektromotorischer Kräfte.   Subtraktion zweier elektromotorischer Kräfte.

Ist die Differenz der Maximalwerte zu suchen, so bilde man anstatt der Differenz $E_1 - E_2$ die Summe $E_1 + (-E_2)$ (Abb. 117).

Die Gesetze, die für Maximalwerte hergeleitet werden, gelten auch für die effektiven Werte, da ja das Verhältnis:

$$\frac{\text{Maximalwert}}{\text{Effektivwert}} = \xi_{\text{max}} \text{ (Scheitelfaktor)}$$

für eine bestimmte Wechselstrommaschine eine unveränderliche Größe (für sinusförmige Ströme $\xi_{\text{max}} = \sqrt{2}$) ist.

In der Folge wird oftmals verlangt werden, einen $\sphericalangle \varphi$ zu zeichnen. Im Anhang ist eine Tabelle für Cosinus und Tangens gegeben. Dieser entnehme man entweder

1. $\cos \varphi = a$ (a dm Wert aus der Tabelle), beschreibe mit 0,5 dm (50 mm) Radius einen Halbkreis über $\overline{OB} = 1$ dm (100 mm) und trage von O aus $\overline{OD} = a$ dm als Sehne ein (Abb. 118), dann ist $\sphericalangle DOB = \varphi$: denn in dem rechtwinkligen $\triangle ODB$ ist $\cos \varphi = \overline{OD} : \overline{OB} = \dfrac{a \text{ dm}}{1 \text{ dm}}$, oder

2. $\operatorname{tg} \varphi = b$ (b Tabellenwert) und schreibe $\operatorname{tg} \varphi = \dfrac{nb}{n}$, wo der Erweiterungsfaktor n so gewählt wird, daß für die genaue Zeichnung passende

Längen entstehen (Abb. 119). Auf den Schenkeln eines rechten Winkels trage man n mm und nb mm auf, dann ist $\sphericalangle AOB = \varphi$, denn $\operatorname{tg} \varphi = \overline{AB} : \overline{AO} = nb : n$.

z. B. $\varphi = 26°40'$; $\operatorname{tg} \varphi = b = 0{,}502 = \dfrac{n \cdot 0{,}502}{n} = \dfrac{15{,}06 \text{ mm}}{30 \text{ mm}}$.

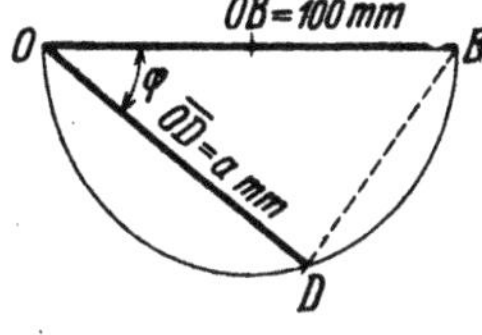

Abb. 118. Konstruktion einer Winkelgröße aus cos φ.

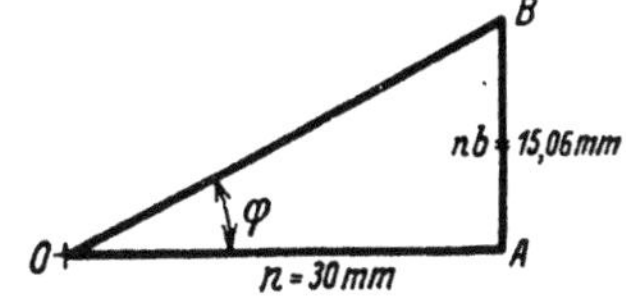

Abb. 119. Konstruktion einer Winkelgröße aus tg φ.

230. Die Achsen zweier Wechselstrommaschinen gleicher Polzahl, von denen die eine Maschine 60 [100] V, die andere 80 [90] V liefert, sind miteinander direkt gekuppelt, und zwar unter einem Verdrehungswinkel a) 0°, b) 30°, c) 60°, d) 90°, e) 120°, f) 150°. Wie groß ist bei Hintereinanderschaltung beider Maschinen die gesamte EMK?

Lösungen:

Zu a): $60 + 80 = 140$ V.

Zu b): Man mache in Abb. 120 $E_1 = \overline{OA} = 60$ V, z. B. 60 mm, trage an $\overline{OA}$ in O einen Winkel von 30° an und mache den freien Schenkel $E_2 = \overline{OB} = 80$ V, also 80 mm, ergänze $\overline{OA}$ und $\overline{OB}$ zum Parallelogramm, so ist, nach Messung, $\overline{OC} = 136$ mm, mithin beträgt die gesamte EMK beider Maschinen 136 V.

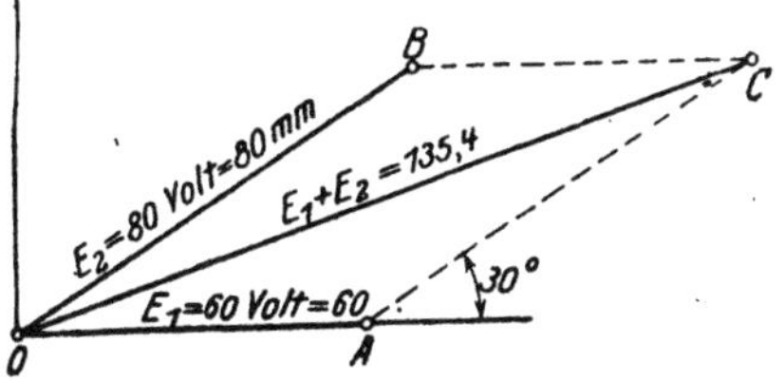

Abb. 120. Addition zweier elektromotorischer Kräfte zu Aufgabe 230.

Merke: Anstatt das $\#\,OACB$ zu zeichnen, genügt es auch an $\overline{OA}$ in A die Seite $\overline{AC}$ unter dem $\sphericalangle$ 30 Grad anzutragen und die Schlußlinie $\overline{CO}$ zu ziehen.

Durch Rechnung findet man genauer $\overline{OC}$ aus dem $\triangle OAC$ nach der Formel: $\overline{OC}^2 = \overline{OA}^2 + \overline{AC}^2 + 2 \cdot \overline{OA} \cdot \overline{AC} \cos 30°$

$$\overline{OC}^2 = 60^2 + 80^2 + 2 \cdot 60 \cdot 80 \cdot \tfrac{1}{2}\sqrt{3} = 18315,$$

$$\overline{OC} = \sqrt{18315} = 135{,}4 \text{ V}.$$

231. Die in der Wicklung AB einer Wechselstrommaschine erzeugte EMK ist gegen die in der Wicklung BC einer zweiten

Maschine erzeugte um 90° verschoben. Durch die Lampen F_1 bzw. F_2 fließen Ströme von 5 [8] A bzw. 12 [15] A. Welcher Strom fließt in der gemeinsamen Leitung BD (Abb. 121)?

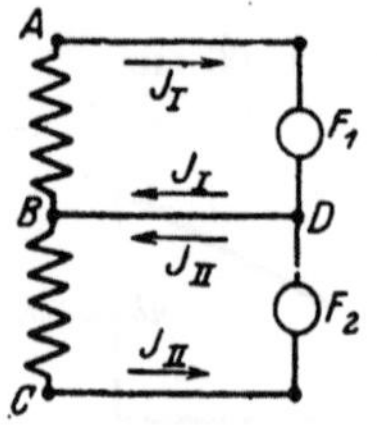

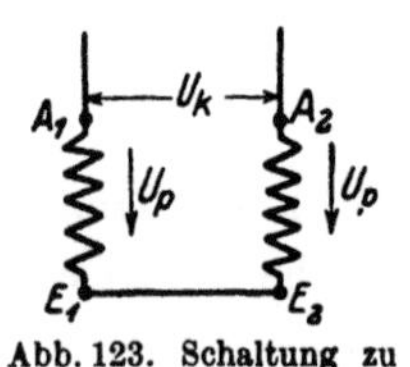

Abb. 121. Erläuterung zu Aufgabe 231.

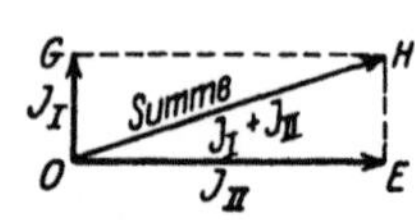

Abb. 122. Addition zweier Ströme zu Aufgabe 231.

Lösung: In der gemeinsamen Leitung BD fließt die Summe der Ströme J_I und J_{II} (geometrisch addiert), wobei nach Angabe, J_I und J_{II} senkrecht aufeinander stehen. Macht man in Abb. 122 $\overline{OG} = J_I = 5$ A und $\overline{OE} = J_{II} = 12$ A, so ist die gesuchte Summe die Diagonale $\overline{OH}$. Nun ist im $\triangle OHE$

$$\overline{OH} = \sqrt{J_I^2 + J_{II}^2} = \sqrt{5^2 + 12^2} = 13 \text{ A.}$$

232. $A_1 E_1$ und $A_2 E_2$ sind Sitze zweier elektromotorischer Kräfte, deren Vektoren einen Winkel von 120° miteinander einschließen. Die gemessene Größe jeder EMK ist $U_p = 100$ [220] V. Welche Spannung U_k mißt man zwischen A_1 und A_2, wenn E_1 mit E_2 verbunden wird (Abb. 123).

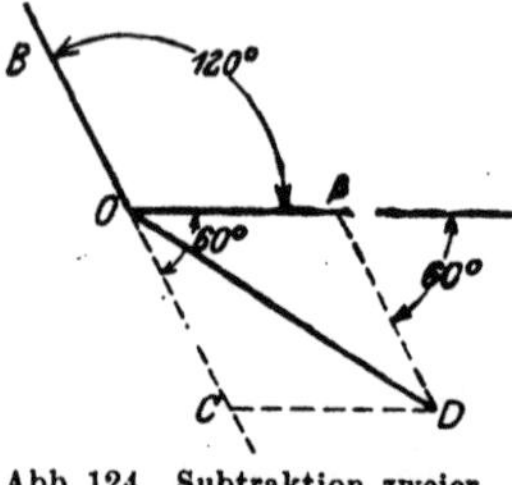

Abb. 123. Schaltung zu Aufgabe 232.

Lösung: Wie aus den in Abb. 123 eingezeichneten Pfeilen hervorgeht, subtrahieren sich die beiden elektromotorischen Kräfte, also ist die zwischen A_1 und A_2 gemessene Spannung die Differenz der beiden Spannungen U_p (geometrisch subtrahiert). Wir tragen an die in $A_1 E_1$ entstandene Spannung $\overline{OA}$ (Abb. 124), die in $A_2 E_2$ entstandene Spannung $\overline{OB}$ unter 120° an, verlängern $\overline{OB}$ nach rückwärts, um sich selbst bis C und bilden aus $\overline{OA}$ und $\overline{OC}$ ein Parallelogramm, so ist dessen Diagonale $\overline{OD}$ die gesuchte Differenz U_k. Es ist in $\triangle OAD$

$$\overline{OD} = U_k$$

$$= \sqrt{\overline{OA}^2 + \overline{AD}^2 + 2 \cdot \overline{OA} \cdot \overline{AD} \cdot \cos 60°}$$

Abb. 124. Subtraktion zweier Spannungen zu Aufgabe 232.

$$U_k = \sqrt{100^2 + 100^2 + 2 \cdot 100 \cdot 100 \cdot \frac{1}{2}} = 100\sqrt{3} = 173 \text{ V.}$$

233. In Abb. 125 entstehen in den Wicklungen $A_1 E_1$, $A_2 E_2$, $A_3 E_3$ drei gleiche elektromotorische Kräfte, die gegeneinander um

·Winkel von je 120° verschoben sind. Die Enden E_1 und E_2 sind miteinander verbunden, ebenso A_2 mit E_3. Zwischen A_1 und A_2, ebenso zwischen A_2 und A_3 werden Lampen geschaltet. Die erste Lampengruppe braucht 6,65 [12] A, die zweite 4,6 [10] A.

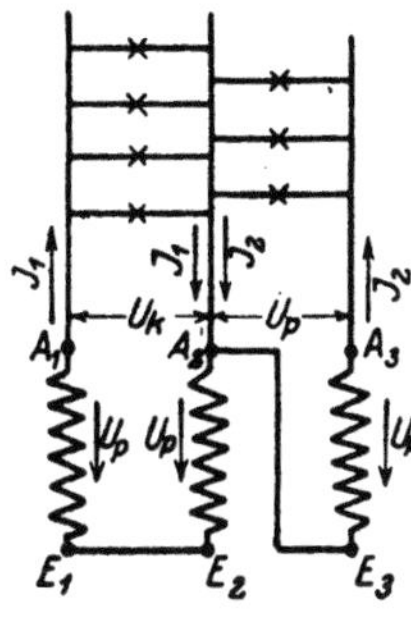
Abb. 125. Schaltung zu Aufgabe 233.

Gesucht wird:

a) die Lampenspannung U_k der ersten Gruppe,

b) die Lampenspannung U_p der zweiten Gruppe,

c) die Stromstärke in der von A_2 ausgehenden, beiden Gruppen gemeinschaftlichen Leitung.

Lösungen:

Zu a): Wie die Pfeile in Abb. 125 zeigen, sind die elektromotorischen Kräfte in A_1E_1 und A_2E_2 einander entgegengerichtet, müssen also subtrahiert werden (geometrisch). In Abb. 126 sind $\overline{A_1O}$, $\overline{A_2O}$, $\overline{A_3O}$ die drei gleichen elektromotorischen Kräfte, die gegeneinander um 120° verschoben sind. Soll $\overline{A_2O}$ von $\overline{A_1O}$ subtrahiert werden, so verlängere man $\overline{A_2O}$ über O um sich selbst und addiere $\overline{OC}$ zu $\overline{OA_1}$, d. h. bilde aus $\overline{OA_1}$ und $\overline{OC}$ das $\#OA_1BC$, dessen Diagonale $\overline{OB}$ die gesuchte Differenz ist. Aus $\triangle OA_1B$ folgt

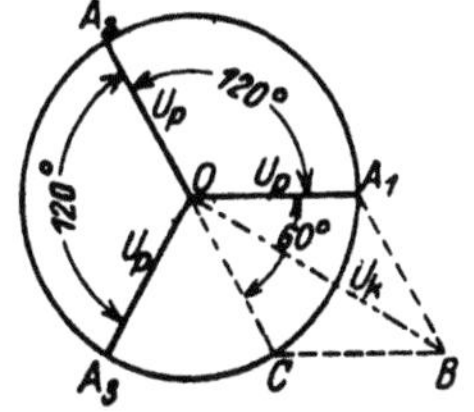
Abb. 126. Addition dreier EMK zu Aufgabe 233.

$$\overline{OB} = U_k = \sqrt{\overline{OA_1}^2 + \overline{A_1B}^2 + 2 \cdot \overline{OA_1} \cdot \overline{A_1B} \cos 60°} = U_p \sqrt{3} \text{ Volt}$$

als Lampenspannung der ersten Gruppe.

Zu b): Die Spannung der zweiten Lampengruppe ist die zwischen A_3 und E_3 herrschende (s. Abb. 125), also die Spannung $U_p = \overline{A_3O}$ in Abb. 126.

Zu c): Die Stromvektoren J_1 und J_2 bilden miteinander dieselben Winkel wie die Spannungen $\overline{OB}$ und $\overline{OA_3}$ in Abb. 126. Nun ist aber

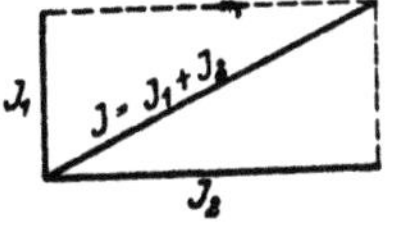
Abb.127. Addition zweier Ströme zu Aufgabe 233.

$$\sphericalangle A_3OB = \sphericalangle A_3OA_1 - \sphericalangle A_1OB = 120 - 30 = 90°,$$

also wird der Strom in der gemeinsamen Leitung (Abb. 127)

$$J = \sqrt{J_1^2 + J_2^2} = \sqrt{6,65^2 + 4,6^2} = 8,1 \text{ A.}$$

§ 30. Das Ohmsche Gesetz für Wechselströme.

Schließt man eine Spule vom Widerstand R Ohm und der Induktivität L Henry (Abb. 128) an eine Wechselstromquelle an, so entsteht an den Klemmen der Spule zur Zeit t eine Klemmenspannung u, die einen Strom i durch die Windungen hindurchtreibt. Dieser von Feldlinien begleitete Strom erzeugt eine EMK der Selbstinduktion e_s, so daß das bekannte Ohmsche Gesetz für die Zeitwerte heißt:

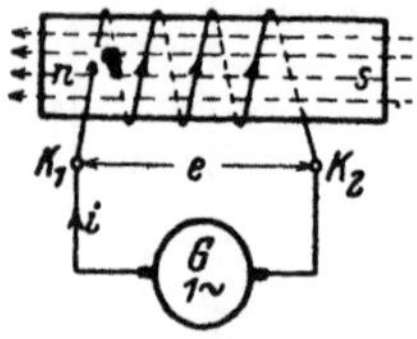

$$\text{I.} \qquad i = \frac{u + e_s}{R} \quad \text{Ampere.}$$

Für e_s gilt die Gl 30 $e_s = -L \dfrac{di}{dt}$, und für u soll vorausgesetzt werden $e = u = U_{max} \sin \alpha$. Setzt man diese Werte in I ein, so erhält man für i eine Differentialgleichung, deren Lösung unübersichtlich ist. Wir vereinfachen, indem wir zunächst zwei Fälle unterscheiden:

Abb. 128. Zur Erläuterung des Ohmschen Gesetzes für Wechselströme.

Erster Fall. Der induktionsfreie Widerstand. Ein Widerstand heißt induktionsfrei, wenn $L = 0$ ist, dann ist auch $e_s = 0$ und Gl I wird:

$$i = u : R = U_{max} \sin \alpha : R \quad \text{Ampere.}$$

Sie gilt für jeden Wert von α, also auch für $\alpha = 90°$, für welchen $i = J_{max} = U_{max} : R$ ist. Dividiert man beide Seiten dieser Gleichung durch den Scheitelfaktor $\xi_{max} = \sqrt{2}$, so erhält man die effektiven Werte

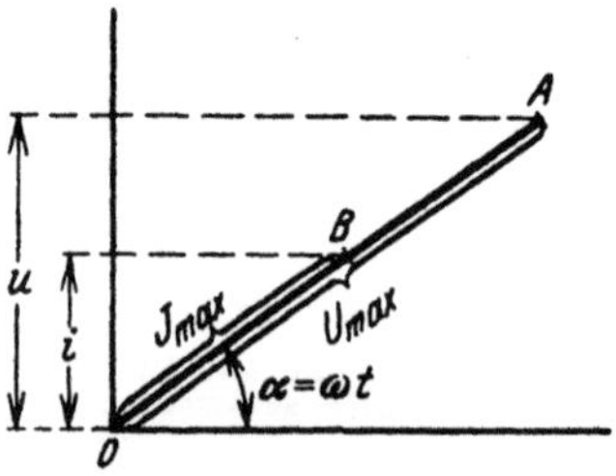

$$J = U : R \qquad (95)$$

als Ohmsches Gesetz für induktionsfreie Widerstände.

Stellt man die Zeitwerte $i = J_{max} \sin \alpha$ und $u = U_{max} \sin \alpha$ im Vektordiagramm als Projektionen der Maximalwerte J_{max} und U_{max} dar, so ergibt sich hieraus die Abb. 129 und aus dieser das

Abb. 129. Vektordiagramm des induktionsfreien Widerstandes.

Gesetz 23: Fließt ein Wechselstrom durch einen induktionsfreien Widerstand (Echtwiderstand), so fällt im Vektordiagramm der Vektor des Stromes der Richtung nach mit dem Vektor der Spannung zusammen.

Der induktionsfreie Widerstand R hat den Namen Echtwiderstand erhalten.

Zweiter Fall. Die widerstandslose Spule. Schreibt man Gl I $iR = u + e_s$ und setzt jetzt $R = 0$, so ist $0 = u + e_s$ oder $e_s = -u$, d. h.

Gesetz 24: Fließt ein Wechselstrom durch eine widerstandslose Spule, so ist in jedem Augenblick die EMK der Selbstinduktion gleich, aber entgegengerichtet der Klemmenspannung.

Setzt man $u = U_{max} \sin (\omega t)$ und $e_s = -L \dfrac{di}{dt}$, so wird

$$-L \frac{di}{dt} = -U_{max} \sin (\omega t) \quad \text{oder} \quad di = \frac{U_{max}}{L} \sin (\omega t)\, dt$$

integriert:

$$i = - \frac{U_{max}}{L\omega} \cos(\omega t).$$

Diese Gleichung gilt für jeden Wert von $\alpha = \omega t$ also auch für $\alpha = 0$, in welchem Falle $i = J_{max} = \dfrac{U_{max}}{L\omega}$ wird. Beide Seiten durch den Schei-

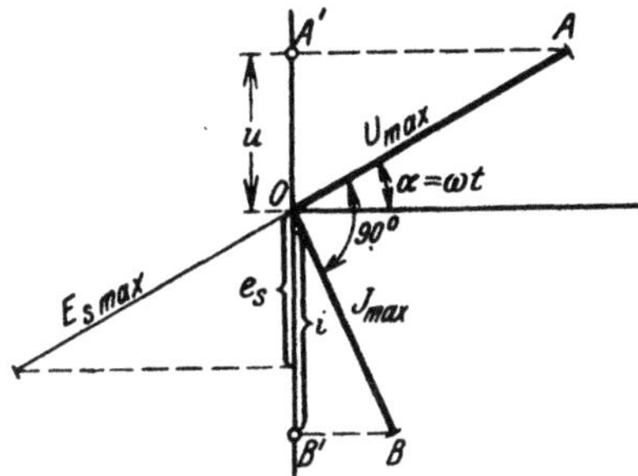

Abb. 130. Vektordiagramm der widerstandslosen, induktiven Spule.

telfaktor $\sqrt{2}$ dividiert, gibt effektive Werte:

$$J = \frac{U}{L\omega} \text{ Ampere.} \qquad (96)$$

$L\omega$ heißt der induktive oder der Blindwiderstand der Spule und wird mit R_b bezeichnet, also

$$\boxed{R_b = L\omega = L\,2\pi f \text{ Ohm.}} \qquad (97)$$

Stellt man auch hier die Zeitwerte $i = -J_{max} \cos\alpha$ und $u = U_{max} \sin\alpha$ als Projektionen ihrer Maximalwerte dar, so erhält man Abb. 130*, woraus das Gesetz folgt:

Gesetz 25: Fließt ein Wechselstrom durch eine widerstandslose Induktionsspule, so bleibt im Vektordiagramm der Vektor des Stromes um 90° gegen den Vektor der Spannung zurück; oder auch der Vektor des Stromes eilt dem Vektor der Selbstinduktion um 90° voraus.

Allgemeiner Fall. Spule mit Widerstand und Selbstinduktion. Besitzt eine Spule Widerstand und Selbstinduktion, so kann man sich diese Spule stets ersetzt denken durch eine widerstandslose, der ein induktionsfreier Widerstand vorgeschaltet ist (Abb. 131). Es fließt

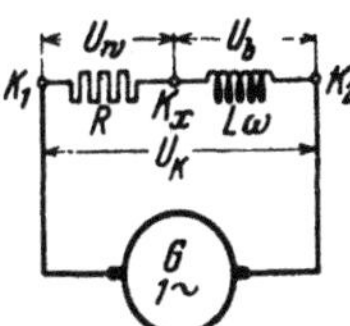

Abb. 131. Gedachte Schaltung einer Spule mit Widerstand und Selbstinduktion.

dann beim Anschluß an eine Wechselstromspannung U_k durch den Kreis ein effektiver Strom J. Derselbe ruft an den Enden $K_1 K_x$ des Echtwiderstandes R eine effektive Spannung U_w und an den Enden $K_x K_2$ der widerstandslosen Spule eine Spannung U_b hervor. Die Gesamtspannung U_k an den Enden $K_1 K_2$ der Spule (die Klemme K_x ist nur gedacht) ist die geometrische Summe aus U_w und U_b, d. i. die Diagonale eines aus U_w und U_b gebildeten Parallelogramms.

Da im ganzen Stromkreise derselbe Strom J fließt, so nehme man den Stromvektor als Abszisse an (Abb. 131 a). Die Spannung $U_w = \overline{OA}$ fällt mit der Richtung des Stromes zusammen (Gesetz 23), während $U_b = \overline{OB}$ senkrecht auf ihr steht (Gesetz 25). Die Klemmenspannung U_k ist dann die Diagonale OC des $\#\,OACB$ (Gesetz 22). Im $\triangle OAC$ gilt $\overline{OC}^2 = \overline{OA}^2 + \overline{AC}^2$ oder $U_k^2 = U_w^2 + U_b^2$. Die Spannungen U_w und U_b können, wegen Fehlens der Klemme K_x, nicht gemessen, wohl aber aus

---

* Der Leser kennzeichne mit blauer Farbe Spannungsvektoren, dagegen Stromvektoren mit roter Farbe.

den Gl 95 und 96 berechnet werden, nämlich Gl 95: $U_w = JR$ und aus
Gl 96: $U_b = JL\omega = JR_b$, also wird $U_k^2 = J^2R^2 + J^2R_b^2$, woraus

$$J = U_k : \sqrt{R^2 + R_b^2} \text{ Ampere} \qquad (98)$$

folgt. Diese Formel stellt das Ohmsche Gesetz für Wechselströme vor.
Der Divisor $\sqrt{R^2 + R_b^2}$ heißt der Scheinwiderstand der Spule. Er
möge mit R_s bezeichnet werden, d. h.

$$R_s = \sqrt{R^2 + R_b^2} \text{ Ohm.} \qquad (99)$$

Er läßt sich leicht merken als Hypotenuse eines rechtwinkligen Dreiecks

Abb. 131 a. Spannungsdiagramm einer Spule.　Abb. 131 b. Widerstandsdreieck einer Spule.

$O'A'C'$ (Abb. 131 b), dessen Katheten die beiden Widerstände R und R_s
$= L\omega$ der Spule sind.

Aus dem $\triangle OAC$ (Abb. 131 a) geht hervor, daß die Klemmenspannung
$\overline{OC} = U_k$ dem Strome um den $\sphericalangle COX = \varphi$ dem „Phasenverschiebungswinkel" vorauseilt. Um den gleichen $\sphericalangle \varphi$ eilt auch der Scheinwiderstand
R_s dem Echtwiderstand R voraus, was in Abb. 131 b durch die Pfeile an J
und U_k angedeutet ist. Man nennt $\triangle OAC$ (Abb. 131 a) das Spannungsdreieck
der Spule, da seine Seiten Spannungen sind. Das $\triangle O'A'C'$ (Abb. 131 b)
heißt Widerstandsdreieck, weil seine Seiten Widerstände sind. Beide
Dreiecke sind ähnlich, d. h. das eine folgt aus dem anderen entweder durch
Multiplikation oder Division mit J.

234. Eine Spule besitzt einen Echtwiderstand von 3 [2,5] Ω
und einen Blindwiderstand von 9,42 [9,44] Ω. Welcher Strom
fließt durch dieselbe, wenn sie an eine Wechselstromspannung
von 40 [36] V angeschlossen wird?

Lösung: Es ist: $U_k = 40$ V, $R = 3\,\Omega$, $R_b = 9,42\,\Omega$,
also wird nach Gl 98

$$J = \frac{U_k}{\sqrt{R^2 + (R_b^2)}} = \frac{40}{\sqrt{3^2 + (9,42)^2}} = 4,04 \text{ A.}$$

235. Eine Spule besitzt einen Echtwiderstand von 20 [10] Ω,
eine Induktivität von 0,06 [01] Henry. Sie ist an eine Wechselstromspannung von 50 Perioden angeschlossen, wobei ein Strom
von 0,6 [0,3] A durch sie hindurchfließt. Gesucht wird:

  a) der Scheinwiderstand,
  b) die Klemmenspannung,
  c) der Kosinus des Phasenverschiebungswinkels.

Lösungen:

Zu a): Nach Formel 93 ist $\omega = 2\pi \cdot 50 = 314$, und damit der Blindwiderstand (Formel 97) $R_b = L\omega = 0{,}06 \cdot 314 = 18{,}84\,\Omega$ und nach Abb. 131b bzw. Formel 99

$$R_s = \sqrt{R^2 + R_b^2} = \sqrt{20^2 + (18{,}84)^2} = 27{,}42\ \Omega.$$

Zu b): Aus $J = \dfrac{U_k}{R_s}$ folgt: $U_k = J R_s = 0{,}6 \cdot 27{,}42 = 16{,}452$ V.

Zu c): Aus dem Widerstandsdreieck der Abb. 131b folgt

$$\cos\varphi = \frac{R}{R_s} = \frac{20}{27{,}42} = 0{,}729\,.$$

236. Um die Induktivität einer Spule zu bestimmen, wurde dieselbe an eine Wechselstromspannung von 48 [60] V und 50 Perioden angeschlossen, wobei durch die Spule ein Strom von 6 [8] A floß. Der Spulenwiderstand betrug 3 [2] Ω. Wie groß ist hiernach L?

Lösung: Aus $J = \dfrac{U_k}{R_s}$ folgt: $R_s = \dfrac{U_k}{J} = \dfrac{48}{6} = 8\ \Omega$. Andererseits ist: $R_s^2 = R^2 + R_b^2$, woraus: $R_b = \sqrt{8^2 - 3^2} = \sqrt{55} = 7{,}4\,\Omega$. Aus $R_b = L\omega$ folgt $L = \dfrac{7{,}4}{2\pi \cdot 50} = 0{,}0235$ Henry.

237. Zur Bestimmung der Induktivität der Spule in Abb. 132 wurde in den Stromkreis derselben eingeschaltet ein Dynamometer A und parallel zur Spule ein Voltmeter V. Das erstere zeigte 200 [150]° Ausschlag an, das letztere $U = 50$ [48] V. Die Drehzahl der zweipoligen Wechselstrommaschine wurde zu 2800 [2400] pro Minute bestimmt. Die Konstante des Dynamometers ist $K = 0{,}355$ und der Spulenwiderstand 5 [2] Ω. Wie groß ist hiernach L?

Lösung: Das Dynamometer zeigt $J = K\sqrt{\alpha} = 0{,}355\sqrt{200} = 5{,}02$ A an.

$$R_s = \frac{U_k}{J} = \frac{50}{5{,}02} = 9{,}97\ \Omega.$$

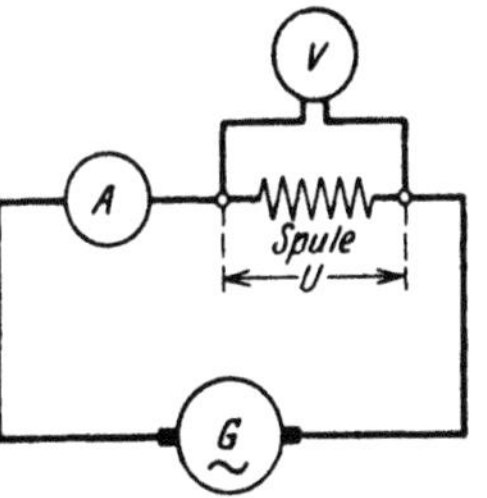

Abb. 132. Schaltung zu Aufgabe 237.

Aus Gl 86 $\dfrac{np}{60} = f$ folgt $f = \dfrac{2800}{60} \cdot 1 = 46{,}7$, also (Abb. 131b)

$$R_b = L\omega = \sqrt{9{,}97^2 - 5^2} = 8{,}63\,\Omega, \qquad L = \frac{8{,}63}{2\pi \cdot 46{,}7} = 0{,}0294\ \text{Henry.}$$

238. Durch eine Spule von 2,3 [5] Ω und einer Induktivität von 0,03 [0,04] H fließt ein Wechselstrom von 5 [3] A, der an den Klemmen eine Spannung von 55 [30] V hervorruft. Wie groß ist hiernach die Frequenz des Wechselstromes?

Lösung: Aus dem Widerstandsdreieck (Abb. 131 b) folgt:

$$R_b = L\omega = \sqrt{R_s^2 - R^2}, \quad \text{wo der Scheinwiderstand} \quad R_s = \frac{U_k}{J}$$

$$= \frac{55}{5} = 11\ \Omega \quad \text{und der Echtwiderstand} \quad R = 2{,}3\ \Omega \text{ ist, also}$$

$$\omega = \frac{\sqrt{11^2 - 2{,}3^2}}{0{,}03} = \frac{10{,}7}{0{,}03} = 357 \quad \text{und} \quad f = \frac{357}{2\pi} = 56{,}8 \text{ Hertz.}$$

239. Durch eine Spule von 10 [8] Ω Widerstand fließt ein Wechselstrom von 3 [4] A, welcher an den Klemmen derselben eine Spannung von 50 [60] V hervorruft. Welche Spannung geht in dem Echtwiderstand verloren, wie groß ist die EMK der Selbstinduktion der Spule, und um welchen Winkel wird der Strom gegen die Klemmenspannung verzögert?

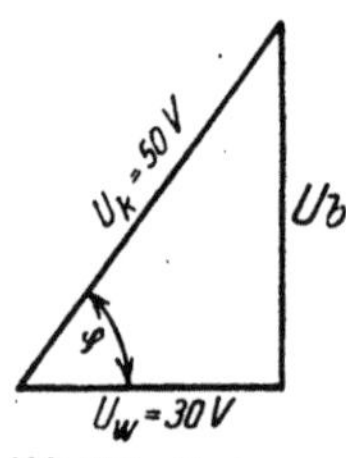

Abb. 133. Spannungsdreieck zu Aufgabe 239.

Lösung: Die in dem Widerstand von 10 Ω verlorene Wirkspannung ist: $U_w = 3 \cdot 10 = 30\,\text{V}$.

Die EMK der Selbstinduktion, gleich der Blindspannung U_b aber entgegengesetzt gerichtet, folgt aus der Abb. 133

$$U_b = \sqrt{50^2 - 30^2} = 40\ \text{V}, \quad \text{und} \quad \cos\varphi = \frac{30}{50} = 0{,}6, \quad \varphi \approx 53^0.$$

§ 31. Leistung des Wechselstromes.

Bezeichnet U_k die gemessene Spannung, J den gemessenen Strom, φ den Phasenverschiebungswinkel zwischen Strom und Spannung, so ist die Leistung des Stromes

$$\boxed{N = U_k' J \cos\varphi \ \text{Watt.}} \tag{100 [1]}$$

---

[1] Beweis: Ist u die momentane Spannung, i die momentane Stromstärke, so ist $u\,i$ die momentane Leistung; die wirkliche ist der Mittelwert aus den momentanen Leistungen, also

$$N = \frac{\Sigma\, u\, i}{m} \ \text{Watt.}$$

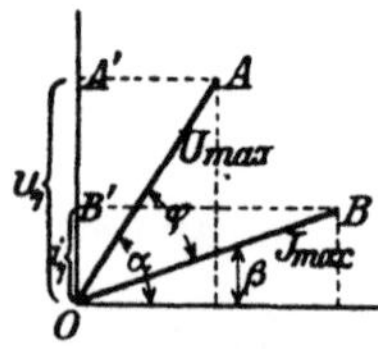

Abb. 134. Zur Herleitung der Leistungsformel.

Stellt man die momentanen Werte als Projektionen ihrer Maximalwerte $\overline{OA}$ bzw. $\overline{OB}$ dar, so ist für einen beliebigen Winkel α (siehe Abb. 134)

$$u_1 = U_{\max} \sin\alpha, \qquad i_1 = J_{\max} \sin\beta$$

und

$$u_1 i_1 = U_{\max} J_{\max} \sin\alpha \sin\beta.$$

Denkt man sich die Maximalwerte um 90° gedreht, so wird

$$u_2 = U_{\max} \sin(\alpha + 90) = U_{\max} \cos\alpha,$$
$$i_2 = J_{\max} \sin(\beta + 90) = J_{\max} \cos\beta$$

Wie aus dem Spannungsdreieck Abb. 131a hervorgeht, ist $U_k \cos \varphi = U_w$, also auch $N = U_w J$ Watt. Man nennt U_w die **Wirkspannung** und im Gegensatz hierzu $U_k \sin \varphi = U_b$ die **Blindspannung**.

240. Eine Spule besitzt einen Blindwiderstand von 15,7 [9,42] Ω, einen Echtwiderstand von 10 [8] Ω. Dieselbe wird an eine Wechselstromspannung von 60 [120] V und 50 Perioden an-geschlossen. Gesucht wird:

    a) der Scheinwiderstand, b) die Stromstärke in der Spule,

    c) die EMK der Selbstinduktion (Blindspannung),

    d) die Induktivität der Spule,

    e) der Kosinus des Phasenverschiebungswinkels (Leistungs-faktor),

    f) die in der Spule verbrauchte Leistung.

Lösungen:

Zu a): Aus Abb. 135 ist: $R_s = \sqrt{10^2 + 15{,}7^2} = 18{,}6\ \Omega$.

Zu b): $J = \dfrac{U_k}{R_s} = \dfrac{60}{18{,}6} = 3{,}23\,\text{A}$.

Zu c): Es ist $E_s = U_b = J R_b$ $= 3{,}23 \cdot 15{,}7 = 50{,}7\ \text{V}$, oder (Abb. 136): $U_b = \sqrt{60^2 - 32{,}3^2} = 50{,}7\ \text{V}$.

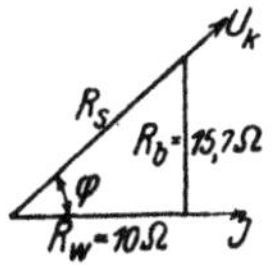

Abb. 135.
Widerstandsdreieck zur Aufgabe 240.

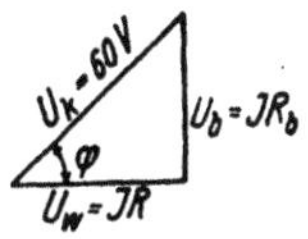

Abb. 136.
Spannungsdreieck zu Aufgabe 240.

Zu d): Aus $R_b = L\omega = 15{,}7$ folgt $L = \dfrac{15{,}7}{2\pi \cdot 50} = 0{,}05\ \text{H}$.

Zu e): Nach Abb. 135 ist $\cos \varphi = \dfrac{10}{18{,}6} = 0{,}538$, oder nach Abb. 136 ist $\cos \varphi = \dfrac{32{,}3}{60} = 0{,}538$.

---

und $\qquad u_2 i_2 = U_{\max} J_{\max} \cos \alpha \cos \beta$,

folglich $\qquad u_1 i_1 + u_2 i_2 = U_{\max} J_{\max} (\sin \alpha \sin \beta + \cos \alpha \cos \beta)$

oder $\qquad u_1 i_1 + u_2 i_2 = U_{\max} J_{\max} \cos (\alpha - \beta) = U_{\max} J_{\max} \cos \varphi$.

Dieser Ausdruck ist unabhängig von α, d. h. zu jedem denkbaren Werte von α gibt es zwei Addenden $u_1 i_1$ und $u_2 i_2$, deren Summe $U_{\max} J_{\max} \cos\varphi$ ist. Denkt man sich nun je zwei derartige Addenden in eine Klammer geschlossen, so sind aus den m Addenden des Ausdruckes $N = \dfrac{\sum u i}{m}$ nur $\dfrac{m}{2}$ Klammerausdrücke geworden, deren jeder den Wert $U_{\max} J_{\max} \cos \varphi$ hat, also ist

$$N = \frac{\dfrac{m}{2} U_{\max} J_{\max} \cos \varphi}{m} = \frac{U_{\max} J_{\max}}{2} \cos \varphi.$$

$\dfrac{U_{\max}}{\sqrt{2}} = U_k$, $\quad \dfrac{J_{\max}}{\sqrt{2}} = J$ [Formel (91)] gesetzt gibt Formel (100).

Zu f): $N = U_k J \cos\varphi = 60 \cdot 3{,}23 \cdot 0{,}538 = 104{,}3$ W. Diese Leistung hat sich nur in Stromwärme umgesetzt und konnte auch nach der Formel $N = J^2 R = 3{,}23^2 \cdot 10 = 104{,}3$ W berechnet werden.

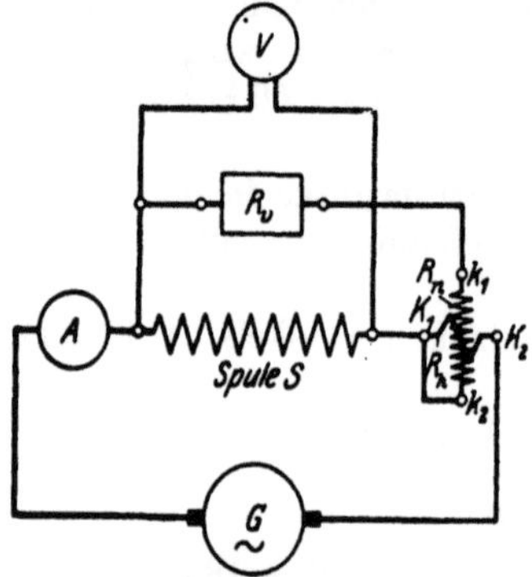

Abb. 137. Leistungsmessung gemäß Aufgabe 241.

241. In den Stromkreis einer Wechselstrommaschine ist, wie in Abb. 137 dargestellt, eingeschaltet ein Strommesser A, eine Spule S, ein Wattmeter samt Vorwiderstand R_v, außerdem ein Voltmeter V. Das letztere zeigt 120 [90] V an, das Amperemeter 10 [12] A, während das Wattmeter 800 [1000] W angab. Wie groß ist hiernach:

a) der Kosinus des Phasenverschiebungswinkels,

b) die Wirkspannung U_w, c) die Blindspannung U_b,

d) der Echtwiderstand der Spule,

e) die Induktivität bei 50 Hertz?

Lösungen:

Zu a): Aus $N = U_k J \cos\varphi$ folgt:

$$\cos\varphi = \frac{N}{U_k J} = \frac{800}{120 \cdot 10} = \frac{2}{3}.$$

Zu b): Es ist (Abb. 138) die Wirkspannung

$$U_w = U_k \cos\varphi = 120 \cdot \frac{2}{3} = 80 \text{ V}.$$

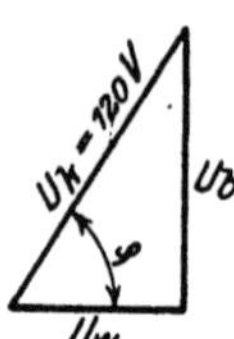

Abb. 138. Spannungsdreieck zu Aufgabe 241.

Zu c): Die Blindspannung ist

$$U_b = U_k \sin\varphi = 120 \sqrt{1 - \left(\frac{2}{3}\right)^2} = 89{,}5 \text{ V}.$$

Zu d): Aus der Leistung $N = 800\,\text{W} = J^2 R$ folgt

$$R = \frac{800}{100} = 8 \ \Omega\text{*}.$$

Zu e): Aus $L\omega J = U_b = 89{,}5$ V folgt

$$L = \frac{89{,}5}{10 \cdot 2\pi \cdot 50} = 0{,}0285 \text{ Henry.}$$

---

* Der mit Wechselstrom gemessene Echtwiderstand fällt, je nach der Drahtdicke und Periodenzahl, 1,03 bis 1,25 mal größer aus als der mit Gleichstrom bestimmte Gleichwiderstand R_g, es ist also

$$R = (1{,}03 \ldots 1{,}25)\, R_g.$$

Bemerkung: In dieser Aufgabe ist davon abgesehen worden, daß das Voltmeter V (gewöhnlich ein Hitzdrahtvoltmeter) und die Nebenschlußspule des Wattmeters, auch Leistung verbrauchen, die in der Wattmeterangabe eingeschlossen ist. Die in der Spule S verbrauchte Leistung ist um diese beiden zu verkleinern.

Wäre z. B. in unserem Falle der Widerstand des Voltmeters $500\,\Omega$, der Widerstand des Wattmeters $4000\,\Omega$ gewesen, so müßten von 800 W abgezogen werden

$$\frac{120^2}{500} + \frac{120^2}{4000} = 28{,}8 + 3{,}6 = 32{,}4 \text{ W.}$$

§ 32. Hintereinanderschaltung von Spulen.

Sind mehrere Spulen (induktive Widerstände) hintereinandergeschaltet, so addieren sich die Klemmenspannungen der einzelnen Spulen geometrisch zur Gesamtspannung der Stromquelle. Die Spulen unterscheiden sich voneinander durch ihre Widerstände $R_1 R_{b1}$, $R_2 R_{b2}$ und somit durch die Phasenverschiebungswinkel $\varphi_1\,\varphi_2$, die durch die Merkdreiecke (Spannungs- oder Widerstandsdreieck) jeder Spule bestimmt sind. In Abb. 139 ist die

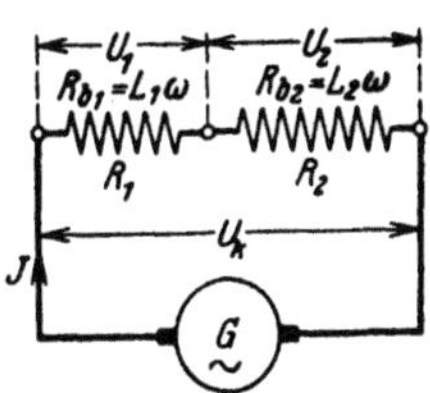

Abb. 139. Hintereinanderschaltung zweier induktiver Widerstände.

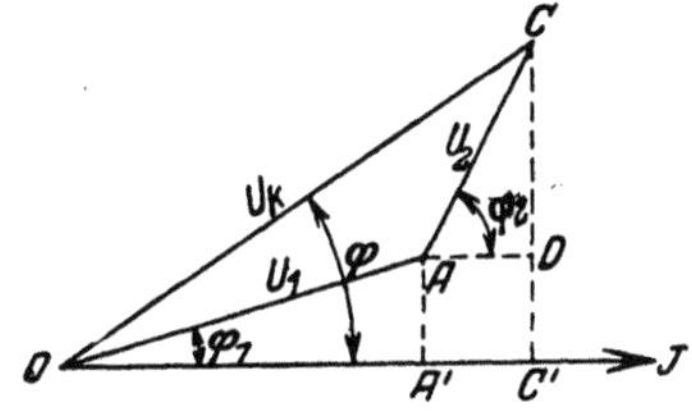

Abb. 140. Addition der Spannungen zweier hintereinandergeschalteter induktiver Spulen.

Schaltung für zwei Spulen dargestellt, in Abb. 140 die Addition der Spannungen. Um durch Rechnung die Summe U_k der einzelnen Spannungen zu finden, fälle man die Senkrechten AA' und CC' auf die als Abszisse angenommene Stromrichtung, dann sind die Wirkspannungen $\overline{OA'} = J R_1$ $= U_{w1}$, $\overline{AD} = \overline{A'C'} = J R_2 = U_{w2}$ und $\overline{OC'} = U_{w1} + U_{w2} = J(R_1 + R_2)$, die Blindspannungen $\overline{AA'} = J R_{b1} = U_{b1}$, $\overline{CD} = J R_{b2} = U_{b2}$ und $\overline{CC'} = U_{b1} + U_{b2} = J(R_{b1} + R_{b2})$. Im $\triangle\,OCC'$ ist: $\overline{OC'^2} = U_k^2$ $= (U_{w1} + U_{w2})^2 + (U_{b1} + U_{b2})^2 = J^2[(R_1 + R_2)^2 + (R_{b1} + R_{b2})^2]$, woraus bei gegebenem U_k und den bekannten Widerständen

$$J = U_k : \sqrt{(R_1 + R_2)^2 + (R_{b1} + R_{b2})^2} \text{ Ampere} \qquad (101)$$

folgt. Der Scheinwiderstand beider Spulen ist:

$$R_s = \sqrt{(R_1 + R_2)^2 + (R_{b1} + R_{b2})^2} \text{ Ohm.} \qquad (102)$$

242. Eine Spule (induktiver Widerstand) ist mit einem induktionsfreien Widerstand $R = 10\,[5]\,\Omega$ hintereinandergeschaltet und an eine Wechselstromquelle von $U_k = 135$ V und $f = 50$ Hertz angeschlossen (Abb. 141). Die durch den Strom J an den Widerständen hervorgerufenen Spannungen sind $U_1 = 50$ V, $U_2 = 120$ V.

Gesucht wird:

a) die Stromstärke,

b) das Spannungsdiagramm (maßstäblich),

c) der Leistungsfaktor der Spule,

d) die in der Spule verbrauchte Leistung,

e) die von der Stromquelle abgegebene Leistung.

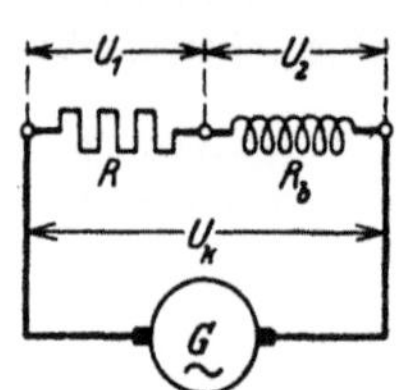

Abb. 141. Schaltung zu Aufgabe 242 (3-Voltmeter-Methode).

Lösungen:

Zu a): Formel 95 gibt $J = \dfrac{U_1}{R} = \dfrac{50}{10} = 5\,\text{A}$.

Zu b): Es sei (Abb. 142) gewählt 1 V $= 0,25$ mm, dann ist $U_1 = 50$ V $= 12,5$ mm $= \overline{OA}$ (fällt in die Richtung des Stromvektors), $U_2 = 120$ V $= 30$ mm $= \overline{AB}$, $U_k = 135$ V $= 33,5$ mm (Man beschreibe um O einen Kreisbogen mit 33,5 mm Zirkelöffnung, um A einen mit 30 mm, der Schnittpunkt beider ist B.)

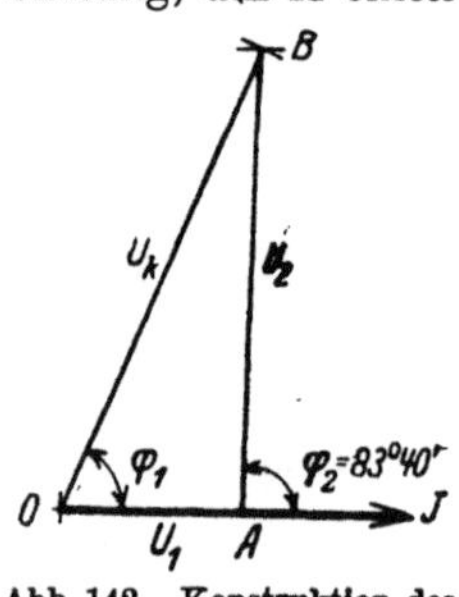

Abb. 142. Konstruktion des Spannungsdiagramms zu Aufgabe 242.

Zu c): Die Spannung U_2 der Spule bildet mit der Richtung des Stromvektors den $\measuredangle\,\varphi_2$ und im $\triangle OAB$ gilt der Satz

$$\overline{OB}^2 = \overline{OA}^2 + \overline{AB}^2 + 2\cdot\overline{OA}\cdot\overline{AB}\cos\varphi_2$$

oder

$$U_k{}^2 = U_1{}^2 + U_2{}^2 + 2\,U_1 U_2\cos\varphi_2,$$

woraus

$$\cos\varphi_2 = \frac{U_k{}^2 - U_1{}^2 - U_2{}^2}{2\,U_1 U_2}.$$

$$\cos\varphi_2 = \frac{135^2 - 50^2 - 120^2}{2\cdot 50\cdot 120} = 0,111\,.$$

hieraus $\varphi_2 = 83^0 40'$.

Zu d): Die in der Spule verbrauchte Leistung N_2 ist

$$N_2 = U_2 J \cos\varphi_2 = 120\cdot 5\cdot 0,111 = 66,6\,\text{W}\,.$$

Zu e): Die Stromquelle muß abgeben: die im induktionsfreien Widerstand R verbrauchte Leistung $N_1 = J^2 R = 5^2\cdot 10 = 250\,W$ und die Spulenleistung N_2, also $N_k = 250 + 66,6 = 316,6\,\text{W}$.

Probe. Im $\triangle OAB$ hätte man auch ansetzen können:

$$\overline{AB}^2 = \overline{OA}^2 + \overline{OB}^2 - 2\cdot\overline{OA}\cdot\overline{OB}\cos\varphi_1,$$

woraus

$$\cos\varphi_1 = \frac{U_1{}^2 + U_k{}^2 - U_2{}^2}{2\cdot U_1 U_k} = \frac{50^2 + 135^2 - 120^2}{2\cdot 50\cdot 135} = 0,468\,,$$

also $N_k = U_k J \cos\varphi_1 = 135\cdot 5\cdot 0,468 = 316,6\,\text{W}$.

NB. Aus den Lösungen a—d folgt eine Methode, die Leistung und den Leistungsfaktor $\cos\varphi$ einer Spule zu messen, ohne im Besitz eines Leistungsmessers zu sein (Methode der drei Voltmeter). Sollte der induktionsfreie Widerstand nicht bekannt sein (wenn er z. B. aus parallelgeschalteten Glühlampen besteht), so muß man mit einem in den Stromkreis geschalteten Amperemeter den Strom J messen.

243. Durch zwei hintereinandergeschaltete Spulen (Abb. 139) fließt ein Wechselstrom von 100 [80] A und 50 Perioden. Der Echtwiderstand der ersten Spule ist $R_1 = 5\,[7]\,\Omega$, ihre Induktivität $L_1 = 0{,}0107\,[0{,}02]$ H, der Echtwiderstand der zweiten Spule $R_2 = 20\,[17]\,\Omega$, ihre Induktivität $L_2 = 0{,}5\,[0{,}2]$ H.

Gesucht wird: der Scheinwiderstand

a) der ersten, b) der zweiten, c) der beiden Spulen;

die Klemmenspannung

d) der ersten, e) der zweiten, f) der beiden Spulen;

der Kosinus des Phasenverschiebungswinkels zwischen Strom und Klemmenspannung

g) der ersten, h) der zweiten, i) der beiden Spulen;

die verbrauchte Leistung in

k) der ersten, l) der zweiten, m) den beiden Spulen.

Lösungen:

Zu a): Der Scheinwiderstand der ersten Spule ist nach dem Widerstandsdreieck OJH in Abb. 143

$$\overline{OH} = R_{s_1} = \sqrt{R_1{}^2 + (\omega L_1)^2} = \sqrt{5^2 + (2\pi\,50\cdot 0{,}0107)^2} = 6\ \Omega.$$

Zu b): Der Scheinwiderstand der zweiten Spule ist nach dem Widerstandsdreieck HKL

$$\overline{HL} = R_{s_2} = \sqrt{20^2 + (2\pi\cdot 50\cdot 0{,}5)^2} = 158\ \Omega.$$

Zu c): Der Scheinwiderstand beider Spulen ist daher nach Abb. 143

$$\overline{OL} = R_s = \sqrt{(5+20)^2 + [2\pi\cdot 50\,(0{,}0107 + 0{,}5)]^2} = 162\ \Omega.$$

Zu d): Die Klemmenspannung der ersten Spule ist nach der Abb. 140 auf S. 185

$$\overline{OA} = U_{s1} = J R_{s_1} = 100\cdot 6 = 600\ \text{V}.$$

Zu e): Desgleichen die der zweiten Spule

$$\overline{AC} = U_2 = J R_{s_2} = 100\cdot 158 = 15\,800\ \text{V}.$$

Zu f): Und die der beiden Spulen

$$\overline{OC} = U_k = J R_s = 100\cdot 162 = 16\,200\ \text{V}.$$

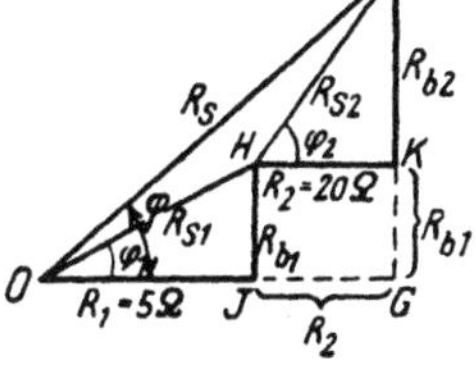

Der Kosinus des Phasenverschiebungswinkels kann aus Abb. 143 bestimmt werden; er ist für die

Abb. 143. Widerstandsdreiecke zweier hintereinandergeschalteter Spulen.

Zu g): erste Spule $\cos\varphi_1 = \overline{OJ} : \overline{OH} = R_1 : R_{s_1} = 5 : 6 = 0{,}83$,

Zu h): zweite Spule $\cos\varphi_2 = \overline{HK} : \overline{HL} = R_2 : R_{s_2} = 20 : 158 = 0{,}126$,

Zu i): beiden Spulen

$$\cos \varphi = \frac{\overline{OJ} + \overline{JG}}{\overline{OL}} = \frac{R_1 + R_2}{R_s} = \frac{5 + 20}{162} = \frac{25}{162} = 0{,}154.$$

Die verbrauchte Leistung folgt aus der Formel 100.

Zu k): $N_1 = U_1 J \cos \varphi_1 = 600 \cdot 100 \cdot \dfrac{5}{6} = 50\,000$ W.

Zu l): $N_2 = U_2 J \cos \varphi_2 = 15\,800 \cdot 100 \cdot \dfrac{20}{158} = 200\,000$ W.

Zu m): $N_k = U_k J \cos \varphi = 16\,200 \cdot 100 \cdot \dfrac{25}{162} = 250\,000$ W.

Probe: $N_k = N_1 + N_2 = 50\,000 + 200\,000 = 250\,000$ W.

244. Am Orte A wird Wechselstrom erzeugt, der nach dem 15 [20] km entfernten Orte B durch zwei parallele, 8 [10] mm dicke, 50 [50] cm voneinander entfernte Kupferdrähte geleitet wird, um dort Motoren zu treiben, welche 60 [65] A bei 3000 [5000] V Klemmenspannung und 50 [60] Hertz verbrauchen. In den Motoren ist der Strom gegen die zugehörige Klemmenspannung um einen Winkel φ_2 verschoben, der durch die Gleichung $\cos \varphi_2 = 0{,}8$ bestimmt ist. Anordnung siehe Abb..144. Gesucht wird:

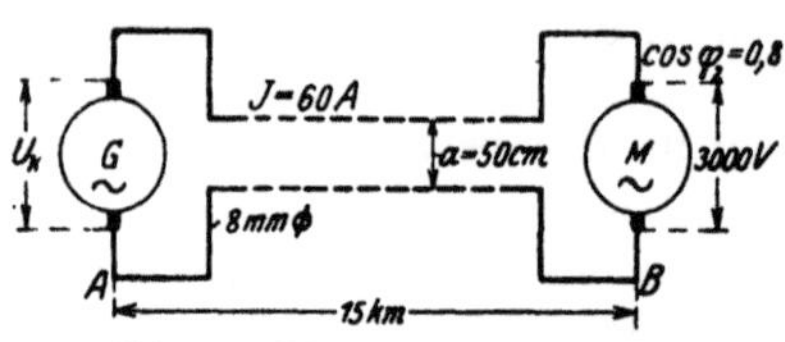

Abb. 144. Schaltung zu Aufgabe 244.

a) der Gleich- und Echtwiderstand der Leitung,
b) ihre Induktivität und ihr Blindwiderstand,
c) ihr Scheinwiderstand und Leistungsfaktor,
d) der gesamte Spannungsverlust in der Leitung,
e) die Spannung der Wechselstrommaschine,
f) die von ihr abgegebene Leistung,
g) der prozentuale Leistungsverlust in der Leitung.

Lösungen:

Zu a): Der Gleichwiderstand ist (Gl 4)

$$R_\Omega = \frac{\varrho\, l}{q} = \frac{0{,}0175 \cdot 30\,000}{8^2 \pi : 4} = 10{,}5\ \Omega,$$

daher (siehe Fußnote S. 178) der Echtwiderstand

$$R_1 = 1{,}03 \cdot 10{,}5 = 10{,}8\ \Omega.$$

Zu b): Die Tabelle 5 auf S. 85 ergibt für eine Leitung von 8 mm Durchmesser, also 4 mm Radius, deren Drähte 50 cm voneinander entfernt sind, die Induktivität von 0,001 017 Henry pro

Kilometer Drahtlänge, also ist $L = 2 \cdot 15 \cdot 0,001\,017 = 0,03\,051$ H.
Da $\omega = 2\pi f = 2 \cdot \pi \cdot 50 = 314$ ist, so ist der Blindwiderstand

$$R_b = L\omega = 0,03\,051 \cdot 314 = 9,6\,\Omega.$$

Zu c): Der Scheinwiderstand ergibt sich aus dem Widerstandsdreieck zu $R_{s_1} = \sqrt{10,8^2 + 9,6^2} = 14,45\,\Omega$, und der Phasenverschiebungswinkel

$$\cos\varphi_1 = \frac{R_1}{R_{s_1}} = \frac{10,8}{14,45} = 0,75.$$

Zu d): Der Spannungsverlust in der Leitung ist

$$U_1 = J R_{s_1} = 60 \cdot 14,45 = 867\,\text{V}.$$

Zu e): Die Aufgabe kann aufgefaßt werden in der Weise, daß zwei Spulen hintereinandergeschaltet sind, die eine Spule (die Leitung) hat den Blindwiderstand $R_b = 9,6\,\Omega$ und den Echtwiderstand $R_1 = 10,8\,\Omega$, an ihren Enden herrscht die Spannung $U_1 = 867$ V, die andere Spule vertritt die Motoren, ihre Klemmenspannung beträgt $U_2 = 3000$ V, und der Strom ist gegen die Spannung verschoben um einen Winkel φ_2, bestimmt durch die Gleichung $\cos\varphi_2 = 0,8$. Die Maschinenspannung U_k ist dann die Resultierende aus dem Spannungsverluste $\overline{OA} = U_1$ in der Leitung und der Motorspannung $\overline{AC} = U_2 = 3000$ V. Nach Abb. 140 ist[1]

$$\overline{AD} = U_2 \cos\varphi_2 = 3000 \cdot 0,8 = 2400 \text{ V},$$

$$\overline{CD} = U_2 \sin\varphi_2 = 3000\sqrt{1 - 0,8^2} = 1800 \text{ V}.$$

Ferner $\qquad \overline{OA'} = J R_1 = 60 \cdot 10,8 = 648$ V,

$$\overline{AA'} = J R_b = 60 \cdot 9,6 = 576 \text{ V}.$$

Mit diesen Werten findet man nun

$$\overline{OC'} = \overline{OA'} + \overline{AD} = 648 + 2400 = 3048 \text{ V},$$

$$\overline{CC'} = \overline{CD} + \overline{AA'} = 1800 + 576 = 2376 \text{ V},$$

$$\overline{OC} = U_k = \sqrt{3048^2 + 2376^2} = 3860 \text{ V},$$

d. h. an den Klemmen der Wechselstrommaschine müssen 3860 V Spannung herrschen.

Zweite Lösung zu e): Dividiert man die Seiten des Spannungsdreiecks ACD (Abb. 140) durch die Stromstärke, so erhält man die homologen Seiten des Widerstandsdreiecks, also

$$R_2 = \overline{AD} : J = 2400 : 60 = 40\,\Omega,$$

$$R_{b_2} = L_2\omega = \overline{CD} : J = 1800 : 60 = 30\,\Omega.$$

---

[1] Maßstäblich gezeichnet fiele U_1 und U_2 fast mit U_k zusammen.

Mit diesen Werten läßt sich jetzt der Scheinwiderstand beider Spulen (Leitung und Motoren) berechnen, nämlich (s. Formel 102):

$$R_s = \sqrt{(R_1 + R_2)^2 + (R_b + R_{b2})^2},$$

$$R_s = \sqrt{(10,8 + 40)^2 + (9,6 + 30)^2} = 64,33 \ \Omega,$$

und hiermit $\quad U_k = J R_s = 60 \cdot 64,33 \approx 3860$ V.

Zu f): Die Leistung an den Klemmen der Wechselstrommaschine ist:

$$N_1 = 3860 \cdot 60 \cdot \cos\varphi, \quad \text{wo} \quad \varphi = \sphericalangle\, COC' \quad \text{Abb. 140.}$$

und

$$\cos\varphi = \frac{\overline{OC'}}{\overline{OC}} = \frac{3048}{3860} = 0,79,$$

mithin $\quad N_1 = 3860 \cdot 60 \cdot 0,79 = 182880$ W, oder Probe:

in der Leitung gehen verloren $J^2 R = 60^2 \cdot 10,8 = \quad 38\,880$ W
in den Motoren werden gebraucht $3000 \cdot 60 \cdot 0,8 = 144\,000$ W
$$\overline{\qquad\qquad\qquad\qquad \text{Summa:} \quad 182\,880 \text{ W}}$$

Zu g): Der Leistungsverlust in der Leitung in Prozenten der Gesamtleistung ist

$$\frac{38\,880}{182\,880} \cdot 100 = 21,3 \ \%$$

oder, auf die in den Motoren verbrauchte Leistung bezogen

$$p_N = \frac{38\,880}{144\,000} \cdot 100 = 27\% \,.$$

245. Welchen Querschnitt muß die Leitung der vorigen Aufgabe erhalten, wenn der Leistungsverlust in derselben nur 9 [7]% der Gesamtleistung betragen darf, und wie gestalten sich dann die übrigen Fragen?

Lösungen:

Zu a): Die Leistung an den Klemmen der Wechselstrommaschine ist:

$$N_1 = \frac{\text{Nutzleistung}}{1 - \dfrac{9}{100}} *.$$

Die Nutzleistung in B (Abb. 144) ist

$$N_2 = 3000 \cdot 60 \cdot 0,8 = 144\,000 \text{ W},$$

---

* $N_1 - N_2 = \text{Verluste} = N_1 \cdot \dfrac{p}{100}$, wenn p % verloren gehen dürfen,

woraus

$$N_2 = N_1 - N_1 \frac{p}{100} = N_1\left(1 - \frac{p}{100}\right), \quad \text{mithin} \quad N_1 = \frac{N_2}{1 - \dfrac{p}{100}}.$$

also die Gesamtleistung

$$N_1 = \frac{144\,000}{0,91} = 158\,400 \text{ W},$$

d. h. der Verlust in der Leitung beträgt

$$158\,400 - 144\,000 = 14\,400 \text{ W},$$

damit wird

$$N_{Cu} = J^2 R = 14\,400 \text{ W, und daraus } R = \frac{14\,400}{60 \cdot 60} = 4 \;\Omega.$$

Aus $R = 1,03\,R_g$ folgt $R_g = \dfrac{4}{1,03} = 3,87\;\Omega$, wo $R_g = \dfrac{\varrho\,l}{q}$ ist,

folglich

$$q = \frac{\varrho\,l}{R_g} = \frac{0,0175 \cdot 30\,000}{3,87} = 135 \text{ mm}^2, \quad d = 13,1 \text{ mm}.$$

Zu b): Die Induktivität ist nach Formel 32d, S. 88:

$$L = 30 \cdot \frac{\left(0,46 \log \dfrac{50}{0,655} + 0,05\right)}{10^3} = 0,0276 \text{ Henry}, \; L\omega \approx 8,7 \;\Omega.$$

Zu c): $R_{s1} = \sqrt{4^2 + 8,7^2} = 9,55 \;\Omega$.

Zu d): $U_1 = 60 \cdot 9,55 = 573$ V.

Zu e): (Abb. 140)

$$\overline{OA'} = 60 \cdot 4 = 240 \text{ V}, \qquad\qquad \overline{AD} = 3000 \cdot 0,8 = 2400 \text{ V},$$

$$\overline{AA'} = 60 \cdot 8,7 = 522 \text{ V}, \qquad\qquad \overline{OD} = 3000 \cdot 0,6 = 1800 \text{ V},$$

$$\overline{CC'} = 522 + 1800 = 2322 \text{ V}, \qquad \overline{OC'} = 240 + 2400 = 2640 \text{ V},$$

$$U_k = \sqrt{2322^2 + 2640^2} = 3520 \text{ V}.$$

Zu f): $N_1 = 3520 \cdot 60 \cdot \dfrac{2640}{3520} = 158\,400$ W. (War hier nur Probe.)

246. Eine Wechselstrombogenlampe braucht 10 [12] A Strom, wobei an ihren Klemmen eine Spannung von $U_L = 30$ [31] V herrschen soll. Um die Lampe an eine Stromquelle von $U_k = 100$ [120] V und 50 Perioden anschließen zu können, muß ihr ein induktiver Widerstand (Drosselspule) vorgeschaltet werden. Derselbe besitzt 1,2 [0,8] Ω Echtwiderstand. (Schaltungsschema Abb. 145.)

Gesucht wird:

a) die EMK der Selbstinduktion der Drosselspule,

b) ihre Induktivität,

c) ihre Klemmenspannung,

d) die in der Drosselspule verbrauchte Leistung,

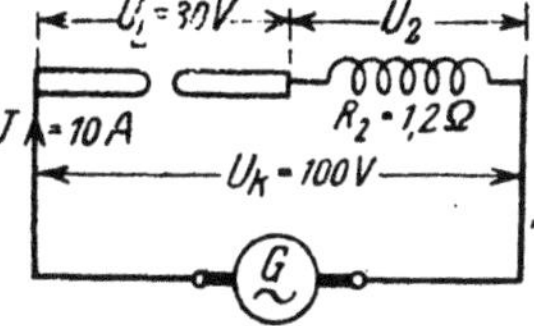

Abb. 145. Schaltung von Bogenlampe und Drosselspule.

e) der Phasenverschiebungswinkel zwischen Strom und Spannung der Stromquelle.

Lösungen:

Zu a): Die Lampe kann erfahrungsgemäß als induktionsfreier Widerstand angesehen werden, dann fällt im Vektordiagramm ihre Spannung mit der Stromrichtung zusammen, während die Spulenspannung U_2 um einen Winkel φ_2 voreilt. Es sei in Abb. 146 $\overline{OA} = 30$ V, $\overline{AC} = U_2$ Volt, dann ist $\overline{OC} = U_k = 100$ V.

Ferner $\overline{AC'} = JR_2 = 10 \cdot 1,2 = 12$ V und $\overline{CC'} = E_s$ d. i. die EMK der Selbstinduktion der Spule. Nun ist aber $\overline{OA} + \overline{AC'}$

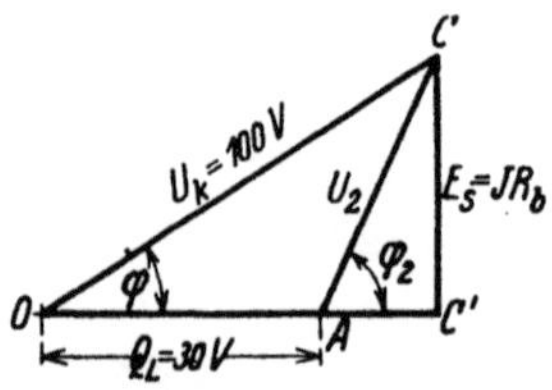

Abb. 146. Spannungsdiagramm für Bogenlampe und Drosselspule.

$= 30 + 12 = 42$ V, folglich wird

$$E_s = \overline{CC'} = \sqrt{\overline{OC}^2 - \overline{OC'}^2}$$
$$= \sqrt{100^2 - 42^2} = 90,6 \text{ V}.$$

Zu b): Aus $L \omega J = E_s$ folgt

$$L = \frac{90,6}{2 \pi \cdot 50 \cdot 10} = 0,0289 \text{ H}.$$

Zu c): die Klemmenspannung der Spule ist $U_2 = \overline{AC}$,

$$U_2 = \sqrt{\overline{CC'}^2 + \overline{AC'}^2} = \sqrt{90,6^2 + 12^2} = 91,3 \text{ V}.$$

Zu d): $N_2 = U_2 J \cos \varphi_2 = 91,3 \cdot 10 \cdot \frac{12}{91,3} = 120$ W.

Zu e): $\cos \overline{COC'} = \cos \varphi = \frac{\overline{OC'}}{\overline{OC}} = \frac{42}{100} = 0,42$ *.

247. Ein veränderlicher aber induktionsfreier Widerstand $R = 4, 6, 8, 10 \, \Omega$ und eine Spule mit dem Echtwiderstande $R_e = 2 \, [3] \, \Omega$ und dem Blindwiderstand $R_b = L \omega = 8 \, [9] \, \Omega$, sind hintereinandergeschaltet und an eine Stromquelle von 100 [80] V angeschlossen (Abb. 147).

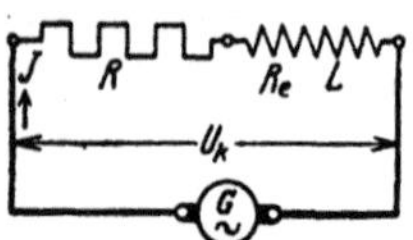

Abb. 147. Schaltung zweier Spulen zu Aufgabe 247.

Gesucht wird:

a) der Scheinwiderstand des äußeren Kreises,

b) die Stromstärke,

c) der Kosinus des Phasenverschiebungswinkels zwischen Strom und Klemmenspannung,

d) die im äußeren Stromkreise verbrauchte Leistung,

e) eine Kurve, in welcher die Leistung die Ordinate und der Widerstand $R + R_e$ die Abszisse bildet.

---

* Durch den Anschluß einer Drosselspule entsteht, namentlich bei höherer Spannung der Stromquelle, eine so große Phasenverschiebung, daß die Elektrizitätswerke vielfach den Anschluß von Drosselspulen nicht gestatten.

Lösungen:

Zu a): Der Scheinwiderstand folgt aus dem Widerstandsdreieck ABC (Abb. 148):

$$R_s = \sqrt{(R + R_e)^2 + (L\omega)^2},$$

für

$R = 4$ ist $R_s = \sqrt{(4 + 2)^2 + 8^2} = 10\ \Omega$.

Zu b): $J = \dfrac{U_k}{R_s} = \dfrac{100}{10} = 10$ A.

Zu c): $\cos\varphi = \dfrac{R + R_e}{R_s} = \dfrac{4 + 2}{10} = 0{,}6$.

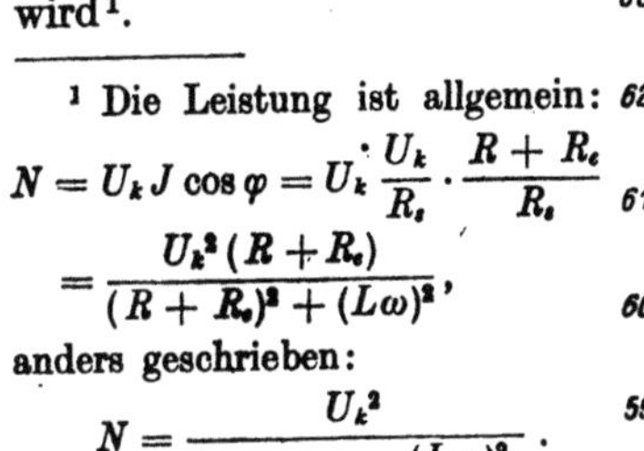

Abb. 148. **Widerstandsdreieck zu Aufgabe 247.**

Zu d): $N = U_k J \cos\varphi = 100 \cdot 10 \cdot 0{,}6 = 600$ W.

In gleicher Weise wurden die anderen Werte gefunden und in die nachstehende Tabelle eingeordnet.

R Ohm	R_s Ohm	J Ampere	$\cos\varphi$	N Watt
4	10	10	0,6	600
6	11,3	8,85	0,707	626
8	12,8	7,8	0,78	608
10	14,4	6,95	0,83	580

Zu e): Die Aufzeichnung ergibt die in Abb. 149 dargestellte Kurve, aus der zu ersehen ist, daß bei $R + R_e = 8 = L\omega$ Ohm die Leistung ein Maximum wird[1].

---

[1] Die Leistung ist allgemein:

$$N = U_k J \cos\varphi = U_k \cdot \frac{U_k}{R_s} \cdot \frac{R + R_e}{R_s}$$

$$= \frac{U_k^2 (R + R_e)}{(R + R_e)^2 + (L\omega)^2},$$

anders geschrieben:

$$N = \frac{U_k^2}{(R + R_e) + \dfrac{(L\omega)^2}{R + R_e}}.$$

Soll N ein Maximum werden, so muß der Nenner ein Minimum sein. Durch Differentiieren des Nenners nach R ergibt sich

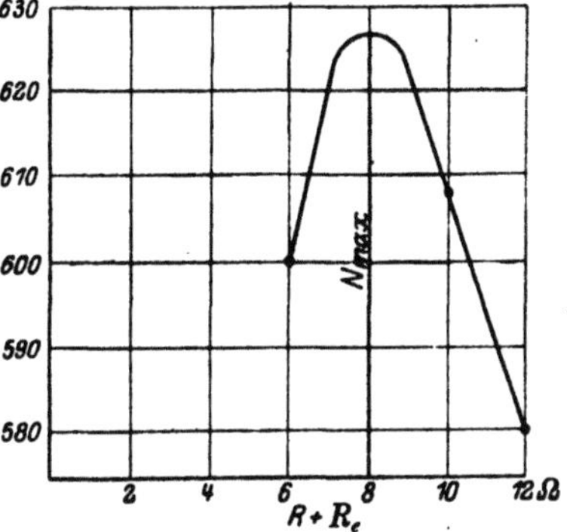

Abb. 149. Aufgetragene Werte zu Aufgabe 247.

$$0 = 1 - \frac{(L\omega)^2}{(R + R_e)^2}, \quad \text{woraus}\quad R + R_e = L\omega \quad\text{folgt.}$$

Die maximale Leistung ist dann $N_{\max} = \dfrac{U_k^2}{2 L\omega}$. Schaltet man ein

Wattmeter in den Stromkreis so ein, daß dasselbe die Leistung im äußern

248. Um die Induktivität einer Wechselstrommaschine zu bestimmen, wurde in den äußeren Stromkreis ein induktionsfreier Widerstand eingeschaltet, durch welchen ein Strom von 200 [10] A floß. Die gemessene Klemmenspannung betrug hierbei 3000 [100]V. Bei offenem Stromkreis betrug die Spannung $E_0 = 3100$ [150] V. Der Widerstand des Ankers war $R_a = 0{,}274$ [2] Ω und die Drehzahl der 24poligen [4poligen] Maschine 250 [1500] pro Minute.

Gesucht wird:

a) die **wirksame EMK** der Maschine,

b) die EMK der Selbstinduktion,

c) die Induktivität der Wechselstrommaschine,

d) der Kosinus des Winkels, den Stromvektor und Vektor der EMK miteinander einschließen.

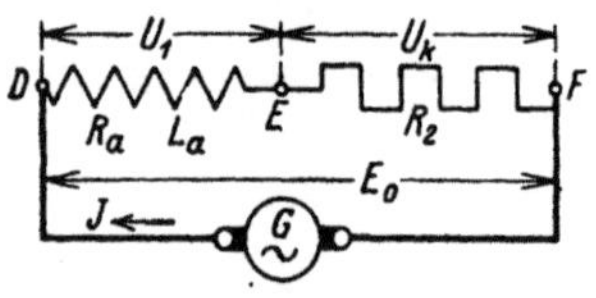

Abb. 150. Gedachte Schaltung zur Bestimmung der Induktivität einer Wechselstrommaschine zu Aufg. 248.

Wir können uns bei jeder Wechselstrommaschine den Widerstand R_a und die Induktivität L_a des Ankers als Spule denken, die mit dem Widerstand des äußeren Kreises in den Stromkreis einer widerstandslosen, induktionsfreien Wechselstrommaschine eingeschaltet ist.

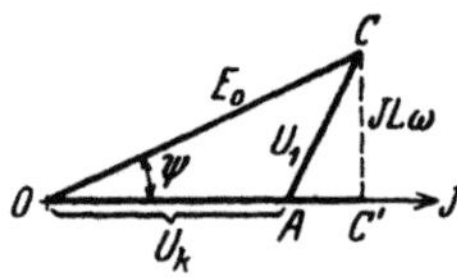

Abb. 151. Diagramm zu Aufgabe 248.

In Abb. 150 sei $\overline{DE}$ diese Spule (R_a, L_a), $\overline{EF}$ der Widerstand des äußeren Kreises (R_2) und G die widerstandslose, induktionsfreie Wechselstrommaschine, deren EMK sich als Spannung E_0 äußert, da ja Spannungsverluste nicht vorhanden sind; geometrisch addiert muß dann

$$E_0 = U_1 + U_k$$

sein; dies gibt das Diagramm (Abb. 151), in welchem $\overline{OA} = U_k$ (induktionsfreier Widerstand), $\overline{AC} = U_1$ und $\overline{OC} = E_0$ ist. Es ist weiter $\overline{CC'} = JL_a\omega = U_b$ und $\overline{AC'} = JR_a$.

Lösungen:

Zu a): $\overline{OC'} = JR_a + U_k = U_w$ (wird wirksame EMK genannt), also $U_w = 200 \cdot 0{,}274 + 3000 = 3055$ V.

Zu b): $E_s = L_a \omega J = \overline{CC'} = \sqrt{\overline{OC}^2 - \overline{OC'}^2} = \sqrt{E_0{}^2 - U_w{}^2}$

$$U_b = E_s = \sqrt{3100^2 - 3055^2} = 526 \text{ V}.$$

Stromkreis mißt, so kann diese Formel dazu dienen, $L\omega$ zu bestimmen, indem man den regulierbaren Widerstand R so einstellt, daß die vom Wattmeter angezeigte Leistung ein Maximum wird, es ist dann der Blindwiderstand $R_b = L\omega = \dfrac{U_k{}^2}{2 N_{\text{max}}}$. Die Spannung U_k muß natürlich gleichfalls gemessen werden.

Zu c): Aus $E_s = L_a \omega J$ folgt mit $\omega = 2\pi f = 2\pi \dfrac{250}{60} \cdot 12$

$$L_a = \frac{526}{2\pi \cdot \dfrac{250}{60} \cdot 12 \cdot 200} = 0{,}00839 \text{ H}.$$

Zu d): Gesucht $\cos \widehat{COC'} = \cos \psi = \dfrac{\overline{OC'}}{\overline{OC}} = \dfrac{3055}{3100} = 0{,}985$.

249. Eine Wechselstrommaschine soll 50 Hertz, 3000 V Klemmenspannung und 200 [40] A Strom liefern.

Gesucht wird:

a) der Ankerwiderstand, wenn in demselben 1,833 [1,5]% der Nutzleistung bei induktionsfreier Belastung durch Stromwärme verloren geht,

b) die EMK der Selbstinduktion, wenn dieselbe 17,5 [20]% der Klemmenspannung betragen darf,

c) die Induktivität der Maschine,

d) die EMK der Maschine, wenn dieselbe auf einen äußeren Widerstand arbeitet, für welchen $\cos\varphi = 0{,}8$ [0,85] ist,

e) der Kosinus des Winkels, den der Vektor der EMK mit dem Vektor der Stromrichtung bildet.

Lösungen:

Zu a): Die Ankerleistung ist $JU_k = 200 \cdot 3000 = 600\,000 \text{ W}$. Der Verlust darf bei induktionsfreier Belastung 1.833% betragen, also darf $J^2 R_a = 600\,000 \cdot \dfrac{1{,}833}{100} = 10\,998 \text{ W}$ sein. Damit wird

$$R_a = \frac{10998}{200^2} = 0{,}2747 \ \Omega.$$

Zu b): Die EMK der Selbstinduktion, also die Blindspannung, ist $U_b = 17{,}5\%$ von U_k, also $U_b = \dfrac{17{,}5}{100}\ 3000 = 525 \text{ V}$.

Zu c): Die Induktivität der Maschine folgt aus $U_b = L\omega J$ zu

$$L = \frac{U_b}{\omega J} = \frac{525}{2\pi \cdot 50 \cdot 200} = 0{,}00839 \text{ Henry}.$$

Zu d): Denkt man sich wieder die Schaltung nach Abb. 150 ausgeführt, so ist $E_0 = U_1 + U_k$ geometrisch addiert; hier fällt jedoch U_k nicht mit J zusammen, sondern bildet den $\sphericalangle\,\varphi$, so daß die Abb. 152 sich ergibt. Es ist

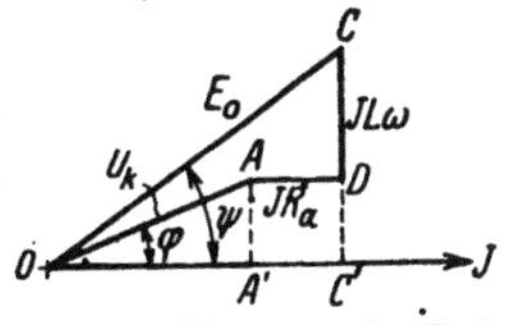

Abb. 152. Diagramm der Wechselstrommaschine Aufgabe 249.

$$\overline{A'C'} = \overline{AD} = JR_a = 200 \cdot 0{,}2747 = 54{,}8 \text{ V}.$$
$$\overline{OA'} = U_k \cos\varphi = 3000 \cdot 0{,}8 = 2400 \text{ V}.$$

$$\overline{OC'} = \overline{OA'} + \overline{A'C'} = 2400 + 54,8 = 2454,8 \text{ V}.$$

$$\overline{CC'} = \overline{CD} + \overline{AA'} = JL\,\omega + U_k \sin\varphi.$$

$$\overline{CC'} = 525 + 3000 \cdot \sqrt{1 - 0,8^2} = 525 + 1800 = 2325 \text{ V}.$$

Damit wird nach Abb. 152

$$E_0 = \overline{OC} = \sqrt{\overline{CC'}^2 + \overline{OC'}^2} = \sqrt{2325^2 + 2454,8^2} = 3390 \text{ V}.$$

Zu e): Der Winkel zwischen Stromvektor und Vektor der EMK E_0 ist nach Abb. 152

$$\cos\psi = \overline{OC'} : \overline{OC} = \frac{2454,8}{3390} = 0,725\,.$$

§ 33. Zerlegung des Stromes in Komponenten. Parallelschaltung von Spulen.

Bekanntlich bleibt der Stromvektor hinter dem Spannungsvektor um den Phasenverschiebungswinkel φ zurück. Man kann nun den Strom J zerlegen in zwei Komponenten, nämlich in eine Komponente, die in die Richtung der Spannung fällt und Wirkkomponente genannt wird, und eine, die senkrecht auf der Richtung der Spannung steht und Blindkomponente heißt. Nach Abb. 153 ist

$$\overline{OA'} \text{ die Wirkkomponente } J_w = J\cos\varphi \quad (103\,\text{a})$$
$$\overline{A'A} = \overline{OA''} \text{ die Blindkomponente } J_b = J\sin\varphi \quad (103\,\text{b})$$

Multipliziert man den Strom J und seine Komponenten mit der Klemmenspannung U_k, so erhält man Leistungen, und zwar ist

$N = U_k J_w$ Watt die Wirkleistung, sie fällt in die Richtung der Spannung,

$N_b = U_k J_b$ Voltampere[1] die Blindleistung, sie steht senkrecht auf der Richtung der Spannung,

$N_s = U_k J$ Voltampere die Scheinleistung, sie bleibt um den $\measuredangle\varphi$ hinter der Spannung zurück oder, was dasselbe ist, fällt mit der Richtung des Stromes zusammen.

Es ist daher gleich, ob man den Strom oder die Scheinleistung in Komponenten zerlegt.

Der Leistungsfaktor ist

$$\cos\varphi = \frac{J_w}{J} = \frac{N}{N_s}\,. \tag{103c}$$

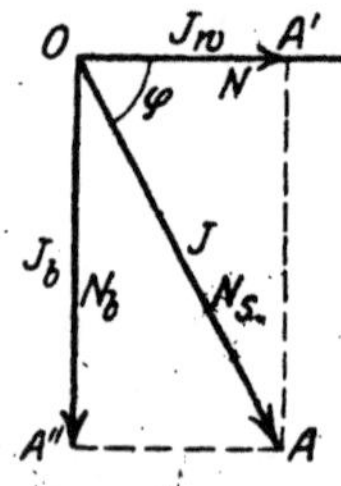

Abb. 153. Zerlegung des Stromes in Komponenten.

250. Ein induktionsfreier Widerstand $R = 20\,\Omega$ und eine Spule sind parallelgeschaltet und an eine Wechselstromquelle angeschlossen. Gemessen wurden die Ströme $J_1 = 5\,\text{A}$, $J_2 = 3\,\text{A}$ und $J = 7\,\text{A}$. Gesucht wird:

---

[1] Vielfach wird die Blindleistung nicht in Voltampere (VA), sondern in Blindwatt (BW) angegeben.

a) das maßstäblich gezeichnete Diagramm der Ströme,
b) der Leistungsfaktor der Spule,
c) die in der Spule verbrauchte Leistung,
d) die Leistung der Stromquelle.

Lösungen:

Zu a): Wie Abb. 154 zeigt, ist J die geometrische Summe aus J_1 und J_2. Der Strom J_1 im induktionsfreien Widerstande R

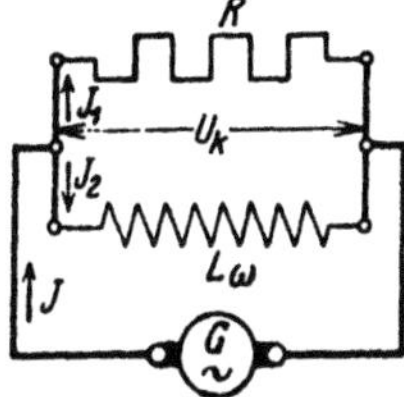

Abb. 154. Parallelschaltung eines induktionsfreien und eines induktiven Widerstandes.

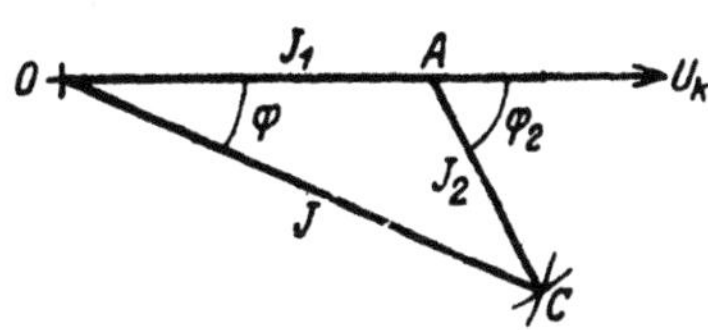

Abb. 155.
Methode der drei Amperemeter.

fällt mit der, beiden Widerständen gemeinsamen Spannung U_k, der Richtung nach zusammen. Man trage auf $\overline{OU_k}$ vom Punkte O aus den Strom $J_1 = \overline{OA} = 25\,\text{mm}$ auf, beschreibe um O mit $J = \overline{OC}$ $= 35\,\text{mm}$ einen Kreisbogen, um A mit $J_2 = \overline{AC} = 15\,\text{mm}$ einen zweiten, so erhält man im Schnittpunkt C das $\triangle OAC$, welches das gewünschte Diagramm vorstellt, wobei $1\,\text{A} = 5\,\text{mm}$ angenommen war (Abb. 155).

Zu b): Der Phasenverschiebungswinkel zwischen Spulenstrom $J_2 = \overline{AC}$ und Spulenspannung U_k ist der $\sphericalangle CAU_k = \varphi_2$. Der Leistungsfaktor folgt aus dem $\triangle OAC$

$$\overline{OC}^2 = \overline{OA}^2 + \overline{AC}^2 + 2 \cdot \overline{OA} \cdot \overline{AC} \cos \varphi_2$$

$$\cos \varphi_2 = \frac{J^2 - J_1^2 - J_2^2}{2 \cdot J_1 J_2} = \frac{7^2 - 5^2 - 3^2}{2 \cdot 5 \cdot 3} = \frac{15}{30} = 0,5.$$

Zu c): Die in der Spule verbrauchte Leistung ist

$$N_2 = U_k J_2 \cos \varphi_2,$$

wo U_k die gemeinsame Spannung an Spule und induktionsfreiem Widerstand ist. Für den induktionsfreien Widerstand R gibt das Ohmsche Gesetz $U_k = J_1 R = 5 \cdot 20 = 100\,\text{V}$, also

$$N_2 = 100 \cdot 3 \cdot 0,5 = 150\,\text{W}.$$

Zu d): Die von der Stromquelle abgegebene Leistung besteht aus der im induktionsfreien Widerstande R verbrauchten Leistung $N_1 = J_1^2 R = 5^2 \cdot 20 = 500\,\text{W}$ und der in der Spule verbrauchten Leistung $N_2 = 150\,\text{W}$, also $N_k = N_1 + N_2 = 500 + 150 = 650\,\text{W}.$

Probe. Aus dem $\triangle OAC$ folgt auch

$$\overline{AC}^2 = \overline{OC}^2 + \overline{OA}^2 - 2 \cdot \overline{OC} \cdot \overline{OA} \cos \varphi,$$

$$\cos \varphi = \frac{J^2 + J_1^2 - J_2^2}{2 \cdot J J_1} = \frac{7^2 + 5^2 - 3^2}{2 \cdot 7 \cdot 5} = \frac{65}{70}$$

und somit

$$N_k = U_k J \cos \varphi = 100 \cdot 7 \cdot \frac{65}{70} = 650 \text{ W}.$$

NB. Die Aufgabe lehrt die Leistung in einer Spule zu bestimmen mit Hilfe von drei Strommessungen und einem induktionsfreien Widerstand R (Methode der drei Amperemeter). Ist R nicht bekannt, so kann man die Spannung U_k auch mit einem Spannungsmesser messen.

251. Zwei Spulen, deren Widerstände $R_1 = 20$ [18] Ω, $R_2 = 5$ [3] Ω und deren Induktivitäten $L_1 = 0{,}005$ [0,006] H, $L_2 = 0{,}03$ [0,04] H sind, werden, wie in Abb. 156 gezeichnet, parallelgeschaltet und an eine Wechselstromspannung von 100 V und 50 Hertz angeschlossen. Gesucht wird:

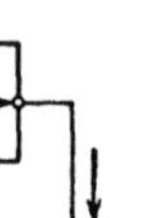

a) der Scheinwiderstand der ersten

b) der der zweiten Spule,

c) die Stromstärke in der ersten,

d) die in der zweiten Spule,

e) die Tangente des Phasenverschiebungswinkels φ_1,

Abb. 156. Schaltung zweier induktiver Spulen zu Aufgabe 251.

f) die des Phasenverschiebungswinkels φ_2,

g) die Stromstärke im unverzweigten Kreise,

h) die Komponenten aller Ströme,

i) der Leistungsfaktor der Stromquelle.

Lösungen:

Zu a): Aus dem Widerstandsdreieck der ersten Spule (Abb. 157a) folgt

$$R_{s1} = \sqrt{R_1^2 + (L_1 \omega)^2} = \sqrt{20^2 + (2\pi 50 \cdot 0{,}005)^2} = 20{,}05 \; \Omega.$$

Zu b): Aus dem Widerstandsdreieck der zweiten Spule (Abb. 157b) folgt

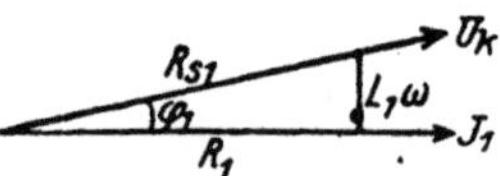

$$R_{s2} = \sqrt{R_2^2 + (L_2 \omega)^2} = \sqrt{5^2 + (2\pi 50 \cdot 0{,}03)^2} = 10{,}7 \; \Omega.$$

Abb. 157a. Widerstandsdreieck der I. Spule. Aufgabe 251.

Zu c): $J_1 = \dfrac{U_k}{R_{s1}} = \dfrac{100}{20{,}05} \approx 5$ A.

Zu d): $J_2 = \dfrac{U_k}{R_{s2}} = \dfrac{100}{10{,}7} = 9{,}35$ A.

Zu e): S. Abb. 157a:

$$\operatorname{tg} \varphi_1 = \frac{L_1 \omega}{R_1} = \frac{0{,}005 \cdot 2\pi \cdot 50}{20} = 0{,}0785, \qquad \varphi_1 \approx 4^\circ 30'.$$

Zu f): S. Abb. 157 b:
$$\operatorname{tg} \varphi_2 = \frac{L_2 \omega}{R_2} = \frac{0{,}03 \cdot 2\pi \cdot 50}{5} = 1{,}884, \qquad \varphi_2 \approx 62°.$$

Zu g): Die Lösung erfolgt durch Zeichnung (Abb. 158). Gemeinsam haben beide Spulen die Klemmenspannung U_k, also trage man die Richtung der Klemmenspannung als Grundlinie OX auf. Gegen die Klemmenspannung bleibt J_1 um den Winkel φ_1 zurück, bestimmt durch $\operatorname{tg}\varphi_1 = 0{,}0785$; der Strom J_2 bleibt um den Winkel φ_2 zurück, bestimmt durch $\operatorname{tg}\varphi_2 = 1{,}884$. Man mache nun (Abb. 158) ·

$$\overline{OA} = J_1 = 5\,\text{A}, \qquad \overline{OB} = J_2 = 9{,}35\,\text{A},$$

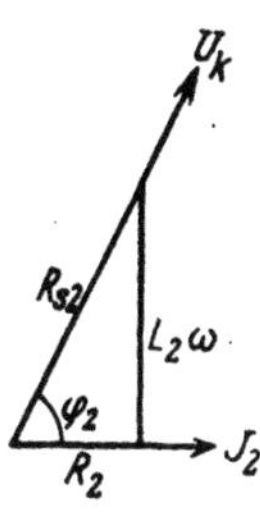

Abb. 157 b. Widerstandsdreieck der II. Spule.

und ergänze zum Parallelogramm, dann ist $\overline{OC} = J$ die gesuchte Gesamtstromstärke. Die Ausmessung gibt 12,8 A.

Durch Rechnung folgt J aus dem Dreieck OAC
$$J = \sqrt{\overline{OA}^2 + \overline{AC}^2 + 2 \cdot \overline{OA} \cdot \overline{AC} \cdot \cos(\varphi_2 - \varphi_1)}\,.$$
$$J = \sqrt{5^2 + 9{,}35^2 + 2 \cdot 5 \cdot 9{,}35 \cdot \cos 57° 30'} = 12{,}75\,\text{A}.$$

Zu h): Die Wirkkomponente des Stromes $J_1 = 5\,\text{A} = \overline{OA}$ ist nach Abb. 158 $\overline{OA'} = J_{w1} = J_1 \cos\varphi_1 = 5 \cdot \dfrac{20}{20{,}05} \approx 5\,\text{A}$. Die Blindkomponente ist

$$\overline{AA'} = J_{b1} = J_1 \sin\varphi_1$$
$$= 5 \cdot 0{,}0785 = 0{,}3925\,\text{A}.$$

Die Wirkkomponente des Stromes $J_2 = 9{,}35\,\text{A}$ ist

$$\overline{OB'} = J_{w2} = J_2 \cos\varphi_2$$
$$= 9{,}35 \cdot \frac{5}{10{,}7} = 4{,}35\,\text{A}.$$

Die Blindkomponente ist

$$\overline{BB'} = J_{b2} \sin\varphi_2 = 9{,}35 \cdot \sin 62°$$
$$= 8{,}2\,\text{A}.$$

Die Komponenten des Stromes J sind:

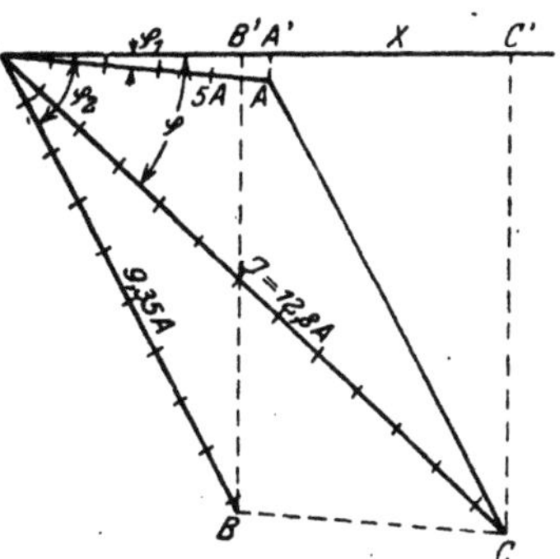

Abb. 158. Graphische Lösung zu Aufgabe 251.

Wirkkomponente $J_w = \overline{OA'} + \overline{OB'} = \overline{OC'} = 5 + 4{,}35 = 9{,}35\,\text{A}$,
Blindkomponente $J_b = \overline{AA'} + \overline{BB'} = \overline{CC'} = 0{,}39 + 8{,}2 = 8{,}59\,\text{A}$.
Der Strom $J = \overline{OC}$ folgt, wenn er noch unbekannt ist, aus dem Dreieck OCC' der Abb. 158 zu:

$$J = \sqrt{J_w^2 + J_b^2} \ \text{Ampere}, \qquad\qquad (104)$$

oder die Werte eingesetzt: $J = \sqrt{9{,}35^2 + 8{,}59^2} = 12{,}75\,\text{A}.$

Zu i): Der Strom J bildet mit der Spannung den $\sphericalangle COC' = \varphi$, und es ist

$$\cos \varphi = \frac{\overline{OC'}}{\overline{OC}} = \frac{9,35}{12,75} = 0,734\,.$$

252. Eine Wechselstromquelle von 500 [450] V Spannung treibt zwei Motoren (für uns Spulen); der eine Motor nimmt 2000 [1800] W bei einem Leistungsfaktor 0,5 [0,4], der andere 8000 [9000] W bei einem Leistungsfaktor von 0,8 [0,85] auf.

Gesucht werden:

a) die Scheinleistungen eines jeden Motors,
b) die zugehörigen Blindleistungen,
c) die Wirkleistung der Stromquelle,
d) die Blind- und Scheinleistung der Stromquelle,
e) der Leistungsfaktor der Stromquelle,
f) die Ströme und Stromkomponenten,
g) der beiden Motoren zugeführte Strom.

Lösungen:

Zu a): Aus der Wirkleistung $N = U_k J \cos \varphi$ folgt die Scheinleistung $U_k J = N_s = \dfrac{N}{\cos \varphi}$. Für den ersten Motor ist:

$$N_{s1} = \frac{2000}{0,5} = 4000 \text{ VA, für den zweiten } N_{s2} = \frac{8000}{0,8} = 10\,000 \text{ VA.}$$

Zu b): Die Motoren sind an die gemeinsame Spannung von $U_k = 500$ V angeschlossen (also parallelgeschaltet), die wir als Abszisse annehmen (Abb. 159). Die Scheinleistungen bleiben um die $\sphericalangle \varphi_1$ und φ_2 hinter der Spannung zurück, die Wirkleistungen fallen in die Richtung der Spannung, während die Blindleistungen hierzu senkrecht stehen. In Abb. 159 sind $\overline{OA}$ und $\overline{OB}$ die Scheinleistungen, $\overline{OA'}$ und $\overline{OB'}$ die Wirkleistungen, $\overline{AA'}$ und $\overline{BB'}$ die Blindleistungen der Motoren. Man erhält:

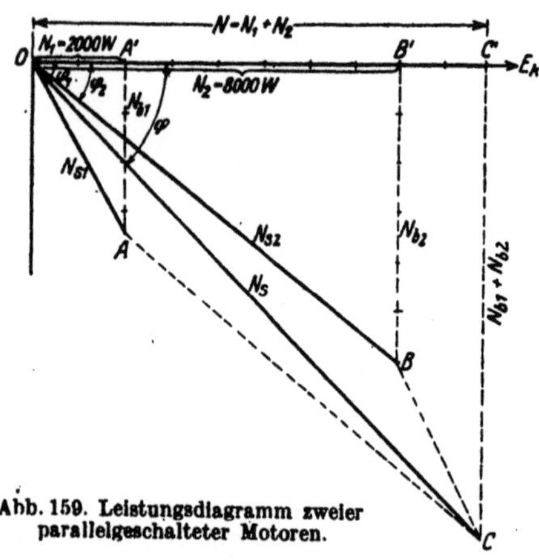

Abb. 159. Leistungsdiagramm zweier parallelgeschalteter Motoren.

$$N_{b1} = \sqrt{N_{s1}^2 - N_1^2} = \sqrt{4000^2 - 2000^2} = 3460 \text{ VA},$$

$$N_{b2} = \sqrt{N_{s2}^2 - N_2^2} = \sqrt{10\,000^2 - 8000^2} = 6000 \text{ VA}.$$

Zu c): Die Wirkleistung der Stromquelle ist $N = N_1 + N_2$
$= 2000 + 8000 = 10\,000$ W, $N = \overline{OA'} + \overline{OB'} = \overline{OC'}$.

Zu d): Die Blindleistung der Stromquelle ist die Strecke $\overline{CC'}$
$= \overline{AA'} + \overline{BB'}$, $\overline{CC'} = N_b = N_{b1} + N_{b2} = 3460 + 6000 = 9460$ VA.
Die Scheinleistung ist

$$N_s = \overline{OC} = \sqrt{\overline{OC'^2} + \overline{CC'^2}} = \sqrt{10\,000^2 + 9460^2} = 13\,750 \text{ VA}.$$

Zu e): Der Leistungsfaktor an den Klemmen der parallelgeschalteten Motoren ist

$$\cos\varphi = \frac{\overline{OC'}}{\overline{OC}} = \frac{10\,000}{13\,750} = 0{,}73.$$

Zu f): Um aus den Leistungen die zugehörigen Ströme bzw.
Stromkomponenten zu erhalten, hat man dieselben durch die
Spannung zu dividieren, also

$$J_1 = \frac{N_{s1}}{U_k} = \frac{4000}{500} = 8 \text{ A}, \qquad J_2 = \frac{10\,000}{500} = 20 \text{ A},$$

$$J_{b1} = \frac{N_{b1}}{U_k} = \frac{3460}{500} = 6{,}92 \text{ A}, \qquad J_{b2} = \frac{6000}{500} = 12 \text{ A},$$

$$J_{w1} = \frac{N_1}{U_k} = \frac{2000}{500} = 4 \text{ A}, \qquad J_{w2} = \frac{8000}{500} = 16 \text{ A}.$$

Zu g): Dividiert man $\overline{OC} = 13\,750$ VA durch $U_k = 500$ V,
so ist der den beiden Motoren zugeführte Strom

$$J = \frac{13\,750}{500} = 27{,}50 \text{ A}.$$

Bemerkung: Die arithmetische Addition der beiden Ströme ergibt
$J = 8 + 20 = 28$ A, also wenig mehr als die geometrische Addition.

Weitere Aufgaben über Stromverzweigung siehe Abschnitt IV. Leitungsberechnung.

§ 34. Anschluß eines Kondensators an Wechselstrom.

Schließt man einen Kondensator (vgl. S. 101) an eine Wechselstromquelle an, so hat er nach einer gewissen Zeit die Elektrizitätsmenge $Q = Cu$
Coulomb aufgenommen, wo u die augenblickliche, an den Kondensatorklemmen herrschende, Spannung bezeichnet. Ändert sich u in der sehr
kleinen Zeit dt um du, so ändert sich auch die Elektrizitätsmenge Q um dQ,
also gilt auch die Gleichung

$$\text{I.} \qquad \frac{dQ}{dt} = C\frac{du}{dt} = i, \text{ da ja nach Gl 3a stets } i = \frac{dQ}{dt} \text{ ist.}$$

Folgt die EMK der Wechselstromquelle dem Sinusgesetz, d. h. ist:
$e = E_{max}\sin(\omega t)$, so tut dies auch die Kondensatorspannung, es ist also

$$\text{II.} \qquad u = U_{max}\sin(\omega t)$$

differenziert $\dfrac{du}{dt} = U_{max}\,\omega\cos(\omega t)$. In Gl I eingesetzt:

$$\text{III.} \qquad i = C\,\omega\,U_{max}\cos(\omega t).$$

Setzt man $\omega t = 0$, also [$\cos(\omega t) = 1$, $\sin(\omega t) = 0$], so wird nach II $u = 0$ und nach III $i = J_{max} = C\omega U_{max}$; d. h. wenn man u und i als Projektionen ihrer Maximalwerte darstellt, wie dies in Abb. 160 geschehen ist, so ergibt sich das

Gesetz 26: Fließt ein Wechselstrom durch einen Kondensator, so eilt im Vektordiagramm der Vektor des Stromes dem Vektor der Kondensatorspannung um 90° voraus.

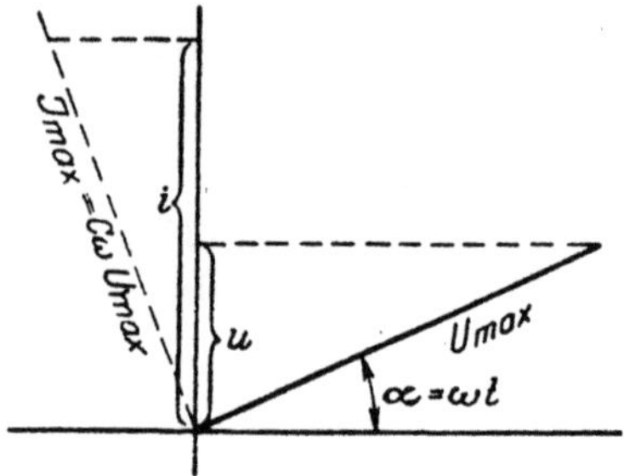

Abb. 160. Vektorendiagramm des Kondensators.

Dividiert man die Maximalwerte U_{max} und J_{max} durch den Scheitelfaktor $\sqrt{2}$, so erhält man effektive Werte U_e und J und das Ohmsche Gesetz lautet

$$\boxed{J = C\omega U_e = U_e : R_e \text{ Ampere,}} \tag{105}$$

wo

$$\boxed{R_e = 1 : C\omega \text{ Ohm}} \tag{106}$$

den Blindwiderstand des Kondensators, der auch Kapazitätsreaktanz genannt wird, bezeichnet.

Man merke: Blindwiderstand einer Spule $R_b = L\omega$ und Blindwiderstand eines Kondensators $R_e = 1 : C\omega$ sind entgegengesetzt gerichtet.

Werden mehrere Kondensatoren parallelgeschaltet, so addieren sich ihre Kapazitäten

$$C = C_1 + C_2 + C_3 + \cdots. \tag{107}$$

Werden mehrere Kondensatoren hintereinandergeschaltet, so addieren sich die reziproken Werte ihrer Kapazitäten (ihre Kehrtwerte)

$$\frac{1}{C} = \frac{1}{C_1} + \frac{1}{C_2} + \frac{1}{C_3}. \tag{108}$$

Beweis. Ein Kondensator ist ein Widerstand $\dfrac{1}{C\omega}$. Für ihn gelten die Gesetze für Widerstände, also bei Parallelschaltung Formel 8. Da der reziproke Wert von $\dfrac{1}{C\omega}$ die Größe $C\omega$ ist, heißt die Formel 8

$C\omega = C_1\omega + C_2\omega + \cdots$ — oder nach Weglassung von ω Formel 107. —

Bei Hintereinanderschaltung addieren sich die Widerstände, also

$$\frac{1}{C\omega} = \frac{1}{C_1\omega} + \frac{1}{C_2\omega} + \cdots, \text{ was die Formel 108 ergibt.}$$

253. Zwei Kondensatoren von 5 [$5^3/_5$] μF und 7 [$6^2/_9$] μF werden parallelgeschaltet. Wie groß ist die Kapazität beider? **Lösung:** $C = C_1 + C_2 = 5 + 7 = 12\,\mu$F.

254. Zwei Kondensatoren von 3 [7] μF und 4 [14] μF werden hintereinandergeschaltet. Wie groß ist die gemeinschaftliche Kapazität?

Lösung: Aus Gl 108 $\dfrac{1}{C} = \dfrac{1}{C_1} + \dfrac{1}{C_2}$ folgt

$$\frac{1}{C} = \frac{1}{3} + \frac{1}{4} = \frac{4+3}{12} = \frac{7}{12} \quad \text{oder} \quad C = \frac{12}{7} = 1^5/_7 \,\mu\,\text{F}.$$

255. Ein Kondensator von 15 [25] μF wird an eine Klemmenspannung von 40 [70] V und 60 [120] Hertz angeschlossen.

Gesucht wird:

a) der Blindwiderstand R_c,   b) die Stromstärke.

Lösungen:

Zu a): Nach Gl 105 ist

$$R_c = 1:C\omega = 1:\left(\underbrace{15 \cdot 10^{-6}}_{C}\right)\left(\underbrace{2\pi \cdot 60}_{\omega}\right) = 177\,\Omega.$$

Zu b): Nach Gl 105 ist $J = U_c : R_c = 40 : 177 = 0{,}226\,\text{A}.$

256. Ein Kondensator ist an eine Klemmenspannung von 120 [250] V und 50 Hertz angeschlossen, wobei durch denselben 0,5 [0,8] A fließen. Wie groß ist seine Kapazität?

Lösung: Aus Gl 105 folgt

$$C = \frac{J}{U_c\,\omega} = \frac{0{,}5}{120 \cdot 2\pi \cdot 50}$$
$$= 0{,}00001326\,\text{F} = 13{,}26\,\mu\,\text{F}.$$

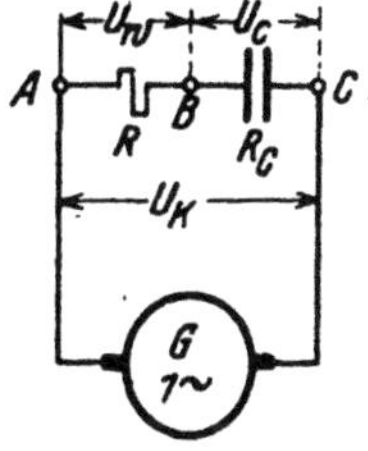

Abb. 161. Hintereinanderschaltung eines induktionsfreien Widerstandes und eines Kondensators.

257. Eine für 50 V bestimmte Glühlampe braucht einen Strom 0,065 A. Um sie an 220 [127] V und 50 Hertz anschließen zu können, schaltet man ihr einen Kondensator vor. Wie groß muß die Kapazität desselben gemacht werden? (Schaltschema Abb. 161.)

Lösung: Bei der Hintereinanderschaltung von Echtwiderständen, Blindwiderständen von Spulen und Kondensatoren gilt stets das in Abb. 162 dargestellte Widerstandsdreieck, wo R_s den Scheinwiderstand des äußeren Stromkreises bezeichnet. Der Scheinwiderstand ist bekannt, nämlich $R_s = U_k : J = 220 : 0{,}065 = 3384\,\Omega.$ Ferner ist der Glühlampenwiderstand (Echtwiderstand R) gegeben durch die Angabe: Bei 50 V fließen 0,065 A durch die Lampe, also ist $R = 50 : 0{,}065 = 770\,\Omega.$ Da in dieser Aufgabe $R_b = 0$ ist, folgt aus dem Widerstandsdreieck (Abb. 162)

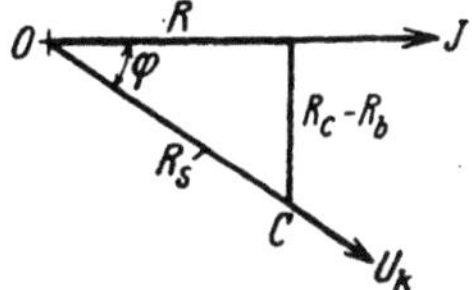

Abb. 162. Widerstandsdreieck zu Aufgabe 257.

$$R_c = \sqrt{R_s^2 - R^2} = \sqrt{3384^2 - 770^2} = 3300\,\Omega.$$

Anderseits ist nach Gl 106 $R_c = 1 : C\omega$, woraus

$$C = \frac{1}{R_c\,\omega} = \frac{1}{3310 \cdot 2\pi \cdot 50} = 0{,}97 \cdot 10^{-6}\ \text{F} = 0{,}97\mu\ \text{F folgt.}$$

Multipliziert man die Seiten des Widerstandsdreiecks mit J, so ergeben sich für das Schaltungsschema Abb. 161 die Spannungen

$$U_w = R\,J = 770 \cdot 0{,}065 = 50\ \text{V},$$
$$U_c = R_c J = 3310 \cdot 0{,}065 = 214\ \text{V},$$
$$U_k = R_s J = 3400 \cdot 0{,}065 = 220\ \text{V},$$

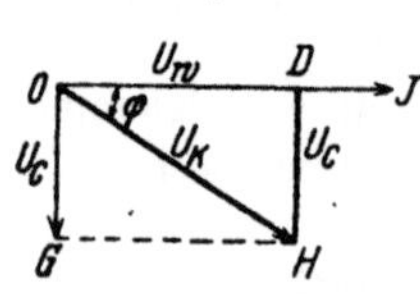

Abb. 163. Spannungsdreieck zu Aufgabe 257.

die in Abb. 163 (aber nicht maßstäblich) als Diagramm dargestellt sind. Diese Anordnung, um Lampen für geringen Wattverbrauch aber trotzdem haltbaren, starken Leuchtdraht zu erhalten, benutzt die Lampenfirma Philips in Holland.

258. Ein Kondensator von 20 [40] μF und eine Spule von 0,5 [0,4] H bei 10 [8] Ω Echtwiderstand werden hintereinandergeschaltet und an eine Klemmenspannung von 100 [120] V und 50 [60] Hz angeschlossen (Abb. 164).

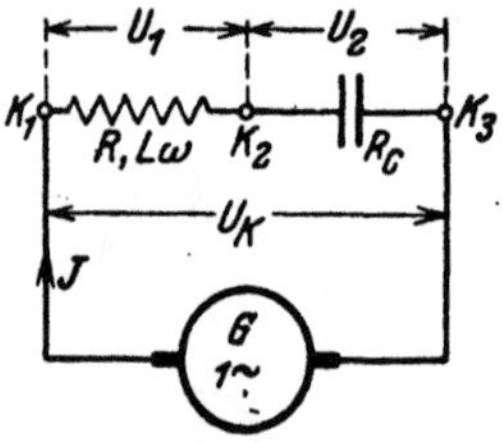

Gesucht wird:

a) der Blindwiderstand des Kondensators, der Blind- und Scheinwiderstand der Spule,

b) der Scheinwiderstand des äußeren Stromkreises,

c) die Stromstärke,

d) die Klemmenspannung der Spule,

e) die Klemmenspannung des Kondensators,

f) der Phasenverschiebungswinkel zwischen Strom und Klemmenspannung der Maschine.

Abb. 164. Hintereinanderschaltung von Spule und Kondensator.

Lösungen:

Zu a): Der Blindwiderstand des Kondensators ergibt sich zu:

$$R_c = \frac{1}{C\omega} = \frac{10^6}{20 \cdot 2\pi \cdot 50} = 160\ \Omega,$$

Der Blindwiderstand der Spule folgt aus $R_b = L\omega$

$$R_b = 0{,}5 \cdot 2\pi \cdot 50 = 157\ \Omega.$$

Der Scheinwiderstand der Spule ist

$$R_{s1} = \sqrt{R^2 + R_b^2},\quad \text{also}\quad R_{s1} = \sqrt{10^2 + 157^2} = 157{,}8\ \Omega.$$

Zu b): Der Scheinwiderstand des äußeren Stromkreises ergibt sich (Abb. 165)

$$R_s = \sqrt{10^2 + (157 - 160)^2} = 10{,}4\ \Omega.$$

Zu c): Die im Stromkreis fließende Stromstärke ist

$$J = \frac{U_k}{R_s} = \frac{100}{10,4} = 9,6 \text{ A}.$$

Zu d): Die Klemmenspannung der Spule ergibt sich zu

$$U_1 = J R_{s1} = 9,6 \cdot 157,8 = 1510 \text{ V}.$$

Zu e): Die Klemmenspannung des Kondensators findet man aus $J = U_2 : R_c$ zu $U_2 = J R_c = 9,6 \cdot 160 = 1540 \text{ V}$.

Zu f): Der Phasenverschiebungswinkel zwischen Strom und Klemmenspannung der Maschine folgt aus dem Widerstandsdreieck (Abb. 165)

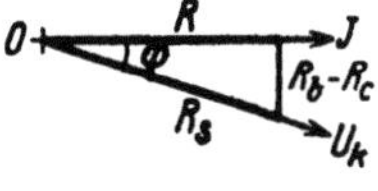

Abb. 165. Widerstandsdreieck zu Aufgabe 258.

$$\cos \varphi = \frac{R}{R_s} = \frac{10}{10,4} = 0.96.$$

259. Beantworte dieselben Fragen, wenn sich die Frequenz der Wechselstromquelle so geändert hat, daß die Phasenverschiebung zwischen Strom und Klemmenspannung aufgehoben wird $(\varphi = 0)$.

Lösungen:

Die Phasenverschiebung ist Null, wenn in dem Widerstandsdreieck (Abb. 165) die Spannung U_k in die Richtung von J fällt, d. h. wenn $R_c = R_b$ ist. $R_c = 1 : C \omega$ und $R_b = L \omega$ gesetzt und nach ω aufgelöst, gibt

$$\omega = \frac{1}{\sqrt{CL}} = \frac{1}{\sqrt{\dfrac{20}{10^6} \cdot 0,5}} = 316$$

$$f = \frac{\omega}{2\pi} = \frac{316}{2\pi} = 50,4 \text{ Hz}.$$

Zu a): Gl 106 gibt $R_c = 1 : \dfrac{20}{10^6} \cdot 316 = 158 \ \Omega$,

$$\text{Spule} \begin{cases} R_b = L \omega = 0,5 \cdot 316 = 158 \ \Omega, \\ R_{s1} = \sqrt{10^2 + 158^2} = 158,32 \ \Omega. \end{cases}$$

Zu b): Der Scheinwiderstand des äußeren Kreises ist

$$R_s = \sqrt{R^2 + (R_b - R_c)^2} = R = 10 \ \Omega.$$

Zu c): $J = \dfrac{U_k}{R_s} = \dfrac{100}{10} = 10$ A.

Zu d): $U_1 = J R_{s1} = 10 \cdot 158,32 = 1583,2$ V.

Zu e): $U_2 = J R_c = 10 \cdot 158 \quad = 1580$ V.

Zu f): $\cos \varphi = \dfrac{R}{R_s} = \dfrac{10}{10} = 1$.

NB. Auffällig ist in den letzten Aufgaben, daß die Teilspannungen U_1 und U_2 wesentlich größer sind als die gesamte Spannung U_k der Stromquelle.

260. Der Kondensator von $20\,[40]\,\mu\mathrm{F}$ und die Spule von $0,5\,[0,4]$ H und $10\,[8]\,\Omega$ der Aufgabe 258 werden parallelgeschaltet und an eine Spannung von $U = 1000$ V und 60 Hertz angeschlossen, wie Abb. 166 zeigt.

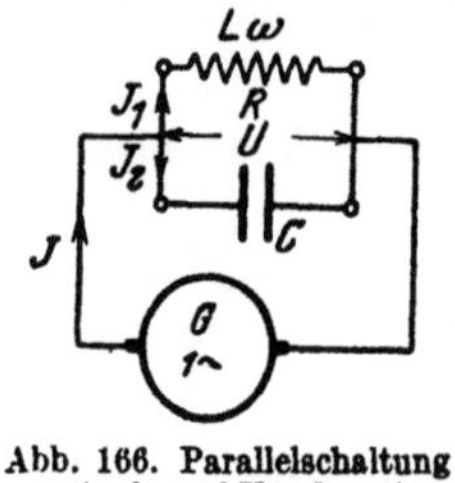

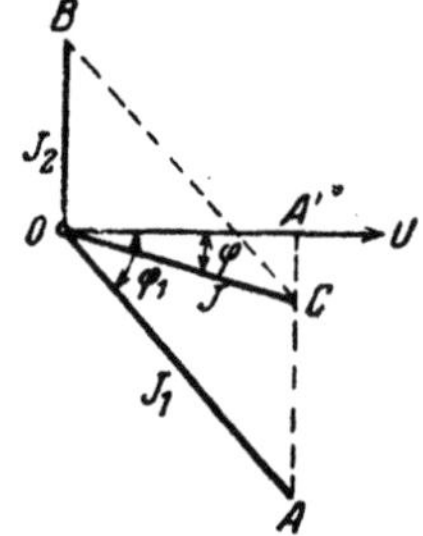

Abb. 166. Parallelschaltung von Spule und Kondensator.

Gesucht wird:

a) der Strom in der Induktionsspule,

b) der Leistungsfaktor der Spule,

c) der Blindwiderstand des Kondensators,

d) der Strom, der durch den Kondensator fließt,

e) der Gesamtstrom,

f) der Leistungsfaktor der Stromquelle.

Lösungen:

Zu a): Der Blindwiderstand R_b der Spule ist

$$R_b = L\omega = 0,5 \cdot 2\,\pi\,60 = 188,4\,\Omega,$$

also

$$J_1 = \frac{1000}{\sqrt{10^2 + 188,4^2}} = 5,28\ \mathrm{A}.$$

Zu b): Aus dem Widerstandsdreieck der Spule (Abb. 157a, S. 198) folgt

$$\cos\varphi_1 = \frac{10}{\sqrt{10^2 + 188,4^2}} = 0,053$$

$$(\sin\varphi_1 = 0,998)$$

Zu c): $\quad R_c = \dfrac{1}{C\omega} = \dfrac{1}{20\cdot 10^{-6}\cdot 2\,\pi\cdot 60}$

$$= 132\ \Omega.$$

Zu d): $J_2 = U : R_c = 1000 : 132 = 7,54$ A.

Zu e): Es ist (Abb. 167)

Abb. 167. Stromdiagramm zu Aufgabe 260.

$$\overline{OB} = J_2 = 7,54\,\mathrm{A}, \quad \overline{OA} = J_1 = 5,28\,\mathrm{A},$$

und der Gesamtstrom J die Diagonale des aus beiden gebildeten Parallelogrammes. Da $\sphericalangle\,OAC = 90° - \varphi_1$ ist, so folgt aus dem $\triangle\,OAC$

$$\overline{OC} = J = \sqrt{J_1^2 + J_2^2 - 2J_1 J_2 \cos(90 - \varphi_1)}$$

$$= \sqrt{5,28^2 + 7,54^2 - 2\cdot 5,28 \cdot 7,54 \cdot \sin\varphi_1} = 2,25\ \mathrm{A}.$$

Zu f): $\quad \cos\varphi = \dfrac{\overline{OA'}}{\overline{OC}} = \dfrac{J_1 \cos\varphi_1}{J} = \dfrac{5,28 \cdot 0,053}{2,25} = 0,124.$

261. Wie gestalten sich die Resultate der vorhergehenden Aufgabe, wenn man die Frequenz der Stromquelle so ändert, daß der Leistungsfaktor 1 wird?

Lösungen:

der Leistungsfaktor 1 werden, so muß in Abb. 167 Punkt C mit .. zusammenfallen, d.h. $\overline{AA'} = \overline{AC}$ sein, also $J_1 \sin \varphi_1 = J_2$. Aus dem Widerstandsdreieck der Spule (siehe z. B. Abb. 157a) folgt $\sin \varphi_1 = \dfrac{L\omega}{R_s}$, ferner ist $J_1 = \dfrac{U_k}{R_s}$ und $J_2 = U_k : \dfrac{1}{C\omega}$. Diese Werte in die Gl $J_1 \sin \varphi_1 = J_2$ eingesetzt ergeben:

$$\frac{U_k}{R_s} \cdot \frac{L\omega}{R_s} = U_k C\omega, \quad \text{woraus} \quad \omega = \sqrt{\frac{1}{CL} - \frac{R^2}{L^2}} \quad \text{folgt.}$$

Für $C = 20 \cdot 10^{-6}$ F, $L = 0,5$ H, $R = 10\,\Omega$ ist

$$\omega = \sqrt{\frac{10^6}{20 \cdot 0,5} - \left(\frac{10}{0,5}\right)^2} = 315,6 \text{ Hertz (genauer 315,595 Hertz)}$$

und

$$f = \frac{\omega}{2\pi} = \frac{315,6}{6,28} = 50,4 \text{ Hertz.}$$

Zu a) $R_b = L\omega = 0,5 \cdot 315,6 = 157,8\,\Omega,$

$$J_1 = \frac{U_k}{\sqrt{10^2 + 157,8^2}} = \frac{1000}{\sqrt{10^2 + 157,8^2}} = 6,32 \text{ A.}$$

Zu b): Der Leistungsfaktor der Spule folgt aus

$$\cos \varphi_1 = \frac{R}{R_s} = \frac{10}{\sqrt{10^2 + 157,8^2}} = 0,063,$$

$$\sin \varphi_1 = \frac{L\omega}{R_s} = \frac{157,8}{\sqrt{10^2 + 157,8^2}} = 0,998.$$

Zu c): Der Kondensatorwiderstand ist

$$R_c = \frac{1}{C\omega} = \frac{1}{20 \cdot 10^{-6} \cdot 315,6} = 158,5\,\Omega.$$

Zu d): Der durch den Kondensator fließende Strom ist

$$J_2 = U_k : R_c = 1000 : 158,5 = 6,3 \text{ A.}$$

Zu e): Wenn $\varphi = 0$, so ist in Abb. 167 $J = \overline{OA'}$ und

$$\overline{AA'} = J_2, \quad \text{somit} \quad J = J_2 \cot \varphi_1 = U_k C\omega \cdot \frac{R}{L\omega}$$

$$J = 1000 \cdot \frac{20}{10^6} \cdot \frac{10}{0,5} = 0,4 \text{ A.}$$

Zu f): $\cos \varphi = 1$.

262. Ein Motor (Spule), der an 500 V und 60 Hertz angeschlossen ist, nimmt 2000 [1800] W bei einem Leistungsfaktor 0,5 auf. Um den Leistungsfaktor des Werkes auf 0,8 zu erhöhen, schaltet man parallel zum Motor einen Kondensator. (Schaltungsschema Abb. 166.) Gesucht wird:

a) die Scheinleistung der Stromquelle, wenn der Kondensator nicht angeschlossen ist,

b) die zugehörige Blindleistung,
c) die Scheinleistung nach Anschluß des Kondensators,
d) die Blindleistung des Kondensators,
e) die Kapazität desselben.

Lösungen:

Zu a): Die Scheinleistung folgt aus $N = N_{s1} \cos\varphi_1$, also

$$N_{s1} = \frac{N}{\cos\varphi_1} = \frac{2000}{0,5} = 4000 \text{ VA} = \overline{OA} \quad \text{(Abb. 168)}.$$

Zu b): Die Blindleistung steht senkrecht auf U_k und ist

$$\overline{OB} = N_{b1} = \sqrt{\overline{OA}^2 - \overline{OA'}^2} = \sqrt{4000^2 - 2000^2} = 3460 \text{ VA}.$$

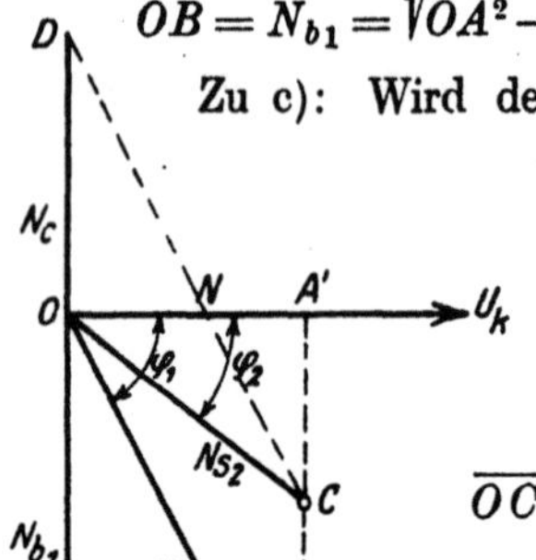

Zu c): Wird der Kondensator parallelgeschaltet, so soll der Leistungsfaktor des Werkes $\cos\varphi_2 = 0,8$ werden, während die Wirkleistung dieselbe bleibt, da ja der Kondensator nur Blindleistung aufnimmt, es ist also die Scheinleistung

$$\overline{OC} = N_{s2} = \frac{N}{\cos\varphi_2} = \frac{2000}{0,8} = 2500 \text{ VA}.$$

Zu d): Die Scheinleistung $\overline{OC}$ ist die Resultierende aus der Scheinleistung des Motors $\overline{OA} = N_{s1}$ und der Blindleistung des Kondensators $N_c = \overline{OD}$, mithin ist

Abb. 168. Leistungsdiagramm zu Aufgabe 262.

$$\overline{OD} = \overline{AC} = \overline{AA'} - \overline{A'C} = N_{b1} - N_{s2}\sin\varphi_2,$$

$$\overline{OD} = N_c = 3460 - 2500 \cdot \sqrt{1 - 0,8^2} = 3460 - 2500 \cdot 0,6 = 1960 \text{ VA}.$$

Zu e): Aus der Blindleistung des Kondensators

$$N_c = U_k J_c = 1960 \text{ VA} \text{ folgt der Kondensatorstrom}$$

$$J_c = \frac{1960}{500} = 3,92 \text{ A} \text{ und aus Formel 105 } J_c = U_k C \omega,$$

$$C = \frac{J_c}{U_k 2\pi f} = \frac{3,92}{500 \cdot 2\pi \cdot 60} = 0,0000209 \text{ F}, \quad C = 20,9 \ \mu\text{F}.$$

263. Ein Elektrizitätswerk ist mit 400 kW belastet bei einem Leistungsfaktor $\cos\varphi_1 = 0,5$. Es wird ein Motor von 200 kW Leistung angemeldet. Das Elektrizitätswerk will die Energie für den Motor billiger abgeben, wenn der Besitzer sich verpflichtet, einen Synchronmotor anzuschließen, den er so erregen läßt, daß der Leistungsfaktor des Werkes hierdurch 1 wird. (Dies ist möglich, da im übererregten Synchronmotor der Stromvektor dem Spannungsvektor vorauseilt.) Gesucht wird:

a) die Scheinleistung des Werkes vor Anschluß des Motors,

b) die Blindleistung des Elektrizitätswerkes,

c) die Blindleistung des Synchronmotors, wenn die Phasenverschiebung des Elektrizitätswerkes aufgehoben werden soll,

d) die Scheinleistung des Synchronmotors,

e) der Leistungsfaktor des Synchronmotors,

f) die Scheinleistung des Werkes nach dem Anschluß.

Lösungen:

Zu a): Aus $N = N_s \cos\varphi_1$ folgt $N_s = \dfrac{N}{\cos\varphi_1} = \dfrac{400}{0,5} = 800$ kVA.
In Abb. 169 ist die Scheinleistung $N_s = \overline{OA}$ und die Wirkleistung $N = \overline{OA'} = 400$ kW.

Zu b): Die Blindleistung ist nach der Abb. 169

$$\overline{AA'} = N_{b1} = \sqrt{\overline{OA}^2 - \overline{OA'}^2}$$

$$= \sqrt{800^2 - 400^2} = 694 \text{ kVA}.$$

Zu c): Ist in Abb. 169 $\overline{OB} = N_{s2}$ die Scheinleistung des Synchronmotors, die der Spannung um den $\sphericalangle \varphi_2$ vorauseilt, so muß die Resultierende aus $\overline{OA}$ und $\overline{OB}$ in die Richtung der Spannung fallen, was der Fall ist, wenn $\overline{AA'} = \overline{BB'}$ ist, d. h. die Blindleistung des Synchronmotors ist in diesem Falle $N_{b2} = N_{b1} = 694$ kVA, während die Wirkleistung $\overline{OB'} = 200$ kW beträgt.

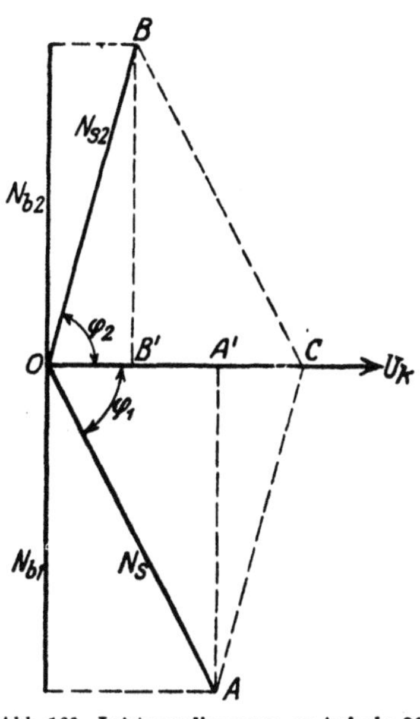

Abb. 169. Leistungsdiagramm zu Aufgabe 263.

Zu d): Die Scheinleistung des Synchronmotors ist

$$\overline{OB} = N_{s2} = \sqrt{\overline{OB'}^2 + \overline{BB'}^2} = \sqrt{200^2 + 694^2} = 725 \text{ kVA}.$$

Zu e): Der Leistungsfaktor des Synchronmotors ergibt sich aus der Abb. zu $\cos\varphi_2 = \dfrac{\overline{OB'}}{\overline{OB}} = \dfrac{200}{725} = 0{,}276\,*$.

---

* Würde der Synchronmotor so erregt werden, daß $\cos\varphi_2 = 1$, also nicht $\cos\varphi_2 = 0{,}276$ ist, so könnte er 725 kW leisten.

Zu f): Die Scheinleistung des Werkes ist die Resultierende

$$\overline{OC} = \overline{OA'} + \overline{OB'} = 400 + 200 = 600\,\text{kW}.$$

§ 35. Die mehrphasigen Wechselströme.

A. Zweiphasige Ströme.

Zweiphasige Ströme sind zwei einphasige, deren elektromotorischen Kräfte um $1/_4$ einer Periode (90°) gegeneinander verschoben sind. Die

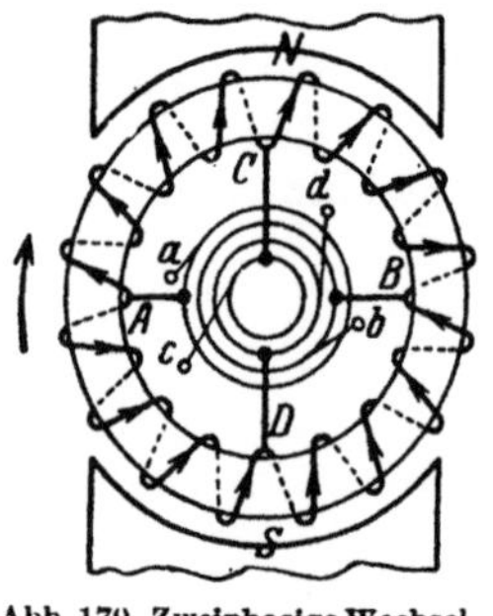

Vektoren der beiden elektromotorischen Kräfte stehen also senkrecht aufeinander. Wir denken uns die zweiphasigen Ströme erzeugt durch eine Gleichstrommaschine zweipoliger Anordnung, bei der je zwei gegenüberliegende Punkte A, B und C, D der Wicklung zu je zwei Schleifringen geführt sind (Abb. 170). Die erste Phase wird den Schleifringbürsten a und b, die zweite den Schleifringbürsten c und d entnommen. Zur Fortleitung sind 4 Leitungen erforderlich, für jede Phase eine Hin- und Rückleitung. Siehe Abb. 187, S. 219.

Werden die beiden Phasen in voneinander unabhängigen Wicklungen a_1e_1, a_2e_2 erzeugt, so kann man die beiden Rückleitungen zu einer vereinigen, in der dann die Summe der beiden Ströme fließt (Abb. 171a). Ist J der effektive Strom in einer Phase (Gleichheit der Belastung in beiden

Abb. 170. Zweiphasige Wechselströme, entnommen einer Gleichstrommaschine.

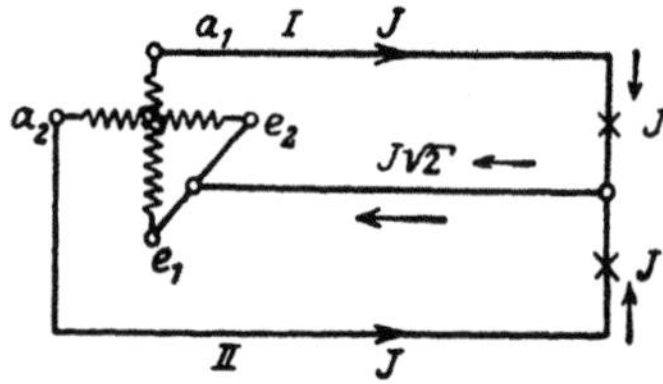

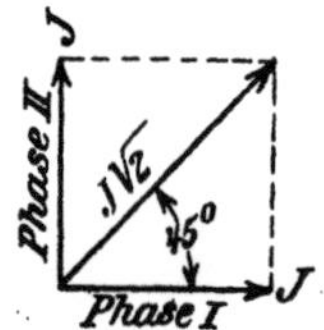

<table>
<tr><td>Abb 171. Fortleitung zweiphasiger Wechselströme mit drei Leitungen.</td><td>Abb. 171a. Stromdiagramm des zweiphasigen Wechselstromes.</td></tr>
</table>

vorausgesetzt), so ist $J\sqrt{2}$ der Strom in der gemeinsamen Rückleitung (Abb. 171a).

Die Leistung der beiden Phasen, im äußeren Stromkreis gemessen, ist

$$N = 2\,U_k J \cos \varphi \;\text{Watt}. \tag{109}$$

Spannungsverlust.

Ist R_ϱ der Echtwiderstand einer Leitung, J der in derselben fließende Strom, so ist der Spannungsverlust in dieser Leitung JR_ϱ und, bei Verwendung von 4 Leitungen, der Spannungsverlust in einer Hin- und Rückleitung $2\,JR_\varrho$.

Werden nur 3 Leitungen benutzt, und ist δ_1 der Spannungsverlust in einer Außenleitung, δ_2 der Spannungsverlust in der gemeinsamen Leitung, so ist der Spannungsverlust in beiden Leitungen $\delta_1 + \delta_2$ (arithmetisch addiert die Zeitwerte und geometrisch die effektiven Werte). Da der Spannungsverlust immer mit der Richtung des Stromes im Vektordiagramm zusammenfällt, so bilden δ_1 und δ_2 einen Winkel von 45° miteinander, und die Resultierende δ folgt aus der Gleichung (Abb. 172):

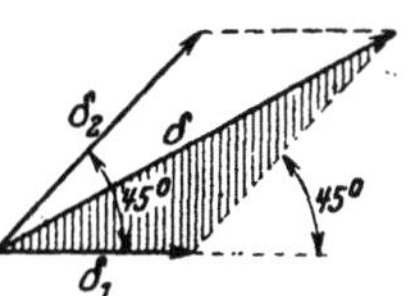

Abb. 172. Diagramm der Spannungsverluste bei zweiphasigem Wechselstrom.

$$\delta = \sqrt{\delta_1^2 + \delta_2^2 + 2\,\delta_1\delta_2 \cos 45°}$$
$$= \sqrt{\delta_1^2 + \delta_2^2 + \delta_1\delta_2 \cdot \sqrt{2}}.$$

Soll $\delta_2 = \delta_1$, d. h. der Spannungsverlust in der gemeinsamen Leitung, gleich dem Spannungsverlust in der Einzelleitung sein, so muß auch

$$J\sqrt{2}\,R_2 = J R_1$$

sein, woraus $R_2 = \dfrac{R_1}{\sqrt{2}}$ folgt. Da nun $R_2 = \dfrac{\varrho\,l}{q_2}$ und $R_1 = \dfrac{\varrho\,l}{q_1}$ ist, gilt

auch $\dfrac{\varrho\,l}{q_2} = \dfrac{\varrho\,l}{\sqrt{2}\,q_1}$, oder $\qquad q_2 = q_1\sqrt{2}.$

In diesem Falle wird $\delta = \sqrt{2\,\delta_1^2 + \delta_1^2\sqrt{2}} = \delta_1\sqrt{2 + \sqrt{2}} = 1{,}845\,\delta_1$

$$\delta = 1{,}845\,J R_\varrho \text{ Volt}, \qquad\qquad (110)$$

wo R_ϱ den Widerstand einer Außenleitung bezeichnet.

B. Dreiphasige Ströme.

Dreiphasige Ströme (auch Drehströme genannt) sind drei einphasige Ströme, deren elektromotorische Kräfte um je $^1/_3$ (120°) einer Periode gegeneinander verschoben sind. Die Vektoren der elektromotorischen Kräfte bilden Winkel von 120° miteinander (Abb. 173.)

Für die momentanen Werte gelten die Gleichungen:

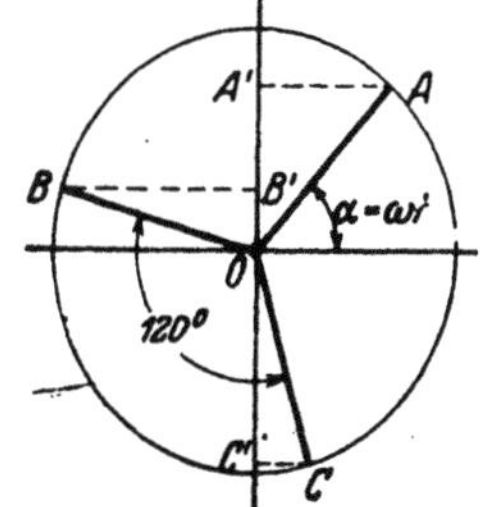

Abb. 173. Vektordiagramm dreiphasiger Ströme.

$$\overline{OA'} = e_1 = E_{\max}\sin\alpha$$

$$[E_{\max} = \overline{OA} = \overline{OB} = \overline{OC}]$$

$$\overline{OB'} = e_2 = E_{\max}\sin(\alpha + 120°)$$
$$= E_{\max}\left(\frac{1}{2}\sqrt{3}\cos\alpha - \frac{1}{2}\sin\alpha\right),$$

$$\overline{OC'} = e_3 = E_{\max}\sin(\alpha + 240°) = E_{\max}\left(-\frac{1}{2}\sqrt{3}\cos\alpha - \frac{1}{2}\sin\alpha\right).$$

Die Addition ergibt

$$e_1 + e_2 + e_3 = 0.$$

Dies gibt das

Gesetz 27: Die Summe der elektromotorischen Kräfte (oder der Spannungen) der drei Phasen ist in jedem Augenblick gleich Null.

Was für die Summe der Zeitwerte arithmetisch, gilt für die Effektivwerte geometrisch.

Dasselbe Gesetz gilt auch, bei gleicher Belastung der drei Phasen,
für die Ströme, also ist

$$J_1 + J_2 + J_3 = 0.$$

Sternschaltung.

Sind die drei Stränge (Phasen) in der durch Abb. 174 schematisch
dargestellten Weise verbunden, so nennt man diese Schaltung Stern-

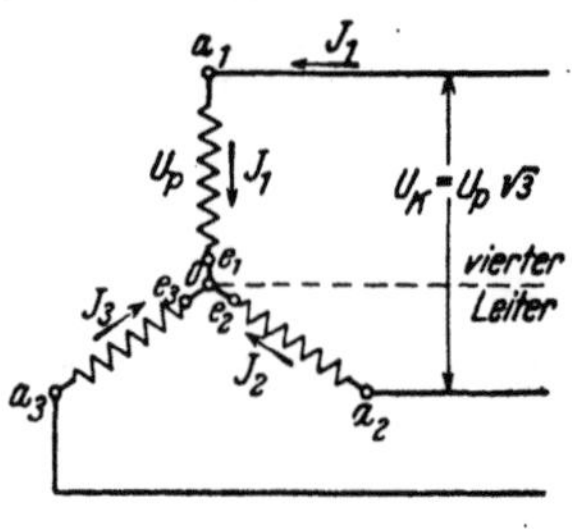

Abb. 174. Sternschaltung.　　　　　Abb. 175. Dreieckschaltung.

schaltung oder offene Verkettung. Der Verbindungspunkt O heißt
Sternpunkt oder auch Knotenpunkt.

Ist U_p die Phasenspannung, d. h. die gemessene Spannung zwischen
Anfang und Ende eines Stranges, U_k die Spannung zwischen zwei Lei-
tungen, auch Linienleitung genannt, so gilt für effektive Werte die
Gleichung

$$U_k = U_p \sqrt{3} \text{ Volt.} \tag{111[1]}$$

Die Leistung ist

$$N = 3\, U_p\, J \cos \varphi \quad \text{oder} \quad N = \sqrt{3} \cdot U_k\, J \cos \varphi \text{ Watt.} \tag{112}$$

Gleichheit der Belastung in allen drei Strängen wird vorausgesetzt.

Ist diese Voraussetzung nicht erfüllt, so muß zur Fortleitung der Ströme
noch ein vierter Leiter (Nulleiter) gezogen werden, in welchem die geometrische Summe der Linienströme fließt.

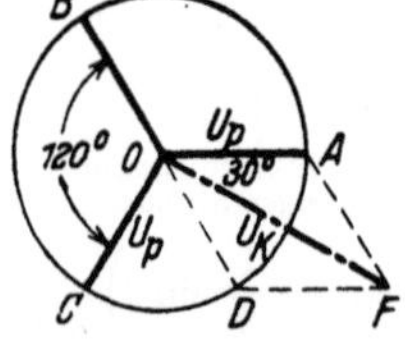

Abb. 176. Zusammenhang
zwischen Phasen- und Lei-
tungsspannung bei
$\curlywedge$-Schaltung.

Dreieckschaltung.

Sind die drei Stränge in der durch Abb. 175
dargestellten Weise verbunden, so nennt man diese
Schaltung Dreieckschaltung oder verkettete
Schaltung.

[1] U_k ist der Spannungsunterschied zwischen a_1
und a_2. Aus der Abb. 174 ist ersichtlich, daß die
Spannung zwischen $a_2 e_2$ von der Spannung zwi-
schen $a_1 e_1$ subtrahiert werden muß. Die geometrische Subtraktion ist
in Abb. 176 dargestellt. Die Rechnung ergibt Formel 111.

Bei der Dreieckschaltung sind Phasenspannung und Leitungsspannung identisch, also ist $U_p = U_k$:

für die Ströme gilt jedoch die Gleichung

$$J = J_p \sqrt{3} \text{ Ampere.} \tag{113[1]}$$

Die Leistung ist wieder $N = 3 U_k J_p \cos \varphi$ Watt;

setzt man $U_p = U_k$ und $J_p = \dfrac{J}{\sqrt{3}}$ $N = \sqrt{3}\, U_k J \cos \varphi$ Watt,

wo φ der Winkel zwischen U_p und J_p ist.

Spannungsverlust.

Ist $J R_\varrho$ der Spannungsverlust in einer Leitung (R_ϱ = Widerstand dieser Leitung), so ist der Spannungsverlust in zwei Leitungen

$$\delta = J R_\varrho \sqrt{3} \text{ Volt.} \tag{114}$$

Beziehung zwischen Gleich- und Drehstromspannung.

Wird der Drehstrom einer mit drei Schleifringen versehenen Gleichstrommaschine entnommen, wie dies Abb. 177 erläutert, so besitzt der Anker Dreieckschaltung. Ist E die EMK des Gleichstromes, so ist die zwischen zwei Schleifringen gemessene Drehstromspannung bei stromlosem Anker und sinusförmigem Verlauf der EMK

$$U_k = \frac{E \sqrt{3}}{2 \sqrt{2}} = 0{,}613\, E \text{, Volt,} \tag{115}$$

wo $E = \dfrac{\Phi_0\, n\, z}{60 \cdot 10^8}$ ist (Formel 54).

Ist kein sinusförmger Verlauf anzunehmen, so hängt das Verhältnis $\dfrac{U_k}{E} = f_\varrho$ von dem

Verhältnis $g = \dfrac{c_n}{t_p}$ ab, wie dies die Tabelle 12 angibt.

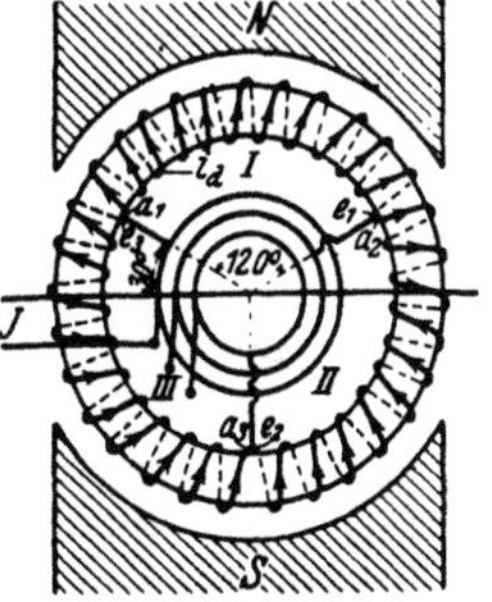

Abb. 177. Dreiphasige Ströme, entnommen einer Gleichstrommaschine.

Tabelle 12.

$g =$	0,5	0,6	0,66	0,7	0,8
$f_\varrho =$	0,7	0,66	0,64	0,62	0,59

[1] Nach Abb. 175 ist der Linienstrom J_l die geometrische Differenz der Phasenströme $J_{p\,I}$ und $J_{p\,II}$, die den Winkel von 120° miteinander einschließen (Abb. 178). Die Rechnung ergibt aus

$$\triangle AOF \quad J_l = J_{p\,l}\sqrt{3}.$$

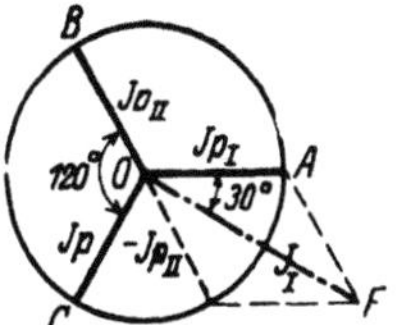

Abb. 178. Zusammenhang zwischen Phasen- und Leitungsstrom bei Dreieckschaltung.

Stromstärke im Draht.

Fließt in einer zum Schleifring führenden Leitung der Strom J, im Ankerdraht der Strom i_d, so ist bei Schleifenwicklung

$$i_d = \frac{J}{p\sqrt{3}} \quad \text{Ampere} \tag{116}$$

und bei Reihenschaltung (Wellenwicklung)

$$i_d = \frac{J}{\sqrt{3}} \quad \text{Ampere}, \tag{116a}$$

wobei p die Anzahl der Polpaare bedeutet.

264. Ein zweiphasiger Wechselstrom wird nach Abb. 179 durch drei Leitungen fortgeleitet. Die beiden Außenleiter haben je 1 Ω Widerstand, der gemeinsame Mittelleiter 0,8 Ω. In dem Außenleiter I fließt ein Strom von 10 [12] A, in dem andern (III) ein Strom von 5 [7] A. Gesucht wird:

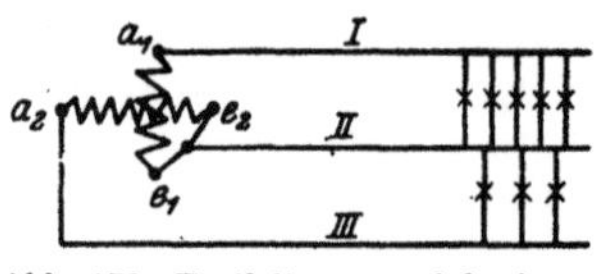

Abb. 179. Fortleitung zweiphasigen Wechselstromes.

a) der Strom in der gemeinsamen Leitung II,

b) die Spannungsverluste in den einzelnen Leitungen,

c) die Spannungsverluste in je einer Phase.

Lösungen:

Zu a): In der gemeinsamen Leitung II fließt die geometrische Summe der Ströme aus Leitung I und III. Da diese Ströme zweiphasige sind, so stehen die Vektoren senkrecht aufeinander, also ist (Abb. 180):

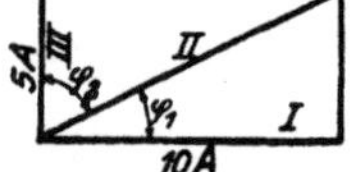

$$J = \sqrt{10^2 + 5^2} = 11{,}2 \text{ A.}$$

Abb. 180. Stromdiagramm zu Aufgabe 264.

Zu b): Der Spannungsverlust in Leitung I ist $\delta_1 = 10 \cdot 1 = 10$ V, in der Leitung II $\delta_2 = 11{,}2 \cdot 0.8 = 8{,}96$ V und in der Leitung III $\delta_3 = 5 \cdot 1 = 5$ V.

Zu c): Der Spannungsverlust in Leitung I und II ist die geometrische Summe aus δ_1 und δ_2, wobei zu bemerken ist, daß der Spannungsverlust im induktionsfreien Widerstand stets mit seinem Stromvektor zusammenfällt, d. h. δ_1 liegt in der Richtung des Stromes der Leitung I, δ_2 liegt in der Richtung des Stromes der Leitung II, und beide bilden den $\sphericalangle \varphi_1$ (Abb. 180) miteinander. Die Abb. 181a zeigt die Konstruktion, aus welcher (siehe $\triangle OAC$) folgt:

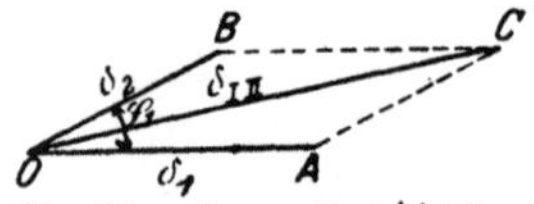

Abb. 181a. Spannungsverlustdiagramm in Leitung I und II zu Aufgabe 264.

$$\delta_{\text{I II}} = \sqrt{\delta_1{}^2 + \delta_2{}^2 + 2\,\delta_1\,\delta_2 \cos \varphi_1}$$

$$\delta_{\text{I II}} = \sqrt{10^2 + 8{,}96^2 + 2 \cdot 10 \cdot 8{,}96 \cdot \frac{10}{11{,}2}} = 18{,}5 \text{ V.}$$

In gleicher Weise ist in Abb. 181b

$$\delta_{\text{II III}} = \sqrt{5^2 + 8{,}96^2 + 2 \cdot 5 \cdot 8{,}96 \cdot \frac{5}{11{,}2}} = 12{,}01 \text{ V},$$

wo $\cos \varphi_1$ und $\cos \varphi_2$ sich aus Abb. 180 ergeben.

265. Die beiden induktionsfreien Widerstände $R_1 = 10\ [15]\ \Omega$ und $R_2 = 15\ [10]\ \Omega$ sind, wie Abb. 182 zeigt, mit den drei Klemmen ABC eines Drehstromgenerators verbunden, der in jeder Phase eine Spannung von 80 [127] V erzeugt.

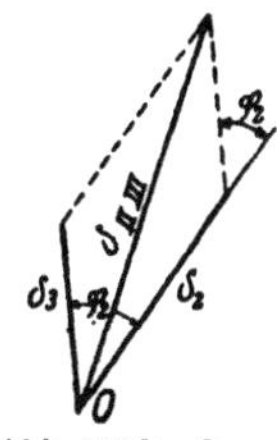

Abb. 181 b. Spannungsverlustdiagramm in der II. Phase zu Aufgabe 264.

Gesucht wird:

a) der Strom in der Leitung $\overline{AD}$ und Leitung $\overline{BE}$,

b) der Strom in der Leitung $\overline{CO'}$

Lösungen:

Zu a): Der Strom im induktionsfreien Widerstand R_1 ist

$$J_1 = \frac{\text{Spannung zwischen } D \text{ und } O'}{R_1},$$

und der im Widerstande R_2 ist

$$J_2 = \frac{\text{Spannung zwischen } E \text{ und } O'}{R_2}.$$

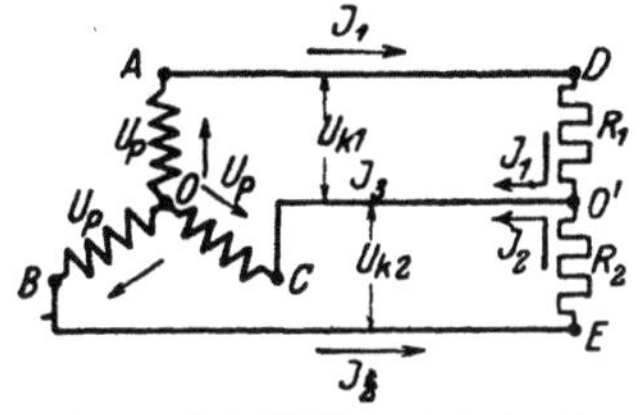

Abb. 182. Schaltbild zu Aufgabe 265.

Sehen wir vom Spannungsverlust in den Zuleitungen ab, so ist der Spannungsunterschied zwischen D und O' die Differenz der beiden Spannungen $\overline{AO}$ und $\overline{CO}$, ebenso die Spannung zwischen E und O' die Differenz der Spannungen $\overline{BO}$ und $\overline{CO}$, welche beiden Differenzen in Abb. 183 dargestellt sind. Aus der Abbildung geht hervor, daß die Spannung

$$\overline{DO'} = 80\sqrt{3} = 138 \text{ V} = \overline{OF}$$

und die Spannung

$$\overline{EO'} = 80\sqrt{3} = 138 \text{ V} = \overline{OG}$$

ist, und daß $\sphericalangle GOF = 60°$ ist. Es ist also

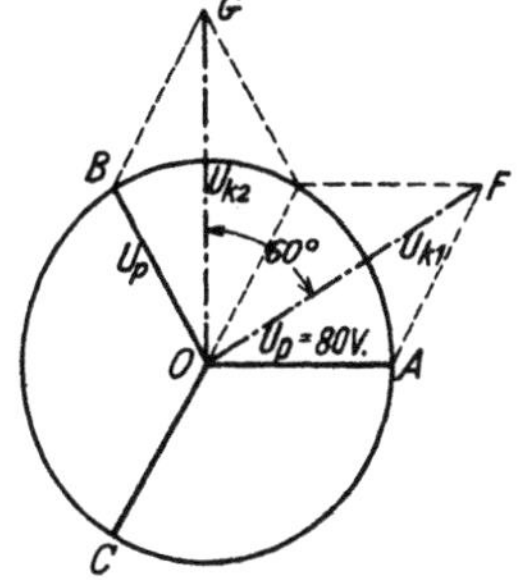

Abb. 183. Spannungsdiagramm zu Aufgabe 265.

$$J_1 = \frac{138}{10} = 13{,}8 \text{ A},$$

$$J_2 = \frac{138}{15} = 9{,}2 \text{ A}.$$

Zu b): Die Abb. 182 zeigt, daß in der Leitung $\overline{CO'}$ die geometrische Summe aus J_1 und J_2 fließt, wobei die Ströme denselben

Winkel einschließen wie die Spannungen $\overline{OF}$ und $\overline{OG}$, also 60°.
In Abb. 184 ist die Diagonale J_3 der gesuchte Summenstrom

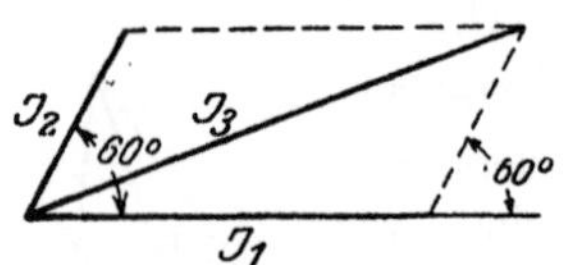

Abb. 184. Stromdiagramm zu
Aufgabe 265.

$$J_3 = \sqrt{13{,}8^2 + 9{,}2^2 + 2 \cdot 9{,}2 \cdot 13{,}8 \cdot \frac{1}{2}}$$
$$= 20 \text{ A.}$$

266. Eine Drehstrommaschine erzeugt 120 [220] V zwischen je zwei Leitungen und soll 150 [180] Glühlampen je 50 W speisen. Gesucht wird:

a) die Stromstärke in den Zuleitungen,

b) die Stromstärke in den Lampen, wenn dieselben in Dreieckschaltung verbunden sind, wie Abb. 185 u. 189 zeigt,

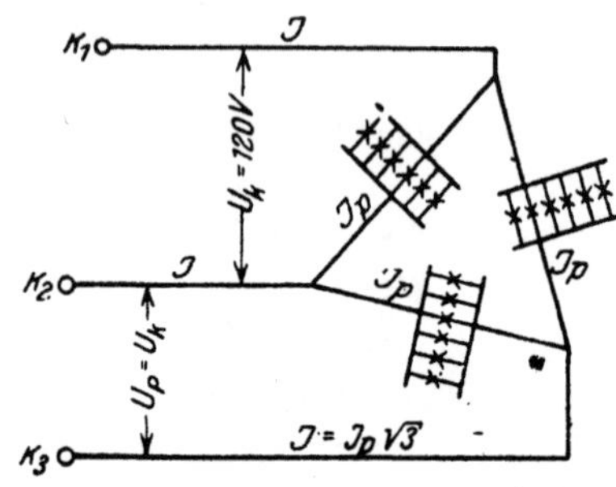

Abb. 185. Lampen in Dreieckschaltung
zu Aufgabe 266.

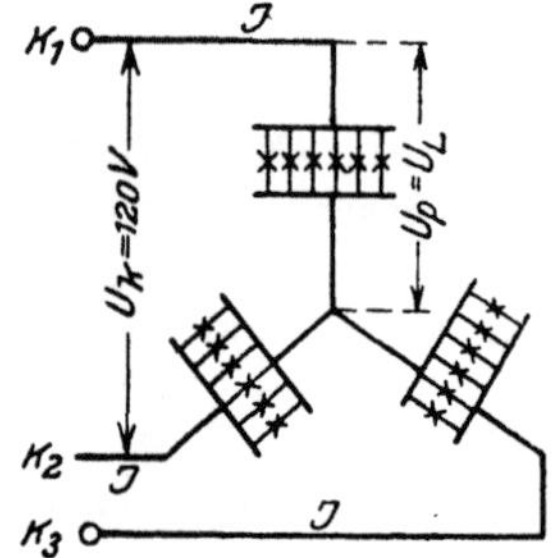

Abb. 186. Lampen in Sternschaltung
zu Aufgabe 266.

c) die Spannung der Lampen bei Sternschaltung, dargestellt durch Abb. 186.

Lösungen:

Zu a): Die in den Lampen verbrauchte Leistung ist $N = 150 \cdot 50 = 7500$ W   Da die Lampen einen induktionsfreien Widerstand darstellen, so ist $\cos\varphi = 1$ und aus $N = \sqrt{3}\, U_k\, J \cos\varphi = 7500$ Watt folgt

$$J = \frac{N}{\sqrt{3}\, U_k \cos\varphi} = \frac{7500}{\sqrt{3} \cdot 120 \cdot 1} = 36 \text{ A.}$$

Zu b): Die Stromstärke in jedem Lampenzweige ist

$$J_p = \frac{J}{\sqrt{3}} = \frac{36}{\sqrt{3}} = 20{,}8 \text{ A.}$$

Zu c): Die Spannung der Lampen ist bei Sternschaltung

$$U_p = U_L = \frac{U_k}{\sqrt{3}} = \frac{120}{\sqrt{3}} = 69{,}4 \text{ V.}$$

267. Ein Drehstrommotor soll 40 [25] PS leisten. Derselbe wird an 120 [190] V und 50 Perioden angeschlossen. Welche tromstärke muß ihm pro Strang zugeführt werden, wenn der Wirkungsgrad 92 [90]% und der Leistungsfaktor $\cos \varphi = 0,9$ ist?

Lösung: $N_m = 40 \cdot 735 = 29\,400 \text{ W} = N_k\, \eta : 100$

$$N_m = \sqrt{3}\, U_k J \frac{\eta}{100} \cos \varphi, \quad \text{daraus } J = \frac{29\,400 \cdot 100}{\sqrt{3} \cdot 120 \cdot 92 \cdot 0,9} = 171,5 \text{ A}.$$

268. Welche Spannung herrscht an den Enden eines Stranges, wenn die Wicklung des Motors der vorigen Aufgabe in Sternschaltung ausgeführt ist?

Lösung: $\qquad U_p = \dfrac{U_k}{\sqrt{3}} = \dfrac{120}{\sqrt{3}} = 69,4 \text{ V}.$

269. Für welche Stromstärke müssen die Drähte des Motors berechnet werden, wenn Dreieckschaltung gewählt wird?

Lösung: $\qquad J_p = \dfrac{J}{\sqrt{3}} = \dfrac{171,5}{\sqrt{3}} = 99 \text{ A}.$

270. Eine Drehstrommaschine befindet sich 300 [400] m von dem Beleuchtungsgebiet entfernt. An den Klemmen der Maschine herrscht ein Spannungsunterschied von 200 [300] V, während in jeder der drei 16 [10] mm² dicken Leitungen ein Strom von 20 [15] A fließt. Gesucht wird:

a) die Leistung der Maschine,
b) der Widerstand einer Leitung,
c) der Spannungsverlust in zwei Leitungen,
d) die Spannung der Lampen bei Dreieckschaltung.

Lösungen:

Zu a): $N = U_k J \cos \varphi \sqrt{3}$, oder da bei Lampenbelastung $\cos \varphi = 1$ ist, $N = 200 \cdot 20 \cdot \sqrt{3} = 6928 \text{ W}$.

Zu b): $R_\mathfrak{L} = \dfrac{\varrho\, l}{q} = \dfrac{0,018 \cdot 300}{16} = 0,337 \,\Omega$ (Echtwiderstand).

Zu c): $\delta = J R_\mathfrak{L} \sqrt{3} = 20 \cdot 0,337 \sqrt{3} = 11,7 \text{ V}$.

Zu d): Die Lampenspannung ist $U_L = 200 - 11,7 = 188,3 \text{ V}$.

271. Eine Drehstrommaschine befindet sich 100 [200] m weit von dem Beleuchtungsgebiete entfernt, woselbst 120 [240] Lampen, je 50 [54] W in Dreieckschaltung geschaltet sind. Die Lampen brauchen zum normalen Brennen 200 [220] V Klemmenspannung. Gesucht wird:

a) der Strom in jeder Leitung,
b) der Widerstand einer Leitung, wenn der Spannungsverlust 2% der Lampenspannung betragen darf,
c) der Querschnitt einer Leitung.

Lösungen:

Zu a): Die in den Lampen verbrauchte Leistung ist

$$N = 120 \cdot 50 = 6000 \ \text{W}.$$

Dieselbe ist bestimmt durch die Formel $N = U_k J \sqrt{3}$, woraus

$$J = \frac{6000}{200 \sqrt{3}} = \frac{30}{\sqrt{3}} = 17,3 \ \text{A folgt}.$$

Zu b): Der Spannungsverlust in zwei Leitungen ist nach Angabe

$$\delta = 200 \cdot \frac{2}{100} = 4 \ \text{V}.$$

Andererseits ist nach Gl 114

$$\delta = J R_\mathfrak{L} \sqrt{3} \quad \text{oder} \quad R_\mathfrak{L} = \frac{4}{17,3 \sqrt{3}} = \frac{2}{15} \ \Omega.$$

Zu c): Aus $R_\mathfrak{L} = \dfrac{\varrho\, l}{q}$ folgt der Drahtquerschnitt

$$q = \frac{\varrho\, l}{R_\mathfrak{L}} = \frac{0,018 \cdot 100 \cdot 15}{2} = 13,5 \ \text{mm}^2.$$

Dieser muß gemäß Tabelle 3 auf S. 24 auf 16 mm² aufgerundet werden.

272. Es sind die theoretischen Leitungsquerschnitte für die Angaben der vorigen Aufgabe zu berechnen, wenn

a) Gleichstrom oder einphasiger Wechselstrom,
b) zweiphasiger Wechselstrom mit 4 bzw. 3 Leitungen,
c) Drehstrom mit Dreieckschaltung,
d) Drehstrom mit Sternschaltung

gewählt wird.

Lösungen:

Zu a): Bei Gleichstrom bzw. einphasigem Wechselstrom fließt in der Leitung der Strom

$$J = \frac{6000}{200} = 30 \ \text{A}.$$

Da $J R_\mathfrak{L} = 4 \ \text{V}$ ist, wird $R_\mathfrak{L} = \dfrac{4}{30} \ \Omega$, wo $R_\mathfrak{L}$ den Widerstand der ganzen Leitung bezeichnet. Der Querschnitt q wird also

$$q = \frac{\varrho \cdot l}{R_\mathfrak{L}} = \frac{0,018 \cdot 100 \cdot 2 : 30}{4} = 27 \ \text{mm}^2.$$

Die beiden Leitungen zusammen besitzen mithin den Querschnitt

$$Q = 2 \cdot 27 = 54 \ \text{mm}^2.$$

Zu b): Bei zweiphasigem Strom werden die Lampen in zwei gleiche Teile geteilt (Abb. 187 zeigt die DIN-Darstellung eines solchen Netzes), so daß in jeder Hälfte nur 3000 W zu leisten sind.

Bei Verwendung von 4 Leitungen erhält also jede Leitung den Widerstand, der aus der Gleichung $2\,J\,R_\varrho = 4\,\mathrm{V}$,

$$R_\varrho = \frac{2}{15}\,\Omega\quad (R_\varrho\ \text{Widerstand einer Leitung})\ \text{folgt.}$$

Der Querschnitt dieser Leitung wird $q = \dfrac{0{,}018 \cdot 100}{2} \cdot 15 = 13{,}5\ \mathrm{mm^2}$.

Daher der Querschnitt aller 4 Leitungen $Q = 4 \cdot 13{,}5 = 54\ \mathrm{mm^2}$.

Werden hingegen nur 3 Leitungen verwendet, wie dies Abb. 188 in DIN-Form zeigt, so fließt in der gemeinsamen Leitung der Strom

$$J\,\sqrt{2} = 15\,\sqrt{2}$$

und ihr Querschnitt muß $q\,\sqrt{2}$ sein, damit der Spannungsverlust

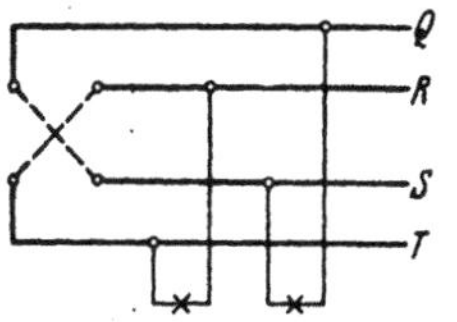

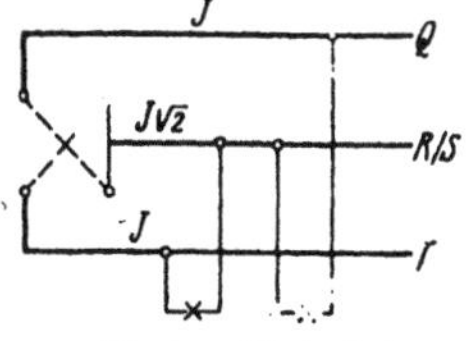

Abb. 187. Unverkettetes Zweiphasennetz.

Abb. 188. Verkettetes Zweiphasennetz.

in beiden Leitungen gleich groß ist. Der Spannungsverlust in einer Außenleitung ist dann nach Formel 110

$$\delta = 1{,}845\,J\,R_\varrho = 4\,\mathrm{V},$$

$$R_\varrho = \frac{4}{1{,}845 \cdot 15} = 0{,}1445\,\Omega,\quad \text{mithin}\quad q = \frac{0{,}018 \cdot 100}{0{,}1445} = 12{,}45\ \mathrm{mm^2}.$$

Der Querschnitt der gemeinsamen Leitung ist also

$$q_m = q\,\sqrt{2} = 20{,}5\ \mathrm{mm^2},$$

und der Querschnitt aller Leitungen

$$Q = 2\,q + q_m = 2 \cdot 12{,}45 + 20{,}5 = 45{,}4\ \mathrm{mm^2}.$$

Zu c): Der Querschnitt q einer Leitung ist für Dreieckschaltung bereits in Aufgabe 271 berechnet, nämlich $q = 13{,}5\ \mathrm{mm^2}$, so daß der gesamte Querschnitt $Q = 3 \cdot 13{,}5 = 40{,}5\ \mathrm{mm^2}$ wird.

Zu d): Wenn die Spannung der Lampen 200 V beträgt, so ist die Spannung zwischen zwei Leitungen bei Sternschaltung $200\,\sqrt{3} = 347\ \mathrm{V}$. Rechnet man hiervon 2% Spannungsverlust, so ist derselbe $\delta = 2 \cdot \dfrac{347}{100} = 6{,}94\ \mathrm{V}$. Die Stromstärke in einer Leitung ist dann aus $N = \sqrt{3}\,U_k\,J\cos\varphi$, $J = \dfrac{6000}{\sqrt{3} \cdot 347 \cdot 1} = 10\ \mathrm{A}$.

Der Widerstand R_ϱ einer Leitung ergibt sich aus $\delta = J\,R_\varrho\,\sqrt{3}$ zu $R_\varrho = \dfrac{6{,}94}{\sqrt{3} \cdot 10} = 0{,}4\,\Omega$, mithin $q = \dfrac{0{,}018 \cdot 100}{0{,}4} = 4{,}5\ \mathrm{mm^2}$. Der Querschnitt aller Leitungen ist demnach $Q = 3 \cdot 4{,}5 = 13{,}5\ \mathrm{mm^2}$.

Bemerkung: Da die Sternschaltung bloß ein gleichzeitiges Brennen aller Lampen zuläßt, so kann man sie nur in wenigen Fällen anwenden. Nimmt man jedoch noch eine vierte Leitung (Nulleiter, Mittelleiter) hinzu, welche den Sternpunkt der Lampen mit dem entsprechenden Punkte der

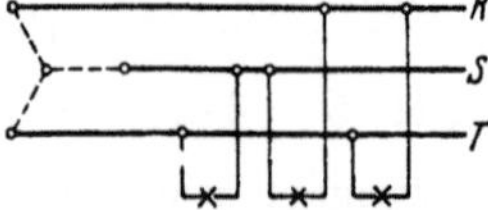

Abb. 189. Lampenanschluß zwischen den Außenleitern.

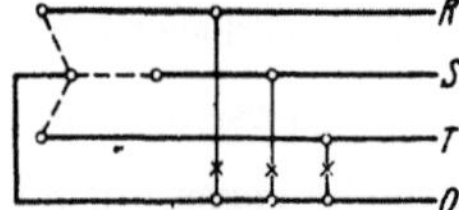

Abb. 190. Lampenanschluß zwischen den Außenleitern und dem Mittelleiter.

Stromquelle verbindet, so sind sämtliche Phasen unabhängig voneinander geworden. Abb. 190 zeigt die Schaltung in DIN-Darstellung.

Da der Nulleiter nur dann von einem Strome durchflossen wird, wenn eine ungleichmäßige Belastung der Leitungen eintritt, so genügt hierfür der halbe Querschnitt einer Außenleitung der Lichtbelastung.

273. Um bei Sternschaltung ungleiche Belastung der Leitungen zu ermöglichen, muß ein vierter Leiter (Nulleiter) gezogen werden, der den Sternpunkt der Stromquelle mit dem Sternpunkt der Lampen verbindet, wie dies Abb. 191 zeigt. In den Leitungen fließen 4 [10] A, 3 [5] und 2 [1] A. Gesucht wird:

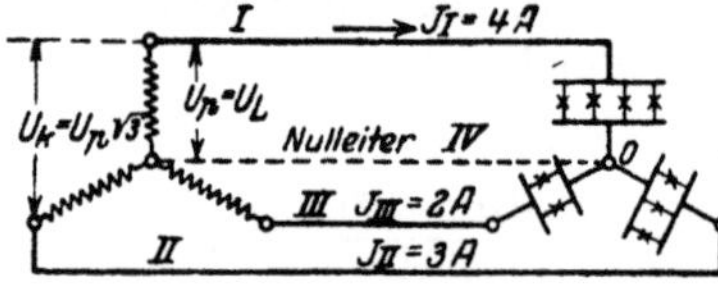

Abb. 191. Belastungsschema zu Aufgabe 273.

a) der Strom im Nulleiter,

b) die Spannung an den Lampen, wenn die Spannung zwischen zwei Außenleitern der Stromquelle 220 V beträgt und jede Leitung einen induktionsfreien Widerstand von 3 [1,5] Ω vorstellt.

Lösungen:

Zu a): Der Strom im vierten Leiter ist die Summe der Ströme in den Außenleitern, die bei effektiven Werten geometrisch zu bilden ist. Die Ströme in den Leitungen sind Drehströme, ihre Vektoren bilden demnach Winkel von 120° miteinander. Wir nehmen 1 A = 10 mm an und machen in Abb. 192 $\overline{OA} = 4$ A $\equiv 40$ mm, $\overline{OB} = 3$ A $\equiv 30$ mm und $\overline{OC} = 2$ A $\equiv 20$ mm.

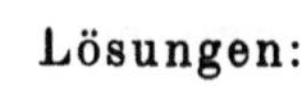

Abb. 192. Addition der Ströme im Nulleiter bei ungleicher Belastung.

(Der Kreis dient nur zur Aufzeichnung der 120° Winkel.) Wir addieren willkürlich zunächst $\overline{OC}$ und $\overline{OB}$; die Summe beider ist $\overline{OD}$ und nun $\overline{OD}$ und $\overline{OA}$, deren Summe (gemessen) $\overline{OF} = 18\,\mathrm{mm} \equiv 1,8\,\mathrm{A}$ ist, d. h. im IV. Leiter (Nulleiter) fließen 1,8 A.

Zu b):

Der Spannungsverlust im Leiter I ist $JR = 4 \cdot 3 = 12$ V,
  „   „   „   „ II „ $3 \cdot 3 =\ \ 9$ V,
  „   „   „   „ III „ $2 \cdot 3 =\ \ 6$ V,
  „   „   „   „ IV „ $1,8 \cdot 3 = 5,4$ V.

Diese Spannungsverluste sind als Spannungen in induktionsfreien Widerständen auf den Richtungen der Ströme aufzutragen, was in Abb. 193 geschehen ist, mit dem Maßstab 1 V $= 3$ mm. Es ist also $\overline{OA'} = 12$ V $\equiv 36$ mm, $\overline{OB'} = 9$ V $\equiv 27$ mm, $\overline{OC'} = 6$ V $\equiv 18$ mm, $\overline{OF'} = 5,4$ V $\equiv 16,2$ mm. Der Spannungsverlust in Leitung I und Nulleiter ist die geometrische Summe aus $\overline{OA'}$ und $\overline{OF'} = \overline{OG} = 51$ mm $\equiv 17$ V. Die Lampen brennen also mit der Spannung $U_\varrho = U_p - 17$ V. Nun ist

$$U_p = \frac{U_k}{\sqrt{3}} = \frac{220}{\sqrt{3}} = 127\,\mathrm{V},$$

also $U_\varrho = 127 - 17 = 110$ V.

In gleicher Weise ist der Spannungsverlust in II und IV die Summe aus $\overline{OB'}$ und $\overline{OF'} = \overline{OH} = 32$ mm $\equiv 10,7$ V, also Lampenspannung $127 - 10,7 = 116,3$ V. Der Spannungsverlust in III und IV ist

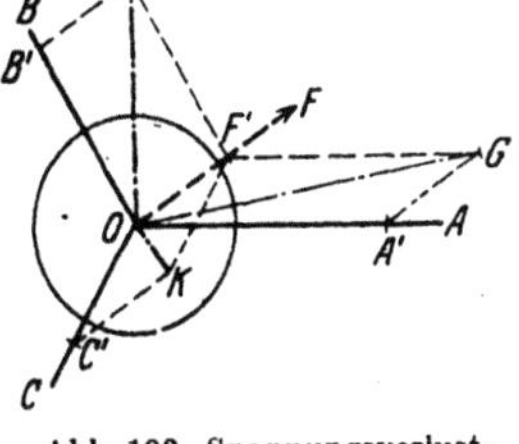

Abb. 193. Spannungsverlustbestimmung zu Aufgabe 273.

$\overline{OK} = 8$ mm $= 2,7$ V. Die Lampenspannung $127 - 2,7 = 124,3$ V.

273a. Mit welcher Spannung brennen die Lampen der Leitung I, wenn II und III ausgeschaltet werden?

Lösung: Brennen nur die Lampen einer Leitung, so fließt in IV derselbe Strom wie im Außenleiter, also 4 A, aber um 180° gegen ihn verschoben (einphasiger Wechselstrom, I Hin-, IV Rückleitung), also ist der Spannungsverlust in beiden Leitungen $4 \cdot 3 + 4 \cdot 3 = 24$ V, demnach brennen die Lampen mit $127 - 24 = 103$ V.

274. Sechs gleiche, induktionsfreie Widerstände $R = 10\ [18]\ \Omega$ sind, wie in Abb. 194 dargestellt, geschaltet und an eine Drehstromspannung $U_k = 220\ [380]$ V angeschlossen. Gesucht: die Spannungen x, y, die Ströme J, J_p und die in den Widerständen verbrauchte Leistung.

Lösung: Durch den Widerstand $A_1 a_1 = R$ fließt der Strom J, der an den Enden den Spannungsunterschied $x = JR$ erzeugt (Vektor von x fällt in die Richtung von J). Durch den Widerstand $a_1 a_2 = R$ fließt der Strom J_p, der an den Enden die Spannung $y = J_p R$ erzeugt (Vektor von y fällt in die Richtung von J_p). Aus dem Schaltschema geht hervor, daß der Strom J, der durch $A_1 a_1$ fließt, die Differenz der Ströme in $a_1 a_2$ und $a_3 a_1$ ist. In Abb. 195 seien $\overline{a_1 O}$, $\overline{a_2 O}$, $\overline{a O_3}$ die effektiven

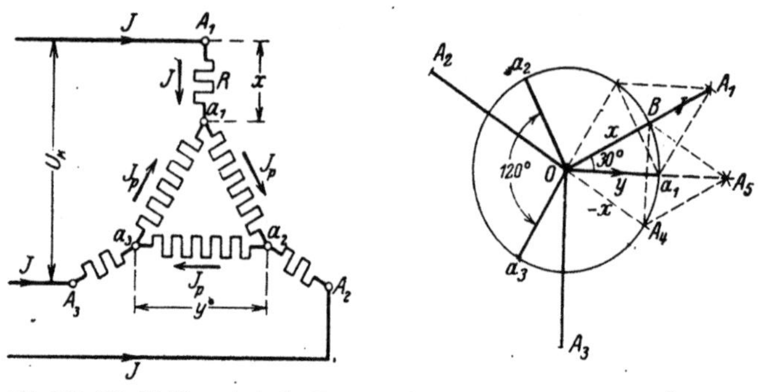

Abb. 194. Schaltbild zu Aufgabe 274.   Abb. 195. Graphische Lösung zu Aufgabe 274.

Werte der Ströme J_p dargestellt. Sie sind gleich groß, unterscheiden sich aber durch ihre Richtungen von $120°$ (Drehströme). Bildet man aus $a_1 O$ und $-a_3 O$ ein $\#$, so ist dessen Diagonale $\overline{A_1 O} = J$. In gleicher Weise findet man $\overline{A_2 O}$ und $\overline{A_3 O}$. Die Beziehung zwischen $J_p = \overline{a_1 O}$ und $J = \overline{A_1 O}$ ist:

$$\frac{\overline{A_1 O}}{2} = \overline{a_1 O} \cos 30° = J_p \frac{1}{2} \sqrt{3}, \text{ also } J = J_p \sqrt{3} \text{ oder } J_p = \frac{J}{\sqrt{3}}.$$

Die Spannungen x und y sind $x = JR$ und $y = J_p R$, daher auch $y = \left(\frac{J}{\sqrt{3}}\right) R = \frac{x}{\sqrt{3}}$.

Die Spannung U_k (siehe Abb. 194) ist die geometrische Summe der Spannungen aus $A_1 a_1$, $a_1 a_2$ und $a_2 A_2$, d. h. aus x, y, und $-x$. Wir addieren zunächst x und $-x$, deren Länge willkürlich zu $\overline{BO} = \overline{A_4 O}$ angenommen wurde, und erhalten für die Summe die Diagonale $\overline{O A_5}$, welche in die Richtung des Stromes $\overline{a_1 O} = J_p$ fällt, d. i. in die Richtung der Spannung y. Es ist also $U_k = \overline{A_5 O} + y$ (arithmetisch addiert). Nun ist aber $\frac{\overline{A_5 O}}{2} = \overline{OB} \cos 30° = x \cos 30°$ $= x \cdot \frac{1}{2}\sqrt{3}$, also $\overline{A_5 O} = x\sqrt{3}$; oben war gefunden worden $y = \frac{x}{\sqrt{3}}$, also ist $U_k = x\sqrt{3} + \dfrac{x}{\sqrt{3}} = x\left(\sqrt{3} + \dfrac{1}{\sqrt{3}}\right) = \dfrac{x(3+1)}{\sqrt{3}} = \dfrac{4x}{\sqrt{3}}$, woraus

$$x = \frac{U_k\sqrt{3}}{4} \quad \text{und} \quad y = \frac{x}{\sqrt{3}} = \frac{U_k}{4} \quad \text{folgt.}$$

Setzt man $U_k = 220$ V so wird

$$y = \frac{220}{4} = 55 \text{ V}, \quad x = \frac{220}{4}\sqrt{3} = 95{,}4 \text{ V}.$$

Die Ströme sind $J = \dfrac{x}{R} = \dfrac{95{,}4}{10} = 9{,}54$ A, $J_p = \dfrac{y}{R} = \dfrac{55}{10} = 5{,}5$ A.

Die Leistung ist $N = 3 J^2 R + 3 J_p^2 R$ Watt.

$$N = 3 \cdot 10 \,(9{,}54^2 + 5{,}5^2) = 3630 \text{ Watt.}$$

§ 36. Spule mit Eisen.

Schaltet man eine Spule mit einem Eisenkern in einen Wechselstromkreis ein, so gelten die bisherigen Gesetze nicht mehr streng, da vorausgesetzt war, daß die Induktivität L konstant sei und Verluste durch Hysteresis und Wirbelströme nicht vorkämen.

Ist nun i der Zeitwert des Stromes, der durch die Windungen der Spule mit Eisenkern fließt, so ist dieser Strom von Induktionslinien begleitet, deren Zahl mit wachsender Stromstärke zunimmt und so eine EMK der Selbstinduktion hervorruft, die sich zur Klemmenspannung der Spule addiert.

Ist $u = U_{max} \sin(\omega t)$ die von der Maschine herrührende Klemmenspannung, R der Echtwiderstand der Spule, so ist

$$i = \frac{u + e_s}{R} \quad \text{oder} \quad i R = u + e_s.$$

Betrachten wir zunächst eine widerstandslose Spule, setzen also $R = 0$, so ist $u = -e_s$.

Das Gesetz Nr 24 auf S. 178 ist auch hier gültig.

Nun ist $e_s = -\dfrac{d\Phi}{dt} w \, 10^{-8}$ [siehe Formel (24), Seite 78], und $u = U_{max} \sin(\omega t)$, also

$$\frac{d\Phi}{dt} w \, 10^{-8} = U_{max} \sin(\omega t),$$

oder $\quad d\Phi = \dfrac{U_{max} \, 10^8}{w} \sin(\omega t)\, dt$,

integriert $\quad \Phi = -\dfrac{U_{max} \, 10^8}{w\,\omega} \cos(\omega t)$,

wo Φ den zur Zeit t gehörenden Spulenfluß bezeichnet. Derselbe wird ein Maximum Φ_0, wenn $\cos(\omega t) = 1$. also wird

$$\Phi_0 = \frac{U_{max} \, 10^8}{w\,\omega} \quad \text{und hiermit}$$

$$\Phi = -\Phi_0 \cos(\omega t) \quad \text{Maxwell.}$$

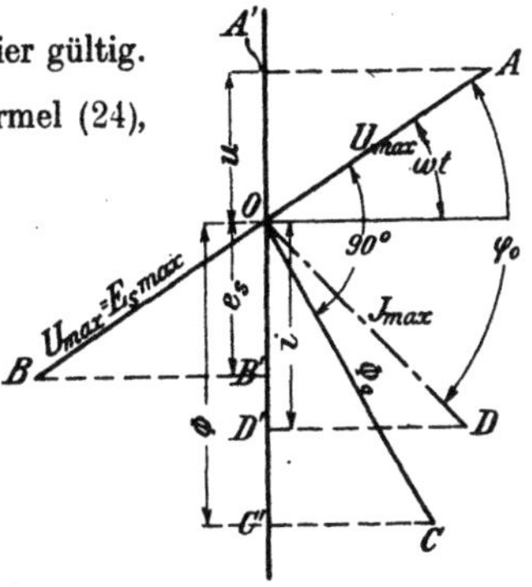

Abb. 196. Vektordiagramm der widerstandslosen Spule mit Eisenkern.

Stellt man u und Φ als die Projektionen ihrer Maximalgrößen dar, so ergibt sich das in Abb. 196 dargestellte Diagramm, aus dem das Gesetz 28 folgt:

Gesetz 28: Fließt ein Wechselstrom durch eine widerstandslose Spule, so bleibt der Vektor des Spulenflusses um 90° hinter dem Vektor der Klemmenspannung zurück, oder: Der Vektor des Spulenflusses eilt um 90° dem Vektor der Selbstinduktion voraus. (Die letztere Fassung gilt allgemein, auch für die Spule mit Widerstand.)

Aus dem Vergleiche des Gesetzes 28 mit Gesetz 25 ergibt sich, daß in der Spule ohne Eisen der Vektor des Stromes mit dem Vektor des Spulenflusses zusammenfällt.

Der zum Strome i gehörige Spulenfluß Φ kann aus der Formel 18 $\Phi = \dfrac{i\,w}{\Re}$ berechnet werden, wo Φ als Projektion von Φ_0 und i als Projektion des Maximalwertes $J_{\max}$ auf eine Vertikale aufzufassen sind.

Ist nun Hysteresis, d. h. Eisen, vorhanden, so ist erfahrungsgemäß für $i = 0$ der Spulenfluß $\Phi > 0$, und dies kann mit obiger Gleichung nur vereint werden, wenn man annimmt, daß der Vektor $J_{\max}$ des Stromes mit dem Vektor Φ_0 nicht zusammenfällt, sondern demselben vorauseilt, oder was dasselbe ist, der Stromvektor bleibt hinter dem Vektor der Klemmenspannung um einen $\sphericalangle\,\varphi_0$ zurück, der kleiner als 90° ist.

Dreht man in Abb. 196 den Vektor Φ_0 vertikal nach unten, so ist in diesem Augenblick $\Phi = \Phi_0$, während der Strom, der diesen Fluß erzeugt, den Wert $\overline{OF} = J_{\max}\cos(90 - \varphi_0) = J_{\max}\sin\varphi_0$ besitzt, wie Abb. 197 ergibt.

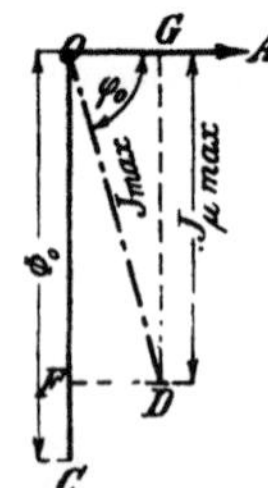

Abb. 197.
Magnetisierungs-
komponente.

Man nennt nun $\overline{OF} = (J_\mu)_{\max} = J_{\max}\sin\varphi_0$ die Magnetisierungskomponente des Stromes. Der Wert $\overline{OG} = J_{\max}\cos\varphi_0$ möge die Eisenverlustkomponente genannt werden. Sie ist nicht zu verwechseln mit der Wirkkomponente des Stromes (siehe § 33). Man findet ihren Wert, wenn man die Eisenverluste N_E kennt, aus der Gleichung

$$U_k J_v = N_E$$

$$J_v = \frac{N_E}{U_k}\ \text{Ampere} \tag{117}$$

Der Maximalwert Φ_0 folgt aus der Formel 18, wenn man darin $i = (J_\mu)_{\max}$ setzt, also $\Phi_0 = \dfrac{w\,(J_\mu)_{\max}}{\Re}$.

Ersetzt man noch den Maximalwert $(J_\mu)_{\max}$ durch den effektiven Wert $J_\mu\sqrt{2}$, so ist

$$\Phi_0 = \frac{w\,J_\mu\sqrt{2}}{\Re}\ \text{Maxwell} \tag{118}$$

oder Formel 19

$$\Phi_0\,\Re = \Sigma\,\mathfrak{H}\,l = w\,J_\mu\sqrt{2}\,. \tag{118a}$$

Aus dieser Gleichung berechnet man gewöhnlich die Magnetisierungskomponente

$$J_\mu = \frac{\Sigma\,\mathfrak{H}\,l}{w\sqrt{2}}\ \text{Ampere.} \tag{118b}$$

Ist im magnetischen Kreise ein Luftzwischenraum vorhanden, so ist $\Sigma \mathfrak{H} l = \mathfrak{H}_E l_E + \mathfrak{H}_{\mathfrak{L}} l_{\mathfrak{L}}$, wo das Glied $\mathfrak{H}_E l_E$ sich auf das Eisen und $\mathfrak{H}_{\mathfrak{L}} l_{\mathfrak{L}}$ auf den Luftspalt bezieht. Läßt man bei größerem Luftzwischenraum die auf das Eisen sich beziehenden Glieder fort, so kann man ihnen durch einen Faktor α ($\alpha > 1$) Rechnung tragen, indem man schreibt:

$$\alpha \cdot \mathfrak{H}_{\mathfrak{L}} l_{\mathfrak{L}} = w J_\mu \sqrt{2}. \tag{118 c}$$

Die Formel $\Phi_0 = \dfrac{U_{\max} 10^8}{w \,\omega}$ läßt sich umformen. Es ist $\omega = 2\pi f$

$$U_{\max} = E_{s\,\max} = E_s \sqrt{2}, \quad \text{also} \quad \Phi_0 = \frac{E_s \sqrt{2} \cdot 10^8}{2\pi f w},$$

woraus

$$\boxed{E_s = \frac{4{,}44\,\Phi_0\,w f}{10^8}\ \text{Volt.}} \tag{119}$$

Schaltet man einen induktionsfreien Widerstand R und eine widerstandslose Spule mit Eisenkern, wie in Abb. 198, hintereinander, so ist in Abb. 199: $U_1 = \overline{OA} = JR$; $U_2 = \overline{OB} = \overline{AC}$ und $U_k = \overline{OC}$. Das

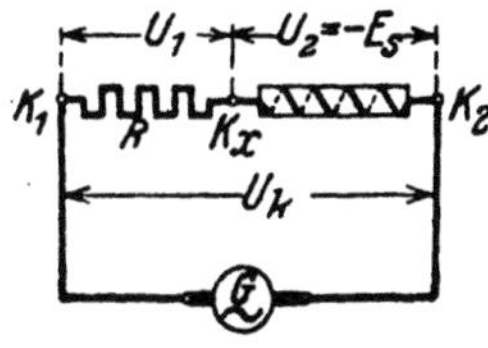

Abb. 198. Hintereinanderschaltung eines induktionsfreien Widerstandes mit einer widerstandslosen Spule mit Eisenkern.

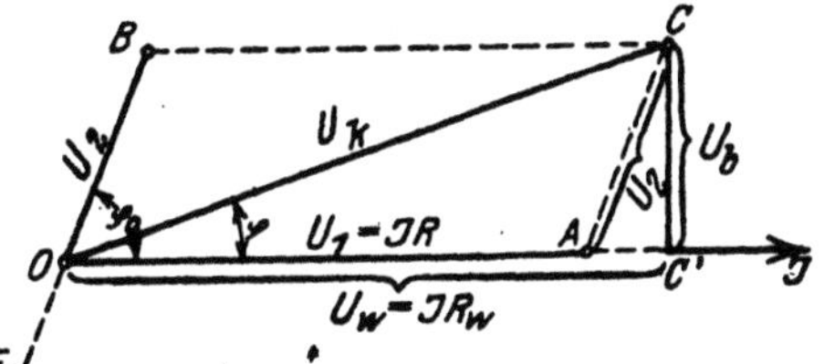

Abb. 199. Spannungsdiagramm zu Abb. 198.

Dreieck OAC ist also Spannungsdreieck geworden, und zwar ist $\overline{OC} = U_k$ die Klemmenspannung zwischen K_1 und K_2. $\overline{OA} = U_1 = JR$ ist die Spannung $K_1 K_x$ am induktionsfreien Widerstand, während $\overline{AC} = U_2 = -E_s$ ist.

Aus dem $\triangle OAC$ folgt:

$$U_2 = -E_s = \sqrt{U_k^2 + U_1^2 - 2\,U_1\,U_k \cos\varphi}\ \text{Volt.} \tag{120}$$

In vielen Fällen ist $U_1 = JR$ sehr klein im Vergleich zu U_k, so daß U_1^2 vernachlässigt werden kann, es ist dann

$$E_s = U_k \sqrt{1 - 2\,\frac{U_1}{U_k}\cos\varphi} \approx U_k \left(1 - \frac{U_1}{U_k}\cos\varphi\right)^*$$

oder

$$E_s \approx U_k - J R \cos\varphi\ \text{Volt.} \tag{120 a}$$

Fällt man in Abb. 199 von C die Senkrechte $\overline{CC'}$ auf die Stromrichtung, so ist $\overline{OC'} = U_k \cos\varphi$ die Wirkkomponente der Spannung, also die Größe

---

$*$ Entwicklung nach $\sqrt{1-x} \approx 1 - \dfrac{1}{2}\,x$, wenn x sehr klein ist.

$J R_w$, wenn R_w den sogenannten Wirkwiderstand der Spule bezeichnet; $\overline{CC'} = U_k \sin \varphi$ ist die Blindkomponente der Spannung, d. i. die Größe $U_b = J R_b$, wo R_b der Blindwiderstand der Spule ist. Die Wirkleistung der Spule ist $N = U_k J \cos \varphi = U_w J$ Watt. Die Blindleistung $U_k J \sin \varphi = U_b J$ Voltampere und die Scheinleistung $N_s = U_k J$ Voltampere.

Der Wirkwiderstand folgt aus $J^2 R_w = N$

$$R_w = \frac{N}{J^2} \quad \text{Ohm}. \tag{121}$$

Bemerkung. Man unterscheide den Gleichwiderstand R_g, der mit Gleichstrom gemessen wird, von dem Echtwiderstand R. Dieser wird nach besonderen Methoden bestimmt, wenn durch die Windungen Wechselstrom fließt. Er ist etwa $R = (1.03 - 1,25) R_g$. Nicht zu verwechseln ist hiermit der Wirkwiderstand R_w und der Scheinwiderstand $R_s = U_k/J$. Enthält die Spule kein Eisen, so ist $R = R_w$. Ist R der Echtwiderstand, so ist der Leistungsverbrauch in einer Spule $N = J^2 R$. In einer Eisenspule wird N vergrößert durch den Verlust im Eisen, also durch Wirbelströme und Hysterese. $N_{F_e} = J^2 R_w$.

275. Von einer in einen Wechselstromkreis eingeschalteten Spule mit Eisenkern wird gemessen: die Klemmenspannung $U_k = 20$ [60] V, die Stromstärke $J = 2$ [10] A, die verbrauchte Wattzahl $N = 20$ [500] W und der Echtwiderstand des verwendeten Drahtes $R = 0,5$ [3] Ω. Gesucht wird:

a) der Leistungsfaktor,
b) der Wirkwiderstand R_w und der Scheinwiderstand R_s,
c) der Spannungsverlust im Echtwiderstand der Wicklung,
d) die EMK der Selbstinduktion,
e) der Wattverlust durch Stromwärme,
f) der Wattverlust durch Hysteresis und Wirbelströme,
g) die Komponenten des Stromes.

Lösungen:

Zu a): Aus $U_k J \cos \varphi = N$ folgt der Leistungsfaktor

$$\cos \varphi = \frac{N}{U_k J} = \frac{20}{20 \cdot 2} = 0,5.$$

Zu b): Der Wirkwiderstand ist nach Formel 121

$$R_w = \frac{N}{J^2} = \frac{20}{2^2} = 5 \; \Omega$$

und der Scheinwiderstand

$$R_s = \frac{U_k}{J} = \frac{20}{2} = 10 \; \Omega.$$

Zu c): Der Spannungsverlust im Echtwiderstand ist die Größe $\overline{OA}$ in Abb. 199, also $U_1 = \overline{OA} = J R = 2 \cdot 0,5 = 1$ V.

Zu d): In Dreieck OAC der Abb. 199 ist

$$\overline{AC}^2 = \overline{OC}^2 + \overline{OA}^2 - 2\,\overline{OC}\cdot\overline{OA}\,\cos\varphi$$

oder

$$U_2 = -E_s = \sqrt{20^2 + 1^2 - 2\cdot 20\cdot 1\cdot 0,5} = 19,5\,\text{V}.$$

Zu e): Der Verlust durch Stromwärme (Verlust im Drahte, meist Kupfer) ist $N_{cu} = J^2 R = 2^2 \cdot 0,5 = 2\,\text{W}$.

Zu f): Der Verlust durch Hysteresis und Wirbelströme N_E (Verlust im Eisen) ist $N_E = N - N_{Cu} = 20 - 2 = 18\,\text{W}$.

Zu g): Die Wirkkomponente des Stromes ist $J_w = J\cos\varphi$. Werte eingesetzt: $J_w = 2\cdot 0,5 = 1\,\text{A}$, oder auch

$$U_k J_w = N, \qquad J_w = \frac{N}{U_k} = \frac{20}{20} = 1\,\text{A},$$

die Blindkomponente ist $J_b = J\sin\varphi = 2\sqrt{1 - 0,5^2} = 1,73\,\text{A}$.

276. Die Drosselspule der Aufgabe 246 besteht aus einem aus Blechen zusammengesetzten Eisenkern mit den in Abb. 200 angegebenen Dimensionen. Die Abmessung senkrecht zur Papierebene beträgt 49 mm. Der Kern ist mit 400 [300] Windungen bedeckt. Gesucht wird:

a) der maximale Spulenfluß,

b) der magnetische Widerstand des Kreises,

c) die Länge des Luftspaltes.

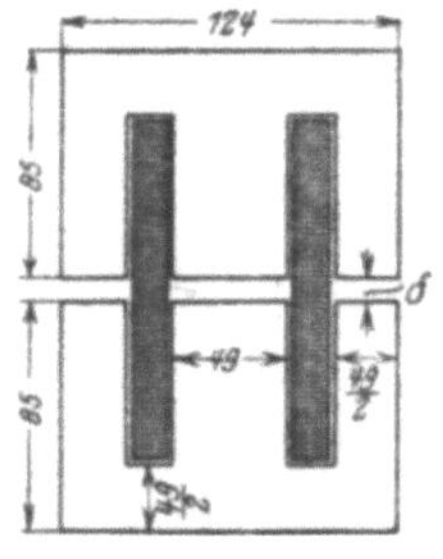

Abb. 200. Abmessungen in Millimetern einer Drosselspule zu Aufgabe 276.

Lösungen:

Zu a): Die EMK der Selbstinduktion ist bestimmt durch die Formel 119

$$E_s = \frac{4,44\,\Phi_0\,w\,f}{10^8}.$$

In unserem Falle ist, unter Vernachlässigung der Eisenverluste (vgl. Aufgabe 246) $E_s = 90,6\,\text{V}$, $w = 400$, $f = 50$, demnach wird

$$\Phi_0 = \frac{90,6\cdot 10^8}{4,44\cdot 400\cdot 50} = 0,103\cdot 10^6\ \text{Maxwell}.$$

Zu b): Der magnetische Widerstand folgt aus der Gl. 118 $\Phi_0 = \dfrac{w J_\mu \sqrt{2}}{\Re}$, wo in erster Näherung $J_\mu = J = 10\,\text{A}$ gesetzt werden darf:

$$\Re = \frac{w J_\mu \sqrt{2}}{\Phi_0} = \frac{400\cdot 10\,\sqrt{2}}{0,103\cdot 10^6} = 0,055.$$

Zu c): Die Induktion im Eisen ist $\mathfrak{B}_E = \dfrac{\Phi_0}{F_E}$, wo F_E den Eisenquerschnitt bedeutet; es ist $F_E = 4{,}9 \cdot 0{,}85 \cdot 4{,}9 = 20{,}4 \ \mathrm{cm}^2$, demnach

$$\mathfrak{B}_E = \frac{0{,}103 \cdot 10^6}{20{,}4} \approx 5000 \ \mathrm{Gauß};$$

hierzu gehört $\mathfrak{H}_E = 0{,}96$ (nach Tafel, Kurve A), also ist

$$\mu = \frac{5000}{0{,}96} = 5220.$$

Die Feldlinienlänge im Eisen ist, (siehe Abb. 200 und vergleiche hiermit Abb. 45, Seite 71):

$$l_E = 2\left(17{,}0 - \frac{4{,}9}{2}\right) + 2\left(\frac{12{,}4}{2} - \frac{4{,}9}{2}\right) = 36{,}6 \ \mathrm{cm},$$

demnach ist der magnetische Eisenwiderstand

$$\mathfrak{R}_E = \frac{l_E}{\mu F_E} = \frac{36{,}6}{5220 \cdot 20{,}4} = 0{,}00034,$$

es bleibt mithin für den magnetischen Luftwiderstand

$$\mathfrak{R}_\mathfrak{L} = \mathfrak{R} - \mathfrak{R}_E = 0{,}055 - 0{,}00034 = 0{,}05466.$$

Jede Feldlinie hat zwei Luftspalte zu durchlaufen, also ist

$$\mathfrak{R}_\mathfrak{L} = \frac{2\,\delta}{\mu_\mathfrak{L} F_\mathfrak{L}} = \frac{2\,\delta}{1{,}257 F_\mathfrak{L}} = \frac{2\,\delta}{1{,}257 \cdot 1{,}1 \cdot 20{,}4}$$

oder nach δ aufgelöst:

$$\delta = \frac{1{,}257 \cdot 1{,}1 \cdot 20{,}4 \cdot 0{,}05466}{2} = 0{,}774 \ \mathrm{cm}.$$

Bemerkung. Über $F_\mathfrak{L}$ siehe Fußnote Seite 67.

277. Es ist für eine 10-A-Lampe eine Drosselspule zu berechnen, die aus 300 [250] Windungen eines 2 [2,5] mm dicken Kupferdrahtes besteht, wenn die Klemmenspannung der Lampe 30 V und die Spannung der Wechselstromquelle 100 V bei 50 Hertz beträgt. Der Eisenkern der Spule hat die in Abb. 201 stehenden Abmessungen. Die Abmessung senkrecht zur Papierebene beträgt 5 cm. Gesucht wird:

a) die Länge und der Widerstand des aufgewickelten Drahtes,

b) die EMK der Selbstinduktion,

c) der erforderliche Spulenfluß,

d) der magnetische Widerstand sowie die Induktion im Eisen und in der Luft,

e) die Größe δ des Luftzwischenraumes,

f) der Leistungsverlust durch Stromwärme,

g) der Leistungsverlust durch Hysteresis, wenn (Formel 39) $\eta = 0{,}002$ ist,

h) der Leistungsverlust durch Wirbelströme, wenn der Eisenkörper aus 0,5 mm dicken Dynamoblechen zusammengesetzt ist,

i) der Gesamtverlust in der Spule.

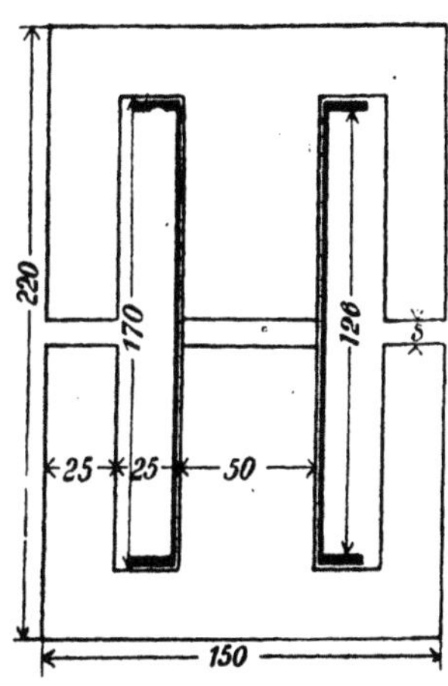

Abb. 201. Abmessungen der Drosselspule in Millimetern zu Aufgabe 277.

Lösungen:

Zu a): Der besponnene Draht ist 2,5 mm dick, es können also 50 Windungen nebeneinander- und 6 Lagen übereinandergelegt werden. Die Höhe dieser ist $6 \cdot 2,5 = 15$ mm ; rechnet man 3 mm für den Spulenboden, so ist die Länge der mittleren Windung angenähert der Umfang eines Quadrates, dessen Seite $50 + 2 \cdot 3 + 15 = 71$ mm, also Umfang $4 \cdot 71 = 284$ mm $= 0,284$ m, demnach die Länge des aufgewickelten Drahtes $l = 300 \cdot 0,284 = 85,2$ m und damit der Gleichwiderstand im warmen Zustande:

$$R_g = \frac{\varrho\, l}{q} = \frac{0,02 \cdot 85,2}{\dfrac{2^2 \pi}{4}} = 0,54\ \Omega$$

und der Echtwiderstand $R = 1,1 \cdot R_g = 1,1 \cdot 0,54 = 0,6\ \Omega$.

Zu b): Die Abb. 202 (vgl. auch Abb. 146 zu Aufgabe 246) gibt in erster Annäherung, d. h. ohne Rücksicht auf das Eisen

$$E_s = \overline{CC'} = \sqrt{100^2 - (30 + 10 \cdot 0,6)^2} = 93,5 \text{ V.}$$

Zu c): $\Phi_0 = \dfrac{E_s \cdot 10^8}{4,44\, w\, f} = \dfrac{93,5 \cdot 10^8}{4,44 \cdot 300 \cdot 50} = 140\,000$ Maxwell.

Zu d): Der magnetische Widerstand ist nach Formel 118

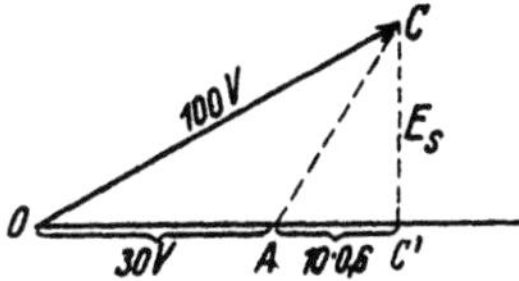

Abb. 202. Spannungsdiagramm zu Aufgabe 277.

$$\Re = \frac{w\, J_\mu \sqrt{2}}{\Phi_0} = \frac{300 \cdot 10\sqrt{2}}{140\,000} = 0,0303.$$

Der Eisenquerschnitt ist

$$F_E = 5 \cdot 0,85 \cdot 5 = 21,2 \text{ cm}^2,$$

folglich die Induktion im Eisen

$$\mathfrak{B}_E = \frac{140\,000}{21,2} = 6600 \text{ Gauß.}$$

Die Induktion im Luftzwischenraum ergibt sich zu:

$$\mathfrak{B}_{\mathfrak{L}} = \frac{\Phi_0}{F_{\mathfrak{L}}} = \frac{\Phi_0}{1,2\, F_E} = \frac{\mathfrak{B}_E}{1,2} = \frac{6600}{1,2} = 5500 \text{ Gauß.}$$

Zu e): Vernachlässigt man den Eisenwiderstand, so kann der

Luftzwischenraum aus Gleichung $\Re = \dfrac{2\,\delta}{\mu_\Omega\,F_\Omega}$ bestimmt werden.
Es ist, da $F_\Omega = 1,2\,F_E$ gesetzt wurde

$$\delta = \frac{\Re\,\mu_\Omega\,F_\Omega}{2} = \frac{0,0303 \cdot 1,257 \cdot 1,2 \cdot 21,2}{2} = 0,485 \text{ cm}.$$

Zu f): Der Verlust durch Stromwärme (Kupferverlust) ist

$$N_{cu} = J^2 R = 10^2 \cdot 0,6 = 60 \text{ W}.$$

Zu g): Das Volumen des Eisenkerns in Kubikzentimeter ist:

$$V = 15 \cdot 22 \cdot 0,85 \cdot 5 - 2 \cdot 2,5 \cdot 17 \cdot 0,85 \cdot 5 - 2 \cdot 5 \cdot 0,485 \cdot 0,85 \cdot 5,$$
$$V = 0,85 \cdot 5\,(330 - 85 - 4,85) = 1020 \text{ cm}^3,$$

und damit ist nach Formel 39

$$N_H = \frac{\eta\,\mathfrak{B}^{1,6}\,V\,f}{10^7} = \frac{0,002 \cdot 6600^{1,6} \cdot 1020 \cdot 50}{10^7} = 13,3 \text{ W}.$$

NB. Ausrechnung von $\mathfrak{B}^{1,6}$ siehe Aufgabe 157.

Zu h): Für die Wirbelstromverluste gibt Formel 40b

$$N_w = \sigma\left(\frac{f}{100}\,\frac{\mathfrak{B}_E}{10\,000}\right)^2 G = 5,6\left(\frac{50 \cdot 6600}{100 \cdot 10\,000}\right)^2 \cdot 8 \approx 5 \text{ W},$$

worin G das Gewicht des Eisens in kg, also

$$G = V\gamma = \frac{1020 \cdot 7,8}{1000} \approx 8 \text{ kg}$$

und $\sigma = 5,6$ der Tabelle 6, Seite 100, für Dynamobleche von $\Delta = 0,5$ mm zu entnehmen war.

Zu i): Die Gesamtverluste der Spule sind:

$$N_K = N_{Cu} + N_H + N_W = 60 + 13,3 + 5 = 78,3 \text{ W}.$$

278. Eine große Anzahl Glühlampen für 25 [20] V Spannung und 2 [2,5] A Stromverbrauch sind hintereinandergeschaltet (Abb. 203). Parallel zu jeder Lampe liegt eine Drosselspule, deren Abmessungen aus der Abb. 204 zu entnehmen sind. (Die Di-

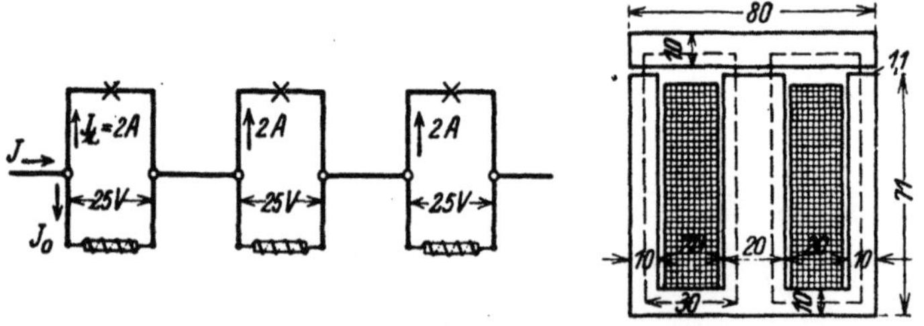

Abb. 203. Schaltschema zu Aufgabe 278.

Abb. 204. Abmessungen der Drosselspule zu Aufgabe 278.

mension $\perp$ zur Papierebene beträgt 2 cm.) Auf der Spule befinden sich 400 [320] Windungen mit einem Echtwiderstande von 1,285 [1] Ω. Gesucht wird:

a) der Spulenfluß bei 50 Hertz des Wechselstromes,

b) der Magnetisierungsstrom,

c) der Eisenverlust,

d) die Eisenverlustkomponente des Spulenstromes,

e) der Spulenstrom J_0,

f) der Verlust durch Stromwärme,

g) der Kosinus des Phasenverschiebungswinkels zwischen Spulenstrom und Spannung,

h) der Strom J in der unverzweigten Leitung.

Lösungen:

Zu a): Die EMK der Selbstinduktion ist nahezu gleich der Klemmenspannung, also $E_s = 25$ V. Aus der Gl 119

$$E_s = \frac{4{,}44\,\Phi_0\,w\,f}{10^8} \quad \text{folgt} \quad \Phi_0 = \frac{25 \cdot 10^8}{4{,}44 \cdot 400 \cdot 50} = 28\,300 \text{ Maxwell.}$$

Zu b): Der Magnetisierungsstrom folgt aus der Gl 118 b. Wir berechnen den Eisenquerschnitt $F_E = 2 \cdot 0{,}85 \cdot 2 = 3{,}4\,\text{cm}^2$ *. Damit wird

$$\mathfrak{B}_E = \frac{\Phi_0}{F_E} = \frac{28\,300}{3{,}4} = 8300 \text{ Gauß,}$$

hierzu nach Tafel, Kurve A $\mathfrak{H}_E = 2{,}08$. Die Länge der Feldlinie im Eisen (gestrichelte Linie in Abb. 204 ist $l_E \approx (30 + 71)\,2 = 202$ mm, d. i. 20,2 cm.

Für den Luftquerschnitt ist $F_\mathfrak{L} \approx 1{,}1 \cdot 3{,}4 = 3{,}74\,\text{cm}^2$, also

$$\mathfrak{B}_\mathfrak{L} = \frac{\Phi_0}{F_\mathfrak{L}} = \frac{28\,300}{3{,}74} = 7600 \text{ Gauß.}$$

Nun ist $\mathfrak{B}_\mathfrak{L} = \mu_\mathfrak{L}\,\mathfrak{H}_\mathfrak{L}$. Also $\mathfrak{H}_\mathfrak{L} = \frac{\mathfrak{B}_\mathfrak{L}}{\mu_\mathfrak{L}} = \frac{7600}{1{,}257} = 6080$ A/cm.

Die Länge der Feldlinie in der Luft ist $l_\mathfrak{L} = 2\,\delta = 2 \cdot 0{,}11 = 0{,}22$ cm. Damit wird

$$J_\mu = \frac{\mathfrak{H}_E\,l_E + \mathfrak{H}_\mathfrak{L}\,l_\mathfrak{L}}{w\sqrt{2}} = \frac{2{,}08 \cdot 20{,}2 + 6080 \cdot 0{,}22}{400 \cdot \sqrt{2}} = \frac{1383}{566} = 2{,}43 \text{ A.}$$

Zu c): Das Eisenvolumen der Spule ist

$$V = 8 \cdot 8{,}1 \cdot 0{,}85 \cdot 2 - 4 \cdot 6{,}1 \cdot 0{,}85 \cdot 2 = 69 \text{ cm}^3.$$

Das Gewicht ist $G = V\gamma = 69 \cdot 7{,}8 = 536$ g $= 0{,}536$ kg. Die Berechnung des Hysteresisverlustes erfolgt, da ja $\mathfrak{B}_E = 8300$ Gauß, also größer als 7000 ist, am einfachsten nach der Richterschen Formel 39 b:

$$N_H = \varepsilon\,\frac{f}{100}\left(\frac{\mathfrak{B}_E}{10000}\right)^2 G = 4{,}4 \cdot \frac{50}{100}\left(\frac{8300}{10000}\right)^2 \cdot 0{,}536 = 0{,}82 \text{ W.}$$

---

* Für [ ] ist anstatt 0,85 der Wert 0,9 zu setzen.

Der Wirbelstromverlust für 0,5 mm dicke Dynamobleche ist nach Formel 40 b

$$N_W = 5,6\left(\frac{50}{100}\cdot\frac{8300}{10000}\right)^2 \cdot 0,536 = 0,54 \ \text{W},$$

also der gesamte Eisenverlust $N_E = 0,82 + 0,54 = 1,36 \ \text{W}$.

Zu d): Aus Formel 117 folgt die Eisenverlustkomponente

$$J_v = \frac{N_E}{U_k} = \frac{1,36}{25} = 0,0544 \ \text{A}.$$

Zu e): Der Spulenstrom J_0 ist nach Abb. 205, die jedoch nicht maßstäblich gezeichnet ist:

$$J_0 = \sqrt{J_v{}^2 + J_\mu{}^2}$$
$$= \sqrt{0,0544^2 + 2,43^2} \approx 2,43 \ \text{A}.$$

Zu f): Der Verlust durch Stromwärme ist
$$N_{cu} = J_0{}^2 R = 2,43^2 \cdot 1,285 = 7,6 \ \text{W}.$$

Zu g): Der gesamte Verlust in der Spule ist
$$7,6 + 1,36 = 8,96 \ \text{W} = U_k J_0 \cos \varphi_1,$$

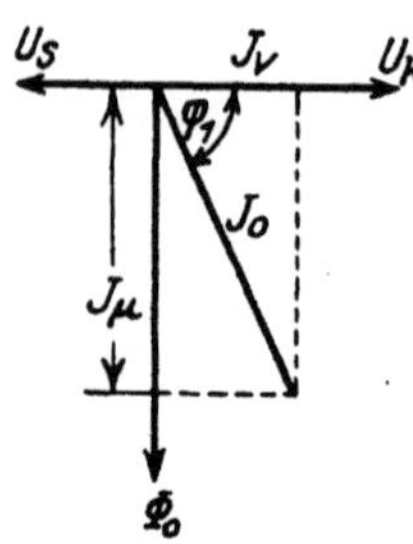

Abb. 205. Diagramm zur Bestimmung des Spulenstromes in Aufgabe 278.

woraus

$$\cos \varphi_1 = \frac{8,96}{25 \cdot 2,43} = 0,148 \quad \text{folgt}[1].$$

Bemerkung: Die Wirk- und Blindkomponenten des Stromes wären
$$J_w = J_0 \cos \varphi_1 = 2,43 \cdot 0,148 = 0,36 \ \text{A}.$$
$$J_b = J_0 \sin \varphi_1 = 2,43 \sqrt{1 - 0,148^2} = 2,41 \ \text{A}.$$

Man beachte die Berechnungsweise beider Komponentenarten. Die erstere berücksichtigt nur die Eisenverluste (widerstandslose Spule), die letztere alle Verluste.

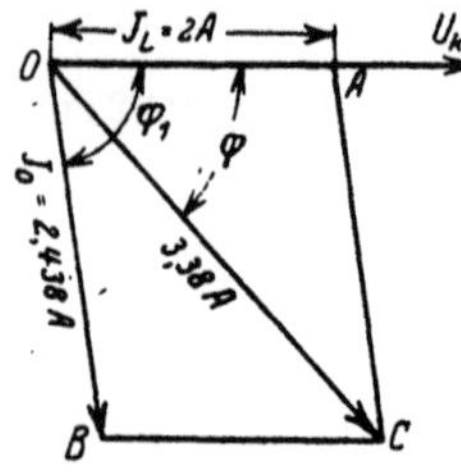

Abb. 206. Diagramm zur Bestimmung des Gesamtstromes in Aufgabe 278.

Zu h): Die Lösung erfolge graphisch (Abb. 206). Es sei OU_k die Richtung der gemeinsamen Spannung, dann fällt der Vektor des Lampenstromes $J_\mathfrak{L}$ (weil induktionsfreier Widerstand) mit $\overline{OU_k}$ zusammen, man mache also $\overline{OA} = 2 \ \text{A}$. Der Strom J_0 in der Spule bleibt um den $\angle \varphi_1$ ($\cos \varphi_1 = 0,148$, $\operatorname{tg} \varphi_1 = 6,5$) gegen die Spannung zurück. Man zeichne daher den $\angle \varphi_1$ und trage auf dem freien Schen-

---

[1] Man könnte nun die in a) angenommene EMK der Selbstinduktion $E_s = 25 \ \text{V}$ nach Formel 120 a genauer berechnen: $E_s = 25 - J_0 R \cos \varphi_1$ $E_s = 25 - 2,43 \cdot 1,285 \cdot 0,148 = 25 - 0,46 = 24,54 \ \text{V}$ und hiermit die bisherigen Resultate verbessern, was aber in Rücksicht auf die Schätzung von $F_\mathfrak{L}$ wohl überflüssig ist.

kel $\overline{OB} = 2{,}43$ A ab. Die Diagonale $\overline{OC}$ gibt dann den Strom in der unverzweigten Leitung. Die Ausmessung ergibt $J = 3{,}38$ A.

279. Eine der in Aufgabe 278 betrachteten Lampen erlischt, es muß der Strom $J = 3{,}38$ A jetzt durch die Windungen der Spule allein gehen. Wie groß wird infolgedessen:

a) der Spulenfluß,
b) die EMK der Selbstinduktion,
c) der Leistungsfaktor der Spule,
d) die Wirkkomponente des Stromes,
e) die Blindkomponente desselben,
f) die Klemmenspannung der Spule?

Lösungen:

Zu a): Setzt man angenähert $J_\mu = 3{,}38$ A, so sind in Gl 118a

$$\mathfrak{H}_E l_E + \mathfrak{H}_\mathfrak{L} l_\mathfrak{L} = J_\mu \sqrt{2} \cdot w$$

$\mathfrak{H}_E$ und $\mathfrak{H}_\mathfrak{L}$ unbekannte Größen. daher ist eine direkte Lösung nicht möglich (vgl. Aufg. 126 S. 70). Wir lösen die umgekehrte Aufgabe, indem wir zu einem angenommenen Werte Φ_0 das zugehörige J_μ berechnen. In der vorigen Aufgabe war in Lösung zu b) für $\Phi_0 = 28\,300$ Maxwell $J_\mu = 2{,}43$ A gefunden worden. Wir berechnen jetzt zu $\Phi_0 = 36\,000$ das zugehörige J_μ. Es ist die Induktion im Eisen $\mathfrak{B}_E = \dfrac{36\,000}{3{,}4} = 10\,570$ Gauß. Die Induktion im Luftzwischenraum ist

$$\mathfrak{B}_\mathfrak{L} = \frac{\Phi_0}{F_\mathfrak{L}} = \frac{\Phi_0}{1{,}1\,F_E} = \frac{\mathfrak{B}_E}{1{,}1} = 9600 \text{ Gauß}, \quad \mathfrak{H}_\mathfrak{L} = \frac{9600}{1{,}257} = 7680 \text{ A/cm},$$

Tafel Kurve A gibt zu $\mathfrak{B}_E = 10\,570$, $\mathfrak{H}_E = 4{,}5$ A/cm,

$$J_\mu = \frac{\mathfrak{H}_E l_E + \mathfrak{H}_\mathfrak{L} l_\mathfrak{L}}{\sqrt{2} \cdot w} = \frac{4{,}5 \cdot 20{,}2 + 7680 \cdot 0{,}22}{\sqrt{2} \cdot 400} = 3{,}14 \text{ A} \quad \begin{matrix}\text{(anstatt}\\ 3{,}38 \text{ A).}\end{matrix}$$

Wir interpolieren indem wir ansetzen:

Zu $\Phi_0 = 36\,000$ Maxwell gehört $J_\mu = 3{,}14$ A,

,, ,, $= 28\,300$,, ,, $J_\mu = 2{,}43$ A.

Zur Differenz 7700 Maxwell gehört die Differenz 0,71 A,

? ,, ,, zur ,, $(3{,}38 - 3{,}14)$ A.

Antwort: $\dfrac{7700 \cdot 0{,}24}{0{,}71} = 2500$ Maxwell.

Diese müssen noch zu 36\,000 Maxwell zugezählt werden, also ist mit genügender Genauigkeit $\Phi_0 = 36\,000 + 2500 = 38\,500$ Maxwell. (Vgl. auch Abb. 45, S. 71.)

Zu b): $E_s = \dfrac{4{,}44 \cdot 38\,500 \cdot 400 \cdot 50}{10^8} = 34{,}2$ V, welche Größe in erster Annäherung gleich der Klemmenspannung der Spule zu setzen ist, also $U_k \approx 34{,}2$ V.

Zu c): Da $\mathfrak{B}_E = \dfrac{38500}{3{,}4} = 11350$ Gauß, also größer 7000 Gauß ist, rechnen wir den Hysteresisverlust nach (Formel 39b)

$$N_H = 4{,}4 \cdot \frac{50}{100} \cdot \left(\frac{11350}{10000}\right)^2 \cdot 0{,}536 = 1{,}52 \ \text{W}.$$

Den Wirbelstromverlust nach (Formel 40b)

$$N_W = 5{,}6 \cdot \frac{50}{100} \cdot \left(\frac{11350}{10000}\right)^2 \cdot 0{,}536 = 0{,}97 \ \text{W}.$$

Der Kupferverlust, auch Wicklungsverlust genannt, ist $N_{Cu} = 3{,}38^2 \cdot 1{,}285 = 14{,}7$ W, mithin die in der Spule verlorene Leistung: $N_k = 1{,}52 + 0{,}97 + 14{,}7 = 17{,}2$ W. Andererseits ist $N_k = U_k J \cos \varphi_0$, wo $J \approx J_\mu = 3{,}38$ A und $U_k = 34{,}2$ V ist, demnach

$$\cos \varphi_0 = \frac{17{,}2}{34{,}2 \cdot 3{,}38} = 0{,}148.$$

Zu d): Die Wirkkomponente des Stromes ist
$$J_w = J \cos \varphi_0 = 3{,}38 \cdot 0{,}148 = 0{,}5 \ \text{A}.$$

Zu e): Die Blindkomponente
$$J_b = J \sin \varphi_0 = 3{,}38 \sqrt{1 - 0{,}148^2} = 3{,}34 \ \text{A}.$$

Zu f): Die Formel 120a gibt als zweite Annäherung
$$U_k = E_s + J R \cos \varphi_0 = 34{,}2 + 3{,}38 \cdot 1{,}285 \cdot 0{,}148 \approx 34{,}89 \ \text{V}.$$

280. Es seien 3 Lampen von je 25 V und 2 A hintereinandergeschaltet, und zu jeder parallel die durch Abb. 204 gekennzeichnete Drosselspule. Wie groß wird, bei konstant gehaltener Stromstärke, die Spannung der Maschine, wenn eine der Lampen erlischt und der Spannungsverlust in der Leitung unberücksichtigt bleibt?

Lösung: Die Stromstärke J, die durch Spule und Lampe geht, ist gegen die zugehörige Klemmenspannung um den $\sphericalangle COA = \varphi$ (Abb. 206) verschoben. Die Klemmenspannung der beiden brennenden Lampen beträgt $2 \cdot 25 = 50$ V, welche Spannung in Abb. 207 auf dem freien Schenkel des Winkels $COA = \varphi$ der Abb. 206 abgetragen wurde. Es ist also $\overline{OD} = 50$ V (50 mm). Die Spannung der Spule der erloschenen Lampe ist, nach Lösung zu f) der vorigen Aufgabe, 34,89 V geworden, welch letztere gegen den Strom um den Winkel $\cos \varphi_0 = 0{,}148$ (Lösung zu c der Auf-

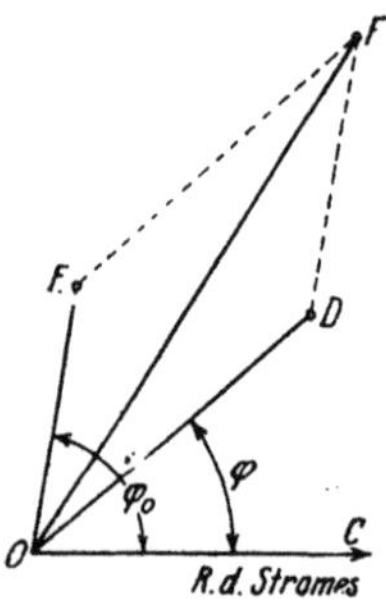

Abb. 207. Diagramm zur Bestimmung der Gesamtspannung in Aufgabe 280.

gabe 279) verschoben ist. Trägt man auf dem freien Schenkel $\overline{OE}$ dieses Winkels 34,89 V (34,89 mm) auf, so ist die Resultierende $\overline{OF}$ aus $\overline{OE}$ und $\overline{OD}$ gleich der gesuchten Gesamtspannung. Die Messung gibt $\overline{OF} = 80$ V (80 mm).

281. Mit welcher Kraft wird das Joch der in Abb. 204 dargestellten Drosselspule angezogen, wenn der maximale Induktionsfluß $\Phi_0 = 28\,300$ Maxwell beträgt und alle übrigen erforderlichen Angaben den Lösungen der Aufgabe 278 entnommen werden.

Lösung: Die für konstanten Gleichstrom hergeleitete Formel 36 gilt bei veränderlichen Strömen nur für die Zeitwerte. Ist P_t die anziehende Kraft, die der magnetischen Induktion $\mathfrak{B}$ Gauß entspricht, so ist also

$$P_t = \frac{4{,}07\,F}{10^8}\,\mathfrak{B}^2 \ \text{kg}.$$

Die anziehende Kraft P während einer Periode ist der Mittelwert aus den einzelnen Zeitwerten der Periode, also

$$P = \frac{\Sigma P_t}{m} = \frac{\sum \frac{4{,}07\,F}{10^8}\,\mathfrak{B}^2}{m} = \frac{4{,}07\,F}{10^8}\,\frac{\Sigma \mathfrak{B}^2}{m}.$$

Kann $\mathfrak{B} = \mathfrak{B}_{\mathrm{max}} \sin \alpha$. gesetzt werden, so ist $\frac{\Sigma \mathfrak{B}^2}{m} = \frac{1}{2}\,\mathfrak{B}^2_{\mathrm{max}}$. (siehe Fußnote S. 168), also wird die Zugkraft für einen Wechselstrommagneten

$$P = \frac{4{,}07\,F}{10^8}\,\frac{1}{2}\,\mathfrak{B}^2_{\mathrm{max}} \ \text{kg} \tag{122}$$

In unserem Falle wird das Joch an drei Stellen angezogen, also ist für F die Fläche F_ϱ des Luftraumes zwischen den Eisenkernen zu setzen, d. i. (siehe Lösung zu b, S. 231.)

$$3{,}74 + \frac{3{,}74}{2} + \frac{3{,}74}{2} = 2 \cdot 3{,}74 \ \text{cm}^2.$$

Die maximale Induktion im Zwischenraum ist $\mathfrak{B}_\varrho = 7600$ Gauß (siehe Lösung zu b, S. 231) und somit

$$P = \frac{4{,}07 \cdot 2 \cdot 3{,}74}{10^8} \cdot \frac{1}{2}\,7600^2 = 8{,}7 \ \text{kg}.$$

§ 37. Der Transformator.

Wickelt man auf einen Eisenkern zwei Spulen mit den Windungszahlen w_1 und w_2 (Abb. 208) und verbindet die eine (die primäre) mit einer Wechselstromquelle G, so erzeugt der durch diese Windungen fließende Strom einen Induktionsfluß, der beide Spulen durchsetzt und durch seine Änderung in beiden Spulen elektromotorische Kräfte hervorruft, die durch die Gl. 119 bestimmt sind.

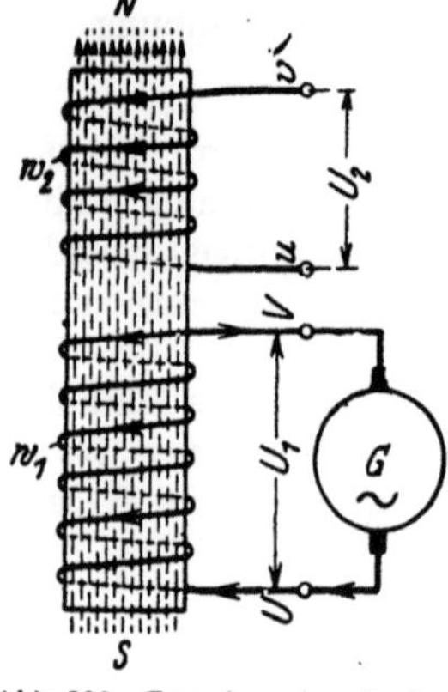

$$E_1 = \frac{4{,}44\,\Phi_0\,w_1\,f}{10^8}\ \text{Volt}$$
$$E_2 = \frac{4{,}44\,\Phi_0\,w_2\,f}{10^8}\ \text{Volt.}$$

$$(123)$$

Durch Division beider Gleichungen erhält man

$$\boxed{E_1 : E_2 :\, = w_1 : w_2} \qquad (123a)$$

d. h.

Gesetz 29: Die elektromotorischen Kräfte verhalten sich wie die zugehörigen Windungszahlen.

Das Verhältnis $w_1 : w_2$ heißt Übersetzung. In Abb. 208 stellen die in die Windungen eingezeichneten Pfeile die Richtung der elektromotorischen Kräfte dar, wenn .der Strom in der primären Spule zunimmt und zur

Abb. 208.   Transformatorprinzip.

Klemme U eintritt. Er ist also der EMK entgegengerichtet. In der zweiten Spule, der sekundären, würde der Strom, wenn man die Klemmen u und v mit einem Stromverbraucher, z. B. Glühlampen, verbände, in der Richtung der EMK fließen, d. h. der primäre und sekundäre Strom haben entgegengesetzte Richtung. Die primäre Klemmenspannung U_1 stammt von der Stromquelle und entspricht der Richtung des primären Stromes, woraus zu schließen ist, daß die erzeugte EMK E_1 der Klemmenspannung U_1 entgegenwirkt, während E_2 und U_2 gleiche Richtung haben. Für die Effektivwerte gilt die geometrische Addition. In Abb. 209 ist $\overline{OE}$ die Richtung des Vektors der elektromotorischen Kräfte,

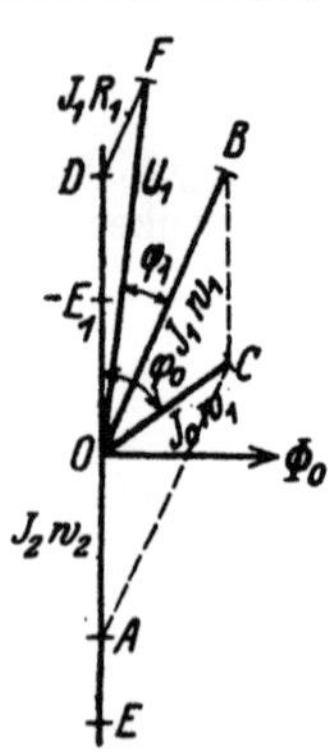

dann ist (vgl. Abb. 196) $\overline{O\,\Phi_0} \perp$ hierzu die Richtung von Φ_0, die mit der Richtung der Magnetisierungskomponente J_μ des Stromes zusammenfällt, während der Leerlaufstrom J_0 vorauseilt. Dieser Leerlaufstrom fließt bei dem unbelasteten Transformator durch die primären Windungen w_1 und erzeugt durch seine Durchflutung $J_0 w_1$ den Induktionsfluß Φ_0. Wird der Transformator induktionsfrei, z. B. durch Glühlampen, sekundär mit J_2 Ampere belastet, so wirkt sekundär die Durchflutung $J_2 w_2$ und primär $J_1 w_1$, die beide zusammen denselben Fluß Φ_0 erzeugen müssen, d. h. die geometrische Summe aus $J_2 w_2$ und $J_1 w_1$ muß $J_0 w_1$ ergeben. Man trage auf $\overline{OE}$ die Durchflutung $J_2 w_2 = \overline{OA}$, auf der Richtung vor J_0 die

Abb. 209. Diagramm des induktionsfrei belasteten Transformators.

Durchflutung $J_0 w_1 = \overline{QC}$ auf, so ist $\overline{AC} = J_1 w_1 = \overline{OB}$.

Dividiert man die Seiten des Stromdiagrammes $OACB$ durch die primäre Windungszahl w_1, so ist, in einem andern Maßstab gemessen,

$\overline{OB} = J_1$, $\overline{OC} = J_0$ und $\overline{OA} = J_2 \dfrac{w_2}{w_1}$. Man nennt $J_2 \dfrac{w_2}{w_1} = J'_2$ die auf primär reduzierte, sekundäre Stromstärke, d. h. es ist J'_2 die Stromstärke, die sekundär fließen würde, wenn bei gleicher Leistung $w_2 = w_1$ wäre.

Die primäre Spannung U_1 ist die Summe aus dem Spannungsverlust $J_1 R_1$ (R_1 Echtwiderstand der primären Windungen) und der Spannung $(-E_1)$ der widerstandslos gedachten primären Wicklung, die nach Gesetz 24 gleich-, aber entgegengerichtet der EMK ist. Man trage auf der Rückwärtsverlängerung von $\overline{OA}$ die EMK $\overline{OD} = E_1$ auf und in dem Endpunkt D den Spannungsverlust $J_1 R_1$ (parallel zur Stromrichtung $\overline{OB}$) an, so ist $\overline{OF} = U_1$ und $\sphericalangle FOB = \varphi_1$ die primäre Phasenverschiebung.

Der sekundäre Spannungsverlust $J_2 R_2$ fällt bei induktionsfreier Belastung in die Richtung des Stromes J_2, und es ist daher

$$E_2 = U_2 + J_2 R_2 \text{ Volt.} \tag{124}$$

Bemerkung: Das Diagramm (Abb. 209) ist nicht maßstäblich gezeichnet. Mit Ausnahme von kleinen Transformatoren ist nämlich J_0 klein im Vergleich zum Nennstrom J_1 bzw. J'_2, der Punkt C liegt sehr nahe an O und infolgedessen ist $\overline{AC} \approx \overline{AO}$, d. i. für den angenähert voll belasteten Transformator gilt die Gleichung

$$\boxed{J_1 w_1 \approx J_2 w_2} \tag{125}$$

wobei $\overline{OB}$ fast in die Richtung von $\overline{OD}$ fällt. In dem primären Spannungsdiagramm OFD ist $\overline{DF}$ sehr klein im Vergleich zu $\overline{OF}$ $\left(\text{etwa } \dfrac{1}{100}\right)$, es fällt demnach $\overline{OF}$ fast mit $\overline{OD}$ zusammen, und es ist ODF angenähert eine Gerade, so daß anstatt der geometrischen Addition der Spannungen, die arithmetische ausgeführt werden darf, d. h. es ist

$$E_1 = U_1 - J_1 R_1 \text{ Volt.} \tag{124 a}$$

Unter diesen Umständen ist auch $\sphericalangle \varphi_1$ klein, $\cos \varphi_1 \approx 1$.

Ist der Transformator sekundär unbelastet, also $J_2 = 0$, so ist nach 124 $E_2 = U_2$ und da dann $J_1 = J_0$, also $J_0 R_1 \approx 0$ ist, so ist (Gl 124a) $E_1 = U_1$. Es gilt für Leerlauf die Gl 123a in der Form

$$U_1 : U_2 = w_1 : w_2 = \ddot{u}. \tag{123 b}$$

Man bestimmt die Übersetzung $\ddot{u}$, indem man bei Leerlauf die Spannungen U_1 und U_2 mißt.

Die Leistungsverluste bestehen aus den Eisenverlusten $N_E = N_H + N_W$ und den Verlusten durch Stromwärme (Wicklungsverlusten). Diese sind:
$N_{Cu} = J_1^2 R_1 + J_2^2 R_2$. Aus 125 folgt $J_2 = J_1 \dfrac{w_1}{w_2}$, also

$$N_{Cu} = J_1^2 R_1 + \left(J_1 \dfrac{w_1}{w_2}\right)^2 R_2 = J_1^2 \left[R_1 + R_2 \left(\dfrac{w_1}{w_2}\right)^2\right] = J_1^2 R_k \text{ Watt}, \tag{126}$$

wo

$$R_k = R_1 + R_2 \left(\dfrac{w_1}{w_2}\right)^2 \text{ Ohm} \tag{126 a}$$

der Kurzschlußwiderstand des Transformators heißt.

Man kann $R'_2 = R_2 \left(\dfrac{w_1}{w_2}\right)^2$ als den Widerstand der sekundären Windungen eines umgewickelt gedachten Transformators ansehen, dessen sekundäre Windungszahl gleich der primären gemacht worden ist ($w_2 = w_1$), der aber genau den gleichen Wicklungsverlust besitzt wie der alte nicht umgewickelte.

Die sekundäre Stromstärke ist, wie erwähnt $J_2' = J_2 \dfrac{w_2}{w_1} \approx J_1$ und die sekundäre EMK $E_2' = E_1$ Volt.

Der Spannungsverlust ist dann in den beiden Wicklungen

$$J_1 (R_1 + R_2') = J_1 R_k.$$

Die sekundäre, auf primär reduzierte Spannung ist

$$U_2' = U_1 - J_1 R_k \quad \text{Volt} \tag{127}$$

und die wirkliche sekundäre Spannung

$$U_2 = U_2' \frac{w_2}{w_1} = \frac{U_2'}{\ddot{u}} \quad \text{Volt.} \tag{127a}$$

Induktive Belastung.

Ist der Transformator sekundär induktiv belastet, so bleibt der Stromvektor um den gegebenen $\sphericalangle \varphi_2$ gegen die Klemmenspannung U_2 zurück. Um dieselben Maßstäbe primär und sekundär anwenden zu können, reduziert man die sekundäre Windungszahl auf die primäre, rechnet also:

mit der reduzierten Spannung

$$U_2' = U_2 \frac{w_1}{w_2} = U_2 \cdot \ddot{u},$$

mit der reduzierten Stromstärke

$$J_2' = J_2 \frac{w_2}{w_1} = J_2 : \ddot{u},$$

und dem reduzierten Widerstande

$$R_2' = R_2 \left(\frac{w_1}{w_2}\right)^2 = R_2 \ddot{u}^2.$$

In Abb. 210 ist das sich ergebende Diagramm gezeichnet. Es ist $\overline{OG} = U_2'$ die auf primär reduzierte sekundäre Spannung, hinter welcher der Strom um den $\sphericalangle \varphi_2$ zurückbleibt. Die reduzierte sekundäre EMK ist die Summe $\overline{OE}$ aus U_2' und dem sekundären Spannungsverlust $J_2' R_2'$ (parallel zu J_2'). Auf $\overline{OE}$ steht $\perp \Phi_0$. Auf der Rückwärtsverlängerung von $\overline{OE} = -E_1 = \overline{OD}$ ist der $\sphericalangle \varphi_0$ und auf dem freien Schenkel desselben, $J_0 = \overline{OC}$

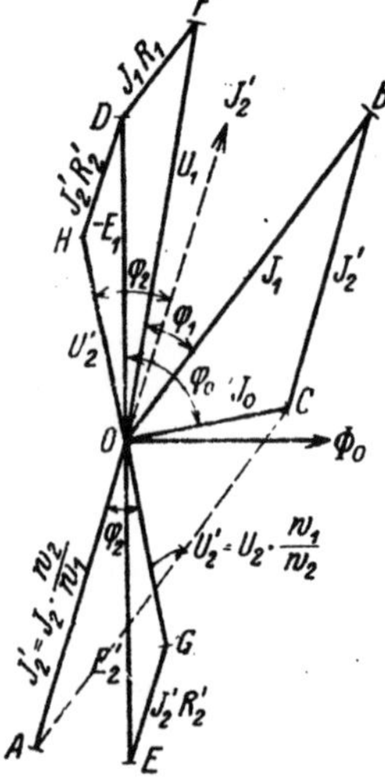

Abb. 210. Diagramm des Transformators bei induktiver Belastung.

aufzutragen. Ist $\overline{AO} = J_2'$ gemacht, so gibt $\overline{AC} = J_1$ den primären Strom, oder auch, wenn $\triangle AOC$ zum ⫦ ergänzt wird: $\overline{OB} = J_1$ und $\overline{BC} = J_2'$

der Größe und Richtung nach an. An $-E_1 = \overline{OD}$ wird parallel zur Stromrichtung $\overline{OB}$ der primäre Spannungsverlust $\overline{DF} = J_1 R_1$ angetragen, so daß die Schlußlinie $\overline{OF} = U_1$ ist.

Ist $\overline{OC}$ sehr klein gegen J_1, so ist AOB nahezu eine Gerade, d. h.

$$J_1 \approx J_2' = J_2 \frac{w_2}{w_1},$$

die Gl 125 gilt auch hier. Alles weitere erkennt man besser, wenn man den unterhalb $O\,\overline{\Phi_0}$ liegenden Bildteil um 180° gedreht denkt, d. i. $\overline{OH} = \overline{OG} = U_2'$; $\overline{HD} = J_2' R_2'$ (parallel zu J_2') $\sphericalangle HOJ_2' = \sphericalangle \varphi_2$, $\sphericalangle BOF = \sphericalangle \varphi_1$; angenähert ist $\varphi_1 = \varphi_2$ also $\cos \varphi_1 \approx \cos \varphi_2$. Sieht man die gebrochene Linie HDF als Gerade an, so addieren sich die Spannungsverluste arithmetisch, und der gesamte Spannungsverlust ist

$$J_2' R_2' + J_1 R_1 = J_1 R_k \qquad \left[J_2' \approx J_1, \quad R_2' = R_2 \left(\frac{w_1}{w_2}\right)^2 \right],$$

der aber zu U_2' geometrisch addiert werden muß, indem man ihn an $\overline{OH} = U_2'$ parallel zu J_1 anträgt. $\overline{HF} = J_1 R_k$.

Berücksichtigung der Streuung.

Besitzt der Transformator Streuung (siehe Abb. 225 und 226), so wirkt diese wie widerstandslose Drosselspulen, die in den primären und sekundären Stromkreis eingeschaltet gedacht sind. Ist L_1 die Induktivität der Drosselspule im primären, L_2 im sekundären Kreise, L_2' die Induktivität des auf primär reduzierten sekundären Kreises, so ist

$$L_2' = L_2 \left(\frac{w_1}{w_2}\right)^2 \text{ oder } L_2 = L_2' \left(\frac{w_2}{w_1}\right)^2 \text{ Henry.} \quad (128)$$

Der induktive Widerstand beider Wicklungen ist dann, wenn $\omega = 2\pi f$:

$$L\omega = (L_1\omega) + (L_2\omega)\left(\frac{w_1}{w_2}\right)^2 \quad (129)$$

und der induktive Spannungsverlust (die sogenannte Streuspannung) $U_s = J_1 L \omega$. Derselbe addiert sich zum Ohmschen Spannungsverlust $J_1 R_k = U_r$ geometrisch ($J_1 R_k$ parallel, $J_1 L \omega \perp$ zu J_1) zum gesamten Spannungsverlust U_k, wie dies das vereinfachte, allgemeinste Spannungsdiagramm (Abb. 211) zeigt.

Setzt man die primäre Spannung so weit herab, daß bei kurzgeschlossener Sekundärwicklung die primäre Wicklung nur den Nennstrom J_1 aufnimmt, so kann man diese Kurzschlußspannung U_k mit einem Voltmeter, die aufgenommene Leistung N_k mit einem Wattmeter bestimmen und hieraus berechnen:

1. den Kurzschlußwiderstand R_k aus der Gleichung $R_k = N_k : J_1^2$,
2. den Scheinwiderstand $R_s = U_k : J_1$,

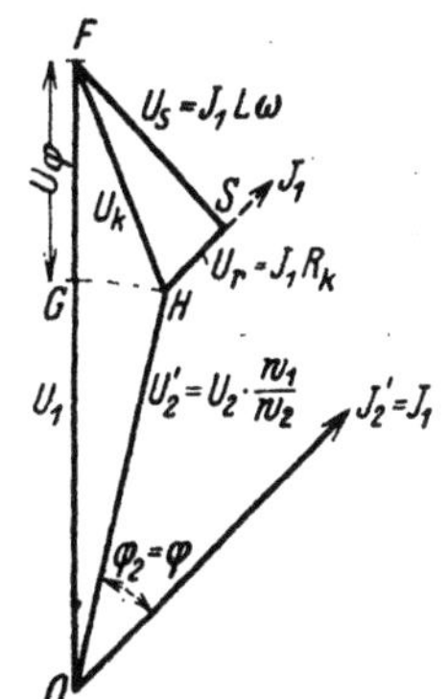

Abb. 211. Spannungsdiagramm des Transformators unter Berücksichtigung der Streuung und Phasenverschiebung.

3. Die Streuspannung $U_s = \sqrt{U_k^2 - U_r^2} = L\omega J_1$ $(\omega = 2\pi f)$.

4. $L = U_s : \omega J_1$ Henry. Setzt man voraus, daß annähernd

$$U_{s1} = U'_{s2} = \frac{U_s}{2} \text{ ist, so folgt weiter}$$

5. $L_1 \omega J_1 = U_{s1}$ und $L_1 = \dfrac{U_s}{2\omega J_1} = \dfrac{L}{2}.$ $\qquad L_2'\omega J_1 = U_{s2}, \; L_2' = \dfrac{L}{2}$

und somit

$$L_2 = L_2' \left(\frac{w_2}{w_1}\right)^2 \text{ Henry.}$$

Spannungsänderung.

Spannungsänderung eines Transformators bei einem anzugebenden Leistungsfaktor ist der Abfall der Sekundärspannung, der bei Übergang von Leerlauf auf Nennbetrieb auftritt, wenn Primärspannung und Frequenz ungeändert bleiben.

Ist U_1 die primäre Spannung bei Leerlauf, so ist dies auch die sekundäre Spannung unseres, auf gleiche Windungszahlen reduzierten Transformators, während bei Nennbetrieb die sekundäre Spannung U_2' ist; die Differenz $U_1 - U_2' = U_\varphi$ ist die Spannungsänderung $\overline{GF}$ in Abb. 211. Die prozentuale Änderung ist $u_\varphi = \dfrac{U_\varphi}{U_1} 100$ %. In gleicher Weise ist

$$u_r = \frac{U_r}{U_1} 100 \text{ %}, \quad u_s = \frac{U_s}{U_1} 100 \text{ %} \quad \text{und} \quad u_k = \frac{U_k}{U_1} 100 \text{ %}.$$

Die prozentuale Spannungsänderung u_φ wird berechnet nach der Formel (Vorschrift):

$$u_\varphi = u_\varphi' + 1 - \sqrt{1 - u_\varphi''^2} \approx u_\varphi' + 0{,}5\, u_\varphi''^2 \text{ Volt,} \qquad (130)$$

hierin bedeutet

$$\left.\begin{array}{l} u_\varphi' = u_r \cos\varphi + u_s \sin\varphi \\ u_\varphi'' = u_r \sin\varphi - u_s \cos\varphi \end{array}\right\} . \qquad (130\,\text{a})$$

Bei Streuspannungen bis 4% ist die Annäherung $u_\varphi = u_\varphi'$ ausreichend.

282. Ein Transformator besitzt primär 12000 [6000], sekundär 120 [80] Windungen. Wie groß ist die primäre Spannung, wenn sekundär 200 [150] V gemessen werden?

Lösung: Aus (123 b) $\quad U_1 : U_2 = w_1 : w_2$

folgt $U_1 = U_2 \dfrac{w_1}{w_2} = 200 \dfrac{12000}{120} = 20000$ V.

Bemerkung: Man nennt Transformatoren, die zum Messen der primären Spannung dienen, Spannungswandler. Die Schaltung zeigt Abb. 212. (Angenähert wurde $U_1 = E_1$ und $U_2 = E_2$ gesetzt.)

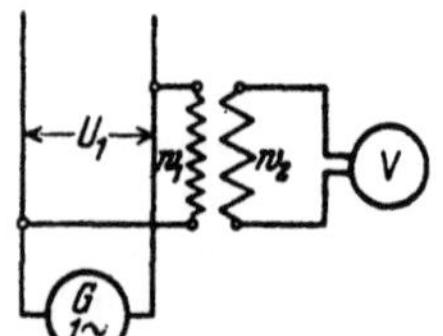

Abb. 212. Spannungswandler.

283. Ein Transformator ist an 48 [60] V Klemmenspannung angeschlossen. Er besitzt primär 40 [70] Windungen, sekundär 108 [250] Windungen. Wie groß ist die sekundäre EMK?

Lösung: Aus (Formel 123a) $48 : E_2 = 40 : 108$, folgt:

$$E_2 = \frac{48 \cdot 108}{40} = 129{,}6 \text{ V.}$$

284. Welcher Induktionsfluß ist erforderlich, wenn die Frequenz 60 [50] Hertz beträgt?

Lösung: Aus Formel 123 $E_1 = \frac{4{,}44\, \Phi_0\, w_1\, f}{10^8}$ folgt

$$\Phi_0 = \frac{E_1 \cdot 10^8}{4{,}44\, f\, w_1} = \frac{48 \cdot 10^8}{4{,}44 \cdot 60 \cdot 40} = 450\,000 \text{ Maxwell.}$$

285. Der Transformator der vorigen Aufgabe wird mit seinen 108 [250] Windungen an 48 [60] V und 60 [50] Perioden angeschlossen. Wieviel Spannung erhält man sekundär, und mit welchem Induktionsfluß arbeitet man jetzt?

Lösung: Aus Formel 123b $U_1 : U_2 = w_1 : w_2$ folgt:

$$U_2 = \frac{48 \cdot 40}{108} = 17{,}75 \text{ V.}$$

Der Induktionsfluß ist nach Formel 123 dann

$$\Phi_0 = \frac{48 \cdot 10^8}{4{,}44 \cdot 108 \cdot 60} = 166\,800 \text{ Maxwell.}$$

286. Der Querschnitt des Eisenkerns beträgt in Aufgabe 283 60 [50] cm². Wie groß ist in den beiden vorhergehenden Aufgaben die magnetische Induktion?

Lösung: Aus $\Phi = \mathfrak{B} F$ folgt:

$$\mathfrak{B}_1 = \frac{450\,000}{60} = 7500 \text{ Gauß}, \qquad \mathfrak{B}_2 = \frac{166\,800}{60} = 2780 \text{ Gauß.}$$

287. Der Eisenkern eines Transformators für primär 1000 [2000] V, sekundär 120 [220] V bei 50 Hertz besitzt 80 [100] cm² Eisenquerschnitt. Die Felddichte soll 6500 [7500] Gauß sein.

Gesucht wird:

a) der Induktionsfluß,

b) die Windungszahlen w_1 und w_2,

c) die Übersetzung.

Lösungen:

Zu a): $\Phi_0 = \mathfrak{B} F = 80 \cdot 6500 = 520\,000$ Maxwell.

Zu b): Aus $E_1 = \frac{4{,}44\, \Phi_0\, w_1\, f}{10^8}$ folgt

$$w_1 = \frac{E_1 \cdot 10^8}{4{,}44\, \Phi_0\, f} = \frac{1000 \cdot 10^8}{4{,}44 \cdot 520\,000 \cdot 50} = 866 \text{ Windungen.}$$

Die Windungszahl w_2 kann nach Formel 123a gefunden werden

$$w_2 = \frac{E_2\, w_1}{E_1} = \frac{120 \cdot 866}{1000} = 104 \text{ Windungen.}$$

Zu c): Die Übersetzung ist nach Formel 123 b

$$\ddot{u} = \frac{w_1}{w_2} = \frac{866}{104} = 8{,}3 \,.$$

288. Aus Versehen wird der Transformator der vorigen Aufgabe mit seinen wenigen Windungen an die Hochspannung angeschlossen. Gesucht wird:

a) die sekundäre Spannung,

b) die im Eisen entstehende magnetische Induktion $\mathfrak{B}_E$.

Lösungen:

Zu a): Es ist: $1000 : E_2 = 104 : 866$, woraus

$$E_2 = \frac{1000 \cdot 866}{104} = 8340 \text{ V} \;\text{ folgt.}$$

Zu b): Aus Formel 123 $\;\; E_1 = \dfrac{4{,}44\, \Phi_0\, w_1\, f}{10^8}\;$ folgt zumnächst

$$\Phi_0 = \frac{E_1 \cdot 10^8}{4{,}44\, w_1\, f} = \frac{1000 \cdot 10^8}{4{,}44 \cdot 104 \cdot 50} = 4\,330\,000 \text{ Maxwell}\,;$$

und aus $\Phi = \mathfrak{B} F$ findet man $\;\mathfrak{B}_E = \dfrac{4\,330\,000}{80} = 54125$ Gauß.

Bemerkung: Diese Dichte würde einen Verlust verursachen, der das Eisen außerordentlich heiß werden ließe.

289. Welcher Strom fließt durch die primäre Wicklung eines durch einen Strommesser sekundär kurzgeschlossenen Transformators (auch Stromwandler genannt), wenn das Instrument 5 (7) A anzeigt und $w_1 = 10\,[20]$, $w_2 = 500\,[400]$ Windungen ist? (Abb. 213.)

Lösung: Aus Formel 125 $\;\; J_1 w_1 = J_2 w_2$

folgt $\;\; J_1 = J_2 \dfrac{w_2}{w_1} = 5 \dfrac{500}{10} = 250$ A.

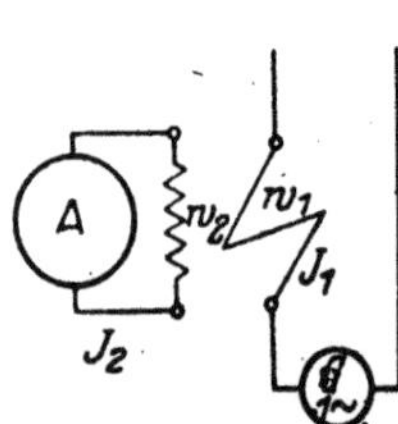

Abb. 213. Stromwandler.

290. Ein Kerntransformator (siehe Abb. 214) ist an eine Klemmenspannung von $41{,}7\,[3530]$ V und $50\,[50]$ Hertz angeschlossen. Er besitzt primär $124\,[2496]$ und sekundär $324\,[120]$ Windungen, die je zur Hälfte auf beide Kerne verteilt sind. Der reine Eisenquerschnitt hat $25\,[88{,}5]$ cm² Inhalt. Die in der Abb. 214 gestrichelt angedeutete Länge der mittleren Induktionslinie beträgt $63\,[95]$ cm.

Gesucht wird:

a) die sekundäre Spannung bei Leerlauf,

b) der Induktionsfluß und die Induktion,

c) der Magnetisierungsstrom bei Leerlauf,

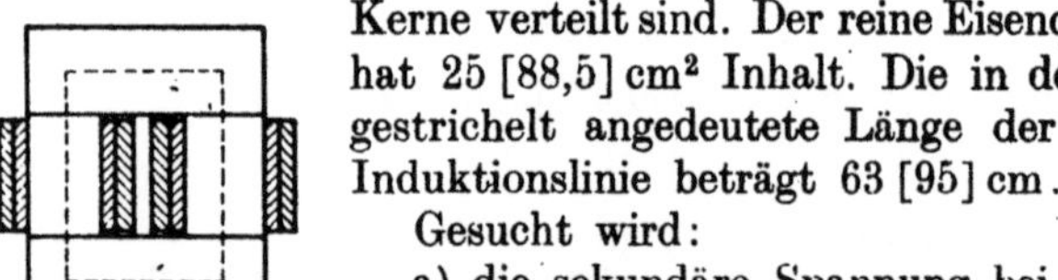

Abb. 214. Kerntransformator zu Aufgabe 290.

wenn jede der vier Stoßfugen gleich einem Luftzwischenraum von $0{,}005$ cm gerechnet wird,

d) der Eisenverlust, wenn 0,5 mm dicke, halblegierte Bleche verwendet werden,

 e) die Eisenverlustkomponente des Stromes,

 f) der Leerlaufstrom.

Lösungen:

Zu a): Aus Formel 123 b folgt

$$U_2 = \frac{U_1 w_2}{w_1} = \frac{41{,}7 \cdot 324}{124} = 109 \text{ V.}$$

Zu b): Der Induktionsfluß Φ_0 folgt aus Formel 123

$$\Phi_0 = \frac{E_1 \cdot 10^8}{4{,}44\, w_1\, f} = \frac{41{,}7 \cdot 10^8}{4{,}44 \cdot 124 \cdot 50} = 151\,000 \text{ Maxwell.}$$

Die Induktion $\mathfrak{B}_E$ wird aus

$$\Phi_0 = \mathfrak{B} F \quad \text{zu} \quad \mathfrak{B}_E = \frac{151\,000}{25} = 6040 \text{ Gauß} \quad \text{gefunden.}$$

Zu c): Der Magnetisierungsstrom folgt aus der Formel 118 b

$$\mathfrak{H}_E\, l_E + \mathfrak{H}_\mathfrak{L}\, l_\mathfrak{L} = w_1\, J_\mu\, \sqrt{2}, \quad \text{nämlich}$$

$$J_\mu = \frac{\mathfrak{H}_E\, l_E + \mathfrak{H}_\mathfrak{L}\, l_\mathfrak{L}}{w_1\, \sqrt{2}} \text{ A.}$$

Die Größen $\mathfrak{H}_E$ und $\mathfrak{H}_\mathfrak{L}$ ergeben sich wie folgt:

Zu $\mathfrak{B}_E = 6040$ Gauß gehört (Tafel , Kurve A) ein $\mathfrak{H}_E = 1$ A/cm,

zu $\mathfrak{B}_\mathfrak{L} = 6040$ Gauß gehört ein $\mathfrak{H}_\mathfrak{L} = \dfrac{6040}{1{,}257} = 4832$ A/cm.

Nach Angabe ist $l_E = 63$ cm und $l_\mathfrak{L} = 4 \cdot 0{,}005 = 0{,}02$ cm, denn es sind 4 Stoßfugen vorhanden, also

$$J_\mu = \frac{1{,}0 \cdot 63 + 4832 \cdot 0{,}02}{124\,\sqrt{2}} = 0{,}925 \text{ A.}$$

Zu d): Das Volumen des Transformators ist angenähert

$$V = F_E\, l_E = 25 \cdot 63 = 1575 \text{ cm}^3,$$

somit sein Gewicht, wenn das spezifische Gewicht $\gamma = 7{,}8$ g/cm³ ist,

$$G_E = 1575 \cdot 7{,}8 = 12\,300 \text{ g} \equiv 12{,}3 \text{ kg.}$$

Um die Eisenverluste zu berechnen, muß man die Verluste pro kg kennen, die nach dem Epsteinschen Verfahren bestimmt werden. Man hat hiernach für halblegierte Bleche von 0,5 mm Dicke die nachfolgenden Werte bei 50 Perioden gefunden:

$\mathfrak{B}_E =$	3000	5000	7000	9000	10000	12000	15000 Gauß
Verlust pro kg $v_E =$	0,4	0,85	1,55	2,4	2,9	4,15	6,96 Watt,

die in Abb. 215 als Ordinaten aufgetragen wurden.

Für $\mathfrak{B}_E = 6040$ Gauß gibt die zugehörige Ordinate $v_E = 1{,}2$ W, also ist der Eisenverlust $N_E = 12{,}3 \cdot 1{,}2 = 14{,}75$ W.

Zu e): Aus Formel 117 folgt:

$$J_v = \frac{N_E}{U_k} = \frac{14,75}{41,7} = 0,35 \text{ A.}$$

Zu f): Der Leerlaufstrom ist nach Abb. 216

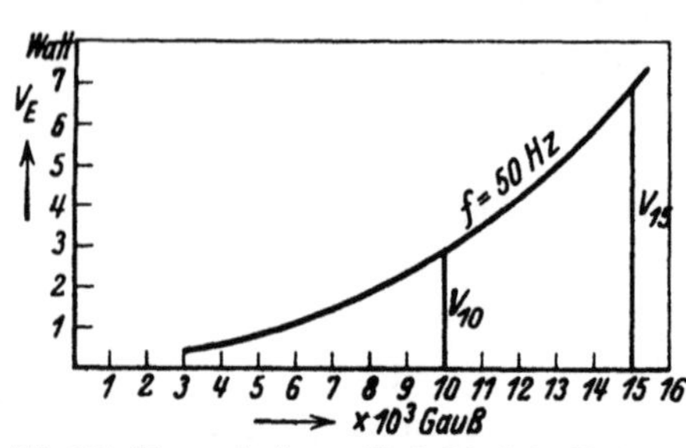

$$J_0 = \sqrt{J_v{}^2 + J_\mu{}^2}$$
$$= \sqrt{0,35^2 + 0,925^2}$$
$$= 0,985 \text{ A.}$$

Abb. 215. Eisenverlustkurve für halblegierte Bleche bei 50 Hertz und Induktionen bis 15000 Gauß.　　　Abb. 216. Stromdiagramm zu Aufgabe 290.

291. Berechne aus der Verlustziffer $V_{10} = 2{,}9$ W für halblegierte Bleche (1% Si-Gehalt) von 0,5 [0,35] mm Dicke die Konstanten ε in Formel 39b und σ in Formel 40b.

Lösung: Unter Verlustziffer versteht man den Verlust für 1 kg Eisen bei der Induktion 10000 Gauß (V_{10}) bzw. 15000 Gauß (V_{15}) und der Frequenz 50 Hertz. Der spezifische Widerstand des Eisens bei 1% Siliziumgehalt ist $\varrho = 0{,}099 + 0{,}12 = 0{,}219$ (Formel 41). Der Verlust durch Wirbelströme ist für $\mathfrak{B}_E = 10000$ Gauß nach Formel 40a für $G = 1$ kg und $\gamma = 7{,}8$ kg/dm³

$$N_w = \frac{1{,}64 \cdot (10^4 \cdot 0{,}5 \cdot 50)^2}{10^{11} \cdot 0{,}219 \cdot 7{,}8} = 0{,}6 \text{ W.}$$

Der Verlust durch Hysteresis ist somit $N_H = 2{,}9 - 0{,}6 = 2{,}3$ W. Andererseits ist, da $\mathfrak{B}_E = 10000 > 7000$ Gauß ist, nach Gl 39b der Hysteresisverlust für 1 kg Eisen

$$N_H = \frac{\varepsilon f}{100}\left(\frac{\mathfrak{B}_E}{10000}\right)^2 \cdot G = \frac{\varepsilon f}{100}\left(\frac{10000}{10000}\right)^2 \cdot 1,$$

woraus $\varepsilon = \dfrac{100\,N_H}{f} = \dfrac{100 \cdot 2{,}3}{50} = 4{,}6$ W.

Berechnet man σ, um den Wirbelstromverlust durch die Formel 40b S. 100 ausdrücken zu können, so ist

$$\sigma = \frac{1{,}64 \cdot 10 \cdot \varDelta^2}{\varrho\,\gamma} = \frac{1{,}64 \cdot 10 \cdot 0{,}5^2}{0{,}219 \cdot 7{,}8} = 2{,}4,$$

so daß der Eisenverlust für dieses Blech ($\varDelta = 0{,}5$ mm) und der Frequenz f wird:

$$v_E = N_H + N_W = 4{,}6\,\frac{f}{100}\left(\frac{\mathfrak{B}_E}{10000}\right)^2 + 2{,}4\left(\frac{f}{100} \cdot \frac{\mathfrak{B}_E}{10000}\right)^2 \text{ Watt/kg.}$$

Speziell für $f = 50$ Hertz:

$$v_E = (4{,}6 \cdot 0{,}5 + 2{,}4 \cdot 0{,}5^2)\left(\frac{\mathfrak{B}_E}{10^4}\right)^2 \text{ Watt/kg,}$$

$$v_E = 2{,}9\left(\frac{\mathfrak{B}_E}{10^4}\right)^2 = V_{10}\left(\frac{\mathfrak{B}_E}{10^4}\right)^2 \text{ Watt/kg,}$$

292. Um den Wirkungsgrad eines Transformators zu bestimmen, wurde gemessen:

1. die primäre und sekundäre Spannung bei Leerlauf $U_1 = 3530$ [2080] V, $U_2 = 182$ [230] V,

2. die bei Leerlauf und normaler Spannung primär eingeleitete Leistung $N_0 = 198$ [213] W,

3. bei kurzgeschlossener Sekundärwicklung und reduzierter Spannung die primäre Stromstärke $J_1 = 1{,}42$ [7,2] A und die eingeleitete Leistung $N_k = 159$ [194] W.

Außerdem wurde mit Gleichstrom gemessen der Widerstand der primären und sekundären Wicklung $R_{g1} = 40$ [1,63] Ω, $R_{g2} = 0{,}073$ [0,02] Ω.

Gesucht wird:

a) die Übersetzung $\ddot{u} = w_1 : w_2$,

b) der Verlust im Eisen N_E,

c) der Kurzschlußwiderstand des Transformators, in dem die gleiche Stromwärme verloren geht, wie in den beiden Wicklungen.

d) die Echtwiderstände der Wicklungen,

e) der Wirkungsgrad für 6 [16] kVA sekundärer Belastung in erster und zweiter Annäherung.

Lösungen:

Zu a): Die Übersetzung folgt aus $U_1 : U_2 = w_1 : w_2$,

$$\ddot{u} = \frac{w_1}{w_2} = \frac{U_1}{U_2} = \frac{3530}{182} = 19{,}4.$$

Zu b): Der Verlust im Eisen ist sehr angenähert die bei Leerlauf und Nennspannung gemessene Leistung, also $N_E = N_0 = 198$ W.

Zu c): Bei reduzierter primärer Spannung können die Eisenverluste vernachlässigt werden, so daß die gemessene Leistung nur aus Stromwärme besteht. Bezeichnet R_k den Kurzschlußwiderstand des Transformators, so ist

$$N_k = J_1^2 R_k, \text{ woraus } R_k = \frac{N_k}{J_1^2} = \frac{159}{1{,}42^2} = 79 \ \Omega \text{ folgt.}$$

Zu d): Der Kurzschlußwiderstand R_k besteht aus dem Echtwiderstande R_1 und dem auf die primäre Windungszahl reduzierten Widerstande R_2', es ist also (siehe Formel 126a)

$$R_k = R_1 + R_2\left(\frac{w_1}{w_2}\right)^2.$$

Setzt man hierin für R_1 und R_2 die mit Gleichstrom gemessenen Widerstände ein, so erhält man

$$R_{gk} = 40 + 0,073 \cdot 19,4^2 = 40 + 27,5 = 67,5 \ \Omega.$$

Hieraus ergibt sich das Verhältnis zwischen Wechselstrom und Gleichstrom: $\dfrac{R_k}{R_{gk}} = \dfrac{79}{67,5} = 1,17$, d. h. die Echtwiderstände R_1 und R_2 sind: $R_1 = 40 \cdot 1,17 = 46,8 \ \Omega$ und $R_2 = 0,073 \cdot 1,17 = 0,0855 \ \Omega$.

Zu e): Aus $U_2 J_2 = 6000$ W folgt $J_2 = \dfrac{6000}{182} = 33,2$ A.

Die Gl (125) $J_1 w_1 = J_2 w_2$ gibt $J_1 = \dfrac{J_2}{u} = \dfrac{33,2}{19,4} = 1,71$ A.

Der Verlust durch Stromwärme ist hiernach

$$N_{Cu} = J_1^2 R_1 + J_2^2 R_2 = 1,71^2 \cdot 46,8 + 33,2^2 \cdot 0,0855 = 232 \, \text{W}.$$

Dasselbe Resultat erhält man auch aus

$$J_1^2 R_k = 1,71^2 \cdot 79 = 232 \text{ W},$$

also in erster Annäherung. $\eta = \dfrac{6000 \cdot 100}{6000 + 198 + 232} = 93,5 \, \%.$

Zweite Annäherung. Die primäre Leistung ist der Nenner von η

$$N_1 = 6000 + 198 + 232 = 6430 \text{ W},$$

oder auch

$$N_1 = \frac{N_2 \cdot 100}{\eta} = \frac{6000}{93,5} = 6430 \text{ W},$$

mithin, für die induktionsfreie Nennleistung

$$U_1 J_1 = N_1 \text{ folgt: } J_1 = \frac{N_1}{U_1} = \frac{6430}{3530} = 1,825 \text{ A},$$

$$N_{Cu} = 1,825^2 \cdot 46,8 + 33,2^2 \cdot 0,0855 = 249 \text{ W},$$

also in zweiter Näherung

$$\eta = \frac{6000 \cdot 100}{6000 + 198 + 249} = \frac{6000 \cdot 100}{6447} = 93,4 \, \%$$

293. Es ist ein Transformator für 10 kVA zu berechnen, der an eine Spannung von 5000 [3500] V und 50 Hz angeschlossen wird. Die sekundäre Spannung soll 200 [300] V werden. Die Verluste betragen 3% im Kupfer und 1% im Eisen. Der reine Eisenquerschnitt des Kernes ist 120 [100] cm². Die Induktion wird mit 5000 Gauß und die Stromdichte mit 1 [1.2] A gewählt.

Gesucht wird:

a) der Induktionsfluß,

b) die primäre und sekundäre Stromstärke,

c) die Widerstände der primären und sekundären Wicklung.

wenn die Stromwärmeverluste in beiden Wicklungen gleich groß genommen werden,

d) der primäre und sekundäre Kupferquerschnitt,

e) die primäre und sekundäre EMK,

f) die primäre und sekundäre Windungszahl.

g) Wie groß wird die sekundäre Spannung, wenn man bei unveränderter Primärspannung von voller Belastung zum Leerlauf übergeht?

h) Wie groß ist die Spannungsänderung in Prozenten der Nennsekundärspannung?

Lösungen:

Zu a): $\Phi_0 = F_E \, \mathfrak{B}_E = 120 \cdot 5000 = 0,6 \cdot 10^6$ Maxwell.

Zu b): Die Verluste betragen 3% im Kupfer und 1% im Eisen, also zusammen 4%, daher ist der prozentuale Wirkungsgrad $\eta = 100 - 4 = 96\%$.

Bei induktionsfreier, sekundärer Belastung ist der primäre Leistungsfaktor $\cos \varphi_1 \approx 1$, daher folgt aus $\eta = \dfrac{N_2 \cdot 100}{N_1}$,

$$N_1 = \frac{N_2 \cdot 100}{\eta} = \frac{10\,000 \cdot 100}{96} = 10\,416 \text{ W.}$$

Aus $U_1 J_1 = N_1$ folgt $J_1 = \dfrac{10\,416}{5000} = 2,08$ A, $\quad J_2 = \dfrac{10\,000}{200} = 50$ A.

Zu c): Der Wicklungsverlust beträgt 3%, d. i. $\dfrac{3}{100}$ von N_1, also

$$N_{Cu} = 10\,416 \cdot \frac{3}{100} = 312,5 \text{ W} *.$$

Der Eisenverlust ist $N_E = 10\,416 \cdot \dfrac{1}{100} = 104,2$ W   Nun ist

$$J_1{}^2 R_1 = \frac{312,5}{2} \quad \text{oder} \quad R_1 = \frac{312,5}{2 \cdot 2,08^2} = 36 \ \Omega,$$

$$J_2{}^2 R_2 = \frac{312,5}{2}, \qquad R_2 = \frac{312,5}{2 \cdot 50^2} = 0,06 \ \Omega.$$

Zu d): Die Kupferquerschnitte sind:

$$q_1 = \frac{J_1}{s} = \frac{2,08}{1} = 2,08 \text{ mm}^2, \quad q_2 = \frac{J_2}{s} = \frac{50}{1} = 50 \text{ mm}^2.$$

Zu e): Aus Formel 124a bzw. 124 folgt

$$E_1 = U_1 - J_1 R_1 = 5000 - 2,08 \cdot 36 \approx 4925 \text{ V.}$$

$$E_2 = U_2 + J_2 R_2 = 200 + 50 \cdot 0,06 = 203 \text{ V.}$$

---

* Vielfach berechnet man die Verluste von der Nennleistung, also

$$N_{Cu} = 10\,000 \cdot \frac{3}{100} = 300 \text{ W} \quad \text{und} \quad N_E = 10\,000 \cdot \frac{1}{100} = 100 \text{ W,}$$

was zwar nicht ganz richtig, aber einfacher ist.

Zu f): Die primäre Windungszahl folgt aus Formel 123,

$$w_1 = \frac{E_1 \cdot 10^8}{4{,}44 \cdot f \cdot \Phi_0} = \frac{4925 \cdot 10^8}{4{,}44 \cdot 50 \cdot 0{,}6 \cdot 10^6} = 3720 \text{ Windungen.}$$

Aus $E_1 : E_2 = w_1 : w_2$ folgt

$$w_2 = w_1 \frac{E_2}{E_1} = 3720 \frac{203}{4925} = 153 \text{ Windungen.}$$

Zu g): Bei voller Belastung ist die sekundäre, auf primär reduzierte Spannung nach Formel 127

$$U_2' = U_1 - J_1 R_k \text{ Volt,}$$

wo R_k nach Formel 126a

$$R_k = R_1 + R_2 \left(\frac{w_1}{w_2}\right)^2 = 36 + 0{,}06 \left(\frac{3720}{153}\right)^2 = 72 \ \Omega,$$

also $\qquad\qquad U_2' = 5000 - 2{,}08 \cdot 72 = 4850 \text{ V};$

die Nennsekundärspannung daher

$$U_2 = U_2' : \ddot{u} = 4850 \cdot \frac{153}{3720} = 200 \text{ V,}$$

was bekannt war. Bei Leerlauf ist

$U_2' = U_1 = 5000$ V, also nach Formel 127a $U_2 = 5000 \frac{153}{3720} = 206$ V.

Zu h): Ist u_φ die Spannungsänderung in Prozenten der Nennspannung, so haben wir zu rechnen:

Bei 200 V Nennspannung beträgt die Spannungsänderung 6 V,
„ 100 „   „   „   „   „   ? „

$$u_\varphi = \frac{6 \cdot 100}{200} = 3\,\%.$$

Dasselbe Resultat hätte auch Formel 130a gegeben, wo jedoch, da Streuung nicht angenommen wird, die Streuspannung $u_s = 0$ ist. Da der Transformator induktionsfrei belastet gedacht ist, ist für $\varphi = 0$, $\cos\varphi = 1$ und $\sin\varphi = 0$, also

$$u_\varphi' = u_r = \frac{U_r}{U_1} 100 = \frac{J_1 R_k}{5000} 100 = \frac{2{,}08 \cdot 72 \cdot 100}{5000} = 3\,\%.$$

294. Ein an ein öffentliches Elektrizitätswerk angeschlossener Transformator von 10 [20] kVA ist 400 [200] Stdn im Jahre vollbelastet, 500 [800] Stdn läuft er mit halber Belastung, 800 [600] Stdn mit $^1/_4$ Belastung, die übrige Zeit des Jahres hingegen ist er sekundär unbelastet. Sein Wirkungsgrad ist $\eta = 94$ [97]% und die Verluste verteilen sich:

a) 4 [2]% Eisenverlust, 2 [1]% Kupferverlust;
b) 2 [1]% Eisenverlust, 4 [2]% Kupferverlust.

Wie groß ist in jedem Falle der Jahreswirkungsgrad?

Lösung: Unter prozentualem Jahreswirkungsgrad versteht man den Quotienten $\eta_j = \dfrac{\text{Nutzarbeit im Jahre} \cdot 100}{\text{primär eingeleitete Arbeit im Jahre}}$. Verluste werden stets von der primär eingeleiteten Leistung berechnet. Diese ist bei induktionsfreier Belastung $\dfrac{10\,000 \cdot 100}{94} \approx 10\,620$ W,

daher ist für a) der Eisenverlust $N_E = \dfrac{10\,620 \cdot 4}{100} = 424{,}8$ W,

der Kupferverlust $N_{Cu} = \dfrac{10\,620 \cdot 2}{100} = 212{,}4$ W.

Das Jahr hat $24 \cdot 365 \approx 8700$ Stdn. Die Nutzarbeit ist

$$\text{bei voller Belastung } 400 \cdot 10\,000 = 4\,000\,000 \text{ Wh,}$$
$$\text{,, halber Last . . } 500 \cdot \frac{1}{2} \cdot 10\,000 = 2\,500\,000 \text{ ,,}$$
$$\text{,, Viertellast . . } 800 \cdot \frac{1}{4} \cdot 10\,000 = 2\,000\,000 \text{ ,,}$$
$$\text{Nutzarbeit im Jahre . . . . . } = 8\,500\,000 \text{ Wh.}$$

Die primär eingeleitete Arbeit ist: Nutzarbeit + Verluste.
Eisenverluste $8700 \cdot 424{,}8 = 3\,700\,000$ Wh.

Die Kupferverluste sind nur vorhanden bei sekundärer Belastung und wachsen mit $J_1^2 R_k$, d. h. mit dem Quadrat des Stromes; da der Strom angenähert proportional der induktionsfreien Belastung wächst, so ist der Stromwärmeverlust im Jahre

$$400 \cdot 212{,}4 + 500 \cdot \frac{1}{4} \cdot 212{,}4 + 800 \cdot \frac{1}{16} \cdot 212{,}4 = 124\,000 \text{ Wh,}$$

mithin

$$\eta_j = \frac{8\,500\,000 \cdot 100}{8\,500\,000 + 3\,700\,000 + 124\,000} = 69\,\%.$$

Lösung für b): Die Verluste sind:

$$N_E = \frac{10\,620 \cdot 2}{100} = 212{,}4 \text{ W,} \qquad N_{Cu} = \frac{10\,620 \cdot 4}{100} = 424{,}8 \text{ W.}$$

daher

$$\eta_j = \frac{8\,500\,000 \cdot 100}{8\,500\,000 + 8700 \cdot 212{,}4 + \left(400 \cdot 424{,}8 + 500 \cdot \frac{1}{4} \cdot 424{,}8 + 800 \cdot \frac{1}{16} \cdot 424{,}8\right)} = 80\,\%.$$

Bemerkung: Aus dieser Aufgabe erkennt man, daß bei einem Transformator, der das ganze Jahr primär angeschlossen ist, die Eisenverluste klein sein müssen, um einen hohen Jahreswirkungsgrad zu erzielen.

295. Ein Drehstromtransformator (Abb. 217) wird primär an eine Klemmenspannung von 40 [60] V und 50 [50] Hertz angeschlossen. Die sekundäre Spannung soll 65 [220] V betragen.

Die Wicklungen sind primär und sekundär in Sternschaltung verbunden. Der reine Eisenquerschnitt eines Kerns beträgt 20 cm².

Gesucht wird:

a) der Induktionsfluß, wenn die mag. Induktion 6000 [7000] Gauß ist,

b) der Verlust im Eisen, wenn die Eisenverluste der Abb. 215 entsprechen und das spezifische Gewicht $\gamma = 7{,}8$ kg/dm³ ist,

c) der Verlust im Kupfer, wenn bei 500 W sekundärer, induktionsfreier Belastung $\eta = 90\%$ sein soll,

d) die primären und sekundären Ströme,

e) die primären und sekundären Echtwiderstände der Wicklungen einer Phase, wenn die Kupferverluste zu gleichen Teilen auf beide Wicklungen verteilt werden,

f) die EMK einer Phase,

g) die Windungszahlen einer Phase,

h) der Kurzschlußwiderstand.

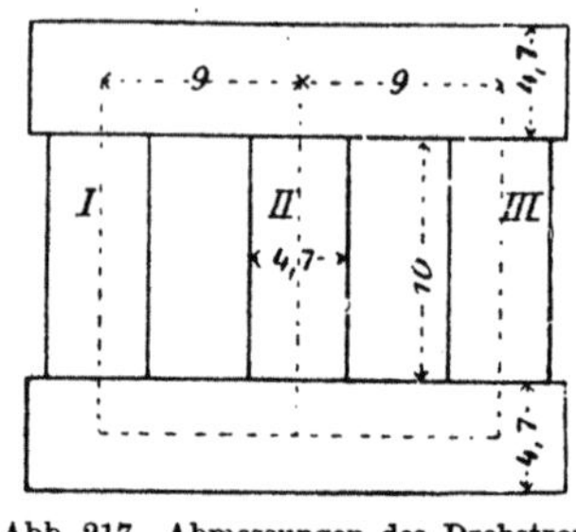

Abb. 217. Abmessungen des Drehstromtransformators in Aufgabe 295.

Lösungen:

Zu a): Der Induktionsfluß einer Phase (eines Kerns) ist

$$\Phi_0 = \mathfrak{B}_E \, F_E = 6000 \cdot 20$$
$$= 1{,}2 \cdot 10^5 \text{ Maxwell.}$$

Zu b): Das Gewicht des Eisens besteht aus dem Gewicht der drei Kerne $3 \cdot 20 \cdot 10 \cdot 7{,}8$ und dem Gewicht der Joche $2 \cdot 20 \cdot 22{,}7 \cdot 7{,}8$.

$$G_E = (3 \cdot 20 \cdot 10 + 2 \cdot 20 \cdot 22{,}7) \, 7{,}8 = 11\,740 \text{ g} = 11{,}74 \text{ kg.}$$

Die Abb. 215 S. 238 ergibt bei 50 Perioden für 1 kg Eisen und $\mathfrak{B}_E = 6000$ Gauß einen Verlust von 1,2 W, also ist der Eisenverlust

$$N_E = 1{,}2 \cdot 11{,}74 = 14{,}1 \text{ W.}$$

Zu c): Der Wirkungsgrad ist $\eta = \dfrac{N_2}{N_2 + N_E + N_{Cu}}$ und daraus

$$N_{Cu} = \frac{N_2 - N_2\,\eta - N_E\,\eta}{\eta} = \frac{500 - 500 \cdot 0{,}9 - 14{,}1 \cdot 0{,}9}{0{,}9} = 41{,}4 \text{ W.}$$

Zu d): $\sqrt{3} \cdot U_{k1} J_1 = N_1 = \dfrac{N_2}{\eta}$ oder $J_1 = \dfrac{500}{0{,}9 \cdot \sqrt{3} \cdot 40} = 8$ A.

$$\sqrt{3} \cdot U_{k2} J_2 = N_2, \qquad J_2 = \frac{500}{\sqrt{3} \cdot 65} = 4{,}45 \text{ A.}$$

Zu e): $3 J_1^2 R_1 = \dfrac{N_{Cu}}{2}, \qquad R_1 = \dfrac{41{,}4}{3 \cdot 2 \cdot 8^2} = 0{,}108 \; \Omega,$

$$3 J_2^2 R_2 = \frac{N_{Cu}}{2}, \qquad R_2 = \frac{41{,}4}{3 \cdot 2 \cdot 4{,}45^2} = 0{,}35 \; \Omega.$$

Zu f): Da die Wicklungen in Sternschaltung verbunden sind, so gilt für die EMK der primären Phase (Formel 124a)

$$E_{p1} = \frac{40}{\sqrt{3}} - J_1 R_1 = \frac{40}{\sqrt{3}} - 8 \cdot 0{,}108 = 22{,}36 \text{ V},$$

und der sekundären (Formel 124)

$$E_{p2} = \frac{65}{\sqrt{3}} + J_2 R_2 = \frac{65}{\sqrt{3}} + 4{,}45 \cdot 0{,}75 = 39{,}06 \text{ V}.$$

Zu g): Für jede Phase, d. h. für jeden Kern, gilt die Gl 123

$$E_{p1} = \frac{4{,}44 \, \Phi_0 \, w_1 f}{10^8}, \qquad \text{woraus}$$

$$w_1 = \frac{E_{p1} \cdot 10^8}{4{,}44 \, \Phi_0 f} = \frac{22{,}36 \cdot 10^8}{4{,}44 \cdot 1{,}2 \cdot 10^5 \cdot 50} = 84 \text{ Windungen folgt.}$$

(Es werden also primär auf jeden Kern 84 Windungen gelegt.)

Aus $E_{p1} : E_{p2} = w_1 : w_2$ folgt

$$w_2 = w_1 \frac{E_{p2}}{E_{p1}} = 84 \frac{39{,}06}{22{,}36} = 147 \text{ Windungen pro Kern.}$$

Zu h): Der Kurzschlußwiderstand R_k einer Phase ist nach Gl (126a) $\quad R_k = R_1 + R_2 \left(\frac{w_1}{w_2}\right)^2 = 0{,}108 + 0{,}35 \left(\frac{84}{147}\right)^2 = 0{,}222 \; \Omega.$

296. Der Transformator der Aufgabe 295 wird primär in Dreieckschaltung verbunden, sekundär bleibt Sternschaltung. Die primär eingeleitete Leistung wird so einreguliert, daß die primären Windungen von 8 A Strom durchflossen werden.

Gesucht wird:

a) die primäre und sekundäre EMK,

b) der Induktionsfluß, die Induktion und der Eisenverlust,

c) die primär eingeleitete Leistung und der Wirkungsgrad,

d) die sekundäre Phasenspannung,

e) die sekundäre Stromstärke und der Kupferverlust in zweiter Annäherung.

Lösungen:

Zu a): Die pro Phase erzeugte primäre EMK ist nach Gl 124a

$$E_{p1} = U_1 - J_1 R_1, \quad \text{also} \quad E_{p1} = 40 - 8 \cdot 0{,}108 = 39{,}14 \text{ V}.$$

Die sekundäre EMK folgt aus der Proportion

$$E_{p1} : E_{p2} = w_1 : w_2,$$

$$E_{p2} = E_{p1} \frac{w_2}{w_1} = 39{,}14 \frac{147}{84} = 68{,}5 \text{ V}.$$

Zu b): Aus $E_{p1} = \dfrac{4{,}44\, \Phi_0\, w_1\, f}{10^8}$ folgt

$$\Phi_0 = \frac{39{,}14 \cdot 10^8}{4{,}44 \cdot 84 \cdot 50} = 2{,}1 \cdot 10^5 \text{ Maxwell, und damit die Induktion}$$

$$\mathfrak{B}_E = \frac{\Phi_0}{F_E} = \frac{2{,}1 \cdot 10^5}{20} = 10\,500 \text{ Gauß}.$$

Die Abb. 215 ergibt für $\mathfrak{B}_E = 10\,500$ Gauß einen Verlust pro kg $v_E = 3{,}1$ W, also ist der gesamte Eisenverlust (Gewicht 11,74 kg siehe Aufgabe 295 Lösung zu b)

$$N_E = 3{,}1 \cdot 11{,}74 = 36{,}4 \text{ W}.$$

Zu c): $\quad N_1 = \sqrt{3}\, U_1 J_1, \quad \text{wo } J_1 = 8\sqrt{3} \text{ ist,}$

also $\quad N_1 = \sqrt{3} \cdot 40 \cdot 8 \cdot \sqrt{3} = 960 \text{ W}.$

Der Wirkungsgrad werde zunächst unter der Annahme berechnet, daß die sekundäre Stromstärke dieselbe ist wie in Aufgabe 295, dann ist

$$\eta = \frac{N_2}{N_1} = \frac{N_1 - \text{Verluste}}{N_1} = \frac{(960 - 36{,}4 - 41{,}4)}{960} = \frac{882{,}2}{960} = 0{,}92 = 92\%.$$

Zu d): Die sekundäre Spannung an den Enden einer Phase ist

$$U_{p2} = E_{p2} - J_2 R_2 = 68{,}5 - 4{,}45 \cdot 0{,}35 = 66{,}94 \text{ V}.$$

(Die Leitungsspannung $66{,}94\sqrt{3} = 116$ V.)

Zu e): Aus $3\, U_{p2} J_2 = N_2 = 882{,}2$ folgt $J_2 = \dfrac{882{,}2}{3 \cdot 66{,}94} = 4{,}4$ A und somit $N_{Cu} = 3 \cdot 8^2 \cdot 0{,}108 + 3 \cdot 4{,}4^2 \cdot 0{,}35 = 41{,}1$ W.

297. Ein Drehstromtransformator besitzt primär 2500 [3000] Windungen pro Strang, durch welche der Induktionsfluß von $2 \cdot 10^6$ Maxwell bei 50 Hertz hindurchgeht.

Gesucht wird:

a) die primäre EMK eines Stranges,

b) die sekundäre Windungszahl bei Sternschaltung, wenn die sekundäre Spannung zwischen zwei Leitern 380 [220] V betragen soll,

c) die sekundäre Windungszahl pro Strang, wenn anstatt der Sternschaltung die sogenannte Zickzackschaltung angewendet wird.

Lösungen:

Zu a): $E_{p1} = \dfrac{4{,}44\, \Phi_0\, w_1\, f}{10^8} = \dfrac{4{,}44 \cdot 2 \cdot 10^6 \cdot 2500 \cdot 50}{10^8} = 11\,100$ V.

Zu b): Bei 380 V zwischen zwei Außenleitern beträgt bei gewöhnlicher Sternschaltung die Spannung $380 : \sqrt{3} = 220$ V, also gilt $E_{p1} : E_{p2} = w_1 : w_2$, woraus

$$w_2 = w_1 \frac{E_{p2}}{E_{p1}} = 2500 \frac{220}{11\,100} \approx 50 \text{ Windungen pro Kern}.$$

Zu c): Um bei primärer Sternschaltung, aber bei ungleicher Belastung der drei Leitungen einen guten Spannungsausgleich zu erhalten, wendet man sekundär die sogenannte Zickzackschaltung an, die darin besteht, daß man die W_2-Windungen eines Stranges zu gleichen Teilen auf zwei verschiedene Kerne verteilt (Abb. 218). Ist x die EMK, die in den $\dfrac{W_2}{2}$-Windungen eines Kerns erzeugt wird, so ist

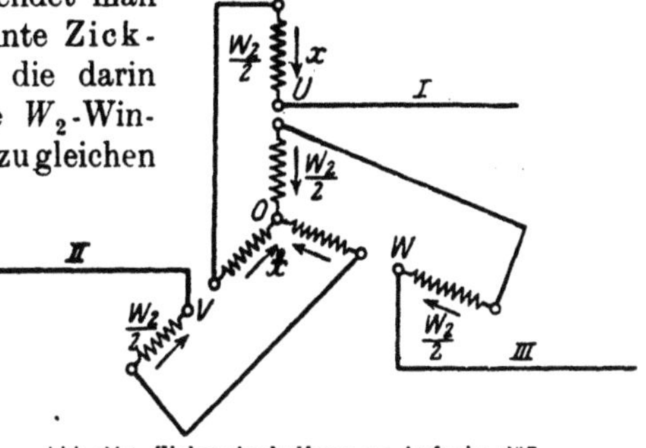

Abb. 218. Zickzackschaltung zu Aufgabe 297.

$x\sqrt{3}$ die EMK eines Stranges (z. B. zwischen U und O), da sich ja die EMK zweier Kerne geometrisch subtrahieren, und zwar als Drehströme unter Winkeln von 120° (vgl. Abb. 176). Es ist also $x\sqrt{3} = E_{p2} = 220$ V oder $x = 127$ V. Für eine Phase gilt die Proportion:

$$11\,100 : 127 = 2500 : \frac{W_2}{2} \quad \text{oder} \quad \frac{W_2}{2} = \frac{2500 \cdot 127}{11\,100} = 28{,}6 \text{ Windungen,}$$

oder auf jeden Kern kommen in zwei Abteilungen gewickelt

$$W_2 = 2 \cdot 28{,}6 = 57{,}2 \text{ Windungen.}$$

298. Ein an ein Drehstromnetz angeschlossener Drehstromtransformator erzeugt eine Windungsspannung (Spannung pro Windung) von 2 [1,5] V. Sekundär sind auf die Kerne I und II je $w_2 = 100$ Windungen gewickelt, die, wie die Abb. 219 zeigt, verbunden sind. Auf den Kern III sollen sekundär soviel Windungen w_3 gewickelt werden, daß die an den Enden derselben gemessene Spannung gleich der zwischen u und v ist. Gesucht wird:

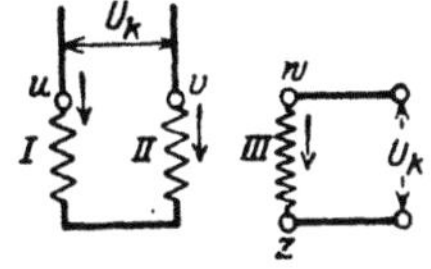

Abb. 219. Umwandlung von Drehstrom in Zweiphasenstrom zu Aufgabe 298.

a) die Windungszahl w_3 auf Kern III,

b) die Stromart, die zwischen u, v einerseits und w, z andererseits entnommen wird.

Lösungen:

Zu a): Die in den sekundären Windungen erzeugten Spannungen bilden im Diagramm Winkel von 120° miteinander. Sind $\overline{AO}$, $\overline{BO}$, $\overline{CO}$ die effektiven Werte dieser Spannungen

(Abb. 220). so ist die Spannung zwischen u und v (Abb. 219) die Differenz von $\overline{AO}$ und $\overline{BO}$, d. i. $\overline{DO} = U_p \sqrt{3} = 2 \cdot 100 \sqrt{3} = 346\,\mathrm{V}$. Ebenso groß soll $\overline{CO}$ sein, d. h. die Windungszahl auf dem Kern III

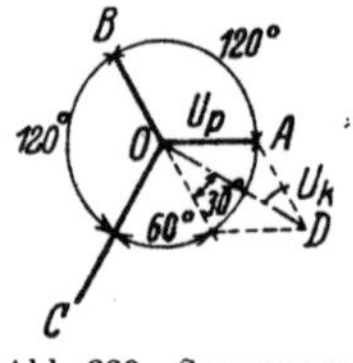

Abb. 220. Spannungsdiagramm zu Aufgabe 298.

muß $w_3 = w_2 \sqrt{3} = 100 \cdot \sqrt{3} = 173$ sein.

Zu b): Die Spannung $\overline{DO}$ an den Klemmen u, v und die Spannung $\overline{CO}$ an den Klemmen w und z bilden den $\sphericalangle DOC = 90°$ miteinander, d. h. man entnimmt zwischen u, v einen einphasigen Wechselstrom, der gegen den zwischen w und z entnommenen einphasigen Wechselstrom um $90°$ verschoben ist (siehe Erklärung für zweiphasige Ströme, S. 210). Man hat also den Drehstrom des Netzes in einen Zweiphasenstrom umgewandelt.

Bemerkung: Würde man umgekehrt einen zweiphasigen Wechselstrom in diese Windungen hineinschicken, so würde derselbe in den jetzt sekundären Windungen in einen Drehstrom umgewandelt worden sein.

299. Zwei einphasige Transformatoren, die primär an je eine Phase eines Zweiphasennetzes angeschlossen sind, sind sekundär, wie in Abb. 221 schematisch dargestellt, verbunden. (0 Anzapfung

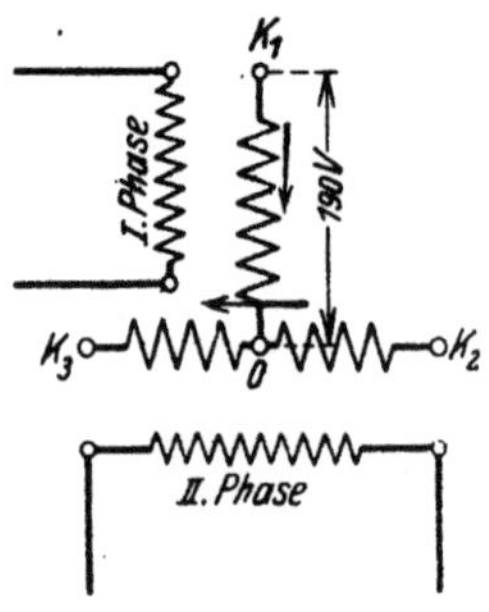

Abb. 221. Scottsche Schaltung
zu Aufgabe 299.

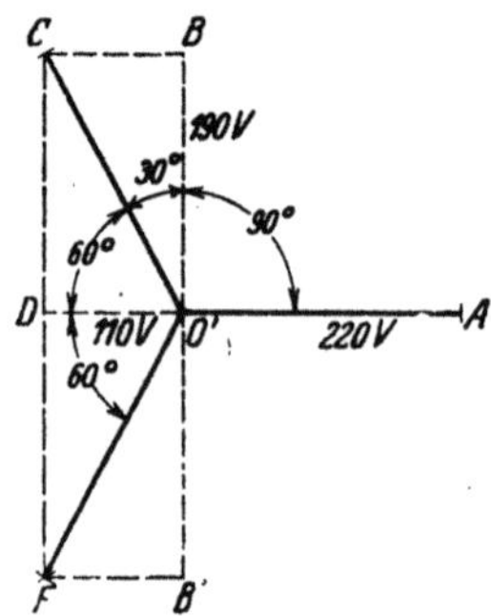

Abb. 222. Spannungsdiagramm zur
Scottschen Schaltung.

in der Hälfte der aufgewickelten Windungen von $K_2 K_3$.) Die Spannung zwischen $K_2 K_3$ beträgt 220 V, die zwischen K_1 und O 190 V. Welche Spannung mißt man zwischen den Klemmen $K_1 K_2$, $K_2 K_3$ und $K_3 K_1$, und welchen Winkel bilden im Diagramm diese Spannungen miteinander?

Lösung: Die Spannung zwischen $K_2 K_3 = 220$ V sei dargestellt durch die Gerade $\overline{O'A}$ (Abb. 222). Die Spannung zwischen K_1 und O (190 V) steht $\perp$ auf $\overline{O'A}$, als sekundäre Spannung an den Klemmen der ersten Phase eines Zweiphasennetzes. Ihre

Größe ist $\overline{O'B}$. Durch Verfolgen der Strompfeile in Abb. 221 erkennt man, daß die Spannung zwischen $K_1 K_2$ die Differenz der Spannungen zwischen $K_1 O$ und $O K_2$ ist, wo $K_1 O = \overline{O'B}$ und $O K_2 = -\frac{1}{2} \overline{O'A} = \overline{O'D}$ (Abb. 222) ist. Die Resultierende aus $\overline{O'B}$ und $\overline{O'D}$ gibt $\overline{O'C}$ als Spannung zwischen K_1 und K_2. Es ist $\overline{O'D} = 110$ V, $\overline{O'B} = 190$ V, also $\overline{O'C} = \sqrt{110^2 + 190^2} = 220$ V. ($\sphericalangle C O'D = 60°$). Die Spannung zwischen K_3 und K_1 ist die Summe aus $K_3 O = -\frac{1}{2} \overline{O'A} = \overline{O'D}$ und $O K_1 = -\overline{O'B} = \overline{O'B'}$.

Die Summe aus $\overline{O'D}$ und $\overline{O'B'}$ ist $\overline{O'F}$ als Spannung zwischen K_3 und K_1. Auch hier ist $\overline{O'F} = 220$ V. Aus der Abb. 222 geht hervor, daß die drei Spannungen $\overline{O'A}$, $\overline{O'C}$ und $\overline{O'F}$ gleich sind und Winkel von 120° miteinander einschließen, also Drehstromspannungen sind. Man erkennt, daß, wenn die Drehstromspannung $\overline{O'C} = U_2$ sein soll, diese in den Windungen von $K_2 K_3$ erzeugt werden muß, und daß dann die sekundäre Spannung des anderen Transformators $\overline{DC} = \overline{O'C} \sin 60° = U_2 \frac{1}{2} \sqrt{3}$ ist. (Dies ist die Scottsche Schaltung zur Umwandlung von zweiphasigen Strömen in Drehströme und umgekehrt).

300. Eine längere Leitung hat einen Echtwiderstand R_2 $= 0,12 \,[0,15]\, \Omega$. Am Ende dieser Leitung sollen Glühlampen für 100 [120] V und 80 [60] A angeschlossen werden. Die vorhandene Stromquelle gibt aber nur 100 V Klemmenspannung, so daß die in der Leitung verlorene Spannung durch einen Transformator erzeugt werden muß. Hierzu soll ein Spartransformator (SpT) als Spannungserhöher dienen, d. i. ein Transformator, dessen primäre und sekundäre Wicklungen in Reihe geschaltet sind (Abb. 223). Gesucht wird:

a) die Leistung, für welche der SpT zu berechnen ist,

b) die Stromstärke, die der Generator abzugeben hat,

c) die Ströme in den primären und sekundären Windungen des SpT,

d) der Induktionsfluß, wenn der reine Eisenquerschnitt 25 cm² und die Induktion $\mathfrak{B}_E = 10000$ Gauß (Eisengestell der Abb. 214),

e) die Windungszahlen, wenn die Frequenz 50 Hertz ist.

Lösungen:

Zu a): An den Klemmen u, v der sekundären Wicklung muß die in der Leitung verlorene Spannung $J_2 R_2 = U_2 = 80 \cdot 0,12 = 9,6$ V herrschen.

Die Leistung ist sekundär $N_2 = U_2 J_2 = 9,6 \cdot 80 = 768$ W.

Zu b): Von Verlusten im Transformator abgesehen, muß der Generator leisten, was die Lampen brauchen und was in der Leitung verlorengeht, d. i. allgemein $U_1 J = (U_1 + U_2) J_2$ Watt, wo $U_1 = 100$ V, $U_2 = 9,6$ V und sonach $J = \dfrac{100 + 9,6}{100} \cdot 80 = 87,7$ A.

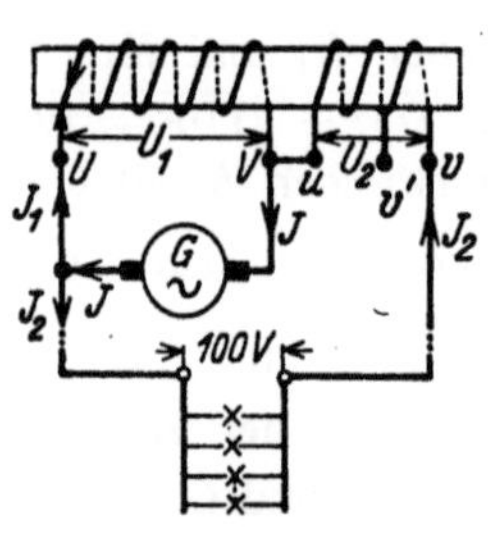

Abb. 223. Spartransformator zu Aufgabe 300.

Die Leistung des Generators ist also $100 \cdot 87,7 = 8770$ W. (Dies wäre auch die Leistung eines Transformators mit zwei getrennten Wicklungen.)

Zu c): In den primären Windungen fließt, wie aus der Abb. 223 hervorgeht, der Strom $J_1 = J - J_2$, also ist $J_1 = 87,7 - 80 = 7,7$ A. Auch hier muß, bei Vernachlässigung der Verluste, die primär eingeleitete Leistung gleich der sekundären sein, d. h. $100 \cdot 7,7 = 770$ W (genauer $100 \cdot 7,68 = 768$), während die sekundäre Leistung (siehe a) 768 W betrug.

Zu d): Der Induktionsfluß ist $\Phi_0 = F_E \mathfrak{B}_E = 25 \cdot 10\,000 = 25 \cdot 10^4$ Maxwell.

Zu e): Löst man die Gl 123 $E_1 = \dfrac{4,44\, \Phi_0 w_1 f}{10^8}$ nach w_1 auf und setzt, da Verluste vernachlässigt werden sollen, $E_1 = U_1$, so erhält man: $w_1 = \dfrac{100 \cdot 10^8}{4,44\,(25 \cdot 10^4) \cdot 50} = 180$ Windungen.

NB. Dieselbe Windungszahl erhielte man beim Transformator mit getrennten Wicklungen, aber durch diese würde der Strom 87,7 A fließen, hier nur 7,7 A. Aus $E_1 : E_2 = w_1 : w_2$ folgt

$$w_2 = w_1 \frac{E_2}{E_1} = 180\,\frac{9,6}{100} = 17,3 \text{ Windungen.}$$

NB. Beim zweispuligen Transformator wäre die sekundäre Spannung 109,6 V gewesen, also die sekundäre Windungszahl $w_2 = 180\,\dfrac{109,6}{100} = 198$ Windungen, durch die 80 A fließen würden.

301. Von den Lampen der vorhergehenden Aufgabe wird ein großer Teil abgeschaltet, so daß nur 40 [30] A gebraucht werden. Wieviel Windungen sind jetzt sekundär erforderlich, um die Spannung an den Lampen auf 100 V zu erhalten?

Lösung: Der Spannungsverlust in der Leitung beträgt $J_2 R_2 = U_2 = 40 \cdot 0,12 = 4,8$ V, die in der sekundären Wicklung erzeugt werden müssen. Die Windungsspannung, d. i. die Spannung, die in einer Windung durch den Induktionsfluß erzeugt wird, ist $\dfrac{E_1}{w_1}$ oder auch $\dfrac{E_2}{w_2}$

$$\frac{E_1}{w_1} = \frac{4{,}44\,\Phi_0\,f}{10^8} = \frac{4{,}44 \cdot 25 \cdot 10^4 \cdot 50}{10^8} = 0{,}555 \text{ V},$$

oder einfacher $\qquad \dfrac{E_1}{w_1} = \dfrac{100}{180} = 0{,}555$ V.

Um sekundär 4,8 V zu erzeugen sind daher x Windungen erforderlich, die aus der Gl $x \cdot 0{,}555 = 4{,}8$ folgen

$$x = \frac{4{,}8}{0{,}555} \approx 9 \text{ Windungen.}$$

Man muß also abschalten können $17{,}3 - 9 = 8{,}3$ Windungen, wodurch eine sprungweise Spannungsregulierung um 4,8 V erreicht wird. Die Leitung wird an die freie Klemme v' statt an v gelegt.

302. Auf die drei Eisenkerne eines Drehstromtransformators sind je 600 Windungen gewickelt (Abb. 224). Zwischen den Anzapfungen 0 und 1, 1 und 2 liegen je 150 Windungen, also zwischen 2 und 4 noch je 300 Windungen. Die Klemmen 2 werden mit einem Drehstromnetz von 220 V und 50 Hertz verbunden. Gesucht wird:

a) die verkettete Spannung zwischen den Klemmen 1, 1,

b) die verkettete Spannung zwischen den Klemmen 4, 4,

c) die Windungszahl zwischen 0 und 3 pro Kern, wenn die verkettete Spannung an den Klemmen 3, 3 380 V betragen soll.

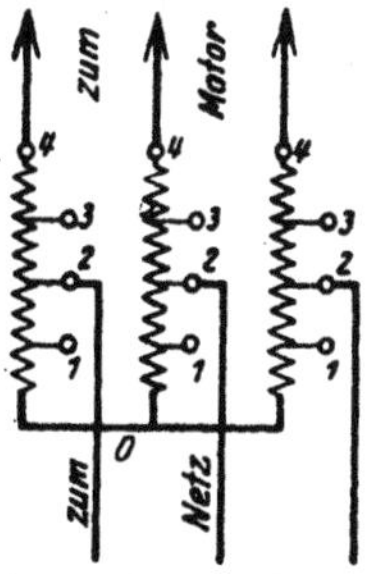

Abb. 224. Spartransformator zu Aufgabe 302.

d) der Kernquerschnitt, wenn die Induktion im Eisen 6000 Gauß betragen darf.

Lösungen:

Zu a): Da die Windungen nach Abb. 224 in Stern geschaltet sind, so ist die Spannung zwischen 2 und 0: $U_p = 220 : \sqrt{3}$ $= 127$ V. Diese wird in 300 Windungen erzeugt, also ist die Windungsspannung $U_p : w_1 = 127 : 300 = 0{,}423$ V. Die in 150 Windungen erzeugte Spannung ist daher $0{,}423 \cdot 150 = 63{,}5$ V, oder die verkettete Spannung zwischen zwei Klemmen 1, 1 ist $U_{k_1} = 63{,}5\,\sqrt{3} = 110$ V.

Zu b): Zwischen 4, 4 herrscht die Spannung $0{,}423 \cdot 2 \cdot 300\,\sqrt{3}$ $= 440$ V.

Zu c): Ist x die zwischen 0 und 3 liegende Windungszahl, so muß $0{,}423 \cdot x\,\sqrt{3} = 380$ sein, woraus

$$x = \frac{380}{0{,}423\,\sqrt{3}} = 520 \text{ Windungen} \quad \text{folgt.}$$

Zu d): Aus Gl 123 $E_{p1} = \dfrac{4{,}44\,\Phi_0\,w_1\,f}{10^8}$ folgt, wenn man E_{p1}
$\approx 220 : \sqrt{3} = 127$ V setzt:

$$\Phi_0 = \frac{127 \cdot 10^8}{4{,}44 \cdot 300 \cdot 50} = 191\,000 \text{ Maxwell und mit } \mathfrak{B}_E = 6000 \text{ Gauß}$$

wird der Kernschnitt $F_E = \dfrac{191\,000}{6000} = 32$ cm².

303. An die Klemmen 4, 4, 4 (siehe Abb. 224) wird ein Drehstrommotor angeschlossen, der bei 440 V den Strom von 2,5 A und die Leistung von 1500 W aufnimmt. Gesucht wird:

a) der Leistungsfaktor des Motors,

b) der Strom, den das Netz abgibt,

c) der Strom zwischen der Klemme 2 und dem Sternpunkt O des Transformators.

Lösungen:

Zu a): Aus $N_k = \sqrt{3}\,U_{k1}\,J\cos\varphi = 1500$ folgt

$$\cos\varphi = \frac{1500}{\sqrt{3}\cdot 440\cdot 2{,}5} = 0{,}79 .$$

Zu b): Das Netz muß, wenn von Verlusten im Transformator abgesehen wird, dieselbe Leistung abgeben, die der Motor aufnimmt, d. i. 1500 W. Setzen wir, was nahezu richtig ist, $\cos\varphi_1 = \cos\varphi_2 = \cos\varphi = 0{,}79$, so wird

$$J = \frac{1500}{\sqrt{3}\cdot 220\cdot 0{,}79} = 5 \text{ A.}$$

Zu c): Wenn zur Klemme 2 in der Zuleitung 5 A fließen, so kommen auf die Wicklung zwischen 2 und 0 2,5 A, da zwischen 2 und 4 ja 2,5 A fließen müssen.

304. Ein Einphasentransformator für eine Nennleistung von 30 kVA, der an eine primäre Spannung von 6000 V und 50 Hertz angeschlossen werden soll, nimmt, laut Angabe auf dem Leistungsschild, den primären Nennstrom von 5 A auf. Die Übersetzung ist 26,1. Man schließt diesen Transformator an die Kurzschlußspannung U_k, hier 300 V, an, wobei er bei kurzgeschlossener Sekundärwicklung den angegebenen Nennprimärstrom J_1 aufnimmt Ein Leistungsmesser zeigt hierbei den Wicklungsverlust = 1100 W an. Gesucht wird:

a) die Nennsekundärspannung,   b) der sekundäre Nennstrom,

c) der Kurzschlußwiderstand und der Spannungsverlust in diesem Widerstand,

d) die Streuspannung,

e) die Induktivität beider Wicklungen,

f) die prozentualen Werte der Kurzschlußspannung, der Streuspannung und der relativen Ohmschen Spannung,

g) die Spannungsänderung bei einem Leistungsfaktor 0,8 [0,73] ($\cos\varphi = 0,8$, $\sin\varphi = 0,6$) [$\cos\varphi = 0,73$, $\sin\varphi = 0,68$],

h) der Kurzschlußstrom, d. i. der Strom, der beim Anschluß an die primäre Nennspannung bei Kurzschluß der sekundären Wicklung eintreten würde.

Lösungen:

Zu a): Die Nennsekundärspannung wird aus der Nennprimärspannung und der Übersetzung $\ddot{u} = \dfrac{w_1}{w_2}$ berechnet, ist also $U_2 = U_1 : \ddot{u} = 6000 : 26,1 = 230$ V (d. i. die sekundäre Spannung bei Leerlauf).

Zu b): Aus $U_2 J_2 = 30\,000$ VA folgt $J_2 = 30\,000 : 230 = 130$ A; oder auch aus $J_2 = J_1 \cdot \ddot{u} = 5 \cdot 26,1 = 130$ A.

Zu c): Der Kurzschlußwiderstand ist die Größe R_k. Er folgt aus der Formel: Wicklungsverlust $= J_1{}^2 R_k$, $R_k = \dfrac{1100}{5^2} = 44\,\Omega$. Der Spannungsverlust in diesem Ohmschen Widerstand ist $U_r = J_1 R_k = 5 \cdot 44 = 220$ V.

Zu d): Die Kurzschlußspannung ist die bei reduzierter Primärspannung gemessene Spannung $U_k = 300$ V. Aus dem $\triangle HFS$ (Abb. 211 S. 239) folgt

$$U_s = \sqrt{U_k{}^2 - U_r{}^2} = \sqrt{300^2 - 220^2} = 204 \text{ V}.$$

Zu e): Aus $U_s = L\omega J_1$ folgt, wenn $\omega = 2\pi f = 314$ ist, $L = 204 : 314 \cdot 5 = 0,13$ H.

Zu f):
$$u_k = \frac{U_k}{U_1} 100 = \frac{300}{6000} \cdot 100 = 5\%,$$

$$u_r = \frac{220}{6000} \cdot 100 = 3,67\%, \qquad u_s = \frac{204}{6000} \cdot 100 = 3,4\%$$

Zu g): Die prozentuale Spannungsänderung folgt aus Formel 130. Wir berechnen zunächst aus (Formel 130a)

$$u_{\varphi'} = u_r \cos\varphi + u_s \sin\varphi = 3,67 \cdot 0,8 + 3,4 \cdot 0,6 = 4,976\%$$

$$u_{\varphi''} = u_r \sin\varphi - u_s \cos\varphi = 3,67 \cdot 0,6 - 3,4 \cdot 0,8 = -0,518\%.$$

Diese Werte in Formel 130 (Annäherung) eingesetzt geben

$$u_\varphi = u_{\varphi'} + 0,5\, u_{\varphi''}{}^2 = \frac{4,976}{100} + 0,5 \cdot \left(-\frac{0,518}{100}\right)^2 \approx \frac{4,977}{100} \text{ oder } 4,977\%.$$

Aus $u_\varphi = \dfrac{U_\varphi}{U_1} 100$ folgt $U_\varphi = \dfrac{u_\varphi}{100} U_1 = \dfrac{4,977}{100} \cdot 6000 = 298,62$ V und demgemäß ist die sekundäre, auf primär reduzierte Spannung be der angegebenen Nennleistung: $U_2' = U_1 - U_v = 6000 - 298{,}6 = 5701{,}4$ V. Hieraus folgt (Formel 127a) $U_2 = U_2' : \ddot{u} = 5701 : 26{,}1 = 219$ V, d. h. die Spannung steigt von 219 V bei Belastung auf 230 V bei Leerlauf.

Zu h): Der Scheinwiderstand des Transformators bei Kurzschluß, aber reduzierter Spannung, ist $R_{sk} = U_k : J_1 = 300 : 5 = 60\,\Omega$. Derselbe ist unabhängig von der primären Spannung, also ist der gesuchte Kurzschlußstrom bei der Nennspannung U_1

$$J_k = \frac{U_1}{R_{sk}} = \frac{6000}{60} = 100 \text{ A.}$$

Bemerkung: Allgemein ist $\quad J_k = \dfrac{U_1}{R_{sk}} = \dfrac{U_1}{U_k : J_1}$, oder wenn man $u_k = \dfrac{U_k}{U_1}\,100$ setzt und hieraus $U_k = \dfrac{u_k\,U_1}{100}$ berechnet:

$$J_k = \frac{U_1}{u_k\,U_1 : 100\,J_1} = \frac{J_1\,100}{u_k}. \tag{130b}$$

In userm Falle ist $J_1 = 5$ A, $u_k = 5$ (s. Frage f), also $J_k = \dfrac{5 \cdot 100}{5} = 100$ A.

§ 38. Die Streuung und Kraftwirkung derselben.

In Abb. 225 ist eine sogenannte Röhren- oder Zylinderwicklung dargestellt. Die eine Röhre stellt die primäre, die andere die sekundäre Wicklung vor. Da die Ströme in den beiden Wicklungen entgegengesetzt gerichtet sind, fließen also, wie in den beiden im Schnitt dargestellten Drähten 1 und 2, Ströme entgegengesetzter Richtung und erzeugen zwischen sich einen Induktionsfluß, der die Streuspannung U_s erzeugt, $U_s = L\,w\,J$ Volt.

Für die Zylinderwicklung ist angenähert

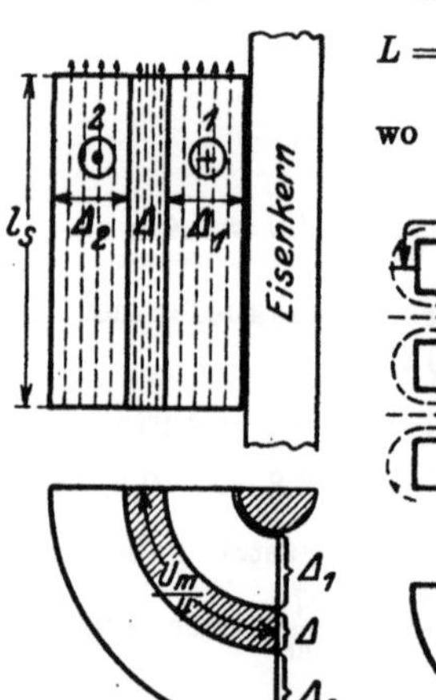

$$L = 0{,}4\,\pi\,w_s^2\,U_m \left(\varDelta + \frac{\varDelta_1 + \varDelta_2}{3}\right) : l_s\,10^8 \text{ Henry, (131)}$$

wo w_s die primäre Windungszahl auf einem Schenkel und l_s angenähert die Spulenlänge bedeutet. U_m ist der mittlere Umfang des Zwischenraumes (siehe Abb. 225). Die primäre Windungszahl ist bei Drehstrom gleichbedeutend mit w_s, dagegen ist bei einem Kerntransformator die primäre Windungszahl $w_1 = 2\,w_s$, daher ist die Induktivität für beide Schenkel mit 2 zu multiplizieren.

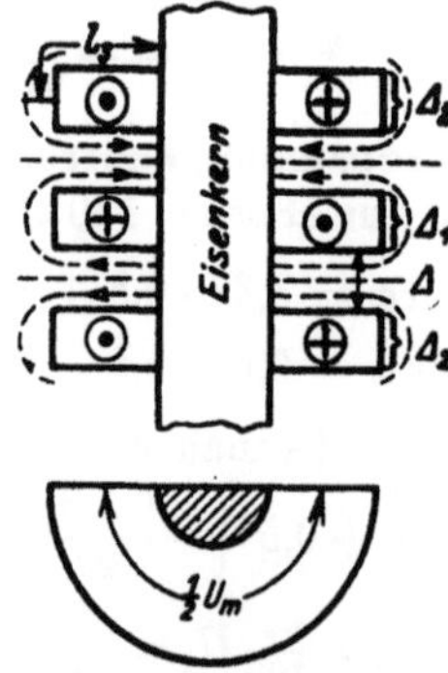

Abb. 225. Verlauf der Streulinien bei Röhrenwicklungen.

Abb. 226. Verlauf der Streulinien bei Scheibenwicklungen.

Bei der sogenannten Scheibenwicklung nach Abb. 226 mit q primären Teilspulen von je w_s Windungen ist

$$L = q \frac{0,4\,\pi\,w_s^2}{2}\,U_m\left(\varDelta + \frac{\varDelta_1 + \varDelta_2}{6}\right) : l_s \cdot 10^8 \ \text{Henry.} \qquad (131\,\text{a})$$

Die Streuung ruft zwischen den Wicklungen mechanische Kräfte hervor, die bei Kurzschluß verheerende Wirkungen ausüben können.

Bei Zylinderwicklungen nach Abb. 225 entsteht eine Kraft P, die radial um den Umfang verteilt, die Innenwicklung nach innen, die Außenwicklung nach außen preßt. Ist J Ampere der Strom in einer Wicklung, so ist nach Gl 33 $A = \frac{1}{2}\,L\,J^2$ Joule der magnetisch verfügbare Energieinhalt. Verändert sich, infolge der Kraftwirkung, der Zwischenraum zwischen den beiden Spulen in radialer Richtung um den Betrag dx, so ändert sich auch die Induktivität L um dL und der Energieinhalt um den Betrag $dA = \frac{1}{2}J^2\,dL$. Die zur Änderung erforderliche Kraft P muß die mechanische Arbeit $\frac{P\,dx}{100}\cdot 9,81$ Joule leisten, und es muß $\frac{P\,dx}{100}\cdot 9,81 = \frac{1}{2}J^2\,dL$ sein, woraus die Formel

$$P = 5,1\,J^2\frac{dL}{dx} \quad \text{kg} \qquad (132)$$

folgt.

Für die Zylinderwicklung ist nach Formel 131

$$L = \frac{0,4\,\pi\,w_s^2\,U_m}{10^8\,l_s}\cdot x, \quad \text{wo zur Abkürzung} \quad x = \varDelta + \frac{\varDelta_1 + \varDelta_2}{3}$$

gesetzt wurde. Bildet man $\frac{dL}{dx}$, so ist $\frac{dL}{dx} = \frac{0,4\,\pi\,w_s^2\,U_m}{10^8\,l_s}$ und somit

$$P = \frac{6,4\,(J\,w_s)^2\,U_m}{10^8\,l_s} \quad \text{kg.} \qquad (132\,\text{a}$$

Führt man die durch die Streulinien in den Windungen beider Spulen erzeugte Streuung $U_s = L\,\omega\,J$ ein und bildet

$$\frac{P}{U_s} = \frac{6,4\,(J\,w_s)^2\,U_m}{10^8\,l_s} : \frac{0,4\,\pi\,w_s^2\,U_m\left(\varDelta + \dfrac{\varDelta_1 + \varDelta_2}{3}\right)}{10^8\,l_s}\ (2\,\pi\,f\,J),$$

so wird

$$\frac{P}{U_s} = \frac{0,8\,J}{f\left(\varDelta + \dfrac{\varDelta_1 + \varDelta_2}{3}\right)},$$

$$P = \frac{0,8\,J\,U_s}{f\left(\varDelta + \dfrac{\varDelta_1 + \varDelta_2}{3}\right)} \quad \text{kg.} \qquad (132\,\text{b})$$

305. Aus den Berechnungsdaten eines Drehstromtransformators für 21 [35] kVA und 2100/520 [10500/550] V, 50 Hertz sind folgende Angaben entnommen: $w_1 = 535$ [2292], $w_2 = 65$ [123], gesamter Kupferverlust 425 [656] W, gesamter Eisenverlust 490 [400] W, Dicke der Oberspannungsspule $\varDelta_1 = 1,5$ [2,2] cm, der Unterspannungsspule $\Delta_2 = 1{,}05\,[1{,}5]$ cm, Zwischenraum zwischen beiden Spulen $\Delta = 1{,}05\,[2]$ cm, mittlerer Umfang dieses Zwischenraumes $67{,}5\,[70]$ cm, Höhe der Zylinderspule $l_s = 28\,[32]$ cm. Beide Wicklungen sind in Stern geschaltet.

Gesucht wird:

a) die Übersetzung,   b) die sekundäre,

c) die primäre Stromstärke,   d) der Kurzschlußwiderstand,

e) die Induktivität und der induktive Widerstand,

f) der Ohmsche und der durch die Streuung veranlaßte Spannungsverlust,

g) die Kurzschlußspannung,

h) die unter f) und g) gefragten Spannungen in Prozenten der primären Spannung,

i) der Kurzschlußstrom,

k) die Kraft, die auf die Wicklungen beim Kurzschluß einwirkt,

l) die Spannungsänderung, wenn der Leistungsfaktor $0{,}6\,[0{,}6]$ ist ($\cos\varphi = 0{,}6$, $\sin\varphi = 0{,}8$).

Lösungen:

Zu a): Die Übersetzung ist das Verhältnis $\dfrac{w_1}{w_2} = \dfrac{535}{65} = 8{,}24$.

Zu b): Aus der Scheinleistung. $N_2 = \sqrt{3}\cdot 250\cdot J_2 = 21\,000$ folgt $J_2 = \dfrac{21\,000}{\sqrt{3}\cdot 250} = 48{,}5$ A.

Zu c): Die primäre Nennstromstärke folgt aus $N_1 = \sqrt{3}\,U_k J_1$
$= \sqrt{3}\cdot 2100\cdot J_1 = N_1 = N_2 + \text{Verluste} = 21\,000 + 490 + 425$
$= 21\,915$ W, nämlich $J_1 = \dfrac{21\,915}{\sqrt{3}\cdot 2100} = 6$ A.

Zu d): Der Kurzschlußwiderstand pro Kern folgt aus (126)

$$N_{Cu} = J_1{}^2 R_k = \frac{425}{3}, \qquad R_k = \frac{425}{3} : 6^2 = 3{,}93\ \Omega.$$

Zu e): Die Induktivität eines Kernes folgt aus Formel (131)

$$L = 0{,}4\,\pi\cdot 535^2\cdot 67{,}5\left[1{,}05 + \frac{1{,}5 + 1{,}05}{3}\right] : 28\cdot 10^8 = 0{,}0165\ \text{H}.$$

Der induktive Widerstand ist $L\omega = 0{,}0165\cdot 2\,\pi\cdot 50 = 5{,}18\ \Omega$.

Zu f): Der Ohmsche Spannungsverlust (auch Wicklungsverlust genannt) ist $U_r = J_1 R_k = 6\cdot 3{,}93 = 23{,}6$ V. Der Spannungsverlust im induktiven Widerstand (Streuspannung genannt) ist $U_s = J_1 L\omega = 6\cdot 5{,}18 = 31{,}08$ V.

Zu g): Die Kurzschlußspannung ist (Abb. 211)

$$U_k = \sqrt{23{,}6^2 + 31{,}08^2} = 39{,}1\ \text{V}.$$

Zu h): Die berechneten Werte beziehen sich auf **eine Phase**. Da die verkettete Spannung 2100 V, ist bei Sternschaltung die Phasenspannung $U_{p1} = 2100 : \sqrt{3} = 1214$ V, daher die prozentualen Werte

$$u_r = \frac{U_r}{U_{p1}} \cdot 100 = \frac{23,6}{1214} \cdot 100 = 1,94\,\%,$$

$$u_s = \frac{U_s}{U_{p1}} \cdot 100 = \frac{31}{1214} \cdot 100 = 2,56\,\%$$

$$u_k = \frac{U_k}{U_{p1}} \cdot 100 = \frac{39,1}{1214} \cdot 100 = 3,2\,\%.$$

Zu i) Der Kurzschlußstrom ist der Strom bei sekundärem Kurzschluß, aber primärer Nennspannung. Er folgt aus 130 b

$$J_k = \frac{J_1 \, 100}{u_k} = \frac{6 \cdot 100}{3,2} = 187 \text{ A}.$$

Zu k): Für eine Röhrenwicklung gibt Formel 132a

$$P = \frac{6,4 \, (J_k \, w_s)^2 \, U_m}{10^8 \, l_s} = \frac{6,4 \cdot (187 \cdot 535)^2 \cdot 67,5}{10^8 \cdot 28} = 1550 \text{ kg}.$$

Zu l): Die prozentuale Spannungsänderung u_φ folgt aus der Formel 130. $u_\varphi = u_{\varphi'}$ (genügend bis $u_s = 4\,\%$), wo nach Formel 130a

$$u_{\varphi'} = u_r \cos \varphi + u_s \sin \varphi$$

$$u_{\varphi'} = 1,94 \cdot 0,6 + 2,56 \cdot 0,8 = 3,21\,\%,$$

also beträgt die Spannungsänderung $u_\varphi = u_{\varphi'} = 3,21\,\%$ der Nennspannung 2100 V, wobei es gleich ist, ob mit Linien- oder Phasenspannung gerechnet wird, d. h. es ist

$$U_\varphi = \frac{u_\varphi \, U_1}{100} = \frac{3,21 \quad 2100}{100} = 67,2 \text{ V}$$

die Spannungsänderung zwischen zwei Leitungen. Die auf primär reduzierte sekundäre Spannung ist also bei Belastung

$$U'_2 = U_1 - U_\varphi = 2100 - 67,2 = 2033 \text{ V}$$

und die wirkliche sekundäre Spannung

$$U_2 = U'_2 : \ddot{u} = 2033 : 8,24 = 247 \text{ V},$$

während sie beim Übergang zum Leerlauf $2100 : 8,24 = 255$ V wird.

§ 39. Wechselstrommaschinen.

A. Wechselstrommaschinen mit rotierendem Anker.

Wechselstrommaschinen für Leistungen bis etwa 100 kVA, deren Spannung 500 V nicht wesentlich übersteigt, werden vorteilhaft mit rotierendem Anker ausgeführt. Die Wicklung des Ankers ist eine Gleichstrom-Schleifen- oder auch Wellenwicklung (vgl. S. 151) und es werden zur Abnahme von ein- oder zweiphasigem Wechselstrom solche Lamellen, auf denen in einem bestimmten Augenblick gleichnamige Bürsten aufliegen,

mit einem Schleifring zur Abnahme des Wechselstroms verbunden. Bei
Drehstrom allerdings sind bei zweipoliger Anordnung die mit den Schleifringen zu verbindenden Lamellen um 120° voneinander entfernt.

Derartige Maschinen gestatten, Gleich- und Wechselströme abzunehmen. Sie dienen dann meistens zur Umwandlung der einen Stromart
in die andere und heißen Einankerumformer. Man läßt z. B. die Maschine als Gleichstrommotor laufen und entnimmt den Schleifringen
Wechselstrom. Komplizierter ist die Umwandlung von Wechselstrom in
Gleichstrom, da dann der Anker vor dem Einschalten des Wechselstromes
erst auf die aus der Gleichung $\frac{n\,p}{60} = f$ zu berechnende Drehzahl gebracht
werden muß und erst eingeschaltet werden darf, wenn die elektromotorischen
Kräfte des Netzes und des Ankers entgegengerichtet sind, was man
an der Phasenlampe erkennt[1]. Nach dem Einschalten des Netzstromes
läuft der Umformer mit der Drehzahl n, d. h. synchron, weiter, gleichgültig, ob man am Kommutator Gleichstrom entnimmt, oder an der Riemenscheibe mechanische Energie. Im letzteren Falle heißt der Motor ein
Synchronmotor.

Man merke sich, daß eine Änderung der Magneterregung keine Änderung
der Drehzahl, sondern nur eine Änderung der Phasenverschiebung hervorbringt (siehe Aufgabe 263).

Verzichtet man auf die Abnahme von Gleichstrom, so werden die
Kommutatorlamellen weggelassen, und es sind dann nur die Zuführungs-
punkte zu den Lamellen, die sogenannten Knotenpunkte mit den Schleifringen zu verbinden. Allerdings müssen jetzt die Magnete aus einer fremden
Gleichstromquelle gespeist werden (Fremderregung).

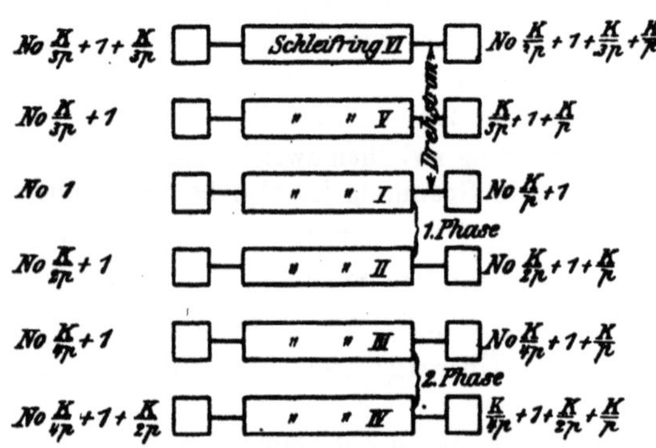

Abb. 227. Verbindung der Kommutatorlamellen mit Schleifringen.

Hat die Wicklung K Knotenpunkte (Kommutatorlamellen), so ist zur
Entnahme von einphasigem, zweiphasigem und dreiphasigem Strom
nach dem in Abb. 227 dargestellten Schema zu verbinden.

---

[1] Siehe Krause: Kurzer Leitfaden der Elektrotechnik. Berlin: Julius
Springer.

Bei Schleifenwicklung ist jeder Schleifring mit p Knotenpunkten (Lamellen), die den Abstand $\dfrac{K}{p}$ voneinander haben, verbunden, während bei Reihenschaltung nur eine Verbindung pro Schleifring vorhanden ist.

Ist J die einem Schleifring entnommene Stromstärke, so ist die Stromstärke i_d im Ankerdraht bei Schleifenwicklung und einphasigem Strom

$$i_d = \frac{J}{2\,p}, \quad \text{bei Drehstrom} \quad i_d = \frac{J}{\sqrt{3}\cdot p}.$$

Bei Reihenwicklung ist entsprechend

$$i_d = \frac{J}{2}, \qquad\qquad i_d = \frac{J}{\sqrt{3}}.$$

Bezeichnet E die EMK des Gleichstromes, U_p den Effektivwert des Wechselstromes pro Phase, so besteht zwischen U_p und E ein konstantes Verhältnis $f_s = \dfrac{U_p}{E}$, das aus den Tabellen 11 S. 168 und 12 S. 213 entnommen werden kann. Hiernach ist

$$U_p = f_s\,E = f_s\,\frac{\Phi_0\,n\,z}{60\cdot 10^8}\;\frac{p}{a} \quad \text{Volt.} \tag{133}$$

B. Wechselstrommaschinen mit ruhendem Anker.

Für größere Leistungen und höhere Spannungen werden die Wechselstrommaschinen mit rotierendem Magnetsystem und feststehendem Anker ausgeführt. Die Magnete sind Elektromagnete, denen zur Erregung Gleichstrom durch Schleifringe zugeführt wird (siehe Abb. 113).

Die Wicklung des Ankers einer einphasigen Maschine zeigt schematisch für 4 Pole die Abb. 228. Jede Spulenseite ist in einem Loche oder einer Nut untergebracht (die Drähte sind gewöhnlich einzeln durch die Löcher

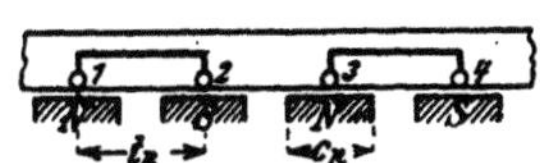

Abb. 228. 4polige Ankerwicklung für Einphasenstrom (Einlochwicklung).

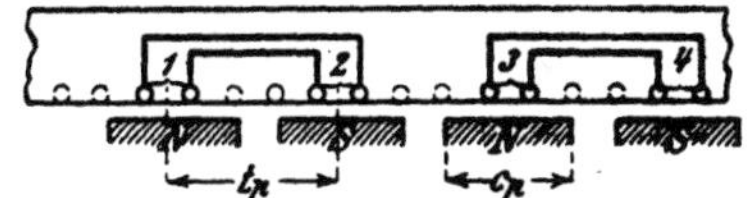

Abb. 229. Zweilochwicklung.

eingezogen worden). Einlochwicklung. Man kann jedoch auch eine Spulenseite auf 2 Löcher verteilen. Zweilochwicklung Abb. 229. Aus Gründen der Herstellung stanzt man auch die nicht erforderlichen punktierten Löcher ein. Werden dieselben gleichfalls bewickelt, so erhält man eine zweiphasige Maschine.

Verteilt man die Spulenseite auf 3 Löcher, so erhält man eine Dreilochwicklung usw. Ist m die Anzahl der Löcher pro Spulenseite, so ist die Nutenzahl der ein- bzw. zweiphasigen Maschine

$$k = m\,4\,p. \tag{134}$$

Die Abb. 230 zeigt schematisch eine Drehstromwicklung mit einem Loch pro Spulenseite. Dasselbe Schema gilt auch für Drehstrommotoren.

Numeriert man die Nuten fortlaufend, so heißt das Wicklungsschema:

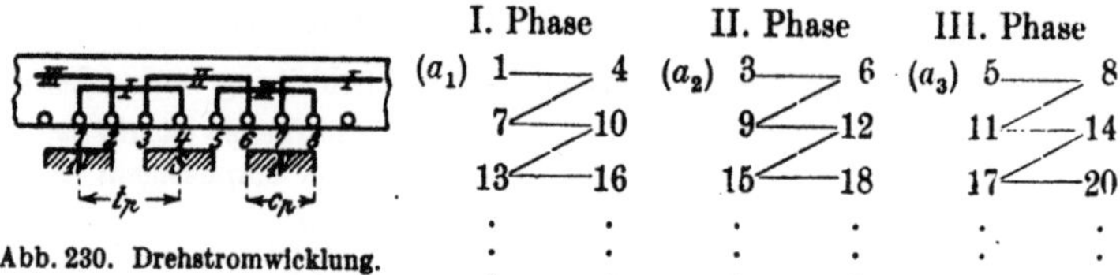

	I. Phase		II. Phase		III. Phase	
(a_1)	1——4	(a_2)	3——6	(a_3)	5——8	
	7——10		9——12		11——14	
	13——16		15——18		17——20	

Abb. 230. Drehstromwicklung.

Die Anfänge sind $a_1 = 1$, $a_2 = 3$ und $a_3 = 5$. Die Enden e_1, e_2, e_3 stehen rechts in der p-ten Zeile jeder Phase. Die horizontalen Zeilen geben die Spulen, die schrägen Striche die Verbindungen der einzelnen Spulen bei Hintereinanderschaltung derselben an.

Die Numerierung ging von 1 bis k und die Nutenzahl war

$$k = 6\,p.$$

Ist wieder m die Anzahl der Löcher pro Spulenseite, so gilt dasselbe Schema, wenn man m-Löcher zu einer Nummer zusammenfaßt. Die Nutenzahl ist allerdings

$$k = m\,6\,p. \tag{134a}$$

Die Stromstärke, die der Maschine entnommen wird, ist auch die Stromstärke im Draht bei ein- bzw. zweiphasigem Wechselstrom und bei Drehstrom, wenn bei letzterem die Enden in Sternschaltung verbunden werden.

Bei Dreieckschaltung fließt im Draht nur der Strom $i_d = \dfrac{J}{\sqrt{3}}$.

Der Mittelwert der EMK einer Phase ist nach Formel 94, S. 171

$$E_m = \frac{4\,\Phi_0\,f\,w}{10^8}\,\xi \quad \text{Volt,}$$

wo der Wicklungsfaktor ξ für mehrphasige Ströme fast unabhängig von m ist und für zweiphasige $\xi = 0{,}91$, für dreiphasige $\xi = 0{,}96$ gesetzt werden kann.

Ist E_p der effektive Wert, so besteht zwischen E_p und E_m ein Verhältnis, das von der Kurvenform der EMK abhängt (siehe Aufgabe 228) und Formfaktor heißt, welches wir mit ξ_E bezeichnen wollen, d. h. wir setzen $\dfrac{E_p}{E_m} = \xi_E$, so wird $E_p = \xi_E E_m$, und damit

$$E_p = \xi_E \cdot \xi \frac{4\,\Phi_0\,f\,w}{10^8}\quad \text{Volt.} \tag{135}$$

Folgt die EMK dem Sinusgesetz, so ist $\xi_E = 1{,}11$.

306. Eine zweipolige Gleichstrommaschine besitzt 24 Kommutatorlamellen und drei Schleifringe zur Entnahme eines dreiphasigen Wechselstromes. Gesucht wird:

a) die effektive Spannung an den Schleifringen, wenn die Gleichstromspannung 110 V beträgt,

b) der Maximalwert der Drehstromspannung, wenn sinusförmiger Verlauf der EMK vorausgesetzt wird,

c) die Lamellennummern, die mit den Schleifringen I, II, III verbunden sind.

Lösungen:

Zu a): Nach Gl 115 ist die zwischen zwei Schleifringen gemessene Drehstromspannung $U_k = 0,613\,E$, wo E die EMK des Gleichstromes bezeichnet: $U_k = 0,613 \cdot 110 = 67,5\,\mathrm{V}$.

Zu b): Der Maximalwert des Wechselstromes einer Phase ist

$$U_{\max} = U_k\,\sqrt{2} = 67,5 \cdot \sqrt{2} = 96\,\mathrm{V}.$$

Bemerkung: Diese Spannung könnte man messen, wenn auf den Kommutator zwei Bürsten aufgelegt werden, die miteinander Winkel von 120° einschließen und auf den Lamellen stehen, die in Abb. 177, S. 213 mit a_1 und e_1 verbunden sind.

Läßt sich die Bürstenbrücke verstellen, so nimmt die Spannung bei jeder andern Stellung ab.

Zu c): Um dreiphasige Wechselströme einer Gleichstrommaschine zu entnehmen, muß man drei Punkte der Wicklung, die um 120° voneinander entfernt sind, mit Schleifringen verbinden. Da diese Punkte aber schon mit den Kommutatorlamellen verbunden sind, so hat man nur die betreffenden Lamellen mit den Schleifringen zu verbinden. Bei 24 Lamellen ist $\frac{24}{3} = 8$ die Lamellenzahl, die zu einem Drittel gehört. Ist also Nr. 1 die Lamelle des ersten Drittels, so ist $8 + 1 = 9$ die Lamelle, die um 120° von 1 entfernt ist, von 9 ist die Lamelle $9 + 8 = 17$ um 120° entfernt, also sind zu verbinden

die Lamelle 1 mit Schleifring I
„ „ 9 „ „ II
„ „ 17 „ „ III

NB. Ist die Maschine $2\,p$ polig und ist K ihre Kommutatorlamellenzahl, so verwandelt man sie, in Gedanken, in eine zweipolige, die $\frac{K}{p}$ Lamellen besitzt. Bei Schleifenwicklung dürfen alle Lamellen, die den Abstand $\frac{K}{p}$ voneinander haben, verbunden werden, so daß in diesem Falle jeder Schleifring mit p Lamellen zu verbinden ist. Hiernach ist das Schema Abb. 227 entstanden.

307. In einem Drehstromeinanker-Umformer soll Drehstrom in Gleichstrom von 440 V umgewandelt werden. Mit welcher Spannung muß der Drehstrom den Schleifringen zugeführt werden?

Lösung: Zwischen Gleichstrom und Drehstrom gilt die durch Gl 115 ausgedrückte Beziehung $U_k = 0,613\,E$, woraus

$$U_k = 0,613 \cdot 440 = 269\,\mathrm{V}.$$

Beachte: Soll die infolge des Spannungsverlustes gesunkene Gleichstromspannung erhöht werden, so kann dies nur durch Erhöhung der Drehstromspannung geschehen.

308. Ein 10poliger Drehstromgenerator mit ruhendem Anker soll eine Dreilochwicklung mit 40 Drähten pro Nut erhalten. Wie groß ist die Nutenzahl und die Drahtzahl pro Phase? Wie heißt das Wicklungsschema?

Lösung: Die Nutenzahl ist nach Gl 134a

$$k = m \cdot 6 \, p = 3 \cdot 6 \cdot 5 = 90 \text{ Nuten.}$$

Da in jeder Nut 40 Drähte liegen, ist die gesamte Drahtzahl $90 \cdot 40 = 3600$ Drähte, also die Drahtzahl pro Phase

$$z = \frac{3600}{3} = 1200.$$

Die Anzahl der Nummern im Schema, oder die Anzahl Seiten einer Einlochwicklung ($m = 1$) ist: Nummern $= 6\,p = 6 \cdot 5 = 30$, also heißt das Wicklungsschema (siehe S. 260):

I. Phase	II. Phase	III. Phase
(a_1) 1 ⟶ 4	(a_2) 3 ⟶ 6	(a_3) 5 ⟶ 8
7 ⟶ 10	9 ⟶ 12	11 ⟶ 14
13 ⟶ 16	15 ⟶ 18	17 ⟶ 20
19 ⟶ 22	21 ⟶ 24	23 ⟶ 26
25 — 28 (e_1)	27 — 30 (e_2)	29 — 2 (e_3)

Je drei nebeneinanderliegende Nuten tragen dieselbe Nummer (Abb. 231). Die 5 Spulen (Zeilen im Schema) einer Phase sind

Abb. 231. Drehstrom-Dreilochwicklung zu Aufgabe 308.

hintereinandergeschaltet, was durch die schrägen Striche angedeutet sein soll. Es ist also das Ende 4 der ersten Spule mit dem Anfang 7 der zweiten usf. zu verbinden. Die Enden e_1, e_2, e_3 können in Stern- oder Dreieckschaltung miteinander verbunden werden.

§ 40. Berechnung der Drehstrommotoren.

Ein Drehstrommotor besteht aus einem feststehenden Teil, dem Ständer oder Stator, und dem drehbaren Teil, dem Läufer oder Rotor. Beide sind in gleicher Weise und nach demselben Schema (siehe S. 266) gewickelt, unterscheiden sich aber durch die Anzahl der Nuten (Phasenläufer). Die Netzspannung wird zumeist an die Ständerwicklung angeschlossen. Sie kann aber auch den Schleifringen des Läufers zugeführt werden.

Soll nun ein Drehstrommotor berechnet werden, so müssen gegeben sein:

1. die **Nennleistung** N_m, d. i. die mechanische Leistung an der Riemenscheibe in Watt,

2. die **Klemmenspannung** U_k zwischen zwei Leitungen in Volt,

3. die **Frequenz** f des Drehstromes in Hertz.

Angenommen werden Wirkungsgrad, Leistungsfaktor nach den DIN 2650/51, Wicklungsmaterial (Kupfer oder Aluminium).

Theorie des Ständers.

Polzahl. Schickt man durch die Windungen des Ständers eines richtig gewickelten Motors einen mehrphasigen Strom, so erzeugt derselbe ein **rotierendes magnetisches Feld**, dessen Drehzahl von der Anordnung der Wicklung abhängt, nämlich von der Anzahl der Spulen pro Phase. Ist n_1 die minutliche Drehzahl des rotierenden Feldes, p die Anzahl der Zeilen im Wicklungsschema, die gleichbedeutend mit der durch die Wicklung erhaltenen Nordpole, so ist analog Formel 86, S. 163,

$$f = \frac{n_1 \, p}{60} \ \text{Hertz}. \tag{86a}$$

Für $f = 50$ Hertz erhält man die Drehzahlen:

Tabelle 13.

p	1	2	3	4	5	6
n_1	3000	1500	1000	750	600	500

Hiernach kann man p als gegeben zu n_1 ansehen. Die Drehzahl n_2 des Läufers ist bei Nennleistung um wenige Prozent kleiner.

Stromstärke. Die Stromstärke J_1 in einer Zuleitung folgt aus der Gleichung 112

$$N_k = \sqrt{3} \, U_k J_1 \cos \varphi = \frac{N_m}{\eta} 100 \, .$$

$$J_1 = \frac{N_m \cdot 100}{\sqrt{3} \, U_k \, \eta \cos \varphi} \quad \text{Ampere.} \tag{136}$$

Die Werte von η und $\cos \varphi$ sind für die verschiedenen Leistungen und Drehzahlen in DIN 2650 und 2651 festgelegt.

Magnetisierungsstrom. Ist Φ_1 der pro magnetischen Kreis im Ständereisen erzeugte Induktionsfluß, $\overline{AW}$ die zugehörige Durchflutung, so ist bekanntlich (vgl. Formel 19) die Durchflutung

$$\Phi_1 \, \mathfrak{R} = \Sigma \, \mathfrak{H} \, l = \overline{AW} = \text{Strom} \times \text{Windungszahl}.$$

Dieselbe setzt sich aber aus den Durchflutungen aller drei Phasen zusammen. In Abb. 232 sei $\overline{AO} = J_{\mu \, \text{max}}$ die augenblickliche, maximale Stromstärke in der ersten Phase, dann fließt in der zweiten und dritten der augenblickliche Strom $\overline{OD} = \dfrac{1}{2} J_{\mu\,max}$, also ist die augenblickliche Durchflutung:

$$\overline{AW} = J_{\mu\,max}\, w_s + \frac{J_{\mu\,max}}{2}\, w_s + \frac{J_{\mu\,max}}{2}\, w_s = 2\, J_{\mu\,max}\, w_s,$$

wo w_s die Windungszahl eines Spulenpaares einer Phase ist.

Bezeichnet w die gesamte Windungszahl einer Phase eines $2\,p$-poligen Motors, so ist $w_s = w : p$, also

Abb. 232. Zur Ständertheorie.

$$\overline{AW} = 2\, J_{\mu\,max}\, \frac{w}{p} = 2\, J_{\mu}\, \sqrt{2}\, \frac{w}{p}. \qquad \text{wo} \qquad J_{\mu} = \frac{J_{\mu\,max}}{\sqrt{2}}$$

ist. Hiermit wird

$$\Sigma\, \mathfrak{H}\, l = 2\, J_{\mu}\, \sqrt{2}\, \frac{w}{p} = 2{,}83\, J_{\mu}\, \frac{w}{p}\,;$$

hieraus

$$J_{\mu} = \frac{p\, \Sigma\, \mathfrak{H}\, l}{2{,}83\, w} \quad \text{Ampere.} \tag{137}$$

$\Sigma\mathfrak{H}\,l$ bezieht sich auf den Ständerkern, die Ständerzähne, den Luftzwischenraum, die Läuferzähne und den Läuferkern, also in Zeichen (Abb. 233)

$$\Sigma\, \mathfrak{H}\, l = \mathfrak{H}_{s_1} l_{s_1} + \mathfrak{H}_{z_1} l_{z_1} + \mathfrak{H}_{\varrho}\, l_{\varrho} + \mathfrak{H}_{z_2} l_{z_2} + \mathfrak{H}_{s_2} l_{s_2}.$$

wo $\mathfrak{H}$ zugehörig zu $\mathfrak{B}$ aus Tafel Kurve A entnommen wird.

Bei einem neu zu berechnenden Motor sind die Größen $\mathfrak{H}$ und l unbekannt, und wir beschränken uns daher auf das Glied für den Luftzwischen-

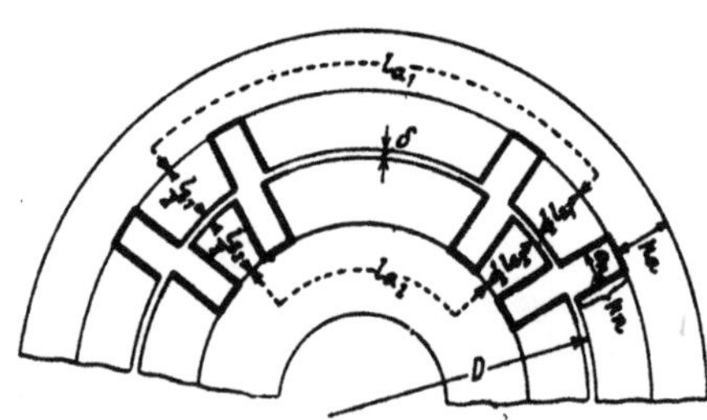

Abb. 233. Abmessungen der Feldlinienwege.

raum. Hier ist $\mathfrak{H}_{\varrho}=0{,}8\,\mathfrak{B}_{\varrho}$, wobei $\mathfrak{B}_{\varrho}$ die größte Induktion im Luftzwischenraum, l_{ϱ} deren Weg bezeichnen. Da die Induktionslinien nicht nur von Zahnkopf zu Zahnkopf, sondern auch durch die Nuten gehen, so muß man den Weg im Zwischenraum $k_1\, 2\,\delta$ setzen, wo $k_1 = 1{,}18$ bis $1{,}2$ gesetzt werden kann.

Um den weggelassenen Gliedern Rechnung zu tragen, multiplizieren wir noch mit einem Faktor α ($\alpha > 1$) und erhalten

$$J_{\mu} = \frac{p\, 0{,}8\, \mathfrak{B}_{\varrho}\, 2\,\delta \cdot 1{,}13\,\alpha}{2{,}83 \cdot w}$$

$$J_{\mu} = 0{,}64\, \frac{\mathfrak{B}_{\varrho}\, p\, \delta\, \alpha}{w} \quad \text{Ampere}, \tag{137a}$$

wobei $\alpha = 1{,}2$ bis $2{,}0$, meistens $1{,}4$ bis 2 gesetzt werden kann.

Luftspalt. Um einen großen Leistungsfaktor zu erzielen, soll der Luftzwischenraum möglichst klein werden. Als kleinster herstellbarer Wert dürfte $$\delta = 0{,}2 + 0{,}001\, D \quad \text{mm}$$

angenommen werden. (D Durchmesser der Ständerbohrung.) Die kleinsten zulässigen Werte sind den DIN 2650/51 zu entnehmen.

Nutenzahl. Die Nutenzahl ist bestimmt durch die Formel

$$k_1 = m\,6\,p \text{ für den Ständer, } k_2 = (m \pm 1)\,6\,p \text{ für den Läufer} \quad (134\mathrm{b})$$

wo gewöhnlich $m = 3$ oder $m = 4$ gesetzt wird.

Elektromotorische Kraft. Das Drehfeld des Motors wird hervorgerufen durch den in die Windungen eingeleiteten dreiphasigen Strom. Es schneidet bei der Drehung die Drähte und ruft in ihnen elektromotorische Kräfte hervor, die dem Strom und somit auch der Spannung entgegenwirken. Ist E_{p1} die in einer Phase entstandene EMK, so folgt dieselbe aus Gl 135

$$E_{p1} = \frac{4\,\Phi_1\,w_1\,f}{10^8}\,\xi_E\,\xi, \text{ oder } \xi = 0{,}96,\ \xi_E = 1{,}11$$

gesetzt und anstatt der Windungszahl w_1 die Drahtzahl $z_1 = 2\,w_1$ eingeführt:

$$E_{p1} = \frac{2{,}1\,\Phi_1\,z_1\,f}{10^8} \text{ Volt.} \quad (135\mathrm{a})$$

Abb. 234. Zusammenhang zwischen EMK und Spannung beim Drehstrommotor.

Φ_1 ist der durch den Strom im Ständer erzeugte Induktionsfluß für einen magnetischen Kreis. Die elektromotorische Gegenkraft E_{p1} hängt von der Phasenspannung und dem Spannungsverlust $J_1\,R_1$ einer Phase ab, wo R_1 den Echtwiderstand derselben bezeichnet (Abb. 234). Für den Phasenverschiebungswinkel φ ist

$$E_{p1} = \sqrt{U_{p1}{}^2 + (J_1\,R_1)^2 - 2\,J_1\,R_1\,U_{p1}\cos\varphi} \approx U_{p1} - J_1\,R_1\cos\varphi \text{ Volt.} \quad (135\mathrm{b})$$

Widerstand einer Phase. Den Widerstand einer Phase kann man folgendermaßen bestimmen: Die in den Motor einzuleitende Leistung folgt aus der Gleichung $N_k = \dfrac{N_m}{\eta} \cdot 100$. Die Differenz $N_k - N_m$ stellt sämtliche Verluste dar: Stromwärme im Ständer und Läufer $N_{Cu1} + N_{Cu2}$, Eisen- und Reibungsverluste. Die beiden letzten sind angenähert gleich der Leistungsaufnahme bei Leerlauf. Die Angaben der Tabelle 14 gestatten den Leerlauf in einfacher Weise zu schätzen.

Tabelle 14. Leerlauf pro PS.

Leistung in PS	$^1/_2$	1	2	3	10	50	100
Leerlauf pro PS in Watt	140	100	80	78	65	35	30

Ist derselbe N_0, dann ist der Verlust durch Stromwärme $N_{Cu1} + N_{Cu2} = N_k - N_m - N_0$, woraus $N_{Cu1} = N_k - N_m - N_0 - N_{Cu2}$ folgt. N_{Cu2} wird vorher nach Formel 157 berechnet. Der Widerstand einer Ständerphase folgt somit aus Gleichung $3\,J_1{}^2 R_1 = N_{Cu1}$

$$R_1 = \frac{N_{Cu1}}{3\,J_1{}^2} \text{ Ohm.} \quad (138)$$

Streuung. Im Ständer wird der Induktionsfluß Φ_1 erzeugt, in den Luftzwischenraum gelangt jedoch nur ein Fluß Φ_0, weil wegen der Streuung

$\Phi_0\, \tau_1$ Induktionslinien verlorengehen; es ist also

$$\Phi_1 = \Phi_0\,(1 + \tau_1)\ \text{Maxwell}, \tag{139}$$

wobei $(\tau_1 = 0{,}035 \ldots 0{,}05)$ gesetzt werden kann.

Kerndicke. Bezeichnet h_a die radiale Dicke des Ständers über den Nuten (Abb. 233 u. 236), b_1 die Eisenlänge ohne Luftschlitze, $\mathfrak{B}_a$ die Induktion daselbst, so ist

$$h_a = \frac{\Phi_1}{2 \cdot 0{,}9\, b_1\, \mathfrak{B}_a}\ \text{cm} \tag{140}$$

$(\mathfrak{B}_a = 6000$ bis $10\,000$ bei 50 Perioden); jedoch soll $h_a \leq \dfrac{D}{2\,p}$ sein.

Induktion im Luftzwischenraum. Der Querschnitt des Luftzwischenraumes ist ein Rechteck mit den Seiten: Polteilung t_p und Ständerlänge b, also

$$F_\mathfrak{L} = t_p\, b = \frac{\pi D}{2\, p}\, b\ \text{cm}^2.$$

Die mittlere Induktion im Luftzwischenraum ist demnach

$$\mathfrak{B}_m = \frac{\Phi_0}{F_\mathfrak{L}}\ \text{Gauß}.$$

Ist

$$f' = \frac{\text{Mittelwert der Induktion}}{\text{maximale Induktion}} = \frac{\mathfrak{B}_m}{\mathfrak{B}_\mathfrak{L}}$$

und hiermit

$$\mathfrak{B}_\mathfrak{L} = \frac{\mathfrak{B}_m}{f'} = \frac{\Phi_0}{f'\, F_\mathfrak{L}}$$

$$\mathfrak{B}_\mathfrak{L} = \frac{\Phi_0}{f'\, t_p\, b}\ \text{Gauß}. \tag{141}$$

Würde die Induktion sich nach dem Sinusgesetz ändern, also der Gleichung $\mathfrak{B} = \mathfrak{B}_\mathfrak{L} \sin a$ entsprechen, so wäre

$$f' = \frac{2}{\pi} = 0{,}635 \quad \text{und} \quad \mathfrak{B}_\mathfrak{L} = \frac{\Phi_0\, p}{D\, b}\ \text{Gauß}.$$

Wie aber aus der Aufgabe 226 hervorgeht, wird durch das Eisen die Sinuskurve abgeflacht und infolgedessen ist f' wesentlich größer. Man findet hierfür Werte, die zwischen $0{,}64$ und $0{,}745$ liegen. Als Durchschnittswert wollen wir $f' = 0{,}67$ setzen.

Durchmesser und Länge. Setzt man in der Gleichung für die Nennleistung, wie sie bei der Bestimmung der Stromstärke in einer Zuleitung bereits angegeben, anstatt U_{p1} angenähert E_{p1} und führt statt $\dfrac{\eta}{100}$ die Größe η' ein, so wird: $N_m = 3\, E_{p1}\, J_1\, \eta'\, \cos\varphi$. Aus Gl 135a den Wert von E_{p1} eingesetzt, wird

$$N_m = 3\, J_1\, \eta'\, \cos\varphi\, \frac{2{,}1\, \Phi_0\,(1 + \tau_1)\, z_1\, f}{10^8}.$$

Nach 141 ist $\Phi_0 = \mathfrak{B}_\mathfrak{L}\, t_p\, b\, f'$, nach 86a S. 269 $f = \dfrac{n_1\, p}{60}$ also

$$N_m = 3 \cdot 2{,}1 \cdot (1 + \tau_1)\, \frac{n_1\, p}{60}\, \frac{z_1 \cdot J_1\, \eta'\, \cos\varphi}{10^8}\, \mathfrak{B}_\mathfrak{L}\, \frac{\pi D}{2\mathrm{p}}\, b\, f'.$$

Führt man den Strombelag, gegeben durch die Gleichung $\overline{AS} = \dfrac{3 z_1 J_1}{\pi D}$ ein, so wird

$$N_m = \frac{2,1\,(1 + \tau_1)\,\eta'\cos\varphi\cdot\pi^2 f'}{2\cdot 60\cdot 10^8}\,\mathfrak{B}_\mathfrak{L}\cdot\overline{AS}\cdot D^2\,b\,n_1,$$

oder, wenn man die angenommenen Größen zur Größe C zusammenfaßt,

also $\quad C = \dfrac{2,1\cdot(1 + \tau_1)\,\eta'\cos\varphi\,\pi^2 f'\,\mathfrak{B}_\mathfrak{L}\cdot\overline{AS}}{2\cdot 60\cdot 10^8}\quad$ setzt: so wird

$$N_m = D^2 b\,n_1\,C.$$

Kennt man für eine Anzahl ausgeführter Motoren N_m, D, b und n_1, so läßt sich hierzu C berechnen. In dieser Weise entstand die Abb. 235. Die untere Kurve gibt die Werte von C für Motoren bis 10 PS, die obere von 10 bis 1000 PS. (Ob in der Abszisse die Leistung in PS oder kW angegeben ist, ist völlig gleich, da ja die Werte von C doch nur Annäherungswerte sind.) Sie gilt für Motoren mit Kupferdrähten. Sollen die Motoren eine Aluminiumwicklung erhalten, so sind die Werte mit 0,6 bis 0,7 zu

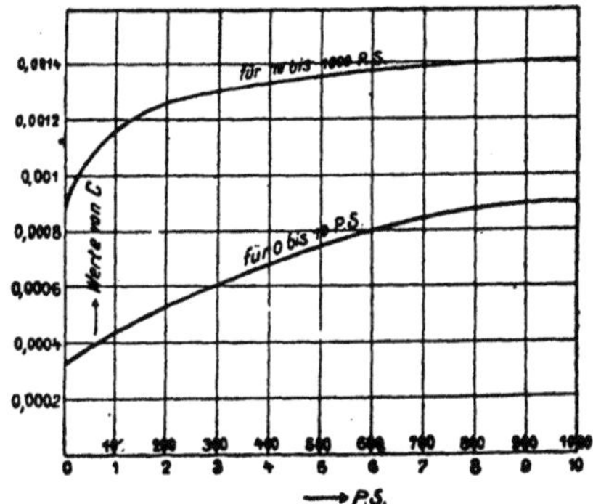

Abb. 235. Kurve zur Entnahme der Konstanten C.

multiplizieren. Ist C hiernach als bekannt anzusehen, so ist jetzt:

$$D^2 b = \frac{N_m}{C n_1}. \qquad (142)$$

Diese Gleichung gestattet, zu einem angenommenen Werte von b den zugehörigen Wert von D zu berechnen. Zulässig ist jeder Wert von D, für welchen

$$v = \frac{\pi D n_1}{60} < 25 \text{ m/sek}$$

wird.

Hobart zeigt, daß die Materialkosten ein Minimum werden für Motoren über 10 PS), wenn man

$$b = 1,4\,t_p = 1,4\,\frac{\pi D}{2 p}\ \text{cm} \qquad (142\text{a})$$

setzt, es wird dann

$$D^3\frac{1,4\,\pi}{2 p} = \frac{N_m}{C n_1},$$

und daraus

$$D = 0,76\,\sqrt[3]{\frac{N_m\,p}{C\,n_1}}\ \text{cm}. \qquad (142\text{b})$$

Bemerkung: Es macht in bezug auf die Materialkosten wenig aus, wenn $b : t_p$ zwischen 1 und 1,5 liegt, was wesentlich ist, da es gestattet, Motoren verschiedener Leistung mit demselben Durchmesser D, aber verschiedener Länge b auszuführen.

Nutenabmessungen.

Ständer (Stator).

A. Rechteckige Nut. Bezeichnet t_1 die Nutenteilung, d. h. die Entfernung zweier Nutenmitten, gemessen auf dem zum Durchmesser D der Statorbohrung gehörigen Kreisumfang, k_1 die Nutenzahl, so ist (Abb. 236)

$$t_1 = \frac{\pi D}{k_1} \text{ cm.} \tag{143}$$

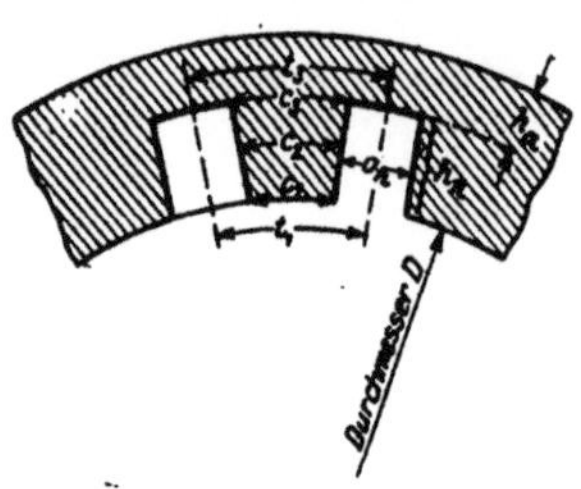

Abb. 236. Rechteckige Ständernut.

Der durch einen Zahn austretende, maximale Induktionsfluß erzeugt im Luftzwischenraum unter diesem Zahn die maximale Induktion $\mathfrak{B}_\mathfrak{L}$ und ist derselbe $\mathfrak{B}_\mathfrak{L} t_1 b$, wo $t_1 b$ die Austrittsfläche der Induktionslinien unter dem Zahn vorstellt, wenn b die Länge des Stators bezeichnet. Dieser Induktionsfluß kommt aus der engsten Stelle des Zahnes und erzeugt dort die maximale Induktion $\mathfrak{B}_{s\,\text{max}}$. Der Eisenquerschnitt des Zahnes ist $c_1\, 0,9\, b_1$, wo b_1 die Eisenlänge, also die Länge b abzüglich der eventuellen Luftschlitze bezeichnet, demnach ist der austretende Induktionsfluß $\mathfrak{B}_{s\,\text{max}}\, 0,9\, b_1\, c_1$. Durch Gleichsetzen erhält man $\mathfrak{B}_{s\,\text{max}}\, 0,9\, b_1\, c_1 = \mathfrak{B}_\mathfrak{L}\, t_1\, b$, woraus die Zahnstärke

$$c_1 = \mathfrak{B}_\mathfrak{L}\, \frac{t_1\, b}{0,9\, b_1\, \mathfrak{B}_{s\,\text{max}}} \text{ cm} \tag{144}$$

folgt. Für $\mathfrak{B}_{s\,\text{max}}$ setzt man

$$\phantom{\text{und}}\qquad 15000 \text{ bis } 18000 \text{ bei } 40 \text{ bis } 60 \text{ Hertz}$$

und $\qquad 16000 \text{ bis } 20000 \text{ bei } 20 \text{ bis } 30 \text{ Hertz.}$

Die Nutenweite o_n ist nun

$$o_n = t_1 - c_1 \text{ cm.} \tag{145}$$

Die Drahtzahl pro Nut ist $Z_n = \dfrac{3\, z_1}{k_1}$; sie muß auf eine ganze Zahl abgerundet werden.

Drahtquerschnitt. Um aus dem Widerstande R_1 (Formel 138) den Drahtquerschnitt q_1 zu berechnen, muß man die pro Phase aufgewickelte Drahtlänge kennen. Man schätzt zunächst die Länge einer Ständerwindung nach der Formel

$$2\, l_1 = 2\, b + 3\, t_p \text{ cm.} \tag{146}$$

Die aufgewickelte Drahtlänge einer Phase ist dann $L_1 = \dfrac{z_1}{2}\, 2\, l_1 : 100$ m.

Aus $R_1 = \dfrac{\varrho\, L_1}{q_1}$ folgt nun

$$q_1 = \frac{\varrho\, L_1}{R_1} \text{ mm}^2. \tag{147}$$

Um dem Echtwiderstand Rechnung zu tragen, setze man für warmes Kupfer $\varrho = 0,023$ und für Aluminium $\varrho = 0,04$.

Kennt man den Drahtquerschnitt q_1, so läßt sich jetzt der Nutenquerschnitt folgendermaßen bestimmen: Ist h_n die Nutentiefe (Nutenabmessungen sind in mm auszudrücken) (Abb. 236), so ist der Nutenquerschnitt $F_n = h_n\, o_n$ mm².

Definiert man als Nutenfüllfaktor f_k die Größe:

$$f_k = \frac{\text{Kupferquerschnitt pro Nut}}{\text{Nutenquerschnitt}} = \frac{F_k}{F_n},$$

so folgt hieraus bei angenommenem f_k,

$$F_n = \frac{F_k}{f_k} = \frac{\frac{3\,z_1}{k_1}q_1}{f_k} = \frac{Z_n q_1}{f_k} \quad \text{mm}^2. \tag{148}$$

Aus $F_n = h_n\, o_n$ mm² folgt

$$h_n = \frac{F_n}{o_n} \quad \text{mm}. \tag{149}$$

Man findet für f_k Werte, die zwischen 0,2 und 0,4 liegen. Je mehr Drähte in eine Nut kommen, desto kleiner wähle man f_k.

B. **Trapezförmige Nut.** Anstatt die Nut rechteckig und den Zahn trapezförmig zu machen, kann man auch umgekehrt verfahren, wodurch erreicht wird, daß die Induktion auf der ganzen Zahnlänge konstant bleibt. Ist wieder F_n der bekannte Nutenquerschnitt in mm², h_n die Nutentiefe o_1, o_2, o_3, die Nutenbreite unten, in der Mitte und oben, ausgedrückt in mm, so ist aus Abb. 237 ohne weiteres zu entnehmen, daß $F_n = \frac{o_3 + o_1}{2} h_n$ ist; oder nach einigen Zwischenrechnungen ergibt sich die Nutentiefe h_n und die obere Nutenbreite o_3 zu

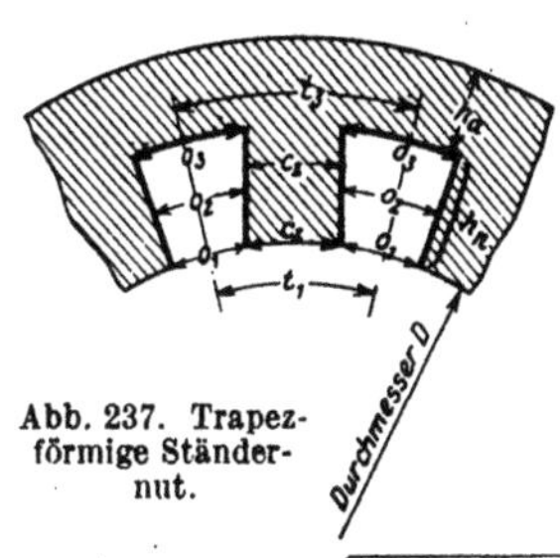

Abb. 237. Trapezförmige Ständernut.

$$h_n = -\frac{k_1 o_1}{2\pi} + \sqrt{\left(\frac{k_1 o_1}{2\pi}\right)^2 + \frac{F_n k_1}{\pi}} \ \text{mm}, \quad o_3 = \frac{\pi(D + 2 h_n)}{k_1} - c_z \ \text{mm}. \tag{149a}$$

Die untere Nutenbreite ist aus Abb. 237 $o_1 = t_1 - c_z$.

Läufer (Rotor) Nut.

A. **Rechteckige Nut.** Ist wieder t_i die Nutenteilung des Rotors an der Oberfläche, so ist hier Formel 143 zu schreiben

$$t_1 = \frac{\pi(D - 2\delta)}{k_2} \quad \text{cm}. \tag{143a}$$

Innerhalb einer Nutenteilung geht der Induktionsfluß $t_1 \mathfrak{B}_\mathfrak{L} b$ vom Luftzwischenraum in den Läuferzahn und erzeugt an der engsten Stelle desselben eine Induktion $\mathfrak{B}_z$ max. Dieser Induktionsfluß geht durch den Querschnitt $c_3\, 0{,}9\, b_1$ (Abb. 238), also gilt die Gleichung

$$t_1 \mathfrak{B}_\mathfrak{L} b = 0{,}9\, b_1 c_3 \mathfrak{B}_{z\,\text{max}},$$

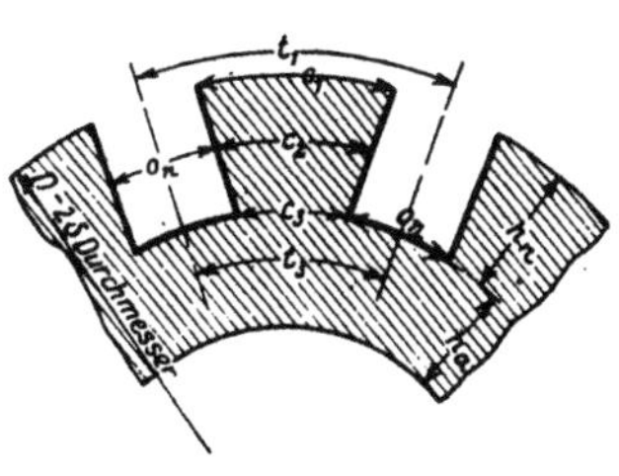

Abb. 238. Rechteckige Läufernut.

woraus

$$c_3 = \mathfrak{B}_\mathfrak{Q} \frac{t_1\, b}{0,9\, b_1\, \mathfrak{B}_{z\,max}} \text{ cm.}$$ (144a)

folgt, wo $\mathfrak{B}_{z\,max}$ bis 20000 angenommen werden darf.

Ist der Nutenquerschnitt F_n mm² wieder bekannt, so ist

$$h_n = \frac{k_2\,(t_1 - c_3)}{4\,\pi} - \sqrt{\left[\frac{k_2\,(t_1 - c_3)}{4\,\pi}\right]^2 - \frac{F_n\,k_2}{2\,\pi}} \text{ mm und } o_n = \frac{F_n}{h_n} \text{ mm,} \quad (149\,\text{b})$$

wo $(t_1 - c_3)$ in mm einzusetzen war.

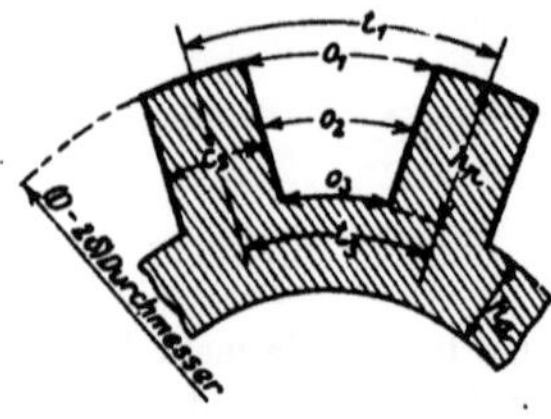

Abb. 239. Trapezförmige Läufernut.

B. Trapezförmige Nut. Bei trapezförmiger Nut soll der Zahn überall die gleiche Zahnstärke c_z erhalten. Nur darf die Induktion $\mathfrak{B}_z$ die Werte 10000...15000 nicht übersteigen, da sonst die erforderliche Durchflutung für den Zahn zu groß ausfällt. Die Zahnstärke c_z folgt wieder aus der Gl 144a (s. Abb. 239)

$$c_z = \mathfrak{B}_\mathfrak{Q} \frac{t_1\, b}{0,9\, b_1\, \mathfrak{B}_z}\, .$$

Die Nutentiefe h_n und die Nutenweiten ergeben sich aus:

$$\left.\begin{aligned}
h_n &= \frac{(t_1 - c_z)\, k_2}{2\,\pi} - \sqrt{\left[\frac{(t_1 - c_z)\, k_2}{2\,\pi}\right]^2 - \frac{F_n\, k_2}{\pi}}\,,\\[2mm]
o_1 &= t_1 - c_z \quad \text{und} \quad o_3 = o_1 - \frac{2\,\pi\, h_n}{k_2}\,.
\end{aligned}\right\} \text{ in mm.} \quad (149\,\text{c})$$

C. Runde Nut. Für runde Nuten folgt die Zahnstärke c_2 (s. Abb. 240) an der engsten Stelle aus Formel 144a. Die Nutenweite o_n ist

$$o_n = t_2 - c_2 = \frac{\pi\,(D - 2\,\delta - o_n)}{k_2} - c_2$$

oder nach o_n aufgelöst

$$o_n = \frac{\pi\,(D - 2\,\delta) - k_2\, c_2}{k_2 + \pi} \text{ mm.} \quad (149\,\text{d})$$

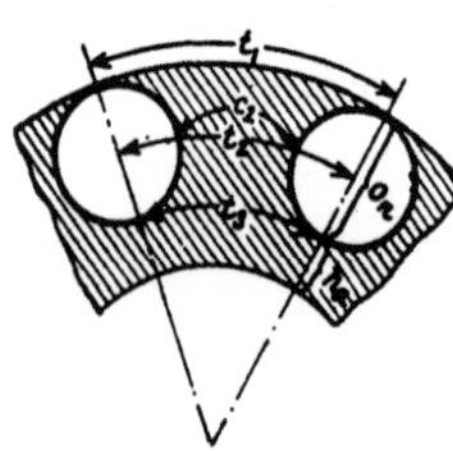

Abb. 240. Runde Läufernut.

Für die Isolation der 3 Nutenformen rechne man bei Spannungen bis 250 V eine Lage aus Mikaleinen 0,2 mm und eine Lage Preßspan 0,3 mm. Bei Spannungen über 250 V bis 600 V ist zwischen diese Lagen noch eine Lage Ölleinen von 0,15 mm einzulegen.

Eisenverluste. Die Verluste durch Hysteresis und Wirbelströme hängen außerordentlich von der Bearbeitung ab und können nur angenähert berechnet werden. Hobart gibt zu ihrer Berechnung, richtiger zu ihrer Schätzung, die Formel

$$N_E = \frac{1,1\,\mathfrak{B}_a\, f\, G}{10^5} \text{ Watt,} \quad (150)$$

wo G das Gewicht der Bleche, vor dem Ausstanzen der Nuten, in kg bezeichnet und welches wie folgt berechnet wird (alle Maße in cm):

$$G = \left[(D + 2\,h_n + 2\,h_a)^2\, \frac{\pi}{4} - \frac{D^2\,\pi}{4}\right] \frac{0,9\, b_1\, 7,8}{1000} \text{ kg.} \quad (151)$$

Theorie des Läufers.
A. Phasenläufer.

Der Läufer ist genau so gewickelt wie der Ständer, nur mit anderer Nutenzahl (k_2). Die Anfänge der Wicklungen der drei Phasen sind zu drei Schleifringen, auf denen Bürsten aufliegen, geführt, die Enden miteinander verbunden (Sternschaltung). Das im Ständer erzeugte Drehfeld gelangt in den Läufer und schneidet die Läuferdrähte, in denen hierdurch elektromotorische Kräfte entstehen. Sind die Bürsten, die auf den Schleifringen aufliegen, durch Widerstände miteinander verbunden, wie in Abb. 241 angedeutet, so fließen in den Läuferdrähten Ströme, die das Bestreben haben, die Bewegung des Drehfeldes zu hemmen, infolgedessen wird der Läufer in der Richtung des Drehfeldes sich drehen. Ist n_2 die Drehzahl des Läufers pro Minute, n_1 die des Drehfeldes, so ist $n_1 - n_2$ die Drehzahl, mit der die Läuferdrähte vom Felde geschnitten werden. Um die Vorstellungen zu vereinfachen, denken wir uns das Drehfeld stillstehend

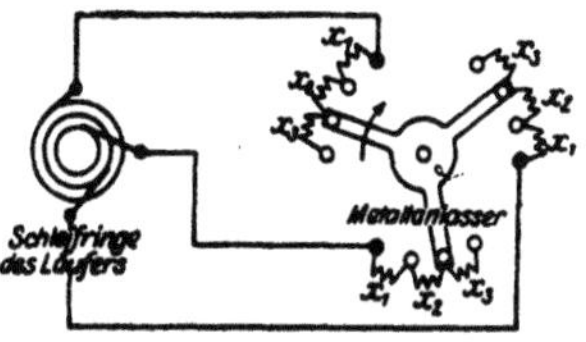

Abb. 241. Schaltung des Läufers mit Anlasser.

und den Läufer im entgegengesetzten Sinne seiner wirklichen Drehung mit der Drehzahl $n_1 - n_2$ gedreht, so wird hierdurch an der Erzeugung der elektromotorischen Kräfte nichts geändert, aber in bezug auf unsere Vorstellung ist jetzt der Läufer der Anker eines zweipoligen Generators geworden, auf den die schon früher entwickelten Formeln angewendet werden können. Da ist zunächst die Formel 86, die über die Frequenz des Wechselstromes Auskunft gibt.

$$\frac{(n_1 - n_2)\, p}{60} = f_2 \text{ Hertz.} \tag{152}$$

Man erkennt aus derselben, daß für den Stillstand des Läufers, also $n_2 = 0$, sie in Formel 86a $\frac{n_1 p}{60} = f_2 = f$ übergeht, wo f die Frequenz des Netzes ist, d. h. bei Stillstand des Läufers fließt in seinen Drähten ein Wechselstrom von der Netzfrequenz.

Dividiert man Formel 152 durch Formel 86a, so ergibt sich:

$$\boxed{\frac{n_1 - n_2}{n_1} = \frac{f_2}{f} = \sigma} \tag{153}$$

σ (lies Sigma) wird die Schlüpfung genannt. ($100\,\sigma$ ist die prozentuale Schlüpfung.) Aus Gl 153 folgt auch

$$n_2 = n_1 (1 - \sigma). \tag{153a}$$

Die in einer Läuferphase erzeugte EMK ist nach Formel 135a (S. 271)

$$E_{p2} = \frac{2.1\, \Phi_0\, z_2\, f_2}{10^8} \text{ Volt.}$$

wo Φ_0 der Induktionsfluß ist, den die $\frac{z_2}{2}$ Windungen der Phase während jeder halben Periode einmal einschließen. Für die EMK einer Ständerphase gilt Formel 135a:

$$E_{p1} = 2{,}1\,\frac{\Phi_0(1 + \tau_1)z_1 f}{10^8},$$

wo $\Phi_0(1 + \tau_1) = \Phi_1$ (nach Formel 139) ist. Durch Division beider Gleichungen wird

$$\frac{E_{p1}}{E_{p2}} = \frac{(1 + \tau_1)\,z_1}{z_2}\,\frac{f}{f_2} = \frac{\ddot{u}}{\sigma},$$

wo

$$\ddot{u} = (1 + \tau_1)\,\frac{z_1}{z_2}.$$

die Übersetzung des Drehstrommotors ist. Hiermit wird

$$E_{p2} = \frac{E_{p1}\,\sigma}{\ddot{u}}\quad \text{Volt.}$$

Die Schlüpfung σ (Formel 153) erreicht ihren größten Wert, wenn $n_2 = 0$ ist (Stillstand), nämlich den Wert 1, und somit wird bei Stillstand auch die EMK einer Läuferphase ein Maximum:

$$E_p{'}_2 = E_{p1} : \ddot{u} = E_{p1}\,\frac{z_2}{z_1\,(1 + \tau_1)}\quad \text{Volt.} \tag{154}$$

Die EMK bei der Schlüpfung σ ist dann

$$E_{p2} = E_p{'}_2\,\sigma\quad \text{Volt.} \tag{154a}$$

Die Spannung zwischen zwei Schleifringen ist bei Stillstand $E_p{'}_2\sqrt{3}$ (Sternschaltung). Sie darf nicht zu groß werden (Angaben hierüber siehe DIN 2651). (Durch $E_p{'}_2$ ist die Drahtzahl z_2 einer Phase bestimmt.) Dividiert man E_{p2} durch den Scheinwiderstand R_{s2} einer Phase, so erhält man den Strom J_2 in derselben: $J_2 = \dfrac{E_{p2}}{R_{s2}}$ Ampere. Es bilden E_{p2} und J_2 im Diagramm den $\sphericalangle \varphi_2$ miteinander. Der Scheinwiderstand R_{s2} setzt sich in bekannter Weise zusammen aus dem Echtwiderstande $R_2 + x$ (R_2 Echtwiderstand der Windungen einer Phase, $x = x_1 + x_2 + \cdots$ ein eingeschalteter Widerstand, siehe Abb. 241) und dem Blindwiderstande $L_2\,\omega_2$, wo L_2 die Induktivität einer Phase ist (Abb. 242). Bei Stillstand ist der Widerstand $R_2 + x$

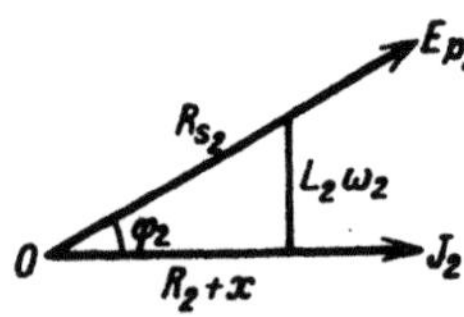

Abb. 242. Widerstandsdreieck zu Phasenläufer.

groß im Vergleich zu $L_2\,\omega = L_2\,2\,\pi\,f$. Dreht sich der Läufer, so muß man zwar, um denselben Strom J_2 zu erzielen x verkleinern (durch Drehen des Anlassers in Abb. 241 nach rechts), es hat aber auch $L_2\,\omega_2$ abgenommen, so daß man angenähert immer $L_2\,\omega_2$ gegen $R_2 + x$ vernachlässigen darf, also anstatt R_{s2} den Echtwiderstand $R_2 + x$ setzen kann. Hieraus folgt weiter, daß $\varphi_2 \approx 0$ ist. Bei der Nennleistung ist die Schlüpfung klein ($\sigma \approx 0{,}05$), daher ist es auch die Frequenz des Läuferstromes $f_2 \doteq f\sigma$, von der die Eisenverluste abhängen. Infolgedessen können bei Nennbetrieb die Eisenverluste im Läufer vernachlässigt werden.

Die Leistung des Stromes J_2, die sich in Stromwärme umsetzt, ist:

$$N_{Cu2} = 3J_2{}^2 R_2 = 3\,E_{p2}\,J_2 = 3\,E_p{'}_2\,\sigma\,J_2\quad \text{Watt.} \tag{155}$$

Mechanische Leistung des Läufers.

Der Drehstrommotor kann bei festgehaltenem Läufer als Transformator aufgefaßt werden, der die in den Ständer eingeleitete elektrische Leistung von der Phasenspannung $E_{p\,1}$ umsetzt in die elektrische Leistung von der Phasenspannung $E_{p}'_2$. Die abgegebene Scheinleistung ist $3\,E_{p}'_2\,J_2$, wo J_2 nur von dem Widerstande des Läuferstromkreises abhängt. Dreht sich der Läufer, so besteht diese Leistung aus der **elektrisch abgegebenen** Leistung $3\,E_{p\,2}\,J_2$ und der **mechanischen** Leistung N_a, es ist also

$$3\,E_{p}'_2\,J_2 = N_a + 3\,E_{p\,2}\,J_2 \quad \text{oder} \quad N_a = 3\,E_{p}'_2\,J_2 - 3\,E_{p\,2}\,J_2$$

oder auch

$$N_a = 3\,E_{p}'_2\,J_2\,(1 - \sigma) \quad \text{Watt.} \tag{156}$$

Dividiert man Gl 155 und Gl 156 durch einander, so erhält man:

$$N_{Cu\,2} = N_a\,\frac{\sigma}{1 - \sigma} \quad \text{Watt.} \tag{157}$$

Die mechanische Leistung N_a des Rotors ist größer als die Nutzleistung N_m um den Betrag der Reibungsverluste N_R. Die Verluste durch Lagerreibung kann man angenähert nach der Formel

$$N_{R\Omega} = \frac{(0{,}08 \ldots 0{,}1)\sqrt{n_1}}{100}\,N_m \quad \text{Watt} \tag{158}$$

berechnen. Hierzu kommt noch, bei dauernd aufliegenden Bürsten, der Verlust durch Bürstenreibung

$$N_{RB} = 0{,}29\,F_b\,v_k \quad \text{Watt,} \tag{158a}$$

wo F_b die gesamte Auflagefläche der Bürsten in cm² und v_k die Umfangsgeschwindigkeit des Schleifringes in Metern bezeichnet. Es ist also

$$N_a = N_m + N_R. \tag{159}$$

Drehmoment. Die mechanische Leistung des Läufers ist, wenn P die Umfangskraft in kg und $2\,r$ den Läuferdurchmesser in m bezeichnet:

$$N_a = P \cdot \frac{2\,r\,\pi\,n_2}{60} \cdot 9{,}81 \quad \text{Watt.}$$

Durch Gleichsetzen mit Formel 156 wird

$$P\,\frac{2\,r\,\pi\,n_2}{60} \cdot 9{,}81 = 3\,E_{p}'_2\,J_2\,(1 - \sigma)$$

$$P\,r = \frac{3\,E_{p}'_2\,J_2\,(1 - \sigma)}{2\,\pi\,n_2 \cdot 9{,}81 : 60} \quad \text{kg} \times \text{m}.$$

oder $n_2 = n_1\,(1 - \sigma)$ (s. Formel 153a)

$$P\,r = \frac{3\,E_{p}'_2\,J_2}{1{,}03 \cdot n_1} \quad \text{kg} \times \text{m}. \tag{160}$$

Setzt man $E_{p}'_2 = \dfrac{2{,}1\,\Phi_0\,z_2\,f}{10^8}$ und $f = \dfrac{n_1\,p}{60}$, so wird auch

$$P\,r = \frac{0{,}102\,p\,z_2}{10^8} \cdot \Phi_0\,J_2 \quad \text{kg} \times \text{m}. \tag{160a}$$

Das Nenndrehmoment berechnet man angenähert nach der Formel $Pr = \dfrac{\text{Nennleistung in Watt}}{\text{Synchrone Drehzahl}}$ d. h. man hat $\dfrac{3 E_{p\,2}' J_2}{1,03} = N_m =$ Nennleistung gesetzt.

Stromstärke im Läufer. Die von der Wicklung des Ständers aufgenommene Leistung ist $3 E_{p\,1} J_1$; sie ist größer als die auf den Läufer übertragene Leistung $3 E_{p\,2}' J_2$ um den Betrag der Eisenverluste; wir schreiben daher, um Gleichheit zu erhalten: $3 E_{p\,1} J_1 \lambda = 3 E_{p\,2}' J_2$ oder, unter Berücksichtigung von Gl 154

$$3 E_{P1} J_1 \lambda = 3 E_{P1} \frac{z_2}{z_1 \cdot (1 + \tau_1)} J_2, \quad \text{oder} \quad J_1 z_1 (1 + \tau_1) \cdot \lambda = J_2 z_2,$$

woraus

$$J_2 = \lambda \cdot \frac{J_1 z_1 (1 + \tau_1)}{z_2} \quad \text{Ampere} \tag{161}$$

folgt.

Für $\lambda (1 + \tau_1)$ kann man bei der Nennleistung etwa $0{,}85 .. 0{,}9$ setzen. z_2 ist bestimmt durch den zulässigen Wert von $E_{p\,2}'$ und folgt aus Formel 154. Die Länge l_2 einer Läuferwindung kann etwa $8 .. 10$ cm kleiner als im Ständer (siehe Formel 146) angenommen werden.

Die pro Phase aufgewickelte Drahtlänge ist $L_2 = \dfrac{z_2}{2} 2 l_2$.

Der Widerstand dieser Läuferwickelung ist $R_{2w} = \dfrac{\varrho L_2}{q_2}$.

Der Widerstand R_2 einer Läuferphase besteht aus dem Widerstand der Wicklung R_{2w} und dem Übergangswiderstand R_b zwischen Schleifring und Bürste, also $R_2 = R_{2w} + R_b$. Er folgt aus der Gl 155 $R_2 = \dfrac{N_{cu\,2}}{3 J_2^2}$.

Die Gleichung $R_{2w} = R_2 - R_b = \dfrac{\varrho L_2}{q_2}$ gibt den Drahtquerschnitt

$$q_2 = \frac{\varrho L_2}{R_2 - R_b} \quad \text{mm}^2. \tag{162}$$

Für Kupfer ist $\varrho = 0{,}02$, für Aluminium $\varrho = 0{,}035$ zu setzen, da, wegen der kleinen Periodenzahl, mit einer Widerstandszunahme für Wechselstrom nicht zu rechnen ist.

Die Drahtzahl pro Nut ist $Z_4 = \dfrac{3 z_2}{k_2}$ (abrunden auf ganze Zahl) also der Drahtquerschnitt pro Nut

$$F_k = q_2 \frac{3 z_2}{k_2}.$$

Unter Annahme des Nutenfüllfaktors (S. 275) folgt der Nutenquerschnitt $F_n = \dfrac{F_k}{f_k}$ und hieraus die Nutenabmessungen aus Formel 149a—d.

B. Kurzschlußläufer.

Der Kurzschlußläufer hat anstatt der Wicklung Stäbe, die in Nuten untergebracht sind, wobei gewöhnlich die Nutenzahl gleich der Stabzahl ist.

Die Stäbe sind etwas länger als der Läufer und werden die aus den Nuten herausragenden Enden durch zwei Kupferringe gut leitend miteinander verbunden.

Bezeichnet R_Ω den Widerstand eines Stabes einschließlich einer Endverbindung, so ist in den vorangegangenen Formeln zu setzen

$$R_2 = \frac{k_2}{3} R_\Omega \quad \text{und} \quad z_2 = \frac{k_2}{3}.$$

Strom im Ring. In Abb. 243 seien die beiden Ringe durch die konzentrischen Kreise und die Stäbe durch die radialen Linien ab, cd usw. dargestellt.

In jedem Stabe fließt ein Strom $i = J_{max} \sin$ wo J_{max} der Strom in dem Stabe ist, der sich gerade unter einem Pole befindet. In dem Ringstück

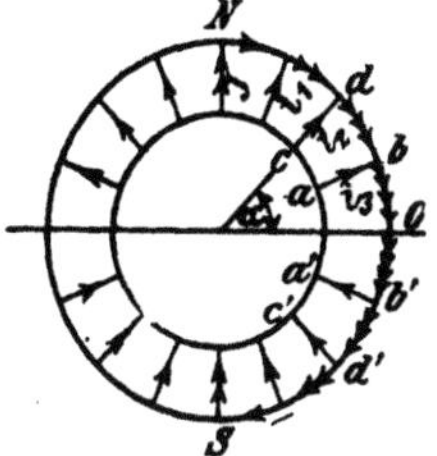
Abb. 243. Kurzschlußläufer.

bb' (Abb. 243) fließt $i_1 + i_2 + \cdots$ die Summe der Ströme aus den einzelnen Stäben zwischen N und O. Man findet diese Summe, wenn man den Mittelwert von i, d. i. $\frac{2}{\pi} J_{max}$ mit der Anzahl der zugehörigen Stäbe multipliziert. Sind k_2 Stäbe vorhanden, so addieren sich bei der zweipoligen Anordnung die Ströme in $\frac{k_2}{4}$ Stäben $\left(\text{allgemein in } \frac{k_2}{2 \cdot 2 \, p}\right)$, also ist der Maximalwert des Stromes, der in dem Ringstück $\overline{bb'}$ fließt,

$$(J_r)_{max} = \frac{2}{\pi} J_{max} \frac{k_2}{4 \, p},$$

oder der effektive Wert

$$J_r = \frac{(J_r)_{max}}{\sqrt{2}} = \frac{2}{\pi} J_2 \frac{k_2}{4 \, p} = J_2 \frac{k_2}{2 \, p \, \pi} \quad \text{Ampere.} \tag{163}$$

Gleichung für R_Ω. Bezeichnet R_r den Widerstand beider Ringe, so ist der Verlust durch Stromwärme im Läufer

$$N_{Cu \, 2} = J_2^2 R_s k_2 + J_r^2 R_r,$$

wo R_s den Widerstand eines Stabes ohne Endverbindungen bezeichnet.

$$N_{Cu \, 2} = J_2^2 R_s k_2 + \left(\frac{J_2 k_2}{2 \, p \, \pi}\right)^2 R_r \quad \text{oder} \quad N_{Cu \, 2} = J_2^2 k_2 \left(R_s + R_r \frac{k_2}{(2 \, p \, \pi)^2}\right).$$

Andererseits ist $N_{Cu \, 2} = J_2^2 R_\Omega k_2$. Durch Gleichsetzung erhält man den Widerstand eines Stabes mit seiner Verbindung

$$R_\Omega = R_s + R_r \frac{k_2}{(2 \, p \, \pi)^2} \quad \text{Ohm.} \tag{164}$$

Berechnet man den Stabquerschnitt q_s nach der Formel

$$q_s = \frac{\varrho}{R_\Omega} \left(l_s + \frac{D_r}{p}\right) \quad \text{mm}^2, \tag{165}$$

so wird das Kupfervolumen des Läufers ein Minimum, wobei der mittlere Durchmesser des Ringes D_r und die Länge l_s in Metern einzusetzen sind.

$$l_s \approx b + 20 \, \text{mm}.$$

Temperaturerhöhung. Die Temperaturerhöhung kann nach Hobart in folgender, einfacher Weise berechnet werden. Es sei D der Durchmesser des Ständers, $L = b + 0,7\,t_p$, alle Maße in dm, so ist die ausstrahlende Oberfläche

$$O = \pi D L \quad \mathrm{dm}^2$$

und die Temperaturerhöhung ϑ:

$$\vartheta = \frac{\text{Gesamtverlust}}{\pi D L\,(1,44 \text{ bis } 1,85)} \quad \text{für halb offene Motoren,} \qquad (166)$$

für ganz geschlossene Motoren sind anstatt 1,44 bis 1,85 etwa die halben Werte einzusetzen.

Das Heylandsche Diagramm.

Bestimmt man aus der Gleichung für die eingeleitete Leistung

$$N_k = \sqrt{3}\,U_k J \cos\varphi \quad \text{den Wert} \quad \cos\varphi = \frac{N_k}{\sqrt{3}\,U_k J}$$

und trägt an eine durch O gehende Vertikale (Abb. 244) den Winkel φ an, so liegen die Endpunkte C der zugehörigen Ströme J, die in

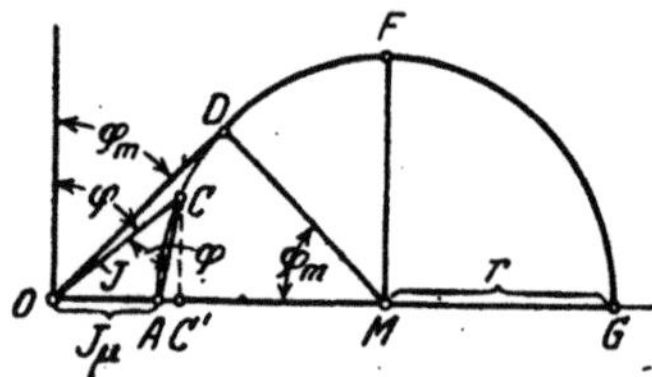

Abb. 244. Zum Heyland-Diagramm.

einem willkürlich gewählten Maßstab, z. B. 1 A $= a$ mm als Längen aufgetragen werden, auf einem Kreise (Satz von Heyland).

Läuft der Motor ohne alle Verluste leer, so gelangt C nach A und es ist $\overline{OA}$ der Strom bei Leerlauf, also $\overline{OA} = J_\mu$.

Je mehr der Motor belastet wird, desto weiter bewegt sich C nach rechts. Wird der verlustlos arbeitende Motor festgebremst, so ist C nach G gelangt, und es ist $\overline{OG}$ der ideelle Kurzschlußstrom.

Der Winkel φ wird am kleinsten, nämlich $= \varphi_m$, wenn $\overline{OC}$ nach $\overline{OD}$ fällt, d. h. Tangente des Kreises ist.

Heyland definierte das Verhältnis $\dfrac{\overline{OA}}{\overline{AG}} = \tau$ als Streuungskoeffizienten.

Dieser besteht aus dem Streuungskoeffizienten τ_1 des Ständers und dem Streuungskoeffizienten τ_2 des Läufers, und zwar gilt die Gleichung

$$\tau = \tau_1 + \tau_2 + \tau_1 \tau_2 \quad \text{angenähert} \quad \tau = \tau_1 + \tau_2 = 2\,\tau_1.$$

Aus $\tau = \dfrac{\overline{OA}}{\overline{AG}} = \dfrac{J_\mu}{2\,r}$ folgt

$$2\,r = J_\mu : \tau \qquad (167)$$

und

$$\cos\varphi_m = \frac{\overline{MD}}{\overline{OM}} = \frac{r}{J_\mu + r} = \frac{1}{1 + 2\,\tau}. \qquad (168)$$

Verbindet man C mit A, so ist $\overline{AC}$ ein Maß für den Strom im Läufer. Derselbe ist

$$J_2 = \frac{\overline{AC}}{a}\,\frac{z_1}{z_2}\,(1 + \tau_1). \qquad (169)[1]$$

Zieht man $\overline{CC'} \perp \overline{OG}$, so ist $\overline{CC'} = J_1 \cos \varphi$ die Wirkkomponente des Stromes und die eingeleitete Leistung

$$N_k = \sqrt{3}\,U_k\,J_1 \cos \varphi = \sqrt{3}\,U_k\,\frac{\overline{CC'}}{a}.$$

Da wir voraussetzen, daß U_k konstant bleibt, so ist $\overline{CC'}$ ein Maß für die eingeleitete Leistung.

Wir sehen, daß die eingeleitete Leistung ein Maximum ist, wenn der Punkt C in Abb. 244 nach F kommt.

Aus der Gl 137a folgt die Proportionalität zwischen J_μ und $\mathfrak{B}_\varrho$ und da ferner (nach Gl 141) $\mathfrak{B}_\varrho$ proportional Φ_0 und dieses (nach Gl 135a) proportional E_{p1} ist, so ist auch J_μ proportional E_{p1}. Man kann hiernach $\overline{OA}$ bzw. $\overline{OG}$ als ein Maß für die Phasenspannung ansehen. Wir haben demnach folgende Maßstäbe:

1. $1\,\text{A} = a$ mm bzw. $1\,\text{mm} = \dfrac{1}{a}\,\text{A}$ (willkürlich gewählt).

Aus $\qquad\qquad \overline{OG}$ mm sollen E_{p1} Volt sein,

$\qquad\qquad\quad\ ?\ \ \text{,,}\ \ \text{sind}\ \ \ 1$ Volt, $\qquad\qquad$ folgt:

2. $1\,\text{V} = \dfrac{\overline{OG}}{E_{p1}} = b$ mm.

Die eingeleitete Leistung werde gemessen durch die Länge $\overline{MF}$ mm, es sollen also sein:

$$\overline{MF}\ \text{mm} = 3\,E_{p1}\,\frac{\overline{MF}}{a}\ \text{Watt.}$$
$$1\ \text{,,} \qquad\qquad ?\qquad \text{,,}$$

3. $1\,\text{mm} = \dfrac{3\,E_{p1}}{a} = c$ Watt und umgekehrt: $1\,\text{Watt} = \dfrac{a}{3\,E_{p1}}\,\text{mm}$.

Für E_{p1} ist in 2. und 3. bei Sternschaltung $\dfrac{U_k}{\sqrt{3}}$ und bei Dreieckschaltung U_k zu setzen.

Trägt man in G an $\overline{OG}$ (Abb. 245) einen Winkel α derart an, daß

$$\operatorname{tg}\alpha = R_1\ \text{Ohm}$$

ist und beschreibt um den Mittelpunkt M_1 einen Kreis (II), der durch A und G geht, so ist $\overline{EE'}$ im Wattmaßstabe gemessen, die auf den Läufer

---

[1] Aus (161) folgt $J_2 = \dfrac{\lambda J_1 z_1 (1 + \tau_1)}{z_2}$. Durch Gleichsetzen des Wertes mit (169) erhält man $\dfrac{\lambda J_1 z_1 (1 + \tau_1)}{z_2} = \dfrac{\overline{AC}}{a}\,\dfrac{z_1}{z_2}\,(1 + \tau_1)$ oder $\lambda = \dfrac{\overline{AC}}{\overline{OC}}$; da ja $\dfrac{\overline{OC}}{a} = J_1$ ist.

übertragene mechanische Leistung N_e. Der Winkel α wird angetragen, indem man von G aus $1\,A$ (d. h. a mm) nach links abträgt, in dem Endpunkt eine Senkrechte errichtet und diese gleich R_1 Volt, d. i. $b\,R_1$ mm macht. Die Verbindungslinie dieses Punktes mit G geht durch M_1.

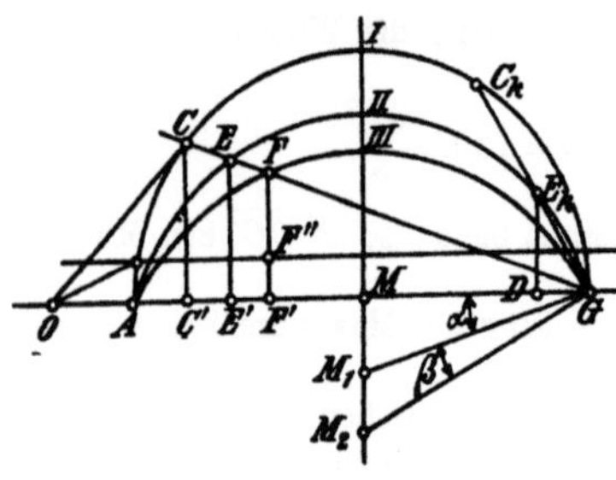

Abb. 245. Konstruktion des Heylandschen Diagramms.

Nach Formel 160 ist das Drehmoment proportional der Leistung des Läufers, es stellt also auch $\overline{E\,E'}$ das Drehmoment des Läufers dar und der Kreis II heißt demgemäß der Drehmomentkreis. Das größte Drehmoment ist das sogenannte Kippmoment. Es tritt ein, wenn E senkrecht über M bzw. M_1 zu liegen kommt.

Ist R_2 der Widerstand einer Phase des Läufers einschließlich des Übergangswiderstandes der Bürste, R_2' der Widerstand einer Phase unter der Voraussetzung, daß Ständer und Läufer gleichviel Windungen besäßen, wie dies in dem obigen Diagramm vorausgesetzt wird, so ist dann

$$R_2' = R_2 \left[\frac{z_1}{z_2} (1 + \tau_1) \right]^2 \text{ Ohm.} \tag{170}$$

Trägt man in G an $\overline{OG}$ einen Winkel $(\alpha + \beta)$ derart an, daß

$$\text{tg}\,(\alpha + \beta) = R_1 + R_2' = R_k$$

ist, so erhält man in M_2 den Mittelpunkt des Kreises III des Leistungskreises (Abb. 245), für welchen $\overline{F\,F'}$ im Wattmaßstabe gemessen die gebremste Leistung darstellt, allerdings ohne Berücksichtigung der Verluste im Eisen und ohne Reibungsverluste.

Bezeichnet N_0 diese Verluste und zieht man im Abstande N_0 Watt eine Parallele zu $\overline{OG}$, so ist unter Berücksichtigung aller Verluste $\overline{F\,F''}$ die gebremste Leistung. Die mit dem Wattmeter bei Leerlauf gemessene Leistung, abzüglich der Stromwärme $3\,J_0{}^2\,R_1$, gibt die Leerlaufverluste N_0.

Wird nun unser Motor immer mehr und mehr belastet, so wandert der Punkt C auf dem Kreise I immer weiter nach rechts und kommt schließlich nach C_k, wo $\overline{C_k\,G}$ Tangente an den Kreis III geworden, also

$$\overline{C_k\,G} \perp \overline{M_2\,G}$$

ist. In diesem Falle ist $\overline{F\,F'} = 0$ geworden, d. h. der Läufer steht still, und es bedeutet demnach $\overline{O\,C_k}$ den Strom bei festgehaltenem Läufer, also den Kurzschlußstrom, unter Berücksichtigung der Verluste.

$\overline{E_k\,D}$ ist die auf den Läufer übertragene Leistung, die proportional dem Drehmoment ist. Es stellt demnach $\overline{E_k\,D}$ ein Maß für das Anzugsmoment des Motors dar.

Die Schlüpfung ist der Quotient $\dfrac{\overline{E\,F}}{\overline{E\,G}}$. (Eine andere Art der Darstellung der Schlüpfung siehe Aufgabe 323 Abb. 255.)

Das über das Diagramm Gesagte gilt in gleicher Weise für den Phasen- wie für den Kurzschlußläufer. Nur ist bei letzterem zu berücksichtigen, daß

$$R_2 = \frac{k_2}{3}\,R_\mathfrak{L} \quad \text{also Formel (169)} \quad J_2 = \frac{\overline{AC}}{a}\,\frac{3\,z_1\,(1+\tau_1)}{k_2}$$

und Formel (170) $R_2' = R_2\left[\dfrac{3\,z_1\,(1+\tau_1)}{k_2}\right]^2$ wird. ·

Bei einem richtig berechneten, nicht zu kleinem Motor, soll bei voller Belastung die Stromlinie $\overline{OC}$ Tangente an den Kreis I sein. denn dann ist $\cos\varphi$ ein Maximum. Für diesen Fall ist (Abb. 244, S. 282)

$$\operatorname{tg}\varphi_m = \frac{\overline{OD}}{\overline{DM}} = \frac{J_1}{r} = \frac{J_1}{J_\mu : 2\,\tau}$$

oder

$$\frac{J_1}{J_\mu} = \frac{1}{2\,\tau}\operatorname{tg}\varphi_m = \frac{1}{2\,\tau}\frac{\sqrt{1-\cos^2\varphi_m}}{\cos\varphi_m} = \frac{1}{2\,\tau}\frac{\sqrt{1-\left(\dfrac{1}{1+2\,\tau}\right)^2}}{1:(1+2\,\tau)} = \frac{\sqrt{4\,\tau+4\,\tau^2}}{2\,\tau},$$

woraus

$$J_\mu = J_1\sqrt{\frac{\tau}{1+\tau}} \quad \text{Ampere} \tag{171}$$

oder angenähert:

$$J_\mu = J_1\sqrt{\tau} \quad \text{Ampere.} \tag{171a}$$

Zur Berechnung von τ kann man sich bei offenen Nuten der em-'rischen Formel:

$$\tau = \frac{3}{H^2} + \frac{\delta}{H\,t_p\,\dfrac{O_\iota + O_\mathfrak{L}}{2}} + \frac{6\,\delta}{b} \tag{172}$$

bedienen, wo $H = \dfrac{k_1+k_2}{4\,p}$ ist. Alle Längenmaße sind in cm einzusetzen. Der Wert τ_1 kann gleich τ_2, also $\tau_1 = \dfrac{\tau}{2}$ geschätzt werden. O_ι und $O_\mathfrak{L}$ sind die Nutenöffnungen im Ständer bzw. Läufer (siehe Abb. 252 u. 254).

Nach einer anderen Formel ist:

$$\tau_1 = \frac{51\,\delta}{t_p^2} + 2{,}75\,\frac{\delta}{b} + \frac{1{,}53}{H^2}, \tag{172b}$$

wobei $\tau_2 = \tau_1$ also $\tau = \tau_1 + \tau_2 = 2\,\tau_1$ ist.

Um der Gl (171a) Genüge zu leisten, muß $\mathfrak{B}_\mathfrak{L}$ entsprechend berechnet werden. Aus (137a) folgt mit $z_1 = 2\,w$, $z_1 = \dfrac{0{,}64\,\mathfrak{B}_\mathfrak{L}\,p\,\delta\,\alpha\cdot 2}{J_\mu}$.

Die Gl (139) und (141) geben $\Phi_1 = (1+\tau_1)\,t_p\,b\,f'\,\mathfrak{B}_\mathfrak{L}$, beide Werte in (135a) eingesetzt

$$E_{p1} = \frac{2{,}1\,(1+\tau_1)\,t_p\,b\,f'\,\mathfrak{B}_\mathfrak{L}\,f}{10^8}\cdot\frac{2\cdot 0{,}64\,\mathfrak{B}_\mathfrak{L}\,\delta\,p\,\alpha}{J_\mu}$$

hieraus

$$\mathfrak{B}_\mathfrak{L} = \sqrt{\frac{E_{p1}\,J_\mu\cdot 10^8}{2{,}1\,(1+\tau_1)\cdot 2\cdot 0{,}64\,t_p\,b\,f'\,f\,\delta\,p\,\alpha}} = 7340\sqrt{\frac{E_{p1}\,J_\mu}{t_p\,b\,f\,\delta\,p\,\alpha}} \quad \text{Gauß,} \tag{173}$$

wo $1+\tau_1 = 1{,}03$, $f' = 0{,}67$ gesetzt wurde.

309. Wie groß ist die Schlüpfung eines 4 [6]-poligen **Dreh**-strommotors, der 1450 [950] Umdrehungen bei 50 Hertz macht, und wie. groß ist die Frequenz des Läuferstroms?

Lösung: Die Schlüpfung σ folgt aus der Gl 153

$$\sigma = \frac{n_1 - n_2}{n_1}, \quad \text{wo} \quad n_1 = \frac{60\,f}{p} = \frac{60 \cdot 50}{2} = 1500 \quad \text{ist,}$$

also

$$\sigma = \frac{1500 - 1450}{1500} = 0,033 \quad \text{oder} \quad 100\,\sigma = 3,3\,\%.$$

Die Frequenz f_2 des Läuferstromes folgt aus Formel 153

$$f_2 = f\,\sigma = 50 \cdot 0,0333 = 1,666 \text{ Hertz}.$$

310. Ein 6 [4]-poliger Drehstromerzeuger (Generator) macht 980 [1460] Umdrehungen pro Minute, ein von diesem gespeister Drehstrommotor 1430 [720] Umdrehungen. Wie groß ist hiernach die Polzahl des Motors und die Schlüpfung?

Lösung: Die Frequenz des Drehstromes (erzeugt im Generator) ist (Formel 86)

$$f = \frac{n\,p}{60} = \frac{980 \cdot 3}{60} = 49 \text{ Hertz} \quad \text{oder} \quad 60\,f = 2940.$$

Setzt man für den Motor angenähert $n_1 = n_2 = 1430$ und löst (86a) nach p auf, so erhält man $p = \frac{60 \cdot 49}{1430} = 2,06$, d. h. es ist $2\,p = 4$, also wird genau (Formel 86a) $n_1 = \frac{2940}{2} = 1470$, demnach die Schlüpfung nach Formel (153)

$$\sigma = \frac{1470 - 1430}{1470} = 0,0272.$$

311. Wie groß ist in der vorigen Aufgabe die Frequenz des Läuferstromes?

Lösung: Es ist nach Formel 152

$$f_2 = \frac{(n_1 - n_2)\,p}{60} = \frac{1470 - 1430}{60}\,2 = 1,333 \text{ Hertz}.$$

312. Um die Schlüpfung eines 4 [6]-poligen Motors zu bestimmen, legte man an die Schleifringe des Läufers ein Drehspulvoltmeter, welches 40 [60] Ausschläge in einer Minute machte. Die Tourenzahl des 4 [6]-poligen Generators war 1500 [1000]. Wie groß ist hiernach die Schlüpfung?

Lösung: Wegen der geringen Periodenzahl des Läufers macht ein Drehspulgalvanometer während jeder Periode einen Ausschlag nach einer Seite, also ist die Anzahl der Ausschläge nach dieser Seite hin unmittelbar die Periodenzahl f_2. In unserm Falle ist $f_2 = 40$ pro Minute und da $f_2 = (n_1 - n_2)\,p$, so ist

$$n_1 - n_2 = \frac{f_2}{p} = \frac{40}{2} = 20,$$

mithin

$$\sigma = \frac{n_1 - n_2}{n_1} = \frac{20}{1500} = 0{,}0133.$$

Bemerkung: Ersetzt man das Galvanometer durch ein Telephon, so ist die Anzahl der Schwebungen doppelt so groß wie die der Ausschläge des Drehspulgalvanometers. Dasselbe gilt für ein Weicheiseninstrument.

313. Ein 4-poliger Drehstrommotor mit Schleifringläufer ist mit seiner Ständerwicklung an eine Spannung von 220 V und 50 Hertz angeschlossen. Zwischen zwei Schleifringen, aber offenem Läuferstromkreis (also Stillstand) mißt man 120 V. Wie groß ist die Übersetzung, wenn beide Teile in Stern geschaltet sind? (Abb. 246.)

Lösung: Übersetzung ist beim Drehstrommotor mit Sternschaltung

$$\ddot{u}_1 = \frac{z_1\,(1 + \tau_1)}{z_2} = \frac{E_{p\,1}\sqrt{3}}{E_{p\,2}'\sqrt{3}} = \frac{220}{120} = 1{,}833,$$

wo für die EMK $E_{p\,1}\sqrt{3}$ die Netzspannung gesetzt wurde.

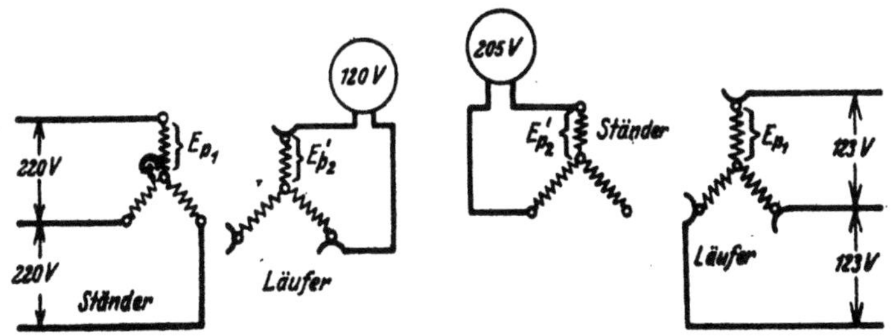

Abb. 246. Bestimmung der Übersetzung eines Drehstrommotors zu Aufgabe 313.

Abb. 247. Bestimmung der Übersetzung eines Drehstrommotors zu Aufgabe 314.

314. Bei einem andern Versuch schließt man die Schleifringe des Motors der vorigen Aufgabe an eine Spannung von 123 V und 50 Hertz an und mißt an den Klemmen des Ständers 205 V. Wie groß ist jetzt die Übersetzung? (Abb. 247)

Lösung: Diesmal haben Ständer und Läufer die Rollen getauscht, d. h. es ist

$$\ddot{u}_2 = \frac{z_2\,(1 + \tau_2)}{z_1} = \frac{123}{205} = 0{,}6.$$

Bemerkung: Bildet man $\ddot{u}_1 \cdot \ddot{u}_2 = 1{,}833 \cdot 0{,}6 = 1{,}0998$, so erhält man

$$\ddot{u}_1 \cdot \ddot{u}_2 = \frac{z_1(1+\tau_1)}{z_2} \cdot \frac{z_2(1+\tau_2)}{z_1} = (1+\tau_1)(1+\tau_2),$$

$$\ddot{u}_1 \cdot \ddot{u}_2 = 1 + \tau_1 + \tau_2 + \tau_1 \cdot \tau_2 = 1 + \tau,$$

also ist (siehe Seite 276)

$$1 + \tau = 1{,}0998 \quad \text{oder} \quad \tau = 0{,}0998.$$

(Methode zur Messung des Streukoeffizienten.)

315. Ein Drehstrommotor hat eine Ständerbohrung D von 120 [200] mm, eine Breite b von 60 [93] mm, die Nutenzahl des Ständers ist $k_1 = 36$ [36], die Nutenzahl des Läufers ist $k_2 = 37$ [54], die Drahtzahl pro Phase des Ständers $z_1 = 180$ [288], die des Läufers $z_2 = \dfrac{37}{3}$ (Kurzschlußläufer) [180], der Luftzwischenraum δ ist 0,3 [0,5] mm, die Polzahl 4 [6]. Gesucht wird:

a) die Polteilung,

b) der Streuungskoeffizient, wenn die Nutenöffnungen $0_1 = 1$ [3] mm $0_2 = 1$ [2] mm sind,

c) der Magnetisierungsstrom, wenn der Vollaststrom 8,5 [7,3] A beträgt, und dieser Strom dem größten Werte von $\cos\varphi$ entsprechen soll,

d) der Durchmesser des Heylandschen Diagramms.

e) die Stromstärke in einem Stabe [einer Phase] des Läufers,

f) $\cos\varphi_m$.

Losungen:

Zu a): $t_p = \dfrac{\pi D}{2p} = \dfrac{\pi \cdot 120}{4} = 94{,}2$ mm.

Zu b): Der Streuungskoeffizient folgt aus der Gl 172, wo

$$H = \frac{k_1 + k_2}{4p} = \frac{36 + 37}{4 \cdot 2} = 9{,}125 \text{ ist, also}$$

$$\tau = \frac{3}{9{,}125^2} + \frac{0{,}03}{9{,}125 \cdot 9{,}42 \dfrac{0{,}1 + 0{,}1}{2}} + \frac{6 \cdot 0{,}03}{6} = 0{,}0695.$$

Zu c): Aus (171) folgt

$$J_\mu = J_1 \sqrt{\frac{\tau}{1+\tau}} = 8{,}5 \sqrt{\frac{0{,}0695}{1 + 0{,}0695}} = 2{,}17 \text{ A}.$$

Zu d): Die Formel 167　$2r = \dfrac{J_\mu}{\tau}$　gibt

$$2r = \frac{2{,}17}{0{,}0695} = 31{,}3 \text{ A}.$$

Zu e): Man zeichne (Abb. 248) einen Halbkreis mit dem Durchmesser $\overline{AG} = 2r = 31{,}3$ A, z. B. 1 A $= 2$ mm*, trage an

---

* In der Abbildung ist nur der halbe Maßstab angewendet, dem Leser ist aber zu empfehlen, den oben angegebenen, oder einen noch größeren Maßstab zu benutzen.

A nach links das Stück $\overline{OA} = J_\mu = 2{,}17\,\text{A}$, d. i. $3{,}4$ mm an, und mache $\overline{OC} = 8{,}5$ A, d. i. 17 mm, dann wird gemessen $\overline{AC} = 16$ mm, d. i. $\dfrac{\overline{AC}}{a} = 8$ A, es ist demnach für den Kurzschluß-läufer (Formel 169), mit $\tau_1 = \dfrac{\tau}{2} = 0{,}0347$

$$J_2 = 8\,\frac{3\,z_1}{k_2}\,(1 + \tau_1)$$
$$= \frac{8 \cdot 3 \cdot 180 \cdot 1{,}0347}{37} = 121 \text{ A}.$$

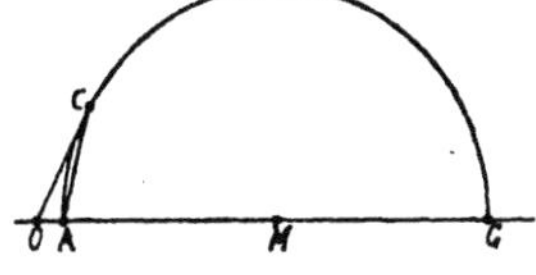

Abb. 248. Heyland-Diagramm zu Aufgabe 315.

Zu f): Aus Formel 168 folgt:
$$\cos \varphi_m = \frac{1}{1 + 2\tau} = \frac{1}{1 + 2 \cdot 0{,}0695} = 0{,}88.$$

316. Einen Widerstand von $5\,[0{,}7]\,\Omega$ durch die Gleichung $\operatorname{tg}\alpha = R$ darzustellen, wenn

$$1 \text{ A} = a = 4\,[3]\,\text{mm}, \quad 1 \text{ V} = b = 0{,}8\,[1]\,\text{mm ist.}$$

Lösung:
$$\operatorname{tg}\alpha = 5\,\Omega = \frac{5 \text{ V}}{1 \text{ A}} = \frac{50 \text{ V}}{10 \text{ A}},$$

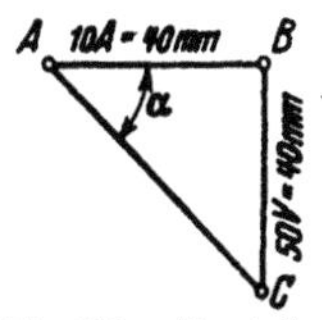

Abb. 249. Darstellung eines Widerstandes als Winkel zu Aufgabe 316.

d. i. $= \dfrac{50\,b}{10\,a} = \dfrac{(50 \cdot 0{,}8)\,\text{mm}}{(10 \cdot 4)\,\text{mm}} = \dfrac{40 \text{ mm}}{40 \text{ mm}} = \dfrac{\overline{BC}}{\overline{AB}}$ (Abb. 249).

317. Wie groß ist der Widerstand R, wenn in der Abb. 249 $1 \text{ A} = a = 3\,[2]\,\text{mm}$, $1 \text{ V} = b = 2\,[1{,}5]\,\text{mm}$ vorstellt?

Lösung:
$$\operatorname{tg}\alpha = \frac{\overline{BC}}{\overline{AB}} = \frac{40 \text{ mm}}{40 \text{ mm}}, \quad \text{d. i. } \frac{40 : b}{40 : a} = \frac{(40 : 2)\,\text{V}}{(40 : 3)\,\text{A}} = \frac{20 \text{ V}}{13{,}33 \text{ A}} = 1{,}5\,\Omega.$$

318. Zeichne in Aufgabe 315 das Heylandsche Diagramm mit allen drei Kreisen, wenn noch folgende Werte gegeben sind: $R_1 = 0{,}3\,[0{,}5]\,\Omega$, $R_2 = 0{,}001\,66\,[0{,}195]\,\Omega$ und $U_k = 60\,[220]$ V. Sternschaltung vorausgesetzt.

Lösung: Der Voltmaßstab bei Sternschaltung ist bestimmt durch die Gleichung

$$1 \text{ V} = \frac{\overline{OG}}{U_k}\sqrt{3} = \frac{67 \cdot \sqrt{3}}{60} = 1{,}84 \text{ mm},$$

wo $\overline{OG} = 67$ mm in Abb. 250 gemessen wurde. Da ferner nach Aufgabe 315 (Frage e) $1 \text{ A} = 2$ mm ist, so wird

$$\text{tg}\,\alpha = R_1 = 0,3\,\Omega = \frac{0,3\,\text{V}}{1\,\text{A}} = \frac{15\,\text{V}}{50\,\text{A}}, \quad \text{d. i.} \quad \frac{(15 \cdot 1,84)\,\text{mm}}{(50 \cdot 2)\,\text{mm}}$$

$$\text{tg}\,\alpha = \frac{27,7\,\text{mm}}{100\,\text{mm}} = \frac{\text{gegenüberliegende Kathete}}{\text{anliegende Kathete}}$$

Man trage, nachdem man den Kreis I aus den Angaben der Aufgabe 315 noch einmal gezeichnet hat, von G aus in Abb. 250

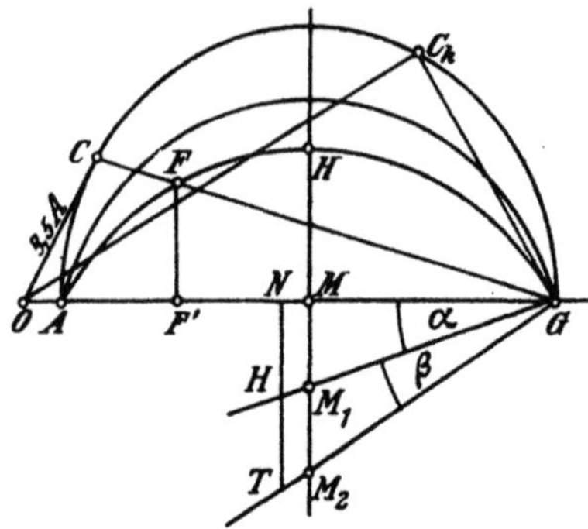

Abb. 250. Heyland-Diagramm zu Aufgabe 318.

nach links 100 mm an, $\overline{GN} = 100$ mm, errichte in dem erhaltenen Endpunkte N eine Senkrechte $\overline{NH}$ nach unten und mache diese 27,7 mm lang, verbinde den erhaltenen Punkt H mit G, so schneidet diese Verbindungslinie die in M auf $\overline{OG}$ errichtete Senkrechte in M_1, dem Mittelpunkte des Kreises II. (Reicht beim Antragen des Winkels der Platz, wie hier, nicht aus, so verrichten es auch die halben oder viertel Längen.)

Ferner ist

$$\text{tg}\,(\alpha + \beta) = R_1 + R_2' = 0,3 + 0,001\,66 \left(\frac{3 \cdot 180 \cdot 1,0347}{37}\right)^2$$
$$= 0,3 + 0,38 = 0,68\,\Omega,$$

$$\text{tg}\,(\alpha + \beta) = \frac{0,68\,\text{V}}{1\,\text{A}}, \quad \text{d. i.} \quad \frac{(0,68 \cdot 1,84)\,\text{mm}}{(1 \cdot 2)\,\text{mm}} = \frac{0,63\,\text{mm}}{1\,\text{mm}} = \frac{63\,\text{mm}}{100\,\text{mm}}.$$

Um diesen Winkel zu zeichnen, mache man $\overline{NT} = 63$ mm, verbinde den Endpunkt T mit G, wodurch man M_2, den Mittelpunkt des Kreises III erhält.

319. Berechne den Wattmaßstab und gib an:

a) die zum Strome 8,5 [7,3] A gehörige Nutzleistung,

b) die größte Leistung, die der Motor einen Augenblick zu leisten vermag,

c) den Strom, den er aufnimmt, wenn der Läufer festgehalten wird.

Lösungen:

Für den Wattmaßstab gilt die Gleichung:

$$1\,\text{mm} = \frac{3\,E_{p1}}{a} = \frac{3 \cdot 60}{2 \cdot \sqrt{3}} = 52\,\text{W}.$$

Zu a): Die zum Strome $\overline{OC} = 8{,}5$ A gehörige Nutzleistung ist $\overline{FF'} = 12$ mm gemessen, also $12 \cdot 52 = 624$ W $\equiv 0{,}85$ PS.

Zu b): Die Nutzleistung wird ein Maximum für $\overline{MH}$. Da $\overline{MH} = 17$ mm, so ist die größte Nutzleistung

$$N_{max} = 17 \cdot 52 = 885 \text{ W} \equiv 1{,}2 \text{ PS}.$$

Bemerkung: Weder bei Lösung a) noch bei Lösung b) sind die Eisen- und Reibungsverluste berücksichtigt.

Zu c): Der Kurzschlußstrom $\overline{OC_k}$ wird erhalten, indem man in G auf $\overline{M_2G}$ eine Senkrechte errichtet, die den ersten Kreis in C_k schneidet. Die Messung ergibt

$$\overline{OC_k} = 56 \text{ mm}, \quad \text{d. i.} \quad 56:2 = 28 \text{ A}.$$

320. Es soll an einem fertigen Motor das Heylandsche Diagramm aufgenommen werden. Zu diesem Zweck mißt man:

1. bei Leerlauf die Spannung U_k, den Strom J_0 und die eingeleitete Leistung N_0,

2. bei festgehaltenem Läufer die Spannung U_k', den Kurzschlußstrom i_k und die eingeleitete Leistung N_k. Hieraus berechnet man $\cos\varphi_0$ und $\cos\varphi_k$ aus den Gleichungen:

$$\cos \varphi_0 = \frac{N_0}{\sqrt{3}\,U_k\,J_0}\,; \qquad \cos \varphi_k = \frac{N_k}{\sqrt{3}\,U_k'\,i_k}$$

Die Winkel φ_0 und φ_k trägt man im Punkte O an die Vertikale $\overline{OO'}$ (Abb. 251) an, auf dem freien Schenkel des $\not< \varphi_0$ die Länge $\overline{OA_0} = J_0$, auf dem Schenkel des $\not< \varphi_k$ die Stromstärke $\overline{OC_k} = J_k$ auf, die man bei normaler Spannung (Nennspannung) U_k erhalten hätte. Da die Kurzschlußstromstärken sehr nahezu proportional den Spannungen wachsen, so folgt die Stromstärke J_k aus der Proportion $i_k : J_k = U_k' : U_k$, nämlich $J_k = i_k \dfrac{U_k}{U_k'}$. Man macht also $\overline{OC_k} = J_k$. Nun zeichnet man einen Kreis, der durch die Punkte A_0 und C_k hindurchgeht, und dessen Mittelpunkt auf der zu $\overline{OO'}$ senkrechten $\overline{OG}$ liegt. Man findet bekanntlich diesen Mittelpunkt, indem man über $\overline{A_0C_k}$ die Mittelsenkrechte errichtet und diese bis zum Schnitt M mit $\overline{OG}$ verlängert.

Errichtet man auf $\overline{C_kG}$ in G eine Senkrechte, so liefert diese den Mittelpunkt M_2 des Kreises III.

Will man noch den Kreis II zeichnen, so muß der Widerstand R_1 einer Phase gemessen werden.

Beispiel: Gemessen wurde:

1. bei Leerlauf (Sternschaltung):

$U_k = 220$ V, (Nennspannung) $J_0 = 1{,}55$ A, $N_0 = 140$ W;

2. bei festgehaltenem Läufer und reduzierter Spannung

$$U_k' = 110\,\text{V}, \quad i_k = 11{,}35\,\text{A}, \quad N_k = 1550\,\text{W}.$$

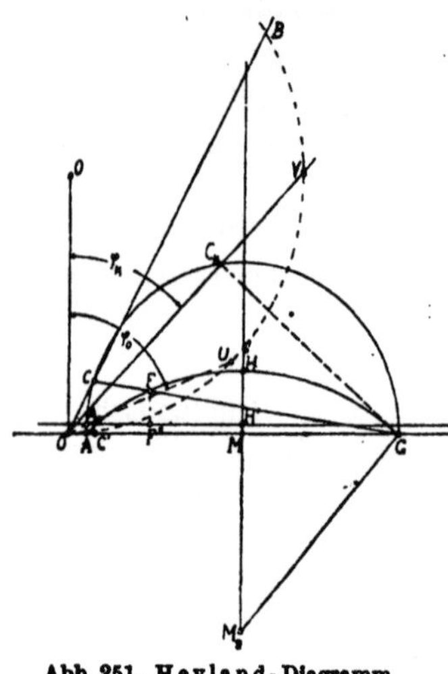

Abb. 251. Heyland-Diagramm
zu Aufgabe 320.

Hiernach ist

$$\cos \varphi_0 = \frac{140}{\sqrt{3} \cdot 220 \cdot 1{,}55} = 0{,}237,$$

$$\cos \varphi_k = \frac{1550}{\sqrt{3} \cdot 110 \cdot 11{,}35} = 0{,}717,$$

und

$$J_k = 11{,}35\,\frac{220}{110} = 22{,}7\,\text{A}.$$

Um die $\sphericalangle\,\varphi_0$ und φ_k in Abb. 251 bequem anzutragen, nehme man 50 mm in den Zirkel und beschreibe hiermit um O' einen Halbkreis, der durch O hindurchgeht. Nimmt man jetzt $100 \cos \varphi_0 = 23{,}7$ mm in den Zirkel und beschreibt von O aus einen Kreisbogen, der den Kreis in U schneidet, so ist $\sphericalangle\,UOO' = \sphericalangle\,\varphi_0$,

ebenso ist $\sphericalangle\,VOO' = \sphericalangle\,\varphi_k$, wenn $\overline{OV} = 100 \cos \varphi_k = 71{,}7$ mm gemacht ist. Auf diesen Strecken trage man im Amperemaßstab

$$\text{z. B. } 1\,\text{A} = 2\,\text{mm} = a\,\text{mm},$$

$\overline{OA}_0 = 1{,}55$ A, d. i. 3,1 mm und $\overline{OC}_k = 22{,}7$ A, d. i. 45,4 mm ab.

Die Mittel-Senkrechte über $\overline{A_0 C_k}$ liefert den Mittelpunkt M. Der Kreis um M mit dem Radius $\overline{MA}_0$ ist Kreis I. Den Mittelpunkt M_2 des Leistungskreises III findet man, indem man in G auf $\overline{C_k G}$ eine Senkrechte errichtet und diese bis M_2 verlängert.

Eine durch A_0 gezogene Parallele zu $\overline{OG}$ berücksichtigt die Verluste durch Reibung, Hysteresis, Wirbelströme und Stromwärme, welch letztere meistens vernachlässigt wird.

321. Beantworte folgende Fragen:

a) Welche Leistung könnte man maximal bremsen?

b) Welche normale Leistung besitzt der Motor, wenn diese nur die Hälfte der maximalen sein soll?

c) Mit welcher Stromstärke arbeitet hierbei der Motor?

d) Wie groß ist der zugehörige $\cos \varphi$?

e) Wie groß ist der zugehörige Wirkungsgrad?

Lösungen:

Bestimme zunächst den Wattmaßstab. Da unser Motor Sternschaltung besitzt, so ist $E_{p1} \approx U_{p1} = U_k : \sqrt{3}$

$$E_{p1} \approx \frac{220}{\sqrt{3}} = 127 \text{ V}, \quad \text{also} \quad 1 \text{ mm} = \frac{3 E_{p1}}{a} = \frac{3 \cdot 127}{2} = 191 \text{ W}.$$

Zu a): Die maximal zu bremsende Leistung ist durch die Strecke $\overline{HH'}$ gegeben, diese ist 11 mm lang, also

$$N_{\max} = 11 \cdot 191 = 2100 \text{ W}.$$

Zu b): $N_m = \dfrac{2100}{2} = 1050 \text{ W} = \overline{FF''} = 5{,}5$ mm.

Zu c): Man verbinde F mit G und verlängere bis C, dann ist $\overline{OC}$ der gesuchte Strom. Es ist $\overline{OC} = 9$ mm, also

$$J_1 = \frac{9}{2} = 4{,}5 \text{ A}.$$

Zu d): Lege einen Millimetermaßstab zwischen O und C und lies die Länge $\overline{OCB}$ in mm ab, es ist dann gemessen $\overline{OB} = 89$ mm also

$$\cos \varphi = \frac{89}{100} = 0{,}89.$$

Zu e): $\qquad\qquad \dfrac{\eta}{100} = \dfrac{\overline{FF''}}{\overline{CC'}} = \dfrac{5{,}5}{8} \approx 0{,}7.$

322. Zeichne das Diagramm und beantworte dieselben Fragen, wenn bei einem mit Sternschaltung versehenen Motor gemessen wurden:

1. Leerlauf: $U_k = 220$ [220] V, $J_0 = 5{,}4$ [8,7] A. $N_0 = 350$ [700 W].

2. Läufer, fest: $U_k' = 98$ [64] V, $i_k = 40$ [48,2] A, $N_k = 2050$ [1560] W, $R_1 = 0{,}258$ [0,108] Ω.

323. Es soll ein Drehstrommotor für 10 kW (13,5 PS) und 1000 Umdrehungen bei 50 Perioden berechnet werden. Die Wicklung besteht aus Aluminiumdrähten [Kupferdrähten].

Wir berechnen den Motor für 380 V und Sternschaltung. Wird er dann in Dreieckschaltung verwendet, so kann er an 220 V angeschlossen werden. Um Textwiederholungen zu vermeiden, sind am Rande rechts die angewendeten Formelnummern angegeben worden, bei denen dann das übrige nachgelesen werden kann.

Wir entnehmen der Abb. 235 $C = 0{,}0009$ für Kupfer und multiplizieren diesen Wert mit etwa 0,6, setzen also für Aluminium $C = 0{,}00054$. Man erhält:

$$D = 0,76 \sqrt[3]{\frac{10000 \cdot 3}{0,00054 \cdot 1000}} = 28,9 \text{ cm abgerundet } D = 29 \text{ cm}, \quad (142\text{b})$$

$$p = \frac{60 \cdot 50}{1000} = 3, \qquad t_p = \frac{\pi D}{6} = \frac{\pi \cdot 29}{6} = 15,2 \text{ cm}, \quad (86\text{a})$$

$$b = 1,4\, t_p = 21,3 \text{ cm}. \qquad (42\text{a})$$

ferner ist

$$\delta = 0,2 + 0,001\, D = 0,2 + 0,001 \cdot 290 \approx 0,5 \text{ mm},$$

$$(0,4 \text{ mm nach DIN zulässig}),$$

$$k_1 = m \cdot 6\, p = 3 \cdot 6 \cdot 3 = 54, \quad k_2 = 2 \cdot 6 \cdot 3 = 36 \text{ Nuten} \quad (134\text{b})$$

$$\tau = \frac{3}{7,5^2} + \frac{6 \cdot 0,05}{21,3} = 0,067 \ (\tau \approx 2\,\tau_1), \qquad (172)$$

wo

$$H = \frac{k_1 + k_2}{4\, p} = \frac{90}{12} = 7,5 \quad \text{war}.$$

$$(\cos \varphi)_{\max} = \frac{1}{1 + 2 \cdot 0,067} = 0,88. \qquad (168)$$

Wir rechnen jedoch vorsichtigerweise nur mit

$$\cos\varphi = 0,85 \quad \text{und wählen} \quad \eta = 86\%$$

$$J_1 = \frac{10000 \cdot 100}{\sqrt{3} \cdot 380 \cdot 0,85 \cdot 86} = 20,8 \text{ A}. \qquad (136)$$

$$J_\mu = 20,8 \sqrt{\frac{0,067}{1 + 0,067}} = 5,2 \text{ A}. \qquad (171)$$

Die Verluste sind

$$N_k - N_m = \frac{10000}{0,86} - 10000 = 1600 \text{ W}.$$

Der Verlust bei Leerlauf beträgt pro PS etwa 60 W (Tabelle 14), also für 13,5 PS

$$N_0 = 60 \cdot 13,5 = 810 \text{ W}.$$

Die Verluste durch Stromwärme sind daher

$$N_{Cu\,1} + N_{Cu\,2} = 1600 - 810 = 790 \text{ W}.$$

Die Drehzahl eines solchen Motors geben die Kataloge zu 960 an, also ist die Schlüpfung σ

$$\sigma = \frac{n_1 - n_2}{n_1} = \frac{1000 - 960}{1000} = 0,04. \qquad (153)$$

Die Verluste durch Lagerreibung sind

$$N_R = \frac{0,1 \sqrt{1000}}{100} \cdot 10000 = 316 \text{ W}. \qquad (158)$$

Demnach die mechanische Leistung des Läufers

$$N_a = N_m + N_R = 10000 + 316 = 10316 \text{ W}, \qquad (159)$$

$$N_{Cu\,2} = 10316 \frac{0,04}{0,96} = 430 \text{ W}. \qquad (157)$$

Für den Verlust durch Stromwärme im Ständer bleibt mithin

$$N_{Cu\,1} = 790 - 430 = 360 \text{ W}.$$

$$R_1 = \frac{N_{Cu\,1}}{3\,J_1^2} = \frac{360}{3 \cdot 20{,}8^2} = 0{,}277\ \Omega. \tag{138}$$

$$E_{p1} = \frac{380}{\sqrt{3}} - 20{,}8 \cdot 0{,}277 \cdot 0{,}85 = 215\ \text{V}. \tag{135b}$$

$$\mathfrak{B}_{\mathfrak{L}} = 7340 \sqrt{\frac{215 \cdot 5{,}2}{15{,}2 \cdot 21{,}3 \cdot 0{,}05 \cdot 50 \cdot 3 \cdot 1{,}45}} \approx 4200, \tag{173}$$

wo $\alpha = 1{,}45$ geschätzt wurde.

$$w = \frac{z_1}{2} = \frac{0{,}64 \cdot 4200 \cdot 0{,}05 \cdot 3 \cdot 1{,}45}{5{,}2} = 108, \tag{137a}.$$

$$z_1 = 216. \qquad Z_1 = \frac{3\,z_1}{k_1} = \frac{3 \cdot 216}{54} = 12 \text{ Drähte pro Nut.}$$

$$\Phi_1 = \frac{215 \cdot 10^8}{2{,}1 \cdot 50 \cdot 216} = 940000, \tag{135a}$$

$$\Phi_0 = \frac{940000}{1{,}03} = 913000. \tag{139}$$

Probe:
$$\mathfrak{B}_{\mathfrak{L}} = \frac{913000}{21{,}3 \cdot 15{,}2 \cdot 0{,}67} = 4200 \text{ Gauß.} \tag{141}$$

Da es denkbar ist, daß der Motor später in Kupfer gewickelt werden soll, so nehmen wir die Zahninduktionen im Ständer und Läufer klein an, etwa $\mathfrak{B}_{z\,max} = 15300$ Gauß,

$$t_1 = \frac{\pi D}{k_1} = \frac{\pi \cdot 29}{54} = 1{,}69\ \text{cm}, \tag{143}$$

$$c_1 = \frac{4200 \cdot 1{,}69}{0{,}9 \cdot 15300} = 0{,}52\ \text{cm}, \quad b = b_1 \text{ (ohne Luftspalt),} \tag{144}$$

$$o_n = t_1 - c_1 = 1{,}69 - 0{,}52 = 1{,}17\ \text{cm} \equiv 11{,}7\ \text{mm}. \tag{145}$$

Nach 146 $2\,l_1 = 2 \cdot 21{,}3 + 3 \cdot 15{,}2 = 88{,}2\,\text{cm}$, daher ist die pro Phase aufgewickelte Drahtlänge

$$L_1 = 0{,}882 \cdot \frac{216}{2} = 96\,\text{m},$$

und der Drahtquerschnitt

$$q_1 = \frac{\varrho\,L_1}{R_1} = \frac{0{,}04 \cdot 96}{0{,}277} = 13{,}8\ \text{mm}^2 \ (d = 4{,}2\ \text{mm}), \tag{147}$$

Drahtquerschnitt einer Nut $F_k = 12 \cdot 13{,}8 = 166\,\text{mm}^2$.

Nimmt man den Nutenfüllfaktor (Seite 269) $f_k = 0{,}33$ an, so wird der Nutenquerschnitt $F_n = \dfrac{166}{0{,}33} = 504\ \text{mm}^2$, daher

$$h_n = \frac{504}{11{,}7} = 43\ \text{mm (Abb. 252)}^{[1]}. \tag{148}$$

---

[1] Die Verengerung ist durch den Füllfaktor berücksichtigt.

Nehmen wir $\mathfrak{B}_a = 7000$ Gauß an, so wird

$$h_a = \frac{940\,000}{2 \cdot 0{,}9 \cdot 21{,}3 \cdot 7000} = 3{,}5 \text{ cm} \qquad \left(h_a < \frac{29}{6}\right). \tag{140}$$

Die Abmessungen der Statorbleche sind in Abb. 253 dargestellt. Das Gewicht der Bleche vor dem Ausstanzen ist:

$$G = \left(44{,}6^2 \frac{\pi}{4} - 29^2 \frac{\pi}{4}\right) \frac{0{,}9 \cdot 21{,}3 \cdot 7{,}8}{1000} = 134 \text{ kg.} \tag{151}$$

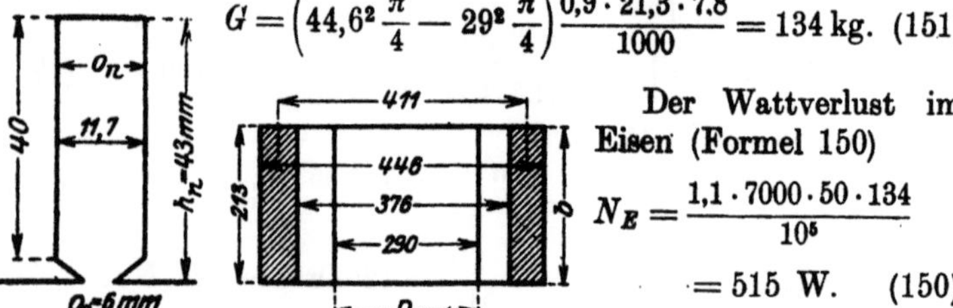

Abb. 252. Ständernut zu Aufgabe 323.　　Abb. 253. Ständerblechabmessungen zu Aufgabe 323.

Der Wattverlust im Eisen (Formel 150)

$$N_E = \frac{1{,}1 \cdot 7000 \cdot 50 \cdot 134}{10^5}$$
$$= 515 \text{ W.} \tag{150}$$

Zählen wir hierzu die schon berechneten Verluste durch Lagerreibung, so betragen die Verluste bei Leerlauf

$$N_0 = 515 + 316 = 831 \text{ W}$$

(nach Tabelle 14 wurden 810 W geschätzt).

Der Läufer erhält $k_2 = 36$ Nuten von rechteckigem Querschnitt. Sein äußerer Durchmesser ist $D - 2\,\delta = 290 - 1 = 289$ mm. Die Nutenteilung an der Oberfläche ist 143a

$$t_1 = \frac{\pi \cdot 28{,}9}{36} = 2{,}52 \text{ cm.}$$

Mit $\mathfrak{B}_{z\,max} = 15\,300$ Gauß erhält man (144a)

$$c_3 = \frac{4200 \cdot 2{,}52}{0{,}9 \cdot 15\,300} = 0{,}77 \text{ cm.}$$

Nach DIN 2651 soll $E_{p'2} \sqrt{3}$ für 11 kW zwischen 153 und 278 liegen, d. i. $E_{p'2}$ zwischen 89 bis 160 V. Für $E_{p'2} = 160$ V folgt aus Formel 154

$$z_2 = \frac{z_1 (1 + \tau_1) E_{p'2}}{E_{p1}} = \frac{216 \cdot 1{,}033 \cdot 160}{215} = 165.$$

Die Drahtzahl pro Nut ist $\dfrac{3 \cdot 165}{36} = 13{,}8$, abgerundet auf 13, also endgültig $\qquad z_2 = 13 \cdot 12 = 156.$

Aus Gl 161 folgt angenähert

$$J_2 = \frac{0{,}9 \cdot J_1 z_1}{z_2} = \frac{0{,}9 \cdot 20{,}8 \cdot 216}{156} = 25{,}8 \text{ A.}$$

Die Länge einer Läuferwindung ist etwa 8 cm kleiner als die einer Ständerwindung, also $l_2 = 88 - 8 = 80$ cm

$$L_2 = 0{,}8 \cdot \frac{156}{2} = 62{,}4 \text{ m.}$$

Der Verlust durch Stromwärme war bei 4% Schlüpfung zu 430 W
ermittelt worden, also $3 J_2^2 R_2 = 430$

$$R_2 = \frac{430}{3 \cdot 25{,}8^2} = 0{,}216 \ \Omega.$$

Da jedoch bei dauernd aufliegenden Bürsten in diesem Widerstand noch der Bürstenübergangswiderstand enthalten ist, und
dieser für eine weiche Kohlenbürste etwa 0,4 V Spannungsverlust beim Übergang des Stromes vom Schleifring zur Bürste
verursacht (siehe Anhang), so wird der Bürstenwiderstand
$R_b = \frac{0{,}4}{25{,}8} = 0{,}015 \ \Omega$, also der Widerstand der Wicklung R_{2w}

$= 0{,}216 - 0{,}015 = 0{,}2 \ \Omega$. Aus $R_{2w} = \frac{\varrho\, L_2}{q_2}$ folgt

$$q_2 = \frac{0{,}035 \cdot 62{,}4}{0{,}2} = 10{,}8 \ \text{mm}^2, \ d \approx 3{,}8 \ \text{mm}$$

und damit $q_2 = 11{,}4 \ \text{mm}^2$.

Der Querschnitt aller Drähte in einer Nut wird

$$F_k = 13 \cdot 11{,}4 = 148 \ \text{mm}^2.$$

Nimmt man $f_k = 0{,}34$ an, so wird der Nutenquerschnitt

$$F_n = \frac{148}{0{,}34} \approx 430 \ \text{mm}^2. \tag{148}$$

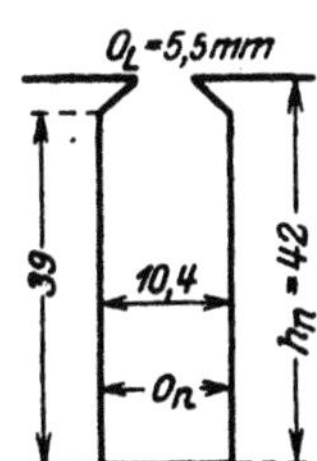

Abb. 254. Läufernut
zu Aufgabe 323.

Die Nutentiefe bei rechteckiger Nut ist nach
149 b

$$h_n = \frac{36(25{,}2 - 7{,}7)}{4\pi} - \sqrt{\left(\frac{36 \cdot 17{,}5}{4\pi}\right)^2 - \frac{430 \cdot 36}{2\pi}} = 42 \ \text{mm}.$$

Die Nutenweite $o_n = \frac{430}{45} = 10{,}4\,\text{mm}$ (Abb. 254).

Der innere Durchmesser des Läufers wird,
wenn man auch hier wieder $h_a = 3{,}5\,\text{cm}$ setzt,
$D_i = 28{,}9 - 2 \cdot 4{,}2 - 2 \cdot 3{,}5 = 13{,}6\,\text{cm}.$

Der Durchmesser der Welle kann nach der Formel

$$d_w = (20 \div 32) \sqrt[3]{\frac{N_m}{n_1}} = (20 \div 32) \sqrt[3]{\frac{10\,000}{1000}} = 42 \div 69 \ \text{mm}$$

berechnet werden. Wir nehmen $d_w = 69 \ \text{mm}$.

Berechnung des Magnetisierungsstromes.

Die Induktionslinienlängen sind (Index 1 Ständer, Index 2 Läufer), vgl. Abb. 233 ú. 253.

$l_{a\,1} = 41{,}1\,\frac{\pi}{6} + 3{,}5 = 25 \ \text{cm}.$ $l_{a\,2} = 17{,}1\,\frac{\pi}{6} + 3{,}5 = 12{,}5 \ \text{cm}.$

$l_{z_1} = 2 \cdot 4{,}3 = 8{,}6 \ \text{cm}.$ $l_{z_2} = 2 \cdot 4{,}16 = 8{,}32 \ \text{cm}.$

$$l_{\ell} = 2 \cdot 0{,}05 \cdot 1{,}13.$$

Zu $\mathfrak{B}_a = 7000$ Gauß gehört nach Tafel (Kurve A) $\mathfrak{H}_a = 1,44$.

Da die Zähne keilförmig verlaufen, berechnen wir $\mathfrak{B}_z$ für die Zahnwurzel, die Zahnmitte und für oben, suchen die zugehörigen Werte $\mathfrak{H}$ in der Tafel (Kurve A) und rechnen mit dem Werte

$$\mathfrak{H}_z = \frac{\mathfrak{H}_1 + 4\,\mathfrak{H}_2 + \mathfrak{H}_3}{6},$$

$\mathfrak{H}_1$ kleinster, $\mathfrak{H}_2$ mittlerer, $\mathfrak{H}_3$ größter Wert. Die Werte von $\mathfrak{B}_z$ findet man aus Formel 144, die man sinngemäß anzuwenden hat. Wir berechnen c_3, c_2, c_1

Zahnwurzel: $c_3 = \dfrac{\pi \cdot 37{,}6}{54} - 1{,}17 = 1{,}12$ cm,

$$\mathfrak{B}_{z3} = \frac{1{,}69 \cdot 4200}{0{,}9 \cdot 1{,}12} = 7050.$$

Zahnmitte: $c_2 = \dfrac{\pi \cdot 33{,}3}{54} - 1{,}17 = 0{,}77$ cm;

$$\mathfrak{B}_{z2} = \frac{1{,}69 \cdot 4200}{0{,}9 \cdot 0{,}77} = 10\,500.$$

Zahnende: $\mathfrak{B}_{z\max} = 15\,300$ (bekannt).

Hierzu gehört nach Tafel (Kurve A): $\mathfrak{H}_3 = 1{,}5$, $\mathfrak{H}_2 = 4{,}5$, $\mathfrak{H}_1 = 32$,   also

$$\mathfrak{H}_z = \frac{1{,}5 + 4 \cdot 4{,}5 + 32}{6} \approx 8{,}6 \quad \text{A/cm}.$$

Für den Läufer wird:

$$\mathfrak{B}_{z1} = \frac{2{,}52 \cdot 4200}{0{,}9\,(2{,}52 - 1{,}04)} = 7950, \qquad \mathfrak{H}_1 = 2{,}4$$

$$\mathfrak{B}_{z2} = \frac{2{,}52 \cdot 4200}{0{,}9\,(2{,}39 - 1{,}04)} = 8700, \qquad \mathfrak{H}_2 = 2{,}5$$

$$\mathfrak{B}_{z\max} = 15\,300 \ \text{(bekannt).} \qquad \mathfrak{H}_3 = 32.$$

$$\mathfrak{H}_z = \frac{2{,}4 + 4 \cdot 2{,}5 + 32}{6} = 7{,}3 \quad \text{A/cm}.$$

$$\Sigma\,\mathfrak{H}l = \mathfrak{H}_{a1} l_{a1} + \mathfrak{H}_{z1} l_{z1} + \mathfrak{H}_l l_l + \mathfrak{H}_{z2} l_{z2} + \mathfrak{H}_{a2} l_{a2}$$
$$= 1{,}44 \cdot 25 + 8{,}8 \cdot 8{,}6 + 0{,}8 \cdot 4200 \cdot 2 \cdot 0{,}05 \cdot 1{,}13$$
$$+ 7{,}3 \cdot 8{,}32 + 1{,}4 \cdot 12{,}5 = 570 \ \text{A/cm},$$

$$J_\mu = \frac{3 \cdot 570}{2{,}83 \cdot 108} = 5{,}6 \ \text{A.} \tag{137}$$

$$2\,r = 5{,}6 \cdot \frac{1}{0{,}067} = 83{,}5 \ \text{Å.} \tag{167}$$

Angenommen wird der Amperemaßstab $1\,\text{A} = 2\,\text{mm}$. Hiermit wird im Heylandschen Diagramm $\overline{OG} = 2\,(5{,}6 + 83{,}5) = 178\,\text{mm}$ (Kreis I)

$$1\,\text{V} = \frac{\overline{OG}\,\sqrt{3}}{380} = \frac{178\,\sqrt{3}}{380} = 0,81\ \text{mm} = (b),$$

$$1\,\text{mm} = \frac{380\,\sqrt{3}}{2} = 329\ \text{W},\ \text{also}\ 10\,000\,\text{W} = 30,4\ \text{mm},$$

$$R_1 = \operatorname{tg}\alpha = 0,277 = \frac{0,277 \cdot 0,81}{2} = \frac{11,2\ \text{mm}}{100\ \text{mm}} = \frac{\overline{NH}}{\overline{GN}}\ (\text{Abb. 255}).$$

$$R_2' = 0,216\left[\frac{216}{156}\cdot 1,03\right]^2 = 0,44\ \Omega. \qquad (170)$$

$$\operatorname{tg}(\alpha+\beta) = R_1 + R_2' = 0,277 + 0,44 = 0,72\ \ \Omega,$$

d. i.
$$\frac{0,72 \cdot 0,81}{2} = \frac{29\ \text{mm}}{100\ \text{mm}} = \frac{\overline{NT}}{\overline{GN}}.$$

Nach diesen Angaben ist das Heylandsche Diagramm in Abb. 255 gezeichnet, und erkennen wir aus demselben, daß die

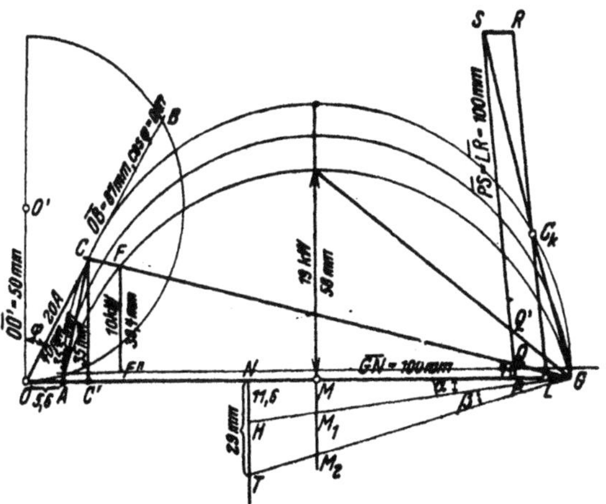

Abb. 255. Heyland-Diagramm zu Aufgabe 323.

Stromstärke für 10000 W Belastung 20 A pro Phase beträgt. Das Kippmoment ist etwa 2mal so groß wie das normale.

Die Schlüpfung läßt sich im Heylandschen Diagramm mit einem Millimetermaß für jede beliebige Belastung sofort ablesen, wenn man folgende Konstruktion ausführt: Man errichte auf $\overline{M_2 G}$ in G (Abb. 255) eine Senkrechte, die den Punkt C_k liefert. Fällt man von C_k ein Lot auf $\overline{M_1 G}$, so schneidet dieses die Linie $\overline{AG}$ in L. Zieht man zu $\overline{C_k L}$ eine Parallele $\overline{PS}$, welche bis zum Schnitt S mit der Verlängerung von $\overline{C_k G}$ gleich 100 mm ist, so ist auf dieser das Stück $\overline{PQ}$ in Millimetern gemessen, die Schlüpfung in Prozenten, also der Wert $100\,\sigma$.

Die Ausmessung von $\overline{PQ}$ gibt 4 mm, demnach ist $\sigma = 0{,}04$. Würde unser Motor immer mehr und mehr belastet werden, so würde seine Schlüpfung bis auf $\overline{PQ'} = 14$ mm, also auf 0,14 zunehmen, um bei weiterer Belastung stehen zu bleiben.

Der prozentuale Wirkungsgrad ist

$$\eta = \frac{\overline{FF''}}{\overline{CC'}} \cdot 100 = \frac{30{,}4 \text{ mm}}{35 \text{ mm}} \cdot 100 = 87 \ \%.$$

Die Berechnung des Wirkungsgrades aus den Verlusten ist folgende:

Stromwärmeverlust in der Ständerwicklung

$$3 J_1^2 R_1 = 3 \cdot 20^2 \cdot 0{,}277 = 333 \text{ W}.$$

Die Stromstärke im Läufer ist (169)

$$J_2 = \frac{35{,}5}{2} \cdot \frac{216}{156} \, 1{,}03 = 25{,}4 \text{ A}.$$

Stromwärmeverlust in der Läuferwicklung

$$3 J_2^2 R_2 = 3 \cdot 25{,}4^2 \cdot 0{,}216 = 420 \text{ W}.$$

Die Leerlaufverluste betragen 831 W, also Gesamtverluste

$$333 + 420 + 831 = 1584 \text{ Watt}.$$

Demnach

$$\eta = \frac{10\,000}{11\,584} \cdot 100 = 87 \ \%.$$

Die Verluste setzen sich in Wärme um und erhöhen die Temperatur des Motors. Die Temperaturerhöhung ist (166)

$$\vartheta = \frac{1584}{\pi\, 2{,}9 \cdot (2{,}13 + 0{,}7 \cdot 1{,}52)\,(1{,}44 \ldots 1{,}85)}$$
$$= 37 \ldots 28{,}8 \text{ Grad Celsius}.$$

Berechnung des zugehörigen Anlaßwiderstandes.

Wir wollen einen Vollastanlasser mit $n = 8$ Stufen berechnen[1]. Die größte EMK pro Phase ist nach 154

$$E'_{p2} = \frac{380}{\sqrt{3}} \, \frac{156}{216 \cdot 1{,}03} = 154 \text{ V}.$$

---

[1] Bei Schleifringmotoren und Vollastanlauf soll das Verhältnis Anlaß-Spitzenstrom zu Nennstrom nicht überschreiten:

Nennleistung kW	1,5 … 5	über 5 … 100
Anlaß-Spitzenstrom : Nennstrom	1,75	1,6

Bei Kurzschlußmotoren soll das Verhältnis nicht überschreiten:

Die normale Stromstärke beträgt $J_2 = 25{,}4$ A, folglich ist nach dem Ohmschen Gesetz

$$R_2 + x = \frac{154}{25{,}4} \approx 6{,}1 \ \Omega.$$

Die Formel 70 auf S. 138 gibt

$$\frac{J_a'}{J_a} = \sqrt[8]{\frac{6{,}1}{0{,}216}} = \sqrt[8]{28{,}3} = 1{,}52,$$

wo $0{,}216 = R_2$ der Widerstand einer Läuferphase einschließlich des Übergangswiderstandes der Bürste ist. Nach Formel 70a, S. 138 werden nun die einzelnen Stufen (Abb. 241 dargestellt für 3 Stufen):

$$x_1 = \left(\frac{J_a'}{J_a} - 1\right) R_2 = 0{,}52 \cdot 0{,}216 = 0{,}112 \ \Omega,$$

$$x_2 = \frac{J_a'}{J_a} \, x_1 = 1{,}52 \cdot 0{,}112 = 0{,}171 \ \Omega,$$

$$x_3 = \frac{J_a'}{J_a} \, x_2 = 1{,}52 \cdot 0{,}171 = 0{,}259 \ \Omega,$$

$$x_4 = \frac{J_a'}{J_a} \, x_3 = 1{,}52 \cdot 0{,}259 = 0{,}393 \ \Omega,$$

$$x_5 = \frac{J_a'}{J_a} \, x_4 = 1{,}52 \cdot 0{,}393 = 0{,}596 \ \Omega,$$

$$x_6 = \frac{J_a'}{J_a} \, x_5 = 1{,}52 \cdot 0{,}596 = 0{,}906 \ \Omega,$$

$$x_7 = \frac{J_a'}{J_a} \, x_6 = 1{,}52 \cdot 0{,}906 = 1{,}38 \ \ \Omega,$$

$$x_8 = \frac{J_a'}{J_a} \, x_7 = 1{,}52 \cdot 1{,}38 \ = 2{,}10 \ \ \Omega.$$

Wäre der Motor beim Anlassen nicht vollbelastet, so würde er in sehr kurzer Zeit die der Stufe des Anlassers entsprechende Drehzahl erreichen, was vielfach unerwünscht ist. In diesem Falle ordnet man noch eine, oder auch mehrere Vorstufen an. Nehmen wir beispielsweise an, der Motor braucht anstatt 25,4 A nur 12,1 A, so müßte der Widerstand einer Phase mit Vorschalt-widerstand sein:

$$R_2 + x + x' = \frac{154}{12{,}1} = 12{,}7 \ \Omega,$$

wir hätten also in die Vorstufen zu legen

$$x' = 12{,}7 - (R_2 + x) = 12{,}7 - 6{,}1 = 6{,}6 \ \Omega.$$

Nennleistung	kW	1,5 ... 15
Anlaß-Spitzenstrom : Nennstrom		
bei 3000 und 1500 Umdr/min		2,4
„ 1000 „ 750 „ „		2,1
„ 600 „ 500 „ „		1,7

324. Welche Drehzahlen nimmt der Motor an, wenn der Widerstand x_1, $x_1 + x_2$, $x_1 + x_2 + x_3$ eingeschaltet wird, und wie groß ist im letzten Falle der Wirkungsgrad des Motors?

Lösung: Das Drehmoment ist nach Formel 160a proportional dem Produkte aus Φ_0 und J_2. Bleibt also das Drehmoment konstant, so bleibt bei konstantem Φ_0, d. i. konstanter Spannung, auch J_2 konstant, gleichgültig, welche Drehzahl der Motor macht. Nun ist aber

$$J_2 = \frac{E'_{p2}\,\sigma}{R_2 + \Sigma x}, \qquad \text{woraus} \qquad \sigma = \frac{J_2(R_2 + \Sigma x)}{E'_{p2}}$$

folgt, wo Σx die Summe der einzelnen eingeschalteten Anlaßwiderstände bezeichnet. Für die erste Stufe ist $\Sigma x = x_1 = 0,112\,\Omega$, also $R_2 + x_1 = 0,216 + 0,112 = 0,338\,\Omega$, demnach

$$\sigma_1 = \frac{25,4 \cdot 0,338}{154} = 0,055$$

Die zugehörige Drehzahl folgt aus Formel 153a

$$n_2 = n_1\,(1 - \sigma) = 1000\,(1 - 0,055) = 945\ \text{Umdr/min.}$$

Ist $\Sigma x = x_1 + x_2 = 0,112 + 0,171 = 0,283\,\Omega$, so wird

$$\sigma_2 = \frac{J_2(R_2 + \Sigma x)}{E'_{p2}} = \frac{25,4\,(0,216 + 0,283)}{154} = 0,0825$$

und damit die Drehzahl $n_2 = 1000\,(1 - 0,0825) = 917,5\ \text{Umdr/min.}$

Für $\Sigma x = x_1 + x_2 + x_3$ wird $R_2 + \Sigma x = 0,758$, also

$$\sigma_3 = \frac{25,4 \cdot 0,758}{154} = 0,125,$$

daher Drehzahl $= 875\ \text{Umdr/min.}$

Wirkungsgrad. Da die Stromstärke J_2 dieselbe geblieben ist, also im Diagramm (Abb. 255) die Länge $\overline{AC}$ denselben Wert hat, so haben auch $\overline{OC} = J_1 = 20$ A und $\cos\varphi = 0,87$ die gleichen Werte behalten, d. h. die in den Ständer eingeleitete Leistung ist $N_k = 380 \cdot 20 \cdot 0,87\,\sqrt{3} = 11\,500$ W. Die mechanische Leistung ist $N_m = N_k - $ Verluste. Diese sind:

$$\text{Stromwärme im Ständer} \quad N_{Cu1} = 333\ \text{W,}$$
$$\text{Reibung und Eisenverluste} \quad N_0 = 831\ \text{W}$$

und Stromwärme im Läufer und Anlasser

$$N_{Cu2} = 3\,J_2{}^2\,(R_2 + x_1 + x_2 + x_3) = 3 \cdot 25,4^2 \cdot 0,758 = 1480\ \text{W,}$$

also $N_{Cu1} + N_{Cu2} + N_0 = 2644$ W, demnach

$$N_m = 11\,500 - 2644 = 8856\ \text{W,}$$
$$\eta = \frac{N_m}{N_k}\,100 = \frac{8856 \cdot 100}{11\,500} = 77\%\,.$$

Bemerkung 1: Aus dieser Aufgabe erkennt man, daß durch Einschalten von Widerstand in den Läuferkreis die Drehzahl reguliert werden kann, wobei allerdings der Wirkungsgrad sehr erheblich abnimmt.

Bemerkung 2: Der gewöhnliche Anlasser darf zum Regulieren nicht benutzt werden, da er den Strom auf die Dauer nicht verträgt.

325. Es soll ein 1 [2] PS-Motor mit Kurzschlußläufer für 380 V und etwa 1500 Umdrehungen bei 50 Perioden berechnet werden. Wicklungsmaterial Kupfer [Kupfer].

Lösung: Aus (86a) folgt $\quad p = \dfrac{60 \cdot 50}{1500} = 2$.

Aus Abb. 235 wird $C = 0{,}00057$ entnommen, so daß

$$D^2 b = \frac{735}{0{,}00057 \cdot 1500} = 864. \tag{142}$$

Für $D = 12$ cm (willkürlich angenommen) wird

$$b = \frac{864}{12^2} = 6 \text{ cm}; \qquad t_p = \frac{\pi \cdot 12}{4} = 9{,}42 \text{ cm}$$

(Umfangsgeschwindigkeit 9,42 m/sek).

Wir wählen (134b) $k_1 = 36$ Nuten, $k_2 = 34$ Nuten[1]. Der kleinste Luftzwischenraum ist $\delta = 0{,}2 + 0{,}001 \cdot 12 = 0{,}32$ mm oder abgerundet 0,4 mm. Nach (172) wird

$$\tau = \frac{3}{8{,}75^2} + \frac{6 \cdot 0{,}04}{6} = 0{,}079, \qquad \text{wo} \quad \frac{k_1 + k_2}{4 p} = \frac{36 + 34}{4 \cdot 2} = 8{,}75 \text{ ist.}$$

$$\cos \varphi_m = \frac{1}{1 + 2 \cdot 0{,}079} = 0{,}865. \tag{168}$$

Bei kleinen Motoren ist es nicht möglich, mit der normalen Stromstärke J_1 in der Tangente des Heylandschen Diagramms zu arbeiten, da sonst der Motor nicht genügend überlastungsfähig wird, demnach fällt der Leistungsfaktor wesentlich kleiner aus als der maximale; wir schätzen $\cos \varphi = 0{,}82$ und suchen $\eta = 77\%$ zu erreichen. Mit diesen Annahmen wird Formel 136

$$J_1 = \frac{735 \cdot 100}{\sqrt{3} \cdot 380 \cdot 0{,}82 \cdot 77} = 1{,}77 \text{ A}.$$

Da J_μ noch unbekannt ist, kommt Gl 171a nicht in Frage, sondern wir nehmen erfahrungsgemäß $\mathfrak{B}_2 = 5100$ Gauß an und berechnen aus (141) $\Phi_0 = 5100 \cdot 9{,}42 \cdot 6 \cdot 0{,}67 = 193\,000$, aus (139) $\Phi_1 = 193\,000 \cdot 1{,}04 = 200\,000 = 2 \cdot 10^5$ Maxwell.

---

[1] Die Nutenzahl des Kurzschlußläufers soll nach ETZ. 1921, H. 48, bei gerader Polpaarzahl um p, bei ungerader Polpaarzahl um $2 p$ niedriger gemacht werden als die Nutenzahl des Ständers. Hierdurch wird das Drehmoment beim Anlauf günstig beeinflußt.

Die eingeleitete Leistung ist $N_k = \dfrac{735 \cdot 100}{77} = 957\ \mathrm{W}$, die Nutzleistung $N_m = 735\ \mathrm{W}$, also sind die Verluste

$$N_k - N_m = 957 - 735 = 222\ \mathrm{W}.$$

Schätzen wir den Leerlaufverlust nach Tabelle 14 auf 100 W, so bleibt für den Verlust durch Stromwärme

$$N_{Cu\,1} + N_{Cu\,2} = 222 - 100 = 122\ \mathrm{W}.$$

Der Reibungsverlust ist nach (158)

$$N_{R\Omega} = 735\,\frac{0,1\,\sqrt{1500}}{100} = 29\ \mathrm{W}.$$

die mechanische Leistung des Läufers ist nach (159)

$$N_a = 735 + 29 = 764\ \mathrm{W}.$$

Die Drehzahl eines 4 poligen 1 PS-Motors wird oft zu 1425 angegeben, was einer Schlüpfung (153)

$$\sigma = \frac{1500 - 1425}{1500} = 0,05$$

entspricht. Mit diesem Werte ist nach (157) der Stromwärmeverlust im Läufer $N_{Cu\,2} = 764\,\dfrac{0,05}{0,95} = 40\ \mathrm{W}$. Für den Stromwärmeverlust im Ständer bleiben

$$N_{Cu\,1} = 122 - 40 = 82\ \mathrm{W}.$$

Aus (138) $\qquad\qquad R_1 = \dfrac{82}{3 \cdot 1,77^2} = 8,65\ \Omega.$

Aus (135 b) folgt $\quad E_{p1} = \dfrac{380}{\sqrt{3}} - 1,77 \cdot 8,65 \cdot 0,82 = 207,4\ \mathrm{V}.$

Aus (135 a) $\qquad\quad z_1 = \dfrac{207,4 \cdot 10^8}{2,1 \cdot (2 \cdot 10^5) \cdot 50} = 986,$

abgerundet 984 oder

$$Z_1 = \frac{3\,z_1}{k_1} = \frac{3 \cdot 984}{36} = 82\ \text{Drähte pro Nut.}$$

Die Nutenteilung ist nach (140) $\quad t_1 = \dfrac{\pi \cdot 12}{36} = 1,05\ \mathrm{cm}.$

Wir wollen die Nut trapezförmig machen, so daß der Zahn überall denselben Querschnitt erhält. Man darf dann aber, um einen nicht zu großen Wert für die Durchflutung pro Zahn zu verbrauchen, $\mathfrak{B}_z$ nicht allzu groß nehmen, etwa $\mathfrak{B}_z = 14\,500$. Die Gl 144 gibt die Zahnstärke (Abb. 256)

$$c_z = \frac{5100 \cdot 1,05}{0,9 \cdot 14\,500} = 0,41\ \mathrm{cm}.$$

Die Nutenweite ist $o_1 = t_1 - c_z = 1,05 - 0,41 = 0,64\ \mathrm{cm}.$

Die Länge einer Windung ist schätzungsweise (Formel 146)

$$2\,l_1 = 2\,b + 3\,t_p = 12 + 28,3 = 40,3 \text{ cm},$$

die pro Phase aufgewickelte Drahtlänge $L_1 = 0.403\,\dfrac{984}{2} \approx 200$ m,

demnach der Drahtquerschnitt

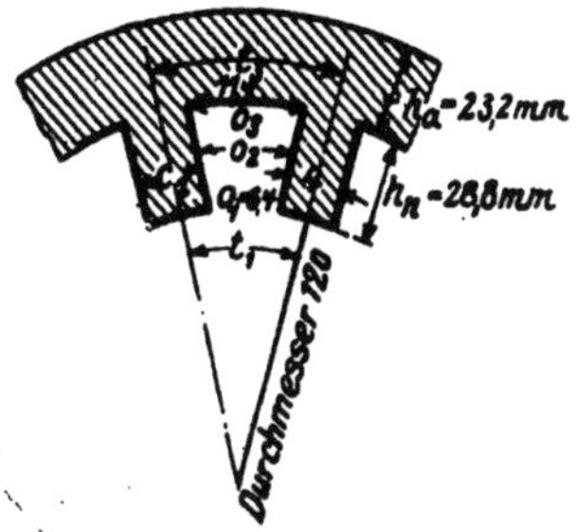

$$q_1 = \frac{0,023 \cdot 200}{8,65} = 0,534 \text{ mm}^2.$$

Hierzu, abgerundet $d = 0,9$ mm oder $q_1 = 0,64 \text{ mm}^2$.

Der Kupferquerschnitt einer Nut ist $F_k = 0,64 \cdot 82 = 52,6 \text{ mm}^2$.

Da der Draht sehr dünn ist, die Anzahl der Drähte pro Nut groß, so muß der Nutenfüllfaktor klein gewählt werden, etwa $f_k = 0,20$, hiermit wird der Nutenquerschnitt (148)

$$F_n = \frac{52,6}{0,20} \approx 257,6 \text{ mm}^2.$$

Abb. 256. Abmessungen zu Aufgabe 325.

Die Nutentiefe h_n ist (149 a)

$$h_n = -\frac{6,4 \cdot 36}{2\,\pi} + \sqrt{\left(\frac{6,4 \cdot 36}{2\,\pi}\right)^2 + \frac{257,6 \cdot 36}{\pi}} = 28,8 \text{ mm}.$$

Die Nutenteilung oben ist

$$t_3 = \frac{\pi\,(D + 2\,h_n)}{k_1} = \frac{\pi\,(120 + 2 \cdot 28,8)}{36} = 15,5 \text{ mm}.$$

Die Nutenweite oben

$$o_3 = 1,55 - 0,41 = 1,14 \text{ cm} \equiv 11,4 \text{ mm},$$
$$o_2 = (11,4 + 6,4):2 = 8,9 \text{ mm}.$$

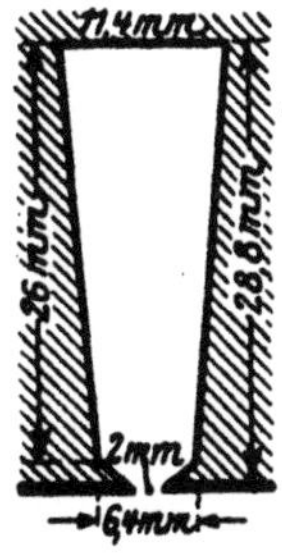

Die Abb. 257 gibt die wahre Gestalt der Nute, die mit einer Öffnung $o_2 = 2$ mm versehen ist, damit die Drähte eingelegt werden können.

Die Höhe h_a über den Nuten wird, unter der Annahme $\mathfrak{B}_a = 8000$ Gauß,

Abb. 257. Ständernut zu Aufgabe 325.

$$h_a = \frac{2 \cdot 10^5}{2 \cdot 0,9 \cdot 6 \cdot 8000} = 2,32 \text{ cm} \quad \left(h_a < \frac{12}{4}\right). \tag{140}$$

Das Gewicht der Statorbleche vor dem Ausstanzen der Nuten ist

$$G_E = \left(22,4^2\,\frac{\pi}{4} - 12^2\,\frac{\pi}{4}\right)\frac{0,9 \cdot 6 \cdot 7,8}{1000} = 11,9 \text{ kg}. \tag{151}$$

Der Eisenverlust (150) $\qquad N_E = \dfrac{1,1 \cdot 8000 \cdot 50 \cdot 11,9}{10^5} = 52,4$ W,

also $\qquad N_0 = N_E + N_R = 52,4 + 29 = 81,4$ W.

Läufer (1. Art der Berechnung).

Die Nutenteilung an der Oberfläche ist (143a)

$$t_1 = \frac{\pi \cdot 119{,}2}{34} = 11 \text{ mm (s. Abb. 240).}$$

Nimmt man die Induktion $\mathfrak{B}_{z\,max} = 18\,000$ an, so folgt aus (144a)

$$c_2 = \frac{1{,}1 \cdot 5100}{0{,}9 \cdot 18\,000} = 0{,}347 \text{ cm} = 3{,}47 \text{ mm,}$$

und aus (149d) der Durchmesser der runden Nut

$$o_n = \frac{\pi \cdot 119{,}2 - 3{,}47 \cdot 34}{34 + 3{,}14} = 6{,}9 \text{ mm;}$$

der Durchmesser des runden Kupferstabes kann also 6,8 mm gemacht werden, so daß der Stabquerschnitt·

$$q_s = \frac{6{,}8^2\,\pi}{4} = 36{,}3 \text{ mm}^2$$

wird. Die Stablänge dürfte etwa $l_s = 7{,}5$ cm sein, somit der Stabwiderstand $R_s = \dfrac{0{,}02 \cdot 0{,}075}{36{,}3} = 0{,}0000414\ \Omega.$

Da beim Kurzschlußläufer $z_2 = \dfrac{k_2}{3}$ ist, so folgt aus Gl 161

$$J_2 = \frac{0{,}9 \cdot 1{,}77 \cdot 984 \cdot 3}{34} = 138 \text{ A,}$$

wo $\lambda\,(1 + \tau_1) = 0{,}9$ vorläufig geschätzt wurde.

Bezeichnet R_Ω den Widerstand eines Stabes einschließlich Endverbindung, so ist der Stromwärmeverlust im Läufer, der bekanntlich 40 W beträgt, $k_2 J_2^2 R_\Omega = 40$, woraus·

$$R_\Omega = \frac{40}{34 \cdot 138^2} = 0{,}0000617\ \Omega$$

folgt. (164) gibt

$$R_r = (R_\Omega - R_s)\,\frac{(2\,p\pi)^2}{k_2} = \frac{0{,}0000203 \cdot 12{,}56^2}{34} = 0{,}000094\ \Omega.$$

Da nun der Widerstand der Ringe $R_r = \dfrac{2\,\varrho\,l_r}{q_r}$ ist, wird der Ringquerschnitt

$$q_r = \frac{2 \cdot 0{,}02 \cdot 0{,}104\,\pi}{0{,}000094} = 139 \text{ mm}^2,$$

wo $l_r = D_r\,\pi = 0{,}104\,\pi$, ausgedrückt in Meter, zu·setzen ist.
Die Ringabmessungen seien $8{,}2 \times 17 = 139\ \text{mm}^2$.
Das Gewicht der beiden Ringe ist $G_r = 2 \cdot 139 \cdot 0{,}104\,\pi \cdot 8{,}9 = 810\,\text{g}.$
Das Gewicht der Stäbe $G_s = 36{,}3 \cdot 0{,}075 \cdot 8{,}9 \cdot 34 = 824\,\text{g}$, also das Kupfergewicht des Läufers $810 + 824 = 1634\,\text{g}$

Die Stromdichte im Stabe ist $s_s = \dfrac{138}{36,3} = 3,82$ A. Der Strom im Ringe ist (163) $J_r = 138 \dfrac{34}{4\pi} = 375$ A, daher die Stromdichte im Ringe $s_r = \dfrac{375}{139} = 2,7$ A.

$$\text{Läufer (2. Art der Berechnung).}$$

Das Kupfergewicht soll ein Minimum werden. Dann ist der Stabquerschnitt (nach 165)

$$q_s = \frac{0,02}{0,0000617}\left(0,075 + \frac{0,104}{2}\right) = 41,2 \text{ mm}^2,$$

hierzu gehört der Durchmesser 7,24 mm oder abgerundet 7,2 mm, also $q_s = 41$ mm^2. Der Nutendurchmesser ist $x = 7,3$ mm zu machen. Der Stabwiderstand wird

$$R_s = \frac{0,02 \cdot 0,075}{41} = 0,000\,036 \ \Omega.$$

Aus (164)

$$R_r = 0,000\,025\,7 \frac{12,56^2}{34} = 0,000\,119 \ \Omega,$$

$$q_r = \frac{2 \cdot 0,02 \cdot 0,104\,\pi}{0,000\,011\,9} = 110 \text{ mm}^2.$$

Abmessungen $7,8 \times 14,1 = 110$ mm^2.

$$\left.\begin{array}{l} G_r = 110 \cdot 0,104\,\pi \cdot 8,9 \cdot 2 = 640\,\text{g} \\ G_s = 41 \cdot 0,075 \cdot 8,9 \cdot 34 = 927\,\text{g} \end{array}\right\} G_r + G_s = 1567 \text{ g}.$$

Ersparnis gegen 1. Art der Berechnung: $1634 - 1567 = 67$ g.

$$s_s = \frac{138}{41} = 3,37 \text{ A}, \qquad s_r = \frac{375}{110} = 3,4 \text{ A, also } s_s \approx s_r.$$

Diese Rechnung berücksichtigte nicht die größte Induktion zwischen zwei Nuten. Sie tritt ungefähr in dem Teilkreise, der durch die Nutenmitten geht, auf. Für diesen ist die Nutenteilung

$$t_2 = \frac{\pi(119,2 - 7,3)}{34} = 10,32 \text{ mm},$$

daher die Zahnstärke an dieser Stelle

$$c_2 = 10,32 - 7,3 = 3,02 \text{ mm}.$$

Aus (144) folgt $\quad \mathfrak{B}_{z\,\text{max}} = \dfrac{1,1 \cdot 5100}{0,9 \cdot 0,302} = 20\,600$ Gauß.

Diese Induktion ist noch zulässig, so daß wir auch diese Rechnungsresultate ausführen lassen könnten. Sollte aber $\mathfrak{B}_{z\,\text{max}}$ wesentlich größere Werte annehmen, so ist nur die erste Art der Läuferberechnung möglich, d. h. wir müssen auf die Bedingung des Kupferminimums verzichten. — Die weitere Rechnung legt die Abmessungen der ersten Berechnungsart zugrunde.

Welle. Der Wellendurchmesser folgt aus der Formel

$$d_w = (20 \div 32)\sqrt[3]{\frac{N_m}{n_1}} = (20 \div 32)\sqrt[3]{\frac{735}{1500}} = 15{,}6 \div 25 \text{ mm.}$$

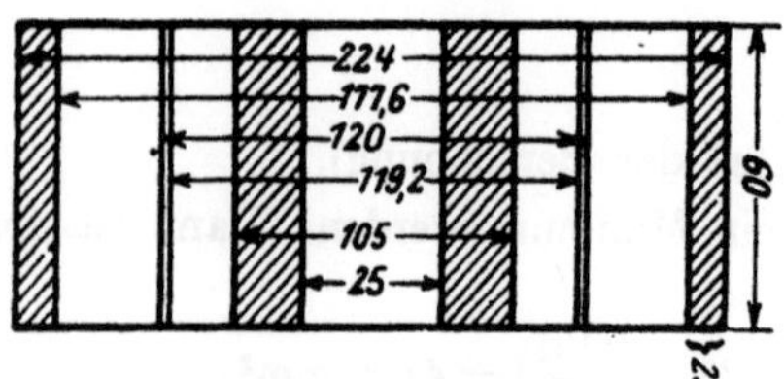

Abb. 258. Abmessungen der Ständer- und Läuferbleche zu Aufgabe 325.

Wir wählen $d_w = 25$ mm und machen den inneren Durchmesser D_i der Läuferbleche gleichfalls 25 mm. Die Abmessungen der Ständer- und Läuferbleche sind aus der Abb. 258 zu entnehmen.

Berechnung des Magnetisierungsstromes J_μ mit $\mathfrak{B}_{z\,max} = 18000$ Gauß im Läufer.

$$l_{a\,1} = \frac{22{,}4 + 17{,}76}{2} \cdot \frac{\pi}{4} + 2{,}3 = 18 \text{ cm,} \qquad \mathfrak{B}_{a\,1} = 8000, \quad \mathfrak{H}_{a\,1} = 1{,}9,$$

$$l_{z\,1} = 2 \cdot 2{,}88 = 5{,}76 \text{ cm,} \qquad\qquad \mathfrak{B}_{z\,1} = 14500, \quad \mathfrak{H}_{z\,1} = 19{,}5,$$

$$l_\varrho = 2 \cdot 1{,}13 \cdot 0{,}04 = 0{,}0904 \text{ cm,} \qquad \mathfrak{B}_\varrho = 5100, \quad \mathfrak{H}_\varrho = 4080.$$

$$l_{a\,2} = \frac{6{,}5\,\pi}{4} + 4 = 9{,}1 \text{ cm,} \qquad F_{a\,2} = 0{,}9 \cdot 6 \cdot 4 = 21{,}6 \text{ cm}^2,$$

$$\mathfrak{B}_{a\,2} = \frac{193\,000}{2 \cdot 21{,}6} = 4460, \qquad \mathfrak{H}_{a\,2} = 0{,}8.$$

Um $\mathfrak{H}_{z\,2}$ zu berechnen, zeichne man in großem Maßstabe zwei

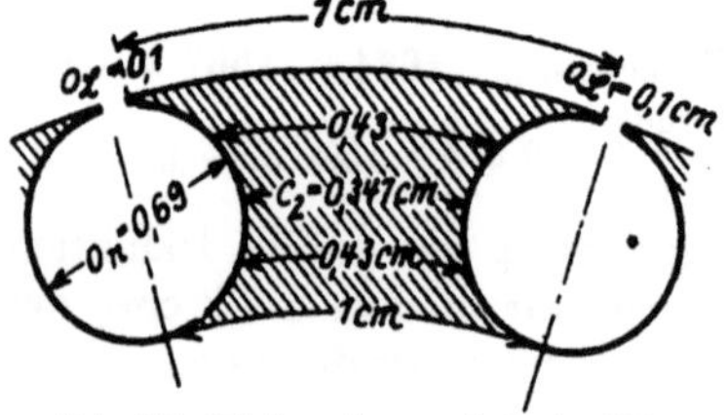

Abb. 259. Läufernuten zu Aufgabe 325.

nebeneinanderliegende Läufernuten im Schnitt auf (Abb. 259), entnehme dieser Abbildung die eingezeichneten Längen (1, 0,43, 0,34, 0,43 und 1 cm) und berechne für die hierzu gehörenden Querschnitte $\mathfrak{B}_z$ aus (144). Man erhält:

für 1 cm $\qquad \mathfrak{B}_{z\,1} = \dfrac{1{,}1 \cdot 5100}{0{,}9 \cdot 1} = 6250, \qquad \mathfrak{H}_{z\,1} = 1{,}4$ A/cm,

für 0,43 cm $\qquad \mathfrak{B}_{z\,2} = \dfrac{11 \cdot 5100}{0{,}9 \cdot 0{,}43} = 14500, \qquad \mathfrak{H}_{z\,2} = 21{,}2$ A/cm,

für 0,34 cm $\quad \mathfrak{B}_{z\,max} = \dfrac{11 \cdot 5100}{0{,}9 \cdot 0{,}34} = 18000, \qquad \mathfrak{H}_{z\,3} = 92$ A/cm.

Mit diesen Werten wird die Durchflutung für den halben Zahn, aber für beide Pole gerechnet

$$2\,\frac{1{,}4 + 4 \cdot 21{,}2 + 92}{6} \cdot 0{,}35 = 20{,}8 \text{ AW.}$$

In derselben Weise erhält man die Durchflutung für die untere Zahnhälfte, die in unserm Falle ebenso groß ist, also ist

$$\mathfrak{H}_{z2}\,l_{z2} = 2 \cdot 20,8 \approx 41,6.$$

$$\Sigma\,\mathfrak{H}l = 1,9 \cdot 18 + 19,5 \cdot 5,76 + 4080 \cdot 0,0904$$
$$+ 416 + 0,8 \cdot 9,1 = 564,3,$$

also nach (137)
$$J_\mu = \frac{2 \cdot 564 \cdot 2}{2,83 \cdot 984} \approx 0,8 \text{ A}.$$

Heylandsches Diagramm.

$$2r = \frac{J_\mu}{\tau} = \frac{0,8}{0,079} = 10 \text{ A}; \tag{167}$$

da $\overline{OA} = 0,8$ A, so wird: $\overline{OG} = \overline{OA} + \overline{AG} = 0,8 + 10 = 10,8$ A. Wir wählen den Amperemaßstab zu $1\,A = 20\,mm = a\,mm$. Damit ist $\overline{OG} = 10,8 \cdot 20 = 216\,mm$. Der Voltmaßstab wird also

$$1\,V = \frac{216\,|\,\overline{3}}{380} = 0,98\ mm = b\ mm.$$

Der Wattmaßstab ist

$$1\,mm = \frac{\sqrt{3} \cdot 380}{20} = 33\,W, \qquad 1\,PS = \frac{735}{33} = 22,4\ mm.$$

$$R_1 = \operatorname{tg}\alpha = 8,65\,\Omega,$$

d. i.
$$\frac{8,65\ V}{1\ A} = \frac{(8,65 \cdot 0,98)\ mm}{(1 \cdot 20)\ mm^2} = 0,42 = \frac{42\ mm}{100\ mm} = \frac{\overline{NH}}{\overline{NG}}.$$

Um den Kreis III zu erhalten, berechnen wir zunächst

$$R_2 = \frac{k_2}{3} R_\varrho = \frac{34}{3} \cdot 0,000\,0617 = 0,000\,71\,\Omega$$

und nach (170)

$$R_2' = R_2 \left[\frac{3\,z_1(1 + \tau_1)}{k_2}\right]^2 = 0,000\,71 \left[\frac{3 \cdot 984 \cdot 1,04}{34}\right]^2 = 5,81\,\Omega.$$

$$\operatorname{tg}(\alpha + \beta) = R_1 + R_2' = R_k = 8,65 + 5,81 = 14,46\,\Omega$$
$$= \frac{14,76 \cdot 0,925}{20} = \frac{68\ mm}{100\ mm} = \frac{\overline{NT}}{\overline{NG}}.$$

Die Abb. 260 gibt das Diagramm mit allen drei Kreisen. Parallel zu $\overline{AG}$ ist in $3\,mm$ Abstand, d. i. etwa $100\,W$, eine Gerade gezogen worden, von der aus $\overline{FF''} = 22,4\,mm$ (1 PS) eingetragen wurde. Die Verbindungslinie von G mit F gibt den Punkt C. Die Ausmessung von $\overline{OC}$ ist $35,4\,mm$ oder $1,77$ A. Die Länge $\overline{AC} = 30\,mm$, d. i. $1,5$ A, gibt den Wert, der in (169) einzusetzen ist, um den Läuferstrom zu erhalten,

$$J_2 = 1,5\,\frac{3 \cdot 984 \cdot 1,04}{34} = 135 \text{ A}.$$

$\overline{OB} = 82$ mm gibt $\cos \varphi = 0,82$, wenn $\overline{OO'} = 50$ mm ist. Die maximale Nutzleistung ist 48 mm, d. i.

$$\frac{48 \cdot 36}{735} \approx 2,2 \text{ PS.}$$

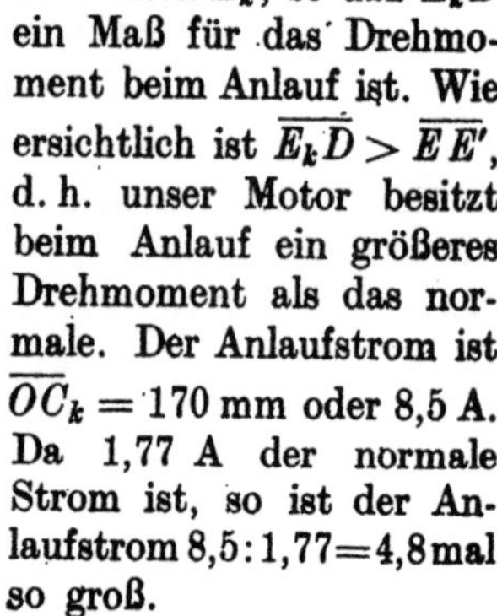

Abb. 260. Heyland-Diagramm zu Aufgabe 325.

Die Linie $\overline{EE'}$ ist ein Maß für das Drehmoment des Motors.

Bei festgehaltenem Läufer rückt C nach C_k und E nach E_k, so daß $\overline{E_k D}$ ein Maß für das Drehmoment beim Anlauf ist. Wie ersichtlich ist $\overline{E_k D} > \overline{EE'}$, d. h. unser Motor besitzt beim Anlauf ein größeres Drehmoment als das normale. Der Anlaufstrom ist $\overline{OC_k} = 170$ mm oder 8,5 A. Da 1,77 A der normale Strom ist, so ist der Anlaufstrom $8,5 : 1,77 = 4,8$ mal so groß.

Temperaturerhöhung.

Die Verluste sind:

1. Stromwärme im Ständer
$$3 J_1{}^2 R_1 = 3 \cdot 1,77^2 \cdot 8,65 = 83 \text{ W,}$$

2. Stromwärme im Läufer $k_2 J_2{}^2 R_2 = 34 \cdot 135^2 \cdot 0,0000617 = 38$ W,

3. Eisen- und Reibungsverluste geschätzt   100 W,

also Gesamtverluste 221,0 W, folglich Temperaturerhöhung (166)

$$\vartheta = \frac{221}{\pi \cdot 1,2 (0,6 + 0,7 \cdot 0,942) (1,44 \div 1,85)} \approx 33 \div 25 \text{ Grad C.}$$

Mit welcher Stromstärke könnte der Motor belastet werden, wenn die Temperaturerhöhung 50° erreichen dürfte?

Aus (166) folgt der Gesamtverlust:

Gesamtverlust $= 50 \cdot \pi \cdot 1,2 \cdot 1,26 \cdot 1,44 = 343$ W,

Eisen- und Reibungsverluste sind, wie vorher, 100 W, also Stromwärme

$$343 - 100 = 243 \text{ W} = 3 J_x{}^2 (R_1 + R_2') = 3 J_x{}^2 \cdot 14,46$$

oder

$$J_x = \sqrt{\frac{243}{3 \cdot 14,46}} = 2,34 \text{ A.}$$

Für einen Strom von $\overline{OC_x} = 2{,}34$ A gibt das Diagramm: Nutzleistung $1{,}4$ PS, $\cos\varphi = 0{,}85$, $\eta = 76\%$ $\sigma = 0{,}07$ und die Drehzahl $n_2 = 1500\,(1 - \sigma) = 1500\,(1 - 0{,}07) = 1395$ Umdr/min.

§ 41. Umwicklung von Drehstrommotoren.

1. Soll ein Drehstrommotor, der für die Klemmenspannung U_{k1} in Sternschaltung ausgeführt war, umgewickelt werden für die Spannung U_{k2}, bei gleichem Wicklungsmaterial, z. B. Kupfer, so kann dies durch sinngemäße Anwendung der Formeln 84 und 84c auf S. 160 geschehen, wo bei Drehstromwicklungen $a_1 = a_2$ zu setzen ist. Es wird also der neue Drahtquerschnitt $q_2 = q_1 \dfrac{U_{k1}}{U_{k2}}$ und die neue Drahtzahl pro Strang $z_1' = z_1 \dfrac{U_{k1}}{U_{k2}}$. Die Läuferwicklung bleibt ungeändert.

2. In manchen Fällen ist eine Umwicklung nicht nötig, nämlich dann, wenn $U_{k2} = \dfrac{U_{k1}}{\sqrt{3}}$ ist. Hier genügt eine Umschaltung von Stern auf Dreieck.

Beispiele sind: 380 V auf 220 V, oder 220 V auf 127 V, 190 V auf 110 V.

Ist ein für 380 V gewickelter Motor anstatt an 220 V an 190 V anzuschließen, so geht es nicht an, diesen Motor von Stern auf Dreieck umzuschalten und dann an 190 V anzuschließen, da die Leistung mit dem Quadrat der Spannung abnimmt, also die neue Leistung nur $\left(\dfrac{190}{220}\right)^2 = 0{,}864$ der alten wäre. Ist jedoch der Motor 4polig gewickelt, so schaltet man die beiden Spulen, die zu einem Strang gehören, z. B. die Spulen 1—4, 7—10 (siehe Schema) nicht hintereinander, sondern parallel, indem man die Verbindung 4—7 löst, 1 und 7 zur Klemme a_1, 4 und 10 zur Klemme bzw. Lötstelle e_1 führt, dann ist der Motor für die halbe Spannung passend, also für 190 V. Würde man jetzt noch anstatt der Sternschaltung die Dreieckschaltung ausführen, so könnte der Motor an 110 V angeschlossen werden.

3. Manchmal ist nur das unbewickelte Eisengestell vorhanden. Man mißt dann den Durchmesser D, die Ankerlänge b (eventuell auch b_1, wenn Luftspalte vorhanden sind), die Nutenabmessungen von Ständer und Läufer und ihre Anzahl und schließt hieraus nach Gl 134b ($k_1 = m\,6\,p$) auf die Polpaarzahl p. Der Motor soll für eine Spannung U_k und Periodenzahl f gewickelt werden, wobei auch die Leistung anzugeben ist. — Man berechnet aus den Angaben die Polteilung t_p, die Nutenteilungen $t_1 = \dfrac{\pi D}{k_1}$ und $t_1 = \dfrac{\pi\,(D - 2\,\delta)}{k_2}$, nimmt eine Induktion, z. B. die Zahninduktion im Läufer, oder auch Ständer an und löst Gl (144) nach B_2 auf. Die Gl (141) gibt dann Φ_0 bzw. Gl (139) Φ_1, die Gl (135a) z_1, wobei etwa $E_{p1} = \dfrac{U_k}{\sqrt{3}} - \dfrac{U_k}{\sqrt{3}} \cdot \dfrac{1}{10}$ zu schätzen ist. z_1 ist so abzurunden, daß die Drahtzahl pro Nut $\dfrac{3\,z_1}{k_1}$ eine ganze Zahl wird. Wird der Nutenfüllfaktor f_k an-

genommen, so wird der Drahtquerschnitt $q = f_k \cdot h_n \, o_n : \dfrac{3\,z_1}{k_1}$. Schätzt man die Stromdichte, so ist die Stromstärke $J = q\,s_d$ ($s_d \approx 3\ A$).

Die Drahtzahl im Läufer ist willkürlich, ebenso der Querschnitt; nur wird die Nut vollgewickelt (vgl. S. 278). Die Gl 172 gibt τ, die Gl 137 J_μ.

4. In neuerer Zeit wird häufig verlangt, daß die neue Wicklung aus einem anderen Material bestehen soll, wie die alte. Z. B. ist eine Aluminiumwicklung in eine Kupferwicklung umzuändern. In diesem Falle wird die Leistung des Motors vergrößert, während die Verluste dieselben bleiben müssen, um die alte Temperaturerhöhung zu erzielen. Es wäre aber nicht richtig, die Aluminiumwicklung einfach durch eine Kupferwicklung von gleicher Windungszahl und Drahtstärke zu ersetzen, denn dann würde Kreis I des Heylandschen Diagramms der gleiche bleiben. Wenn also bei dem Aluminiummotor die Stromstärke der normalen Leistung, in die Tangente des Kreises fiel, was doch immer anzustreben war, so würde die größere, zulässige Stromstärke des Kupfermotors weit über die Tangente hinausfallen, wodurch der Leistungsfaktor verkleinert, vor allem aber die Überlastbarkeit verringert würde.

Man muß entsprechend der größeren Stromstärke auch den Magnetisierungsstrom vergrößern, so daß immer die Gl 171a $J_\mu \approx J\sqrt{\tau}$ erfüllt wird. Man erreicht dies durch Verkleinerung der Windungszahl einer Phase, wie dies die folgende Herleitung zeigt: Es sei J_μ der Magnetisierungsstrom des umzuwickelnden Aluminiummotors, J der zugehörige Vollaststrom, von dem angenommen wird, daß er in die Tangente des Heylandschen Diagramms fällt, J_μ' und J' seien dieselben Größen für den Kupfermotor, so ist (Gl 171a) $J_\mu = J\sqrt{\tau}$ und auch $J_\mu' = J'\sqrt{\tau}$, oder auch

$$\frac{J_\mu}{J_\mu'} = \frac{J}{J'}. \qquad\qquad \text{(a)}$$

Nach (137a) ist

$$J_\mu = \frac{0,64\ \mathfrak{B}_\mathfrak{L}\,\delta\,p\,\alpha}{w}, \qquad J_\mu' = \frac{0,64\ \mathfrak{B}_\mathfrak{L}'\,\delta\,p\,\alpha'}{w'}$$

(wegen der Änderung von $\mathfrak{B}_\mathfrak{L}$ ändert sich auch α), hieraus

$$\frac{J_\mu}{J_\mu'} = \frac{\mathfrak{B}_\mathfrak{L}\,w'\,\alpha}{\mathfrak{B}_\mathfrak{L}'\,w\,\alpha'} = \frac{\mathfrak{B}_\mathfrak{L}\,z_1'\,\alpha}{\mathfrak{B}_\mathfrak{L}'\,z_1\,\alpha'} \qquad\qquad \text{(b)}$$

wo $\quad w = \dfrac{z_1}{2}, \qquad w' = \dfrac{z_1'}{2}\quad$ ist.

Die Gl 135a (S. 271) lehrt, daß bei gleichem E_{p1} auch $\Phi_1 z_1$ konstant bleiben muß, d. h. es muß auch sein $\mathfrak{B}_\mathfrak{L} z_1 = \mathfrak{B}_\mathfrak{L}' z_1'$, woraus $\mathfrak{B}_\mathfrak{L}' = \mathfrak{B}_\mathfrak{L}\dfrac{z_1}{z_1'}$ folgt. Dies in Gl b eingesetzt gibt

$$\frac{J_\mu}{J_\mu'} = \frac{\mathfrak{B}_\mathfrak{L}\,z_1'^2\,\alpha}{\mathfrak{B}_\mathfrak{L}\,z_1^2\,\alpha'} = \frac{z_1'^2}{z_1^2}\,\frac{\alpha}{\alpha'} = \frac{J}{J'}. \qquad\qquad \text{(c)}$$

Die Verluste durch Stromwärme müssen für den alten und neuen Motor die gleichen bleiben (eigentlich sollten sie für den neuen etwas kleiner werden, da ja wegen der höheren Induktionen die Eisenverluste zunehmen), d. h. $\qquad\qquad 3\,J^2 R_1 = 3\,J'^2 R_1',$

wo

$$R_1 = \frac{\varrho\,L_1}{q} = \frac{\varrho\,\frac{z_1}{2}\,2\,l_1}{q} \quad \text{und} \quad R_1' = \frac{\varrho'\,L_1'}{q'} = \frac{\varrho'\,\frac{z_1'}{2}\,2\,l_1}{q'}$$

ist. Der Querschnitt q' ist so zu bestimmen, daß der gesamte Kupferquerschnitt einer Nut, ebenso groß ist wie der Aluminiumquerschnitt vorher war, oder was dasselbe ist, der Nutenfüllfaktor kann in beiden Wicklungen derselbe bleiben. In Zeichen $q\,z_1 = q'\,z_1'$ oder $q' = q\,\frac{z_1}{z_1'}$.

Hiermit wird $\dfrac{3\,J^2\,\varrho\,l_1\,z_1}{q} = \dfrac{3\,J'^2\,\varrho'\,l_1\,z_1'}{q\,\frac{z_1}{z_1'}}$, vereinfacht $J^2\,z_1^2\,\varrho = J'^2\,z_1'^2\,\varrho'$,

oder

$$\frac{J}{J'} = \frac{z_1'}{z_1}\sqrt{\frac{\varrho'}{\varrho}}\,. \tag{174}$$

Die Gl c wird demnach

$$\frac{z_1'}{z_1}\sqrt{\frac{\varrho'}{\varrho}} = \frac{z_1'^2}{z_1^2}\,\frac{\alpha}{\alpha'}$$

oder

$$\frac{z_1'}{z_1} = \frac{\alpha'}{\alpha}\sqrt{\frac{\varrho'}{\varrho}}\,. \tag{175}$$

Schätzt man $\alpha':\alpha = 1,2$, setzt man ferner $\varrho' = 0,023$, $\varrho = 0,04$, so wird

$$z_1' = 0,9\,z_1. \tag{175a}$$

Alle Induktionen nehmen in dem Verhältnis $\dfrac{z_1}{z_1'}$ zu.

Der Läufer wird mit derselben Windungszahl und demselben Drahtdurchmesser gewickelt wie der alte.

326. Der in Aufgabe 323 berechnete Aluminiummotor soll eine Kupferwicklung erhalten.

Lösung: Es war $z_1 = 216$ oder 12 Drähte pro Nut.
Wir nehmen nach Gl 175a

$$z_1' = 0,9\,z_1 \qquad z_1' = 0,9 \cdot 216 = 194,4$$

und runden die Drahtzahl pro Nut auf eine ganze Zahl ab

$$\frac{3 \cdot 194,4}{54} = 10,8$$

abgerundet willkürlich auf 10, also ist $z_1' = 10 \cdot 18 = 180$.

Der Drahtquerschnitt wird $q' = q\,\dfrac{z_1}{z_1'} = 16,5\,\dfrac{216}{180} \approx 20$ mm²
also $d = 5$ mm, und $q' = 19,6$ mm². (Diese Abrundungen vergrößern den Stromwärmeverlust und den Magnetisierungsstrom.)

Die Stromstärke im Stator ist nach Gl 174

$$J' = J\,\frac{z_1}{z_1'}\sqrt{\frac{\varrho}{\varrho'}} = 20 \cdot \frac{216}{180}\sqrt{\frac{0,04}{0,023}} = 31,6 \text{ A.}$$

Die aufgewickelte Drahtlänge ist $L_1 = 0,882 \cdot 90 = 79,4$ m.
Der Echtwiderstand einer Phase $R_1' = \dfrac{0,023 \cdot 79,4}{19,6} = 0,093\ \Omega$.
Alle Induktionen ändern sich im Verhältnis 216:180. Es werden:

$$\mathfrak{B}_{\mathfrak{L}}' = 5050, \quad \mathfrak{B}_{z\,max} = 18400, \quad \mathfrak{B}_a = 8400.$$

Der Läufer kann mit der gleichen Drahtzahl des Aluminiumläufers, aber aus Kupfer gewickelt werden, also mit $z_2 = 156$, wenn jetzt $E_{p}'_2$ nicht zu groß ausfällt. Wir erhalten

$$E_p'_2 = E_{p1}\frac{z_2}{z_1\,(1 + \tau_1)} = 220\,\frac{156}{180 \cdot 1,03} = 184\ \text{V}.$$

Der Läuferstrom folgt aus Formel 161 mit $\lambda\,(1 + \tau_1) = 0,9$

$$J'_2 = \frac{0,9 \cdot 31,6 \cdot 180}{156} = 32,7 \approx 33\ \text{A}.$$

Der Widerstand der Läuferphase ändert sich im Verhältnis von $\varrho_{Cu} : \varrho_{Al}$, also wird

$$R_{2w} = 0,2\,\frac{0,02}{0,035} = 0,114\ \Omega,$$

wozu noch der Bürstenwiderstand $R_b = 0,4 : 33 = 0,0121\ \Omega$ kommt, also ist der neue Läuferwiderstand $R_2' = 0,126\ \Omega$.
Die Verluste werden:

$$3\,J'^2\,R_1 = 3 \cdot 31,6^2 \cdot 0,093 = 375\ \text{W}$$
$$3\,J_2'^2\,R_2 = 3 \cdot 32,7^2 \cdot 0,126 = 405\ \text{,,}$$

Verlust im Eisen $\qquad\qquad\qquad\qquad 515\,\dfrac{216}{180} = 620$,,

Verlust durch Reibung $\qquad\qquad\qquad\qquad\quad 316$,,

$$\overline{\qquad\qquad\text{Summa } 1716\ \text{W}}$$

Eingeleitet werden: $\sqrt{3} \cdot 380 \cdot 31,6 \cdot 0,865 = 18000$ W,
gebremst werden: $\qquad 18000 - 1716 = 16284$ W.

$$\eta = \frac{16284 \cdot 100}{18000} = 90,5\,\%.$$

IV. Leitungsberechnung.

§ 42. Berechnung der Gleichstromleitungen.

Man unterscheidet Verteilungsleitungen, das sind die Leitungen,
an welche die Stromverbraucher unmittelbar angeschlossen werden und
Speiseleitungen, die von der Stromquelle zu gewissen Punkten, „den
Speisepunkten", der Verteilungsleitungen geführt werden. In Abb. 261
ist BDC eine Verteilungsleitung mit den Anschlüssen i_1, i_2, i_3 Ampere,
$\overline{AB}$ und $\overline{AC}$ sind zwei Speiseleitungen, die von der Stromquelle A zu den
Speisepunkten B und C führen, und in
denen die Ströme J_1 und J_2 fließen.
(Der Leser muß sich alle Leitungen doppelt ausgeführt denken, da ja immer
eine Hin- und Rückleitung erforderlich ist.)

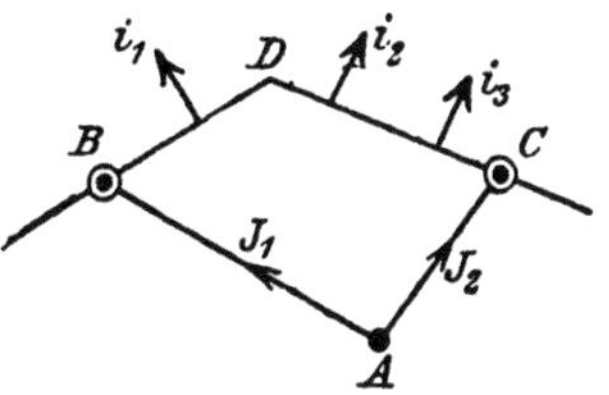

Abb. 261. Speise- und Verteilungsleitungen.

Der Querschnitt der Leitungen läßt
sich aus dem zulässigen Spannungsverlust leicht berechnen. Der zulässige Spannungsverlust beträgt bei den
Verteilungsleitungen etwa 2 bis 4,5 % *
der Netz- oder Lampenspannung,
bei den Speiseleitungen geht man bis zu 15 %. Die Spannung in den
Speisepunkten wird von der Zentrale aus stets auf gleicher Höhe gehalten; der Spannungsverlust in den Speiseleitungen ist daher nur eine
Frage der Wirtschaftlichkeit. In den Verteilungsleitungen dagegen hängt
die Spannung beim Konsumenten von der augenblicklichen Belastung der
ganzen Leitung ab und, um geringe Spannungsschwankungen zu erzielen,
dürfen die Spannungsverluste den angegebenen maximalen Wert bei Leitungen für Beleuchtungszwecke nicht überschreiten. Ist U_n die Lampenspannung, δ der Spannungsverlust, p_s der angenommene, prozentuale
Spannungsverlust, so ist

$$\delta = U_n \frac{p_s}{100} \text{ Volt.} \qquad (I)$$

Speiseleitungen.

Ist q der Querschnitt einer Speiseleitung in mm², $2\,l$ ihre Länge in m
(Hin- und Rückleitung), J der in B gebrauchte Strom (Abb. 262) so ist

---

* Da Spannungsschwankungen von mehr als 3 % bei den Metalldraht-
lampen Lichtschwankungen verursachen, die dem Auge unangenehm sind.

$$\delta = JR = J\,\frac{\varrho\,2\,l}{q}, \quad \text{woraus}$$

$$q = \frac{2\,\varrho}{\delta}\,J\,l \quad \text{mm}^2 \qquad \text{(II)}$$

folgt. $J\,l$ heißt das Strommoment.

Aufgaben hierzu S. 23 Nr. 58—62.

Von Interesse ist hier nur der Fall, daß 2 Speiseleitungen bis zu einem gewissen Punkte B (Abb. 263) in einer Leitung verlaufen und sich dort trennen in die Leitungen $\overline{BC}$ und $\overline{BD}$. In den Speisepunkten C und D werden die Ströme i_1 und i_2 gebraucht. Der gesamte Spannungsverlust von A bis C bzw. von A bis D sei $\delta_{\max}$ Volt.

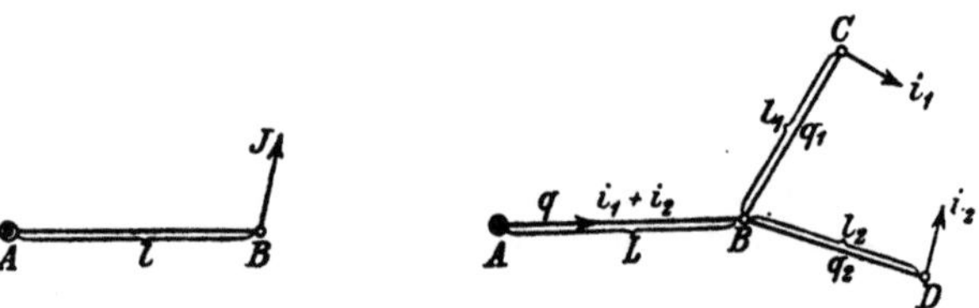

Abb. 262. Leitungsstrang.   Abb. 263. Leitung mit Verästelung.

Die Querschnitte der Leitungsstücke $\overline{AB}$, $\overline{BC}$, $\overline{BD}$ (Abb. 263) lassen sich leicht nach Formel I berechnen, wenn man den Spannungsverlust von A bis B willkürlich δ_1 setzt ($\delta_1 < \delta_{\max}$), dann ist der Spannungsverlust von B bis C bzw. von B bis D ($\delta_{\max} - \delta_1$) und die Querschnitte werden nach (II)

$$q = \frac{2\,\varrho}{\delta_1}(i_1 + i_2)\,L, \qquad q_1 = \frac{2\,\varrho}{\delta_{\max} - \delta_1}\,i_1\,l_1, \qquad q_2 = \frac{2\,\varrho}{\delta_{\max} - \delta_1}\,i_2\,l_2.$$

Das Volumen der Leitungen ist

$$V = 2\,(q\,L + q_1\,l_1 + q_2\,l_2).$$

Wird der Querschnitt in mm² und die Länge in m gesetzt, so erhält man V in cm³. Das Gewicht der Leitung ist dann $G = V\gamma$ in g.

327. Zwei Speiseleitungen sind auf $L = 300\ [400]$ m Länge zu einer Leitung vereinigt und führen von da zu den $l_1 = 100\ [50]$ m bzw. $l_2 = 200\ [150]$ m entfernten Speisepunkten C und D, in denen 120 A bzw. 80 A verbraucht werden (Abb. 264). Welche theoretische Querschnitte erhalten die drei Leitungsstücke $\overline{AB}$, $\overline{BC}$ und $\overline{BD}$,

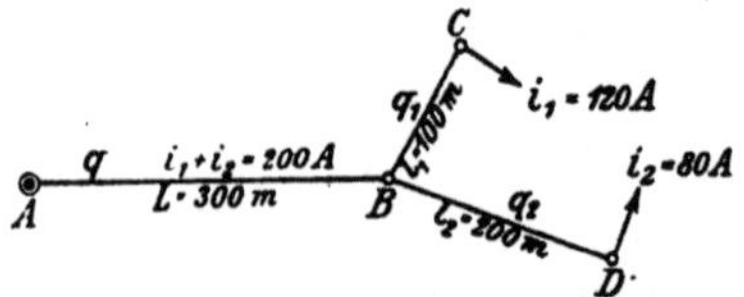

Abb. 264. Verästelte Leitung zu Aufgabe 327.

wenn der gesamte Spannungsverlust 10% der Netzspannung betragen darf und diese 220 V ist. Wie groß ist das Volumen der Leitungen für Kupfer [Aluminium]? [$\varrho = 0{,}03$].

Lösungen:

Der Spannungsverlust von A bis C bzw. A bis D ist nach (I)

$$\delta_{\text{max}} = 220\frac{10}{100} = 22 \text{ V.}$$

Wir zerlegen ihn willkürlich in $\delta_1 = 12$ V von A bis B und $\delta_{\text{max}} - \delta_1 = 22 - 12 = 10$ V von B bis C bzw. B bis D und erhalten aus (II), wenn man für Leitungskupfer, wie üblich,

$$\varrho = 0{,}0175 = \frac{1}{57} \quad \text{setzt:}$$

$$q = \frac{2 \cdot 0{,}0175}{12} \cdot (120 + 80) \cdot 300 = 175 \text{ mm}^2,$$

$$q_1 = \frac{2 \cdot 0{,}0175}{10} \cdot 120 \cdot 100 = 42 \text{ mm}^2,$$

$$q_2 = \frac{2 \cdot 0{,}0175}{10} \cdot 80 \cdot 200 = 56 \text{ mm}^2.$$

Das Volumen der Leitungen wird:

$$V = 2\,(175 \cdot 300 + 42 \cdot 100 + 56 \cdot 200) = 135\,800 \text{ cm}^3.$$

328. Wie gestalten sich die Fragen der vorigen Aufgabe, wenn man den Spannungsverlust δ_1 entsprechend der Formel

$$\delta_1 = \frac{\delta_{\text{max}}}{1 + \sqrt{\dfrac{i_1 l_1{}^2 + i_2 l_2{}^2}{(i_1 + i_2)\, L^2}}} \quad \text{Volt} \quad \text{(III)}$$

wählt?

Lösungen:

$$\delta_1 = \frac{22}{1 + \sqrt{\dfrac{120 \cdot 100^2 + 80 \cdot 200^2}{(120 + 80)\, 300^2}}} = 14{,}72 \text{ V,}$$

$$\delta_{\text{max}} - \delta_1 = 22 - 14{,}72 = 7{,}28 \text{ V.}$$

$$q = \frac{2 \cdot 0{,}0175}{14{,}72} \cdot (120 + 80) \cdot 300 = 143 \text{ mm}^2,$$

$$q_1 = \frac{2 \cdot 0{,}0175}{7{,}28} \cdot 120 \cdot 100 = 57{,}8 \text{ mm}^2,$$

$$q_2 = \frac{2 \cdot 0{,}0175}{7{,}28} \cdot 80 \cdot 200 = 77 \text{ mm}^2.$$

$$V = 2\,(143 \cdot 300 + 57{,}8 \cdot 100 + 77 \cdot 200) = 128\,160 \text{ cm}^3.$$

Wir verbrauchen also nach (III) weniger Kupfer, und zwar:

$$135\,800 - 128\,160 = 7640 \text{ cm}^3$$

oder

$$G = 7640 \cdot 8{,}9 \approx 68\,000 \text{ g} \approx 68 \text{ kg.}$$

Die Wahl von δ_1 nach Formel III gibt nämlich für das Leitungsvolumen einen kleinsten Wert[1].

Berechnung der Verteilungsleitungen.

1. Fall. Einseitige Stromzuführung mit ungleichförmig verteilter Belastung.

Es sei in Abb. 265 $BCDE$ eine Verteilungsleitung mit dem Speisepunkt B und den Anschlüssen i_1, i_2, i_3 ... dargestellt. Die Widerstände der Leiterstücke $\overline{BC}$, $\overline{CD}$, $\overline{DE}$ seien R_1, R_2, R_3. In dem Leiterstück $\overline{BC}$ fließen die Ströme $i_1 + i_2 + i_3$, in $\overline{CD}$ noch $i_2 + i_3$ und in $\overline{DE}$ der Strom i_3. Der gesamte Spannungsverlust δ von B bis E ist demnach

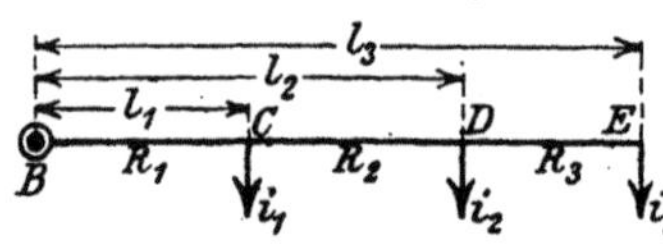

Abb. 265. Verteilungsleitung mit einseitiger Stromzuführung.

$$\delta = (i_1 + i_2 + i_3)\,R_1 + (i_2 + i_3)\,R_2 + i_3\,R_3$$

oder auch umgeformt

$$\delta = i_1 R_1 + i_2 (R_1 + R_2) + i_3 (R_1 + R_2 + R_3).$$

Besitzt die Leitung von B bis E denselben Querschnitt q, was angenommen werden soll, so ist:

$$R_1 = \frac{\varrho\,2\,l_1}{q}, \qquad R_1 + R_2 = \frac{\varrho\,2\,l_2}{q}, \qquad R_1 + R_2 + R_3 = \frac{\varrho\,2\,l_3}{q},$$

demnach $\delta = \dfrac{2\,\varrho}{q}\,(i_1 l_1 + i_2 l_2 + i_3 l_3)$, oder nach q aufgelöst

$$q = \frac{2\,\varrho}{\delta}\,(i_1 l_1 + i_2 l_2 + i_3 l_3 + \cdots) = \frac{2\,\varrho}{\delta}\,\Sigma\,il \ \text{mm}^2. \qquad \text{(IV)}$$

Man merke sich die Bildung des Klammerausdruckes und beachte, daß er bei mehr Stromabnahmestellen sich in gleicher Weise fortsetzt, also zu den obigen Addenden noch die Addenden $i_4 l_4$, $i_5 l_5$ ... hinzukommen. Der Klammerausdruck heißt die Momentensumme $(\Sigma\,il)$ in bezug auf den Speisepunkt B.

329. Einer Verteilungsleitung wird im Punkt B Strom zugeführt, der in den Punkten C, D, E, F, G in den in Abb. 266 angegebenen Stromstärken gebraucht wird. Die zwischen den

---

[1] Das Volumen der Leitungen ist $V = 2\,(qL + q_1 l_1 + q_2 l_2)$; setzt man für die Querschnitte ihre Werte aus Gl II, so wird

$$V = 2\left(\frac{2\,\varrho}{\delta_1}\,(i_1 + i_2)\,L^2 + \frac{2\,\varrho}{\delta_{\max} - \delta_1}\,i_1 l_1^2 + \frac{2\,\varrho}{\delta_{\max} - \delta_1}\,i_2 l_2^2\right).$$

Man macht V zu einem Minimum, wenn man den nach δ_1 gebildeten Differentialquotienten gleich Null setzt.

$$0 = -\frac{(i_1 + i_2)L^2}{\delta_1^2} + \frac{i_1 l_1^2}{(\delta_{\max} - \delta_1)^2} + \frac{i_2 l_2^2}{(\delta_{\max} - \delta_1)^2}.$$

Die Auflösung nach δ_1 ergibt die Gl III.

Strecken eingeschriebenen Zahlen geben die Längen derselben an, z. B. $\overline{BC} = 15$ m, $\overline{CD} = 20$ m usw.

Welchen Querschnitt erhält diese Leitung aus Kupfer [Aluminium], wenn die Netzspannung 163 [220] V, der prozentuale Spannungsverlust 2% [3] hiervon beträgt.

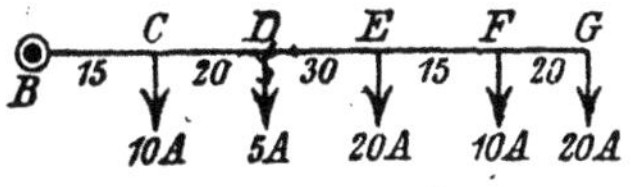

Lösung: Nach Formel I ist

$$\delta = U_n \frac{p_t}{100} = 163 \cdot \frac{2}{100} = 3{,}26 \text{ V},$$

und nach Formel (IV)

Abb. 266. Verteilungsleitung zu Aufgabe 329.

$$q = \frac{2 \cdot 0{,}0175}{3{,}26} (10\cdot15 + 5\cdot35 + 20\cdot65 + 10\cdot80 + 20\cdot100) = 47{,}5 \text{ mm}^2 *.$$

330. Einer Verteilungsleitung wird im Punkt B Strom zugeführt, der in den Punkten C, D, E, F in der in Abb. 267 eingezeichneten Stärke entnommen wird. Außerdem zweigt in D die Verteilungsleitung $\overline{DH}$, auch Stichleitung genannt, mit ihren Stromabnahmestellen G und H ab. Welchen Querschnitt erhalten die beiden Leitungen $\overline{BF}$ und $\overline{DH}$, wenn die Netzspannung 225 V und der Spannungsverlust $\delta_{max} = 6$ V beträgt.

Lösung: Wir berechnen zunächst den Querschnitt der Leitung $\overline{BF}$, wobei wir den in der Leitung $\overline{DG}$ fließenden Strom von 27 A als Belastung des Punktes D ansehen, es werden also in D im ganzen 30 A entnommen. In F ist ein 5 PS-Motor angeschlossen. Rechnet man, wenn man den Wirkungsgrad des Motors nicht kennt, etwa 900 W pro PS, so verbraucht unser Motor $N_M = 5 \cdot 900 = 4500$ W, welches Produkt gleich $U_n J$ ist, also ist die Stromstärke, die der Motor gebraucht,

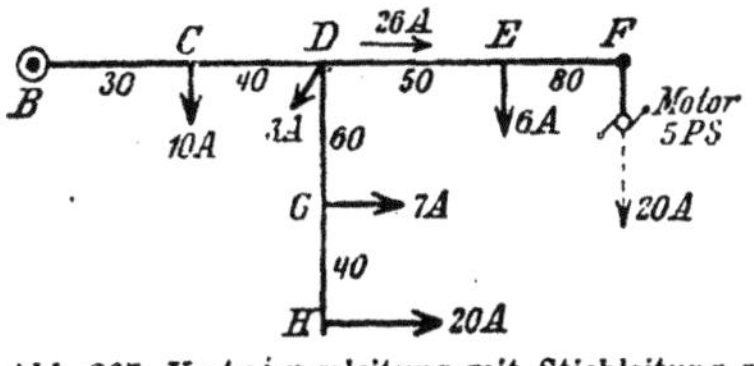

$$J_M = \frac{N_M}{U_n} = \frac{4500}{225} = 20 \text{ A},$$

was in Abb. 267 bei F angeschrieben steht. Mit diesen Werten wird nach (IV)

Abb. 267. Verteilungsleitung mit Stichleitung zu Aufgabe 330.

$$q = \frac{2 \cdot 0{,}0175}{6} (10 \cdot 30 + 30 \cdot 70 + 6 \cdot 120 + 20 \cdot 200) = 41{,}6 \text{ mm}^2.$$

---

* Dieser Querschnitt wird, wie die Tabelle 3 S. 24 zeigt, nicht fabriziert, vielmehr muß man den nächst größeren, d. i. $q = 50$ mm² wählen. Außerdem ist in der Tabelle noch die höchstzulässige Stromstärke angegeben, die dieser Querschnitt führen darf, um als „feuer"sicher zu gelten, es sind dies 160 A. Da obige Leitung nur mit 65 A belastet ist, so darf der Querschnitt verlegt werden.

Nach Tabelle 3 runden wir auf $50\ \text{mm}^2$ ab, führen also die Leitung $\overline{BF}$ mit $50\ \text{mm}^2$ aus.

Zur Berechnung der Leitung $\overline{DH}$ ist die Kenntnis des zulässigen Spannungsverlustes in $\overline{DH}$ erforderlich, denn wir wissen nur, daß von B bis H 6 V verlorengehen dürfen. Wir berechnen also zunächst den Spannungsverlust in der Leitung $\overline{BD}$. Zu dem Zweck untersuchen wir, welcher Strom in $\overline{BD}$ fließt. Offenbar ist dies der in C gebrauchte Strom von 10 A, der in D gebrauchte 3 A + dem Strom, der in den Leitungen $\overline{DG}$ und $\overline{DE}$, d. i. $27 + 26$, also 56 A, fließt. Die Belastung des Punktes D beträgt also 56 A, wobei jetzt die Leitungen $\overline{DH}$ und $\overline{DF}$ fortgelassen werden können, man erhält hierdurch Abb. 267a und für diese ist nach (IV)

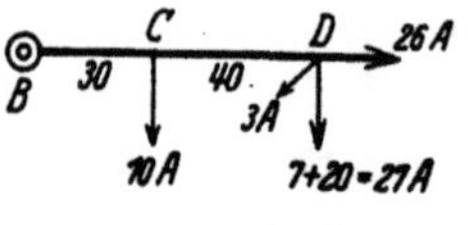

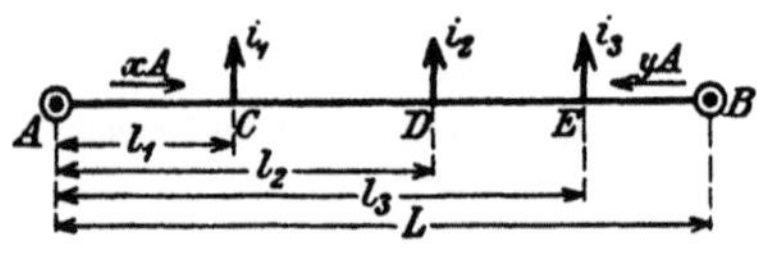

Abb. 267a. Erläuterung zu Aufgabe 330.

$$\delta_{\overline{BD}} = \frac{2 \cdot 0{,}0175}{50}\,(10 \cdot 30 + 56 \cdot 70) = 2{,}96\ \text{V},$$

Der Spannungsverlust in der Leitung $\overline{DH}$ ist jetzt

$$\delta_1 = \delta_{\max} - \delta_{\overline{BD}} = 6 - 2{,}96 = 3{,}04\ \text{V},$$

mithin der Querschnitt der Leitung $\overline{DH}$, wobei jetzt die Momentensumme auf den Punkt D bezogen wird,

$$q_{\overline{DH}} = \frac{2 \cdot 0{,}0175}{3{,}04}\,(7 \cdot 60 + 20 \cdot 100) = 27{,}8\ \text{mm}^2,$$

wofür (nach Tabelle 3) $q_{\overline{DH}} = 35\ \text{mm}^2$ zu wählen ist.

2. Fall. Zweiseitige Stromzuführung mit ungleichförmig verteilter Belastung.

In Abb. 268 seien i_1, i_2, i_3 die Belastungen einer Verteilungsleitung. A und B Speisepunkte, die auf genau gleicher Spannung erhalten werden. Wir müssen zunächst feststellen, welchen Anteil jeder Speisepunkt an der Stromlieferung hat. Setzen wir voraus, daß die Leitung zwischen A und B überall den gleichen Querschnitt hat, so läßt sich der von A ausgehende Stromanteil x leicht berechnen, da ja die Summe aller Spannungsverluste zwischen A und B gleich Null sein muß. In dem Leiterstück $\overline{AC}$ fließt der Strom x, demnach ist der Spannungsverlust in demselben $\delta_{\overline{AC}} = x\,\dfrac{\varrho\,2\,l_1}{q}$; in $\overline{CD}$ fließt der Strom $x - i_1$, also ist der Spannungsverlust daselbst $\delta_{\overline{CD}} = (x - i_1)\,\dfrac{\varrho\,2\,(l_2 - l_1)}{q}$, in $\overline{DE}$ fließt der

Abb. 268. Verteilungsleitung mit Stromzuführung von zwei Seiten.

Strom $x - i_1 - i_2$, der Spannungsverlust ist $\delta_{\overline{DE}} = (x - i_1 - i_2)\dfrac{\varrho\,2\,(l_3 - l_2)}{q}$

usf. Der gesamte Spannungsverlust zwischen A und B ist daher:

$$\delta_{A-B} = 0 = \frac{2\,\varrho}{q}\,x\,l_1 + \frac{2\,\varrho}{q}\,(x - i_1)\,(l_2 - l_1) + \frac{2\,\varrho}{q}\,(x - i_1 - i_2)\,(l_3 - l_2)$$

$$+ \frac{2\,\varrho}{q}\,(x - i_1 - i_2 - i_3)\,(L - l_3),$$

oder nach x aufgelöst:
$$x = (i_1 + i_2 + i_3) - \frac{i_1 l_1 + i_2 l_2 + i_3 l_3}{L}.$$

Setzt man zur Abkürzung $i_1 + i_2 + i_3 + \cdots = J,$ und

$$i_1 l_1 + i_2 l_2 + i_3 l_3 + \cdots = \Sigma\,i\,l,$$

so wird für beliebig viele Stromabnahmestellen $\quad x = J - \dfrac{\Sigma\,i\,l}{L}.$

Um y zu finden, bedenke man, daß $x + y = J$ ist, demnach wird

$$\overset{\leftarrow}{y} = \frac{\overset{\rightarrow}{\Sigma\,i\,l}}{L}\ \text{Ampere}\qquad \text{oder analog}\qquad \vec{x} = \frac{\overset{\leftarrow}{\Sigma\,i\,l}}{L}\ \text{Ampere}\qquad (V)$$

Man beachte, daß in dieser Gleichung die Strommomentensumme, wie aus der Abb. 268 hervorgeht, immer von der dem Strom y gegenüberliegenden Seite aufgestellt werden muß.

Kennt man x und y, so läßt sich leicht der Konsumpunkt bestimmen, der von beiden Seiten Strom erhält. In diesem Punkte, dem Schwerpunkte der Leitung, ist der Spannungsverlust am größten, nämlich gleich dem zulässigen Spannungsverlust δ.

331. Es ist der Querschnitt der Aluminiumleitung $\overline{AB}$ in Abb. 269a zu berechnen, wenn die Netzspannung in A und B auf genau 110 V gehalten wird und der zugelassene Spannungsverlust 2% der Netzspannung nicht überschreiten soll? $\varrho = 0{,}03$:

Lösung: $U_n = 110$ V, $p_\varepsilon = 2\%$, also $\delta = 110 \cdot \dfrac{2}{100} = 2{,}2$ V.

$$\overset{\leftarrow}{\underset{A}{}}\ y = \frac{\Sigma\,\overset{\to B}{i\,l}}{L} = \frac{30 \cdot 40 + 40 \cdot 90 + 20 \cdot 120}{40 + 50 + 30 + 40} = 45\ \text{A},$$

oder

$$\overset{\to}{\underset{A}{}}\ x = \frac{\Sigma\,\overset{\overset{\cdot B}{\leftarrow}}{i\,l}}{L} = \frac{20 \cdot 40 + 40 \cdot 70 + 30 \cdot 120}{160} = 45\ \text{A}.$$

Probe: $x + y = \Sigma\,i$
$= 30 + 40 + 20 = 90$ A.

Von A nach C fließen 45 A; da in C 30 A gebraucht werden, fließen in $\overline{CD}$ nur noch $45 - 30 = 15$ A. In D werden jedoch 40 A gebraucht, also muß der Speisepunkt B die fehlenden 25 A liefern. Der Konsumpunkt D bekommt von beiden Seiten Strom, ist demnach der gesuchte

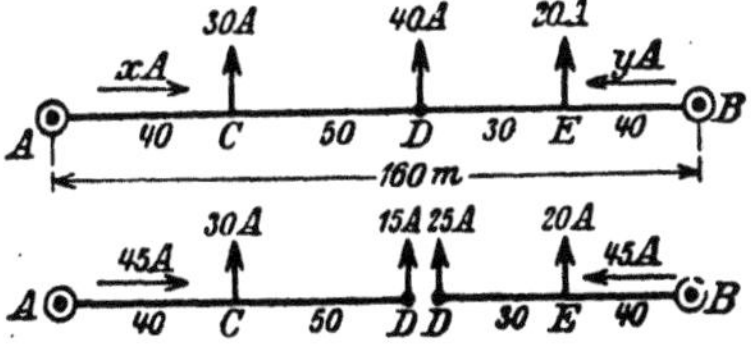

Abb. 269a u. b. Zweiseitig gespeiste Leitung.

Schwerpunkt.. Wir ändern an der Stromverteilung nichts, wenn wir jetzt in D uns die Leitung geteilt denken (Abb. 269 b) und nun den Querschnitt der Leitung $\overline{AD}$ nach Fall 1 berechnen.

$$q = \frac{2\varrho}{\delta}(i_1 l_1 + i_2 l_2) = \frac{2 \cdot 0{,}03}{2{,}2}(30 \cdot 40 + 15 \cdot 90) = 69{,}5 \ \text{mm}^2.$$

Denselben Querschnitt erhält man auch für das Leiterstück $\overline{BD}$, nur muß man die Momentensumme auf B beziehen, also

$$q = \frac{2 \cdot 0{,}03}{2{,}2}(20 \cdot 40 + 25 \cdot 70) = 69{,}5 \ \text{mm}^2.$$

Die Abrundung geschieht gemäß Tabelle 3 auf 70 mm², wodurch an der Stromverteilung nichts geändert wird, nur fällt der Spannungsverlust δ etwas kleiner aus.

In gleicher Weise erfolgt die Berechnung, wenn in einem Punkt D eine neue Leitung DG (Abb. 270) abzweigt; denn die Ströme x und y bleiben dieselben, gleichgültig ob der Strom $i_1 + i_2 + i_3 + \cdots$ unmittelbar in D oder in den Konsumpunkten der Leitung DG entnommen wird. Der zulässige Spannungsverlust $\delta_{\max}$ verteilt sich auf den Spannungsverlust δ_1 vom Speisepunkt A (bzw. B) bis D und den Spannungsverlust $\delta_{\max} - \delta_1$ von D bis G. Geschieht die Zerlegung von $\delta_{\max}$ in die beiden Addenden δ_1 und $\delta_{\max} - \delta_1$ willkürlich, so ist das Volumen der Leitungen größer, als wenn δ_1 nach der Formel

$$\delta_1 = \frac{\delta_{\max}}{1 + \sqrt{\dfrac{B l}{A L}}} \qquad \text{(VI)}$$

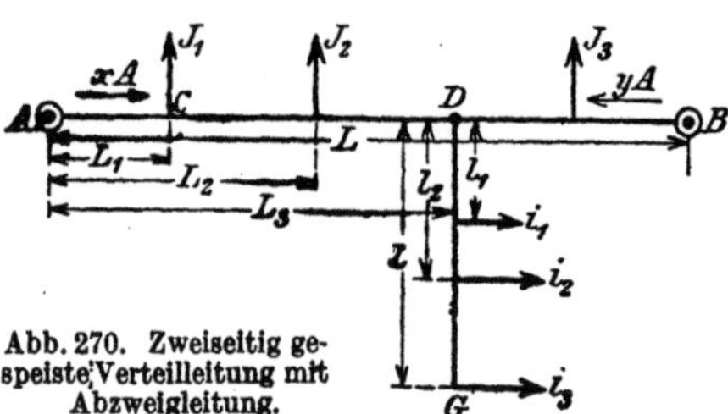

Abb. 270. Zweiseitig gespeiste Verteilleitung mit Abzweigleitung.

bestimmt wird[1], wobei $A = J_1 L_1 + J_2 L_2 + \cdots J_x L_x$ (J_x ist der Strom,

---

[1] Der Querschnitt der Leitung $\overline{AB}$ ist

$$q_{\overline{AB}} = \frac{2\varrho}{\delta_1}\left(\overset{\overset{A}{\longrightarrow}}{J_1 L_1 + J_2 L_2} \overset{\longleftarrow}{+ \ldots J_x L_x}\right) = \frac{2\varrho}{\delta_1}\,A.$$

Der Querschnitt der Leitung $\overline{DG}$ ist

$$q_{\overline{DG}} = \frac{2\varrho}{\delta_{\max} - \delta_1}\left(\overset{\overset{B}{\longrightarrow}}{i_1 l_1 + i_2 l_2} \overset{\longleftarrow}{+ \ldots i_3 l_3}\right) = \frac{2\varrho}{\delta_{\max} - \delta_1}\,B.$$

Das Volumen beider Leitungen ist

$$V = 2\left\{q_{\overline{AB}}L + q_{\overline{DG}}l\right\} = 2\left\{\frac{2\varrho}{\delta_1}\,A L + \frac{2\varrho}{\delta_{\max} - \delta_1}\,B l\right\}.$$

Nach δ_1 differenziert und $= 0$ gesetzt gibt die Gleichung

$$0 = -\frac{A L}{\delta_1^2} + \frac{B l}{(\delta_{\max} - \delta_1)^2}.$$

Die Auflösung nach δ_1 gibt Gl VI.

der in D von A her kommt) $B = i_1 l_1 + i_2 l_2 + \cdots$ bedeutet. B ist die Strommomentensumme der Stichleitung.

332. Berechne die theoretischen Querschnitte der Kupferleitungen, wenn die Belastungen der Abb. 271 entsprechen bei einer Netzspannung von 220 V und einem zulässigen Spannungsverlust von 2%.

Lösung: $U_n = 220$ V, $p_\varepsilon = 2\%$, also $\delta_{\max} = 220 \cdot \dfrac{2}{100} = 4{,}4$ V.

$$L = 120\,\text{m}, \quad l = 70\,\text{m}.$$

$$\overleftarrow{y} = \frac{\overrightarrow{\Sigma i l}}{L} = \frac{30 \cdot 40 + (20 + 15)\,70 + 50 \cdot 100}{40 + 30 + 30 + 20} = 72{,}08\ \text{A},$$

$$\overrightarrow{x} = \frac{\overleftarrow{\Sigma i l}}{L} = \frac{50 \cdot 20 + (20 + 15)\,50 + 30 \cdot 80}{120} = 42{,}92\ \text{A}.$$

Probe: $x + y = \Sigma i = 30 + (20 + 15) + 50 = 115{,}00$ A.

D ist Schwerpunkt und $J_x = 42{,}92 - 30 = 12{,}92$ A, folglich die Abkürzung A (Abb. 271 b),

$A = 30 \cdot 40 + 12{,}92 \cdot 70 = 2104$ und die Abkürzung B (Abb. 271) $B = 20 \cdot 30 + 15 \cdot 70 = 1650$.

Nach Formel VI ist

$$\delta_1 = \frac{\delta_{\max}}{1 + \sqrt{\dfrac{B l}{A L}}}$$

$$= \frac{4{,}4}{1 + \sqrt{\dfrac{1650 \cdot 70}{2104 \cdot 120}}} = 2{,}63\ \text{V.}$$

Abb. 271 a u. b. Zweiseitig gespeiste Leitung mit Stichleitung zu Aufgabe 332.

Der Querschnitt der Leitung $\overline{AB}$ wird hiermit:

$$q_{\overline{AD}} = q_{\overline{BD}} = q_{\overline{AB}} = \frac{2 \cdot 0{,}0175}{2{,}63}\,\overrightarrow{(30 \cdot 40 + 12{,}92 \cdot 70)} = 28\ \text{mm}^2.$$

Für die Stichleitung $\overline{DG}$ bleibt ein Spannungsabfall von

$$\delta_{\overline{DG}} = \delta_{\max} - \delta_1 = 4{,}4 - 2{,}63 = 1{,}77\ \text{V} \quad \text{übrig.}$$

Der Querschnitt der Leitung $\overline{DG}$:

$$q_{\overline{DG}} = \frac{2 \cdot 0{,}0175}{1{,}77} \cdot \overrightarrow{(20 \cdot 30 + 15 \cdot 70)} = 32{,}6\ \text{mm}^2.$$

Das Volumen beider Leitungen:

$$V_{\min} = 2\,(28 \cdot 120 + 32{,}6 \cdot 70) = 11\,284\ \text{cm}^3.$$

Bemerkung: Es wurden die theoretischen Querschnitte gesucht und nicht die wirklich zu verlegenden, damit der Leser sich überzeugen kann, daß bei einer anderen Wahl von δ_1 stets das Volumen beider Leitungen ein größeres wird.

333. Berechne die Querschnitte der Kupferleitungen $\overline{AB}$ und $\overline{DG}$, wenn die Belastungen und Entfernungen der Abb. 272 entsprechen, die Netzspannung 220 V ist und der zulässige Spannungsverlust von einem Speisepunkt bis G 2% der Netzspannung nicht überschreiten soll.

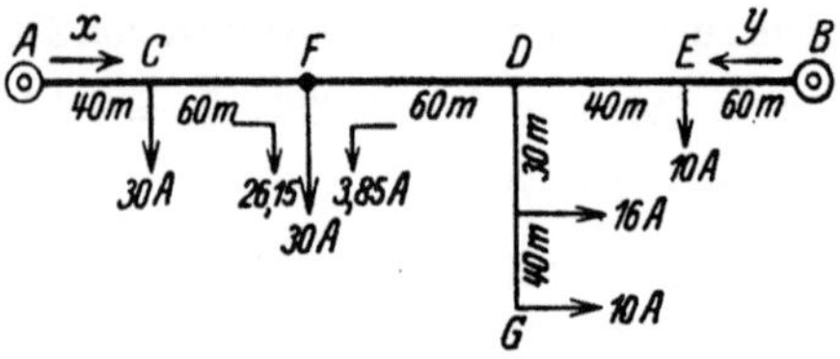

Abb. 272. Zweiseitig gespeiste Leitung mit Stichleitung zu Aufgabe 333.

Lösung. Es ist $U_n = 220$ V, $p_t = 2\%$, also

$$\delta_{\text{max}} = 220\,\frac{2}{100} = 4{,}4 \text{ V}.$$

Der Strom y, der von B nach E fließt, folgt aus V

$$y = \frac{30 \cdot 40 + 30 \cdot 100 + 26 \cdot 160 + 10 \cdot 200}{260} = 39{,}85 \text{ A}.$$

Die Summe aller Ströme ist $J = 30 + 30 + 26 + 10 = 96$ A, also ist der Strom, der von A nach C fließt

$$x = J - y = 96 - 39{,}85 = 56{,}15 \text{ A}.$$

Es fließen von B nach E 39,85 A, von E nach D 29,85 A, von D nach F 3,85 A, da jedoch 30 A in F gebraucht werden, müssen von A aus noch $30 - 3{,}85$ A $= 26{,}15$ A geliefert werden. Es ist also F der Schwerpunkt der Leitung $\overline{AB}$.

Die Abkürzung $A = J_1 L_1 + J_2 L_2 + \cdots + J_x L_3$ (Abb. 270) ist, da J_x den Strom bedeutet, der vom Speisepunkt A nach dem Abzweigpunkt D fließt und demnach $J_x = -3{,}85$ A ist,

$$A = 30 \cdot 40 + 30 \cdot 100 - 3{,}85 \cdot 160 = 3585.$$

Dasselbe Resultat erhält man einfacher, wenn man vom Speisepunkt B aus rechnet und beachtet, daß D mit $16 + 10 + 3{,}85 = 29{,}85$ A belastet ist, also $A = 10 \cdot 60 + 29{,}85 \cdot 100 = 3585$ ist.

Die Abkürzung $B = i_1 l_1 + i_2 l_2$ in Abb. 270 ergibt auf Abb. 272 bezogen, $B = 16 \cdot 30 + 10 \cdot 70 = 1180$. Ferner ist $L = 260$ m, $l = 70$ m, daher nach VI der Spannungsverlust bis zur Abzweigung D

$$\delta_1 = \frac{4{,}4}{1 + \sqrt{\dfrac{1180 \cdot 70}{3585 \cdot 260}}} = 3{,}4 \text{ V}$$

Der Querschnitt der Leitung $\overline{AB}$ wird nach (IV)

$$q_{\overline{AB}} = \frac{2 \cdot 0{,}0175}{3{,}4} \cdot 3585 = 37 \text{ mm}^2.$$

Der Querschnitt der Leitung $\overline{DG}$

$$q_{\overline{DG}} = \frac{2 \cdot 0{,}0175}{4{,}4 - 3{,}4} \cdot 1180 = 41{,}4 \text{ mm}^2.$$

Das Volumen der beiden Leitungen ist
$$V_{\min} = 2\,(37 \cdot 260 + 41{,}4 \cdot 70) = 25\,000 \text{ cm}^3.$$
Der Spannungsverlust bis zum Schwerpunkt F ist
$$\delta_{\overline{AF}} = \frac{2 \cdot 0{,}0175}{37} \cdot (30 \cdot 40 + 26{,}15 \cdot 100) = 3{,}61 \text{ V}.$$

Probe: Der Spannungsverlust im Leiterstück $\overline{FD}$ ist
$$\frac{2 \cdot 0{,}0175}{37} \cdot 3{,}85 \cdot 60 = 0{,}218 \text{ V}.$$

Um diesen Betrag ist der Spannungsverlust in D kleiner als in F, d. h. der Spannungsverlust von A bis D ist $3{,}61 - 0{,}218 = 3{,}392 \approx 3{,}4 \text{ V}$.

334. Häufig macht man (Abb. 270) den Querschnitt der Leitung $\overline{DG}$ gleich dem Querschnitt der Leitung $\overline{AB}$. Wie groß ist der Spannungsverlust δ_1 zu machen, und wie groß wird der Querschnitt und das Volumen der Leitungen in den zwei vorangegangenen Aufgaben?

Lösung: Die Stromverteilung bleibt die gleiche, es ist daher nach Abb. 270 und Formel II
$$q_{\overline{AB}} = \frac{2\,\varrho}{\delta_1}\,A \qquad \text{und} \qquad q_{\overline{DG}} = \frac{2\,\varrho}{\delta_{\max} - \delta_1}\,B.$$
Durch Gleichsetzen erhält man $\dfrac{2\,\varrho}{\delta_1}\,A = \dfrac{2\,\varrho}{\delta_{\max} - \delta_1}\,B$, hieraus
$$\delta_1 = \frac{\delta_{\max}}{1 + \dfrac{B}{A}} \text{ Volt.} \tag{VII}$$

In Aufgabe 332 ist $A = 2104$, $B = 1650$, $\delta_{\max} = 4{,}4$ V, also
$$\delta_1 = \frac{\delta_{\max}}{1 + \dfrac{B}{A}} = \frac{4{,}4}{1 + \dfrac{1650}{2104}} = 2{,}465 \text{ V, und } \delta_{\overline{DG}} = \delta_{\max} - \delta_1 = 1{,}94 \text{ V}.$$

$$q_{\overline{AB}} = \frac{2 \cdot 0{,}0175}{2{,}465} \cdot 2104 \approx 30 \text{ mm}^2, \quad q_{\overline{DG}} = \frac{2 \cdot 0{,}0175}{1{,}94} \cdot 1650 \approx 30 \text{ mm}^2,$$

und das Volumen der Haupt- und Stichleitungen
$$V = 2 \cdot (30 \cdot 120 + 30 \cdot 70) = 11\,400 \text{ cm}^3.$$

In Aufgabe 333 (Abb. 272) ist $A = 3585$, $B = 1180$, daher
$$\delta_1 = \frac{4{,}4}{1 + \dfrac{1180}{3585}} = 3{,}31 \text{ V}.$$

$$q_{\overline{AB}} = \frac{2 \cdot 0{,}0175}{3{,}31} \cdot 3585 \approx 38 \text{ mm}^2, \quad q_{\overline{DG}} = \frac{2 \cdot 0{,}0175}{4{,}4 - 3{,}31} \cdot 1180 \approx 38 \text{ mm}^2.$$

$$V = 2\,(38 \cdot 260 + 38 \cdot 70) = 25\,300 \text{ cm}^3.$$

335. Eine zu einem Ringe geschlossene Leitung $ACDEA$ ist, wie die Abb. 273a zeigt, belastet. Die Stromzuführung geschieht in A. Der größte Spannungsverlust soll 3 V nicht überschreiten. Welchen Querschnitt erhält die Ringleitung und die Stichleitung $\overline{EH}$, wenn beide aus Kupfer bestehen?

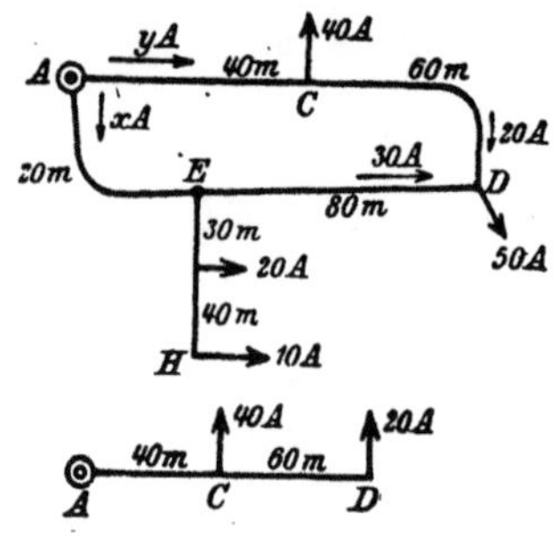

Abb. 273a u. b. Ringleitung zu Aufgabe 335.

Lösung: Man kann sich durch einen Schnitt, den man durch den Speisepunkt A legt, die Aufgabe auf den Fall 2, also auf zweiseitige Stromzuführung zurückgeführt denken, dann ist der Strom, der von A nach E fließt:

$$\overrightarrow{y} = \frac{\overleftarrow{\Sigma i\,l}}{l} = \frac{30 \cdot 20 + 50 \cdot 100 + 40 \cdot 160}{200} = 60 \text{ A},$$

$$x = 120 - 60 = 60 \text{ A}.$$

Von A nach C fließen 60 A, in C werden 40 A gebraucht, also fließen von C nach D noch 20 A. Da in D jedoch 50 A gebraucht werden, kommen 30 A von der anderen Seite her. Es ist also D der Schwerpunkt der Leitung.

Soll der Spannungsverlust von A bis D 3 V betragen, so wird der Querschnitt der Ringleitung (vgl. Abb. 273b)

$$q_{\overline{AA}} = \frac{2 \cdot 0{,}0175}{3}\,(40 \cdot 40 + 20 \cdot 100) = 42 \text{ mm}^2.$$

Der Spannungsverlust von A bis E, für das 20 m lange Stück gerechnet, ist

$$\delta_{\overline{AE}} = \frac{2 \cdot 0{,}0175}{42} \cdot 60 \cdot 20 = 1 \text{ V}.$$

Der Spannungsverlust von A bis H darf 3 V betragen, also ist der Spannungsverlust in der Leitung $\overline{EH}$ $\delta_{\overline{EH}} = 3 - 1 = 2 \text{ V}$, somit der Querschnitt der Leitung $\overline{EH}$

$$q_{\overline{EH}} = \frac{2 \cdot 0{,}0175}{2}\,(20 \cdot 30 + 10 \cdot 70) = 22{,}8 \text{ mm}^2.$$

Der Spannungsverlust in der Leitung $\overline{ED}$, in der 30 A von E nach D fließen, ist $\delta_{\overline{ED}} = \dfrac{2 \cdot 0{,}0175}{42}\,30 \cdot 80 = 2 \text{ V}$,   was   wir wußten, da ja der Spannungsverlust in AED 3 V betragen muß.

Dreileiter.

Bei zwei getrennten Zweileiternetzen kann man die beiden mit dem negativen Pol verbundenen Leitungen zu einer Leitung vereinigen und erhält das Dreileitersystem. Es wird durch Abb. 274 veranschaulicht. Die eingezeichneten Zahlen mögen Lampen oder auch Stromstärken bedeuten. So erhält z. B. der Anschluß A 60 Lampen, der Anschluß B 100 Lampen, was in der üblichen Abb. 275 mit nur einer Leitung, richtig angeschrieben ist. Bei gleicher Belastung der Netzhälften fließt in dem Mittelleiter (Nullleiter) kein Strom, bei ungleicher Belastung nur die Differenz der Ströme in den Außenleitern. Ist bei nur einem Konsumpunkt, z. B. B, der Strom im Außenleiter J und R_ϱ der Widerstand dieses einen Leiters, so ist der Spannungsverlust in demselben $J R_\varrho$.

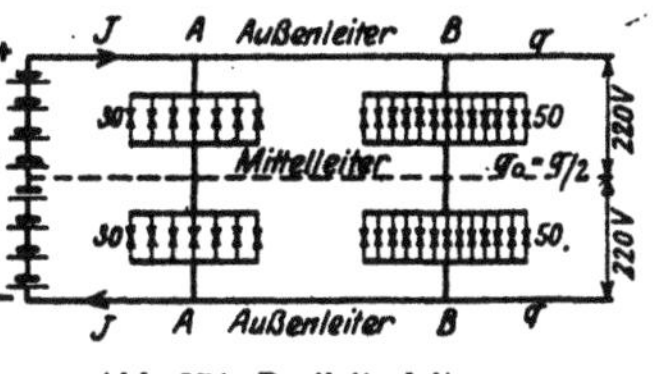

Rechnet man mit einer Differenz der Belastungen von höchstens 15 %, so fließt im Mittelleiter der Strom $0{,}15 J$ und verursacht einen Spannungsverlust $0{,}15 J R_0$, also ist der Spannungsverlust bis zu den Lampen einer Netzhälfte

$$\delta = J R_{\varrho\alpha} + 0{,}15 J R_0 = J \varrho \frac{l}{q} + 0{,}15 J \varrho \frac{l}{q_0} \text{ Volt,}$$

wo q_0 den Querschnitt des Mittelleiters bezeichnet. Man setzt gewöhnlich $q_0 = \dfrac{q}{2}$ und erhält dann $\delta = \dfrac{J \varrho l}{q}(1+0{,}3)$,

oder nach q aufgelöst: $q = \dfrac{1{,}3 \varrho}{\delta} J l$. (Beachte: J ist der Strom im Außenleiter nach Abb. 274.) Sind mehrere Stromabnehmer angeschlossen, so ist an Stelle von $J l$ zu zetzen $\varSigma J l$.

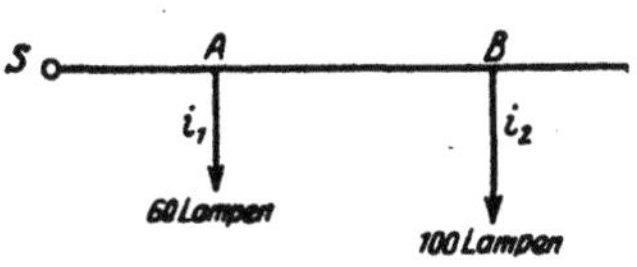

Abb. 275. Dreileiterleitung in vereinfachter Darstellung.

Bezieht man jedoch, wie es üblich ist, auf die Abb. 275, so steht dort der Stromverbrauch (oder die Lampenzahl) des Konsumenten, der auf beide Netzhälften gleichmäßig verteilt ist, also der doppelte Strom i, der auch Belastungsstrom genannt wird; es ist demnach an Stelle des Außenleiterstromes J der Wert $\dfrac{i}{2}$ zu setzen und man erhält:

$$q = \frac{0{,}65 \varrho}{\delta_{\max}} \varSigma i l \text{ mm}^2, \quad (i \text{ Belastungsstrom}). \tag{VIII}$$

336. An ein Dreileiternetz von 440 V Spannung zwischen den beiden Außenleitern sind angeschlossen in A 400 Glühlampen je 50 W, in B 300 Glühlampen je 60 W und ein Motor von 20 PS mechanischer Leistung (siehe Abb. 276). Welchen Querschnitt erhalten die Außenleiter, wenn der Spannungsverlust $p_t = 2{,}5\%$ der Lampenspannung beträgt.

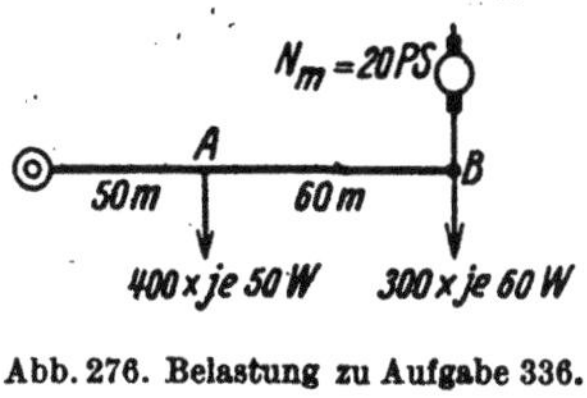

Abb. 276. Belastung zu Aufgabe 336.

Lösung: Die Lampenspannung ist 220 V, also der maximale Spannungsverlust $\delta_{\max} = 220 \cdot \dfrac{2{,}5}{100} = 5{,}5 \text{V}$.

Die Stromstärke, die ein Anschluß braucht, ist allgemein

$i = \dfrac{N_\Omega}{U_n} \cdot z$, worin z die Anzahl der im Konsumpunkt angeschlossenen Lampen mit einem Wattverbrauch N_Ω bedeutet.

Im Anschluß A ist $z = 400$ Lampen

$$N_\Omega = 50 \text{ W}, \quad \text{also} \quad i_1 = \frac{50}{220} \cdot 400 = 91 \text{ A}.$$

Im Anschluß B nimmt der angeschlossene Motor pro mechanisch abgegebenes PS etwa 900 W auf: also $N_M = 20 \cdot 900 = 18\,000$ W. Die angeschlossenen Lampen haben einen Anschlußwert von $300 \cdot 60 = 18\,000$ W, also werden in B insgesamt $18\,000 + 18\,000$ $= 36\,000$ W gebraucht entsprechend $i_2 = \dfrac{36\,000}{220} = 164$ A.

Damit (VIII)

$$q = \frac{0{,}65\,\varrho}{\delta_{\max}} \Sigma\, i\, l = \frac{0{,}65}{5{,}5}\,\frac{0{,}0175}{} \cdot (91 \cdot 50 + 164 \cdot 110) = 46{,}7 \text{ mm}^2$$

abgerundet auf $q = 50$ mm² und $q_0 = 25$ mm².

Feuersicherheit. Der Querschnitt $q = 50$ mm² darf nach Tabelle 3 mit $J_{\max} = 160$ A belastet werden. In unserm Falle ist $\Sigma\, i = 91 + 164$ $= 255$ A; das ist aber der Belastungsstrom in beiden Netzhälften. Im Außenleiter fließt $J = \dfrac{i}{2} = \dfrac{255}{2} = 127{,}5$ A, daher $q = 50$ mm² „feuer"-sicher. (Über die Wahl von q_0 siehe Aufgabe 349.)

§ 43. Wechselstromleitungen.

a) Induktionsfreie Belastung, induktionsfreie Leitung.

Hat man es mit einphasigem Wechselstrom zu tun, so gelten bei in-duktionsfreier Leitung (kurzer Leitung) und induktionsfreier Be-lastung die Formeln I bis VIII. Bei Drehstrom muß man zwischen Dreieck- und Sternschaltung unterscheiden.

$\alpha)$ **Dreieckschaltung.** Ist J der Strom in einer Leitung, Gleichheit der Belastung der drei Phasen vorausgesetzt, so ist der Spannungsverlust in einer Phase (also 2 Leitungen, siehe Formel 114) nach Abb. 277a

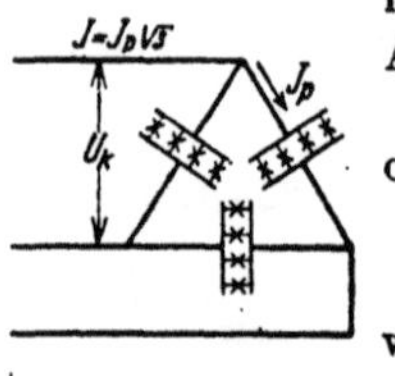

$$\delta = J\, R_\Omega \sqrt{3} = \frac{J\,\varrho\,l}{q} \sqrt{3}$$

oder

$$q = \frac{\varrho\,\sqrt{3}}{\delta_{\max}} \Sigma\, J\, l \ \text{mm}^2 \quad (J \text{ Leitungsstrom}), \qquad \text{(IX)}$$

wo das Σ-Zeichen für mehrere Belastungsstellen gilt.

Der Strom in einer Leitung ist $J_p = \dfrac{J}{\sqrt{3}}$, und wenn man auf die übliche Abb. 277b zurückgeht, hat man $i = 3\,J_p = 3 \cdot \dfrac{J}{\sqrt{3}}$ zu setzen, denn es ist i der Gesamt-strom, den ein Konsument bei einem Zweileitersystem (nicht Zweiphasen-

Abb. 277 a u. b.
Dreieckschaltung.

system) erhalten würde. Setzt man also in Formel IX $J = \frac{i}{3}\sqrt{3}$ ein, so erhält man $q = \frac{\varrho\sqrt{3}}{\delta} \cdot \Sigma \frac{i}{3}\sqrt{3}\,l$ und damit

$$q = \frac{\varrho}{\delta_{max}} \Sigma\, i\, l\ \text{mm}^2 \quad (i\ \text{Belastungsstrom}). \tag{IXa}$$

337. Es ist der Querschnitt einer Drehstromleitung zu berechnen, wenn die Lampen in $\triangle$ geschaltet und die Belastungen in Lampen je 50 W angegeben sind (siehe Abb. 278). Die Spannung der Lampen beträgt 220 V und der Spannungsverlust soll 2% der Lampenspannung nicht überschreiten.

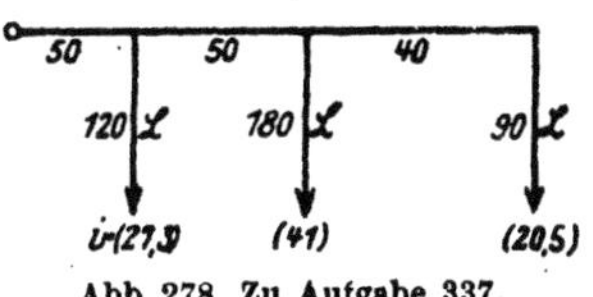

Abb. 278. Zu Aufgabe 337.

Lösung: Es ist

$$\delta_{max} = \frac{2}{100} \cdot 220 = 4{,}4\ \text{V}.$$

Die Stromstärke in einer Lampe ist $\frac{50}{220} = 0{,}227$ A, also von 120 Lampen $120 \cdot 0{,}227 = 27{,}3$ A, von 180 Lampen $= 41$ A, von 90 Lampen $= 20{,}5$ A, welche Zahlen eingeklammert in Abb. 278 angegeben sind. Aus Gl IXa folgt:

$$q = \frac{0{,}018}{4{,}4} \cdot (27{,}3 \cdot 50 + 41 \cdot 100 + 20{,}5 \cdot 140) = \frac{0{,}018}{4{,}4} \cdot 8335 = 34\ \text{mm}^2$$

abgerundet nach Tabelle 3 auf 35 mm².

Bemerkung: Der Wert $\varrho = 0{,}018$ soll dem Echtwiderstand bei Wechselstrom Rechnung tragen.

β) **Sternschaltung mit viertem Leiter.** Bei Sternschaltung der Lampen mit viertem Leiter (Nulleiter) (Abb. 279) fließt, bei gleicher Belastung der drei Phasen, kein Strom in demselben. Ist J der Strom im Außenleiter, so ist der Spannungsverlust in einem Außenleiter und dem Nulleiter, also in einer Phase

$$\delta = J\,R_0 = J\frac{\varrho\,l}{q} \quad \text{(symmetrische Belastung)}$$

oder

$$q = \frac{\varrho}{\delta_{max}}\Sigma J\,l\ \text{mm}^2 \tag{X}$$

$(J$ Leitungsstrom),

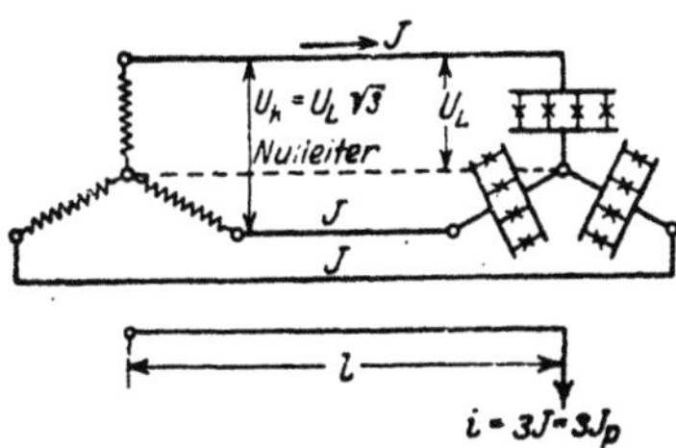

Abb. 279. Sternschaltung mit viertem Leiter.

wo die Momentensumme für mehrere Konsumstellen gilt.

Kann die gleiche, maximale Belastung der drei Leitungen nicht angenommen werden (Glühlampen), so fließt in dem vierten Leiter Strom, dessen Stärke wir im ungünstigsten Falle auf 0,15 J schätzen wollen. Der Spannungsverlust ist jetzt

$$\delta = J\,R_0 + 0{,}15\,J\,R_0 = J\frac{\varrho\,l}{q} + 0{,}15\,J\frac{\varrho\,l}{q_0} \quad \text{(unsymmetrische Belastung)*}.$$

---

* Vergl. Aufgabe 273.

Man setzt bei reiner Lampenbelastung vielfach $q_0 = \frac{q}{2}$, dann wird

$$\delta = \frac{1{,}3\,\varrho}{q} \cdot J l \quad \text{oder nach } q \text{ aufgelöst und } \Sigma J l \text{ geschrieben}$$

$$q = \frac{1{,}3\,\varrho}{\delta_{\max}} \Sigma J l \ \text{mm}^2 \quad (J\text{. Leitungsstrom}). \tag{Xa}$$

In beiden Formeln X, Xa bedeutet J den Leitungsstrom und δ den Spannungsverlust in einer Phase. Führt man den Strom eines Anschlusses ein, so muß man für J den Wert $J = \frac{i}{3}$ setzen und erhält anstatt (X) die Formel

$$q = \frac{\varrho}{3\,\delta_{\max}} \Sigma i l \ \text{mm}^2 \quad (i \text{ Belastungsstrom}) \tag{Xb}$$

gültig für gleiche Belastung, und anstatt (Xa) die Formel

$$q = \frac{0{,}43\,\varrho}{\delta_{\max}} \Sigma i l \ \text{mm}^2 \quad (i \text{ Belastungsstrom}) \tag{Xc}$$

für ungleiche Belastung.

338. Wie gestaltet sich der Querschnitt in Aufgabe 337 bei Sternschaltung der 220 V Lampen?

Lösung: Nach Xc ist

$$q = \frac{0{,}43\,\varrho}{\delta_{\max}} \Sigma i l = \frac{0{,}43 \cdot 0{,}018}{4{,}4} \cdot 8335 = 14{,}7 \ \text{mm}^2$$

und

$$q_0 = \frac{14{,}7}{2} = 7{,}3 \ \text{mm}^2.$$

Nach Tabelle 3 wird ausgeführt $q = 16 \ \text{mm}^2$, $q_0 = 10 \ \text{mm}^2$.

NB. Der Querschnitt aller Leitungen in 337 war $Q = 3 \cdot 35 = 105 \ \text{mm}^2$. Der Querschnitt aller Leitungen in 338 ist $Q = 3 \cdot 16 + 10 = 58 \ \text{mm}^2$; hieraus erkennt man die Ersparnis an Leitungsmaterial bei Sternschaltung mit viertem Leiter.

    b) Induktive Belastung, aber induktionsfreie Leitung.

339. Zwei Einphasenmotoren von zusammen 10 kW benötigen bei 500 Volt Spannung einen Strom von 27,5 A cos $\varphi = 0{,}73$. Sie sind 500 m vom Speisepunkt (Transformator) entfernt und mit diesem durch eine 25 mm² dicke Kupferleitung verbunden. Gesucht:

    a) der Echtwiderstand der Leitung,

    b) der Spannungsverlust in derselben (absolut und in Prozenten der Endspannung),

    c) der Leistungsverlust durch Stromwärme (absolut und in Prozenten p_N der Leistung am Ende der Leitung),

    d) die Spannung am Anfang der Leitung,

    e) der prozentuale Spannungsunterschied in Prozenten der Endspannung.

Lösungen:

Zu a): $R_\Omega = \dfrac{\varrho \cdot 2\,l}{q} = \dfrac{0,018 \cdot 2 \cdot 500}{25} = 0,72\ \Omega,$

Zu b): Die Stromstärke wurde in Aufgabe 252, Frage f, $J = 27,5$ A ermittelt, also ist der Spannungsverlust

$$\delta = J R_\Omega = 27,5 \cdot 0,72 = 19,8\ \text{V}.$$

Da die Endspannung $U_2 = 500$ V ist, so ist der entsprechende prozentuale Spannungsverlust hiervon

$$p_\epsilon = \frac{19,8 \cdot 100}{500} = 3,96\,\%.$$

Zu c): Der Verlust durch Stromwärme ist

$$N_{Cu} = J^2 R_\Omega = 27,5^2 \cdot 0,72 = 545\ \text{W}.$$

Die Wirkleistung der beiden Stromverbraucher (Aufgabe 252) ist $2000 + 8000 = 10000$ W, also ist der prozentuale Leistungsverlust:

$$p_N = \frac{545 \cdot 100}{10000} = 5,45\,\%.$$

Zu d): Die Spannung U_1 am Anfang der Leitung ist die geometrische Summe aus der Endspannung $U_2 = 500$ V und dem Spannungsverlust $\delta = 19,8$ V. Die Spannung U_2 bildet mit J den $\sphericalangle \varphi_e$, wo $\cos \varphi_e = 0,73$ ist (Aufgabe 252, Lösung zu e), während δ in die Richtung des Stromes fällt, d. h. parallel zu J ist, dies gibt für U_1 die Linie $\overline{OB}$ aus beiden (Abb. 280). Aus dem Dreieck OAB folgt $U_1 = \sqrt{U_2{}^2 + \delta^2 + 2\,\delta\,U_2 \cos \varphi_e}$. Da δ immer klein sein wird im Vergleich zu U_2, so kann δ^2 gegen $U_2{}^2$ vernachlässigt werden (in unserem Falle $19,8^2$ gegen 500^2), es ist dann angenähert $\left(\text{Entwicklung nach } \sqrt{1+x} \approx 1 + \tfrac{1}{2}\,x\right)$,

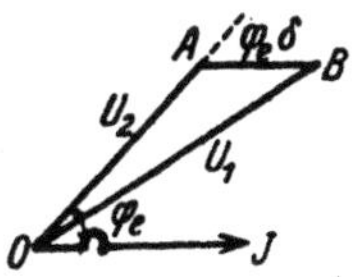

$$U_1 = U_2 + \delta \cos \varphi_e \ \text{Volt}, \qquad \text{(XI)}$$

$$U_1 = 500 + 19,8 \cdot 0,73 = 514,4\ \text{V}.$$

Abb. 280. Spannungsdiagramm zu Aufg. 339.

Zu e): $p_v = \dfrac{U_1 - U_2}{U_2} \cdot 100 = \dfrac{\delta \cos \varphi_e \cdot 100}{U_2} = \dfrac{14,4 \cdot 100}{500} = 2,88\,\%.$

Bemerkung: Man beachte, daß der prozentuale Spannungsverlust p_ϵ nicht denselben Zahlenwert besitzt wie der prozentuale Leistungsverlust p_N (was bei Gleichstrom immer der Fall war), und daß der Spannungsunterschied $U_1 - U_2$ zwischen Anfang und Ende der Leitung nicht δ, sondern $\delta \cos \varphi_e$ ist, somit $p_v = p_\epsilon \cos \varphi_e$.

*340. Beantworte dieselben Fragen, wenn die beiden Motoren in Aufgabe 252 an ein Drehstromnetz von 500 V durch drei 10 mm² dicke, 500 m lange Kupferleitungen an den Speisepunkt angeschlossen sind.

Lösungen:

Zu a): Der Widerstand einer Leitung ist

$$R_\Omega = \frac{0.018 \cdot 500}{10} = 0{,}9 \ \Omega.$$

Zu b): Aus der Scheinleistung $\overline{OC} = 13\,750$ VA (Aufgabe 252, Lösung zu d) folgt der Leitungsstrom aus

$$N_s = U_2 J \sqrt{3} \quad \text{zu} \quad J = \frac{13\,750}{\sqrt{3} \cdot 500} = 15{,}9 \ \text{A},$$

daher ist der Spannungsverlust in einer Phase $\delta = J R_\Omega \sqrt{3}$

$$\delta = 15{,}9 \cdot 0{,}9 \cdot \sqrt{3} = 24{,}8 \ \text{V}, \quad \text{und} \quad p_\varepsilon = \frac{24{,}8}{500} \cdot 100 = 4{,}96 \ \%.$$

Zu c): Der Verlust durch Stromwärme ist $N_{Cu} = 3 J^2 R_\Omega$

$$N_{Cu} = 3 \cdot 15{,}9^2 \cdot 0{,}9 = 684 \ \text{W}, \quad \text{und} \quad p_N = \frac{684}{10\,000} \cdot 100 = 6{,}84\%.$$

Zu d): $U_1 = 500 + 24{,}8 \cdot 0{,}73 = 518$ V.

Zu e): $p_U = \frac{18}{500} \cdot 100 = 3{,}6 \ \%.$

Berechnung des Leitungsquerschnitts bei induktiver Belastung, aber induktionsfreier Leitung.

1. **Berechnung auf Spannungsabfall.** Bezeichnet man allgemein die Spannung am Anfang (Kraftquelle) einer Leitung mit U_1 und die Spannung beim Verbraucher mit U_2, dann wird verlangt, daß der Spannungsunterschied $U_1 - U_2$ einen gegebenen Prozentsatz der Netzspannung U_2 nicht überschreitet. Es sei p_U dieser Prozentsatz, so ist $U_1 - U_2 = \dfrac{p_U}{100} U_2$ eine bekannte Größe.

Nach Formel XI ist aber $U_1 - U_2 = \delta \cos \varphi$. Durch Gleichsetzung erhält man $\delta \cos \varphi = \dfrac{p_U U_2}{100}$ oder $\delta = \dfrac{p_U U_2}{100 \cdot \cos \varphi}$.

$\alpha)$ **Einphasen-Wechselstrom:** Der Spannungsverlust in einer induktionsfrei gedachten Wechselstromleitung von der einfachen Länge l, also $2l$ für die Hin- und Rückleitung, ist $\delta = J R_\Omega = J \varrho \dfrac{2l}{q}$, wo J der in der Leitung fließende Strom ist. Setzt man den Wert von δ ein und löst nach q auf, so erhält man

$$q = \frac{200 \, \varrho}{p_U \, U_2} \, J l \cos \varphi \ \text{mm}^2 \quad (J \text{ Leitungsstrom}). \tag{XII}$$

Ist anstatt des in der Leitung fließenden Stromes J die Wirkleistung N des angeschlossenen Verbrauchers gegeben, so ist $J = \dfrac{N}{U_2 \cos \varphi}$, damit

$$q = \frac{200 \, \varrho}{p_U \, U_2{}^2} \, N l \ \text{mm}^2. \tag{XIIa}$$

$\beta)$ **Für Drehstrom mit Dreieckschaltung** (Abb. 281) ist nach Formel 114 der Spannungsverlust in zwei Außenleitern $\delta = J R_\Omega \sqrt{3} = J \sqrt{3} \dfrac{\varrho l}{q}$.

Oder für $\delta = \dfrac{p_v U_2}{100 \cos \varphi}$ den Wert eingesetzt und nach q aufgelöst

$$q = \frac{100 \, \varrho \, \sqrt{3} \, J l \cos \varphi}{p_v U_2} \ \text{mm}^2 \quad (J \ \text{Leitungsstrom}). \quad \text{(XIII)}$$

Die Gleichung $N = U_2 J \cos \varphi \sqrt{3}$ nach J aufgelöst und in XIII eingesetzt, gibt

$$q = \frac{100 \, \varrho \, N l}{p_v U_2^2} \ \text{mm}^2. \quad \text{(XIIIa)}$$

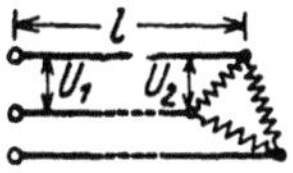

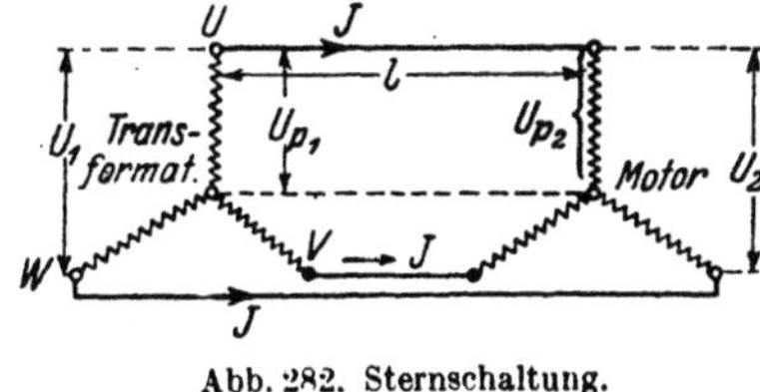

Abb. 281. Dreieck-
schaltung.

γ) **Für Drehstrom mit Sternschaltung** (Abb. 282) ist, da ja bei gleicher Belastung der drei Leitungen im Nulleiter kein Strom fließt:

$\delta = J R_\varrho = J \dfrac{\varrho l}{q}$. Für δ den Wert eingesetzt und nach q aufgelöst ergibt:

$$q = \frac{100 \, \varrho \, J l \cos \varphi}{p_v \, U_{p2}} \ \text{mm}^2 \quad (J \ \text{Leitungsstrom}), \quad \text{(XIV)}$$

wo U_{p2} die Spannung eines Stranges, also die Lampenspannung ist. Die Drehstromleistung ist

$$N = 3 \, U_{p2} J \cos \varphi,$$

aus welcher

$$J = \frac{N}{3 \, U_{p2} \cos \varphi}$$

folgt, mithin auch

$$q = \frac{100 \, \varrho \, N l}{3 \, p_v U_{p2}^2} \ \text{mm}^2. \quad \text{(XIVa)}$$

Abb. 282. Sternschaltung.

Führt man die Leitungsspannung U_2, also die Spannung zwischen 2 Außenleitern, an Stelle der Phasenspannung U_{p2} ein durch die Gleichung $U_{p2} = \dfrac{U_2}{\sqrt{3}}$ so erhält man anstatt XIV und XIVa wieder die Gl XIII und XIIIa.

Sind mehrere Anschlüsse vorhanden, so ist in den Formeln XII bis XIV $\Sigma J l \cos \varphi$ bzw. $\Sigma N l$ zu setzen. Die letzte Formel ist vorzuziehen, da in derselben $\cos \varphi$ nicht vorkommt.

341. An einen Drehstromgenerator sind 200 m von ihm entfernt 50 Glühlampen je 40 W in $\triangle$-Schaltung und ein 10 PS-Motor angeschlossen, für welchen der Wirkungsgrad 0,85 und der Leistungsfaktor $\cos \varphi = 0,9$ angegeben ist. Welchen Querschnitt erhalten die Leitungen, wenn der prozentuale Spannungsunterschied $p_v = 5\%$ der Endspannung von 220 V betragen darf?

Lösung I: In Formel XIIIa für Drehstrom $\triangle$-Schaltung ist zu setzen $p_v = 5$, $U_2 = 220$ V. Die Leistung N ist die Leistung der Glühlampen $50 \cdot 40 = 2000$ W und des 10 PS-Motors

$$N_M = \frac{10 \cdot 735}{0,85} = 8660 \ \text{W} \quad \text{also} \quad N = 2000 + 8660 = 10660 \ \text{W}.$$

Demnach $q = \dfrac{100 \, \varrho \, N l}{p_v U_2^2} = \dfrac{100 \cdot 0,018 \cdot 10660 \cdot 200}{5 \cdot 220^2} = 15,9 \ \text{mm}^2$, abgerundet nach Tabelle 3 auf $q = 16 \ \text{mm}^2$.

Lösung II: Die Berechnung nach (XIII) für $\triangle$-Schaltung ist folgende: Die Lampen brauchen den Leitungsstrom

$$J_L = \frac{2000}{\sqrt{3} \cdot 220} = 5{,}3 \text{ A},$$

der Motor den Leitungsstrom $J_M = \dfrac{10 \cdot 735}{\sqrt{3} \cdot 220 \cdot 0{,}85 \cdot 0{,}9} = 25{,}2$ A,

also fließt in jedem Leiter die geometrische Summe beider, die aber ohne wesentlichen Fehler $J = 5{,}3 + 25{,}2 = 30{,}5$ A gesetzt werden kann.

Der resultierende Leistungsfaktor folgt angenähert aus

$$N = U_2 J \sqrt{3} \cos \varphi \qquad \cos \varphi = \frac{N}{U_2 J \sqrt{3}} = \frac{2000 + 8660}{220 \cdot 30{,}5 \cdot \sqrt{3}} = 0{,}92.$$

Damit wird nach XIII

$$q = \frac{100\, \varrho\, \sqrt{3}\, J\, l \cos \varphi}{p_v\, U_2} = \frac{100 \cdot 0{,}018 \cdot \sqrt{3} \cdot 30{,}5 \cdot 200 \cdot 0{,}92}{5 \cdot 220} = 15{,}9 \text{ mm}^2.$$

Nach Tabelle 3 wird $q = 16$ mm². Da die in einer Leitung fließende Stromstärke 30,5 A ist, und ein Querschnitt von 16 mm² mit einem Strom von 75 A belastet werden darf, so ist der Querschnitt „feuer"sicher.

342. Wie groß wird der Querschnitt jedes Leiters in Aufgabe 341, wenn man bei gleicher Lampenspannung Sternschaltung anwendet? (Abb. 282.)

Lösung: Der Motor muß für $220 \sqrt{3} = 380$ V gewickelt sein, da er ja an die Außenleiter angeschlossen wird. Wir nehmen an, daß alle Lampen brennen.

Die Lampen brauchen dann in jeder Leitung den Strom

$$J_L = \frac{2000}{3 \cdot 220} = 3{,}04 \text{ A} \left(\text{d. i. } \frac{5{,}3}{\sqrt{3}} = 3{,}04 \text{ A} \right),$$

der Motor den Strom

$$J_M = \frac{10 \cdot 735}{\sqrt{3} \cdot 380 \cdot 0{,}9 \cdot 0{,}85} = 14{,}6 \text{ A} \quad \left(\frac{25{,}2}{\sqrt{3}} = 14{,}6 \text{ A} \right).$$

In jeder Außenleitung fließt alo angenähert der Strom

$$J = J_L + J_M = 3{,}04 + 14{,}6 = 17{,}64 \text{ A}.$$

$$\cos \varphi = \frac{2000 + 8660}{\sqrt{3} \cdot 380 \cdot 17{,}64} = 0{,}92.$$

Nach XIV (Sternschaltung) ist

$$q = \frac{100\, \varrho\, J\, l \cos \varphi}{p_v\, U_{p2}} = \frac{100 \cdot 0{,}018 \cdot 17{,}64 \cdot 200 \cdot 0{,}92}{5 \cdot 220} = 5{,}3 \text{ mm}^2,$$

abgerundet 6 mm².

Die Formel XIVa hätte einfacher ergeben

$$q = \frac{100 \cdot 0{,}018 \cdot 10\,660 \cdot 200}{3 \cdot 5 \cdot 220^2} = 5{,}3 \text{ mm}^2.$$

(Über die Abmessung des vierten Leiters siehe Aufgabe 349.)

c) Berechnung des Leitungsquerschnittes bei induktiver Belastung unter Berücksichtigung der Induktivität der Leitung.

1. Berechnung auf Spannungsverlust. Ist der induktive Widerstand ($L\omega$) der Leitung nicht zu vernachlässigen, so gilt folgendes: Es seien U_1 und U_2 die Spannungen zwischen zwei Leitungen am Anfang und Ende derselben, J der Strom, der gegen die Spannung U_2 um den gegebenen $\sphericalangle \varphi$ zurückbleibt, R_L der Echtwiderstand, $L\omega$ der Blindwiderstand der Leitung, so entsteht in ihrem Scheinwiderstand $\sqrt{R_L^2 + (L\omega)^2}$ ein Spannungsverlust $U_L = J\sqrt{R_L^2 + (L\omega)^2}$, der gegen den Strom um den $\sphericalangle \lambda$ verschoben ist. U_2 und U_L geben geometrisch addiert U_1 (Abb. 283). Durch Rechnung findet man aus dem rechtwinkligen Dreieck $O\,B\,B'$

$$U_1 = \sqrt{\overline{OB'}^2 + \overline{BB'}^2} = \sqrt{(U_2 \cos\varphi + JR_L)^2 + (U_2 \sin\varphi + JL\omega)^2},$$
$$U_1 = \sqrt{U_2^2 + 2\,U_2 J\,(R_L \cos\varphi + L\omega \sin\varphi) + U_L^2}.$$

U_L ist im Vergleich zu U_2 klein, so daß U_L^2 vernachlässigt werden kann.

Die bekannte Entwicklung $\sqrt{1 + x} \approx 1 + \dfrac{1}{2}\,x$ gibt

dann $\quad U_1 \approx U_2 + J\,(R_L \cos\varphi + L\omega \sin\varphi)$

oder der Spannungsunterschied zwischen Anfang und Ende der Leitung ist:

$$U_1 - U_2 \approx J\,(R_L \cos\varphi + L\omega \sin\varphi).$$

Die Entwicklung dieser Gleichung gilt auch für Drehströme, deren Phasen in Stern miteinander verbunden gedacht sind. Es bedeuten dann R_L, $L\omega$ die Widerstände einer Leitung, während U_1

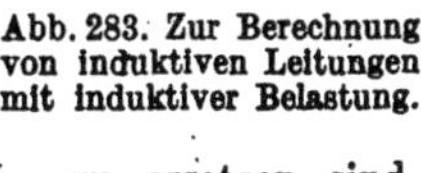

Abb. 283. Zur Berechnung von induktiven Leitungen mit induktiver Belastung.

und U_2 durch die Phasenspannungen U_{p1} und U_{p2} zu ersetzen sind.

Setzt man $\quad \dfrac{U_1 - U_2}{U_2} = \dfrac{p_v}{100}, \quad$ so wird $\quad U_1 - U_2 = \dfrac{p_v}{100}\,U_2,$

also gilt für den Spannungsunterschied die Gleichung

$$U_1 - U_2 = \frac{p_v}{100}\,U_2 = J\,(R_L \cos\varphi + L\omega \sin\varphi) \text{ Volt,} \qquad \text{(XV)}$$

wo bei Drehstrom U_2 durch $U_{p2} = \dfrac{U_2}{\sqrt{3}}$ zu ersetzen ist.

Ist N die Wirkleistung am Ende der Leitung, so ist für einphasigen Wechselstrom $N = U_2 J \cos\varphi$, woraus $J = \dfrac{N}{U_2 \cos\varphi}$, daher

$$\frac{U_1 - U_2}{U_2} = \frac{p_v}{100} = \frac{N}{U_2^2}\,(R_L + L\,\omega\,\text{tg}\,\varphi)\; {}^0/_0. \qquad \text{(XVa)}$$

Diese Gleichung gilt auch für Drehstrom mit Stern- oder Dreieckschaltung.
Die Berechnung von L erfolgt nach Formel 32c (S. 88). In Tabelle 5 (S. 88)

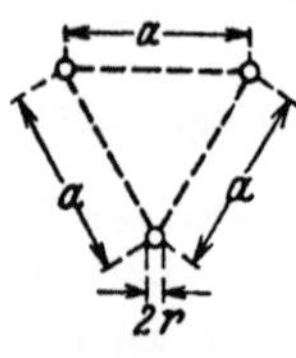

sind die Werte von L für 1 km Drahtlänge angegeben.
Sie gilt auch für Drehstrom, wenn die Leitung symmetrisch verlegt ist, d. h. wenn bei einem Schnitt
senkrecht zu den Leitungen die drei Schnittkreise ein
gleichseitiges Dreieck bilden, dessen Seiten a sind
(Abb. 284)[1]. An Stelle des Wortes Drahtlänge ist dann
richtiger 1 km Länge einer Leitung zu setzen.

Abb. 284.
Leiteranordnung bei
Drehstrom.

Ist der Leitungsquerschnitt bekannt, so ist es leicht
$\frac{p\,v}{100}$ aus der Gl XV zu berechnen. Ist jedoch $\frac{p\,v}{100}$ eine
angenommene (also gegebene) Größe und soll jetzt R_L berechnet werden,
so ist dies nur durch Probieren möglich, da ja in R_L der unbekannte
Drahtquerschnitt enthalten ist und somit auch L noch unbekannt ist.
Beachtet man jedoch, daß nur gewisse Drahtquerschnitte verlegt werden
dürfen, auf welche also abgerundet werden muß, so erkennt man, daß
ein genauer, im voraus verlangter Wert des prozentualen Spannungsunterschieds doch nicht erreicht werden kann.

343. Eine Leistung von 650 kW wird durch Drehstrom von
50 Hertz mit 20 000 V zwischen zwei Leitungen 27 km weit fortgeleitet. Der Leistungsfaktor ist 0,8 ($\cos\varphi = 0,8$, $\sin\varphi = 0,6$,
$\operatorname{tg}\varphi = 0,75$), die Entfernung der Drahtmitten 90 cm, der Drahtquerschnitt 35 mm² (Drahtdurchmesser $2\,r = 6,7$ mm). Gesucht wird:

   a) der Echtwiderstand einer Leitung,

   b) der induktive Widerstand, c) der Scheinwiderstand derselben,

   d) der Strom in der Leitung und der Spannungsverlust in
derselben,

   e) der prozentuale Spannungsunterschied zwischen zwei Leitungen.

Lösungen:

Zu a): Der Echtwiderstand einer 27 000 m langen Kupferleitung ist $R_L = \dfrac{0,018 \cdot 27\,000}{35} = 13,9\ \Omega$.

Zu b): Aus der Formel 32d folgt die Induktivität für 1 km
Drahtlänge, wenn $r = 6,7 : 2 = 3,35$ mm, $a = 900$ mm ist

$$L_{km} = \frac{0,46 \log \dfrac{900}{3,35} + 0,05}{10^3} = \frac{1,17}{10^3}\ \text{Henry, also ist für 27 km}$$

$$L = \frac{1,17}{10^3} \cdot 27 = \frac{31,4}{10^3}\ \text{Henry,} \quad L\omega = \frac{31,4}{10^3} \cdot 2\pi \cdot 50 = 9,9\ \Omega.$$

---

[1] Sind bei unsymmetrischer Verlegung a_1, a_2, a_3 die Seiten des Dreiecks, so setze man $a = \sqrt[3]{a_1 \cdot a_2 \cdot a_3}$ ist z. B. $a_1 = 50$ cm, $a_2 = 60$ cm,
$a_3 = 70$ cm so ist $a = \sqrt[3]{50 \cdot 60 \cdot 70} = 59,44$ cm.

Zu c): Der Scheinwiderstand einer Leitung ist $\sqrt{R_I^2 + (L\omega)^2}$
$= \sqrt{13,9^2 + 9,9^2} = 17\,\Omega$.

Zu d): Aus $N = \sqrt{3} \cdot U_2 J \cos\varphi$ folgt

$$J = \frac{650 \cdot 10^3}{\sqrt{3} \cdot 20000 \cdot 0,8} = 23,4\ \text{A}.$$

Der Spannungsverlust in der Leitung ist $U_L = 23,4 \cdot 17 = 400\,\text{V}$.

Zu e): Der prozentuale Spannungsunterschied folgt aus Gl XVa

$$p_v = \frac{100\,N}{U_2^2}(R_L + L\omega\,\mathrm{tg}\,\varphi) = \frac{100\,(650 \cdot 10^3)}{(20000)^2}(13,9 + 9,9 \cdot 0,75) = 3,47\,\%.$$

N B. Dasselbe Resultat erhält man auch aus Gl XV, nur muß dort anstatt der Leitungsspannung U_2 die Phasenspannung $U_{p2} = \dfrac{U_2}{\sqrt{3}}$ gesetzt werden:

$$p_v = \frac{100\,J}{U_{p2}}(13,9 \cdot 0,8 + 9,9 \cdot 0,6) = \frac{100 \cdot 23,4}{20000 : \sqrt{3}} \cdot 17,06 = 3,47\,\%.$$

344 Welchen Querschnitt erhält eine Drehstromleitung aus Kupfer, wenn dieselbe eine Leistung von 300 kW auf 10 km Entfernung übertragen soll mit der Leitungsspannung von 5000 V und der Frequenz 50 Hertz ($\cos\varphi = 0,8$, $\sin\varphi = 0,6$, $\mathrm{tg}\,\varphi = 0,75$), wenn der prozentuale Spannungsunterschied 10 % betragen darf? Der Abstand der Leitungen sei $a = 75$ cm.

Lösung: Wir berechnen zunächst zu den Normalquerschnitten die zugehörigen Durchmesser $2r$ und nach Formel 32d den Wert L.

$q = 10,\ 16,\ 25,\ 35,\ 50\ \text{mm}^2$

$2r = 3,6,\ 4,5,\ 5,64,\ 6,7,\ 8\ \text{mm}$

$$L = \frac{\left(0,46 \log \dfrac{a}{r} + 0,05\right)}{10^3} \cdot l_{km}.$$

Für $r = 1,8$ mm und $a = 750$ mm wird

$$L = \frac{\left(0,46 \log \dfrac{750}{1,8} + 0,05\right)}{10^3} \cdot 10 = \frac{0,46 \log 416 + 0,05}{10^3} \cdot 10$$

$$\log 416 = 2,62,$$

also

$$L = \frac{0,46 \cdot 2,62 + 0,05}{10^3} \cdot 10 = 0,0126\ \text{Henry}$$

$$L\omega = L \cdot 314 = 3,86\,\Omega.$$

In gleicher Weise findet man für $q = 16,\quad 25,\quad 35,\quad 50\ \text{mm}^2$

$$L\omega = 3,81,\ 3,78,\ 3,45,\ 3,42\,\Omega.$$

Der Mittelwert ist angenähert für 10 km $L\omega = 3,66\,\Omega$, also für 1 km $0,366\,\Omega$.

Löst man Gl XVa nach R_L auf, so wird

$$R_L = \frac{U_2^2\, p_v}{100 \cdot N} - (L\omega)\, \operatorname{tg} \varphi \quad \text{Ohm.}$$

Setzt man für $L\omega$ den errechneten Mittelwert 3,66 und $\operatorname{tg}\varphi = 0,75$, so wird

$$R_L = \frac{(5000)^2 \cdot 10}{100 \cdot 300\,000} - 3,66 \cdot 0,75 = 5,58\ \Omega$$

Aus $R_L = \dfrac{\varrho\, l}{q}$ folgt $q = \dfrac{0,018 \cdot 10\,000}{5,58} = 32\ \text{mm}^2 \approx 35\ \text{mm}^2$.

Für $q = 35\ \text{mm}^2$ wird $R_L = \dfrac{0,018 \cdot 10\,000}{35} = 5,15\ \Omega$. $L\omega = 3,45\ \Omega$ mithin (Gl XVa)

$$p_v = \frac{100 \cdot 300\,000}{(5000)^2}\, (5,15 + 3,45 \cdot 0,75) = 8,3\,\%.$$

Der Verlust durch Stromwärme ist $N_{Cu} = 3\,J^2 R_L$, wo J aus $N = \sqrt{3}\, U_2 J \cos \varphi$ folgt. $J = \dfrac{N}{\sqrt{3} \cdot U_2 \cos \varphi} = \dfrac{300\,000}{\sqrt{3} \cdot 5000 \cdot 0,8} = 43,5\ \text{A}$,

$$N_{Cu} = 3 \cdot 43,5^2 \cdot 5,15 = 29\,000\ \text{W}, \qquad p_N = \frac{100 \cdot 29\,000}{300\,000} = 9,6\,\%.$$

2. **Berechnung auf Leistungsverlust.** Es ist der prozentuale Stromwärmeverlust p_N und nicht der prozentuale Spannungsunterschied (p_v) der Querschnittsberechnung zugrunde zu legen.

Ist N die abgegebene Wirkleistung, N_{Cu} der Stromwärmeverlust in der Leitung, so soll $N_{Cu} = p_N \dfrac{N}{100}$ Watt eine bekannte Größe sein, wo p_N den prozentual zugelassenen Leistungsverlust bedeutet.

α) Für einphasigen Wechselstrom ist:

$N_{Cu} = J^2 R_\varrho = J^2 \dfrac{2\,\varrho\, l}{q}$, mithin wird $q = 2\varrho\, \dfrac{J^2 l}{N_{Cu}}$ oder

$$q = \frac{200\,\varrho\, J^2 l}{p_N\, N}\ \text{mm}^2 \quad (J\ \text{Leitungsstrom}). \tag{XVI}$$

Der Leitungsstrom J folgt aus der Formel $N = U_2 J \cos \varphi$. Setzt man den Wert ein, so wird

$$q = \frac{200\,\varrho\, N\, l}{p_N \cdot U_2^2 \cos^2\varphi}\ \text{mm}^2 \tag{XVI a}$$

β) Für Drehstrom ist

$$N_{Cu} = 3\,J^2 R_\varrho = 3 J^2 \frac{\varrho\, l}{q} \quad \text{oder} \quad q = \frac{3\,J^2 \varrho\, l}{N_{Cu}}$$

und für N_{Cu} der zulässige Prozentsatz eingesetzt

$$q = \frac{300\,\varrho\, J^2 l}{p_N\, N}\ \text{mm}^2 \quad (J\ \text{Leitungsstrom}). \tag{XVII}$$

Wird $J = \dfrac{N}{\sqrt{3}\, U_2 \cos \varphi}$ gesetzt, wo U_2 die Spannung zwischen zwei Außenleitern am Ende der Leitung bezeichnet (gültig für $\curlywedge$- und $\triangle$-Schaltung), so erhält man

$$q = \frac{100\,\varrho\,N\,l}{p_N\,U_2^{\,2}\cos^2\varphi} \quad \text{mm}^2. \qquad \text{(XVIIa)}$$

Sind an die Leitung mehrere Verbraucher mit induktiver Belastung (Motoren) angeschlossen, so berechne man für jeden Stromabnehmer den

Leitungsstrom $i = \dfrac{N}{U_n\cos\varphi}$ für

einphasigen und $i = \dfrac{N}{\sqrt{3}\cdot U_n\cos\varphi}$

für Drehstrom, wo für U_n die Spannung zwischen zwei Außenleitern, d. i. die Netzspannung zu

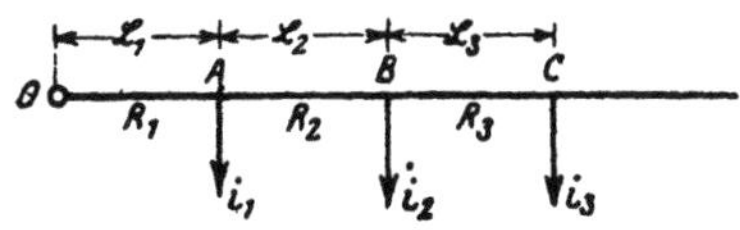

Abb. 285. Zur Berechnung von Leitungen auf Leistungsverlust.

setzen ist. Sind nun i_1, i_2, i_3, ... die aus den Leistungen ermittelten Ströme der Stromabnehmer A, B, C, R_1, R_2, R_3, ..., die Widerstände der Leiterstücke $\overline{OA}$, $\overline{AB}$, $\overline{BC}$, ... (Abb. 285), so fließt

in dem Leiterstück $\overline{OA}$ der Strom $J_1 = i_1 + i_2 + i_3 + \cdots$ ⎫ geometrisch addiert.
in dem Leiterstück $\overline{AB}$ der Strom $J_2 = i_2 + i_3 + \cdots$
in dem Leiterstück $\overline{BC}$ der Strom $J_3 = i_3 + \cdots$

Bei einphasigem Wechselstrom ist der Verlust durch Stromwärme

$$N_{Cu} = J_1^{\,2}\,R_1 + J_2^{\,2}\,R_2 + J_3^{\,2}\,R_3 + \cdots$$

Nun ist

$$R_1 = \frac{2\,\varrho\,\mathfrak{L}_1}{q}, \qquad R_2 = \frac{2\,\varrho\,\mathfrak{L}_2}{q}, \qquad R_3 = \frac{2\,\varrho\,\mathfrak{L}_3}{q}$$

usw., also wird

$$N_{Cu} = \frac{2\,\varrho}{q}\,(J_1^{\,2}\,\mathfrak{L}_1 + J_2^{\,2}\,\mathfrak{L}_2 + J_3^{\,2}\,\mathfrak{L}_3 + \cdots) = \frac{2\,\varrho}{q}\,\Sigma J^2\,\mathfrak{L},$$

woraus

$$q = \frac{2\,\varrho}{N_{Cu}}\,\Sigma J^2\,\mathfrak{L} \quad \text{mm}^2 \qquad \text{(XVIII)}$$

folgt. N_{Cu} erhält man aus der Angabe $N_{Cu} = p_N\,\dfrac{\Sigma N}{100}$, wo ΣN die Summe der Wirkleistungen der einzelnen Anschlüsse bedeutet.

Für Drehstrom ohne vierten Leiter gilt

$$q = \frac{3\,\varrho}{N_{Cu}}\,\Sigma J^2\,\mathfrak{L} \quad \text{mm}^2. \qquad \text{(XVIIIa)}$$

Bemerkung: Man beachte die Bildung der Ströme J und die Leitungslängen $\mathfrak{L}$ (Abb. 285). Die arithmetische Summe bei Berechnung der Ströme J gibt etwas zu große Werte, ist aber für die Berecnung des Querschnittes genügend genau.

345. An eine einphasige Wechselstromleitung sind die in Abb. 286 eingezeichneten Motoren angeschlossen, wobei die Netzspannung 220 V sein soll. Welchen Querschnitt erhält

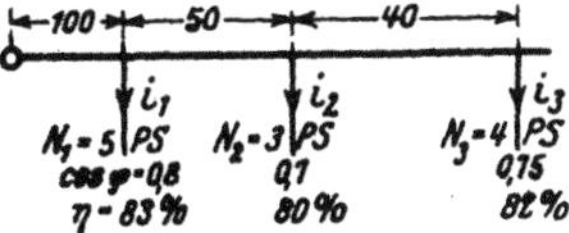

Abb. 286. Belastungsangaben zu Aufgabe 345.

die Leitung, wenn der Stromwärmeverlust 6,9% der gesamten angeschlossenen Leistung betragen darf?

Lösung: Wir berechnen zunächst die Wirkleistungen, die die einzelnen Stromabnehmer gebrauchen

$$N_1 = \frac{5 \cdot 735}{0,83} = 4430 \text{ W}, \qquad N_2 = \frac{3 \cdot 735}{0,8} = 2760 \text{ W},$$

$$N_3 = \frac{4 \cdot 735}{0,82} = 3590 \text{ W}.$$

Die Stromstärken folgen dann aus $U_n\, i \cos\varphi = N$,

$$i_1 = \frac{4430}{220 \cdot 0,8} = 25,2 \text{ A}, \qquad i_2 = \frac{2760}{220 \cdot 0,7} = 17,9 \text{ A},$$

$$i_3 = \frac{3590}{220 \cdot 0,75} = 21,8 \text{ A},$$

daher angenähert $J_1 = 25,2 + 17,9 + 21,8 = 64,9\,\text{A}$,

$$J_2 = 17,9 + 21,8 = 39,7\,\text{A}, \quad J_3 = 21,8\,\text{A}.$$

Die gesamte Nutzleistung der Leitung ist

$$N_1 + N_2 + N_3 = 10780 \text{ W}, \quad \text{damit} \quad N_{Cu} = \frac{6,9}{100} \cdot 10780 = 744 \text{ W},$$

also nach (XVIII)

$$q = \frac{2 \cdot 0,018}{744} \left(64,9^2 \cdot 100 + 39,7^2 \cdot 50 + 21,8^2 \cdot 40\right) = 25 \text{ mm}^2.$$

346. Berechne den Querschnitt der Leitungen, wenn die Motoren an ein Drehstromnetz von 220 V angeschlossen werden, die übrigen Angaben aber die der Aufgabe 345 sind.

Lösung: Die Leistungen sind dieselben geblieben, die Ströme aber sind

$$i_1 = \frac{4430}{\sqrt{3} \cdot 220 \cdot 0,8} = 14,5 \text{ A}, \qquad i_2 = \frac{2760}{\sqrt{3} \cdot 220 \cdot 0,7} = 10,35 \text{ A},$$

$$i_3 = \frac{3590}{\sqrt{3} \cdot 220 \cdot 0,75} = 12,6 \text{ A},$$

demnach

$$J_1 = i_1 + i_2 + i_3 = 37,5\,\text{A}, \quad J_2 = i_2 + i_3 = 22,95\,\text{A}, \quad J_3 = 12,6\,\text{A}.$$

Nach Formel XVIIIa ist

$$q = \frac{3 \cdot 0,018}{744} \left(37,5^2 \cdot 100 + 22,95^2 \cdot 50 + 12,6^2 \cdot 40\right) = 12,5 \text{ mm}^2,$$

abgerundet 16 mm² (Tabelle 3).

Durch diese Abrundung sinkt der Kupferverlust auf

$$N_{Cu} = \frac{3 \cdot 0,018}{16} \left(37,5^2 \cdot 100 + 22,95^2 \cdot 50 + 12,6^2 \cdot 40\right) = 585 \text{ W}$$

oder

$$p_v = \frac{585 \cdot 100}{10780} = 5,44\%.$$

347[1]. An eine einphasige Wechselstromleitung sind zwei Stromabnehmer angeschlossen, der erste mit 60 Lampen je 100 W und einem 10 PS-Motor, für welche. $\cos\varphi_1 = 0,85$, $\eta = 83\%$ ist, der zweite mit 81 Lampen je 100 W und zwei Motoren von je 4 PS $\cos\varphi_2 = 0,6$ und $\eta = 80\%$. Die Entfernungen vom Speisepunkte betragen 200 bzw. 400 m (Abb. 287). Die Leitung ist als induktionsfrei anzusehen.

Gesucht wird für den ersten Anschluß in A:

a) die Wirkleistung der Glühlampen,

b) die Wirkleistung des Motors,

c) die Scheinleistung des Motors,

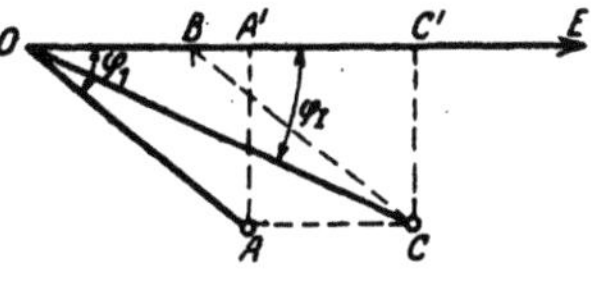

Abb. 287. Belastungsangaben zu Aufgabe 347.

d) die Blindleistung des Motors,

e) die Wirkleistung beider Belastungen,

f) die Blindleistung beider Belastungen,

g) die Scheinleistung des ersten Anschlusses,

h) der Leistungsfaktor des ersten Anschlusses,

i) dieselben Größen für den zweiten Anschluß in B,

k) die Scheinleistung beider Anschlüsse,

l) der Stromverbrauch jedes Anschlusses, wenn mit der Netzspannung von 220 V gerechnet wird,

m) der Strom in der Leitung $\overline{OA}$ und in der Leitung $\overline{AB}$,

n) der Querschnitt der Leitung, wenn der Stromwärmeverlust 10% der Wirkleistung betragen darf,

o) der Spannungsverlust von O bis A und der von A bis B,

p) die Spannung am Anfang der Leitung, wenn in B die Spannung 220 V sein soll?

Lösungen:

Zu a): Die Wirkleistung der Glühlampen ist

$$60 \cdot 100 = 6000 \text{ W} = \overline{OB} \quad \text{(Abb. 288)}.$$

Zu b) Die Wirkleistung des Motors ist

$$\frac{10 \cdot 735}{0,83} = 8850 \text{ W} = \overline{OA'}.$$

Zu c): Die Scheinleistung des Motors ist

$$N_s = \frac{8850}{0,85} = 10400 \text{ VA} = \overline{OA}.$$

Abb. 288. Diagramm zu Aufgabe 347.

---

[1] Dem Leser wird empfohlen, vor dieser Aufgabe noch einmal Aufgabe 252 zu rechnen.

Zu d): Die Blindleistung ist

$$N_{B1} = \overline{AA'} = \sqrt{10\,400^2 - 8850^2} = 5460 \text{ VA}.$$

Zu e): Die Wirkleistung des Konsumpunktes A in Abb. 287, also der Lampen und des 10 PS-Motors ist

$$N_1 = \overline{OB} + \overline{OA'} = 6000 + 8850 = 14\,850 \text{ W} = \overline{OC'}.$$

Zu f): Die Blindleistung des ersten Anschlusses ist

$$\overline{CC'} = \overline{AA'} = 5460 \text{ VA}.$$

Zu g): Die Scheinleistung des ersten Anschlusses ist

$$N_{sI} = \overline{OC} = \sqrt{\overline{OC'}^2 + \overline{CC'}^2} = \sqrt{14\,850^2 + 5460^2} = 15\,800 \text{ VA}.$$

Zu h): $\qquad \cos\varphi_I = \dfrac{\overline{OC'}}{\overline{OC}} = \dfrac{N_1}{N_{s1}} = \dfrac{14\,850}{15\,800} = 0{,}94.$

Zu i): (Bezeichnungen beziehen sich wieder auf Abb. 288.)

a) $\qquad 81 \cdot 100 = 8100 \text{ W} = \overline{OB},$

b) $\qquad \dfrac{2 \cdot 4 \cdot 735}{0{,}8} = 7350 \text{ W} = \overline{OA'}.$

c) $\qquad \overline{OA} = \dfrac{7350}{0{,}6} = 12\,250 \text{ VA}.$

d) $\qquad \overline{AA'} = \sqrt{12\,250^2 - 7350^2} = 9740 \text{ VA}.$

e) $\qquad \overline{OB} + \overline{OA'} = 8100 + 7350 = 15\,450 \text{ W} = \overline{OC'}.$

f) $\qquad \overline{CC'} = \overline{AA'} = 9740 \text{ VA}.$

g) $\qquad N_{sII} = \overline{OC} = \sqrt{15\,450^2 + 9750^2} = 18\,300 \text{ VA}.$

h) $\qquad \cos\varphi_{II} = \dfrac{\overline{OC'}}{\overline{OC}} = \dfrac{15\,450}{18\,300} = 0{,}84.$

Zu k): Die Scheinleistung der beiden Anschlüsse in A und B ist die geometrische Summe aus N_{sI} und N_{sII}, d. i. $\overline{OC}$ aus $\overline{OC}_I$ und $\overline{OC}_{II}$ (Abb. 289).

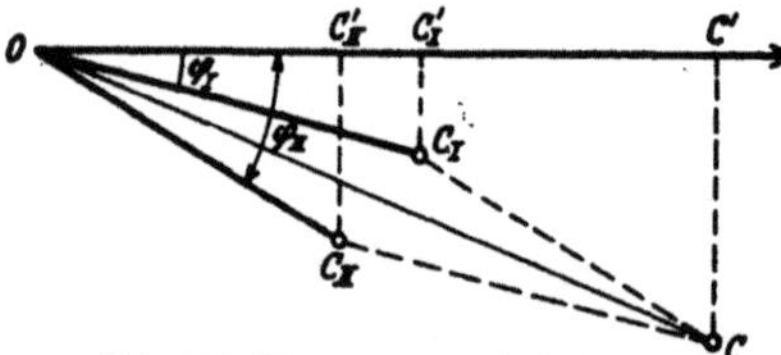

Abb. 289. Diagramm zu Aufgabe 347.

Es ist in dieser Abbildung:

$$\overline{OC'} = \overline{OC'}_I + \overline{OC'}_{II}$$
$$= 14\,850 + 15\,450$$
$$= 30\,300 \text{ W},$$

$$\overline{CC'} = \overline{C_I C'_I} + \overline{C_{II} C'_{II}} = 5460 + 9740 = 15\,200 \text{ VA}$$

und somit die Scheinleistung beider Anschlüsse

$$\overline{OC} = \sqrt{\overline{OC'}^2 + \overline{CC'}^2} = \sqrt{30\,300^2 + 15\,200^2} = 33\,900 \text{ VA}.$$

Zu l): Dividiert man die Scheinleistungen durch die Spannung 220 V, so ergeben sich die Ströme für jeden Anschluß:

$$i_1 = \frac{15\,800}{220} = 71{,}8 \text{ A}, \qquad i_2 = \frac{18\,300}{220} = 83{,}5 \text{ A}.$$

Zu m): Im Leiterstück $\overline{OA}$ (Abb. 287) fließt die geometrische Summe der Ströme i_1 und i_2, die man erhält, wenn man die Scheinleistung beider Anschlüsse durch die Spannung 220 V dividiert, also

$$J_1 = \frac{33\,900}{220} = 154 \text{ A}, \qquad J_2 = i_2 = 83{,}5 \text{ A}$$

(Bei arith. Addition wäre gewesen $J_1 = 71{,}8 + 83{,}5 = 155{,}3\,\text{A}$.)

Zu n): 10% der gesamten Wirkleistung ist 10% von

$$\overline{OC'} \text{ (Abb. 289)} = 10 \cdot \frac{30\,300}{100} = 3030 \text{ W} = N_{Cu}$$

und nach Formel XVIII

$$q = \frac{2 \cdot 0{,}018}{3030} \cdot (154^2 \cdot 200 + 83{,}5^2 \cdot 200) = 73 \text{ mm}^2,$$

abgerundet auf normalen Querschnitt (Tabelle 3) $q = 70\,\text{mm}^2$.

Zu o):

$$\delta_1 = J_1 R_{\mathfrak{L}1} = 154 \cdot \frac{0{,}018 \cdot 200 \cdot 2}{70} = 15{,}8 \text{ V},$$

$$\delta_2 = J_2 R_{\mathfrak{L}2} = i_2 R_{\mathfrak{L}2} = 83{,}5 \cdot \frac{0{,}018 \cdot 200 \cdot 2}{70} = 8{,}6 \text{ V}.$$

Zu p): Der Spannungsunterschied zwischen Anfang der Leitung und dem ersten Abnehmer A ist:

$$U_1 - U_2 = \delta_1 \cos\varphi_I = 15{,}8 \cdot 0{,}94 = 14{,}9 \text{ V}$$

und zwischen dem Konsumenten A und B:

$$U_2 - U_3 = \delta_2 \cos\varphi_{II} = 8{,}6 \cdot 0{,}84 = 7{,}3 \text{ V}.$$

Also, da in B 220 V sein sollen, so ist

$$(U_1 - U_2) + (U_2 - U_3) = 14{,}9 + 7{,}3 = 22{,}2 \text{ V},$$

mithin $U_1 = U_3 + 22{,}2 = 242{,}2$ V und in A ist sie dann $242{,}2 - 14{,}9 = 227{,}3$ V.

348. Welchen Querschnitt erhalten die Leitungen, wenn Drehstrom mit Sternschaltung verwendet wird, man aber mit Rücksicht auf die 220 V-Lampen nur mit 3% Spannungsunterschied rechnen soll? (Vgl. Abb. 282.)

Lösung: Der Querschnitt eines Außenleiters folgt aus der Formel XIVa:

$$q = \frac{100\,\varrho\,\Sigma N l}{3\,p v U_{p_2}^2},$$

wo $p_v = 3$, $U_{p2} = 220\,\text{V}$ ist (N_1 und N_2 siehe Lösung zu é Aufgabe 347)

$$q = \frac{100 \cdot 0{,}018}{3 \cdot 3 \cdot 220^2}\left(\frac{N_1}{14850} \cdot 200 + \frac{N_2}{15450} \cdot 400\right) = 37{,}8\ \text{mm}^2,$$

abgerundet 35 mm².

Bemerkung: Welchen Querschnitt der Mittelleiter erhalten soll, ist noch nicht erörtert, denn $\frac{37{,}8}{2} \approx 16$ mm² ist entschieden zu viel, da ja die Motoren den Nulleiter nicht belasten.

349. Berechne den Querschnitt der Leitungen für Drehstrom mit viertem Leiter, wenn die Lampen in Aufgabe 347 eine eigene Leitung erhalten sollten, bei einem Spannungsunterschied von 3% der 220 V betragenden Lampenspannung.

Lösung: Die 60 Lampen in A (Abb. 287) brauchen 6000 W, also erhält der Konsumpunkt A den Strom $i_1 = \frac{6000}{220} = 27{,}3\ \text{A}$. Die Lampen in B verbrauchen 8100 W, also ist der erforderliche Strom $\frac{8100}{220} = 36{,}9$ A, mithin ist nach Formel (Xc), wenn man $\delta = \frac{3}{100} \cdot 220 = 6{,}6$ V setzt,

$$q = \frac{0{,}43 \cdot 0{,}018}{6{,}6}\,(27{,}3 \cdot 200 + 36{,}9 \cdot 400) = 23{,}7\ \text{mm}^2.$$

Der Querschnitt des vierten Leiters ist $q_0 = \frac{q}{2} \approx 10$ mm². Wir würden daher die Außenleiter, entsprechend der Aufgabe 348, mit 35 mm² und den Nulleiter mit 10 mm² ausführen.

Anhang.

Nützliche Angaben.

1. Stromdichte, Übergangsspannungen und Übergangswiderstände von Bürsten. Es bezeichne s_b die Stromdichte pro cm², u_b den Spannungsverlust zwischen Bürste und Kommutator oder Schleifring, so ist:

a) Für metallhaltige Bürsten: $s_b = 10$ bis 25 A, $u_b = 0{,}3$ Volt, $s_{bmax} = 40$ A.

b) Kohle- und Graphitbürsten:

$$\left.\begin{array}{lll} \text{1. Weiche} & \text{Ausführung:} & s_b = 8\ldots11\text{ A,} \\ \text{2. Mittelharte} & \text{,,} & s_b = 5\ldots\ 7\text{ A,} \\ \text{3. Sehr harte} & \text{,,} & s_b = 4\ldots\ 6\text{ A,} \end{array}\right\} u_b = 1 \text{ Volt.}$$

Da der Übergangswiderstand einer Maschine vom Zustande des Kommutators und der Bürsten, der Stromdichte, Stromrichtung, Temperatur an der Übergangsstelle, Umfangsgeschwindigkeit und Auflagedruck abhängig ist, so wird er nicht gemessen, sondern rechnerisch bestimmt.

Der Übergangswiderstand ist hiernach pro cm² $\dfrac{u_b}{s_b}$ und für die ganze Auflagefläche f_b einer Bürste (Bürstenstiftes)

$$R_b = \frac{u_b}{s_b f_b} = \frac{u_b}{i}\ \text{Ohm.}$$

2. Temperaturzunahme. Die Temperaturzunahme darf bei isolierten Wicklungen, Kollektoren und Schleifringen nicht überschreiten:

Bei Isolierung durch Baumwolle, Seide, Papier und ähnliche Faserstoffe ungetränkt

a) in Nuten eingebettet	40°	Endtemperatur	75°
b) Feldwicklungen	60°	,,	95°
c) alle anderen Wicklungen	50°	,,	85°

Sind die genannten Isolierstoffe getränkt, dann erhöhen sich die genannten Temperaturen um jeweils 10°.

Bei Isolierung durch Glimmer und Asbestpräparate, Emaille sind die Werte zu

a)	80°	Endtemperatur	115°
b)	90°	,,	125°
c)	80°	,,	115°

Bei Straßenbahnmotoren sind um ca. 20° höhere Werte zugelassen. Dabei ist zu beachten, daß für Dauerbetrieb kleinere Werte als für kurzzeitigen Betrieb genommen werden müssen. Bei der Temperaturbestimmung ist auch zu berücksichtigen, ob diese durch Widerstandszunahmemessung oder durch Thermometermessung gemacht wurde.

(Fortsetzung des Anhanges S. 348.)

Tabelle für Cosinus

Grad	Cosinus			Tangens		
	0′	20′	40′	0′	20′	40′
0	1,000	1,000	1,000	0,000	0,006	0,012
1	0,999	0,999	0,999	0,017	0,023	0,029
2	0,999	0,999	0,998	0,035	0,041	0,047
3	0,998	0,998	0,998	0,052	0,058	0,064
4	0,997	0,997	0,997	0,070	0,076	0,082
5	0,996	0,996	0,995	0,087	0,093	0,099
6	0,995	0,994	0,993	0,105	0,111	0,117
7	0,993	0,992	0,991	0,123	0,129	0,135
8	0,990	0,989	0,989	0,141	0,146	0,152
9	0,988	0,987	0,986	0,158	0,164	0,170
10	0,985	0,984	0,983	0,176	0,182	0,188
11	0,982	0,981	0,979	0,194	0,200	0,206
12	0,978	0,977	0,976	0,213	0,219	0,225
13	0,974	0,973	0,972	0,231	0,237	0,243
14	0,970	0,969	0,967	0,249	0,256	0,262
15	0,966	0,964	0,963	0,268	0,274	0,280
16	0,961	0,960	0,958	0,287	0,293	0,299
17	0,956	0,955	0,953	0,306	0,312	0,318
18	0,951	0,949	0,947	0,325	0,331	0,338
19	0,946	0,944	0,942	0,344	0,351	0,357
20	0,940	0,938	0,936	0,364	0,371	0,377
21	0,934	0,931	0,929	0,384	0,391	0,397
22	0,927	0,925	0,923	0,404	0,411	0,418
23	0,921	0,918	0,916	0,424	0,431	0,438
24	0,914	0,911-	0,909	0,445	0,452	0,459
25	0,906	0,904	0,901	0,466	0,473	0,481
26	0,899	0,896	0,894	0,488	0,495	0,502
27	0,891	0,888	0,886	0,510	0,517	0,524
28	0,883	0,880	0,877	0,532	0,539	0,547
29	0,875	0,872	0,869	0,554	0,562	0,570
30	0,866	0,863	0,860	0,577	0,585	0,593
31	0,857	0,854	0,851	0,601	0,609	0,617
32	0,848	0,845	0,842	0,625	0,633	0,641
33	0,839	0,835	0,832	0,649	0,658	0,666
34	0,829	0,826	0,822	0,675	0,683	0,692
35	0,819	0,816	0,812	0,700	0,709	0,718
36	0,809	0,806	0,802	0,727	0,735	0,744
37	0,799	0,795	0,792	0,754	0,763	0,772
38	0,788	0,784	0,781	0,781	0,791	0,800
39	0,777	0,773	0,770	0,810	0,819	0,829
40	0,766	0,762	0,759	0,839	0,849	0,859
41	0,755	0,751	0,747	0,869	0,880	0,890
42	0,743	0,739	0,735	0,900	0,911	0,922
43	0,731	0,727	0,723	0,933	0,943	0,955
44	0,719	0,715	0,711	0,966	0,977	0,988
45	0,707	0,703	0,699	1,000	1,012	1,024

und Tangens.

Grad	Cosinus			Tangens		
	0′	20′	40′	0′	20′	40′
46	0,695	0,690	0,686	1,036	1,048	1,060
47	0,682	0,678	0,673	1,072	1,085	1,098
48	0,669	0,665	0,660	1,111	1,124	1,137
49	0,656	0,652	0,647	1,150	1,164	1,178
50	0,643	0,638	0,634	1,192	1,206	1,220
51	0,629	0,625	0,620	1,235	1,250	1,265
52	0,616	0,611	0,606	1,280	1,295	1,311
53	0,602	0,597	0,592	1,327	1,343	1,360
54	0,588	0,583	0,578	1,376	1,393	1,411
55	0,574	0,569	0,564	1,428	1,446	1,464
56	0,559	0,554	0,550	1,483	1,501	1,520
57	0,545	0,540	0,535	1,540	1,560	1,580
58	0,530	0,525	0,520	1,600	1,621	1,643
59	0,515	0,510	0,505	1,664	1,686	1,709
60	0,500	0,495	0,490	1,732	1,756	1,780
61	0,485	0,480	0,475	1,804	1,829	1,855
62	0,469	0,464	0,459	1,881	1,907	1,935
63	0,454	0,449	0,444	1,963	1,991	2,020
64	0,438	0,433	0,428	2,050	2,081	2,112
65	0,423	0,417	0,412	2,145	2,177	2,211
66	0,407	0,401	0,396	2,246	2,282	2,318
67	0,391	0,385	0,380	2,356	2,394	2,434
68	0,375	0,369	0,364	2,475	2,517	2,560
69	0,358	0,353	0,347	2,605	2,651	2,699
70	0,342	0,337	0,331	2,747	2,798	2,850
71	0,326	0,320	0,315	2,904	2,960	3,018
72	0,309	0,303	0,298	3,078	3,140	3,204
73	0,292	0,287	0,281	3,271	3,340	3,412
74	0,276	0,270	0,264	3,487	3,566	3,647
75	0,259	0,253	0,248	3,732	3,821	3,914
76	0,242	0,236	0,231	4,011	4,113	4,219
77	0,225	0,219	0,214	4,331	4,449	4,574
78	0,208	0,202	0,197	4,705	4,843	4,989
79	0,191	0,183	0,179	5,145	5,309	5,485
80	0,174	0,168	0,162	5,671	5,871	6,084
81	0,156	0,151	0,145	6,314	6,561	6,827
82	0,139	0,133	0,128	7,115	7,429	7,770
83	0,122	0,116	0,110	8,144	8,556	9,010
84	0,105	0,099	0,093	9,514	10,078	10,711
85	0,087	0,081	0,076	11,430	12,250	13,116
86	0,070	0,064	0,058	14,300	15,604	17,169
87	0,052	0,047	0,041	19,081	21,470	24,541
88	0,035	0,029	0,023	28,636	34,567	42,964
89	0,017	0,012	0,006	57,289	85,939	171,885

3. Dicke der Bespinnung für runde Dynamodrähte BBU 1,5 VDE 6436

$$d' = \text{Durchmesser des Drahtes einschließlich Isolation}$$
$$d = \quad ,, \qquad \text{des blanken Kupferdrahtes:}$$

Zweimal mit Seide besponnen:

$$d = 0,03 \ldots 0,5 \text{ mm}$$
$$d' = d = \quad 0,07 \text{ mm.}$$

Mit Baumwolle

a) einmal besponnen:

$d = 0,1 \ldots 0,3$ mm	$0,31 \ldots 1,5$ mm
$d' - d = \quad 0,1$ mm	$0,12$ mm;

b) zweimal besponnen:

$d = 0,1 \ldots 0,3$ mm	$0,31 \ldots 0,5$ mm	$0,51 \ldots 1,5$ mm
$d' - d = \quad 0,16$	$0,2$	$0,22$
$d = 0,151 \ldots 3$ mm	$3,1 \ldots 4$ mm	$4,1 \ldots 6$ mm
$d' - d = \quad 0,26$	$0,3$	$0,4$

Je dünner die Bespinnung, desto teurer der Draht.

4. Spezifische Gewichte.

Aluminium	2,7	Zink	7,2
Duralumin	2,8	Zinn	7,4
Eisen	7,8	Baumwolle	1,48
Silumin	2,7	Eis	0,92
Kupfer	8,9	Graphit	1,8 … 2,3
Messing	8,5	Guttapercha	1,0
Nickel	8,6	Kork	0,2 … 0,3
Platin	21,4	Porzellan	2,45
Quecksilber	13,6	Steingut	1,35 … 1,6
Wolfram	19,1	Vulkanfiber	1,28

Additional material from *Aufgaben und Lösungen aus der Gleich-und Wechselstromtechnik,* ISBN 978-3-642-89477-0, is available at http://extras.springer.com